凤凰文库
PHOENIX LIBRARY

U0209668

凤凰出版传媒集团
PHOENIX PUBLISHING & MEDIA GROUP

**凤凰文库·海外中国研究系列**

主　　编　刘　东
项目总监　府建明
项目执行　王保顶

凤凰文库
海外中国研究系列

刘　东　主编

# 大象的退却
## 一部中国环境史

THE RETREAT OF THE ELEPHANTS

An Environmental History of China

梅雪芹　毛利霞　王玉山　译

［英］伊懋可　著

江苏人民出版社

**图书在版编目(CIP)数据**

大象的退却：一部中国环境史/伊懋可著；梅雪芹，毛利霞，王玉山译. --南京：江苏人民出版社，2014.7

(凤凰文库·海外中国研究系列)

书名原文：The retreat of the elephants：an environmental history of China

ISBN 978 - 7 - 214 - 13309 - 0

Ⅰ.①大… Ⅱ.①伊… ②梅… ③毛… ④王… Ⅲ.①环境-历史-研究-中国 Ⅳ.①X - 092

中国版本图书馆 CIP 数据核字(2014)第 152444 号

江苏省版权局著作权合同登记：图字 10 - 2011 - 301

| | |
|---|---|
| 书　　　名 | 大象的退却：一部中国环境史 |
| 著　　　者 | 伊懋可 |
| 译　　　者 | 梅雪芹　毛利霞　王玉山 |
| 责 任 编 辑 | 韩　鑫　石　路 |
| 装 帧 设 计 | 黄　炜 |
| 出 版 发 行 | 凤凰出版传媒股份有限公司 |
| | 江苏人民出版社 |
| 出版社地址 | 南京市湖南路 1 号 A 楼，邮编：210009 |
| 出版社网址 | http://www.jspph.com |
| | http://jsrmcbs.tmall.com |
| 经　　　销 | 凤凰出版传媒股份有限公司 |
| 照　　　排 | 江苏凤凰制版有限公司 |
| 印　　　刷 | 江苏凤凰扬州鑫华印刷有限公司 |
| 开　　　本 | 652 毫米×960 毫米　1/16 |
| 印　　　张 | 40　插页 4 |
| 字　　　数 | 530 千字 |
| 版　　　次 | 2014 年 12 月第 1 版　2017 年 2 月第 5 次印刷 |
| 标 准 书 号 | ISBN 978 - 7 - 214 - 13309 - 0 |
| 定　　　价 | 68.00 元 |

(江苏人民出版社图书凡印装错误可向承印厂调换)

# 出版说明

　　要支撑起一个强大的现代化国家,除了经济、政治、社会、制度等力量之外,还需要先进的、强有力的文化力量。凤凰文库的出版宗旨是:忠实记载当代国内外尤其是中国改革开放以来的学术、思想和理论成果,促进中外文化的交流,为推动我国先进文化建设和中国特色社会主义建设,提供丰富的实践总结、珍贵的价值理念、有益的学术参考和创新的思想理论资源。

　　凤凰文库将致力于人类文化的高端和前沿,放眼世界,具有全球胸怀和国际视野。经济全球化的背后是不同文化的冲撞与交融,是不同思想的激荡与扬弃,是不同文明的竞争和共存。从历史进化的角度来看,交融、扬弃、共存是大趋势,一个民族、一个国家总是在坚持自我特质的同时,向其他民族、其他国家吸取异质文化的养分,从而与时俱进,发展壮大。文库将积极采撷当今世界优秀文化成果,成为中外文化交流的桥梁。

　　凤凰文库将致力于中国特色社会主义和现代化的建设,面向全国,具有时代精神和中国气派。中国工业化、城市化、市场化、国际化的背后是国民素质的现代化,是现代文明的培育,是先进文化的发展。在建设中国特色社会主义的伟大进程中,中华民族必将展示新的实践,产生新的经验,形成新的学术、思想和理论成果。文库将展现中国现代化的新实践和新总结,成为中国学术界、思想界和理论界创新平台。

凤凰文库的基本特征是:围绕建设中国特色社会主义,实现社会主义现代化这个中心,立足传播新知识,介绍新思潮,树立新观念,建设新学科,着力出版当代国内外社会科学、人文学科的最新成果,同时也注重推出以新的形式、新的观念呈现我国传统思想文化和历史的优秀作品,从而把引进吸收和自主创新结合起来,并促进传统优秀文化的现代转型。

凤凰文库努力实现知识学术传播和思想理论创新的融合,以若干主题系列的形式呈现,并且是一个开放式的结构。它将围绕马克思主义研究及其中国化、政治学、哲学、宗教、人文与社会、海外中国研究、当代思想前沿、教育理论、艺术理论等领域设计规划主题系列,并不断在内容上加以充实;同时,文库还将围绕社会科学、人文学科、科学文化领域的新问题、新动向,分批设计规划出新的主题系列,增强文库思想的活力和学术的丰富性。

从中国由农业文明向工业文明转型、由传统社会走向现代社会这样一个大视角出发,从中国现代化在世界现代化浪潮中的独特性出发,中国已经并将更加鲜明地表现自己特有的实践、经验和路径,形成独特的学术和创新的思想、理论,这是我们出版凤凰文库的信心之所在。因此,我们相信,在全国学术界、思想界、理论界的支持和参与下,在广大读者的帮助和关心下,凤凰文库一定会成为深为社会各界欢迎的大型丛书,在中国经济建设、政治建设、文化建设、社会建设中,实现凤凰出版人的历史责任和使命。

献给蒂安·蒙哥马利(Dian Montgomerie)、理查德·格罗夫(Richard Grove)和凯伊·奥德菲尔德(Kay Oldfield)。

他们每个人都帮助过我,使我以不同的方式来看待事物。

"直木先伐，甘井先竭。"

《庄子·山木》，公元前 3 世纪。

本译著系教育部人文社会科学重点研究基地——北京师范大学史学理论与史学史研究中心重点项目"环境史研究与20世纪中国史学"(06J JD770004)的中期成果,并得到了清华大学人文社科振兴基金的后期资助。

# "海外中国研究系列"总序

中国曾经遗忘过世界,但世界却并未因此而遗忘中国。令人嗟讶的是,20世纪60年代以后,就在中国越来越闭锁的同时,世界各国的中国研究却得到了越来越富于成果的发展。而到了中国门户重开的今天,这种发展就把国内学界逼到了如此的窘境:我们不仅必须放眼海外去认识世界,还必须放眼海外来重新认识中国;不仅必须向国内读者迻译海外的西学,还必须向他们系统地介绍海外的中学。

这个系列不可避免地会加深我们150年以来一直怀有的危机感和失落感,因为单是它的学术水准也足以提醒我们,中国文明在现时代所面对的绝不再是某个粗蛮不文的、很快就将被自己同化的、马背上的战胜者,而是一个高度发展了的、必将对自己的根本价值取向大大触动的文明。可正因为这样,借别人的眼光去获得自知之明,又正是摆在我们面前的紧迫历史使命,因为只要不跳出自家的文化圈子去透过强烈的反差反观自身,中华文明就找不到进入其现代形态的入口。

当然,既是本着这样的目的,我们就不能只从各家学说中筛选那些我们可以或者乐于接受的东西,否则我们的"筛子"本身就可能使读者失去选择、挑剔和批判的广阔天地。我们的译介毕竟还只是初步的尝试，而我们所努力去做的，毕竟也只是和读者一起去反复思索这些奉献给大家的东西。

刘　东

# 目　录

# 图 示

# 致　谢

在本书成书过程中,其他许多作者、朋友和同事有意或无意地给予了帮助。甚至一两个批评者、对手和论敌,对本书的问世也有所助益。对我来说,我无法很肯定地回忆起所有这些人,甚至可能无法想到所有帮助过这本书的人。然而,我要向那些我认为最重要的人表达我的感激之情;很不幸,有时这种感激只能成为追忆了。

首先,感谢"土壤协会"(Soil Association)已故的凯伊·奥德菲尔德,她在我年少的时候教我如何堆砌堆肥堆。也感谢雷切尔·卡森(Rachel Carson)的著作,最开始的那本是《环抱我们的大海》(*The Sea Around Us*);感谢那份《全球概览》(*Whole Earth Catalog*)①以及泰迪·戈德史密斯(Teddy Goldsmith)创办的《生态学家》(*Ecologist*)杂志,因为它们全都启发我从不同的角度去思考——现在看来,这似乎是一个逝去已久的时代。如果说我后来走出了自己的路,那么,这条路的起步之处就在这里。

其次,感谢那些在我从剑桥大学历史系毕业后教会我阅读文言文的

---

① 20世纪六七十年代行销美国的一份杂志,斯图尔特·布兰德(Stewart Brand)创办,已停刊。——译注

1

人,他们是泰德·普雷布兰克(Ted Pulleyblank)、丹尼斯·特维希特(Denis Twitchett)和皮埃特·范德隆(Piet van der Loon)。他们的教导为我打下了基础,使我得以将本书中所用文献翻译出来。当然,他们绝不应为其风格和瑕疵承担责任。

第三,感谢已故的李约瑟(Joseph Needham)。他是中国科技史领域的奠基人,还是我的一位私交。即使我的历史观与他的不同——甚至从一开始就不同,他的启发也是至关重要的。而我对历史的看法,首先是受已故的菲利普·惠廷(Philip Whitting)的影响而形成的;他是拜占庭学学者,曾在伦敦圣保罗公学(St. Paul's School, London)给我讲授历史。此恩永难回报。

第四,感谢图书馆、书店、书商和慷慨的学者同仁为我的研究所提供的基本资料。因此,我特别感谢在澳大利亚国立图书馆东亚藏馆工作的安德鲁·高兹灵(Andrew Gosling,现已退休)及其全体职员;特别感谢澳大利亚国立大学孟席斯图书馆(Menzies Library)以前的馆员苏珊·普伦蒂斯(Susan Prentice),以及那里的东亚职员中的其他人员,其中大多数人现已转行;特别感谢剑桥大学李约瑟研究所的图书馆馆长约翰·莫菲特(John Moffett)的无与伦比的慷慨相助;特别感谢在剑桥大学图书馆负责中国藏馆的查尔斯·艾尔默(Charles Aylmer);特别感谢马萨诸塞州坎布里奇的哈佛燕京图书馆以及纽约的哥伦比亚大学图书馆,我从那里获得了对研究贵阳和遵化极其重要的珍贵资料的副本;特别感谢向我提供一些关键书籍的朋友:他们是上海华东师范大学的刘树仁教授,台湾清华大学的王俊秀教授,如今在东京的东洋文库(Tōyō Bunko)和国际基督教大学工作的斯波义信(Shiba Yoshinobu)教授,我在澳大利亚的同事孙万国教授,我以前的合著者和老友苏宁浒博士,他在为新西兰政府工作完毕之后现已返回澳大利亚。我从东京神田①和京都的书店

---

① 东京神田书市街在日本乃至世界都赫赫有名,现有大小书店 170 多家,旧书店 140 多家。——译注

购买了很多日文书籍,虽然我甚至无法再回想起所有这些书店的名字,但它们是永远无法取代的资源;无论随着时间的流逝,这一焦点变得多么模糊,我也愿意将对它们的感激之情铭记在心。同样要感谢剑桥的Heffers书店(现已被Blackwells接管)的英语语言类书目。

第五,我永远感激学界同仁所给予的精神鼓舞,他们人数太多,难以一一列举,但大都常常在学术会议中碰面。因此,我想至少要向这些最重要的会议的组织者表达我的谢意,以前的这些会议距今已久。感谢比尔·斯金纳(Bill Skinner),三十多年前他组织了关于帝制晚期中国城市的会议,帮助我明确了对有关历史上的水力学(historical hydraulics)研究的兴趣。感谢德怀特·帕金斯(Dwight Perkins),他组织了从历史视角看中国现代经济的会议,启发我重新考察传统社会后期中国的技术。感谢伊藤俊太郎(Itō Shuntarō)和安田喜宪(Yasuda Yoshinori)以及日本学研究中心(the Nichibunken Center),1992年他们在京都举办了题为"环境危机时代的自然与人类"的盛大的国际会议。感谢台北"中央研究院"的熊秉真,他建议刘翠溶教授和我组织一次关于中国环境史的会议,并且感谢李亦园博士和蒋经国基金会为这次会议提供了大部分的资金支持。感谢剑桥大学国王学院的艾伦·麦克法兰(Alan Macfarlane),他主持了比较视野下的科学技术史研讨会,提供了很多真知灼见。感谢里克·埃德蒙兹(Rick Edmonds),他任《中国季刊》(China Quarterly)的编辑时,于1998年初举办了关于中国环境问题的会议。感谢杉原薫(Kaoru Sugihara)于1999年在京都举办的经济史会议上成立环境史专题讨论小组,并让我有幸访问了日本的其他大学。最后,感谢加利福尼亚大学戴维斯分校的杰克·古德斯通(Jack Goldstone),他于1999年秋举办了涵盖多方面内容的会议,几乎涉及经济史和环境史学家感兴趣的每一个主题,特别是着力强调了关于中国的论题。我从很多朋友以及其他参与资料搜集的人那里得到了丰富的思想和详尽的细节,希望他们原谅我未能一一列举他们的名字,他们为智慧之园提供了诸多良种以及移花接木的枝芽。

第六，我认为，向那些让我具备了财力并帮我支付家庭开销的机构表达谢意是合乎情理的。因此，我感谢剑桥大学和格拉斯哥大学，早年我曾在那些地方讲授中国史和经济史；感谢哈佛大学，我曾作为访问研究员在那里度过了整整 3 年的受益良多的时光，这多亏了哈克尼斯联邦基金（Harkness Commonwealth Foundation）和已故的费正清（John Fairbank）的支持；感谢牛津大学和圣安东尼学院，1973—1989 年间我曾在那里任教。当然，更是要特别感谢位于巴黎乌尔姆街（Rue d'Ulm）的高等师范学校（École Normale supérieure），1993 年我受玛丽安·巴斯蒂–布吕吉埃（Marianne Bastid-Brugière）的邀请，作为"欧洲讲坛"（Chaire Européenne）的首位主持人，在那里第一次开设了我的中国环境史课程。感谢位于堪培拉的澳大利亚国立大学亚太研究院，在 R. 杰拉德·沃德（R. Gerard Ward）教授任院长期间，我在那里得以设立中国和日本环境史研究项目。

最后，要提到几位特别的人士，多年来我有意无意间从他们身上获益良多。在这些人当中，有我与之合写论文的人，尤其是出类拔萃的水文学家苏宁浒以及微生物学家兼公共卫生专家张益霞；有理查德·格罗夫，他在澳大利亚国立大学社会科学研究院工作过 5 年，并且是《环境与历史》杂志的创办人和主编，他源源不断地提供了新的联系和想法；有伦敦卫生与热带医学学院（London School of Hygiene and Tropical Medicine）的贝西亚·扎巴（Basia Zaba），然后是夏威夷东西方研究中心（East-West Center）的格里夫·费尼（Griff Feeney），他们始终是技术人口学方面的不可或缺的向导，尽管事实证明这方面的内容大都过于复杂而无法囊括在本书之中。当我再次自学如何编写程序时，库姆布斯计算团队（Coombs Computing Unit）以前的员工道·维特（Doug Whaite）在运算方面给予了重要的帮助。柳存仁和蒋阳明（Sam Rivers）教授在解答翻译疑难中给予的帮助无可替代。针对本书中的一些特殊的技术细节，巴黎民族植物学实验室（Laboratory of Ethno-Botany）的乔治·梅塔耶（Georges Métailié）和澳大利亚国立大学化学研究院的伊安·威廉斯

(Ian Williams)提供了友好的帮助。上述诸君慷慨相助的行为，对于本书的完成是必不可少的。

吾妻蒂安·蒙哥马利集画家、陶艺家、摄影师和终生业余博物学家于一身。她持之以恒地帮着训练我，使我具备了作为一位观察家所需的眼力；她作为业余博物学家，在识别中国植物名称等难题方面提出了一丝不苟的业余专家的意见。其夫君工作的机构虽然还不错，但仍令人生畏，因为它长期处于政府强制之下，内部管理也纷扰不断。但她英勇无畏，竭尽所能地分担夫君工作中所承受的压力。对于她，无论怎样感谢永远都是不够的。

也感谢我的大儿子，剑桥抗体技术公司（Cambridge Antibody Technology）的约翰·埃尔文（John Elvin）博士，无论何时，当我似乎陷于忘了它的危险境地时，他总会提醒我说，微生物是万物的根基。还要感谢我的小儿子查尔斯（Charles），他敏锐地洞察到了权力的真实含义。

这一著作最后的细致加工完成于海德堡大学的汉学讨论班，而这个讨论班是承蒙鲁道夫·瓦格纳（Rudolf Wagner）教授的友好赞助而设立的；在那里，我以某些章节的草稿为基础开设了讲座课程，从中获得了许多细微而重要的校正。我衷心感谢他和凯丝（Cathie），并感谢所有前来听讲的人。

最后，我乐于向以下各位表达我由衷的感激，他们是耶鲁大学出版社的罗伯特·鲍多克（Robert Baldock）和戴安娜·耶尔（Diana Yeh）及其同事，在他们的关照下，此书才得以十分迅速并审慎地编辑、出版。还有以前在澳大利亚国立大学工作过的巴里·霍华斯（Barry Howarth），他对本书繁复的索引做了处理。

伊懋可
2003 年于新南威尔士塔勒戈（Tarago）和海德堡

# 许可声明

以下章节的部分内容或者在以前的出版物中已经发表,或者大都引自其中的材料:

第五章:伊懋可:《中华帝国的环境遗产》,《中国季刊》第 156 期,1998 年 12 月;也曾以篇的形式收于 R. L. 埃德蒙兹主编《管理中国环境》,牛津:牛津大学出版社 2000 年版。

第六章:伊懋可、苏宁浒《人海相抗:1000—1800 年左右杭州湾形态变化中的自然与人为因素》,《环境与历史》第 1 卷第 1 期,1995 年 2 月;伊懋可、苏宁浒:《改造海洋:1000—1800 年左右杭州湾地区的水利系统和前现代的技术锁定》,收于伊藤俊太郎、安田喜宪主编《环境危机时代的自然与人》,东京:国际日本学研究中心 1995 年版。

第六章:伊懋可、苏宁浒:《遥相感应:公元 1000 年以来黄河对杭州湾的影响》,收于伊懋可、刘翠溶主编:《积渐所至:中国历史上的环境与社会》(该书有中英文两个版本。本书中所提及或引用的英文本一律照此翻译。——译注),纽约:剑桥大学出版社 1998 年版。

第七、八、九章的部分内容:伊懋可:《血统与统计:从地方志的烈女传中重构中华帝国晚期的人口动态》,收于宋汉理主编:《帝国历史中的中国妇女:新视角》,莱顿:布里尔出版社 1999 年版。

第十章曾提交给 2000 年 3 月在莱因市举办的题为"6—17 世纪中国和欧洲的自然观"的会议，这次会议由冈特·杜克斯(Gunter Dux)教授和汉斯·乌尔里希·沃格尔(Hans Ulrich Vogel)教授组织召开。

第十一章：伊懋可：《见龙之人：谢肇淛〈五杂组〉中的科学和思维方式》，《澳大利亚东方协会杂志》第 25 和 26 期，1993—1994 年。(《五杂组》俗称《五杂俎》。根据作者所用版本，中译本回译为《五杂组》。——译注)

第十二章：伊懋可：《谁为天气负责？帝制晚期中国的天人感应》，《奥西里斯》(Orisis)第 13 期，1998 年；这一期题为"超越李约瑟"(Beyond Joseph Needham)，由莫里斯·洛(Morris Low)主编，芝加哥大学出版社出版。

第十二章：伊懋可：《〈清诗铎〉：将诗歌作为帝制晚期中国环境史资料的构想》，收于 S. 卡莱蒂、M. 萨凯蒂和史华罗主编：《兰乔蒂纪念集》(S. Carletti, M. Sacchetti, and P. Santangelo, ed., Studi in Onore di Lionello Lanciotti)，那不勒斯：东方大学 1996 年版。

能被许可使用这些资料，我深表感激。

也特别感谢文榕生博士，他是已故的文焕然博士的儿子及其文稿的保管人；感谢重庆出版社慨然应允使用文焕然所著的《中国历史时期植物与动物变迁研究》中的资料，《大象的退却》第二章的地图在很大程度上是以此为基础绘制的。

# 凡　例

双引号通常只在正文中使用，表示直接引自一份确凿的原始资料，以强调引用这一实情。单引号用于其他所有目的，特别是用来指出作为讨论主题的术语或词组（中译本中一律使用双引号。——译注），要么从语义学上而言，要么从本意上而言；抑或用来指出某个不同寻常的意思。

双引号除了标明对话中的直接用语外，还有其他用法，包括区分正文中个别诗歌的题目和参考书目中期刊论文的标题。与通常一样，为清晰起见，嵌入使用多重引号时则需要交替使用单双引号两种形式。

单引号用来区分同一作者所撰写的某本书中不同章节的标题和某篇文章中不同部分的标题。至于出自不同作者的篇章集，这些章则按"论文"来处理，并用双引号加以区分。

译自中文资料的段落中的斜体全都是本作者为了表示强调之意而添加的，这一细节在个别地方并未加以说明。

所译诗文中省略的诗行或诗节用"……"标注，紧跟在本摘译的最后一个字和停顿之处；有时候会标在同一行中，以节省空间。

（原书注释系尾注。为方便查对，中译本将原书尾注一律改为页下注。对所添加的译注，除少数外，大都以夹注处理。——译注）

（针对中译本第八章标题和正文中有关"中国人"的特别说明：本章

标题原为"Chinese Colonialism：Guizhou and the Miao"，直译即是"中国[人]的殖民主义——贵州和苗族[人]"，这无疑是西方学者的一种观点。由于本章时段涉及我国历史上的多个朝代，"清"是继"明"之后的中国王朝，而伊懋可本人亦将"清"置于中国王朝谱系中来讨论问题，因此，综合考虑本章内容，我们认为将标题中的"Chinese"译为"中国人"理当合适。至于本章原文中反复用到的"Chinese"一词，译文根据实际情形，在不同的地方做了不同的迻译。——译注）

# 序　言

本书是一部中国环境史概述，大约纵贯 4000 年，但重点在最近的 1000 年。这样做的主要原因是，在比较晚近的这一时期，可资利用的相关资料更加丰富。① 全书以中国、日本和西方其他学者的成果以及我自己的研究为基础，这些成果涵盖历史地理学、地方史、环境诗篇、关涉并反映自然的信仰体系、地方人口构成以及水利制度等方面。

本书的第一个目标是简述真实的记录，尽可能是目前所知的真实的记录。第二个目标是试图解决一个问题：为什么这里的人们会以他们的那种方式与自然界的其余部分进行互动？ 更想尝试回答：这种互动方式有多么独特？

全书分三大部分。第一部分是"模式"，它绘制了一幅总图，包括本书标题所说的大象退却的画面。大体上说，大象从东北撤到西南的这条长长的退却之路，在空间和时间上与前现代中国经济发展和环境变迁的情形相反相成。这部分故事的主要内容是长期的森林滥伐和原始植被

---

① 关于最早历史时期的简短而又有深刻见识的勾勒，参见吉德炜：《古代中国的环境》，收于鲁惟一、夏含夷主编：《剑桥中国古代史》，剑桥：剑桥大学出版社 1999 年版（D. Keightley, "The Environment of Ancient China," in M. Loewe and E. Shaughnessy, eds. , *The Cambridge History of Ancient China* , Cambridge University Press：Cambridge，1999）。

的消失,在随后两章中对此进行了扼要叙述——当然描述多于分析。不过,有一个核心内容得到了文献的印证,那就是中国古典文化对森林的敌视与它对个别树木的喜爱是相辅相成的。

接下来的两章则考察了两个关键问题。在建设与破坏兼具的长时段的中国环境变迁背后,最初的社会驱动力和后来的经济动力是什么?反过来说,这些环境变迁,尤其是司空见惯的大规模水利工程,是如何与经济发展以及社会和政治机制相互作用的? 我认为,回答第一个问题的关键是某种文化上的社会达尔文主义:积极开发自然的文化往往会获得军事和政治上的*竞争优势*,从而胜过不这样做的文化。我推测,在许久之后,一旦前现代的经济增长达到金钱能安全地投资获利这一地步,自然资源就会承受着更大的压力:资源,例如树木,若不从经济上加以利用,就会成为溜走的财富。这种做法叫做"兑现需要"(the cash-in imperative)。

随后关于水利的一章进一步探讨了帝制时期国家推动增长方面的历史。水利事业在历经令人印象深刻的早期成功及一些重大失误后,沿着一条技术稳步提高的曲线在前行,最终走向了受环境制约的前现代技术锁定阶段。也就是说,一旦修建了大型水利系统,它就会成为当地迈入佳境的基础,而且由于可能会危及生计乃至身家性命,因此不可能轻易地被废弃。在达到一定程度后,它也无法继续发展了。并且由于水情不稳,人们背负了需要不断维护的负担,从而导致社会和经济资源的巨大消耗。从一个更大的角度看,这一壮举所付出的长期机会成本是很高的。

第二部分是"特例",呈现了三个截然不同地区的环境史。它关注的是较小单位的发展所带来的影响,这包括社区、家庭农场、庄园和宗教机构等,它们在经济上日益为有着巨大吸引力的领域所左右,这即是多中心竞争的市场体制。一个地区是嘉兴,它位于东海岸的中心。该地区所表明的可能是前现代中国经济增长的主要模式,即从一个生态资源富足的地区,变成了一个有着超集约化的园圃式农业与手工业的资源紧张的复合区;后一种情况使劳动人口承担了几乎难以忍受的劳动量。第二个地区是贵州,它地处西南内陆,展示了中国人的拓殖与扩张对汉族/非汉族的边疆环境的影响。最后一个地区是遵化,它位于古老的东北部边境,是一个资源仍相对富足的不发达地区,本书在此考察的是前现代经济增长与诸如寿命等一些幸福指数之间的负相关关系,此地人们的寿命比更"发达"地区的要长些。

各地人口有不同的动态变化。北方落后地区的遵化人,至少是其成年人,比亚热带拓殖地区的贵阳(贵州首府)人活得更长,而贵阳人又比东部发达沿海地区的嘉兴人的寿命长。由于技术上的困难,在本书这样的一般性书籍中提供人口史的新成果是没有什么吸引力的。不过,让读者知晓有关出生的最新研究动向却很重要,这包括李中清及其合作者的研究成果、赵中维的研究成果以及我自己的团队的研究成果,有一部分尚未出版。尽管有细微的分歧,但在关键点上我们大体认同一致,那即是认为,至少到帝制晚期,*婚内的分娩速度因生育间隔而放慢*。在我们看来,这首先是随着孩子的出生而出现了一段较长的不育期的结果。其出现的原因,在我们看来则主要有产后闭经、哺乳期延长、*体外射精*以及习俗强加于性交的社会制约等多重因素。杀死女婴一定也起到了作用,但这一因素到底有多大影响仍有待认真讨论。避孕和堕胎之法也广为人知,但它们不太可能在生育数量上造成决定性的影响。从寿命来看,虽然各地不一,但它是相当高的,有时达到 40 岁以上,而只有死亡率一项会将人口增长限制在环境可承受的范围之内。成年女子一般差不多都会结婚,其中大多数将近 17 岁就结婚了,要早于自然生育率的高峰期,这在 20 岁左右出现。肯定也存在对婚内生育的限制,有直接证据可有力地表明这一点。婚姻期间限制生育的方法,特别是它与类似因素(所生孩子的数量)和父母性别偏好之影响的关系,以及限制生育法发挥作用的机制等,都有待进一步阐释,当然已经有人开始这么做了。总之,正如一般所认为的,确实存在着人口对资源的压力,在帝制晚期由于易于开发之地人满为患,情况更是如此。不过,长期形成的习俗、一定程度的意识觉醒以及恰当的行为使这种状况得到了缓解。正如李中清所强调的,从任何常用的意思上说,中国人口所呈现的都不是"马尔萨斯的"模式;这个词被用过了头,常常含糊不清,但仍然会引起共鸣。中国的环境史并非仅仅为无力地屈从于人类过量生育的情形所驱使。①

　　这些篇章也勾勒了更微妙、更难以捉摸的形态,包括个别景观如何受到了观念、宗教和审美趣味的影响;舆图制作、圣陵和庙宇、神话、传说以及山水诗如何影响了景观的形成;交通如何通过上千年的新桥增建而加强了对社会的控制。这几章也详述了地方层面与微生物互动的内容,涉及瘟疫和疟疾这样的疾病等。至于老虎这样的庞然大物,它们既是食人兽,又日益成为人类的猎物。也提到了如何用猛禽狩猎。而地方植物,无论驯化的还是野生的,抑或从新大陆(the New World)和其他地方引进的,都有涉及。还说到了古代环境对自然灾害的不同程度的缓冲,讨论了这种缓冲是已然消失,是减弱,还是持续存在等情况。甚至说到了自然环境及其人为的变迁如何影响了战争模式和犯罪活动等。总之,它们共同说明了人类与其被认可为"中国"的栖息地之间的关系可能变化的层面。

xx

　　接下来是"观念"部分,主题是中国人如何理解和评价他们生活于其中的自然世界。这部分由三篇文章组成,它们分别说明了这一大主题的

---

① 例如,参见李中清、王丰:《马尔萨斯的模式与中国的现实:1700—2000 年的中国人口统计制度》,《人口与发展评论》(J. Lee, Wang Feng, "Malthusian models and Chinese realities: the Chinese Demographic System 1700 - 2000," *Population and Development Review*),第 25 卷第 1 期(1999 年);李中清、王丰著:《人口的四分之一:马尔萨斯的神化与中国的现实(1700—2000)》,马萨诸塞州,坎布里奇:哈佛大学出版社 1999 年版(J. Lee, Wang Feng, One Quarter of Humanity: Malthusian Mythology and Chinese Realities, 1700 - 2000, Harvard University Press: Cambridge, Mass., 1999)(中译本系陈卫、姚远译,三联书店 2000 年版。——译注);刘翠溶等主编:《亚洲人口史》,牛津:牛津大学出版社 2001 年版(T.-J. Liu *et al.*, eds., *Asian Population History*);伊懋可:《血液与统计:从地方志的烈女传中重构中华帝国晚期的人口动态》,收于宋汉理主编:《帝国历史上的中国妇女:新的视角》,莱顿:布里尔出版社 1999 年版(M. Elvin, "Blood and Statistics: Reconstruction the Population Dynamics of Late Imperial China from the Biographies of Virtuous Women in Local Gazetteers," *Chinese Women in the Imperial Past*: *New Perspectives*, Brill: Leiden, 1999)。

不同方面。第一篇探问的是，"自然"如何成为艺术表现的一个主题抑或艺术本身，①甚至成为了我称之为的一种"秘密宗教"（即风水。——译注）的核心？第二篇探问的是，中国人的原科学式观念如何成为他们观察自然世界的先决条件？在这个时代，头脑清醒、机智敏锐且学识渊博的人声称看见了龙，有时候还是大家一道看见的，这是为什么？第三篇考察中国人对环境的认识如何与正统的道德观念相互作用，并且为什么天气的好坏被认为是上天喜怒的表达。它还进一步探问，及至帝制晚期，个人对自然的情感态度发展到了什么地步？据此可认为，这时并没有某种单一的"中国"自然观之类的东西。

　　本书最初设想，以考察中华民国和中华人民共和国时代的环境实践与政策发展作为结尾。无奈，我逐渐认识到，这是一项必须单独进行的工作。毕竟，这时的舞台不再是中国而变成了整个世界，并且现代科学已改变了技术，而这种改变有好也有坏。因此，最后的短章也即"结语"只是思考了一下环境所承受的经济压力的性质，以及如何比较帝制晚期的中国与"近代"前夜的西北欧。


　　作了这番说明之后，有两个问题需要立即回答。什么是环境史？还有，为什么特别选择中国？

　　这里所指的"环境史"，限定于存在文献证据的时期，因为只有文献才会让我们有机会了解男男女女的所思所想。环境史的主题是人与生物、化学和地质等系统之间不断变化的关系，这些系统曾以复杂的方式既支撑着人们又威胁着人们。具体来说，则有气候、岩石和矿藏、土壤、水、树木和植物、动物和鸟类、昆虫以及万物之基的微生物等。所有这些都以种种方式互为不可或缺的朋友，有时候也互为致命的敌人。技术、经济、社会与政治制度，以及信仰、观念、知识和表述都在不断地与这个自然背景相互作用。在某种程度上，人类系统有其自身的活力，但不论

---

① 本书中当"自然"本身被看作是一个宇宙实体时，就用大写。

xxi 及它们的环境,就不可能自始至终对它们予以充分的理解。在本书中,疾病史是主要的缺憾与空白。中国曾经遭受过一些大瘟疫的折磨,①但是在过去大约 200 年之前,关于疾病发生状况的可靠知识极为零碎②;况且,我也没有时间给予这一主题以应有的关注。

从历史研究来说,中国是一个重要的对象,原因有三点。首先,其文字记载源远流长,使我们可以去尝试回答许多问题,世界上其他地区却难以做到这一点。其次,它可以与其他主要国家及民族的环境史相互补充与对照。③ 当验证任何一种通常在其他某些背景下形成的一般理论时,它往往都会给予一种逻辑上必然的重要质疑。最后,它为考察今日中华人民共和国逐渐形成的环境危机提供了一个视角,这一危机的起源在时间上早于现代。

不过,就具体比较而言,提出一些意见并作一点提醒还是有必要的。中国的环境历程是一个丰富的源泉,其中有很多与西方和其他国家或地区的环境史明显相似和相异的情况。在近乎相似的因素中,先后顺序的不同和表面联系的差异,都会对通常所认为的因果关系提出重要的质疑。于是可以说,中国人即便不是从最早的时候,也是从很早的时候起,

---

① 例如,关于那些图像和讨论,可参见伊懋可著:《中国历史的模式》,加利福尼亚州,斯坦福:斯坦福大学出版社 1973 年版(M. Elvin, *The Pattern of the Chinese Past*, Stanford University Press:Stanford, Calif. , 1973),第 310—311 页;海伦·邓斯坦:《晚明的瘟疫初论》,《清史问题》(H. Dunstan, "The late Ming epidemics:A preliminary survey, *Ch'ing-shih wen-t'i*),第 3 卷第 3 期(1975 年)。

② 例如,参见程恺礼论霍乱、张宜霞和伊懋可论肺结核的相关章节,收于伊懋可、刘翠溶主编:《积渐所至:中国历史上的环境与社会》(M. Elvin and T. -J. Liu, ed., *Sediments of Time:Environment and Society in Chinese History*, Cambridge University Press:New York, 1998)。C. 本尼迪克特的《19 世纪中国的鼠疫》(C. Benedict, *Bubonic Plague in Nineteenth-Century China*, Stanford University Press:Stanford, Calif. , 1996)也是一部重要的研究著作,书中十分重视环境因素;不过,对于它所讨论的瘟疫中的病原体的鉴定,在某些情况下可能需要进一步验证。

③ 例如,R. 格罗夫、V. 达莫达兰和 S. 桑万主编:《自然与东方国家:南亚和东南亚的环境史》,新德里:牛津大学出版社 1998 年版(R. Grove, V. Damodaran, S. Sangwan, ed. , *Nature and the Orient:The Environmental History of South and Southeast Asia*, Oxford University Press:New Delhi, 1998)。

就在登山及冥思中寻得了某种宗教似的兴奋和哲学上的升华。然而,在古典时代的西方,人们只是偶尔为之,并夸赞几句;在西方中世纪期间,这通常是被深恶痛绝或避而不谈的。如果将一种不断增强的对阿尔卑斯山和其他山峦的世俗宗教般的迷恋,与我们认为是西方"现代化"的启蒙运动和理性精神的萌芽联系起来,从时间次序上讲是正确的;而就它所暗含的那种因果关系而言,这种联系可能差强人意。① 至少大致上看,在前现代中国,在没有这些联系的情况下,迷恋山川的现象也照样存在。我们可以更策略地说,这种问题表明,我们怎么样选择将某种适当的"接近"界定为相似性,分析起来确实很重要。

在中古之初的中国,山,是仙人和超凡入圣者居住的地方。因而,活跃在公元 3 世纪初的曹植写到泰山时说:②

> 晨游泰山,云雾窈窕。
>
> 忽逢二童,颜色鲜好。
>
> ……
>
> 授我仙药,神皇所造。
>
> 教我服食,还精补脑。
>
> 寿同金石,永世难老。

生活于 8 世纪的杜甫也曾登上同一座山,他以一种更为抽象和玄奥的方式体验到了山的特质,即俗语所谓的"天人合一":③

xxii

---

① 关于西方的研究,参见尼古拉・朱迪西著:《勃朗峰的哲学:从登山运动到非物质经济》(Nicolas Giudici, *La Philosophie du Mont Blanc : De l'alpinisme à l'économie immatérielle*, Grasset: Paris, 2000),巴黎:格拉塞,2000 年,在第 276—280 页有与中国进行比较的内容。关于中国的较为综合性的研究,可参见谢奇懿:《五代词中的"山"意象研究》,台湾师范大学 2000 年硕士论文,该论文的研究范围比标题所指的更为广泛。我十分感谢刘翠溶教授为我提供了这份成果。
② 引自谢奇懿:《五代词中的"山"意象研究》,第 68 页。我省略了头四行和后六行之间的诗句。
③ 仇兆鳌注:《杜少陵集详注》,4 册,北京:文学古籍刊行社 1955 年版,现刊第 1 册,原刊第 2 册,第 2—3 页。

　　岱宗夫如何,齐鲁青未了。

　　造化钟神秀,阴阳割昏晓。

　　第二首诗所表达的心境,与现代西方人在高山沉思中追求某种内在超越的冲动有异曲同工之妙,但是如果我们全方位考察中国人的信念与情感,也会发现很多不同之处。其中一个例证,即是寻找掌握了长生不老密钥并且可能会赠予他人的仙人。应该指出的是,第二首诗中提到的"Reshaper"并非造物者,而是一种不断演化的力量。[①] "Two Forces"即是阴、阳,一负一正,一雌一雄,一软一硬。"Daemonic"——中文里的*神*——表明的只是一种超自然的力量,对人类而言本无好坏之分。因此,这种以玄学为基础的观念与西方人的认识大为不同。

　　于是,还要提出一个问题:认为中古时代中国人对山的热情与近代早期欧洲人的类似热情可以进行充分的比较,而不只是具有偶然的可比性,这种看法到底有多大的可信度? 当我们回忆起首次登上勃朗峰(Le Mont Blanc,阿尔卑斯山的最高峰。——译注)的霍勒斯-本笃·索绪尔(Horace-Bénédict de Saussure,1740-1799年,瑞士博物学家、地质学家。——译注)主要是为了科学探索和测量所需而攀登时,就会更加明了二者之间可能存在的差异。[②] 不管怎样,阿尔卑斯山的命运,用尼古拉·朱迪西的话说,即是很快变成了"展示传奇般英勇行为的场所"[③],促进了挑战自我极限的运动,并推动了对最高纪录和普罗米修斯般超人(Promethean supermen)的崇拜。而正如"观念"部分的"科学与万物生灵"一章所叙述的,中国在这方面的反响可能极其微弱:16世纪末的谢肇淛一生饱览名山,他似乎在心里拟定了一份关于最险地方的名单,但在说到他因为惧怕而不敢穿越最险之处时——尽管还有路勉强可行,他并不感到难堪。随行的小仆确曾战战兢兢地穿越了险处,虽然想想这值得

xxiii

————————

① 中文的"造化"。

② 尼古拉·朱迪西著:《勃朗峰的哲学》,第189—191页。

③ 尼古拉·朱迪西著:《勃朗峰的哲学》,第249页。

一提，但人们却不认为他会成为未来的英雄模范。这类事例分析起来十分复杂，难以很快理清头绪。

即便如此，在后面的章节中，我还是花了很多篇幅将脑海里模糊出现的关于西方可能存在的类似与差异之处写了出来。这一点，对于有关"观念"的那些章节来说尤其真实。就我所勾勒的历程而言，西方可明显与之相提并论的对象——当然它更加丰富多彩——体现在克拉伦斯·格拉肯的《罗德岛岸边的足迹：自古代至 18 世纪末西方思想中的自然与文化》一书之中。① 也许最大的差别是，在前现代中国，根本不存在一个在基本性质上有别于自然的超验造物主上帝这一观念。中国人以五花八门的方式表达了对一位天神（a supreme god）的看法，这即是"天神崇拜"（hypatotheism），② 而且，正如我们所理解的，他们也认为存在一个有点类似造物主的"演化者"（transformer）在不断地改造着宇宙。③ 他们也构想出了抽象的形式，要么是不同类型实体所固有的道德-物质之理④，要么是既体现又指示位置先后⑤的动态模式。但是这些都无一提到西方人所说的神造天地问题，而这是格拉肯的三大主题中的第一个；总体上说，它们也未涉及西方人所喋喋不休的宇宙目的、终极原因或目的论等若干问题。这种观念上的巨大不同是否导致了人类在改变环境（如长期的森林滥伐）上的某种重要差异？ 这是一个有趣的问题。这一问题值得

---

① C. J. 格拉肯著：《罗德岛岸边的足迹：自古代至 18 世纪末西方思想中的自然与文化》，加利福尼亚州，伯克利：加利福尼亚大学出版社 1967 年版（C. J. Glacken, *Traces on the Rhodian Shore：Nature and Culture in Western Thought from Ancient Times to the End of the Eighteenth Century*, University of California Press：Berkeley, Calif., 1967）。

② 譬如*上帝*（它有许多种译法，包括"Lord Above"）和天（"Heaven"），它们可能拥有包括道德判断和交流在内的人类特质。关于天神崇拜，参见伊懋可：《中国存在某种先验的突破吗？》，收于 S. N. 艾森斯塔特主编：《轴心时代及其多样性》，纽约州，阿尔巴尼：纽约州立大学出版社 1986 年版（M. Elvin, "Was there a transcendental breakthrough in China?" in S. N. Eisenstadt, ed., *The Axial Age and its Diversity*, State University of New Work：Albany, N. Y., 1986）。

③ 上文提到的*造化*。还可参见第 8 页注释 1。

④ 即*理*。

⑤ 即*象*，《易经》里体现为 64 个卦象。

探讨,我暂且回答说,没有导致这种差异,或至少"没有以直接、明显的方式"导致这种差异。

本书贯穿始终的主题之一其实是:在某种程度上,人们对环境如何理解和表述以及被宣称为恰当的接近环境的方式,与实际所发生的情形之间的关系总是难以捉摸的。第二个方面绝不可能从第一个方面简单地推断出来。有时候,情况甚至可能恰恰相反,"观念"部分的第一章就考察了这一问题;这是在罗哲海(Heiner Roetz)所讨论的观念语境中展开的,是他首先敏锐地标出了这一问题。

另一个需要解决的关键问题是:我们还要走多远才能合理地、明确地认识前现代中国的环境开发的特征;这既要囊括其内部的大范围的变化,又不能模糊也不能忽视那些差异。我认为确实*存在*一种与众不同的"中国"式的"前现代经济增长",它伴随着一些明显的衰退、随后的继续推进以及短暂的失衡期,而从"战争与短期效益的关联"那章所叙述的最初由政治和军事推动的突进开始,这种增长就逐渐支配了环境的转变。但是我们仍需做出一个完全令人满意的界定。暂时可以大致表述如下:从结构上讲,中国式增长的基础在于一种通过高度分散的单位(像农民的家庭农场)来运行的能力;在有需要的地方,可以对此加以协调,从而组成庞大的*组合体*(*modular aggregates*)。协调的方式要么是行政手段,譬如修建中等规模和大规模的水利工程;要么是商业手段,主要是借助那类具备某些重要资质而又不受垄断控制的市场网络。当然这种*组合体*天生短命,只有在紧急需要时才会出现。我怀疑,正是小单位的主动精神和几乎不受限制的任意组合(要么以行政要么以商业为基础)的结合,引起了对环境的彻底开发,这在前现代世界是独树一帜的。①

"特例"部分的三章论述了不同地区在特定环境背景下的经济发展,其目的之一是想说明,要正式给一种连贯的"中国"前现代发展方式下定义,依然是多么的棘手。实际上,即便在一个单独的大湖流域内,甚至都

---

① 对"前现代"可以这样定义:在惯常的将科学转化为生产技术和破坏技术之前的那种生存状态。

可以证明在经济与环境的关系上存在某种程度显著的细微变化。我的同行和我自己最近的研究表明,在云南省西部的洱海北岸和西岸确实有这样的情形。[①] 自18世纪中叶以来,在洱海北端的弭苴河上游,一旦为了农耕而清理掉山坡表层的植被,下游河流就会负载大量的泥沙,以至于每年都需要动员众多的劳力,通过清淤和筑堤来容纳它。同时,还得在上游的末端,即水流汇入峡谷之处,建造一道巨大的防护性斜坝。到18世纪末,这条河流两岸的堤坝比它们外面的房顶还要高出几米。这一水利系统险象环生,而且只有在耗费巨大和人们通力协作之下才能维持下去。与之相对照,在西岸,灌溉用水取自18条小溪;这18溪水常常从位于陡峭的群山脚下的重重叠叠的冲击扇一泻而过。它们通过细密的水网联结贯通,甚至在几个地方相互汇流起来。无论何时当这些河道出现泥沙淤积的情形时,它们都是可以改道或允许改道的,这样做也几乎不会殃及生命或生计。这里不需要大规模的组织结构,并且其水利系统无需花大力气就能维持。不过,如果认为这两个水利系统中的某一个比另一个更具"中国"特色,那就是一种误解。在任何这样的分析论述中,都需要照顾到它们二者以及许多其他类型的水利系统。总之,虽然对比会非常有趣,但是在我们深入比较"中国"与世界其他地方的前现代环境变迁之前,需要更确切地把握"中国"本身是什么。

xxv

由于这些原因,外部比较并非本书关注的重点。

再多说几句我自己对这个题材的态度,这可能有助于读者体谅我的偏好。

我是一位职业历史学家,但在某些领域具有足以同专业科学家合作的科学知识。我认为,只要在历史研究中充分客观,就可以理智地尽力

---

[①] 参见伊懋可、柯鲁克、沈寂、琼斯和迪尔英:《9—19世纪洱海流域清理与灌溉的环境影响》,《东亚史》(M. Elvin, D. Crook, Shen Ji, R. Jones, and J. Dearing, "The Impact of Clearance and Irrigation on the Environment in the Lake Erhai Catchment from the Ninth to the Nineteenth Century," *East Asian History*),第23卷(2002年6月)。

区分出哪些历史重构更可信,哪些不太可信。我知道,不管是过去还是现在,不同时代和不同文化中的人都生活在不同的观念世界之中。我甚至就这一主题写过一本专著。① 然而,这些世界并非壁垒分明,多半是有路可通的。依靠努力和用心,人们就可以学会如何在它们之间走动,这与孩童成长时靠"自力更生"学会他或她自己的文化并无本质差异。而在我这个局外人看来,正是中华世界中那多种多样的想法,才创造出了人们回避不掉的某种不一样的东西。

更重要的是,有一点可以得到证明,就另一个时代或另一种文化的证据而言,不一定因其他者性而不适于我们使用它就无效了。中古时期中国地图上的海岸线早已消失,从留下的地图中有时可以看出,它们与现代的遥感图像非常契合,这些图像中反射系数(reflectance)的不同可以衬托出一幅古今相似的图形。② 前现代中国的地方史中所记载的"烈女"死亡年龄在几百年间都是随机排列的,当我们重新整合时,可分制成有关特定年龄的死亡率的一些平滑曲线(the smooth curves);这是现代人口统计学所熟悉而做记录的那些地方史家并不知晓的。③ 历史资料在覆盖范围上可能会有令人窘迫的偏差,它们可能也会给出在我们看来似乎是歪曲的看法。但是,它们也不仅仅是在为那些编纂者的权力辩护。历史资料是一面镜子,它们不仅仅能照出我们自己的脸庞,还能照出我们的偏见,甚至照出我们自身的反面。

沉浸在另一个精神世界之中也会带来一点好处,那就是可以从外部来观察自己的精神世界。其影响也并非总是单向的。

---

① 伊懋可著:《中华世界中变化多端的故事》,加利福尼亚州,斯坦福:斯坦福大学出版社 1997 年版(M. Elvin, *Changing Stories in the Chinese World*, Stanford University Press: Stanford, Calif. , 1997)。

② 伊懋可、苏宁浒:《人海相抗:1000—1800 年左右杭州湾形态变化中的自然与人为因素》,《环境与历史》(M. Elvin, N. Su, "Man against the Sea: Natural and Anthropogenic Factors in the Changing Morphology of Harngzhou Bay, circa 1000—1800," *Environment and History*),第 1 卷第 1 期(1995 年 2 月)。注意:"Harng"中的后元音"r"在抑扬顿挫的拼音中指的是上声。

③ 伊懋可:《血液与统计》。

因个人偏好所致,我从原始资料中引用的部分比一种介绍性的概述作品通常所用的要多。这么做,除了古汉语总体上很难翻译这一事实以及可靠的翻译本身即是一种贡献外,还有两个目的。首先是想说明这里所述的历史和我的分析依赖的是什么样的证据。以现在的标准来说,这证据有些单薄,但与我们西方中世纪和古代历史所用的证据相比,它们甚至显得很充分。引用原始资料,也使读者有一定的机会以不同的方式对证据做出概念化的思考。第二个目的是想使他或她有可能进入——哪怕只是一小会儿——那些创造了本篇章中所考察之历史的人们的精神世界,去获悉一个可谓另样的、想象的自我。

至于我自己的环境价值观,它可能接近于半个世纪之前奥尔多·利奥波德(Aldo Leopold)在《沙乡的沉思》中表达的观点:[①]

> 这些野外的东西,我承认,直到机械化为我们提供了美味的早餐,而科学又为我们揭示了它的来源和如何生长的故事之前,是几乎没有什么关乎人类的价值的。全部矛盾由此而凝聚为一个相当有争议的问题。我们少数人看到了在进步中出现的回报递减律,而我们的反对派们却并未看到。

我很高兴能以他所做的那种方式来维护野生和进步的和谐,并兼顾实用与诗意。读者诸君若发现自己与这些观点有所抵牾,不管出自哪种立场,灾变论的(catastrophist)也好,丰富论的(cornucopian)也罢,都应该给予适当的体谅。

可以换一种方式来表达。虽然模拟的灾变能控制沙堆和股市,[②]但

---

① 奥尔多·利奥波德著:《沙乡的沉思》,纽约:牛津大学出版社1949年版(Aldo Leopold, *A Sand County Almanac and Sketches Here and There*, Oxford University Press: New York, 1949),第vii页。(此处译文参考了侯文蕙的译本,见《沙乡的沉思》,新世界出版社2010年版,"英文版序"第1页。——译注)

② P. 巴克著:《自然如何运转:自组织临界科学》,牛津:牛津大学出版社1997年版(P. Bak, *How Nature Works: The Science of Self-Organized Criticality*, Oxford University Press: Oxford, 1997)。

我往往认为,在历史层面上,人类的生存状态通常像一条逻辑斯蒂曲线(logistic)。这即是说,近似的平衡不时会突然变成加速增长,但不久之后,加速减缓、消失,现行秩序又将恢复一种新的近似平衡。[①] 这样的见解,使得我更接近生物学家和人口学家,而非正统的经济学家,但也总是可以针对这条曲线的某一部分提出理由。逻辑斯蒂曲线开头的那一段*看上去*是指数曲线。

中国的文人经常写诗,涉猎的题材比受过教育的西方人更为宽泛,主题通常则很平凡。因而在下面的章节中,诗文的引用要比通常在西方历史编纂中更为频繁。这些诗文所蕴含的信息通常也是别处没有的,这就是为什么将它们算作历史资料的原因所在,而不是因其对心灵的影响。尽管如此,我们仍需记住它们是文学作品。它们所具有的某种特征,部分是由所写诗歌的特殊体裁、想象和象征的特殊习惯以及引经据典的基本架构所决定的。它们不只是单纯地——实际上一点也不单纯——反映人类及其所处时代的自然环境。我们常常依赖更普通的历史文献,这类文献也有自己的准则,而且很少像表面上所声称的那样秉笔直书。实际上与依赖这种文献相比,使用诗歌是要担风险的;但不用是不可能的。

xxvii 　所引的原诗大都押韵。除了那些采用纵情恣肆的"散文诗"体裁或*赋*之外——有少数的例外——中国的古诗一般都是如此。在本书所做的翻译中,我会在每行诗最后的重音上使用元音以示押韵这一特征。更古老的中国诗歌还有一种清晰的音律结构,通常在每行的中间或其附近有某种停顿。这种规律无法在多音节的英语中再现,但我会试图去表明停顿,有时候用一个破折号"——"标出。阿瑟·韦利(Arthur Waley, 1889-1966,英国汉学家、翻译家,翻译代表作有《一百七十首中国古诗选译》。——译注)首创了自由不押韵的英文译法,自此以后,多数译者或

---

[①] "逻辑斯蒂"一词出自一种数学曲线。在这里,$N(t)$是一段时间 $t$ 后的单位数,其他字母代表恒量;逻辑斯蒂方程是 $N(t)=a/[1+b\exp(-ct)]$,其中的"exp"是指数函数。其形状接近于倾斜的"∫"的样子。

多或少会效仿他。然而，不管他们本身译得多好（或多坏），却都有可能几乎完全歪曲了中国历史上主流诗歌的声音和韵律的特质。

　　为了说明我所采用的习惯译法，这里引用季麒光可能在 17 世纪末创作的《田妇行》的开头几句。① 押韵的元音用粗体（还原为原诗时，将夹有这种字体的元音的英文单词所对应的汉字也加粗了。——译注），所有中间的停顿用"—"表示，这通常在停顿不明显时才会用到：

> 临淮道上—逢田**妇**，赤脚蓬头—立高**土**。
> 却指斜阳—向客**言**，淮西风物—由来**苦**。
>
> 地疏**水**阔—瘠且荒，昔年会此—生真**王**。
> 千里萧萧—禾稻**少**，平原脉脉—多高**粱**。

　　这些诗句有力地再现了帝制晚期最为衰败的景象之一。正是这样的材料比其他任何资料都更能使人们将一个个碎片连缀起来，从而绘制出一幅反映特定时代和特定地方的图画。

　　对于不会说汉语的那些人来说，要消化和理解中国历史，一个最为困难的实际障碍，即是那种似是而非的、既微不足道却又难以逾越的障碍。记中国的人名和地名即是如此。

　　这方面的许多困难，是由于将许多汉语音节译成同一个罗马字母造 xxvi 成的，而汉语音节说起来有不同的调，写起来有不同的字，当然，一个汉字又有不同的含义。必要时，我用重音来表示不同的声调。因此，Zhòu（去声）指的是商朝末代"暴"君，而 Zhou（阴平）指的是代商而起的朝代。尖音表示的是阳平，倒过来的抑扬符号表示的是上声。

　　最常用的译法以及本书所用的译法是拼音法，这似乎又在很多英语读者前行的途中设置了一道心理铁丝网。最麻烦的字母是"q"和"c"，发音类

---

① 张应昌编选：《清诗铎》，1869 年版初名《国朝诗铎》，北京：新华书店 1960 年再版，第 155 页。

似于英文词"cheats"中的"ch"和"ts"；而"x"的发音类似于"she"中的"sh"，"zh"的发音类似于"Joe"中的"j"。如果暂时不理会中文并没有尾音"c"的事实，那么我们可以说，使用拼音韵母，"she cheats Joe"就会写作"xi qic zhou"。对于这种怪诞的做法，我并非始作俑者，或许是可以得到谅解的。所以，我尽量将不重要的中文名字放在注释中，或者尽可能不让它们出现。

当译文中两个元音或音节之间的停顿不明显时，我就用单引号隔开。由于"xian"（单音节）指的是"县"，而"xi'an"（双音节）指的是一个城市，因此，省名"Hu'nan（湖南）"和"He'nan（河南）"在写的时候会严格地加上引号，因为从拼音读音上，它们也可以读作"hun'an"和"hen'an"。

比起很多读者来说，换算中国历史上的度量衡对于我更是个问题。通常，在精确换算重要之处，我主要依靠丘光明的《中国历代度量衡考》①，它是在对实际留存下来的量器进行现代测量的基础上得出的。虽然这些换算彼此之间差别很大，甚至对同一个时代来说也是如此，但在大多数情况下，还是可以确定一个合理的中间值的。通常我使用公制，但也有部分的例外，那就是在准确的距离无关紧要的地方，我允许自己使用"英里"而不是对等的"公里"；这个熟悉的词汇也更容易从嘴边蹦出来。同样，在类似的情形下，我有时候使用接近于中国尺寸的"英尺"和"英寸"。

我会尽可能减少学术上的凌乱。因此，在翻译所引资料时，我将方括号从那些显然有必要插入的评注中删除了（这一句的原文是"Thus square brackets have been removed from obvious and necessary interpolations in translations"。比照原著可以发现，作者此处的解释与其翻译时的实际做法并不一致，因为他在对资料的译文添加评注时都加上了方括号。——译注）。而关于地点、日期、人、技术术语和问题评论等附加信息，通常则放到了脚注之中。

再会（*Bon voyage*）！

---

① 丘光明著：《中国历代度量衡考》，北京：科学出版社 1992 年版。

# 中译本序言

在西方学者撰写的中国环境史著作中，伊懋可著《大象的退却：一部中国环境史》出版较早，至今仍然是最厚重的一部，被同行学者誉为中国环境史奠基之作。唯其原著以英文撰写，文句奥雅，富有个性，一般中国读者阅读理解颇有困难。梅雪芹教授及其弟子冒数载之寒暑，将它迻译成中文，在即将付梓之际，命我为序。欣闻同道多年戮力，如今大功甫竣，德业成就，乃将泽惠学林；复感同乡一番美意，纡尊相约，实有抬举之心，吾不遑自揣鄙陋，即慨然领命，欲借此机会谈一点学习体会。诚恐曲解作者微言大义，枉负译家传神妙笔，竟成狗尾续貂，读者幸毋嗤焉！

## 一、我所认识的伊懋可教授

伊懋可教授是西方汉学界老一辈权威学者之一，国内学人特别是社会经济史研究者对他并不陌生。他从探讨清末民初上海华人区的民主机构起步，在剑桥大学获得博士学位，可谓出身名门；后在世界众多著名大学从事过教学与研究，还曾担任牛津大学、澳大利亚国立大学相关院系的领导职务，学术阅历非常丰富。近半个世纪以来，伊懋可纵横于中国经济史、社会史、文化史、科技史等多个领域,最近一段旅程主要进行中国环境史的拓荒工作。其学术领域和问题关注虽经几次转换,却是非常符合逻辑的学术拓展,主要思想观点前后一贯,左右呼应,在不同领域均取得了卓越成就,著述等身,东西学界有目共睹。早在1972年,他就发表《高水平均衡陷阱:中国传统纺织工业发明下降的原因》一文,对曾经走在世界前列的中国古代纺织业何以至帝国晚期丧失发明创新活力提出了新解释,引起学界高度重视。"高水平均衡陷阱"理论之提出,初步奠定了他的学术地位,那时他还是一位风华正茂的青年学者,堪称"少年成名"。① 1984年他又发表了《何以中国未能产生内生的工业资本主义:对马克斯·韦伯解释的批判》一文,进一步完善了自己的理论。②

1990年,伊懋可提出了一份中国环境史研究构想,③并立即着手开展系统的研究,这应是他最重要的一次学术转向。1993年,他与中国台湾"中央研究院"原常务副院长刘翠溶院士联袂在香港组织召开了中国环境史学术研讨会,会后出版了著名的《积渐所至:中国环境史论文集》(中、英文分别出版),收录了中外20多位著名学者的成果,在东西方都被众多高校列入环境史教学必读书目。最近20年,伊懋可把主要时间和精力都贡献给了中国环境史,他筚路蓝缕,锐意开拓,标新立异,苦心孤诣,探讨了数千年中国环境史上的许多问题,提出了不少富有前瞻性、启发性的新论题和新见解。由于这些成就,他被公认为西方学界中国环境史研究的主要开拓者,对中国学者亦产生了重要的激发作用。

关于他的基本情况,相信国内环境史爱好者通过各种渠道已获得大致了解,我就不多做介绍,以免浪费纸墨,下面仅据个人交往谈谈我所认

---

① Mark Elvin, "The High-Level Equilibrium Trap: The Causes of the Decline of Invention in the Traditional Chinese Textile Industries," in W. E. Willmott, ed., *Economic Organization in Chinese Society*, Stanford: Stanford University Press, 1972.

② Mark Elvin, "Why China Failed to Create an Endogenous Industrial Capitalism: A Critique of Max Weber's Explanation," *Theory and Society*, 13: 3, Special Issue on China, 1984.

③ Mark Elvin, "The Environmental History of China: An Agenda of Ideas," *Asian Studies Review*, 14: 2, 1990.

识的伊懋可。这样做虽有喧宾夺主之嫌，但兴许能帮助读者更真切地了解这位西方前辈的学者本色和思想学识。事实上，梅教授派我作序，既因我近年正在努力研习中国环境史，亦因我与伊氏有过多年交往。

我第一次有幸向伊懋可先生当面请益是在 2002 年。那年 8 月，南开大学组织召开"中国家庭史国际学术研讨会"，我是会议的主要操办者之一，伊懋可和一批重量级的中外学者应邀出席。此前他的大名早就如雷贯耳，而当时我刚刚接触环境史，有此难得的请教机会自然不愿放过。于是我特意安排一场与会议主题并无关联的讲座，请伊懋可谈谈环境史。那次他主要介绍了自己关于云南洱海地区环境史的最新成果，虽因英语不佳我所获有限，但从此与他结下善缘。2003 年底，德国海德堡大学汉学系瓦格纳（Rudolf G. Wagner）教授突然来函邀请我赴德授课，我感到非常意外，次年夏天抵达海德堡，方知是由于伊懋可推荐，那时他正在该校担任客座教授。

在海德堡三个月，时间很短暂，却是一段非常愉快的日子。我有幸结识了成就卓著的瓦格纳教授，受到了两位语言才能超凡、学术造诣深厚的年轻教授——米特勒（Barbara Mittler）和扬库（Andrea Janku）的热情帮助，而在他乡异国成为伊懋可的同事，更令我至今仍然深感荣幸。那几个月我们基本上是朝夕相处：我经常去听他讲课，而他也常常加入我的课堂——像一名刻苦用功的学生，很认真地听讲、提问和参与讨论，这给了我很大的鼓励。傍晚和周末，我们常在一起用餐、散步、闲聊或参加聚会。

最难忘记的，还是我们结伴早出晚归时的那些愉快交谈。当时我们都住在海德堡大学新校区，距离汉学系大约两公里，大部分日子里我们（有时还有他的夫人）都要一来一回于两地之间：早晨迎着旭日阳光，傍晚赶着夕阳斜晖，行走在贝克河畔。海德堡的夏季气候凉爽，空气清新，贝克河中水流清澈，两岸芳草萋萋，绿树成荫，远处是高低起伏的山峦和错落有致的大小楼房，古堡、古桥、古道和教堂钟声，都弥散着优雅的古风。身处其境之中，若非河上航船偶尔鸣响的汽笛提醒，真恍若是漫步在中世纪的某个城邦王国。

在来往的路上,我们总是天马行空地闲聊,话题非常广泛,聊得最多的当然是我们共同的领域——历史。我们聊到中国古代农业、水利、手工业、商业和城市、传统政治体制、社会构造、法律礼制、宗教信仰、民间风俗、家族家庭、日常生活和东西文明差异;聊到中国古代士人、文学、农学、医学、地学,聊到谢灵运《山居赋》、谢肇淛《五杂组》、李时珍《本草纲目》和他非常重视的《清诗铎》……;还聊到了李约瑟、席文、许倬云、白馥兰、李伯重等著名学者和他们的学术成就。正是在这些闲聊之中,我亲身领略了他的辽阔学术眼界、渊博科学知识和锐利思想锋芒,用"博大精深"来评价他毫不为过。

作为一位西方学者,伊懋可对中国文化特别是文献典籍的熟悉程度,常常令我这个中国史教授深感讶异甚至自惭形秽。举例来说,有一次我提起汉代儿子婚后与父母分家相当普遍,他随口便说那是"生分",我感到很惊讶——如果不是正在编写《中国家庭史》,我肯定没有注意这个词汇!还有一次,聊到南方稻作农业的生产力和劳动强度,我说南方农民比北方农民辛苦,尤其是在双季稻生产区,农民炎夏插秧,要长时间地背暴烈日,弯腰倒行,拔秧倒可以坐在"秧马"上。他立即问我:是王祯画的那种"秧马"吗?那能行吗?我再次被他震惊了:"秧马"是一种很小而不起眼的生产用具,即便中国的农史专家也未必都听说过啊!而他不仅知道这个物件,而且凭直觉就对王祯所画的图样产生了怀疑。这些细小的例子足以证明:这位西方智者果真是博览群书,见识广博!

在交谈之中,他经常提出一些出我意料的问题和观点,让我感到历史需从不同维度进行观察和解说,如果从中外比较的角度来看,有些我们过去一直"自以为是"的观点可能并不正确,至少是有所偏颇和不太周全。

有一次,我们聊到中国传统社会的经济形态。自战国、秦汉以后,小农生产一直是中国社会经济的主体,这是国内学者的普遍认识,少有异议,我也很赞同。伊懋可却持有不同的观点,他认为:中国传统社会经济形态复杂,经历了许多变化和起伏,地区差异非常大,很难说小农经济一直是主体,至少在唐代以前国营和大地产经济一直占据着主导地位。[①]经过一番争论,我们都没有说服对方,至今我仍然认为:唐朝及其以前,国家对土地和人口的支配、管理诚然直接而严厉,朝廷和官府确实拥有大规模的屯田和营田经济,但农业生产经营的基本单位是个体家庭。不过,他的意见仍然值得尊重,各个时代不同形式的国家屯田、营田和畜牧业规模究竟有多大,在整个社会经济中的比重和影响究竟如何,确实还值得继续考察,农业经济发展运行的复杂历史实态仍需要进一步予以深入探讨。

中国农史学者(包括我本人)一致认为:中国传统农业几千年来长盛不衰,是一种可持续的经济体系。近期以来,学人反思当代环境问题,探讨人与自然关系的历史演变,常常表露出对传统农业时代的追怀之情。然而,伊懋可多次跟我说:中国传统农业并非长盛不衰,而是经历了多次重大的升降起伏。更重要的是,帝国时代晚期人口压力不断增大,而长期开发导致环境破坏和资源衰退,传统农业发展已经触到了"前近代的技术顶限"(had hit a pre-modern technological ceiling),[②]经济增长事实上已经"不可持续"。后来我知道,早在1993年,他就曾从环境史角度专门探讨了这个问题,发表了《三千年不可持续的增长:从古代到现在的中国环境》,[③]后来又在多种论著中进一步作了申论,这种观点与他的"高水平均衡陷阱"理论一脉相承。

与之相关的还有古代农作施肥问题。2009年,因参加第一届世界环境史大会,我用英文撰写了一篇关于中国古代废物利用和农作施肥的长文,会后我寄给伊懋可批评和修改。在回函中,他再次重申了自己的观

---

[①] 他在《中国过去的模式:社会和经济解释》一书中已经论述了这个问题。参 Mark Elvin, *Pattern of the Chinese Past: A Social and Economic Interpretation*, Stanford University Press, 1973。

[②] 伊懋可寄给笔者的电子邮件。

[③] Mark Elvin, "Three Thousand Years of Unsustainable Growth: China's Environment from Archaic Times to the Present," *East Asian History*, Vol. 6, 1993.

点,还针对拙文的主题——废物利用和农作施肥,抄寄了不少西文资料给我。在许多农学和农业史学者看来,利用各种废弃物质酿肥、施肥,实行作物轮种和农林牧渔多种经营,促进有机物质循环利用,不断改良土壤,是中国传统农业得以数千年持续发展的一个主要原因。早在上个世纪初,美国农学家富兰克林·H·金在其《四千年农夫:中国、朝鲜和日本的永续农业》一书中就曾予以高度称赞;①1926年德国农学家瓦格纳在其《中国农书》中也十分赞扬中国农业的这一优秀传统。②从环境史角度看,这种经营方式和技术体系,使得中国土地持续耕种数千年而没有出现严重地力衰退现象,土地越种越肥,的确是中国农民在资源利用与环境保护方面最伟大的历史成就之一,这也是我们将中国传统农业视为一种可持续发展经济体系的主要事实依据。但是,由于过去对世界其他地区的相关情况缺少了解,我们常常将它当作中国农民独有的发明,而伊懋可对我说:"尽管由于作物构成(例如罗马重视葡萄和油橄榄)和气候类型不同,难以精确地进行比较,但我猜测,罗马人的(施肥)实践和知识,至少可与汉代农民相媲美。"③通过他所提供的材料和后来自己阅读的加图《农业志》、瓦罗《论农业》等书,④我发现,古罗马农场主的做法确实与中国古代农民颇有相似;在中世纪直至近代,欧洲农民也一直在利用各种废物作肥料。伊懋可的批评提醒我,对中国农业和环境史上的某些问题进行评估与判断,还需具有世界眼光,进行必要的中外比较。

伊懋可的自然知识丰富而且博杂,他的许多论著都体现了很高的自然科学素养,让我望尘莫及。我们海阔天空地聊天,涉及数学、物理、化

---

① F. H. King, *Farmers Forty Centuries, or Permanent: Agriculture in China, Korea and Japan*,该书初版于1911年,最近才有中译本出版,由程存旺、石嫣翻译,北京:东方出版社,2011版。

② W. Wagner, *Die Chinesische Landwirtschaft*, Berlin: Paul Parey, 1926.中文版由王建新翻译,北京:商务印书馆,1936版。

③ 伊懋可寄给本人的电子邮件。

④ 参见加图(Marcus Porcius Cato):《农业志》,马香雪等译,北京:商务印书馆,1997年版;瓦罗(M. T. Varro):《论农业》,王家绶译,北京:商务印书馆,1997年版。

学、动植物、土壤、水文、海洋、机械、工程等许多领域,我由于知识相当贫乏,英语也没有完全过关,所以大多数情况下只能半懂不懂地听着,努力地跟上他的思路。值得一提的是,他的夫人 Dian 酷爱鸟类,知识水准近乎鸟类学专家。我唯一能够卖弄的地方,是能认出贝克河畔的一二十种野生花草。海德堡的五六月是植物充分生长的季节,草木枝叶完整,有的尚未落花,有的已结籽实。我把童年时代打猪草时已经认识的那些种类一一告诉他们:哪些能喂猪、喂牛,哪些能做菜,或者在青黄不接时可以用来充饥,味道如何。有时我们还亲口尝尝,以证实所言不虚。伊懋可对此甚有兴趣,非常理解我的童年生活情状。后来我拜读他的这本《大象的退却》,发现他曾经多次论及“生态缓冲”、“环境缓冲”问题,始知他对中国先民在森林荒野中采集野生植物补苴粮食不足、熬过饥荒,有着相当充分的历史认识和同情。

我离开海德堡时,伊懋可夫妇亲自送我到法兰克福机场,自那次握别以后,我们一直保持着电子邮件联络,继续探讨学术问题,偶尔也打个电话。我曾经多次试图邀请他来中国讲学,但由于各种原因迄未成行。

最近一次与他见面是 2011 年在台北。那年初冬,刘翠溶先生组织召开“东亚环境史研讨会”,我们都应邀参加了。会后伊懋可、扬库、曹津永和我一同从桃园机场离开台北,握手惜别之际,他告诉我:因年事已高,旅途遥远,这可能是他最后一次来远东参加学术活动了。仰望着这位将毕生宝贵年华贡献于中国史研究的长者,凝视着他那飘然的白发和慈祥的笑容,我心中突然涌起一股莫名的惆怅,一时竟至语塞,只能默默地献上衷心的祝福!

## 二、学习《大象的退却》的体会

从一定意义上说,《大象的退却》是伊懋可教授长期研究和思考中国环境、经济、社会和文化历史的一个阶段性总结。由于此前他早已成就卓著、天下闻名,而该书之前关于中国环境史的综合性研究论著又几近空白,因而,它刚刚出版即受到西方学界高度关注,多个相关领域的学者纷纷评介,国内学人较熟悉的环境史和中国史名家如唐纳德·休斯(J. Donald Hughes)、约翰·麦克尼尔(John. R. McNeill)、濮德培(Peter C. Perdue)和马立博(Robert B. Marks)等人都发表了专门的评论,对该书的编纂特色和学术贡献予以高度评价;国内学者包茂红也发表了长篇评介,①有兴趣的读者可以参阅,相信有助于加深对该书的理解。这里我也结合自己对中国环境史的思考和困惑,略谈几点读后感想。

2004 年 5 月在海德堡时,作者就把刚刚出版的新书赠给了我,我幸

---

① 笔者通过不同途径搜索到了以下十多篇评论:John. R. McNeill, "Human Impact on the Chinese Landscape," *Science* , New Series, Vol. 304, No. 5669(Apr. 16, 2004), pp. 391—392. Pradyumna P. Karan, "The Retreat of the Elephants: An Environmental History of China," *History* , 33:1(Fall 2004), p. 34. Crispin Tickell, "The decline of China's environment: the Spread of Agriculture led to deforestation and the Growth of Towns," *Nature* ( Jul 29, 2004, 430, 6999), pp. 505—506. Vaclav Smil, "Three Thousand Years of Exploitation: The Retreat of the Elephants: An Environmental History of China," *American Scientist* , Vol. 92, No. 6 (Nov. -Dec. 2004), pp. 566—568. Robert B. Marks, "The Retreat of the Elephants: An Environmental History of China," *The Journal of Interdisciplinary History* , Vol. 36, No. 2 (Autumn 2005), pp. 313—315. Lillian M. Li (李明珠), "The Retreat of the Elephants: An Environmental History of China", *Harvard Journal of Asiatic Studies* , Vol. 65, No. 2 (Dec. , 2005), pp. 499—505. Peter C. Perdue (濮德培), "The Retreat of the Elephants: An Environmental History of China", *Toung Pao (通报)*, Second Series, Vol. 91, Fasc. 4/5 (2005), pp. 436—445. Richard Louis Edmonds, "The Retreat of the Elephants: An Environmental History of China", *The China Quarterly* , No. 182 (Jun. 2005), pp. 441—443. Graham Parkes, "The Retreat of the Elephants: An Environmental History of China," *China Review International* , 12. 2 (Fall 2005) pp. 404—406. Sumit Guha, "The Retreat of the Elephants: An Environmental History of China," *Conservation and Society* , 4, 3 (2006), pp. 488—492. Michael Paton, "The Retreat of the Elephants: An Environmental History of China," *The China Journal* , No. 56 (Jul. , 2006), pp. 178—180. J. Donald Hughes, "The Retreat of the Elephants: An Environmental History of China", *Environmental History* , Vol. 11, No. 4 (Oct. , 2006), pp. 848—850. Michel Cartier, "The Retreat of the Elephants: An Environmental History of China," *Annales. Histoire, Sciences Sociales* , 61e Année, No. 6, Chine (Nov. -Dec. , 2006), pp. 1484—1485. Christopher Coggins, "The Retreat of the Elephants: An Environmental History of China," *Geographical Review* , Vol. 97, No. 3, Geosurveillance (Jul. , 2007), pp. 418—421. 包茂红:《解释中国历史的新思维:环境史——评述伊懋可教授的新著〈象之退隐:中国环境史〉》,《中国历史地理论丛》,第 19 卷第 3 辑(2004 年 9 月),第 93—103 页。

运地成为最早拜读这部名著的中国读者。此前我浏览过一些中国环境史方面的论著,都是专题性著作和论文,赵冈的《中国历史上生态环境之变迁》一书虽是较综合的叙事,但只是一本很薄的小册子。因此当我得到伊懋可赠书,心中非常兴奋!从那以来,我已经品读了多次。老实说,我对它的认识前后几经变化,理解是在逐步加深的。该书给予我的最大影响,是其整体综合的环境史叙事和解说框架。

在该书《序言》中,伊懋可更详细地表述了自己对环境史的理解。他说:

> 这里所指的"环境史",限定在有文献证据可供我们了解男男女女如何思想的时期。环境史的主题是人与生物、化学和地质等系统之间不断变化的关系,这些系统以复杂的方式既支撑、又威胁着人们。具体来说,有气候、岩石和矿藏、土壤、水、树木和植物、动物和鸟类、昆虫以及作为万物基础的微生物等。所有这些,都以种种方式,既成为不可或缺的朋友,有时也成为致命的敌人。技术、经济、社会与政治制度,以及信仰、观念、知识和表述都在不断地与这个自然背景相互作用。在某种程度上,人类系统有自己的动力,但若不参考它们的环境,就不能从长期过程中予以完整地理解。

显然,他心中的"环境史",是有文字记录以来人类与自然两个系统之间的复杂关系,是人类及其技术、经济、社会、政治制度、观念、知识和表达方式,与所在自然环境中的气候、岩石、矿物、土壤、水、植物、动物乃至微生物之间既互利共生、又竞争冲突的漫长历史故事。该书虽然题名《大象的退却》,却并非像许多环境史著作那样仅仅讲述某个物种或环境要素的变迁过程,亦不满足于梳理中国生态环境古今变迁的"自然过程",而是要考察这片大地上人类系统和自然系统的众多复杂因素曾经是如何交相作用,包括中国政治、经济、社会、文化与自然环境之间过往关系的种种。这正是需要历史学者解说的"环境史"。

该书的正文除《序言》和《结语》之外,共分三大部分、十二章。第一部分《模式》,首先界定了时空范围,然后分别讨论了大象南撤、森林破坏、战争对环境的影响,以及水环境与水利系统建设和维持等问题。表面上看,这个部分颇似国内学者针对主要结构性环境要素所进行的专题研究,实际上作者乃是通过纵论他所认为最重要的若干要素或方面,勾画出4000年中国环境史的基本脉络,用他自己的话说,提供"一幅总图";第二部分《特例》,选择浙江嘉兴、贵州苗族原居地和河北遵化三个典型地区进行个案研究,试图用"特写的镜头"对《模式》部分所勾勒的"总图"进行细化和强化,叙事论说相当立体化,并且具有相当浓厚的经济—社会史色彩;第三部分包括《大自然的启示》、《科学与万物生灵》、《帝国信条与个人观点》三章,讨论了中国历史上的环境观念、情感、知识和"天人感应"思想及其影响等问题,可以理解为环境史研究的一种文化视角。

刚开始浏览该书时,我曾经感到不太满足:每章的故事诚然都讲得很精彩,时常令人击节称赞,但全书各章基本上是以作者先前的专题研究作为基础,并不能构成一部完整的中国环境史,正如濮德培所说,"⋯it is only *an* environmental history of China, but not *the* environmental history of China"。[①] 最近几年,我们自己也开始编纂中国环境史,这才体会到:作者所为不仅情有可原,而且用心良苦。这印证了那句俗语:想要知道梨子的味道,就得亲口尝一尝。

根据有限的实践经验,我个人的体会是:伊懋可在中国环境史研究和编纂上的这一率先尝试,至少从下列三个方面给我们提供了可贵的借鉴和启示:

首先是史料的发掘与解读。

在历史科学这棵参天古树上,环境史是一株新生的幼枝,与其他分枝相比,其所面临的诸多困难足以让许多人望而却步。最大的一个困难就是史料基础的薄弱和不确定性。迄今为止,中国环境史研究仍未建立

---

① Peter C. Perdue(濮德培), "The Retreat of the Elephants: An Environmental History of China," *Toung Pao(通报)*, Second Series, Vol. 91, Fasc. 4/5(2005), pp. 436—445.

起最起码的文献资料基础,对相关史料的存储和分布情况,我们依然知之甚少,这与其他领域已有相当丰厚基础积累的情况甚不相同。造成这一困难的原因,不仅因为环境史是一门新学,还因为传统史学的先天缺失。

我们知道,自古至今的历史著述,向来重人事而轻自然,虽然中国拥有数千年不曾中断的文字记录,古代史家早就有"究天人之际,通古今之变"①的宏愿,对天地自然早已有所留意,从理论上说,研究中国环境史较之世界其他国家和地区,具有更加优越的资料条件。但是,古人并没有像对军事、政治、制度、经济乃至风俗等那样,对自然环境变化的脉络做过任何有系统的记述,关于环境史的所有信息都是非常零碎地散布在五花八门的古籍文献之中,完全要靠研究者自己从头梳理,这就要求他们不仅具备扎实的历史文献学基础,还需要具备更开放的史观、更锐利的眼力和更高明的手法——最后,还需要有更坚韧的吃苦耐劳精神。

与之伴生的另一大困难,是史料识别和解读需要博杂的科学知识。环境史是最典型的多学科研究,其跨领域综合的程度可谓前所未有,并不像一些人士所理解的那样是一种专门史。与政治史、经济史、社会史、文化史相比,需要搜集和整理的资料远为广泛并且繁杂,尤其是发掘史家过去很少留意的那些自然史资料、正确地解读它们,更需要具备丰富的专门知识和良好的科学素养。而现代教育体制下过早过细的分科培养,造成了当今学人知识结构的严重缺陷,有限的知识贮备不足以正确识别和解读环境史料,是目前让我们最感困扰的一大难题。

最近几年,国内学者(如钞晓鸿)结合自己的实践,对怎样搜集和处理环境史料发表了很有价值的见解,②本人亦曾谈过几点粗浅看法。③我们认为,环境史的资料搜集和信息处理,既要继承传统,又要打破成规,对任何文字和非文字资料都不能抱有偏见,有时需要"人弃我用"。

---

① 《汉书》卷 62《司马迁传》,北京:中华书局,1962 年版,第 2735 页。
② 钞晓鸿:《文献与环境史研究》,《历史研究》2010 年第 1 期,第 29—33 页。
③ 王利华:《生态史的事实发掘和事实判断》,《历史研究》2013 年第 3 期,第 19—24 页。

我甚至认为环境史资料的主要来源并非那些常规史书,而是其他文献;我们需要对零碎资料进行"拼接"、"整合"乃至"联想"和"延伸"式解读,与现代自然科学文献互相参证,以便发掘字里行间的隐藏信息,发现各种信息之中的内在关联;要善于"旧史新读"、"别立新解":同一材料,经济史、社会史、历史地理学和科技史研究者可能早就反复引用,环境史研究者需要从中发现不同的事实;还要采用灵活多样的方式细致地处理资料,将有限材料的利用效率最大化。这些想法,部分来源于个人有限的实践,更多是受到了前辈学者包括伊懋可教授的启发。

正如多位西方评论者所指出的那样,同一般的西方环境史学著作相比,《大象的退却》一书的特点,突出地表现在文献引用方面。作者对现代自然科学和人文社会科学文献的引用非常广泛,其中包括大量中文、日文和西文论著,涉及众多的学科,几乎没有什么边界。这固然是由环境史的学科性质所决定的,但无疑反映作者具有开阔的学术眼界、丰厚的学术积累和广博的科学知识。作为一位西方学者,伊懋可涉猎中国古籍之广泛更是令人赞叹!从该书注释就可以看到:其搜罗范围不仅包括传世的经史子集,还有出土资料(如甲骨文资料)和晚近时代传教士的笔记。除大量引用地方志外,作者高度重视古人笔记杂谭和诗文中的环境史信息,谢灵运《山居赋》、谢肇淛《五杂组》和张应昌编纂的《清诗铎》等,更被当作核心材料予以重点解读,这无疑是本书在史料运用上的一个重要探索,值得特别注意。从技法上说,从重点文本解读入手展开问题探讨是一种很智巧的方式。但这样做看似容易,实则需要更大的功夫和更高的手腕——倘若对中国古籍没有全面了解,根本无法从浩如烟海的文献府藏中挑选出这些恰当的文本;又倘若没有广博的知识贮备和高超的科学素养,亦无法从五花八门的杂著中发现吉光片羽,提取有用的环境史信息,并予以正确的解读和有效的问题联结,整合形成具有价值的环境历史图像。因此,那些有兴趣从事环境史研究的读者,在阅读本书时应当特别留意作者是从哪里获得他所运用的史料,仔细品味他是如何解读这些史料。

其次是问题意识与理论思辨。

东西方历史学研究传统和编纂风格向来颇有不同。比较而言,西方学者具有更强的问题意识,更注重对问题进行理论解说。本书大量引用原始文献,一边解读材料一边阐述观点,似乎不太符合一般西方历史著作的编纂习惯而颇有几分"中国风"。然而伊懋可终究是在西方学术环境下成长起来的,西方史学风格在该书中仍然随处体现,大段的史料和繁杂的故事都是服务于其独特的问题意识和理论指向,需要仔细品味。

作者在《序言》中开宗明义地指出了本书的两个主要目标:一是"简述真实的记录",讲述在被称之为"中国"的这块土地上人与自然共同演绎的故事;二是回答为什么中国人以那种方式与自然互动,他们的方式有多么独特。简而言之,一要简述中国环境史,二要解释中国环境史。他所采用的乃是站在西方看东方的比较观念与视角,应当放到西方汉学或中国学的脉络和语境中加以理解。

在本书中,作者没有采用"经济发展—环境破坏"的简单因果解释,也没有将环境破坏笼统地归咎于人口增长。作为一位卓越的中国经济史家,他自然非常清楚:人口增长必然导致经济供需矛盾、自然资源消耗和人类与自然之间的矛盾冲突,这甚至是中国环境变迁的终极原因,但他认为:"中国环境史并非仅仅为无力地屈从于人类过量生育的情形所驱使",必须回到历史的具体过程之中寻找中国环境变迁的各种驱动力。

在他看来,中国环境变迁的历史机制是非常复杂的,经济形态、社会构造、政治制度、文化观念、技术条件以及其他各种因素彼此交织,共同推动了历史变迁的进程,在不同时代和地区,各种自然和人类因素的作用有轻重大小之分,因而环境变化表现出了不同的时代差异和地域特征。例如,在历史早期和晚期,建设与破坏兼具的中国环境变迁背后存在着不同的驱动力量。对于早期,他更愿意进行"社会达尔文主义"的解释,而不是附会于"马尔萨斯模型"。他将族群和政治集团之间以资源争夺和独占为目标的战争,视为新石器时代、青器时代乃至帝制国家形成期最重要的社会驱动力,农业经济发展和"重农主义"的产生,既是早期争夺自然资源的军事斗争和不同文化的资源利用模式竞争所推动的结果，又奠定了之后几千年中国人与自然互动关系的基本模式；而对于晚期，他更强调经济动力——金钱投资、商业贸易和利润追逐的"兑现刺激"(the cash-in imperative)对自然资源所造成的压力。在他看来，帝制时代的国家权力对经济发展、进而对环境变化发挥了特殊作用，国家一方面不断征调税赋、征发劳役，实施社会管理和资源控制；另一方面，又采用不同的方式刺激、控制和监管社会经济，参与环境改造和建设特别是水利工程建设，成为经济发展和环境破坏的重要驱动力量。当然，中国社会和经济具有非常独特的构造和运行方式，国家政治权力并非唯一的力量，作者对此非常清楚，因此他在《序言》中指出：从结构上讲，中国式增长的基础在于一种通过高度分散的单位（像农民的家庭农场）来运行的能力；在有需要的地方，可以对此加以协调，从而组成庞大的模块聚合(modular aggregates)。协调的方式要么是行政手段，譬如修建中等规模和大规模的水利工程；要么是商业手段，主要是借助那类具备某些重要资质而又不受垄断控制的市场网络。当然这种聚合天生短命，只有在紧急需要时才会出现。我怀疑，正是小单位的主动精神和几乎不受限制的任意聚合（要么以行政要么以商业为基础）的结合，引起了对环境的彻底的开发，这在前现代世界是独树一帜的。

围绕他的思想主题，作者进行了若干具体方面的论证和延伸，水利是他研究有素和重点展开的方面之一。不论从农业史、社会经济史、科学技术史还是环境史角度来看，水利问题都是理解中国历史的一把钥匙，它持续受到多个领域学者的高度关注是理所当然的。不过，国内水利史研究一向注重探讨技术进步和工程建设的历史积极意义，而很少注意其对环境和经济的负面影响。伊懋可则提供了新的观察角度和独特的理论观点，这甚至是伊氏中国社会经济史解说体系的一个核心内容。他承认：从世界范围看，中国水利在某种意义上是成功和可持续的；但他同时指出：其代价极其高昂——不但因为内在不稳定性和外部突发环境因素的影响而变得危险，而且需要投入大量的劳动、资金、物料和技术来维持。治水经济的高昂代价不利于技术创新与应用，因此中国在18、19世纪出现了"技术锁定（technological lock-in）"现象，即已有的次好技术因其较先确立所带来的优势而继续居于支配地位，阻碍了更好技术的发明和使用；利润增长机制和利润回报规律，使社会经济被"锁定"在较差的发展道路上。由此，他对自己提出的"高度平衡陷阱"理论做了新的论证。

这样的一些问题设定及其解说方式，对于国内环境史研究者来说仍是相当新颖的，它们是在西方的中国史研究学术脉络和思想语境中生长出来的。一定程度上，它们是伊懋可与西方同行学者长期对话的继续，可以追溯到"李约瑟命题"、马克斯·韦伯关于儒家思想与中国经济发展的论述，甚至更早年代魏特夫的古代东方水利专制主义学说。对于这些人和这些论题，中国学者应当不算十分陌生。从上个世纪70年代以来，伊懋可就不断参与相关问题讨论，最终，他将这些问题延伸（或者不如说融会）到了对中国环境史的解说之中。他甚至在《结语》中，一面对环境、经济与社会的关系进行非常专业科学化的讨论，一面大量地引证来华传教士的观察记录，从比较的角度对中华帝国晚期的自然环境和人口、资源压力做出自己的判断，从而对彭慕兰（K. Pomeranz）关于近代中国和欧洲环境压力与经济分途发展的论述，既遥相呼应又有所"切割"，尽管两书出版时间只不过相隔一年。①

在其他方面，作者也不断表现出独特的问题意识，提出新颖的学术观点。例如，关于中国早期文化对森林的敌视和传统时代对森林和特定树种好恶有别的态度差异，关于森林作为渡过灾荒和生计危机的"环境缓冲"意义，关于汉族向边地的人口迁移、农业拓殖引起民族冲突和环境变化，关于嘉兴、贵州和遵化环境条件、经济水平与人均寿命的关系……问题和观点都让人耳目一新，其中有些被马立博新近出版的《中国：她的

---

① K. Pomeranz, *The Great Divergence: China, Europe, and the Making of the Modern World Economy*, Princeton University Press: Princeton, N. J., 2002.

环境与历史》一书所吸收和发挥。伊懋可的具体材料和结论也许值得驳议，需要进一步论证，但就问题意识而言，无疑都具有重要启发性。更值得重视的是该书对中国历史上环境观念与环境行为关系的独特思考，这是他关于"中国人为什么以那种方式与自然界的其他部分互动"这个重大问题进行多维思考的一部分。虽然作者坦承是受到了德国汉学家罗哲海(Heiner Roetz)的启发，但他从大量史料中读出了中国古代自然观的内在矛盾冲突，发现并试图理解环境思想观念与实际环境行为之间的非契合关系。他认为，在某种程度上，人们对环境如何理解和表述以及被宣称为恰当的接近环境的方式，与实际所发生的情形之间的关系总是难以捉摸的，第二个方面决不可能从第一个方面简单地推断出来，有时候情况甚至可能恰恰相反。作为本土的中国环境史研究者，近年来我们亦愈来愈察觉：中国先民认识和对待自然环境，在不同层面上都存在着严重的"知行不一"，文献典籍所记载的正统和精英环境思想意识，与升斗小民以谋求果腹充饥为目标的环境行为，更是两相悬隔。[①] 不论从历史还是现实来看，这都是关于思想观念与实践行为关系的重大课题，值得深入研究。

最值得细细品味的，是该书的故事选择和叙事手法。

中国是一个拥有数千年不间断文字记录的文明古国，幅员辽阔，自然环境复杂多样，民族经济文化类型众多，人与自然交往故事之丰富多彩和纷繁复杂，是世界上独一无二的。由于这个原因，虽然我们一直非常期待，却迟迟未能下定决心来编纂一套完整的中国环境史，伊懋可率先作此尝试可谓是气冲斗牛。在设计本书的写作框架时，相信他一定面临着两难困境：一方面，需要建立一种宏观的叙事框架，梳理出中国环境史的基本脉络；另一方面，宏大叙事常常会因无法深入历史的具体层面而显得大而无当。那么，伊懋可是怎样兼顾两个方面，既总揽全局又轻

---

① 关于这个问题，可参见王利华《从环境史研究看生态文明建设的"知"与"行"》，《人民日报·理论版》，2013 年 10 月 27 日。

重适度地具体展开中国环境故事呢?

仔细品味后发现:该书在内容选择和篇章设置上可谓是匠心独运。它首先对中国环境史进行鸟瞰式观察,在给出一份"地理标识和时间标记"之后,以大象、森林、战争和水利四个方面为主,勾勒出中国四千年人类与自然关系变化的基本历程,或者说描绘出一幅"总图"。

《人类与大象间的三千年搏斗》是点题之章,通过"人进象退"的过程,为中国环境故事的时空发展提供了一条基本线索。这一选择和设置是很恰当的,因为人类与野生动物在地理空间和种群数量上的历史进退与消长,既是人与自然关系史的重要组成部分,也是自然环境整体变化的直接反映。中国历史上不只发生了"人象之战",还有"人虎之争"和人与鹿类、野马、野牛、熊猫、金丝猴、孔雀、鳄鱼……之间的斗争,这些野生动物都是人类的"手下败将",它们的栖息地逐渐由广阔的区域退缩到狭小的空间,不少种类甚至从这片土地上完全消失,在此期间发生了许许多多令人叹息的故事。但比较而言,没有哪一组故事像"人象之战"这样事实清晰,节奏分明:三千年来,野象的步步退却与中国经济、社会和文化从北向南的节节推进几乎是同步,正如作者在《序言》中所正确指出的那样:"大象从东北撤到西南的这条长长的退却之路,在空间和时间上与前现代中国经济发展和环境变迁的情形相反相成。"

在中国环境史上,森林破坏是最令人慨叹的情节,作者亦给予了最大关注,专门设立了两章,其中一章对历史上的中国森林利用和破坏情况进行了总体概述,另一章则分别讲述了不同区域森林的破坏过程。虽然总体上属于一种概括叙述,但列举了很多具体细致的材料,内容博杂,牵连广泛。作者不仅梳理了数千年来中国森林破坏的动因、过程、历史阶段性和区域性差异,讲述了农业垦殖、工程建筑、手工业生产、战争和燃料及其他生活需求对森林的影响,讲述了国家山林管理制度、木材采伐征调和市场贸易、植树造林,讲述了森林破坏所导致的多种环境后果;而且讲述了历史上的中国人对荒野森林、人造林地和具体树种复杂多样并且充满矛盾的知识、思想、情感、观念和态度;还讲述了森林既作为财富府藏又作为环境(或生态)缓冲,在资源提供、灾荒应对等方面的重要作用,讲述了森林作为野生动物栖息地和瘴疬、疾病之源等对于人类生存所造成的有利或者有害的影响……作者在讲述中国森林故事时,没有偏执一边:对中国古人之于森林的观念和行为没有简单地赞美或者否定,而是尽量回到具体的历史情境进行观察,他所告诉我们的,是一部立体、生动、鲜活、不断流变、危险和恐怖与美感和愉悦兼具的森林故事。

《战争与短期效益的关联》是本书中相当独特的一章。作者追述了商周甚至更早历史时期对立族群之间为争夺日渐稀少的资源展开的斗争,以及敌对的社会与文化模式之间为了生存并获得霸权而展开的竞争,将自然环境的初始变化视为斗争需要的副产品。更重要的是,斗争的结果,是短期内最有效地利用人力和自然资源的一方所创造的行为模式赢得了胜利,战争促使社会走向高度组织化,国家出现和社会控制不断增强,推动了重农主义和水利事业发展,中国式的前近代经济发展进程由此启动,而包括资源利用、分配、控制、管理的诸多特质在内的中国传统人与自然关系模式亦因之孕育。

在《水与水利系统维持的代价》一章,作者没有一般性地概述中国水利事业发展的历史进程,因为在这方面,中国、日本和世界其他地区的学者已经做了无数的专门研究,论著堆积如山,想要整合这些成果进行一个全面概述,不会让任何人感到满意,而只能受到"以偏概全"的批评。伊懋可没有这样做乃是非常明智的。他采取了近乎蒙太奇的手法,以自己曾经专门研究过和比较熟悉的那些片断作为背景,选择其中的典型故事,着重探讨以往水利史家很少重视的这样一个问题:维持和修复水利工程具有怎样的环境、经济和社会代价? 并将其视为帝国晚期"技术锁定"的主要表现之一,与自己早先建构的中国经济史理论互相对接,不仅使问题论说更加坚实有力,而且给予读者一种别开生面、别有洞天的感觉。

第二部分《特例》,显然属于具体细化的观察和分析。他所选择的三个特例并非随意,而是各有深意。这三个地区分处于不同气候带、经济带和民族区域,有着各不相同的环境条件和发展经历,都具有一定的典型性和代表性。作者在这部分的叙事和讨论亦各有侧重,体现了不同的问题指向与理论意图。总体来说,作者想通过三个地区的芸芸众生在不同环境之中生生不息的真实故事,他们与当地动物、植物、山川、土地等各种自然事物相互影响的实际情态和过程,他们与自然环境互相适应的经济活动、生计方式、物质创造、景观营造乃至社会组织、制度、习俗、宗教,以及他们的灾害、疾病和社会危机应对机制等方面,综合探讨生态环境与经济、社会之间究竟是如何地展开历史的"互动"。具体来说,《从物阜到民丰的嘉兴的故事》一章主要考察在近代以前中国经济增长模式中具有代表性的江南地区,如何因为生态资源富饶发展成为超集约的园艺式农业与发达手工业紧密结合的经济富庶区,而人口高度密集和经济高度集约,又如何引起环境景观的显著变化、导致资源供给的高度紧张并引发各种社会矛盾;《中国人在贵州地方的拓殖》一章试图探讨中国人拓殖是如何改变该地区的自然环境和生存方式;《遵化人长寿之谜》一章则试图破解河北遵化这个资源相对贫乏地区的生存方式、经济水平、食物营养结构对人均寿命的影响。作者还通过对三个地区进行比较,揭示"前现代经济增长与诸如寿命等一些幸福指数之间的负相关关系"。

第三部分是关于中国传统自然环境思想、意识、知识和情感的综合思考,作者将它们统括为《观念》。平心而论,这一部分所涉及的内容玄妙而模糊,问题更加难以把握,即便是一位训练有素、擅长思辨的中国学者,也轻易不敢高谈阔论,对于一位西方学者来说,自然更加具有挑战性。可以想象:当初作者在撰写这个部分之时,是如何搔首踟蹰、"为伊消得人憔悴"!

作者毕竟是一位顶级高手。他既没有迷失于古代浩如烟海的文献典籍,也没有沦陷到近人异说纷纭、纠缠不清的思想泥淖,而是我思我所在,紧扣环境史的基本命题解读重点人物及其著作,阐述古人的核心理念,以点带面,举重若轻。

在《大自然的启示》一章,他首先引述众多诗文,追述鸟、兽、虫、鱼、花、草、风、雨、雷、电……各种真实和幻化的自然事物和现象在中古以前如何逐渐进入了诗文吟颂,被赋予各种文化情感与理念,被视为宇宙造化之功的体现和仙佛神明所在,并被当作一种永恒的、可以理解和感悟的启示? 知识和思想精英们又是如何从中体悟天地之道,获得超然世外的精神享受,并逐渐演生出"自然"、"造化"、"象"、"理"、"气"等等自然哲学概念? 然后,他以自己曾经发表过的论文作为基础,对谢灵运的《山居赋》进行了几乎逐字逐句的详细解读和阐释,认为这篇完成于 4 世纪末的作品,呈现了"第一个清晰的环境观",谢氏关于所在自然环境的多维看法,"对于理解后世的中国人对自然与环境的态度具有指导作用","最为重要的是,在谢氏的思想中,对我们今日所称的'发展'产生的兴奋与从自然之思中得到的心灵启示并不冲突;前者即是对自然的实际控制,后者也即领会到自然远比我们人类伟大,并且对其驱动过程我们只能部分地凭直觉感受或发现。"概要而言,这一章主要揭示中古早期之前中国知识精英如何表现出对大自然的尊重,从所在环境的自然神秘之中获得生命和道德启示、感观与心灵喜悦,亦即关于大自然的宗教性和艺术性感受。

与此不同,接下来的《科学与万物生灵》一章,则主要讨论中国古人对自然环境的理性观察和认知,试图说明前科学时代中国知识界如何运用自己的思想逻辑和话语体系探求和解释自然世界中的万事万物。在这里,作者遇到了另外一只"拦路虎",这就是在中国和西方都有了丰富积累的中国自然科学史研究。他采用了与前一章同样的手法,即对典型文本进行重点解读,具体来说是解读明代人谢肇淛的《五杂组》,除此之外,只简单提及汉代王充的《论衡》、唐代段成式的《酉阳杂俎》和宋代沈括的《梦溪笔谈》。不过,作者讨论到的问题相当广泛,涉及天、地、人、众多的生物和非生物现象。显然,他想以谢肇淛作为古代文士的典型,揭示他们对自然界所具有的科学精神气质,试图说明他们曾以怎样的求真态度来探寻"客观实在",怎样运用固有的概念(例如"理"和"气")来解说各种各样的自然事物和现象。作者显然已经注意到:古代中国知识阶层有其独特的自然观察和认知方式,与由来已久的推原、格物、玄学和泛道德化阐释学等等关联紧密。谢肇淛对人类与环境(包括自然和人工环境)关系的各种认识,如人口增长与资源困境,居住环境与卫生、疾病和火灾,游山玩水的环境障碍,以及在居住环境中莳花种草行为等等,自然而然地成为本章叙述的重要内容。

在最后一章《帝国信条与个人观点》,作者试图从两个层面即国家和个人(地方、民间社会)来解说传统时代中国人对各种神秘自然力量的认识、态度和情感。这些神秘力量来自(或者包括)天、地、万物之神——有的与人为善、为民造福,有的则给人们带来祸殃。中国古人对它们的认识、态度和情感非常复杂,弥漫着迷信的色彩。在国家层面,天人感应说既是一种最具正统地位的自然信仰,也是一种具有思想强制性和行为约束性的政治理念,基本上,它可以被认为是一种与"灾异说"互为表里的"天诫说"。这种学说在西汉时期已经形成完整的体系,对中国古代帝王德行和朝廷政治持续发挥着影响力。同样,作者并没有对它进行古今贯通的叙述,而只是选择清朝皇帝"圣训"中的相关素材,解说人们对"天变"(主要是气候变化和灾害)的各种反应,包括思想认识和应对行动。在民间和地方社会层面,作者则以《清诗铎》作为基本素材,透过文人的观察和记咏,考察普通民众的复杂自然观念和态度:他们一方面勇敢地利用和改造自然环境;另一方面,由于自然环境中存在着诸多危险和不确定性,人们对于高高在上的老天爷和一直徘徊在周围的各种妖魔、鬼怪、精灵,充满着期盼、感恩、恐惧、怨怼的复杂情感。换言之,他们的自然观是理性与非理性互相搀杂的。作者挑选两类不同材料对国家和民间的环境观念进行分层叙说,既为了进一步说明中国古代自然观念如万花筒一般的复杂性、零散性,同时还试图证明:在最后的几百年中,中华帝国自然观念已经发生分野,形成了国家与民间泾渭分明的两大部分。

乍看起来,该书像是一部专题研究的汇集,既非按照时代顺序前后贯通,又很少涉及汉族以外的其他民族,时空很不完整,还缺少一些重要内容(例如作者自己提到的疾病问题,虽时有涉及,却并未专题讨论)。

然而,作者以独具的慧眼和高超的手法,对四千年纷繁复杂的中国环境史实进行了多维度的观察和叙说,勾勒了多种因素和力量共同作用下环境变迁的宏观态势,描绘了若干典型地区自然系统与人类系统(包括技术、经济、社会、文化)交相作用的立体画面,并探析了中国古代复杂的环境知识、观念、情感与信仰,与先前的中国环境史著述相比,更能够体现环境史学的研究旨趣,亦更值得引为范本。

该书所采用的方法,是整体线条勾勒与典型剖析和专题探讨相结合,广泛占有资料与重点文本解读相结合。虽然这样做在某种程度上有其无奈之处,现有内容还远不足以构成一部完整的中国环境史,但全书三大部分既各有重点,又彼此呼应,兼顾了中国环境史的不同层面,叙事线条清晰,问题观察独具慧眼,理论思辨深入,环境史上的众多具体问题被有机地楔入中国历史发展的整体脉络,与朝代更替、经济发展、技术进步、制度演变和区域差异、民族关系、社会构造等紧密地勾联起来,还深入到所谓"环境问题"的最后本质——资源禀赋、经济发展和环境变化对人类寿命和生活质量的影响。如此综合的叙事和论说,正是我们所一直期待的历史学的环境史学术架构,与美国学者唐纳德·沃斯特(Donald Worster)和唐纳德·休斯等所主张的环境史研究层次,亦可谓不谋而合。

最后,我还想就该书的翻译工作赘言几句。

平心而论,决定翻译这部著作,需要具有非常大的底气和勇气。该书的许多优点和特色固然都值得学习和借鉴,然而一旦试图把它翻译成中文,许多优点和特色立即就成为难点和挑战。该书讲述的故事,发生在极其辽阔而且富于变化的历史场景之中;其中探讨的问题极其错综复杂,牵连众多的自然科学和人文社会科学领域,伊懋可教授凭借其开阔眼界、渊博学识和深邃思维,驰骋神游于四千年的中国大地,思想飘逸,行文恣肆,虽则引人入胜、令人神往,却也很难心领神会,对于任何一位母语非英语的读者特别是译者,要亦步亦趋地紧跟其神思轨迹,既"信"且"雅"地准确传译其学术观点,都绝非一件容易做到的事情。作者从众多学科借取而来的各种理论、方法、知识、概念和术语，固然大大增强了该书的科学性和技术含量，却足以让任何一位读者都感到头晕目眩；至于——还原它的引文和出处，只要肯花时间，自然是可以做到的，但这也是一件令人疯狂的工作，非常考验译者的韧性和耐力。

老实说，本人虽曾有心、却始终无力来做这样的大功德。梅雪芹教授及其弟子勇敢而且责无旁贷地担当了这一重任。他们的翻译，忠实精准，每有神来之笔，常常让我感到由衷的赞叹；他们甚至还对原著中偶尔出现的疏漏和失误作了订正，这种严谨认真的治学态度，令人钦佩。

总而言之，《大象的退却》一书中译本，是伊懋可、梅雪芹两位教授共同成就的卓越的学术正果和文化功德；它的正式出版，是一件值得热烈庆贺的大喜事。作为他们共同的朋友，我感到特别兴奋，谨奉此文，真诚地表达随喜之意！

王利华
2014 年 2 月 12 日于天津

# 模式

# 第一章　地理标识和时间标记

中国环境史涵盖各不相同的空间，其核心区域横贯东西约 1 000 英里，纵跨南北约 1 200 英里。对于尚不熟悉中国地理的读者来说，如果要将有关的故事和分析置于某一背景之下，就需要一些参照的依据。

第一步如何接近，这在后面所附略图中作了勾勒。这幅图显然将今天中国的主要地区简化到了几近漫画的地步，当然也不全然如此。熟悉中国的读者只要瞥上一眼，就足以留意到这里所选地区的区位，因为其中每一重要地名在第一次出现时都附上了地理标识。这样，"北京"（在东北部）和"上海"（在东部）就表明，这两个城市分别在东北部地区和东部地区。图 1-1 的附表标明了每个地区所属的主要省份。当然，要想对中国历史地理有更详细的了解，手边有一部地图集，譬如白兰和伊懋可所著的《中国文化地图集》①，就非常管用。

"中国"的社会历程，大抵是"汉族"或"华人"人口、政权和文化所经历的 4000 年的发展史。其发源地在西北部和东北部，西部和中部还有

---

① 白兰、伊懋可著：《中国文化地图集》，纽约：档案出版社 1998 年修订版（C. Blunden and M. Elvin, *A Cultural Atlas of China*, rev. edn, Facts on File: New York, 1998）。

从属的中心,然后从这些地区向图中所显示的其他所有地区推进,而且实际上越出了这些地区。① 也有汉文化暂时退却的时候,公元3—6世纪西北部和东北部的情况即是如此。② 从表1-1中可以看出,在这些年份,气温比较低,非"汉族"或汉人所说的"狄"从北方蜂拥而至,牧场和耕地之间的边界在南移。这一时期,包括蒙古人的征服在内,中国文化在相当程度上被征服者所吸收,当汉族政权重新出现时,最终结果则是汉族社会—政治版图的频频扩大。在一些边远地区,如朝鲜和越南,尽管它们没有全盘接受中国文化,但也吸收了这一文化,同时它们能在很大程度上成功地抵制中国的政治势力,一半即是因为它们习得了中国文化技能。从17世纪中期至20世纪早期,也即帝制晚期的最后阶段,进行统治的是满族王朝,它在许多方面表现出一种华—"夷"共治局面。到该王朝崩溃时,其北部和西部的广袤边陲只是部分地中国化了。然而,总的来说,这幅图画在一个方面反映了汉人的中国向天然疆界,也即海岸、草原、沙漠、高山和丛林的扩展。数千年来,它经历了各种各样的栖息地的变幻,原因在于中国人的定居方式出现了种种变化,所包括的方面有:为开辟农田、建房以及用作燃料而伐掉大部分森林,集约化的园艺耕作和树木栽培,大大小小的水利工程建设,商业化,尽可能靠近水边建立城市和乡村,等等。

图1-1也显示了年降雨量和海拔在空间上的主要梯度分布。总的来看,中国越往南越湿润,越往西地势越高。图中的那些数字只是近似值。譬如,人民共和国的最低点吐鲁番盆地低于海平面154米,位于遥

---

① "汉族"这个术语很难严格界定。一般意义上,指的是一个"主流"的中国民族,特征是:有意识的种族特点的融合、汉语的使用、某些关键的文化规范——如避免叔娶嫂和不同辈分的婚姻,以及得到中国的其他民族的承认。这种认同是在时间历程中逐渐被建构起来的。参见狄宇宙著:《古代中国及其敌人:东亚历史上游牧势力的崛起》,剑桥:剑桥大学出版社2002年版(Nicola Di Cosmo, *Ancient China and Its Enemies: The Rise of Nomadic Power in East Asian History*, Cambridge University Press: Cambridge, 2002),特别是"导言"部分。

② CE代表"公共纪元",即AD。它对应于中文词语"公元"(*gong yuan*),或"公共起源",有利于跨越宗教的分野。BCE指的是"公共纪元之前"。

远的西部,逼近从东向西逐渐升高的高梯度的顶端。

图中的粗灰线标出了历史时期造成交通不便的山脉屏障。从中可以看出,中国在空间上存在着某种程度的分隔现象。西部更是如此,这是一个被山脉环绕的盆地,长江三峡是这一地区通向大海的唯一通道。西部被分隔开来,过去是这样,今天还是这样。

表1-1提供了适于中国历史基本编年模式的时间标记,即:千年、时期、王朝和关键的经济发展与环境变迁。表中尽可能少地列出了一组最为重要的时间标记,它们以黑体字印刷。如果能将它们记住,其他每一件事几乎都可以围绕它们而各就其位。

由于气候变迁似乎一直与中国历史上某些重大的政治和文化转折点密切相关,因此,表1-1标示了与现今气温相比照的历史时期年平均温度。具体来说,在大约3000年前的西周王朝后期,较为寒冷的气候与上古世界的终结相伴随。[①] 比较寒冷的天气也伴随着公元第一个千年头几个世纪当中早期帝国的瓦解。同样,较为寒冷且经常变幻莫测的气候,则构成了公元12世纪以后女真人和蒙古人(即两个北方非汉民族)毁灭中期帝国的背景。相反,中期帝国兴起于公元第一个千年中叶,当时的气温比今天暖和。

---

① BP指的是"当今之前"。"当今"一般被视为公元1950年。不过,这里只是在用到大体的近似值的地方,才采用BP。

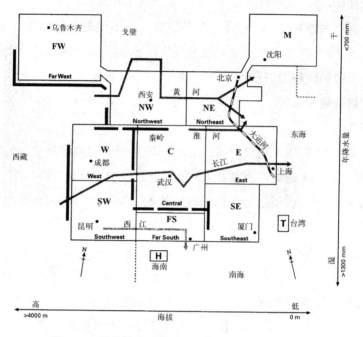

**图 1-1 供快速参照的中国图形(未按比例制作)**

**每一区域内的主要省份**

| | | | |
|---|---|---|---|
| FW | 新疆 | C | 湖北、湖南、江西 |
| M | 辽宁、吉林、黑龙江 | E | 安徽、江苏、浙江北部 |
| NW | 陕西、山西、甘肃 | SW | 云南、贵州、广西 |
| NE | 河南、河北、山东 | FS | 广东、海南 |
| W | 四川 | SE | 浙江南部、福建、台湾 |

**注释:**

本图仅做快速参照之用,不带任何政治含义。

在某些时候,黄河下游从山东半岛北部入海,其他时候从其南部入海;两种情况下都会流经不同的路线。

这里显示的大运河北段,是从 15 世纪初到 20 世纪初明清两朝治下所启用的部分。

在东三省东部,越往北,平均年降雨量又开始增加。

在中华人民共和国现行的用语中,"Canton"指"广州","Amoy"指"厦门"。

粗灰线指示了在历史时期造成交通不便的地形屏障。

　　可能性最大的联系机制其实很简单。这即是,当中国北方及其北部　*6*
草原寒冷干燥的时候,游牧民族就企图向南迁移和入侵,抑或成功地实
现了这一企图。当气候比较温暖湿润的时候,从事农耕的汉族人就重新
向北扩张,有时候也向西拓展。当农业产量降低削弱了汉人的后勤力量
和抵抗能力,同时较为干燥寒冷的天气使边界北部饲草利用性减弱,游
牧民族被迫迁徙时,他们就会南下。气候变迁很可能是导致上述变化的
必不可少的因素;如果游牧民族先前不曾享有尚好的状态,他们就不可
能具备使入侵得逞的条件。就表1-1所显示的第二、第三个比较寒冷
的时期而言,这些关联在一些细节上都可以用文献加以证明。[①] 不过,我
们在这里所谈论的,显然是在一定的背景下起作用的压力;总的来说,这
些背景因素有着更为错综复杂的因果关联。

表1-1　中国环境史的时间标记

| 千年 | 时期 | 主要王朝 | 经济[②] | 气候 |
|---|---|---|---|---|
| 公元前第二千年 | 上古 | 夏/商 | **定居农业** | 比今天暖和得多 |
| | | 西周 | **城市/青铜** | |
| | 分裂 | 东周 | **铁** | |
| 公元前第一千年 | | 春秋[③] | | 比今天寒冷 |
| | | 战国 | | |
| | 早期帝国 | 秦/西汉 | **大型水利工程** | 与今天一样 |

----

[①] 方金琪、郭柳:《历史时期东亚的气候变迁与游牧民族南迁之间的关系》,《气候变迁》,第22
卷,1992年[J.-Q. Fang, G. Liu, "Relationship between climatic change and the nomadic
southward migrations in East Asia during historical times," *Climatic Change* 22(1992)]。
(1992年第2期。——译注)

[②] PMEG,前现代经济增长;MEG,现代经济增长。

[③] 使用英语的作者更喜用单数的"春秋"(Spring and Autumn),理智的法国人更喜欢用复数
的"春秋"(Printemps et Automnes),我从来都不理解其中的缘由。这方面的例子,可参见谢
和耐著:《中国世界》(J. Gernet, *Le Monde chinois*),巴黎:科兰,1972年版(中译本为《中国
社会史》,江苏人民出版社1995年版。——译注)。而中文"春秋"一词译成单复数皆可。

续　表

| 千年 | 时期 | 主要王朝 | 经济 | 气候 |
|---|---|---|---|---|
| **公元第一千年** | 早期帝国 | 东汉 | | 与今天一样 |
| | | 三国/西晋 | | |
| | 分裂 | 南北朝 | 环境有些恢复 | 比较冷（渤海湾结冰） |
| | 中期帝国 | 隋/唐 | 大运河 | 比今天温暖 |
| | | 五代/北宋 | 稻作 | |
| | | | 中古经济革命 | |
| **公元第二千年** | 女真人/蒙古人 | 北宋和南宋 | 茶叶 | 寒冷/反复无常（太湖结冰） |
| | | 金/元 | 棉花 | |
| | | | 东北和西北人口减少 | |
| | 晚期帝国 | 明 | 新大陆的作物 | 寒冷但升温 |
| | | 满族/清 | 人口快速增长 | |
| | | | 前现代经济增长的最后阶段 | |
| | | | 环境退化 | |
| | 民国 | | 某些方面的现代经济增长 | 今天 |
| | 人民共和国 | | 现代经济增长的扩散 | |
| **公元第三千年** | | | 环境加速退化 | |

7 　　"经济"一栏中提到了"中古经济革命"，这与原本位于东北部到东部的中国经济重心的南移有关。其特征表现为更加高产的农耕——尤其是水稻的产量，更加便捷的交通——特别是水路，广泛的商业化以及货币和书面契约的普遍使用。这一时期，中国的城市人口一度达到过100多万。它使用木板印刷，因而提高了识字率。此外，如同中国在麻纱的水力纺织方面表现出色一样，它为军队制造了无数的铸铁箭头，从而在批量生产方面一马当先，并率先机械化。虽然这场"革命"——其推动力随后日渐式微——是一些环境退化的原因，但是，要说前现代中国对栖

息地以及森林和土壤的最糟糕的破坏,却实际发生在 18—19 世纪人口爆炸时期;当时,中国正处于近代的前夜。[①]

"前现代经济增长的最后阶段"这一术语指的是劳动极端密集的前现代经济增长类型,到帝国时代末期,它在中国的一些技术上更为先进的地区发展起来。其特征是每公顷的谷物生产率特别高(远远超过 19 世纪之前欧洲的生产率),还有一年到头几乎昼夜不停的长时间劳作。普通人承受着有损健康的工作量,忍受着实际上无休止的压力,妇女尤其如此。对地方手工业来说,常常是惟有省际市场网络适当地运转,它们才能获利。而当社会面临极端事件,特别是干旱的威胁时,砍伐森林以及林地最终彻底私有化,也就清除了任何重要的环境缓冲带。附带的一个条件是,我们也要正视前现代先进技术所具有的其他特征,这似乎表明,对于惯有的卖儿卖女现象,在经济危机期间就可以视为最后的反常阶段开始的标志;这一阶段可以被概括为"多产但不稳定"[②]。17 世纪末,邵长蘅想要表达对南京附近饥馑的极度恐慌时写道:[③]

> 巴蜀荆南急鼓声,东吴西浙成疮疣。
>
> 往时民贫鬻儿女,今年儿女鬻无处。

就前现代而论,这可是中国最发达的地区之一。

前面几页就这样结束吧。其中的地图和表格过于简化,在我们跨越 4000 年的旅程时必须加以微调。在具体讨论中,则仍需要将它们置于相应的时空框架之内,这不可避免地要来回摆动,从而会越过时空界限,以至多少有点令人费解。

---

① 我将中国"近代"的开端界定为 1850 年左右,这一大约数是经过深思熟虑的。其标准很简单,因为此后西方的影响在决定中国范围内一般的事件进程中成为极其重要的因素。通常用于欧洲的"近代早期"一词指的是一个相当早的时期,会引起概念理解上的困难。然而,在中国,"近代早期"只是用来指代 1850 年到第一次世界大战之间。

② 对于饥荒时期以及为缓解贫困不堪的家庭收支预算压力而卖儿卖女的描述,参见张应昌编纂的《清诗铎》(原名《国朝诗铎》,1869 年版;北京:新华书店 1960 年再版)中的诗歌,第 564—574 页。

③ 《清诗铎》,第 444 页。

第二章　人类与大象间的三千年搏斗

4000 年前,大象出没于后来成为北京(在东北部)的地区,以及中国的其他大部分地区。今天,在人民共和国境内,野象仅存于西南部与缅甸接壤的几个孤立的保护区。图 2-1"大象的退却"显示了大象向南部和西部撤退的漫长过程的阶段性,这以已故的文焕然的研究为基础绘制而成。[1]

在商代和蜀国考古遗址中发现了象骨,[2]当时铸造青铜象,甲骨记载中[3]提及大象被用于祭祀先人,所有这些情况清楚地说明,在古代,中国的东北部、西北部和西部区域有为数众多的大象。然而,公元前一千年开始后不久,在东北部/东部边界的淮河北岸,大象几乎无法越冬。到公元第二个千年开始时,它们只能在南部活动。在上个千年的后半期,它

---

[1] 文焕然等著:《中国历史时期植物与动物变迁研究》,重庆:重庆出版社 1995 年版。还可参见章鸿钊:《历史时期中国北方大象与犀牛的存在问题》,《中国地质学会志》,1926 年第 5 期。

[2] 关于蜀国三星堆象牙发现物中一副象牙的图片,参见柳阳、E. 凯鹏著:《神秘的面具:三星堆中的中国古代青铜器》,悉尼:新南威尔士艺术馆 2000 年版(Liu Yang and E. Capon, *Masks of Mystery*:*Ancient Chinese Bronzes from Sanxingdui*,Art Gallery of New South Wales:Sydney,2000),第 47 页,还有第 23—24 页。蜀国,系四川的一部分,它存在的时间与商后期处于同一时期。

[3] 商代,在龟的腹甲或牛的肩胛骨上记载了对神谕质询的回答。

们日渐集中于西南部。

造成这一灾难(从大象的观点来看)的原因何在？回过头去参考前一章表1—1的最后一栏会使人想到,部分原因可能在于气候变冷。大象不能很好地抵御寒冷。但是,既然在稍微暖和了些的时期(例如公元前700—前200年,当时它似乎从长江流域向北退回到淮河沿岸),大象种群恢复得也不多,并且多半根本没有恢复,那么,一定有其他的力量在起作用。最明显的解释即是,大象在与人类持久争战之后败下阵来。可以说,它们在时间和空间上退却的模式,反过来即是中国人定居的扩散与强化的反映。这表明,中国的农夫和大象无法共处。

必须说明的是,在岭南,因为一些非汉族文化习俗的影响,这里的 *11*
"中国人"与大象的冲突似乎不那么大。唐代的一位作家评论茫施"蛮"——他们属于傣族——时,写道:"孔雀巢人家树上,象大如水牛,土俗养象以耕田,仍烧其粪。"①

一般而言,与野生动物搏斗是早期周朝文化——古典中国后来由此发端——所具有的一个明显特征,从《孟子》中可以看出这一点。《孟子》一书记述的是儒家传统中第二位重要的思想家也即孟子的思想。这位哲人生活于公元前4世纪,所谈论的是早于他那个时代750多年的事。尽管如此,他针对周公不得不说的一番话,仍然是发人深省的:②

---

① 樊绰;引自文焕然等著:《中国历史时期植物与动物变迁研究》,第196页。
② 理雅各译:《孟子》卷2,收录于《中国经典》,7卷,伦敦:特吕布纳,1861年(J. Legge, *The Works of Mencius*, vol. 2, in *The Chinese Classics*, *with a Translation*, *Critical and Exegetical Notes*, *Prolegomena*, *and Copious Indexes*, 7 vol., Trübner: London, 1861), III. 2. ix,第156—157页。翻译稍有改动,加了着重号。

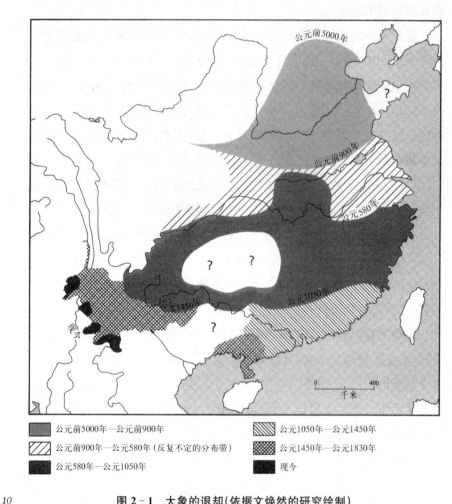

**图 2－1　大象的退却(依据文焕然的研究绘制)**

说明:除反复不定的分布带之外,在大象后来分布的那些地方早期都有大象分布。现代海岸线。

> 尧舜既没,圣人之道衰。暴君……弃田以为园囿,使民不得衣食。……园囿汙池,沛泽多而禽兽至。及纣之身,天下又大乱。周公相武王诛纣……驱虎豹犀象而远之,天下大悦。

这大概描写了公元前两千年末期黄河中下游的情况。我们不一定相信其中的细枝末节,但是可以将它作为对某种延绵不断的社会记忆的表达,所忆的则是一种反映了巩固农耕文化之努力的心态。

具体来说,人与大象的"搏斗"在三条战线上展开。第一条战线是清理土地用于农耕,从而毁坏了大象的森林栖息地。我们听说,大象不时侵入有城墙护卫的城市,一个原因可能在于它们面临着可利用的资源日渐萎缩的压力。第二条战线是农民为保护他们的庄稼免遭大象的踩踏和侵吞,而与大象搏斗。他们认为,为确保田地的安全,需要除掉或捕捉这些窃贼。第三条战线或者是为了象牙和象鼻而猎取大象,象鼻是美食家的珍馐佳肴;或者是为了战争、运输或仪式所需,而设陷阱捕捉大象并加以训练。这三条战线可以分别加以考察,不过在所有的情况中,栖息地被毁则是要害所在。

中国的大象需要生活于没有陡坡的温暖湿润的环境,在这样的环境中,它们能避开直射的阳光,行动自如。理想之处是靠近水源或湿地的空旷森林。它们很可能重达 5 吨,每天会消耗大量的食物,主要是树叶、野香蕉和嫩竹叶。它们对水的需要不仅是为了饮用,也是为了冲洗和降温。《淮南子》描述了这一时期南方地区"阳气①之所积,暑湿居之……其地宜稻,多兕象。"②这是一部汇编于公元前 120 年左右的自然史纲要,其中蕴涵一种意识,即自然环境力量造就了特别的生物,并以特别的方式塑造了它们。

大象繁殖缓慢,通常孕育一头幼崽需要 1.8 年。因此,在遭受人类的屠杀而减少后,其数量短期内很难恢复。虽然大象有着独特的智慧和记忆力,但它们也不太容易适应环境的变化。不过,它们有能力迁徙。如今的其他任何四足哺乳动物要想轻易地涉过或游过如长江中游那般规模的河流,似乎都是不可能的,从前的大象却可以做到这一点。它们的迁徙能力之强部分弥补了适应能力的不足。

大象小群而居,在这种情况下,如果人类不招惹它们,它们通常不具危

---

① 气,"空气"(aethers),也有"物质"、"能量"和"活力"的意思。阳,"明亮—积极",具有温暖、阳性、采取主动等更深层的涵义。

② 《淮南子》,公元前 2 世纪;台北:中国子学名著集成编印基金会,1978 年再版,"坠形训",第143—144 页。比较同一本书,第 137 页。

险性。然而,离群或被群体赶出的凶野的雄象,会构成严重的威胁。正如11世纪的一位作家观察到的:"漳州(在东南部)地连潮阳(在岭南),素多象,往往十数为群,然不为害,惟独象遇之,逐人蹂践,至骨肉糜碎乃去。"①

关键在于,如果没有树木的遮蔽,大象就无法生存下去;树木被毁,也就意味着它们的远离。这可以用武平(位于与岭南接壤的东南部边界)的两条所谓"象洞"的记述加以说明。第一条出自宋朝的一位作家。"(他说)象洞在潮州(在岭南)和梅州(在与东南部接壤的岭南)之间,今属武平县。昔未开拓时,群象止于其中……其地膏腴,稼穑滋茂。"②第二条出自14世纪后期临汀(位于与岭南接壤的东南部边界)的方志:

13　　　　林木翳翳,旧传象出其间,故名,后渐刊木诛茅,遇萦纡怀(环)抱之地,即为一聚落,如是者九十九洞。③

可见,农民和大象处于对栖息地的直接争夺之中。

村民还迫使大象暴露于直射的阳光之下,从而杀死它们。明朝的一位作者描述了合浦县(在西南部沿海)的这种情况:

　　　　1547年,大廉山群象践民稼,逐之不去。太守……拉乡士夫率其乡民捕之,欲令联木为牌栅,以一丈为一段,数人舁之。俟群象伏小山,一时簿栅四合,瞬息而办。栅外深堑,环以弓矢长枪,令不得破簿机而逸。令人俟间伐栅中木,从日中火攻之,象畏热,不三四日皆毙。④

童山濯濯,这样的环境对大象造成了毁灭性的影响,其残酷性再清楚不过了。

农作物是人与大象之间第二个冲突点所在。据《宋史》记载,962年大象出现于黄陂县,此县地处长江以北的中部地区。在这里,大象"匿林中,食民苗稼"⑤。它们在其他一些地区也别无二致,包括140英里开外

————————————

① 宋,阙名;引自文焕然等著:《中国历史时期植物与动物变迁研究》,第192页。
② 叶廷珪;引自文焕然等著:《中国历史时期植物与动物变迁研究》,第191页。
③ 文焕然等著:《中国历史时期植物与动物变迁研究》,第191页。
④ 李文凤;引自文焕然等著:《中国历史时期植物与动物变迁研究》,第195页。
⑤ 文焕然等著:《中国历史时期植物与动物变迁研究》,第188页。

的唐州(在东北部)(今河南唐河县。——译注)。这说明了它们迁移的距离。1171年,有同样的一份资料述及潮州说:"野象数百食稼,农设阱田间,象不得食,率其群围行道车马,敛谷食之,乃去"。①

991年,枢密院里的一位直学士上奏,其中说到,在雷州(在岭南)以及位于或靠近南部海岸西端的附近地区,"山林中有群象"。官府禁止平 14 民百姓出售他们获取的象牙,因此他建议地方官员应付给他们半价。可以合理地猜测,他的目的是想限制其所谓的"藏匿及私市与人"②。[此人系太平兴国进士李昌龄(937—1008),原文见《宋会要辑稿·刑法二》。——译注]然而,农民费尽周折不时将象牙弄到手,最有可能的理由是,作物保护与象牙交易联手,从中得到的收益,使他们似乎甘愿冒巨大的风险。12世纪晚期,来自漳州(在东南沿海)的另一份报告清楚而详细地说明了这一点:

> 岩栖谷饮之民,耕植多蹂哺于象,有能以机阱弓矢毙之者,方喜害去,而官责输蹄齿,则又甚焉。民宁忍于象毒,而不敢杀。
>
> 近有献齿者,公以还之民,且令自今毙象之家,得自有其齿,民知毙象之有祸也,深林巨麓将见其变而禾黍矣。③

这里的农民是反对还是赞成捕象,会受到利益的左右,而税收政策决定着利益天平到底向哪一方倾斜,了解个中缘由将是饶有兴味的。据说,农民虽不乐意,但却能与蹂躏田地的大象相安无事。人们由此推测,他们之所以赞成捕象,关键在于象牙出售所获得的现金,而不仅仅是为了制止大象对收成造成的损失。

这就将我们带到了第三条战线,即大象的经济、军事和仪式用途上。

---

① 文焕然等著:《中国历史时期植物与动物变迁研究》,第192页。
② 刘翠溶:《中国历史上关于山林川泽的观念和制度》,收录于曹添旺、赖景昌、杨建成主编:《经济成长、所得分配与制度演化》(伊懋可的原著未列该书名。——译注),"中央研究院"中山人文社会科学研究所专书(46),台北:"中央研究院"1999年版,第14页。所用短语,即"(若)民能取其牙",容易使人联想到,这是不断时续的而非经常的追捕。
③ 文焕然等著:《中国历史时期植物与动物变迁研究》,第192页。

商代,大象在东北部可能已得到驯养,当然,这方面的证据不足。① 尽管在这里大象的数量似乎已经很少,但它们肯定还是遭到了猎取。然而,公元前7世纪期间,在长江中游的楚国,象牙被认为是普普通通的物品。② 一个世纪之后,有一小段文字在涉及楚国国君时说到,"王使执燧象以奔吴师"。③ 公元前548年,以机智过人闻名的政治家子产,在犀利地抨击晋国国君勒索过多贡品的过程中争辩说:"象有齿以焚其身,贿也"④,可是他只字未提象牙来自何方。很久以后,在公元3世纪,据说西部的居民"拔象齿,戾犀角"⑤。象的长牙被做成象牙制品,如朝臣上殿面君时手持的书写笏板。犀牛角则被碾成粉末,具有各种医学用途,特别是用作解毒剂。有时禁止私人出售象牙——例如10世纪晚期在岭南就是如此,但他们照样在黑市中交易。⑥

象鼻可食用。大约5世纪初,在循州和雷州(两地都在岭南),有人说其滋味类小猪。稍后,唐代一位作家在指出岭南"多野象"后,进而说人们"争食其鼻,云肥脆,尤堪作炙"。⑦

公元前的一千年中,在中国大部分地区,将大象用于战争的做法逐渐停止。西部和西南部则是例外,在那里,这一做法时断时续,又存在了近2000年。在14世纪70年代初,成都城(在西部)的守军用大象运载全副武装的军队,以抗击明朝建立者的军队,但却溃败于敌手所用的火器。⑧ 西南部的反明抵抗如出一辙。据《明实录》记载:

---

① 宋镇豪著:《夏商社会生活史》,北京:中国社会科学出版社1994年版,第244—246页;许进雄著:《中国古代社会》,台北:台湾商务印书馆1988年版,第42页。
② 顾赛芬译:《春秋左传》,3卷,1914年版;巴黎:卡塔西亚,1951年再版(S. Couvreur, *Tch'ouen Ts'iou et Tso Tchouan*:*La Chronique de la principauté de Lou*,1914;reprinted,3 vol. ,Cathasia:Paris,1951),双语本,第1卷,第346页。
③ 顾赛芬译:《春秋左传》,第3卷,第512页。
④ 顾赛芬译:《春秋左传》,第2卷,第411页。
⑤ 文焕然等著:《中国历史时期植物与动物变迁研究》,第189页。
⑥ 文焕然等著:《中国历史时期植物与动物变迁研究》,第193页。
⑦ 刘恂;引自文焕然等著:《中国历史时期植物与动物变迁研究》,第191和193页。
⑧ 伊懋可著:《中国历史的模式》,加利福尼亚,斯坦福:斯坦福大学出版社1973年版(M. Elvin, *The Pattern of the Chinese Past*,Stanford University Press:Stanford, Calif. ,1973),第93页。

1388 年三月①，时思伦发悉举其众，号三十万，象百余只，复寇定边（在西南部）。沐英选骁骑三万与之对垒。贼悉众出营，结阵以待，其酋长、把事、招纲之属，皆乘象，象皆披甲，背复战楼若阑楯，悬竹筒子两旁，置短槊其中，以备击刺。阵既交，群象冲突而前……贼众大败，象死者过半，生获三十有七。②

200 多年以后，西南部的人在抵抗满人时，利用了从本地非汉族人中征来的大象，部分用于军事运输。然而，1662 年以后幕落剧终，我们再没听说过中国有战象了。

关于帝制晚期大象的经济用途，我们可以谨慎地通过 1608 年出版的谢肇淛的《五杂组》加以了解。这是一部关于风物掌故的随笔札记，作者是一位行家里手，他总是以文辞婉讽自己以及读者对似是而非的东西的认识。他是工部的一位官员，后来成了治水专家，也曾任职于广西省（在西南部）。因此，对于他在下列各项中所写的东西，他很可能直接了解一些。③

滇人蓄象，如中夏畜牛、马然，骑以出入，装载粮物，而性尤驯。又有作架于背上，两人对坐宴饮者，遇坊额必膝行而过，上山则跪前足，下山则跪后足，稳不可言。

有为贼所劫者，窘急，语象以故，象即卷大树于鼻端，迎战而出，贼皆一时奔溃也。

惟有独象，时为人害，则阱而杀之。

接着，谢肇淛转而谈到，明朝廷在朝堂外的护卫和仪仗中都用到了

---

① 在本书中涉及前现代中国文本的翻译时，"月"一词总是指中国的阴历月份。在 1388 年，"三月"指的是西方儒略历中的 4 月 7 日到 5 月 6 日这一时期，但与儒略历和 1582 年后的阳历保持一致时，其时间段每年都有变化。

② 文焕然等著：《中国历史时期植物与动物变迁研究》，第 198 页。

③ 谢肇淛著：《五杂组》，1608 年版，李维桢监刻，台北：新兴书局 1971 年版，第 706—708 页。（国人考订时，未提及这两个版本的《五杂组》。参见徐青：《谢肇淛〈五杂组〉研究》，河南师范大学硕士学位论文，2006 年；廖虹虹：《谢肇淛〈五杂组〉版本述略》，《五邑大学学报（社会科学版）》，2004 年第 3 期。——译注）

驯象。（原文是"及乘舆卤簿，皆用象"。——译注）应记住，中国朝廷在早晨很早的时刻朝见。据认为，每天这个时候，人的思维比较清醒。

> 不独取以壮观，以其性亦驯警，不类它兽也。象以先后为序，皆有位号，食几品料。
>
> 每朝则立午门之左右，驾未出时纵游吃草，及钟鸣鞭响则肃然翼侍，俟百官入毕则以象相交而立，无一人敢越而进矣，朝毕则复如常。
>
> 有疾不能立仗，则象奴牵诣它象之所，面求代行，而后它象肯行，不然，终不往也。
>
> 有过或伤人，则宣敕杖之，二象以鼻绞其足踣地，杖毕始起谢恩，一如人意。
>
> 或贬秩，则立仗，必居所贬之位，不敢仍常立，甚可怪也。
>
> 六月则浴而交之，交以水中，雌仰面浮合如人焉……
>
> 此物质既粗笨，形亦不典，而灵异乃尔，人之不如物者多矣。

这段描述表明，大象这种厚皮动物已成为官僚机构的一部分。对于其中的相关细节，读者认可多少，可悉听尊便，不过，其根本之点是站得住脚的。到帝制晚期，大象在中国仅存于都城里相当于仪式表演的马戏团，以及西南部边境地区。①

这里概述的内容，初步粗略地描述了自农业革命和远古青铜时代以来在中国大地上人类对环境的长时段影响。反过来看，大象的退却，既

---

① 清朝在仪式中用到大象。参见 H. S. 布伦纳特、V. V. 哈格尔斯特罗姆著：《中国清末政治组织》，A. 贝尔特钦诺、E. E. 莫兰译，上海：凯利和沃尔什，1912 年版；台北，1960 年再版（H. S. Brunnert，V. V. Hagelstrom，*Present Day Political Organization of China*，translated A. Beltchenko and E. E. Moran，Kelly and Walsh；Shanghai，1912；reprinted，Taibei，1960），第 37—38 页。它们是作为贡品从缅甸等国家获得的；在那里，它们各有其名，到中国后它们似乎继续保留着原来的名称。云南和贵州省进贡象牙。参见吴振棫著：《养吉斋丛录》（养吉斋书房选录），杭州：浙江古籍出版社根据 19 世纪的手稿印制，1985 年版，第 291 和 268 页。我非常感激欧立德教授（Mark Elliott）（作者坦承原名写为 Mark Elliott-Smith 有误。——译注）提供了这份参考资料。

在时间上也在空间上反映了中国农业经济发展状况。更精确地说，在中国，大象占据的空间与人类占据的空间是*互为消长的*。它也象征着一种最初缓慢继而加速的转变，即从丰富多彩的环境向人类主导的定居生活的转变；前者存在着野生动物造成的持续的威胁，后者相应地免遭了这种威胁。不过，无论如何，若从一位在丛林中生活多年的澳大利亚人的角度来看，这也象征着感官生活的贫乏，[①]以及从前人类赖以生存的诸多自然资源的匮乏或消失。

用另一种视角来分析也是必要的。在某些地区，人类与野生动物的搏斗是生死攸关的大事。公元第一个千年初期——尽管确切的时期模糊不清，在云南西部洱海周围白族人的土地上有巨大的蟒蛇出没，它们在汉语里以"蟒"著称。这种巨蟒每日不仅吞食家畜，而且吃人。尽管残存的描述不免过分夸大以至难以置信，但是很显然，要消灭它们，就需要一种英勇的、有时甚至绝望的搏斗。[②] 只有做到这一点，人们才能安全地耕种湖岸边肥沃的沼泽地。人类与野生动物之间争夺栖息地的例子不胜枚举，这只是其中的一例。那些巨蟒的后代今天仍幸存于洱海的东边，不过它们的尺寸大大变小，以至人们未经特别调查就可以说，它们灭绝的危险也大大减小。

人类像这样战胜食肉动物，失去了什么，又赢得了多少，权衡其利弊

---

① 关于这种直感的一种普遍证据，可以在下列著作中找到，S. R. 克勒特、E. O. 威尔逊主编：《热爱生命的天性假设》，华盛顿特区：岛屿出版社 1993 年版（S. R. Kellert, and E. O. Wilson, *The Biophilia Hypothesis*, Island Press：Washington D. C., 1993）；S. R. 克勒特：《热爱生命的天性假设：亚里士多德式的"美好生活"回响》，收录于伊藤三太郎、吉田义则主编：《环境危机时代的人与自然》，京都：日本研究国际研究中心，1995 年版（S. R. Kellert, "The Biophilia hypothesis：Aristotelian echoes of the 'Good Life,'" in Itō Suntarō and Yoshida Yoshinori, ed., *Nature and Humankind in the Age of Environmental Crisis*, International Research Center for Japanese Studies：Kyoto, 1995），以及 S. R. 克勒特著：《把握亲属关系：人类进化和发展中的热爱生命的天性》，华盛顿特区：岛屿出版社/海鸥书局，1997 年版（S. R. Kellert, *Kinship to Mastery：Biophilia in Human Evolution and Development*, Island Press/Shearwater Books：Washington D. C., 1997）。

② 大理州文联编：《大理古遗书抄》，昆明：云南人民出版社 2001 年版，第 68—71 页，还有第 18、128、144 和 167 页。关于用火驱逐犀牛、老虎与豹的内容，参见第 270 页。

得失是很重要的。认识到我们与自然其余部分须臾不可分离,这一点使哲学家懊悔不已,而这种懊悔所反映的,不仅仅是愚蠢或浪漫的情怀。可是,在诸如这里所述的事例中,它们的分量,却不到人与大象搏斗的整个故事的一半。

# 第三章　森林滥伐概览

下面这首诗乃柳宗元所作,这位作者生活于公元 8—9 世纪之交,是一位哲学家和散文家。诗文反映了中国环境史上最漫长的一段历程:[①]

> 虞衡斤斧罗千山,工命采斫代与楢。
>
> 深林土剪十取一,百牛连枙摧双辕。
>
> 万围千寻妨道路,东西蹶倒山火焚。
>
> 遗余毫末不见保,躏跞碅磳何当存?
>
> 群材未成质已夭,突兀嶕峣空岩峦。

可见,曾经覆盖中国广大地区的古老森林被毁了。

有必要做些解释。这首诗富有政治意味,其中提及的树木蹶倒,暗指朝廷才华之士的损失。然而,这种带有强烈象征效果的景象,也反映了为人熟知的生态现实。"虞衡"是一种官衔,在上古指的是以保护包括动物在内的自然资源为己任之人。如今,一千多年之后,因官僚机制运转修改的扭曲,其含义几乎转向了反面,也即变成了负责为朝廷提供木材用于新的建筑的官吏。

---

① (唐)柳宗元著:《柳宗元集》,台北:中华书局 1978 年版,第 43 卷,第 1240—1241 页,"行难路"。

20 　　还有另一种方式可以概括这一历程，那就是将这样的两个事实相提并论：两千年前，在中国的中东部，为制作一口棺材砍倒整棵树的现象仍属司空见惯。[1] 1983 年，中华人民共和国禁止用木材做地板、楼梯、电线杆、矿井支架、铁路枕木、桥梁和棺材——空想之举吗？[2] 如今，中国人均木材储量大约是每位居民 10 立方米，仅仅是世界平均值的 1/8。[3] 这一灾难的根源要追溯到古代。

　　滥伐森林并清除其他原生植被的原因不外乎三种。最常见的是为耕作和定居而砍伐，包括防范野生动物与火的威胁。第二种可能是为取暖、烹饪以及像烧窑和冶炼这类工业生产供应燃料而砍伐。第三种是为提供营建所需的木材而砍伐：如建造房屋、小舟、大船和桥梁需要木材。此外，打松树桩之类的其他形式的建设也需要木材；所谓打松树桩，即是将松树桩夯进沿海的淤泥滩，作为石砌海堤的地基。

　　到 11 世纪，在中东部地区燃料木材即将告罄。1087 年，由于在今江苏省北部发现了煤，诗人苏东坡兴奋地为之赋诗一首。[4] 顺便说一下，对第四联所涉矿物的译释，并没有从科学上加以考究：（该联译文是：No one had noticed the spatters of tar, nor the bitumen, where it oozed leaking, while, puff after puff, the strong-smelling vapors—drifted off on their own with the breezes。——译注）

> 君不见前年雨雪行人断，城中居民风裂肝。
>
> 湿薪半束抱衾裯，日暮敲门无处换。
>
> 岂料山中有遗宝，磊落如磐万车炭。

---

[1] 陈桥驿：《古代绍兴地区天然森林的破坏及其对农业的影响》，《地理学报》，第 31 卷第 2 期（1965 年 6 月），第 130 页。

[2] S. D. 理查森著：《中国的森林与林学》(S. D. Richardson, *Forests and Forestry in China*)，华盛顿特区：岛屿出版社 1990 年版，第 115 页。

[3] 何博传著：《山坳上的中国：生态危机与发展》(He Bochuan, *China on the Edge: The Crisis of Ecology and Development*)，加利福尼亚州，旧金山：中国书社 1991 年版，第 29 页。

[4] 王水照选注：《苏轼选集》，上海：上海古籍出版社 1984 年版，第 118 页。诗中所指的地方即彭城的位置，大约在北纬 34°、东经 117°。

流膏迸液无人知，阵阵腥风自吹散。

根苗一发浩无际，万人鼓舞千人看。

……

南山栗林渐可息，北山顽矿何劳锻。

这位诗人已意识到森林滥伐的危险，对前现代工业的燃料供应也产生了忧虑。

虽然中国人也曾为了使用、销售或怡情而种竹植树，[1]但是这从未能弥补木材的损耗。在某些地方和一定时期，大火烧过、斧钺伐过之后，当然也还有树木再生。因此从地方上看，如果只是一味地认为树木在消失，未免过于简单。[2]

为平衡一下毁林的情景，我们可以想一想博爱地区人工栽培的竹林，这地方靠近东北部的西陲。[3]（在河南省。——译注）在这里，灌溉使部分不毛之地变成了小福地。根据明代晚期的一段描述我们得知：[4]

> 河内[5]八十三里，惟万北、利下一带，地傍有水渠，果木、竹园、药物肥茂可观，然此特十之一耳。其余……一望寥廓。有砂者，咸者，瘠者，山石磊磊，顷不抵亩者。

---

[1] N. K. 孟泽思：《林业》(N. K. Menzies, *Forestry*)，收于李约瑟主编：《中国的科学与文明》(J. Needham, *Science and Civilisation in China*)第 6 卷第 3 册，剑桥：剑桥大学出版社 1996 年版。（李约瑟请友人冀朝鼎题署的中文书名是《中国科学技术史》，国内一直这样使用。这里对英文版本名称按其本名译出。——译注）

[2] N. K. 孟泽思：《云南省村民的环境史观点》，收于伊懋可、刘翠溶主编：《积渐所致：中国历史上的环境与社会》(N. K. Menzies, "'The villagers' view of environmental history in Yunnan province," in M. Elvin and T.-J. Liu, eds., *Sediments of Time：Environment and Society in Chinese History*)，纽约：剑桥大学出版社 1998 年版。

[3] 在北纬 35°10′，东经 113°5′。

[4] 引自文焕然等著：《中国历史时期植物与动物变迁研究》，重庆：重庆出版社 1995 年版，第 120 页。

[5] 我用"county"表示中国的"县"，即晚期帝国治下正式的官府机构的最低级别；用"district"表示"乡"，它通常是下一级单位。"Canton"（村镇）相当于中国的"里"。

在这个时候，"亩"略低于7％公顷。①

博爱地区从两条河流（即丹河、沁河。——译注）汲取供水。虽然并不清楚这一灌溉系统始于何时，但我们知道它在公元8世纪不得不加以修治，以清除堵塞河道的淤泥，到16世纪又是如此。因此，从水文上看，这里的灌溉网有些不稳定。它也可能因为战事和过度开发而受到了干扰，前者如12世纪女真人和蒙古人的厮杀，后者如元初官僚对竹林的"竭园伐取"。由于时断时续的干旱会使竹子开花，随即枯死，这样，灌溉——即人类的干预——就很有必要。而在1690年大旱期间，当朝廷为了使漕运船更易通行而从丹、沁二河引水时，也对这里的竹林造成了损害。

风调雨顺之际，这一地区四季秀美，竹园"清幽"，居民筑居于水竹之间，因而饱受赞誉。17世纪晚期的一位诗人这样写到斑竹：传说一位古代明君（指舜帝。——译注）去世后，他的两位妻子哀恸不已，泪水将竹子染得痕迹斑斑：②

> 万派甘泉注几村，腴田百顷长龙孙，
>
> 养成斑竹如椽大，到处湘帘有泪痕。

显然，决不是所有的发展都会对环境造成破坏。但不管好坏，都需要能持久地维持生计。

那么，与森林何干？一个原因是，茂密的森林会减轻风蚀和水蚀对表土的侵害。③帝制晚期有一些生动的描述表明，因人口压力大，人们不

---

① 邓钢（肯特）著：《发展与停滞：前现代中国的技术连贯性与农业进步》[Deng Gang（Kent），*Development versus Stagnation：Technological Continuity and Agricultural Progress in Pre-Modern China*]，康涅狄格州，西港：格兰沃德，1993年版，第XXV页。
② 引自文焕然等著：《中国历史时期植物与动物变迁研究》，第119页。第117—122页叙述了背景。
③ R. H. 韦林、S. W. 兰宁著：《森林生态系统：多尺度分析》（R. H. Waring, and S. W. Running, *Forest Ecosystems：Analysis at Multiple Scales*），第2版，加利福尼亚州，圣迭戈：学术出版社1998年版，第217—218页。

得不外迁,去开垦山地,短期种植玉米和甘薯之类的作物,这时他们就会造成破坏。生活在 1786 到 1865 年的梅伯言有一份经典记事,言及一群群擅自占地的"棚民",游荡并开垦长江南部的山区,由此造成了破坏。① 这份材料概括了帝制晚期环境危机的一个方面,类似的例子在其他许多地方也可以发现:

> 其[董文恪]任安徽[在东部]巡抚奏,……准棚民开山事甚力。大旨言与棚民相告讦者,皆溺于龙脉风水②之说,至有以数百亩之山,保一棺之土。③

> 而棚民能攻苦茹淡于崇山峻岭,人迹不可通之地,开种旱谷,以佐稻粱,人无闲民,地无遗利,于策至便,不可禁止,以启事端。

> 余览其说而是之。及余来宣城[在东部],问诸乡人,皆言未开之山,土坚石固,草树茂密,腐叶积数年,可二三寸。每天雨从树至叶,从叶至土石,历石罅,滴沥成泉,其下水也缓,又水下而土不随其下,水缓,故低田受之不为灾。而半月不雨,高田犹受其浸溉。

> 今以斤斧童其山,而以锄犁疏其土,一雨未毕,砂石随下,奔流注壑,涧中皆填圩不可贮水,毕至洼田中乃止。及洼田竭,而山田之水无继者。是为开不毛之土,而病有谷之田,利无税之佣,而瘠有税之户也。

> 余亦是其说而是之。嗟夫,利害之不能两全者久矣。

23

---

① (清)梅曾亮(伯言)著:《柏枧山房文集》,《中华文史丛书》第 12 辑,台北:华文书局 1968 年再版,"记棚民事"。又引自陈嵘著《中国森林史料》,北京:中国林业出版社 1983 年版,第 52 页;A. 奥斯本著:《光秃秃的山脉,咆哮的河流:晚期中华帝国长江下游周边的土地使用变化对生态和社会的影响》(A. Osborne, "Barren mountains, raging rivers: The ecological and social effects of changing land-use on the Lower Yangzi periphery in late-imperial China"),哥伦比亚大学 1989 年博士论文,第 18—19 页对此曾加以讨论。
② 即认为天地间莫可言状的力量影响人类的理论。
③ 坟墓的位置被认为会影响死者之后代的命运。

因此,树下累积的枯枝落叶能让雨水慢慢渗漏。[①] 这种渗漏还可防止土壤被冲刷到下游的灌溉系统,而造成堵塞。表土层之下的土壤相当贫瘠,因而山民每隔三年左右就不得不迁移一次。这样,一旦树木消失,泥沙俱下,就会给下游的定居农业开发者造成更大的困难。

最终,部分流失的土壤沉淀下来,或沉积在河床、洪泛区,或沉积在三角洲。这样看来,帝制晚期珠江上游的森林滥伐,十有八九是珠江三角洲迅速淤积的原因所在。[②] 黄河北部和南部各水道三角洲的扩展,还有长江三角洲的扩展,一定程度上都是这同一影响的结果,在更早的时期更是这样。于是,波浪和潮汐活动使沉积物来来去去,再一次的沉积,一旦河口不再起作用,情况尤其如此。1855 年后,位于东部和东北部交界的黄河南面故道口的情形就是这样。据估计,之前的 1194—1855 年间,黄河南段河口*冲积层共增高了大约 10 米*,这一时期又向大海水平延伸了大约 90 公里。[③] 在 1579 到 1591 这非同寻常的 13 年中,水利工程师潘季驯设计的"束水攻沙"系统全面运转,三角洲以每年 1.54 公里的速度向海延展。[④] 不管以何种方式,森林滥伐也潜在地造出了可耕地,这种情形在中国沿海地区出现的次数非常可观。

三角洲土地可以通过海塘与大海相隔,在盐分被冲洗掉之后成为圩区内的稻田。从技术上讲,"围田"是护堤环绕的区域,一年中其高度有

---

[①] 1957 到 1980 年间,今天的宣州(清代的宣城)年平均降雨量是 1289 毫米。最低是 777 毫米,最高是 1328 毫米。参见《中国自然资源丛书》,42 卷,北京:中国环境科学出版社 1995 年版,第 23 卷(安徽卷)第 249 页。大约 70% 的降雨量集中在 4 至 9 月的 6 个月内。因此,宣城在大部分年份可能有充足的降雨。清除树木很可能略微增加了当地每年径流的总量,因为树木能吸收并蒸发水分,即将它"呼"出,使之进入空气当中。韦林和兰宁在《森林生态系统》第 110 页提到,"枯枝败叶中的营养的回归"是"从植被到土壤的主要循环路线"。

[②] 马立博著:《虎、米、丝、泥》(R. B. Marks, *Tigers, Rice, Silk, and Silt*),纽约:剑桥大学出版社 1998 年版,第 66—70、76—79 页,以及第 35—37、319—322、327—330 页。(中译本系王玉茹和关永强译,江苏人民出版社 2010 年版。——译注)

[③] 徐海亮:《黄河下游的堆积历史发展趋势》,《中国水利学报》,1990 年第 7 期;以及叶青超:《试论苏北废黄河三角洲的发育》,《地理学报》,第 41 卷,第 2 期(1986 年 6 月)。

[④] 伊懋可、苏宁浒:《遥相感应:西元 1000 年以后黄河对杭州湾的影响》,收于伊懋可、刘翠溶主编:《积渐所至:中国历史上的环境与社会》。

时低于周围的水位。在长江下游的南岸，这种开垦方式很大程度上造就了江南地区。现如今该区域最大的城市——上海所在的地方，大约在 13 世纪才冒出海面。① 因此某种意义上可以说，江南是"中国的尼德兰"。

总的来说，新的沿海农田形成之后，即使因保护和维系而占用了其他资源，它在经济上也是有好处的。问题出在了大河的中下游沿岸，黄河尤甚。

不过，黄河直到大约两千年以前才开始叫"黄"河，之前仅被称为"河"。将近公元前第一个千年之末，《汉书》称其河水六成是泥浆，②这肯定有点夸大其词。譬如，现如今，即使在河口近海处，每立方米水（重 1 吨）当中平均泥沙含量也不过 0.4 到 3.75 千克。③ 而导致黄河变色的最可信的原因，则是秦汉两代农耕在西北部的推广。为发展农业，覆盖中游沿岸广大地区的草地被清除；为满足都城的木材需要，西北部东南方向的温带森林被砍伐。④ 土壤侵蚀伴随着悬浮沉积物的沉淀，使黄河河床升高，超出了周围的平原，只能靠人工堤坝才能稳住河床。没有堤坝，河岸会不时地溢洪。当溢洪减弱，其裹携力也就下降，负载的泥沙就被倾卸在洪泛区。直到最后，这条河总会决堤改道，从而水患连绵。

建造庞大河堤所需的技术——包括动员大量的人力——一定程度上是早期军事实践的产物。在早期帝国统一之前的战国时代，几个交战 25 国沿国界修筑高大的城墙，并用它们导引洪水穿越敌国国境。⑤ 军事压力对经济技术和早期经济增长的推动这一主题，回头我们将在下面论述

---

① 对中日关于长江三角洲地区扩展之研究的总结，可参见伊懋可、苏宁浒：《改造海洋：1000—1800 左右杭州湾地区的水利系统和前现代的技术闭锁》(M. Elvin, N. Su, "Engineering the sea: Hydraulic systems and premodern technological lock-in the Hangzhou Bay area circa1000—1800")，收录于伊藤三太郎、吉田义则主编：《环境危机时代的自然与人》。

② 藤田胜久：《黄河洪水控制举措》，《中国水利史研究》(Fujita Katsuhisa, "Kandai no Kōka shisui kikō", *Chūgoku sui rishi kenkyū*)（原文如此。作者此处对"水利史"的日文罗马字表记有误，应是 *suiri shi*。——译注），1986 年第 16 卷，第 14 页。

③ 伊懋可、苏宁浒：《遥相感应：西元 1000 年以后黄河对杭州湾的影响》，第 364—365 页。

④ 中国科学院《中国自然地理》编辑委员会主编：《中国自然地理：历史自然地理》，北京：科学出版社 1982 年版，第 33 页。

⑤ 藤田胜久：《黄河洪水控制举措》，第 12—13 页。

短期效益的章节里再说。

战国时代黄河堤坝后撤至离河岸约 10 公里处,目的是给洪水让路。从《汉书》得知,堤坝里面的"填淤"最后由于"肥美,民耕田之。或久无害,稍筑室宅,遂成聚落。大水时至漂没,则更起堤防以自救。"①

在随后 2000 多年的时间里,黄河堤坝以不同频率出现大决口,这反映了西北和东北部农耕与伐木强度的变化。数字不一定准确,而且记录中的变化可能衍生曲解。它们很可能也在一定程度上反映了长期的气候变化。不过,前后的差异却清晰可见,毫不含糊。

在汉朝的大部分时期,也即公元前 186—公元 153 年,黄河堤坝大约每 16 年出现一次大决口。公元前 66—公元 34 年间最为集中,频率上升至每 9 年 1 次。② 大约在公元前 6 年,贾谊估算,每年落在黄河沿岸 10郡(相当于县)的维修费是铜币"万万文"。如果不将这一数字当作修辞所需,而从面值来看,则高达上亿元。③

接下来的 400 年里,向西北部的移民以及农业拓殖结束。气候变得更为寒冷,农民与牧民之间的边界在南移,草与森林重新生长。结果,黄河堤坝大决口的频率降至每 50 年一次或更少。④ 看来,戎狄的生存方式对环境有利。

大约公元 500 年的北魏末年,黄河中游的部分地区重新得到开垦,位于大转弯西北角的河套即是例证。当时,作为世界上最大城市之一的都城长安⑤——可能是最大的——对木材和燃料也有大量的需求。公元8 世纪中叶以后,西北部的牧场加快向谷地转变。⑥ 公元 788 年,执掌西域东南边界周围地区——在今甘肃省——的节度使(李元谅。——译

---

① 引自藤田胜久:《黄河洪水控制举措》,第 13—14 页。
② 计算来自藤田胜久:《黄河洪水控制举措》,第 10 页正面的图表。我略去了公元 107 年因降雨引发的洪水。
③ 藤田胜久:《黄河洪水控制举措》,第 7 和 11 页。
④ 袁清林著:《中国环境保护史话》,北京:中国环境科学出版社 1990 年版,第 72 页。该页列出了公元 69 年至公元 6 世纪末的隋代之间每 125 年一次决口的最低数字。
⑤ 位于西北的南部,现在的西安。
⑥《中国自然地理》,第 33 页;袁清林著:《中国环境保护史话》,第 30、90—91 页。

注)曾在此重建废城：[①]

> 身率军士，与同劳逸，芟林薙草，斩荆棘，俟干尽焚之。方数十 <sup>26</sup>
> 里，皆为美田，劝军士树艺，岁收粟菽数十万斛。[②]

在这里，军士常常是边疆土地的开发者。

从公元 746 年到 905 年也即唐代最后 160 年，黄河堤坝大约每 10 年决口一次。在随后的五代时期，这一数字上升至每 3.6 年一次。[③] 从公元 960 年到 1126 年北宋中古经济革命的第一个阶段，其频率是每 3.3 年一次。[④] 这还有些低估了，因为只包括了明确提及的决口，而没涉及大洪水。最严重的一次决堤发生在 1117 年，据说当时有一百多万人葬身于此。[⑤] 这一数字如山峰一般，凸立于小灾导致的死亡记录之中，这竟然与事实相去不远。不管这一数字有多少水分，它都能清楚地表明，未得到善待的生态系统会给人类造成罕见的伤亡。

12 世纪后期黄河开始改道，[⑥]常常夺占许多河道，而直到 16 世纪末之后，比较性的统计数字又一次具有了重要意义。1645 年到 1855 年间的清朝大部分时间里，人口压力迫使人们在黄河流经的中游地带重新开垦脆弱的黄土地，[⑦]当时的黄河南部河道每 1.89 年就出现一次灾情。[⑧]

---

① 李元谅的良原恢复。袁清林著：《中国环境保护史话》，第 91 页。

② 1 里在长度上大约是半公里，但是，斛在帝制晚期是一个可变的容量单位，有 2 种等值幅度。存留下来的容器或者是 28—29 公升，或者是 50—56 公升（丘光明著：《中国历代度量衡考》，北京：科学出版社 1992 年版，第 277 页）。从三国时代（公元 3 世纪）的魏国留存下来的 1 斛之容量稍多于 20 公升（丘光明著：《中国历代度量衡考》，第 254—255 页）。关于前现代的这种容量单位的现代等值，不可能十分确定。

③ 袁清林著：《中国环境保护史话》，第 72 页。

④ 计算依赖数据出自藤田胜久：《黄河洪水控制举措》，紧随第 16 页的图表。

⑤ （元）脱脱等编纂：《宋史》，北京：中华书局 1977 年再版。

⑥ 总结可参见伊懋可、苏宁浒著：《遥相感应：西元 1000 年以后黄河对杭州湾的影响》，第 393—406 页。

⑦ 黄土是石质粉末，通常随风吹落。表层能成为肥沃的所谓“黄土地”。

⑧ 松田芳郎：《清代黄河洪水控制结构》，《中国水利史研究》[Matsuda Yoshirō, "Shindai no kōka shisui kikō" (The Structure of Flood Control on the Yellow River under the Qing Dynasty), *Chūgoku suiri shi kenkyū*]，1986 年第 16 卷，第 34—40 页。

见怪不怪了。

森林的第二大环境功能是维护供水的稳定及质量。[①] 在这方面，1802年苏宁阿[②]对甘州供水的叙述提供了特别的例证；甘州位于西域地区的八宝山以北：[③]

甘州人民之生计，全依黑河之水。[④] 于春夏之交，其松林之积雪初溶，灌入五十二渠溉田。于夏秋之交，二次之雪溶入黑河，灌入五十二渠，始保其收获。

若无八宝山一带之松树，冬雪至春末，一涌而溶化，黑河涨溢，五十二渠不能承受，则有冲决之水灾。至夏秋二次溶化之雪微弱，黑河水小而低，则不能入渠灌田，则有极旱之虞。

甘州居民之生计，全仗松林多而积雪，若被砍伐不能积雪，大为民患，自当永远保护。[⑤]

命运轮转，这场灾难正好发生于该世纪末。据1891年的一次旅行见闻所述：[⑥]

设立电线，某大员代办杆木，遣兵刊伐，摧残太甚，无以荫雪，稍暖遽消，即虞泛溢。入夏乏雨，又虞旱暵。怨咨之声，彻于四境。[⑦]

---

[①] J.詹尼克著：《图说森林百科全书》(J. Jeník, *Pictorial Encyclopedia of Forests*)，伦敦：哈姆林，1979年版，第152、154、156—157、169和210页。

[②] 依照惯例，满族、蒙古族人名要写成一个词，以与汉族人名相区别。

[③] 引自文焕然等：《中国历史时期植物与动物变迁研究》，第48页。

[④] 大约在北纬39°，东经100°，是历史上弱水的上游。这是一种内陆排水系统。

[⑤] 韦林、兰宁著：《森林生态系统》，第46和49—50页，指出，如果温暖、潮湿的湍流空气凝结于雪面，就会给它增加热量，导致雪的融化。松树比落叶树能更有效地延迟雪的融化。一个重要变量是林分密度；林分大致等同于叶子所覆盖的地区。也可参见詹尼克著：《图说森林百科全书》，第148页，其上有林中融雪水的图片以及论据，即树干的温度是一个关键变量。

[⑥] 陶保廉撰，引自文焕然等著：《中国历史时期植物与动物变迁研究》，第48页。

[⑦] 现今，甘州年降雨量大约是150毫米，年总日照时间大约是3000小时。参见《中国自然资源丛书》，第38卷（甘肃卷），第268和274页正面的地图。两个时期的融雪水有待解释。

许多旅行者在叙述中将树的有无与水的好坏联系起来,当然,也没有明确阐释二者之间的关联。图理琛(Tulishen),满族的一位外交官,曾在18世纪初出使沙俄帝国,并探望伏尔加河下游的土尔扈特部(Torguts)。他引用随员噶扎尔图(Gajartu)有关北方故乡的描述对土尔扈特汗说:"山高峻险,林薮森密,溪河甚多",加上"河水甘美。虽洼处停潦之水亦美无异。"①[1712年(清康熙五十一年)5月,清政府组建出访土尔扈特汗国使团,使团成员有太子侍读殷扎纳、理藩院郎中纳颜、新满洲噶扎尔图、米邱及内阁侍读图理琛等。——译注]

位于西北部的西北、黄河环道以西的贺兰山或"骏马"山②(据国人考证,取"贺兰"为"骏马"之意有误。至于贺兰山名的由来,具体见沈克尼:《贺兰山名的由来》。——译注)或许可作为例证。茂密的森林一度覆盖此地,尔后却长期退化,导致河道部分干涸。西夏开国之君元昊曾在此地建避暑宫殿;西夏是一个兴盛于10世纪末至13世纪初的非汉族政权。该宫殿及之后的城镇建设需要大量的木材。据说,在西夏灭亡后很久,樵夫仍"于坏木中得钉长一二尺"。17世纪初以前的一段时间,浅山一带已"陵谷毁伐,樵猎蹂践,浸浸成路",而高山地带仍"深林隐映"。28 1780年,宁夏府(在西北部)方志(即《宁夏府志》。——译注)则记载说:"山少土多石,树皆生石缝间"。尽管这份材料似乎也表明西坡上仍有不错的植被,但它也使人联想到土壤侵蚀的情形。而且,这一方志进一步论道:

> 其上高寒,自非五六月盛夏,巅常戴雪,水泉甘冽,色白如乳③,各溪谷皆有。以下限砂碛,故及麓而止,不能溉远。④

因为缺乏更多的证据,很难知道这里的供水是否受到了破坏。虽然

---

① 图理琛:《异域录》,收录于今西春秋校注:《校注异域录》,天理市:天理大学亲里研究所,1964年版,第146、201和349页。
② 大约在东经105°。
③ 反光的时候?
④ 文焕然等著:《中国历史时期植物与动物变迁研究》,第29页。

有人对此持怀疑态度,但气候很可能已更加干燥,也可能早在森林滥伐之前便是如此。帝制晚期森林滥伐确有其事,但涉及它对上述这般特别事例的影响时,保持审慎的态度也并非多虑。将来,等证据更为翔实后,研究者可能会质疑此等区区历史个案能否反映不同时代和地区的实际,抑或会重新解读证据。①

森林也会影响小气候。② 在温带,它们常常通过蒸发蒸腾作用以及遮荫来降低温度。③ 湿度也会随之上升。在一定条件下,它们往往可以增加当地的降雨,当然相反的情况也有可能发生。④ 一些历史证据表明,在热带和亚热带地区清除森林实际上减少了降雨,但在某些情况下,这甚至对人类有利。

地处南部沿海、靠近岭南与西南部⑤交界处的廉州⑥地区即是一例。据19世纪早期官修地理总志(即《嘉庆重修一统志》。——译注)言:

---

① 尽管置身于另一种语境,但对这种谨慎的普遍需要,在A. 格罗夫和O. 拉克姆的《地中海沿岸欧洲的自然:一部生态史》中清楚地出现了(A. Grove, O. Rackham, *The Nature of Mediterranean Europe : An Ecological History*,康涅狄格州,纽黑文:耶鲁大学出版社2001年版)。

② 例如,它们能抑制暴风雨。参见韦林、兰宁著:《森林生态系统》,第275页。它们也能降低光照在地面的强度,其程度取决于林中的主要树种。参见詹尼克著:《图说森林百科全书》,第155、159—160页。

③ 在北方地区,森林覆盖能提高温度,而在温带气候中,相反的情况也真切无误。参见韦林、兰宁著:《森林生态系统》,第304—306页。

④ 关于这个问题的概述,参见R. G. 巴里、R. J. 乔利著:《大气、天气与气候》(R. G. Barry, R. J. Chorley, *Atmosphere, Weather and Climate*),第5版,伦敦:梅休恩,1987年版,第338—348页。H. H. 拉姆著:《气候、历史与现代世界》(H. H. Lamb, *Climate, History and Modern World*),伦敦:罗特勒基,1995年版,第329页,此处强调了低纬度地区可能具有的特质。曼恩也做了有用的总结,参见M. 曼恩:《印度北部的生态变迁:1800—1850年恒河—亚穆纳河河间地森林滥伐和土地困境》,收录于R. 格罗夫、V. 达摩达然和S. 桑万主编:《自然与东方国家:南亚和东南亚环境史》(M. Mann, "Ecological change in North India: Deforestation and agrarian distress in the Ganga-Yamuna Doab 1800 - 1850," in R. Grove, V. Damodaran, and S. Sangwan, ed. , *Nature and the Orient : The Environmental History of South and Southeast Asia*),新德里:牛津大学出版社1998年版,特别是第400—402页。

⑤ 或"合浦"。

⑥ 大约是北纬22°,东经109°。

附山凿沟引泉,筑堤筑坝蓄水,近河造水车龙骨以激水。天时抗旱,则有水以资灌溉。修圳开渠,遇水可以消纳。分秧栽插,加粪耘籽,事久讲求。林间荒地,尽行开辟。不惟瘠土变为沃土,而沧海且多变为桑田……生谷之地,无不尽垦。①

地貌的这一变化减少了"瘴患",而"瘴患"可能是疟疾的一种。② 该地区有一些疟蚊,如大劣按蚊(A. dirus),它们在密林中危害最大。同样的叙述还有:

廉郡旧称瘴疠地,以深谷密林,人烟稀疏,阴阳③之气④不舒。加之蛇蝮毒虫,怪鸟异兽,遗移林谷,一经淫雨,流溢溪涧,山岚暴气,又复乘之,遂生诸瘴……

今则林疏涧豁,天光下照,人烟稠密,幽林日开。合(浦)、灵(山)久无瘴患,钦州亦寡。惟王光、十万暨四峒接壤交趾⑤界,山川未辟,时或有之,然善卫生者,游其地亦未闻中瘴也。

刘翠溶在台湾的小气候中发现了相似的变迁过程。原因在于,17世纪后期之后,大陆汉民迁徙到这里定居,并改造了该岛的平坦地区;他们将森林辟作水田,种植稻谷。19世纪中叶有人(指丁绍仪。——译者)评论道:"嘎玛兰(Gemalan)初辟,亦若雨多晴少,今则寒暖皆如内地,所谓瘴疠毒淫无有也。"⑥刘翠溶也认为,这里所描述的疾病,是由疟疾般的瘴患引发的。

将森林辟作稻田以便在某种程度上控制疟疾的做法,目前谅必还是

① 文焕然等著:《中国历史时期植物与动物变迁研究》,第81页。这里提到的方形刮板链式水车,俗称"龙骨水车",因为由连着的方形刮板构成的环形木链看起来像一副巨型椎骨,它顺着斜向水槽,将水提上来。
② 19世纪早期廉州地方志,引用于文焕然等著:《中国历史时期植物与动物变迁研究》,第81页。
③ 阴阳。
④ 气.即物质—能量—生机。
⑤ 越南。
⑥ 刘翠溶:《汉人拓垦与聚落之形成:台湾环境变迁之起始》,收于伊懋可、刘翠溶主编:《积渐所至:中国历史上的环境与社会》,第197页。

一个有待思考的问题。引发疟疾的疟原虫有好几种,某种疟原虫由这种还是那种蚊科按蚊属的某个成员携带,则视所涉及的地区而定,而这些按蚊所偏好的孳生地则各不相同。蚊子吸食某位疟疾患者的血液,结果就获得了疟原虫。它又按同一方式,用其唾液将这些疟原虫注入另一被叮咬者的血流之中。春天,雌按蚊在水面产卵,之后其生长的全过程约需三周时间。①［蚊子的生活史可分成卵、幼虫(孑孓)、蛹和成虫四个阶段。——译注］有一种理论认为,通过稻农对水的控制,包括插秧前将田里灌满水,收获时再排干,一定程度上会减少蚊子成功繁殖的机会。但考虑到不同种类蚊子的孳生习性的差异,以及一些蚊子对流水的偏爱,这种理论是有问题的。② 要降低疟疾发病率,最好是通过清除林木,让喜阴的蚊子——如上文提及的大劣按蚊——更多地暴露在直射的阳光之下。③ 否则,人口居住密度的提升,只会让更多的病患为当地的蚊子传递疟原虫,并使它们更容易叮咬潜在的新患者。当然,由于世代演替,在这些人身上也可能产生一定程度的免疫力。④

因此,密林遮蔽,有利也有弊。

森林为鸟类和动植物提供了栖息地,⑤它们通常又是食物和药品的

---

① M. 波恩鲍姆著:《系统中的虫子:昆虫及其对人类事务的影响》(M. Berenbaum, *Bugs in the System : Insects and their Impact on Human Affairs*),马萨诸塞州,雷丁:埃迪森—韦斯利,1994 年版,第 230—237 页。

② H. 莫林著:《印度支那疟疾及其预防访谈》(H. Morin, *Entretiens sur le paludisme et sa prévention en Indochine*),河内:远东出版社 1935 年版,其中列出了各种疟蚊。引自哈代:《20 世纪越南移居》(Hardy, "Migration in 20th century Vietnam"),参见下一个注释。

③ 我将这一建议归功于安德鲁·哈代博士(Dr Andrew Hardy),他是澳大利亚国立大学一篇题为《20 世纪越南高地移居史》(A history of migration to upland areas in 20th century Vietnam)的著名博士论文的作者,参见导言第 5 页、第 3 章第 19 页、第 4 章第 6—9 页。第 9 章引用了一个消息提供者所讲述的家乡情况,"有一段时期疟疾流行,这时,森林仍然很茂密"(本书第263—268 页大体上也有论述)。

④ 哈代著:《20 世纪越南移居》,第 9 章注 11,引用消息提供者所讲到的一个地区的情况,"只有刚到此地的人才得病。"

⑤ 詹尼克著:《图说森林百科全书》,"林中动物",第 367—425 页。

原料,也是其他原料的来源。对一个农耕社会来说,如果农作物歉收,森林则可作为可资依赖的储藏所。森林的萎缩或消失意味着失掉了*环境缓冲*,从而会有损于安全——我们将经常回到这个主题上来。森林的消失相当于取消了百姓的环境保单,这反过来又会成为危害人与作物的渊薮。这种双重特征使得森林与人类的关系暧昧。

上古,猎取动物和鸟类为普通百姓提供了部分饮食。在《月令》这部可能编纂于公元前 750 年左右、部分是天子政令的作品中,有大量的禁令能清楚地说明这一点。例如,在季春,"田猎罝罘,罗网毕翳,餧兽之药,毋出九门。"①换句话说,在一年的这个时候,要休养生息,以备日后之用。尽管该文献所指时期大概早于其编纂之日,但不清楚它到底说的是哪个时候。

公元前 500 年有一个著名的道德故事(即《国语·鲁语上》记载的"里革断罟匡君"的故事。——译注),讲述了一个重要官员如何指责鲁公"贪无艺也",在小鱼刚开始生长时就撒网捕鱼。② 他说,在古之盛时,"鸟兽孕……兽虞于是乎禁罝罗"。同样,"兽长麑麇"。据说,兽用于"庙庖"。③ 这些禁令很可能反映了当时中国东北和西北地区正在萌生的"焚林而猎"的意识,以及对此加以阻遏的企图。

较早时期即公元前两千年出现的商王大规模田猎活动,主要目的可能不是获取食物,而是保护祭兽,训练军阵,并保护庄稼,甚至可能是游戏。④ 在早期农夫的世界里,森林环绕,鹿可能妨害谷物生长,老虎则被看作益畜,原因在于它们能减少鹿的数目。⑤ 然而,商人不仅能捕获鹿、狐狸、狼和獾等温顺的猎物,也能逮到大象、老虎和犀牛这类森林之王。商代拥有一个巨大的围猎场,远至今山东省泰山的西部和南部。中国本

<sub>31</sub>

---

① (先秦)《月令》,收于陈澔编注:《礼记集说》,台北:世界书局 1969 年版,此类禁令在书中随处可见。

② 里革责备公元前 607—589 年统治鲁国(东北部)的宣公。

③ (先秦)《国语》,上海:上海古籍出版社 1978 年版,第 178—180 页。

④ 许进雄著:《中国古代社会》,台北:台湾商务印书馆 1988 年版,第 40—41 页。

⑤ 许进雄著:《中国古代社会》,第 45 页。

土这种大规模的狩猎,在随后的周代似乎并未延续,虽然汉赋《子虚赋》——下文第四章(第50—51页)(原著页码。——译注)翻译了一部分——对齐楚两国的一切事物极尽铺陈夸张,但一定程度上是别有所指的。我认为,它铺陈到极致能让人心潮澎湃,因为它们超越了现实。但同样地,如果想要抓住读者或取悦读者,所刻画的现象就不可能完全是人所不知的。

在上古,犀牛几乎与大象一样分布广泛,它们一般也可以通过放箭或设陷用火而加以捕捉。犀牛皮在上古的一千多年间用于制作中国兵士的标准甲胄。犀牛角被用作酒杯,再往后,则被碾成粉末,作解毒剂。①历史时期最常见的两种犀牛是小独角犀和双角犀。二者都栖居森林,每日需用水洗浴,以驱赶蚊子,而且都畏寒怕冷。公元8世纪后期,在唐代长安(在西北部)的宫廷兽苑里,有犀牛死于寒冬。宋代早期,在大约北纬23度的岭南,据传闻它们曾在地上打洞,以在冬季保暖。

32 到早期帝国之前,犀牛已离开地势较低的长江流域。到中期帝国之前,它们在西部已成稀罕之物。9世纪中叶,渠州(在西部)发现一头犀牛,在被带往都城观赏之后,当时在位的唐宣宗下令将它"复放于渠州之野",因为他"虑伤物性"。此时,铁盔早已取代兽皮,犀牛从军需之源转变为珍奇之物。唐代诗僧齐己为朋友去岭南饯行时,曾浪漫地设想他所到之处皆是:

> 蛮花藏孔雀,野石乱犀牛。

这都是些关于性情相对温驯、基本上在夜间出没的草食动物的文学想象,也表明作者缺乏对野生动物的切身体验。②

犀牛直到9世纪末还在西南部游荡,但现已在中国灭绝。在其漫长而结局不妙的南撤过程中,气候变化肯定是一个影响因素。对特定地区犀角贡品的需求,则迫使人们一直在猎取这一繁殖缓慢的动物;犀牛每

---

① 许进雄著:《中国古代社会》,第42—44页。
② 文焕然等著:《中国历史时期植物与动物变迁研究》,第226页。

产一胎,孕期达 400 到 550 天。① 但通常,栖息地的毁灭或许才是症结所在。

历史上中原地区北境之外沿线,大规模狩猎别有不同,场面壮观但时断时续,与商业压力或官兵定期征收驱使下的狩猎形成了对比。423 年,中国北方少数民族政权北魏——当时仍主要统治大部分以游牧为生的拓跋部——皇帝(即拓跋焘。——译者)的一位谋士进谏说,如果他无法覆小邦而犒赏部下,"则校猎阴山②,多杀禽兽,皮肉筋角以充军实。"③ 数年后的 431 年,拓跋部统辖下的三个北方部落的"数万骑","驱鹿数百万,诣行在所,帝因而大狩,以赐从者,勒石漠南,以纪功德"。我们虽无法得知这些狩猎开展之处的地貌如何,但很可能至少部分是森林,大概也相当空旷。

在帝国全境波澜不惊的日常生活中,狩猎作为副业持续了数百年,直到森林逐渐萎缩或消失,狩猎通常十分困难,甚至根本不再可能。即便如此,在随后论述贵州(在西南部)和遵化(在东北部)的章节中我们将会看到,进入帝制晚期,救急的狩猎和采集如何为人们提供了生态缓冲,以弥补收成的不足。

国际市场的开放,远比妄自尊大的戎狄君王更具破坏性。刘翠溶描述了直到 17 世纪初台湾原住民如何在可持续的基础上猎鹿,甚至还越过海峡向福建省输出鹿皮和干肉。随着荷属东印度公司的到来,加上每年向日本出口鹿皮有时达 100 000 多张,鹿群日渐减少。到该世纪末,在台湾南部,鹿基本上绝迹。随后的那个世纪,汉族农民开垦草地,使整个台湾岛的鹿几近灭绝。④

随着树林的消失,鹦鹉这种主要呆在林地的鸟也变得稀少。它们体现了森林作为生物资源保留地的双重性。中国人欣赏鹦鹉。清代一位

① 文焕然等著:《中国历史时期植物与动物变迁研究》,第 220—228 页。
② 在西北部,黄河环状河段以北。
③ 文焕然等著:《中国历史时期植物与动物变迁研究》,第 25 页。
④ 刘翠溶著:《汉人拓垦与聚落之形成:台湾环境变迁之起始》,第 172—173 页。

诗人①述及地处西北的临洮时说:②

> 我忆临洮好,春光满十分。
> 牡丹开径尺,鹦鹉过成群。

它们能灵巧地躲避罗网,生性喜洁,(据说)有时甚至会拔掉油渍的羽毛,加上能模仿和应答人言,因而让人称赞不已。但是鹦鹉也有危害性。清代的一位观察者③在描述西部的大小金川地区时说道:④

> 每岁荞麦成熟时,鹦鹉千百群飞,蔽空而下。绿羽璀璨,其声呷呀。农人持竿守护。有黠者设械穗间,俟翔集时,机发潜胃其足,可以生擒。

《南方异物志》(此文献作者不详,卷目无考。伊懋可翻译为"The Treatise on the Strange Beasts of the South",不清楚其所用版本。——译注)提到,岭南各地,包括今天的广州地区,鹦鹉不计其数。"每群飞皆数百只,山果熟者遇之立尽。"在岭南山间石缝中生长着一种被称为"石栗"的果子,味似胡桃,"仁熟时,或为群至啄食略尽,故彼人殊珍贵之。"⑤众所周知,笼养鹦鹉也有危险。"俗忌以手频触其背",犯者将得"鹦鹉瘴",这可能是某种鹦鹉热,"多病颤而卒"。⑥

自然美不胜收,有时还让人眼花缭乱,但是,这种美不一定就意味着对人类健康有益。以孔雀为例。它们喜好的是稀疏的树林和灌木丛,而不是密林。这一物种在岭南曾非常普遍地存在,今天却独避西南。人类不仅毁灭了它们的栖息地,而且还因其美味——特别是油炸之后——而

---

① 吴镇。不要与元代同名画家相混淆。
② 文焕然等著:《中国历史时期植物与动物变迁研究》,第175页。
③ 李心衡。
④ 大约在东经102°,成都以西。文焕然等著:《中国历史时期植物与动物变迁研究》,第178页。
⑤ 嵇含著:《南方草木状》(关于这部著作的产生年代和著者,目前学术界看法不一。——译注),李惠林将其译成《四世纪东南亚植物》(Hui-lin Li, *A Fourth Century Flora of Southeast Asia*),香港:中文大学出版社1979年版,第131—132和146页。
⑥ 文焕然等著:《中国历史时期植物与动物变迁研究》,第177、179和181页。

加以食用,造成其数量的减少。它们的羽毛也是帝国宫廷所需的贡品。但孔雀会毒化环境。根据清代的一位作家①的描写:②

> 来宾③、南宁和循州④[都在岭南]一带江水腥浊,与孔雀粪有关。水色时而碧,时而红秽,恶不可近。舟行百里无井,不得已以明矾澄清,加以消毒的雄黄,然后饮用。中毒的或泄泻,或作闷,十人中常有八九人。

华南和华中的密林中也有老虎藏匿,"牧子行人被其吞噬者不可屈指数"。⑤ 这偶尔会招致人类的报复。19世纪中叶,石达开描叙了一个使用火药的罕见事例。石达开是反清的太平天国的诸王之一。在和反叛的同僚闹翻之后,他率军出走,远征中国西部,从1857年一直持续到1863年,最后为清廷所覆灭。在施南附近的一个小镇,⑥他的"探地兵"被老虎咬伤。石达开发现,这里的居民因害怕城外深山密林中的老虎,经常在夏天紧闭南城门。因此,他让手下一个王姓爆破能手,试探性地将山炸开一小段:⑦

> 予登碑遥望,已睹浓烟四冒,忽霹雳一声,天崩地裂,山峰一小部分,已纷然下坠,树木拔根飞舞,野兽狂奔乱跑,不辨其为虎豹豺狼也。王某言,此特最小之炸力耳,半月后,当用大炸力去全部分,可令此间变为坦途,直通后山,而猛兽毒蛇之窟,一旦扫除尽净云云。

35

我们再一次不得不对森林作多种解释。

---

① 陆祚蕃。
② 文焕然等著:《中国历史时期植物与动物变迁研究》,第168页。
③ 在现代的柳州。
④ 现代的桂平。
⑤ 在廉州(岭南),参见文焕然等著:《中国历史时期植物与动物变迁研究》,第81页。
⑥ 现今湖北省恩施自治州,在北纬30°20′和东经109°30′,位于中原的西部边缘。这个镇即是南郊。(该地是施南府的南郊,而非一个叫"南郊"的镇。——译注)
⑦ 陈嵘著:《中国森林史料》,第52—53页。

数百年后,树木提供的环境缓冲越来越减弱。这里有描写17世纪后期开始发生的句容饥馑的《榆树行》开篇诗句为证;句容位于江苏省,在南京的东南部:①

> 句容城边古道旁,榆树千株万株白。
>
> 枯干仅存皮剥尽,饥民慊慊春作屑。

这即是仅剩的活命之法了。

在晚期帝国的经济发展中,燃料和建设所用木材短缺,成为了人们为两千多年的森林砍伐所付出的日复一日的代价。结果,对很多地区的很多人来说,生活成了无休止的挣扎。清代关于山西省(在西北部)隰州的一些诗句描写的情况最为典型:②

> 老翁负薪归,险巇行蘙荟。
>
> 少妇远汲水,深涧瓦缶契。

长江下游地区的情形也一样。蒋廷锡赋诗六首,道尽了这一地区的诸般之缺,下面这一首是关于烹饪之薪柴的:③

> 庭中多草莱,阶下多松竹。
>
> 朝取炊晨餐,夜拾煮夕粥。
>
>
> 松竹易以尽,草莱生不足。
>
> 朝持百钱去,暮还易一束。
>
> 湿重不可烧,漉米不能熟。
>
> 八口望曲突,嗷嗷难枵腹。
>
>
> 前月山中行,山木犹簇簇。

---

① 邵长蘅撰,他出生于吴津附近。收于张应昌编选:《清诗铎》,第444页。
② 钱以垲撰。收于《清诗铎》,第7—8页。
③《清诗铎》,第446页。

今从山下过,遥望山尖秃。

农民无以爨,焚却水车轴。
田事更无望,拆屋入城鬻。

虽然该诗文在修辞上可能有些夸张,但就其所表达的绝望情绪而言,也能找到其他的材料加以佐证。

环境掠夺则司空见惯。四处游荡的流民成群结队,足以威慑当地居民。有时,他们还会从事如下勾当:[1]

支灶扳岸石,或拔墙上砖。
刈薪及坟树,松柏多摧残。

在社会等级的另一端,我们看到,清廷由于难以找到足够大的木材用于造船,不得不征用花园甚至墓地里的树木。根据大约17世纪末期的一首诗来看:[2]

江南打船斫大树,严檄浙河东西路[3]。
十围榆柳伐园林,百尺松杉斩邱墓。

豪家贵门惜不得,下里单寒何足数。
县吏持筹点树根,号叫江村小民惧。

深山大泽已零落,曲巷疏篱空爱护。

因而他滔滔不绝,对以前皇帝敕令所保护的墓地不再幸免感到 ³⁷ 震惊。

工业也受到了类似的影响。有一首大概写于18世纪中晚期的关于

---

① 《清诗铎》,第562页。诗乃朱绶所撰。
② 吴农祥撰。《清诗铎》,第246页。
③ 分别指浙江南部(在东南部)、山西西南部(在西北部)、陕西和甘肃(在西北部)。

云南官办铜矿的诗,作者王太岳在其中表达了对林木储备即将耗竭的清
醒认识:①

> 材木又益诎,山岭童然髡。
>
> 始悔旦旦伐,何以供樵薪。

伐木出售成了大宗买卖,但这有点像拆东墙补西墙。大肆伐木提供了价
值不菲的原料,但也造成了环境破坏。伐木业提供了急需的工作,一旦
关闭,就将面临社会动乱的威胁。由于这种制度的关键在于伙计能否得
到食物或有足够的工钱来购买食物,当谷价贵到连雇主都租不起伙计
时,上述情况就有可能发生。或者说,在某个特定的地方,价廉物美的树
木供应可能会枯竭。

　　下面的骈文诗反映了这样的焦虑,诗文出自严如煜的《木厂咏》,它
大概描述了 19 世纪初期西北部的商业伐木情形。② 有几点需要解释。
第一行中的"终南"指的是位于渭河之南的一段山脉,其顶峰是太白山,
高 3000 多米。③ 第二节末尾提到的两京出自汉唐等前朝文学上的起承
转合用法,当时的确有两都并峙。清代的情形并不是这样。根据作者的
注解,"天车"和"天桥"据说是用木制骨架造的;天车可能是缆索式集材
机(cable skidder)的早期形式。④ 我猜测,"水脚"和"猴柴"分别指放排工
和在行程末端将木材拖出水的人,于是新造了"water-jack"和"timber-
monkey"这两个词,否则,就无法翻译。牛山是一座因森林滥伐而闻名的
山,公元前 4 世纪的哲人孟子提到了它。他认为,牛山之光秃,与他生活
其间的衰世之人性一样,都非本真状态。

---

① 《清诗铎》,第 928 页。

② 《清诗铎》,第 932—933 页。

③ 它们从大约东经 110°延伸至东经 108°。太白山大约在东经 107°30′。

④ 关于某些所用技术的描述,参见 E. 费每尔:《清代中国边疆地区的人口与生态》(E.
　Vermeer, "Population and ecology along the frontier in Qing China"),收录于伊懋可、刘翠溶
　主编:《积渐所至:中国历史上的环境与社会》,第 250 页。在詹尼克的《图说森林百科全书》
　的第 436 和 456 页能找到现代森林索道图片。

终南势蜿蜒，接连太白横。
千里蔚苍翠，参天灌木荣。

名材挺杉栗①，松柏冬青青。
采之利民用，贩运遍两京。

锯者作梁栋，细亦供爨赪。
商人厚资本，坐筹操奇赢。

当家司会计，领岸度工程。
书办记簿册，包头伙弟兄。

森森连抱材，纵斧牵以绳。
天车挽坡岭，天桥度涧坑。

背板力任重，强健骡为名。
积聚待涨发，水脚趱溪泓。

猴柴堆谷口，嵯峨排木城。
一厂群工倍，大者千百并。

以渐开而进，约束似行营……

工徒半流徙，亿万倚以生。
前年生萌蘖，不逞湟弄兵。

---

① 想看看西方欧亚种栗树图片，以便对第二节诗中提到的"杉栗"有个大致印象，可参见詹尼克
著：《图说森林百科全书》，第 53 页（*Castanea sativa*，西班牙栗）。

扼吭仗健将，元恶戮鲲鲸。
民利讵能禁，患生亦可矜。

开采资商本，实赖时屡宁。
*39* 粮溅生计易，坐贪岁功成。

商利大于母，工徒聚如虻。
旱潦事难定，丰歉倏变更。

一年食已贵，再岁遂难撑。
斗粟值千钱，商绌工亦停。

纷纷食力佣，何自供使令。
况复牛山美，光濯乃常情。

虽云老林僻，坏地还可耕。
讵知采运时，一木百人轰。

蟠根地寻丈，种谷能几茎？
高寒剩硗确，五种异郊塍。

正如我们在随后章节将会一再看到的，帝制晚期中国前现代经济的增长在很多方面都已接近于工业革命前夜的西方对手。市场主导生产，包括雇佣与解雇没有保障的劳动大军。有一支综合的管理队伍，能写会算，内部分工细密。当时人们自觉地改进所用技术。国家为商业活动所造成的社会混乱埋单。实用的经济需要得到了满足，但环境却在涸泽而渔的方式下被开发、破坏。相比之下，本章开篇提及的"虞衡"，因利润驱使而对资源的开发似乎断断续续，且力有不逮。

# 第四章　森林滥伐的地区与树种

我们将进行更系统的分析。大体而言,如果没有人类的干预,中国现在会有三大植被带。第一个所在之处植被稀少,有些地区甚至没有植被,主要是沙漠,这位于西域(the Far West)。第二个是草的天地,分高海拔草地和低地草原,包括满洲西部、内蒙古、西北的西陲以及西藏大部分地区。至于第三个植被带,可以说,如果不是因为农业的普遍发展,这里就主要是树木和大量灌木丛的领地了。

聚焦于最后一个植被带,我们会明显地看到,无论从实际情况还是从潜在可能性而言,森林区域内部的重要分界是在温带、暖温带地区与亚热带地区之间;从前者往北以落叶阔叶林为特征,从后者往南以常绿阔叶林为特征。正如所料,这里存在一个大过渡带,主要位于淮河和长江中下游之间,但混合型森林一直延伸到长江以南。因此,并没有形成像刚刚提到过的壁垒分明的落叶阔叶林区与常绿阔叶林区。亚热带地区也有珍贵的落叶阔叶林。天然竹林则是南部地区的重要标志,当然,其天然性已因人工种植而变得模糊不清。每个地带都有独特的针叶树种。岭南又是另一番景象,在这里,亚热带和热带树种混杂在一起。海南岛还有椰子树呢。

上述模式的得出,是有选择地整合相关信息的结果,这些信息在1988年侯学煜发布的中国植被详图中得到了反映。还可以用稍微有些

41 不同的方式来解读他的资料,多强调一下东西差异,或者将两大森林带中由北到南的分区划分得更细一些。关于这里所用的沿基本界线再细分的方法,王纪五、侯学煜本人、孟泽思以及上田信已分别在 1961、1988、1996 和 1999 年阐述过,当然,他们对什么是关键之点的看法也存在分歧。① 我倾向于使用最简便可行的分类原则,尽可能以随季节变化或落或留的树叶作为划分的主要标志。严格地讲,这需要在满洲的最北端给落叶松、特别是 *Larix gmelinii* 单独划片;该树种中文名为"落叶松"或"兴安落叶松",意为"落叶的松树"②。

　　西方读者可能已熟悉很多常见的中国树种,譬如橡树(*Quercus*)、松树(*Pinus*)、榆树(*Ulmus*)、白腊树(*Fraxinus*)和其他的老面孔。③ 东亚的很多树木也已被人们引种到西方的公园和花园,在《花园植物与花卉百科全书读本摘要》(*The Reader's Digest Encyclopaedia of Garden Plants and Flowers*)之类的小册子中,经常能看到图文并茂的相关描述,如槐树(*Sophora japonica*),还有叶子明显地部分叉开的银杏(*Gingko biloba*)。而在罗杰·菲利普的《英国、欧洲和北美的树木》(Roger Phillips, *Trees in Britain, Europe and North America*)这类带有插图的指南中,则可以发现其他树木,如日本柳杉(*Cryptomeria japonica*)和(经常叫错名字的)"杉木"(*Cunninghamia lanceolata*)。后者是快速生长并耐腐的常绿针叶树,过去常用来作棺材、造船和打桩。

---

① 王纪五著:《中国的森林,连同草原和沙漠植被调查》(Wang Chi-wu, *The Forests of China, with a Survey of Grassland and Desert Vegetation*),马萨诸塞,坎布里奇:哈佛大学出版社 1961 年版,第 10—11 页;侯学煜著:《中国自然地理》,第 2 卷《植物地理》,北京:科学出版社 1988 年版,附录的彩色地图和第 112—113 页;N. K. 孟泽思:《林业》,收于李约瑟主编:《中国的科学与文明》,第 6 卷第 3 册,第 550—554 页;上田信著:《森林与绿色中国史:对历史的生态学考察》(Ueda Makoto, *Mori to midori no Chugokushi: Ekorojikaru-hisutorii no kokoromi*),东京:岩波书店 1999 年版。

② 可资比较的欧洲落叶松图片可见于詹尼克著:《图说森林百科全书》第 21 和 167 页。

③ 头两种树木的图片可见于詹尼克著:《图说森林百科全书》,第 12 页(圣栎)、249、341、274 和 286 页(橡树);第 24、26—27、63、65、105、128、131、132、179、181、194 和 290 页(松树)。第 34 页显示,苏格兰松(*Pinus sylvestris*)的分布范围从苏格兰以北延伸至满洲北部。

因此,长期以来它为什么一直为商业开发所青睐,就可以很好地理解了。

即使这些书籍没有囊括人们想要了解的确切的中国树种,它们有时也会描述其近亲。在菲利普书中有个例子是类似枫树的苏合香树(*Liquidambar orientalis*),与1500年前在长江下游岸边成排的中国枫香差别不大。

不过,要区别出许多单个树种到底是什么种类,确实有些困难。对植物名称的不断修订意味着比较老的参考著作常常会出错,因而无济于事。这里以梧桐为例做一说明。神话中说,梧桐是凤凰栖息的唯一树木,而今天在长江南岸的城市,人们有时仍可以看到梧桐成行的街道。对于这一树种,已有100多年历史的翟里斯的《辞典》(Herbert Giles, Dictionary)认为,它是 *Sterculia platanifolia*,暗示它有法国梧桐一样的叶子。而广为使用的中国百科全书《辞海》1947年版认为,它是 *Firmiana platanifolia*。[①] 今天的人们则认为,它是 *Firmiana simplex*。在随后有关各地的概述中,我会尽可能少地使用生僻的植物名称。

让我们围绕以树木为特征的中国主要地区进行一次假想的历史之旅。这趟旅程除了能鸟瞰森林滥伐的不同模式外,也可作为区域地理的入门。这里暂时略去长三角,在随后论述嘉兴县的章节中将详细论之。　42

## 心脏地带(The heartland,即广义上的中原地区。——译注)

温带和暖温带落叶阔叶林地区南部是上古中国的心脏地带。这一地带的年平均气温随纬度起伏较大,也因时而异。在河南开封和山东济南等地,现在年平均气温大约是摄氏14.5度。冬季气温一般降至零下,盛夏这些地区的平均气温则在摄氏26—28度之间。沿海地区每年的降雨可达1000毫米,但向西可减少到600毫米以下。2/3甚至更多的降雨会出现在夏季,一年年的雨量变化则非常明显。因此,这里的旱地农耕长期以来一直是一项带有风险的行业。

---

① 《辞海》,上海:中华书局1947年版,第791页。

现在，当我们转而考察时间长河中的气候模式时，要想从最初的历史着手是不太可能的，因为史家的历史并未涉及那时的气候——这种历史以直接洞悉人类思想的文献为基础。这样，我们不得不换一种方式探究历史气候；是时证据之窗已然开启，由此我们可以管窥人类与自然互动背后的原因。

公元前两千年末，周朝夺取了商或殷对中原地区的统治权，这是基于森林滥伐而建立起来的一种文明。它这么做的时候，态度自觉，神情激昂。《诗·大雅·皇矣》中有一首宣扬周王室神圣统治权的颂歌，开篇即对其毁林的热情毫不隐讳。这可谓是发展的基础：①

> 皇矣上帝，临下有赫。监观四方，求民之莫。
>
> 维此二国，其政不获。维彼四国，爰究爰度？
>
> 上帝耆之，憎其式廓。乃眷西顾，此维与宅。
>
> 作之屏之，其菑其翳。修之平之，其灌其栵。
>
> 启之辟之，其柽其椐。攘之剔之，其檿其柘。
>
> ……
>
> 帝省其山，柞棫斯拔，松柏斯兑。帝作邦作对，

周朝半神半人的始祖、农耕文化象征的"后稷"的故事，在《大雅·生民》中得到了叙述，故事说他在孩提时代如何在动物和鸟类的帮助下渡尽劫波。更加不可思议的则是：②

> 诞寘之平林，会伐平林。

---

① 高本汉著：《诗经注释》(B. Karlgren, *The Book of Odes: Chinese Text, Transcription and Translation*)，斯德哥尔摩：远东文物博物馆1950年版，第241节。对最后一节诗第二行后半部分(指引文中的"柞棫斯拔"。——译注)的另一种解读是"开白花的荆棘"，或者就是"橡树"。所采纳的解释是一种猜测，其依据是顾赛芬以法文注释的《中国古文大辞典》(S. Couvreur, *Dictionnaire classique de la langue chinoise*)，河间府(今河北献县)；天主教会印刷所，1911年，第459页："橡树"(yeuse)就是"柞棫"中的"棫"，而根据上下文的意思，这首诗歌描述的是大树，而非灌木丛。这首诗以及其他很多译文是我翻译的。

② 高本汉著：《诗经注释》，第245节。

农耕意味着清除森林。《诗·周颂·载芟》里的另一首诗是这样开篇的：①

> 载芟载柞，其耕泽泽。

还有一首提到周朝先祖古公亶父如何清理周原：②

> 肆不殄厥愠，亦不陨厥问。柞棫拔矣，行道兑矣。
> 混夷駾矣，维其喙矣。（见《诗·大雅·绵》。——译注）

征服者对驱逐行为和发展前景兴奋不已，而那些生活于林中的非华族则因栖居地的毁灭被迫背井离乡。正因为他们栖居林中，差不多就被界定为非华族。

这样一来，人们就不必吃惊，其后"戎人"在强调他们如何"华化"时　44
会指出，他们已清理土地从事农耕。公元前557年，戎子因其被驱逐的祖先披苦蓋、蒙荆棘——遭轻蔑的装束——而受到嘲讽，并被告知"诸朝之事，尔无与焉"。戎子义正词严地做了回答，以下是他的部分言论：③
（见《左传·襄公十四年》"戎子驹支责晋于朝"。作者对这一事件的转译与该文献原文有些出入。——译注）

> 惠公……赐我南鄙之田，狐狸所居，豺狼所嗥。*我诸戎除翦其*
> *荆棘*，驱其狐狸豺狼，以为先君不侵不叛之臣，至于今不贰。

于是，他得到了认可。

---

① 高本汉著：《诗经注释》，第290节。
② 高本汉著：《诗经注释》，第237节。这里提到的"混夷"通常被看作"犬戎"，他们生活在今日陕西省的西部。而且，像本节开头的颂一样，这诗文里只说到"柞棫"，通常所指就是"橡树"，瑞典伟大汉学家高本汉就持这一看法。我把"棫"解读为"常绿橡树"又是一种猜测。这一解读仅有的一些根据，和前面一样，包括顾赛芬的词典，还有对《大雅》的简洁风格以及其作者厌恶纯粹的重复的直觉，这使得简单的赘词不可能出现。孟泽思的《林业》第601页认为"棫"是"柞"的同义词，并将"柞"当作"蒙古栎"（Quercus mongolica），或推断为其他的麻栎（Q. acutissima），两者都是落叶树种。不管实情如何，在公元前的第二个千年，气候更为温暖，因此在极北出现常绿橡树或如橡树一样结橡子的树木，譬如石栎（Lithocarpus），在当时并非没有可能。
③ 顾赛芬译：《春秋左传》，第1卷，第292页。

至于周朝对森林的态度是否迥异于前朝,迄今还没有足够的证据可供猜度。它在某种程度上是否更积极进取?有助于解答这一问题的线索不牢靠,并且难以捉摸。大概最令人遐想的一条线索是,商代甲骨文中"农"的象形字似乎表明了在林间开展的活动。① 后来,孟子对这一事件之后将近 2000 年的中华文明起源的论述,大概只是反映了上古晚期或古典时代早期人们的态度很可能不同;他说道:②"舜使益掌火,益烈山泽而焚之,禽兽逃匿。"(见《孟子·滕文公上》。——译注)这又一次提到了环境清理政策,孟子将它归功于周公,上一章已引用过。

到公元前一千年初期——如果不是更早的话,国家经济关注的焦点是农业。《左传》,这部涵盖公元前 8 世纪初至公元前 5 世纪初之事件的史书经常讲到,有组织的军队窃取别国的粮食储备,并掠夺他人收成。它一般认为值得记载的灾难,是那些影响农业经济的自然灾害,如干旱、洪水、谷仓失火和蝗灾。③ 而到了战国时代,围攻的军队砍倒所攻击之国境内树木的现象已司空见惯,这似乎被看成了贵重的战利品。④

总之,我们可以得出这样的结论:在上古晚期,中国的心脏地带曾有相当可观的森林覆盖。否则,我们就看不到上面提到的那些费尽周折清45 除森林的记载。尽管如此,明智的做法则是,对于中国各地原本是否森林遍布的情形持谨慎的看法,而不妄加臆断。有大量的叙述涉及君主和

---

① 张钧成:《商殷林考》,《农业考古》,1985 年第 1 期,第 182 页。
② 理雅各译:《孟子》卷 2,收于《中国经典》(J. Legge, *The Works of Mencius*, vol. 2, in *The Chinese Classics with a Translation, Critical and Exegetical Notes, Prolegomena, and Copious Indexes*),伦敦:特吕布纳 1861 年版,第 3 卷:第 1 章第 4 节第 7 段,第 126 页。传说舜在公元前 2255 年成为帝王。
③ 例子见顾赛芬译:《春秋左传》,如,第 1 卷第 18、27、36、47、66、85、115、138、140、153 和 322 等页。
④ 罗哲海著:《古代中国的人与自然:中国古典哲学中的主、客二分法》(H. Roetz, *Mensch und Natur im alten China: Zum Subjekt-Objekt-Gegensatz in der klassischen chinesischen Philosophie*),法兰克福:朗格出版社 1984 年版,第 81 页。

贵族驾四马战车狩猎。在缺少古道的情况下，驾驶这种车辆穿越乡村似乎并非轻而易举之事；因为与开阔的稀树大草原相比，乡村的树木密集得多。不过，留存的几则逸事至少表明有这种情形存在。公元前596年，当赵旃被追赶时，他"弃车而走林"。① 公元前588年，当齐侯与诸国盟军交战时，"骖絓于木而止"。② 最后一则是，在公元前549年的一次小规模战斗中，一个叫栾乐的人第一次射击敌手不中，想射第二箭时，"则乘槐本而覆。"这使他送了命。③ 看来，密林是战车的克星。

大规模狩猎往往在"平原"上进行，特别是在鲜花和蓟类植物覆盖的草地上，而不是在鹿、野猪和犀牛栖息的密林中进行。④ 猎取这样的动物通常要用战车，至少公元前685年齐侯打猎的故事表明了这一点。故事说到，齐侯看到一头大野猪，他的随从说，这头猪是谋杀鲁国国君之凶手的化身。齐侯听之盛怒，于是拔箭射向这头"豕人"，但它竟站起来，向他嚎叫。惊慌失措之下，公"坠于车，伤足"。不久后，他成为一次未遂刺杀的目标。⑤（这一次刺杀成功，齐襄公因此丧命。——译注）

尽管有时候某种木材会因战争而出名，但几乎没有森林影响战事的记述。这方面的一个罕见的例外，则是公元前518年发生的一件事。当时，经过几次武装冲突之后，位于今山东省南部的小国邾的兵士开始据塞防守，他们发现自己不得不经过武城这个属于鲁国的敌对城市才能返回家园。于是：⑥

> 武城人塞其前，断其后之木而弗殊，邾师过之，乃推而蹷之，遂取邾师。

到公元前6世纪，木材在东北部（指今天山东东北部。——译注）沿

---

① 顾赛芬译：《春秋左传》，第1卷第630页。
② 顾赛芬译：《春秋左传》，第2卷第13页。
③ 顾赛芬译：《春秋左传》，第2卷第392页。
④ 例如，高本汉著：《诗经注释》，第163、180和237节。
⑤ 顾赛芬译：《春秋左传》，第1卷第143—144页。
⑥ 它靠近现在的费县。参见顾赛芬译：《春秋左传》，第3卷第355—356页。

46 海地区已成稀罕之物。公元前538年（原著误将这一年份写成了"in 538"。——译注）政治家晏子赞扬齐国陈氏家族的公平交易，他评论道："山木如市，弗加于山"。① 稍后，在公元前522年（原著误将这一年份写成了"in 522"。——译注）他批评同一国君主（即齐景公。——译注）自私，暗示其结果可能招致鬼神而使他患病："山林之木，衡鹿守之"②。自然资源的短缺已露端倪，而国家正在从中渔利。

由此可见，古典中国——位于黄河流域中部、落叶阔叶林带南部——的核心文化并不依恋森林；除了在更晚的时代为储备有用的木材外，③它也不致力于保护森林，当然就缺乏对它们的敬畏了。这一时代的人们定期祭祀山川，对自然景象存在一种超自然的神秘理解。他们相信，天神主宰风雨。《月令》的确"命祀山林川泽，牺牲无用牝"。④ 这至少表现了一丝对森林的敬意或抚慰。但据我所知，在我们确认为"中原"的这块最古老的土地上，并没有专司森林的神或女神。至于《周礼》中提到的山虞⑤，必须指出的是，它是作为"掌山林之政令"的官名而被加以描述的，其职责也包括清理祭场——那里可能有一座祭坛和一些神像——并阻止行人进入。而自早期帝国时代以来，《周礼》所涉及的内容至少部分抑或大部分是一种理想。我们所知仅限于此。⑥ 宋镇豪的《夏商社会生活史》中关于宗教信仰的那一章指出，周代之前有众多献祭于自然现象的仪式，但却没有针对森林的。⑦ 一千年以后，在公元前540年，又相传郑国名相子

---

① 顾赛芬译：《春秋左传》，第3卷第56页。
② 顾赛芬译：《春秋左传》，第3卷第323页。
③《周礼注疏》，收于（清）阮元编：《十三经注疏》，北京：中华书局1980年再版，第747页。此处提到山虞的职责主要是确保树木在未经帝国法律允许的一年的某时节不会被砍伐。非常感谢海德堡大学的乌尔里可·米藤多夫（Ulrike Mittendorf），他使我注意到这一段落。
④（后汉）《礼记》，收于《十三经注疏》卷四，（7卷，东京（应为"京都"。——译注）：中文出版社，1971年重印），《月令》，第2935页。一月。
⑤ 我使用"山林"一词，将他的工作描述为"mountain forests"，而不是"mountain和forests"，因为正如注③所表明的，他的职责主要是在帝国法律允许的时间内控制树木砍伐。
⑥《周礼注疏》，第747页。
⑦ 宋镇豪著：《夏商社会生活史》，北京：中国社会科学出版社1994年版，第8章。

产曾说：①

> 山川之神，则水旱疬疫之灾，于是乎崇之。日月星辰之神，则雪霜风雨之不时，于是乎崇之。

但这并不关乎森林。森林似乎主要是魑魅魍魉之所。公元前605年，一个名叫王孙满的人谈及九鼎时就有这样的看法，相传这些鼎是很久之前的明君大禹所铸；他说到：②

> 铸鼎象物，百物而为之备，使民知神、奸。故民入川泽、山林，不逢不若。魑魅罔两，莫能逢之。

在他眼中，山川拥有更真实可信的万物生灵；除了极少数的例外，森林世界似乎缺少这一面。

然而，不管你是爱它还是惟恐避之不及，森林都是一方天地，一个物质的和精神的居所。树木则是一种资源。周人肯定珍视有经济用途的树木，它们要么能出产水果、坚果，用作建筑木材和薪柴，要么能用于养蚕。公元前711年，鲁国国君在平息来朝之侯行礼先后之争的过程中，最后决定由主人来确定宾客的排位，而这一条所依据的则是"周谚有之曰：'山有木，工则度之'"的说法。③《诗·鲁颂》中有这样一首诗，记载了今山东省山中伐木以建新庙的情况：④（见《鲁颂·閟宫》。——译注）

> 徂徕之松，新甫之柏，是断是度，是寻是尺。
> 松桷有舄，路寝孔硕。

《诗·大雅》中也有很多处提到过砍树作燃料的情形，其中大多数或许只是一种文学手法而已，即通过类比或暗喻来使文章增色。因此，不应将它们视为人们的普遍做法的必然反映——有时甚至恰恰相反，是一

---

① 顾赛芬译：《春秋左传》，第3卷第33页。
② 顾赛芬译：《春秋左传》，第1卷第576页。
③ 顾赛芬译：《春秋左传》，第1卷第55页。
④ 高本汉著：《诗经注释》，第300节。

味地在追求修辞效果。但这种情形的频繁出现,毕竟也增强了一种印象,即树木通常最多不过是待烧的薪柴。例如:①

> 芃芃棫朴,薪之槱之。

后来,人们至少也用这样的诗句来指代君主周围人才济济的盛况,抑或将其视为对不忠之恋人的指责:②

> 樵彼桑薪,卬烘于煁。

48 这很可能——十有八九——是在暗示,彼此爱恋的一对人儿,本可能爱意浓浓,美好无比,但却自我折磨,以至恩断情绝。相反,枝繁叶茂的树木常常被视为幸福的象征。③ 紧密团结的家族也被比作一棵树干上的枝叶,相互扶持,相互依靠。④

作为政治悲叹而非个人哀怨的,则有这样的诗句:⑤

> 瞻彼中林,侯薪侯蒸。

这分明间接地说到,朝中官员纯属无用之辈。而对无辜者受苦的抗议,则可能包含在其他一些诗句之中:⑥

> 山有嘉卉,侯栗侯梅;
> 废为残贼,莫知其尤。

这里所说的"梅"(*Mume* plum),即是所谓的"白梅"(Japanese apricot,*Prunus mume*)。

因此,在中国的上古末期和古典初期,树木也成为丰富的修辞与用典领域的一部分,但森林不在此列。二者不能混为一谈。

---

① 高本汉著:《诗经注释》,第 238 节。
② 高本汉著:《诗经注释》,第 229 节。
③ 高本汉著:《诗经注释》,第 172 和 176 节。
④ 例如,顾赛芬译:《春秋左传》,第 1 卷第 478 页。
⑤ 高本汉著:《诗经注释》,第 192 节。
⑥ 高本汉著:《诗经注释》,第 204 节。

人们将有用的树木种在建筑物旁边和宅地周围,这包括榛树、梓树、栗树、漆树、柳树、桑树和枣树。① 公元前 535 年,当南方楚国的公子弃疾经过郑国时,他费尽心力以确保随员举止得体,于是:②

> 禁刍牧樵采,不入田,不樵树,不采蓺,不抽屋,不强匄。

也就是说,如果采取相反的做法,那通常会被看成是不当的好战行为。

最后,还需要说明的是,墓地旁边常常种植的是梓树——可能主要是楸树(*Catalpa bungei*),至今,它仍生长在华北平原的山脚之下。③

尤其是在公元前一千年的前半叶,当仍有可能重新安置整座城市时——因为它们规模小,并且有未加利用之地可以迁入——中国人对所处环境的经济、卫生和心理感受状况显得非常在意,这包括是否有可资利用的树木。下面所叙之事,据说发生于公元前 584 年今山西省南部的某地:④

> 晋人谋去故绛。诸大夫皆曰:"必居郇瑕氏之地,沃饶而近盬,国利君乐,不可失也。"……谓献子曰:"何如?"对曰:"不可。郇瑕氏土薄水浅,其恶易觏。易觏则民愁,民愁则垫隘,于是乎有沉溺重腿之疾。⑤ 不如新田,土厚水深,居之不疾,有汾、浍以流其恶,且民从教,十世之利也。夫山、泽、林、盬,国之宝也。国饶,则民骄佚。近宝,公室乃贫,不可谓乐。"公说,从之……晋迁于新田。

这番言论稍显晦涩。献子的观点似乎表明,国家富足不如百姓健康和民风重要。然而,就我们现在所虑而言,值得注意的是,此地的木材已很稀少,因此森林成了有利可图之"宝"。

---

① 例如,高本汉著:《诗经注释》,第 60、76、100 和 109 节。
② 顾赛芬译:《春秋左传》,第 3 卷第 123 页。
③ 顾赛芬译:《春秋左传》,第 3 卷第 673 页。又见第 1 卷第 426 页,不过没有说明是哪种树。
④ 顾赛芬译:《春秋左传》,第 2 卷第 54—56 页。
⑤ 可能是水肿、脚气病或相关症状。

## 古老的南部（The Old South，指历史上的长江中下游地区。——译注）

长江中游是一方不同的天地。① 更为重要的是，它比较温暖。时至
今日，在其低洼地区，一年中没有平均气温低于摄氏零度的月份。该地
区北部年平均气温在摄氏 13.5—16 度之间，南部在摄氏 15—20 度之
间。受夏季季风的影响，这里年降雨量在 900—1500 毫米左右，越往南
雨量越大。与北方碱性较大的土壤相比，该地区的土壤要么呈中性，要
么呈酸性。② 从森林来看，似乎应该说，这是常绿阔叶林主导的地区，这
些树的叶子与绝大多数落叶林的色泽黯淡的叶子相比，其表面非常有光
泽。这种说法也许过于简单，因为阔叶林是混合型森林，其中的竹林和
独特的针叶林，譬如杉林，都很重要。不过它所象征的，是从比较严峻的
自然界向更加丰富多彩的自然界的转变。

在上古后期，人们普遍认为，位于长江流域中游的楚国比黄河流域
诸国的森林多。公元前 546 年，使臣声子对楚国令尹论道，晋之大夫比
楚国的更有才华，其中一些人——虽然声子未明说——是从楚国投奔而
去的。接着他打了个比方来说明这一点，"如杞梓③、皮革，自楚往也。虽
楚有材，晋实用之。"④《楚辞》中有几首诗强调了楚国森林的幽暗；⑤这是
公元 2 世纪最后定型的一部诗集，但其素材可能大多有几个世纪之久。
而最瑰丽多姿的图画，则是生活于公元前 2 世纪的司马相如在《子虚赋》

---

① 这一概述的基础是侯学煜的《植物地理》，以及梭颇的《土壤》，收录于卜凯主编：《中国的土地
利用》（J. Thorp, 'Soils,' in J. L. Buck, ed. *Land Utilization in China*），1937 年版，纽约：
巴拉根，1964 年再版。
② "中性"被界定为 pH 值在 7.3—6.4 之间，"酸性"在 6.4—4.0 之间。
③ 梓树（Catalpa ovata）。
④ 顾赛芬译：《春秋左传》，第 2 卷第 462—463 页。
⑤ 例如，参见戴维·霍克思著：《楚辞：南方之歌》（D. Hawkes, *CH'u Tz'u: The Songs of the
South*），牛津：克拉伦登出版社 1959 年版，第 43 和 64 页。

中所刻画的。①

这篇汉赋背后的动机有问题。它所讲述的故事也不是作为事实来描述的,这从大部分人物,尤其是"子虚先生"本人的名字中可以明显地看出来。我认为,这里翻译的第一部分——关于齐国国君狩猎的——嘲讽了作为统治阶级的狩猎者的自大和痴迷,但也许我弄错了。其中紧接着对"云梦泽"的描写显然带有幻想成分。它可能与长江中游两岸曾经分布的湿地的性质相同,其作用或许有如天然海绵,涝时吸纳溢水,旱时缓缓排出。

如故事所言,在前帝国时代(即先秦时期。——译注),"子虚先生"曾从长江中部的楚国被派往出使东北沿海的齐国。那里的国君带着他外出打猎,场面极其宏大,这既为了取悦于他,也为了给他留下印象。他像这样描述了事情的经过:

> 王驾车千乘,选徒万骑,田於海滨。列卒满泽,罘罔弥山。
>
> 揜兔辚鹿,射麋脚麟。鹜於盐浦,割鲜染轮。射中获多,矜而自 51
> 功。顾谓仆曰:"楚亦有平原广泽游猎之地饶乐若此者乎? 楚王之
> 猎孰与寡人乎?"
>
> 仆下车对曰:"臣,楚国之鄙人也,幸得宿卫十有馀年,时从出
> 游,游於後园,览於有无,然犹未能遍睹也,又焉足以言其外泽乎!"
>
> 齐王曰:"虽然,略以子之所闻见而言之。"
>
> 仆对曰:"唯唯。臣闻楚有七泽,尝见其一,未睹其余也。臣之
> 所见,盖特其小小者耳,名曰云梦。云梦者,方九百里,其中有山焉。
> 其山则盘纡岪郁,隆崇崒崒;岑岩参差,日月蔽亏;交错纠纷,上干青
> 云;罢池陂陀,下属江河。⋯⋯
>
> 其北则有阴林,巨树,楩枏豫章,桂椒,木兰,檗离朱杨,樝梸,樗

---

① 有一个不太好的德文译本,赞克(又译查赫,奥地利汉学家。——译注)译:《中国文选:〈文选〉译本》(E. Von Zach, *Die chinesische Anthologie : Übersetzungen aus dem Wen hsüan*),马萨诸塞,坎布里奇:哈佛大学出版社 1958 年版,第 103—107 页。我使用的中文原文出自汉代的《史记·司马相如传》,北京:中华书局 1959 年再版,卷 57:3002—3004,以及公元 6 世纪的《文选》,北京:中华书局 1974 年再版,7:17a—24b。

栗,橘柚芬芳。

## 52

他接着描写了飞禽走兽。

这里的山水基本上是虚构的。因此,如果以这首诗为基准,我们看到,其中对仍未受到前现代经济发展影响的上古富饶环境的描述,带有文学艺术上的夸饰色彩,以至尽显巴洛克式的辉煌,而非冷静地有一说一。但可以适度地认为,其中至少有一定的对现实状况的回忆。

这个世界究竟发生了什么?在长时段中追踪特定地区的变化,是把握一般情况的关键所在,但这样做困难重重。本书稍后在三个小地方做了尝试。这里仍然是在概括,并且从森林地带来看,我们所能做到的,不过是通过快速考察广大地区的历时变化,来获取一些大致的印象。

早期中华帝国文明利用了多种不同的木材,行家会敏锐地鉴识它们对感官的吸引力,陆贾即是一例。他是公元前3—2世纪之交汉朝创立者的廷臣,在《新语》中这样描述了故乡楚地的树木:[1]

> 质美者以通为贵,才良者以显为能。何以言之?
>
> 夫楩柟、豫章,天下之名木,生於深山之中,产於溪谷之傍。立则为太山众木之宗。仆则为万世之用。浮於山水之流,出於冥冥之野。因江河之道,而达于京师[2]之下;因斧斤之功,得舒其文彩之好。精捍直理,密致博通,虫蝎不能穿,水湿不能伤。在高柔软,入地坚强;无膏泽而光润生,不刻画而文章成。

以树木说教为这位廷臣的修辞增色不少。树木当然是官员的象征,"膏泽"比喻施与恩惠,不刻画而"文章成"在最初的汉语中则指一种信手拈来的文学风格。不过,该诗显然也涉及一个确凿的事实:人们开发遥远的南方森林,给帝国宫殿提供原材料。

## 53

建筑所用的一些木料甚至很可能来自海外。公元前2世纪后期,汉

---

[1]《新语》下,"资执",引自杉本健司著:《古代中国的木材》,《东方学报》(Sugimoto Kenji, "Chugoku kodai no mokuzai nit suite", *Tōhō gakuhō*),1974年3月,第83—84页。
[2] 都在西北部。

武帝建了一座"柏梁台",用"香柏"建造,他曾在此置酒和诗。稍后有一份中古资料——经常夸大其词,莫可信赖——说到,此台高二十丈,香闻数十里。这么说来,最有可能用来建造此台的树种,应该是扁柏(*Chamaecyparis obtusa*),它因木质馨香而闻名。至少在今天,它的原产地只有台湾地区和日本,因此它可能具有足够的异域风情,以展示帝王之奢侈,并留名史册。[1] 于是乎,文化从自然中索取了贡品。

宗教亦然。每一次埋葬都要用到木材。一位隐士描述了人们对棺材选择的重视,其文如下:[2]

> 古之葬者,厚衣之以薪,葬之中野,不封不树,丧期无时。
>
> 后世圣人易之以棺椁,桐木为棺,葛采为缄,下不及泉,上不泄臭。
>
> 中世以后,转用楸梓槐柏杶樗之属,各因方土,裁用胶漆,使其坚足恃,其用足任,如此而已。
>
> 今者京师贵戚,必欲江南檽、梓、豫章之木。边远下土,亦竞相放效。
>
> 夫檽、梓、豫章,所出殊远,伐之高山,引之穷谷,入海乘淮,逆河溯洛,工匠雕刻,连累日月,会众而后动,多牛而后致,重且千斤,功将万失……费力伤农于万里之地。

长途贩运南方之木以为华贵棺椁,大概正是较大范围内的商业活动 54 最引人注目的地方。

木材的其他用途也非常明显。人们用之建房、造船、修桥、造战车和马车。木材还为桌子、床、工具和器械提供了大部分材料,并为武器和乐器供应了部分材料。我们也记得,在纸张被广泛应用之前的日子里,木简是最常用的书写用具。从后来写在、再往后印在纸质书籍里的竖体字中,我们可以发现已消失殆尽之木片的一丝丝痕迹。如今,在一些老式

---

[1] 杉本健司著:《中国古代的木材》,第86—87页;王纪五著:《中国的森林》,第31、32页和65页;以及《辞海》,"扁柏"词条。

[2] 王符在其《潜夫论·浮侈篇》中的描述,引自杉本健司著:《中国古代的木材》,第96和118页。

的中国书店里还能找到它们，在香港和台湾尤其如此。

到了下一个千年的第二个世纪，甚至云梦泽这样的地方，也开始经受着人类居留地扩展的压力。不过，人与野生动物和谐共处的景象在这里依然存在，然而目前还很难说，它究竟是一种古老想象的遗存，还是一种由都市理想主义孕育的情怀。据《后汉书》记载，当法雄任南郡——在今日的湖北省——太守时：①

> 郡滨带江沔，又有云梦薮泽。永初中[公元107—113年]，多虎狼之暴。前太守赏募张捕，反为所害者甚众。雄乃移书属县曰："凡虎狼之在山林，犹人之居城市。古者至化之世，猛兽不扰，皆由恩信宽泽，仁及飞走。太守虽不德，敢忘斯义？记到其毁坏槛阱，不得妄捕山林。"是后虎害稍息，人以获安。

在这一引人入胜的故事背后，人兽之间争夺栖居地的搏斗是显而易见的。

我们向前迈入公元5世纪中叶，当时刘宋王朝[中国南北朝时代南朝的第一个朝代，因皇族姓刘，也称"刘宋"（420—479年）。——译注]统治着一个以长江中下游为基础的国家。到这时，非官营经济的发展已牢牢控制了较易开发的地区。官府维护公有经济领域的企图正陷入失败之中，在这里，平民百姓对于有限资源开发的享用权受到了一定的限制。这一十分重要的情况我们随后再讲，它比这里所显示的要复杂得多。

我们再转到长江下游。这个时候，这里的"扬州"是一个以今日南京为中心的地区。据《宋书》记载：②

---

① 刘翠溶著：《中国历史上关于山林川泽的观念和制度》，《中央研究院中山人文社会科学研究所专书》(46)，第12页；最早见于范晔著：《后汉书》，北京：中华书局1965年再版，第1278页。到公元5世纪这一著作编纂之时，佛教已在中国牢牢扎根，那么，这是否会有助于激发对这种轶事的选择与"获取"？尽管儒家的说辞无可挑剔，但这样的疑惑至少合乎逻辑。
② 沈约著：《宋书》，北京：中华书局1974年再版，卷54，第536—537页(孔季恭)。注意，这并非公元第一、二千年之交的那个著名的宋朝，而是较早又相对短命的刘宋(420—478年)。

时扬州刺史……上言："山湖之禁，虽有旧科，民俗相因，替而不奉，爐山封水，保为家利……

富强者兼岭而占，贫弱者薪苏无托，至渔采之地，亦又如兹。斯实害治之深弊，为政所宜去绝，损益旧条，更申恒制。"

有司检壬辰［336 年］诏书："占山护泽，强盗律论，赃一丈以上，皆弃市。"

希以"壬辰之制，其禁严刻，事既难遵，理与时弛。而占山封水，渐染复滋，更相因仍，便成先业，一朝顿去，易致嗟怨。

今更刊革，立制五条。凡是山泽，先常爐爐种养竹木杂果为林，及陂湖江海鱼梁鰌鮆场，……听不追夺。"

他接着为不同品级的官吏以及平民百姓规定了所能占有的最大土地数，并且建议将其财产记录在土地登记册上。（《宋书》原文为"皆依定格，条上赀簿"。——译注）

这段引文所显示民众的经济活力，体现了一种相当可观的社会和政治力量，因而给主管的官员留下了印象。大约一个世纪之后，它足以置严刑峻法于不顾。这里只不过是对下列情形的匆匆一瞥：一千多年来，官方以外民众对山林的清理活动不可抵挡，目的是为农业、水利工程、果园和渔业腾出空间。显然，公地在私有化。

在大约公元 9 世纪之后数百年的中古经济革命期间，情况发生了重大变化，这是普通木材市场的影响扩大的结果。从地方来看，这一市场存在已久，贸易范围在日益扩大，类型则依地区和时代而有所变化。仅举一例来说明这最终会导致什么样的后果。在接近帝制晚期末年的 1789 年，有位监察御史（即和琳。——译注）就大运河北上的交通运输问题上奏，内容如下：①

---

① 中原照雄：《清代谷物运输船上的商品流动》，《史学研究》（Nakahara Teruo, "Shindai sōsen ni yoru shōhin ryūtsū ni tsuite," *Shigaku kenkyū*），1959 年第 72 期，第 69 页。

湖北帮船行走迟延,查因通帮洒带臬司李天培桅木一千八百根……该员有自用木植理应自行运解,何得派令粮船分带?冀省脚价并透漏关税以致漕运迟滞。

于是,长江中游质量上乘而又不太昂贵的木材被运送到几千公里之外,沿长江及其支流而下,之后随大运河运往北方,①以满足京城之所需。我们在相隔甚远的不同时段截取这样的横断面,可能会感受到缓慢而总体上累积的长期变化,但对身处其中的人来说,他们当然看不到这一点。

在长江中下游森林地区的偏僻之地,它们甚至更晚一些才感受到市场的压力。下面这个发生在1851年的事例似乎能说明这一点。它来自湖南省南部的通道②,这里现在是少数民族侗族居住的自治县,因而其文化意识在过去不可能完全被汉化。在一个名叫保山寨的地方——地理名词中,"寨"往往标志着非汉族人群所在——长老们创造了一种保护树木免遭过度采伐的制度。他们在碑刻上留下了这一记录:③

> 此山林之茂,素以如此也?不然。百年之古,曾遭浩劫。

> 我上湘后龙山自辈以来,合抱之木常有数千。至后人不肖,挟私妄破,以致山木之美转成濯濯,盖至是关山破,飞脉衰,人心浮薄,地方凋残,有不可救药也。残局既成,何人之力,摧枯拉朽,妙手回春?

> 凡寨边左右前后,一切树木俱要栽培,庶可挽乎今,而进于古,尔昌,尔炽,尔富,尔寿,子子孙孙垂裕无涯矣。

> 今议我等后龙山,上抵坡头,下抵塘园田屋,里抵岭楼坡巅,外抵岩冲田塘,俱属公地,不许卖亦不许买,一切林木俱要蓄禁,不许妄砍,有不遵公议者,系是残贼,公同责罚,决不宽容……

> 公议保山寨水口树木乃是一团之保障,俱要蓄禁,不许妄砍,违者责罚。

---

① 参见大运河的地图,载于白兰、伊懋可著:《中华文化地图集》,第104—105页。
② 在北纬26°10′,东经109°45′。
③ 袁清林著:《中国环境保护史话》,第267页。

　　　公议保山寨杉木二块，麻雀山杉木一块，俱系公*山*，不许卖亦不许买。

　　我们绕了一整圈，发现这里的人们似乎不仅仅关心有用的树木，而且热爱森林。他们设想其子孙后代会继续生活在森林环抱的景况之中。碑文及其中不少独特的短语是传统的文言文。但它们隐含的情感别有来源，那是一些少数民族的传统，一种想要维护森林的传统。这种传统认为，人类的道德福祉与身体健康以及森林的良好状况是相互依赖的。

　　然而，这一碑文也引出了问题，对此，我们无法信心十足地予以回答。是什么让我们可以去猜度，这里的森林由于商业压力而正在萎缩？主要原因可能是由于该碑文强调要停止买卖吧，但严格说来，这一禁令是针对土地而言的。不过，也有可能来自其中对新近出现的人类品质堕落现象的悲叹。这时候人们为其"私利"而砍伐树木，就意味着是要买卖木材，而不是为自己建房所用。那时，木材进入市场也是很容易的事。但我们并不知晓"妥伐"或"妄砍"树木对长老们来说实际上意味着什么。我们可以愤世嫉俗，怀疑他们是在共同利益的花言巧语下索取特权，主张只有他们才可以砍伐树木，并从中渔利。[①] 这是有可能的。但是，人们能够察觉碑文中洋溢着对森林的真挚热爱，这似乎并非花言巧语。

　　不管如何，无可争辩的是，当中国迈入现代之时，即使在偏僻地区也出现了森林资源面临压力的征兆。

## 古老的西部

　　直到 13 世纪和 14 世纪早期的中古经济革命日渐消失之时，帝制中期中国的经济逐渐形成为三个主要的商业区，分别是华北平原、长江下

---

[①] 关于这些问题，参见孟泽思：《树木、田地与人：17 至 19 世纪中国的森林》（N. Menzies, "Trees, fields, and people: The forest of China from the seventeenth to the nineteenth centuries"），加利福尼亚州，伯克利：加利福尼亚大学 1991 年博士论文，第 67—85 页。

游和四川西部内陆盆地。① 第一个地区的森林史已得到概括,第二个地区只略微提及,等到论述嘉兴的章节中再详细阐述吧。第三个地区有其独特的风格和模式。此地往西为喜马拉雅山脉所阻隔,往东因大峡谷所困而难以抵达长江中游,它与古老的西北部之间则通过人造"栈道"开展不稳定的陆路交流。几乎从最早的时代开始,该地区就成为中国历史的一部分,但与此同时,它又是一片与众不同的天地。

现如今,这里的气候湿润,接近亚热带状态,冬季则因北部群山庇护,可免遭寒冷的极地气团的侵袭。它的年平均气温在摄氏 16—18 度之间,并因地势而变化。冬季月平均气温不会低于摄氏 5—8 度。平均降雨量在 1 000—1 300 毫米之间,夏季是降雨的高峰期,出自山间的径流保证了充沛的水量。②

这里有两大历史中心。一个是古代的蜀国,其中心在西部海拔450—750 米的成都平原,在二者中较大,也较为重要。另一个是东部的巴国,海拔在 300—500 米之间,所在地区位于今日重庆市周边,恰好在峡谷的上游入口之上。

现今调查显示,这一地区的主要树木分别是下面提及的各种针叶树59 和阔叶树。前者有冷杉、云杉、松树、"油杉"(*Keteleeria*)、落叶松、铁杉、杉木、水杉和柏树,后者有樟树、梓树、楠木(*Phoebe and Machilus*)、橡树、栎树、山毛榉、桦树、桤木、角树、矮栗、枫树、酸橙树、白杨和泡桐。花粉分析也表明,在紧随最后一次冰川时代末期出现的比较温暖的气候条件下,这里存在着大量的椶树或蒲葵(*Trachycarpus*)。此外,还应加上大量的果树,所结果实有柑桔、桔子、柚子、沙果和荔枝。这里还有漆树和茶树。四川是世界上第一个有计划有步骤地种植茶叶的地区。据说,

① 参见白兰、伊懋可著:《中华文化地图集》,第 123 页,"三分天下:三国时期和北宋的交易区域"图。
② 今日四川数据取自《中国自然资源丛书》(42 卷,北京:中国环境科学出版社 1995 年版),第 33 卷(四川卷)。

唐代那里的一个茶园雇佣了 900 名工人。①

在这一部分，想要阐明的重点是，什么样的压力导致一个在上古时代几乎完全为树木覆盖之地区的森林资源锐减？而且，虽然人们为种植经济上有用的林木资源付出了异乎寻常的强大努力，但仍无济于事。有些影响是始料未及的，譬如，书籍。在晚唐，四川是第一个大规模出版雕版印刷书籍的地区。宋朝治下，道教书简印刷了 5 000 多分册，大约有130 000 页；这时也出现了世界上最早的纸币。这刺激了对枸树、"桑棘"（*Cudrania tricuspidata*）和竹子的需求，它们都被人们用来造纸。为切割木质印板，还需要梨树和"山梨"。②

另一项特色需求则来自打卓筒井的竹子工程；卓筒井在 11 世纪被采用，用于提取盐水和天然气，某种程度上取代了更古老的宽口井。竹子在跨河索桥中也发挥了作用；这些河流若不依靠异常大胆的手段，是难以通过的。

更为常见的清除森林的压力，则来自农耕、家用燃料和原初工业燃料以及工程所需——不管是盐井上的井架、栈道，还是灌溉系统的设备，都要用到木材。

这段历史的开篇可概述如下：

在公元前一千年中叶之后的某个时期，一旦铁斧可以使用，四川就开始挥霍木材。新近挖出的一个战国时代的墓葬使用了大约 100 立方米的楠木，其中一些是 9 米多长的横梁。③ 及至汉代，木材通过竹筏漂流而下。④ 公元 347 年完成的该地地方志（即《华阳国志》。——译注）记载

---

① 林鸿荣：《四川古代森林的变迁》，《农业考古》，1985 年第 9 卷第 1 期，第 162—167 页；《历史时期四川森林的变迁》，《农业考古》，1985 年第 10 卷第 2 期，第 215—240 页。除注明出处外，该部分有关历史上四川的森林信息均出自这两篇有关联的文章。
② 林鸿荣：《历史时期四川森林的变迁》，第 218—219 页。
③ 林鸿荣：《四川古代森林的变迁》，第 63 页。
④ 关于这种装饰用画像砖的图像，可参见孟泽思：《林业》，收于李约瑟主编：《中国的科学与文明》，第 6 卷第 3 册，第 642 页。

说:"岷山多梓柏、大竹,*颓随水流*,坐致材木①,功省用饶。"②

到公元 3 世纪,在左思对三国的每一都城所做的史诗性描述中(即《三都赋》。——译注)可以见到有关上述现象的详细描写。其中关于四川地区的都城即成都部分(即《蜀都赋》。——译注),描绘了帝制早期末年泯江盆地的情况。③ 左思批评说,早期这类诗歌中的一些例子弄错了树木、动物甚至神灵,将它们划归不见其踪影的地方。他说,他自己更加注重真实,并直言不讳地宣称,他的著作以先前张衡的《二京赋》为榜样。因此,他在前言中说:"其山川城邑则稽之地图,其鸟兽草木则验之方志"。④ 他认为,发言为诗者,"咏其所志也","升高能赋者,颂其所见也"。⑤ 至少从原则上看,力求真实是他的目标。

左思诗文中涉及草木的重要段落表明,那时候,虽然人们忙碌地开发自然环境,但这一过程对环境还没有造成多大的破坏。他提到,成都城毗邻广袤的腹地,因而开篇即曰:

> 水陆所凑,兼六合而交会焉;丰蔚所盛,茂八区而庵蔼焉。

城南则是一片树木繁多、气候湿润的天地:

> 山阜相属,含溪怀谷。岗峦纠纷,触石吐云。郁菎蒀以翠微,崛巍巍以峨峨。

接着,他转而描写此地生长的树木,它们多半是常绿阔叶树:

> 邛竹缘岭,菌桂临崖。旁挺龙目,侧生荔枝。布绿叶之萋萋,结朱实之离离。迎隆冬而不凋,常晔晔以猗猗。

---

① 这里的"坐"(sit)读作"错"(trim)。
② 引自林鸿荣:《四川古代森林的变迁》,第 168 页(应为第 166 页。——译注)。粗体是后加上的。
③ 因为其评注,我使用了《文选》卷 4:13b—27a,还有瞿蜕园的《汉魏六朝赋选》(上海:上海古籍出版社 1979 年重印版)。虽然对地点的翻译带有推测性,但即使并非总是确定无疑,就所选择的读本来说,它们也是有根据的。
④ 瞿蜕园选注:《汉魏六朝赋选》,第 140—141 页。
⑤ 瞿蜕园选注:《汉魏六朝赋选》,第 140—141 页。

孔翠群翔，犀象竞驰。白雉朝雊，猩猩夜啼。

其中译为"multiply-knotted bamboos"的是邛竹，常用来制作拐杖。[61]
我称之为"cinnamon-cassia"的即"肉桂树"（cassia），据说它的皮卷起来有
一根竹子那么长，这让人联想起中国桂皮，也即从肉桂树的小枝条上割下
的皮，将它刮干净，在太阳下晒干，就缩成了卷片或桂管。译为"dragon's
eye tree"的即龙眼（*Nephelium longana*），一种通常与荔枝长在一起的
果树。

往成都以北望去，左思注意到：

> 良木攒於褒谷。其树则有木兰梫桂，杞櫹椅桐①，棕枒楔枞。梗
> 柟幽蔼于谷底，松柏蓊郁于山峰。擢修干，竦长条。扇飞云，拂
> 轻霄。

此时，棕榈出现在这一遥远的北方，不禁让人惊诧，但并非不可能。
花粉分析表明，在一万年前的温暖气候条件下，此树在四川是司空见惯
的。② 枒，即椰子树，它出现在这里，则令人难以置信，但由于辞典和瞿蜕
园（1892—1973 年，原中华书局上海编辑所编审，著名的文史专家。——译
注）的注释都认可这一事实，因此，我没有武断地改变诗文的原意。"楔"指
的是什么，我们并不清楚，可能是柏树（*Juniperus rigida*），其日本名字是
"鼠棘"（rat-thron）。③ 这些诗句的要点说的是，到这一时期，成都伐木的区
域至少扩展至城北 300 公里。"褒"位于与陕西省的交界处。

这座城市本身仍有点像一座少数民族居住其间的岛屿。城东的树
木和灌木有：

> 巴菽巴戟，灵寿桃枝。樊以蒩圃，滨以盐池。

城西，虽然百姓已经开化，但是：

---

① 因罗伯特·福均（Robert Fortune，1813—1880）而得到命名，他是 19 世纪的农业和植物间
谍，从中国获得了茶树，由此奠定了后来印度茶业的基础。
② 林鸿荣：《四川古代森林的变迁》，第 162 页。
③《辞海》，第 673 页。

坰野草昧，林麓黝倏。交让所植，蹲鸱所伏。

人们认为，神秘的"交让"树有两根树干，在某年中一树干生一树干枯，下一年两树干则轮换生枯角色。（刘逵注："交让，木名也。两树对生，一树枯则一树生，如是岁更，终不俱生俱枯也。出岷山，在安都县"。——译注）

<sup></sup>该城周围是一个巨大的人造花园。生产系统的中心是灌溉网，它借助地心引力分配水资源，将泯江的水沿着一个缓坡导入农田，然后在其底部将水汇集起来并引走：

> 其封域之内，则有原隰坟衍，通望弥博。演以潜沫，浸以绵雒。
>
> 沟洫脉散，疆里绮错。
>
> 黍稷油油，粳稻莫莫。
>
> 指渠口以为云门，洒濛池而为陆泽。虽星毕①之滂沱，尚未齐其膏液。

由此可见，与马克斯·韦伯的主张完全不同，中国人与前现代西北欧的任何人相比，更受理性地把握世界的愿望所驱使。这里摆脱了天气的不确定性的束缚。

外围郊区遍地是果树：

> 栋宇相望，桑梓接连。家有盐泉之井，户有橘柚②之园。
>
> 其园则林檎枇杷，橙柿樗椁。榹桃函列，梅李罗生。
>
> 百果甲宅，异色同荣。朱樱春熟，素柰夏成。
>
> 若乃大火，流凉风厉。白露凝，微霜结。
>
> 紫梨津润，樆栗罅发。蒲陶乱溃，若榴竞裂。甘至自零，芬芬酷烈。

---

① 根据中国的天文体系，毕星是夜空 28 星宿中的一个。（它包括一等星毕宿五）。古代迷信认为，当月亮处于这一星宿时，将会有暴雨。但需要指出的是，即使这一气象情况纯属虚构，但这里涉及的工程却是真实的。参见高本汉著：《诗经注释》，第 232 节。

② 严格说来，这里的"橘"（grapefruits）应该是"柚"（pomelos）。

植树的这种热情可以与清理野生森林的热情相提并论,二者差别不大。树木栽培则是通过园艺和水分控制来塑造景观的计划的一部分。

成都也是一个商贾云集之地,它吸纳了来自广袤腹地的货物,因而不免对包括树木在内的环境造成了影响。这一时期,中国城市里的买卖一般集中于特定的中心,以便于政治管理并征税:

> 亚以少城,接乎其西。市廛所会,万商之渊。列隧百重,罗肆巨千。贿货山积,纤丽星繁。
>
> 都人士女,袨服靓妆。贾贸墆鬻,舛错纵横。异物崛诡,奇於八方。布有橦华,麫有桄榔。

棉布来自一个名叫永昌的地方,这里现在隶属于云南,当时则在汉文化圈之外。又过了一千年,它仍然未被中国任何规模的垦殖所波及。糖棕桄榔(*Arega saccarifera*)在缅甸和印度阿萨姆邦原本是野生的,但此时在华南可能已得到种植,稍后则肯定如此。① 因而,即使在早期的这个时候,该树木的命运也已为至少千里之外的消费者所摆布。

上述繁荣时代过后,从 4 到 6 世纪四川的经济走向衰退,这一时期的气温则比较寒冷。唐宋时代,四川复苏;当时,盆地和小山上留存的原始森林也因农耕而被清理。于是,农民逐渐栽种自用的木柴。桤树苗深受欢迎,据说不出三年它就能长高一倍,有人叙说平民百姓"民赖其用,实代其薪"②。8 世纪 60 年代期间,杜甫——大概是中国最伟大的诗人——在成都生活,他写的几首对句提到了桤树,其中揭示了四川人在房前屋后培植小树林和竹子的风俗。杜甫曾给一位为官的朋友写信,感

---

① 嵇含著:《南方草木状》,李惠林译成《四世纪东南亚植物》,第 90—92 页。
② 此人即宋祁,引文出自林鸿荣:《历史时期四川森林的变迁》,第 217 页。宋祁是生活于北宋时期的一位官员和历史学家。

谢他提供了一些桤树：①

> 草堂堑西无树林，非子谁复见幽心？
>
> 饱闻桤木三年大，兴致溪边十亩阴。

此后不久，在一首名为《堂成》的诗中，他写到：②

> 桤林碍日吟风叶，笼竹和烟滴露梢。

针对上述诗行中第一句的说明，可引用关于蜀地的一部作品（即《蜀中记》。——译注），其中说到："玉垒以东多桤木，易长而可薪"。玉垒山位于成都城稍北一点的地方。

宋代时，一些学者和官员热衷于栽树。苏东坡曾自诩道，只有他才独爱松树：③

> 人皆种榆柳，坐待十亩阴。我独种松柏，守此一寸心。

对他而言，松树有点特别。他估计，自己年少时曾"手植数万株"④。何以如此？他后来以成年时的戏谑怀疑口吻说到在四川的年少时光，并写过一首自嘲的诗，提供了一些线索。⑤ 在他看来，松树与道家对长生不老的追求联系在一起。也就是说，重要的一点是，不要将他——以及这一时期的其他人——仅仅视为带点浪漫主义情调的环境理性主义者，虽然他越老似乎越理性。以我们的标准而言，他审视世界的部分方式非常奇特。

这首诗所反映的心境体现在某种张力之中：诗人与读者都理解，当

---

① 仇兆鳌注：《杜少陵集详注》，4 册，北京：文学古籍刊行社 1955 年版，现刊第 2 册，原刊第 4 册，第 9 卷，第 107 页，"凭何十一少府邕觅桤木栽"。我用过去时态译这首诗，因为在此处所引的下一首诗中，似乎它们已生长，而这两首诗大概作于同一时期。（本书系用商务印书馆万有文库本纸型校订重印。原书装分订十册，每册面数各自起迄。现合订四册，目录、页码照旧。——译注）

② 仇兆鳌注：《杜少陵集详注》，现刊第 2 册，原刊第 4 册，第 9 卷，第 108 页。

③ 苏东坡著：《苏东坡全集》，13 卷，首尔：韩国文化刊行会 1983 年版，第 2 卷第 137 页，"滕县时同年西园"。

④ 林鸿荣：《历史时期四川森林的变迁》，第 218 页。

⑤ 苏东坡著：《苏东坡全集》，第 2 卷第 199 页。

日常生活的单调现实往往挫败了我们追求长生不老的笨拙努力时，我们甚至还会锲而不舍地，或许倔强地——天晓得？——眷恋着梦想。从我们现代的视角来看，种植大量松树可归为重新造林，但在他的脑海中，松树*却不仅仅是松树*。至少，它们曾经是蕴含在俗世中的神秘世界的象征，看似无处不在，但却无法把握，让人干着急。

　　我昔少年日，种松满东冈。

　　初移一寸根，琐细如插秧。

　　二年黄茅下，一一攒麦芒。

　　三年出蓬艾，满山散牛羊。

　　不见十余年，想作龙蛇长。

　　夜风波浪碎，朝露珠玑香。

　　我欲食其膏，已伐百本桑。

　　人事多乖迕，神药竟渺茫。①

可见，尝试配制合适药方的结果使他感到灰心丧气。但在诗文结尾 *66* 处，他还是希望通过提炼某种与松树相关的物质，有可能获得一种长生不老丹：

　　槁死三彭仇，澡换五谷肠。

　　青骨凝绿髓，丹田发幽光。

　　白发何足道，要使双瞳方。

　　却后五百年，骑鹤还故乡。

我们无法确知他的"真实"想法是什么。或许是，信仰与怀疑兼而有之？

苏东坡的确在乎松树。他说，湖北汉口东北的麻城县县令（即张毅。——译注）曾"植万松于道周以庇行者"。不到十年，由于斧斤和野火的破坏，幸存的松树十之不及三四。为此他作了一首诗来加以谴责，说：

---

① 这里"Contrary"的发音与"Mary"同韵。

"伤来者之不嗣其意也"①。（见《万松亭》一诗。——译注）不过,很显然,这关系到的是生活是否舒适,而不是森林是否恢复,也扯不上什么长生不老。

让我们回到更世俗的活动之中。

木与竹是前现代中国大部分工程建设的基本材料。完成于347年的《华阳国志》提到,人们用竹筒储藏和运送今天重庆周围地区井中的天然气:②

> 江有火井,夜时,光映上昭。民欲其火光,以家火投之;顷许,如雷声,火焰出,通耀数十里。以竹筒盛其光藏之,可拽行③终日不灭也。

11世纪,四川盐业中用铲挖掘的传统宽口盐井基本上被卓筒小井所取代。苏东坡为这一钻井技术留下了如下的记述。我已在几个地方解释过他所用的有时晦涩难懂的术语:④

67

> 自庆历、皇祐以来[1041—1053年间],蜀始创筒井。用圜刃凿山如碗大,深者至数十丈。以巨竹去节,牝牡相衔为井,以隔横入淡水,则咸泉自上。

> 又以竹之差小者,出入井中为桶,无底而窍,其上悬熟皮数寸,出入水中,气自呼吸而启闭之。一筒致水数斗。

> 凡筒井皆用机械。利之所在,人无不知。《后汉书》有水鞴,此法惟蜀中铁冶用之,大略似盐井取水筒。

因而,苏东坡对阀门启闭的典型解释是,它像冶金所用的单瓣风箱,

---

① 苏东坡著:《苏东坡全集》,第2卷第199—200页。
② 郭正忠著:《宋代盐业经济史》,北京:人民出版社1990年版,第57页。"江"相当于现在的重庆。（作者对"江"的理解有误。此处引文之前的原文是"有布濮水,从布濮来合火井江。"这里的"江"即火井江,《水经注》作"文井江",径古城临邛。——译注）
③ 很可能意指沿着管子"将其排出"。（指的应该是拽着竹筒走。——译注）
④ 引文参考了郭正忠著:《宋代盐业经济史》,第62页。全文收于苏东坡著:《东坡志林》(1097—1101年),北京:中华书局1981年再版,第76—77页。

利用瓣阀先将气体吸入,然后再将它压出矩形囊,矩形囊则通过一根出口管与熔炉连接。[1] 至于宋代的斗,则是一种需要慎重对待的计算量具,而最合理的估算是,那时的一斗相当于5.85升。[2]

现在我们从中古经济革命时期转到帝制晚期的最后一个阶段,粗略地提一下明末技术概论《天工开物》所涉及的内容,这包括有关盐井的详论,以及在满清王朝时期增加的14幅木版插图。[3] 距我们最近的资料《蜀水经》则完成于1794年。它包括的资料覆盖了很长一段时期,而它对盐井和天然气井的描写,好像说的是当时的事情;那些井靠近岷江和长江的交汇处,坐落在成都以南一些的地方:[4]

> 溪东狮子桥[5]有盐场。按四川产盐之所数十邑,唯大宁咸水自洞中流出,昼夜不舍如泉源。然其他皆井盐也。
>
> 云安、温汤二井,大者围数丈,小亦周数尺,与家井相似,日汲不竭。岁一淘其淤泥而已。
>
> 犍为、富顺,及川北诸盐井,深十余丈,穴才通竹,竹筒去其节,底缀牛革,善自为开闭。入水则开,水满则闭,虽涓滴不遗也。上设辘轳,牛马挽致焉。[6]
>
> 其井有巧匠,善识咸脉而凿之。凿不辟土,唯以铁锥五尺自上

68

---

[1] 插图见李约瑟、王玲著:《中国的科学与文明》第4卷,第2分册《机械工程》(J. Needham, Wang Ling, *Science and Civilisation in China*, vol. 4. II, *Mechanical Engineering*),剑桥:剑桥大学出版社1965年版,第371页。这一段在该书第142—143页作了讨论,但并非完全令人信服。因为正如第371页所表明的,它暗示这里提到的是"活塞风箱",而不是我所说的"瓣风箱"。

[2] 丘光明编著:《中国历代度量衡考》,北京:科学出版社1992年版,第162—163页。

[3] 宋应星著:《天工开物:17世纪中国的技术》(Sung Ying-hsing, *T'ien-Kung K'ai-Wu: Chinese Technology in the Seventeenth Century*),孙任以都、孙守全译,宾夕法尼亚,大学公园:宾夕法尼亚州立大学出版社1966年版,第116-123页。

[4] (清)李沅撰:《蜀水经》(1794),2册,成都:巴蜀书社1985年再版,第1册,卷4第15a—16a页。(15a,指的是第15页a面,从左往右算。下同。——译注)非常感激孙万国博士惠赠此书。

[5] 按出现的顺序,这一段翻译的地名分别是:狮子桥、四望溪、大宁、咸水(与淡水相对,不是地名。——译注)、自洞(指咸水自洞中流出,也不是地名。——译注)、云安、温汤、犍为、富顺和川北。

[6] 宋应星著:《天工开物》,第120页,示明了转动盘轮的动物。

钻之。竹缆搅使锥下，劲如弓，直如绳，遇石通之，遇泥亦通之。每穿井累年乃成。

仍以巨竹去节，牝牡相衔。为井之筒，如井之深，横隔淡水而咸水自上。

凡井久者、淡水渗入者，补其隙；他物隔杂者，去其塞，虽百丈而下⋯⋯

川北诸井皆盐水。犍为、富顺之间乃有火井。凡火井阴冷，如家常火导之，閟如殷雷而火出焉。以布扑灭之，但余冷气矣。

火根离地寸许，其下甚细，上乃渐大，高可数尺。光芒异于常火。

燃可以煎盐煮饭，然石为灰，爇木为炭。或引入竹核以代薪烛，则涂其口，口热焦而竹不焚。或引入猪脬，而封其口，盛箱囊中持归。夜，以针穴孔，而家火导之，则火自脬出，照映一室。

又有油井，色混浊而善炽。得火遍燃，虽遇风雨或投水中不少熄也。夜行以竹筒贮而引之，一筒可以行数里。⋯⋯今常有此井，未足异也。

可见，在前现代晚期，中国的部分地区不仅在工业加工程序中使用了天然气，而且在家用燃气灶、家用煤气照明以及某种原始的移动照明器具中使用了罐装的油。而所有这些物质，都依赖于竹筒盛装。

与终南山大规模采伐一样，上述的技术活力和精湛技巧再一次多少让人感觉到，这里出现了现代经济的萌芽，但没有确凿证据表明，它事实上开启了使经济现代化变为现实的进程。

这里的大型建筑物都用木、竹建造。譬如，《蜀水经》列举了修建索桥所用的三种方法。虽然不易很有把握地确定其所用技术的精确细节，但我们知道，关键之点是建造和维护它们所用的木与竹的数量：①

---

① 李沅著：《蜀水经》，卷1；27a—28b。号码是我添加的。

（1）先立两木于水中为柱，架梁于上，以竹为緪，乃密布竹緪于梁，系于两岸；或以大竹落盛石，系绳于上。又以竹绠布于绳，夹岸以木为机，绳缓则转机收之。

也就是说，其中有一个绞盘和一个平衡锤。

（2）又有度索寻橦之桥。大江水峻如箭，两山之胁系索为桥，中刳木为橦。拴系行人于上，以手自缘索到彼岸，则旁有人为解其系。尤极危险。

第三种是唯一给出了桥梁尺寸的方法。它修建的是一种吊桥，其规模大得几乎难以置信：

（3）桥长百二十丈，分为五架。桥之广十二绳，相鳞排连，上布 70
竹笆攒力。大木数十于江沙中，辇石以固其根。

每数木作一架，挂桥于半空。大风过之，掀举幡幡然，大略如渔人晒网、染家施彩帛之状。[1] 须舍舆疾步，稍从容，则震掉不可行。望者失色。

可见，这里的工程取材于林产品。

## 岭南

南部以南的地区（即岭南），是两千多年前秦、汉两朝从越人或百越民族那里征服来的，它留在今日中国的那部分即构成了广东和广西两省。这里现在的气候是近乎热带的亚热带类型，年平均气温在摄氏 18—24 度之间，大部分地区的年降雨量在 1 500—2 000 毫米之间。因此，该地温暖湿润。其北部的东西向山脉使它免遭了从北方南下的冬季寒流的侵袭，而海洋对热量的蓄积则有助于气候的稳定。

---

[1] 原文意为"drying away from sunlight"，这一想法是一种猜测，因此实际上不得不补上"drying"。

从季节上看,这里的降雨集中在夏季;冬季相对干燥、寒冷,但天气晴朗。地区间的差异也是很重要的现象。沿海地区的风比内陆大,正是这一地带才经受着自海洋吹来的台风的袭击。台风每年差不多登陆四次,这四次中大约只有两次会被定为"飓风",也即是说,每小时的风速超过了117公里。① 然而,正如每一位亲身经历过的人都知道的,台风刮来时真的令人恐惧。

从植物来看,与中原相比,历史时期中国的岭南与更靠南边的热带世界有着更多的相同点。所以,早在公元304年嵇含撰写《南方草木状》时就说到:"中州之人或昧其状。"②

在很多方面,岭南给予北方人的,是一种奇特的、令人困惑的感受。譬如,他们发现,那里的人们将空心菜(即《南方草木状》中提到的"蕹"。——译注)③种在竹排上,用香蕉树和竹子的纤维织布,④并且嗜好新奇食物,如嚼槟榔。

71　　　　槟榔是槟榔树⑤的果实,该果实要与蒌叶⑥的叶子以及通常用牡蛎壳磨的灰分一块咀嚼。嚼槟榔会让人产生飘飘然的感觉,据说还能促进消化。而贪吃槟榔之人的唾液会变红,通常要将它吐出来。这种嗜好似乎无害,不过,大多吃相不雅。

槟榔树能长到100多英尺高,树干上下几乎一样粗。它没有枝杈,叶成扇形,像香蕉叶一样从顶端伸展开来,部分苞片或佛焰苞中则含有果实。公元1094年苏东坡因在朝廷上进行不合时宜的政治评论,而被放逐至岭南任县令(实为宁远军节度副使,于惠州安置。——译注),以此作为对他的惩罚。这位观察力敏锐的外来者面对眼前新奇的世界时不胜惊

---

① 背景资料来自《中国自然资源丛书》,卷30(广东卷),主要是第7章"气候资源"。
② 嵇含著:《四世纪东南亚植物》,第32页。
③ *Ipomoea aquatica.*
④ 嵇含著:《四世纪东南亚植物》,第15—17页。
⑤ *Areca catechu.*
⑥ *Piper betle.*

愕,并赋诗一首,名为《食槟榔》,其中第一部分描绘了他的这种反应:[1]

> 月照无枝林,夜栋立万础。
>
> 眇眇云间扇,荫此九月暑。
>
> 上有垂房子,下绕绛刺御。
>
> 风欺紫凤卵,雨暗苍龙乳。
>
> 裂包一堕地,还以皮自煮。
>
> 北客初未谙,劝食俗难阻。
>
> 中虚畏泄气,始嚼或半吐。
>
> 吸津得微甘,著齿随亦苦。
>
> 面目太严冷,滋味绝媚妩。
>
> 诛彭勋可策,推毂勇宜贾。
>
> 瘴风作坚顽,导利时有补。
>
> 药储固可尔,果录讵用许?

这样,新的景致,和着新的植物和食物,还有新的药物,他的心情也 *72*
为之一变。

在帝制晚期,屈大均完成于 1700 年的杂记《广东新语》描述了一些更
为重要的树种。[2] 这部书是审慎的方志风格与传统的志怪风格的奇特杂
糅,因此应该慎用。不过,此处所引的关于榕树条目的部分基本上没有问
题。榕树是无花果科的特大成员,在这里,一棵树就会变成一整片小树林:[3]

> 榕,叶甚茂盛,柯条节节如藤垂。其干及三人围抱,则枝上生
> 根,连绵拂地。得土石之力,根又生枝,如此数四。枝干互相联属,
> 无上下皆成连理。
>
> 其始也根之所生,如千百垂丝。久则千百者合而为一,或二或
> 三,一一至地,如栋柱互相撑抵,望之有若大厦,直者为门,曲者为窗

---

[1] 苏东坡著:《苏东坡全集》,卷十一,第 79—80 页。
[2] 屈大均著:《广东新语》(1700 年),香港:中华书局 1974 年再版,特别是第 609—668 页。
[3] 屈大均著:《广东新语》,第 616—618 页。

牖,玲珑四达……

　　其树可以倒插,以枝为根,复以根为枝,故一名倒生树。干多中空,不坚,无所可用。故凡为社者,以之得全天年,大者至数百岁。故夫望其乡有乔木森然而直上者,皆木棉也。[1] 有大树郁然而横垂者,皆榕也……

他接着讲述了如何使用晒干的榕树枝桠作为引火物,虽遇风雨却不灭,以及如何可以将取自榕须的汁液像漆那样使用。(《广东新语》中的原文为"以其细枝曝干为火枝,虽风雨不灭。故今州县有榕须之征。其脂乳可以贴金接物,与漆相似……"。——译注)榕树被植于路旁以遮荫,此地周围就形成定期的集市,因为人们相信榕树会使他们生意兴隆。人们甚至通过观察一些榕树是否吐白烟来预测灾祸……

　　丝棉木或木棉树则构成了另一幅壮丽的景观:[2]

73

　　木棉,枝柯一一对出,排空攫拏,势如龙奋。正月发蕾,似辛夷而厚,作深红、金红二色,蕊纯黄六瓣。望之如亿万华灯,烧空尽赤……

　　子大如槟榔,五六月熟,角裂。中有绵飞空如雪,然脆不坚韧,可絮而不可织。絮以褥以蔽膝,佳於江淮芦花。或以为布曰绁,亦曰毛布,可以御雨,北人多尚之。

　　绵中有子如梧子(*Firmiana*),随绵漂泊,着地又复成树……[3]

　　南海祠前,有十余株最古。岁二月,祝融生朝,是花盛发。观者至数千人。光气熊熊,映颜面如赭。

　　花时无叶,叶在花落之后……未叶时,真如十丈珊瑚……其材不可用,故少斧斤之伤。而又鬼神之所栖,风水之所藉,以故维乔最多与榕树等。

---

[1] 在詹尼克的《图说森林百科全书》第 67 和 263 页上有一幅图片和一幅画。
[2] 屈大均著:《广东新语》,第 615—616 页。
[3] 这里的梧子译成 *Firmiana* 也许是误认。可能指的是其他某种带翅果(winged seed)的物种。

《广东新语》的作者指出,别处"诸祠宇多植桄榔①、蒲葵②、木棉,佛寺多植'菩提'③,里社多榕,池塘堤岸多水松④、荔枝"⑤。也就是说,这个时期广东人种植了很多伴生树,它们各自别有神韵。其中的一些也有经济用途。譬如,桄榔皮里的木髓可产出能食用的白粉。

这如何与前面关于中国人缺少特别的树神——更遑论森林之神——的评论联系起来?对此我们只能猜测。在帝制晚期的这一华人地域,树木和森林确实被赋予了神圣的品质,但这一点又似乎源于古典汉文化世界——至少是狭义上的——之外。写于公元 5 世纪之后的《荆州记》中有一段文字对此有所暗示。⑥ "荆州"是华中南部地区的旧称,包括广东省的北部。这段文字所涉及的时间要早于当时 500 多年;那个时候,《荆州记》里最后提到的这个地区(指桂阳。——译注)仍主要为南越人所栖居,他们当然不是汉人:⑦

> 始兴郡阳山县有豫章木,本径可二丈,名为圣木。秦时,伐此木为鼓颡,颡成,忽自奔逸,北至桂阳。⑧。

对于豫章木为什么是神圣的或"圣人般的"树木,作者未置一词,因此无法对原文详加阐释。不过,正是始皇帝的军队砍倒了这些树木,他们显然并未被其神圣性所触动,或者至少看起来如此。而这段文字表示,是那树木的大小而不是其任何神秘的特性引起了他们的注意;至于神圣性,他们可能将它赋予了其中提及的一种乐器。

17 世纪,当《广东新语》撰写之时,依然有一些人真正生活在丛林当中,哪怕他们只出现在环境上的边缘地区。于是可以看到,在海南岛,原

---

① *Arenga pinnata*.

② *Livistona chinensis*.

③ *Tilia miquelana*. 被误认为是佛陀在其下得道的菩提树(the Bo tree)。

④ *Glyptostrobus pensilis*.

⑤ 屈大均著:《广东新语》,第 631 页。

⑥ 盛弘之所著。

⑦ 引自杉本健司著:《中国古代的木材》,第 102—103 页。

⑧ 这个"桂阳"可能就在阳山稍北处,靠近现在广东北部的连县。

住民漫游丛林,搜寻沉香树在特定条件下所产的香料;①这种树有多个名字,如"加鲁树"(garu tree)和"沉香木"(lignaloes)等。对这种香料的需求是由商业交易推动的,其中一些交易由汉族之外的人经营着。获取这类珍品造成了一定数量的森林破坏,并导致一些部落产生了某种经济依赖;这些部落对可以找到沉香的土地拥有所有权。以下是屈大均的相关叙述的一部分:②

> 凡采香必于深山丛翳之中,群数十人以往。或一二日即得,或半月徒手而归,盖有神焉。

> 当夫高秋晴爽,视山木大小皆凋瘁,中必有香。乘月探寻,有香气透林而起,以草记之。

> 其地亦即有蚁封③高二三尺,遂挖之,必得油速④、伽楠之类,而沉香为多。其木节久蛰土中,滋液下流,既结则香面悉在下……

> 其树如冬青,大小不一,结香者百无一二。结香或在枝干,或在根株,犹人有痈蛆之疾。或生上部,或旁下体,疾之损人,形貌枯瘵;香之灾木,枝叶萎黄。或为风雨所摧折,膏液滴于他树,如时症传染,久亦结香。

> 黎人每望黄叶,即知其树已结香,伐木开径而搜取。买香者先祭山神,次赂黎长,乃开山以藤圈其地。

> 与黎人约,或一旬或一二月,以香仔抓香之日为始。香仔者,熟黎能辨香者也。指某树有香,或树之左右有香,则伐取之。香与平分以为值。

> 凡香多在大干上,树之枝条不能结,以力微也。生结者,于树上已老者也。死结者,斫树于地(伐其曲干斜枝,作斧口以承雨露⑤)。

---

① *Aquilaria agallocha.*
② 屈大均著:《广东新语》,第 669—672 页。
③ 原文说的是"蚁"(ant),但白蚁(termite)更有可能使树木腐烂,并造出大土堆。
④ 油速:一种香料。
⑤ 括号内的话是从该书第 671 页插到这里的,以阐明该技术的性质。

至三四十年乃有香而老者也。花铲①则香树已断而精液涌出。虽点点不成片段,而风雨不能剥,虫蚁不能食者也……

香产于山,即黎人亦不知之。外人求售者,初成交,偿以牛酒诸 <sub></sub>76 物如其欲,然后代客②开山。所得香多,黎人亦无悔。如罄山无有,客亦不能索其值也。

黎人生长香中,饮食是资。计畲田所收火粳灰豆,不足以饱妇子。有香,而朝夕所需多赖之。天之所以养黎人也。

又是一个远端市场给消费者一无所知的环境造成压力的老套故事。从中可知,汉人的商业触角已触及天涯海角。我们也应注意到,屈大均等帝制晚期的中国学者对自然历史和环境问题有着认真的关注。他们敏锐地看到,外来力量耗竭原住民的资源而又不加补偿,导致了不公平的结果。

帝制晚期,广东人对待树木的态度错综复杂,并且,在某种程度上又与众不同。这里的民间宗教信仰中有着形形色色的荒唐做法,它们与人们对自然的敏锐观察以及《易经》的学究式的伪科学知识和五行论交织在一起。同时,对特定树木的精打细算的经济利用与审美鉴赏相得益彰,而热情洋溢的树木栽培以及对恢复受损植物的热衷又与毁林行为相辅相成。《广东新语》中关于树木那一节的第一页就表达了现实与幻想交织的岭南风格:③

罗浮七星坛下,旧有七星④松甚怪。尝化为剑客,从道士邹葆光入朝,见帝凝仙殿。又化道士七人,往来山下。

官府也对人们认为别具特色的树木给予了关照:

---

① 或者,很可能意为,"in which the perfume and the wood have not separated clearly"。其含意有点费解。
② 遵照惯例,这里的"客"(in-migrants 和 out-migrants)用于指称在某一政治单位内部迁移之人,与从一国迁到另一国的"移民"(immigrants 和 emigrants)截然不同。
③ 屈大均著:《广东新语》,第 609 页。
④ 大熊座(*Ursa major*)。

77        梅岭多松，大者十余抱，枝柯百寻。袅袅若藤萝下垂而多倒折。叶黝黑，望若阴云。

    夹道有数百株，左回右转①。多张曲江手植，然苦为斤斧所侵。火入空心②，膏流断节，半如枯树赋所言。

    向有议者，欲使有司者籍其株数，记其抱围，部署什伍。俾红梅巡简掌之，月一察验。伤毁必偿。诸古梅亦皆如是。可以更历数百年无恙，此诚奇伟之策。嗟夫，人知梅岭之梅而不知松。

大约1700年，森林滥伐现象在这里仍然相当罕见。《广东新语》中有关于"杉"（the Chinese fir）这一最常见的商业栽培树种的条目，其中注意到：③

    东粤少杉，杉秧多自豫章而至。鬻者为主人辟地种就，乃如株数受植。粤多材木，用杉者十止四五，故罕种之。④

砍光山林的现象主要发生在帝制晚期末年。因此，研究岭南环境史的专家马立博总结道：

    所积累的证据……表明，18世纪岭南愈来愈严重的森林滥伐，与人口和耕地面积相继超过之前宋明两朝的最高峰，以及1740年以后官府鼓励开垦丘陵地带的政策和农民周期性的——即便不是每年——放火烧山等，属于同时发生的历史现象。如果像凌大燮估计的那样，1700年森林曾覆盖岭南大约一半的土地，到1937年却减至5%—10%，那么，森林滥伐大都……发生在18世纪期间。⑤

78     例外之处在于，在这里可以将谷物种植换成种树，有时候这可能会得到

---

① 跨越两省之间的通道。
② 由韧皮部和木质部组成。
③ 屈大均著：《广东新语》，第612页。
④ 第二句的翻译是一种推测，但只有这样译似乎才符合语境。
⑤ 马立博著：《虎、米、丝、泥》，纽约：剑桥大学出版社1998年版，第326页。

更高的收益。《广东新语》关于荔枝和龙眼的条目中有这么一个片断,它说到:①

> 广州凡矶围堤岸,皆种荔枝、龙眼,或有弃稻田以种者……以淤泥为墩,高二尺许,使潦水不及;以荔草盖覆,使烈日不及。而龙眼之干,欲其皮中之水上升,以稻秆束之。欲其实多而大,以盐瘗之。生虫,则以铁线濡药刺之,否则树尽蠹。

与在沉香木森林中寻找香料所用的神秘而愚钝的土法相比,树木栽培可谓是一种前现代的高科技。

## 西北边陲

我们已看到,中国古典文化的原核部分存在着敌视森林的情结,它将清除森林视为创造文明世界的前提。后来,不同于这种看法的主要的思想例外源自佛教;佛教于公元纪元之初从印度传入中国,随即产生了巨大影响。与中国人的相应思想比较而言,上古印度的信仰中蕴含着对树木和森林的更深刻的敬意。② 即便如此,如同早期中国的情况一样,在印度,森林除了是圣洁的隐修地和王室的流放处之外,还被视为盗贼的庇护所,而人们也常常将文明传播与森林砍伐联系在一起。③ 但无论如何,随着佛教的传入,印度人情感中对待森林的某些积极的元素或许也被带了进来。

佛教习俗在抵挡典型地施加于森林的压力方面具有重要作用,这

---

① 屈大均著:《广东新语》,第 624 页。
② 例如,参见 J. 贡达著:《印度的宗教》,第 1 卷《古老印度教的吠陀经》(J. Gonda, *Les Religions de l'Inde*, vol. 1, Vedisme et hindouisme ancien),译自德文,巴黎:柏姿(Payot),1979 年,第 378—380 页。
③ S. 古哈著:《1200—1991 年印度的环境与种族》(S. Guha, *Environment and Ethnicity in India*, 1200 - 1991),剑桥:剑桥大学出版社 1999 年版,第 153—154 页。关于最近几百年和英国统治的情况,也可参见第 49—53 页和第 136—137 页。

一点从 1909 年甘肃省西宁府的《丹噶尔厅①志》中有关林木的段落可以得到说明;丹噶尔靠近湟水河②的源头。此地基本上是一片游牧区,处于汉族居住地的边缘,大概从未有过茂密的森林,至少在帝制晚期是这样。

此处翻译的方志中的这段内容还有助于说明西北边陲的其他方面的情况。在这里,林木分布稀疏,范围有限,大部分树木都很矮小,而对小片森林的保护程度则取决于一些特殊因素,譬如它是公有、寺庙所有,还是其本身就是圣林等。造林人士(silviculturalist)在保护所种树木免遭盗贼觊觎方面备尝艰辛,而木材在商业上也成为更有价值的资财。这段文字所指虽然不可能面面俱到,但它所罗列的林木清单还是很完备的,其中《末日审判书》式的叙述则提醒我们,帝制晚期经济对木材的需要已发展到多么急切的程度。③ 1890 年的时候,这里的木材储备如下面文献中所列举的那样,除柳树外都不那么充足,但它们却必须满足该厅至少 16 000 名汉人以及大量藏人和蒙古人的需求。④ 文中关键语句用斜体表示:⑤

> 响河儿林 ……湟水南山坡,自垠至顶皆是。占地纵横约四十亩。树高一丈至两丈余,根径五六寸至八九寸。⑥ *峡中林木,此为最大,然只桦一种,材中车头者亦鲜*,迤东山坡,又有一林,占地约十余亩。树虽不大,而茂密、整齐,*培护得法,繁殖可望*。此二林为响河儿一庄公同产业及众人鬻伐,以济公用。私家不得采取。

---

① 民国时后来称为湟源县。
② 注意,这里的"湟"不是黄河,属同音异字,而非同形异字。
③ 《末日审判书》是根据征服者威廉的旨意于 1085—1086 年所做的关于英格兰资源的全国性详细调查。
④ 李清编辑(实为青海省民委少数民族古籍整理规划办公室整理,李清为该书责任编辑。——译注):《青海地方旧志五种》(清),西宁:青海人民出版社 1989 年再版,第 237—240 页。
⑤ 《青海地方旧志五种》,第 235—237 页。
⑥ 中国的"尺"和"寸"。虽然各地转换率不同,但是非常接近,使这里的术语不必做调整,因为没有确切的当地等量指南可资利用。

阿哈丢林 ……湟水南阿哈丢庄南山湾。自山垠至岭，纵横占地约二百余亩。树株高丈余，根径一二寸至四五寸，而稀疏不甚繁殖，有桦、杨两种。迤东南……又有一林。占地可四十亩，亦颇繁殖，而树株不甚高大。此二林皆附近田土农家所有，以数户之力，保护扶植，不能禁偷采者之纷至沓来也。毗连南山一带，遍地萌蘖，特以保存之难，而森林转少也。

曲卜炭小林 ……占地约十余亩，林甚茂密，树亦略大……中起小庙一间。此庄父老奉此林为神树，不敢采其条枚。相传伐木有祟，故护持惟谨…… *80*

拉莫勒林 ……占地约二百亩，松、桦相杂，虽有大树而不甚茂密。此林为东科寺僧产业，偷采私伐为寺僧所查禁，故蔓延丛生……

药水峡小林 药水山阴处……然断续相间，不甚繁殖，近年寺僧始议护持，故材仅拱把，无甚大者。树皆桦属，成林中材尚在数十年后也。

东科寺南山林 占地约二百亩，松、桦二种。大树最多，松尤盛。其根之径，有二尺余者，然以柯条横生，自根至顶，不折一枝。故盘曲拥肿，粗糙多节，木材反致不佳。盖僧俗以寺前树林为供佛之品，故自建寺以至今，未经斫伐，葱茏特甚。番僧喜培森林，此林近寺，培植尤易也。

札藏寺小林 ……大小松、桦共约千余株。亦禁采伐，为札藏寺僧所有之产业也。附近西北……惟余小柏数十，无人培植，难期长养成林矣。

磨林河柳 湟水冲积之地，缘滩自生者最多。惟近水磨而经人护持者，始能成林。然高仅八、九尺至丈余，枝条丛生，绿荫被地……其材无甚用处。间取其枝编成大笼盛石以御水……境内合计约百余亩，此等树株皆随处水磨各业户所有。 *81*

栽种柳树 或缘水堤，或夹道旁，或依傍田园……岁有栽种……大小新旧合计约无虑四、五十万株。其中新栽而成活难者约十之三,已收尖成活而不中采用者约十之五。根径五六寸至一尺余寸之大树仅十之二。盖有力之家所栽之树,必待长大而后采用。其不待长大而鬻伐以为屋椽者,每株得价仅二、三钱,以致大树日少,虽岁岁补栽,难望森林之蓊郁也。此树皆民间所有。

官有森林 ……丹噶尔同知……于光绪三十三年捐资栽植。两处合计共万余株,已皆发芽。然欲成活长大,则此树尚需补栽。丹地古无官树,有之自今始……故嗣今官树若不多方保护……此树将日渐其少,亦终归于无而后已!

"亩"是清代记录面积的单位,当时一亩合 0.067 公顷,这样算来,此地山坡上大约有 47 公顷森林,但它们并不是全都可以利用的;此外,在水堤道旁还有将近 50 万棵柳树、少量松树和一些幼树。农民田间地头种植的树木并未包括在内。不算这些的话,这里每个人差不多拥有 0.003 公顷的树,其中基本上是松树和桦树,另有 31 棵柳树。据说,该地区在木材上能自给自足,因此这一数据可能还不完备。

似乎有这么一些因素,譬如幼树以市场估价而兑现的财源诱惑,特别是盗窃可能使植树者一无所有,而看护树木还要付出高昂的代价等,它们加速了所植树木中成年林分的消失。因此,丹噶尔几乎没有老树林。

对于这种局面的形成,变化不定的经济压力大概起了作用。19 世纪末,丹噶尔的商业经济据认为相当保守,不过到这个时候,通过商人将钱存起来用于生息,是一种普遍的做法。[1] 因此与早期相比,时间贴现率(time-discount rate)可能已上涨,这使得眼前兑换成现金的树木数量呈指数般增加,因为这比等待同一木材长到将来某一个时刻更合算。需要强调的是,正如下面的说明性计算一样,这只是假设,是一种还有待文献资料具体证实(或证伪)的想法。

大体而言,植树者每年对每棵树都会做点像如下估算这样的事情:

___

[1] 例如,参见《青海地方旧志五种》,第 351 页,关于背景,参见第 287—288 页。

　　从这一年这棵树自然生长而带来的当下收益（＄T）中，扣除这一时段照料它并使之免遭偷盗所花的费用（＄P），大概相应的增长（g）是多少？考虑到来年火灾和其他灾害对树木生长的影响，这样，我必须为可能会幸存下来的树木的收益量减少多少（s）？现在砍伐（即使与来年比，尺寸要小一些，价值要低不少），销售后即获得收益＄T，来年开始将收益进行投资以获得每年相应的年利率i，加上这期间银行不会破产的概率b所产生的折扣，是否比今年年末再将它砍伐所获更多？

　　算一算即可明了，就想要说明的意图而言，在$T＝\$50$、$g＝1.2$、$P＝\$5$、$i＝1.1$、$s＝0.95$、$b＝0.95$的情况下，两种做法所获得的收益都一样少，这是不是武断的假设，｛因为$[(50×1.2)-5]×0.95＝(50×1.1)×0.95＝52.25$｝。因此，在g、i、s和b等比率之间的关系中，哪怕微弱的变化，往往也会改变最好的行事方式。（譬如，仅仅将s降到0.9，就使得将树木再保留一年的做法成为失策之举。）而不同树种所需的成熟时间也大不相同。

　　很显然，由于忽略了合适的经济规模，上述例子在有些方面当然是不现实的，但它却揭示出了起作用的机制。一旦合理、可靠的金融市场适时出现，那么，何时砍伐所栽树木或受保护的树木，基本上就取决于将一笔钱用来投资所得复利的固有*指数*增长率何时超过树木自然生长的大致*对数*率。① 在特定情况下，当树木生长完全停止，于是$g＝1.0$的时候，将树木留到来年，收益就会减少到$(50-5)×0.95＝42.75$。另一过于简化的情况是，上述例子忽略了那笔保护费P（＄5）能用来做点什么，如果立刻将那树卖掉，这笔费用当然就可以省下来了。再将它按照i来投资，并且因为b而得到同样的收益，那么，它将会带来额外的＄0.475的纯利。这样一想，立即砍树就是更好的选择。由此可见，金融

① 因为在对数中，增长率在一定点后开始下滑，曲线的顶点渐近最大值。相比较而言，在利率总是在增长的情况下，指数在图表的顶端猛增（至少在理念上如此）。

制度对环境产生了显而易见的影响。这里所表示的固然是一种假设,不过也有几分道理。而在这样的局面中,人们可能会产生一种兑现需要,这会给那些成长中的树木造成压力。

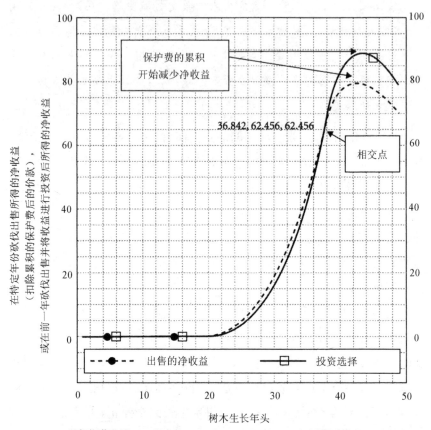

逻辑斯蒂曲线:$a$=最大值=100,$b$= 1,000,000,$c$=0.4(参见序言第14页注释。)
树木 50 年成熟;年利润是10%;年保护费是当时市场价格的2%。

**图 4-1  砍伐并出售一棵树的模拟收益,连同保护费以及一定利率的投资收益选择**

图 4-1 描绘的是两相对比后获得的模型,所对比的则是,特定年份砍伐和出售一棵树在扣除累积的保护费后所获得的收入,以及前一年砍伐和出售树木并将收益(包括节省下来的保护费)进行投资后得到的收入。其中,一棵树成熟的年龄随意地设定为 50 年,它随时间而生长的轨

迹模型,则用一条带有 100 的渐近线的简单对数曲线表示,其市场价格
一直被认定由树木成熟的年龄所决定,年保护费设定为特定年份市场价格的 2％,年利率是 10％。在这里,树木失窃和银行破产的风险并未包括在内。需要注意的两点则是:保护费实际上是如何迫使一棵树在完全成熟前被出售的,投资收益选择又是如何降低砍伐和出售树木的最佳年龄的。

## 三个阶段

在抽象意义上,可以将本章理解为,针对森林和木材的历史,以粗略的、近似的方式,对表 1-1"经济"栏的历时性模型与从图 2-1 得到的时空权重的融合。回想起来,后者表明了这样一种情形:从对上古至帝制晚期两千五百多年间大象退却所做的图形—范围分析中即可看出,中国本部(China Proper,主要用于历史或地理研究的一个概念,指历史上汉族人口大量聚居、汉文化占统治地位的中国核心地带。——译注)前现代经济的发展大体上由北向南展开,在接近这一时期的末年进一步向西南方推移。也就是说,大象退却之处,通常是精耕细作的农业所到之地。

同样重要的是,现在人们已提供了一些文献资料来支持这种重构。当然,由于资料很分散,这种重构也不完整,而历史学家总是想方设法将少量可资利用的细节拼凑成一幅想象中连贯的全景图。本书常常大段引用一条条材料,虽然它们并不是从十分广泛的资料收藏中得来的很有代表性的材料,但目前可以认为,其中很大一部分是沾得上边的。

森林、树木和木材的历史为我们研究过去的经济增长及其环境影响提供了关键线索。在很多地方,人们不得不砍伐树木来为农田腾地。木材是用来建房以及制造车船等交通工具和机械装置的主要原料。原木还是烹饪、供暖和工业加工所需的最为重要的前现代燃料来源。森林也有生态作用,譬如防止土壤侵蚀,通过狩猎、捕鸟并供应野生食物而成为

应对时艰的缓冲区。当然,它们也藏匿了具有危险性的动物,以及作为疟疾传播媒介的蚊子这类害虫。

于是,出现了一种宽泛的三阶段模式。而且,如果我们预先毫无保留地加进后面关于长江下游三角洲的嘉兴那一章的研究结果,这一模式还会得到强化。具体来说,中国人对森林产生广泛而持久影响的第一个阶段,于公元前第一个千年的后半期在北方开启。早期的特征是,官府为保护稀少的或逐渐减少的森林资源付出了努力,有时则是为了垄断这些资源。后来,木材贸易发展起来,间或覆盖了方圆数百公里。结果,在经济更为发达的地区,曾经一定程度允许公用的林地事实上日渐私有化(主要为了非木材森林产品)。到公元第一个千年的最初几个世纪,受影响的地区在扩展,从而波及到了西部的四川以及长江中下游流域的部分地区。

第二个阶段与大约一千年前的中古经济革命相关联。它在长江流域下游和西部的部分地区造成的影响最为明显。在这一阶段,木材的严重短缺、甚至在有些地方的消失首次得到记载,当然其空间分布明显不均衡。这一阶段的特征是,不同群体就日渐稀少的森林的使用问题开始激烈争吵起来,并最早进行了大面积造林的努力。

第三个阶段始于 17 世纪,但直到 18、19 世纪才清晰明了。只有在这一时期,用作燃料和建材的木材在很多地区才严重短缺起来,包括最南端的岭南也是如此。甚至偏远之地也受到了影响,仅有几个例外,譬如位于严格意义上的中国之远端东北角的遵化,这在随后的章节中将加以详细研究。经济边缘地区的群体——有时候有非汉族血统——自我组织起来,以努力保护剩余的作为法定公共财产的禁伐区。偷盗林木为祸甚广,并以不适当的自我保护方式阻碍了小生产者的生产;市场压力则往往可能会促使人们集中栽培速生树种,而且还使相当不成熟的树木一旦有利可图就被卖掉。在剩余的未遭砍伐的老龄森林中出现了少数大型的商业木材企业,其组织特征类似于西方前工业资本主义晚期的组织。

因此,基本结论是,纵然在中国的某些地区,如长江下游流域,森林危机的根源在时间上相当深远,但是普遍而言,中国的森林危机大约只有 300 年的历史。

　　在将镜头推近,盯着"特例"篇中的特定地区之前,下一个任务是要确定,是什么因素首先启动了中国几千年的前现代发展进程,并使之得以持续? 也就是说,在确立了运动学——不涉及原因的运动——的轮廓后,现在有必要考虑动力学了——涉及原因的运动。

# 第五章 战争与短期效益的关联

　　有这样一个问题。本书前三章所述故事发生的时候,中国式的前现代经济增长进程已经启动。可是,是什么因素首先使这一进程得以启动呢?或者至少说,与紧接着大约一万年前最后一个冰期结束后的五六千年期间所发生的事情相比,是什么因素使这一进程急剧*加速起来*呢?

　　真实的回答是,目前我们一无所知。在这个问题上,泛泛而论是比较容易的,详述史实则比较困难。就后者而言,我们一再被迫从由来已久、被广为接受的事实上退回来,去探触"既定事实"(the 'must have been')当中模糊不清的部分。虽然这么说,不过还是有一个简单明了的假设,似乎能将我们的知识碎片整合起来,以纳入系统的思想领域。这就是说,新石器时代晚期和青铜时代早期发展进程的加速,是由两个相关方面的激烈斗争推动的。第一个方面是对立族群之间为争夺日渐稀少的资源展开的斗争。第二个方面隐含在第一个之中,是敌对的社会与文化模式之间为了生存并获得霸权而展开的竞争。① 有一些独特的模式

---

① 杨晓能著:《远古中国映像——纹饰、图形文字与图像铭文》(Xiaoneng Yang, *Reflections of Early China: Decor, Pictographs, and Pictorial Inscriptions*),华盛顿州,西雅图:纳尔逊—阿特金斯艺术博物馆与华盛顿大学出版社 2000 年版,第 175 页。(中译本名为《另一种古史——青铜器纹饰、图形文字与图像铭文的解读》,唐际根、孙亚冰译,三联书店 2008 年版。中译本在 2000 年英文版基础上进行了全面修订。——译注)

一度体现在不同民族和——关系重大的新奇事物——国家（polities）之中，它们带来了较大的竞争力。而前几章叙述的自然环境的初始变化，用后见之明来看，显然是这种斗争需要的副产品。斗争的结果，短期内最有效地利用人力资源与自然资源的一方所创造的行为模式赢得了胜利。面对短期行为的威力，原本可能更有望成功的长期模式几乎没什么意义，抑或根本没什么意义。这正如下棋一样，高超的战术能使最深谋远虑的战略变得毫无价值。这种分析，与让·贝希勒针对他说的"新石器时代突变"所做的结论，也即"战争是进化的唯一动力"[1]的看法完全吻合。当然，最初这一分析并未受到他的启发。

此刻重要的，是搁置任何关于"进步"的简单观念。很可能，早期"发展"的亲历者大都并不欢迎这种发展。在很长时间内，温带条件下的谷物种植——虽然可能不包括早期的某些热带园艺作物模式[2]——对很多农民并无吸引力。农业劳动极其艰苦，从事农耕者还易受租税的压榨、战争和劳役的征用以及外来掠夺者的侵犯。与狩猎采集相比，农耕提供的食物花样较少，也不那么健康。[3] 人口密度的增加，则使以前几乎不存在的所谓"人群疾病"（crowd disease）成为可能。[4] 驯养动物又使得动物

---

[1] J. 贝希勒著：《通史概略》（J. Baechler, *Esquisse d'une histoire universelle*），巴黎：菲亚德，2002 年，第 63 页。

[2] J. 高尔森：《新几内亚高地上的园艺和农业：关于人及其环境的个案研究》，收录于 P. 基尔希和 T. 亨特主编：《太平洋岛屿的历史生态》（J. Golson, "From horticulture to agriculture in the New Guinea highlands：A case study of people and their environments," in P. Kirch and T. Hunt, eds., *Historical Ecology in the Pacific Islands*），康涅狄格州，纽黑文：耶鲁大学出版社 1997 年版。在一定的条件下，每一单位面积的森林土壤在经受多种作物的园艺体系的轮作后肥力下降，导致更加稳定但需要耕作的农业体系的发展，后者在每块土地上只种一种作物，土地之间以规则的沟渠和后来凸起的苗床划界。

[3] M. 科恩著：《健康与文明的兴起》（M. Cohen, *Health and the Rise of Civilization*），康涅狄格州，纽黑文：耶鲁大学出版社 1989 年版。该书概括地论述了新石器时代平均身高下降的趋势，在第 119 页和第 214 页还专门提到这一点。

[4] L. H. 格林纳达著：《传染病与人群疾病》（L. H. Greenwood, *Epidemics and Crowd Diseases*），纽约：麦克米伦，1935 年；F. 麦克法兰·班内特著：《传染病自然史》（F. McFarlane Burnet, *Natural History of Infectious Diseases*），剑桥：剑桥大学出版社 1972 年版。

传染病(zoonosis,动物疾病)作为新的通常致命的传染病,转移到人类身上。[1] 与之前的流动世界相比,农业生活总体上相对乏味,不那么有声有色,挑战性也比较少。而且,正如查尔斯·麦瑟尔斯指出的,"社会的……分层使得大多数人对赖以谋生的资源失去控制。"[2]大量的证据表明,在远古时代,中国的统治阶级如何绞尽脑汁,想要阻止农民退回到人类最初的职业,也即狩猎、捕鱼和采集中去;本章稍后将引用其中部分证据。

几百年,接着几千年过去之后,可退守的空地逐渐减少,农耕文化开始根深蒂固,人们对它也习以为常了。农耕文化具有"优越性",这一假设同样深深扎根在我们这些农耕文化的现代继承人的心中。现如今,对这一假设不得不予以质疑了。历史上,农业作为生产方式,在多数情况下的确具有优越性,这是以一个新的具有竞争力的集合体——军事化的城市—农业国家为基础而言的。但是就全体人民的生活质量来说,实行农耕的时候,他们与精英阶层相对照,总体状况又如何呢? 这好像值得怀疑。有一点必须牢记:田地终结了自由。不管文明随之而来取得了怎样惊天动地的伟业,它也付出了一些公认的代价:人类自身变成了其自己驯化的物种之一。为征服自然,我们奴役了自身。

在这里,我们面对的核心问题,并不是讨论得很多的"国家"起源问题;当然,这一问题的细节仍然模糊不清。[3] 相反,我们面对的核心问题是——再重复一遍,为什么具备早期国家诸多特征的政治实体一旦在后来成为"中国"的地区初露端倪,就引发了长盛不衰的"发展"进程,而这

---

[1] J. 斯瓦比著:《动物、疾病与人类社会:人与动物的关系以及兽医学的兴起》(J. Swabe, *Animals, Disease and Human Society: Human-Animal Relations and the Rise of Veterinary Medicine*),伦敦:劳特里奇,1999 年,特别是第 1、2、3 章。

[2] C. K. 麦瑟尔斯著:《旧世界的早期文明:埃及、黎凡特、美索不达米亚、印度和中国的发展史》(C. K. Maisels, *Early Civilizations of the Old World: The Formative Histories of Egypt, the Levant, Mesopotamia, Indian and China*),伦敦:劳特里奇,1999 年,第 344 页。

[3] 关于西方学术成果中有关叙述的来龙去脉的出色总结,参见麦瑟尔斯著:《旧世界的早期文明》,第 5 章、第 6 章将中国置于与旧世界比较的视角加以探讨。

种"发展"不久就彻底改变了周遭的自然界。当然,这两个问题在一定程度上是相互关联的。因此,最近有很多作者对全球不同地区国家形成的诸方面的考察,聚焦于很多主题,本章对这些主题也有所涉及。[1] 有选择地列举这些相互重叠的主题是饶有兴味的,它们具体如下:(1) 以前相对和平的政治实体间军事冲突和竞争的加强;[2](2) 作为国家间竞争的一部分的经济产量的增加;[3](3) 与军备竞赛需要相关的内部纪律与服从的强化;[4](4) 定居和流动性更强的人口间互动——通常是暴力冲突——的增加;[5](5) 外来种族的取代或征服;[6](6) 最小的内部社会冲突向更高层次的转化;[7](7) 强迫进贡和服劳役;[8](8) 反复灌输这样的信念:在确保总体繁荣方面,很可能从"酋长"到君主在内的政体首脑都起到了惯常的重要作用;[9](9) 动员宗教权威来组织政治与经济活动;[10](10) 大规模的防御设施建设;[11](11) 青铜冶炼,特别是制作武器的青铜冶炼的进步;[12](12) 书写手段的发展或使用的增强,使得政治和思想权威能超越时空局限,来交流、记录、进行行政管理、维系正统并公开展示自己。[13] 各地方都不存在某种单一的模式,而只存在一类多少有些相似的松散地关联着的模式;它们因环境、所承袭的社会结构和信仰以及大

88

---

[1] J. 格莱德希尔、B. 本德和 M. 拉森主编:《国家与社会:社会等级和政治集权的出现与发展》(J. Gledhill, B. Bender and M. Larsen, *State and Society: The Emergence and Development of Social Hierarchy and Political Centralization*),1988 年版;伦敦:劳特里奇,1995 年再版。

[2] 格莱德希尔等主编:《国家与社会》,第 62—63、65、68、110、149、151—152 和 205 页。

[3] 格莱德希尔等主编:《国家与社会》,第 68 页。

[4] 格莱德希尔等主编:《国家与社会》,第 71 页。

[5] 格莱德希尔等主编:《国家与社会》,第 23、94 和 98 页。

[6] 格莱德希尔等主编:《国家与社会》,第 78 和 93 页。

[7] 格莱德希尔等主编:《国家与社会》,第 92 和 97 页。

[8] 格莱德希尔等主编:《国家与社会》,第 63 和 201 页。

[9] 格莱德希尔等主编:《国家与社会》,第 67 页。

[10] 格莱德希尔等主编:《国家与社会》,第 157 页。

[11] 格莱德希尔等主编:《国家与社会》,第 113、149 和 152—153 页。

[12] 格莱德希尔等主编:《国家与社会》,第 149 页。

[13] 格莱德希尔等主编:《国家与社会》,第 149、152—153 页,第 11 章,第 193、195—196 和 202 页。

小差异——这一点在中国特别明显——而在成效上有所不同。[1]

在贝希勒所做的总体分析的政治史中,我们能听到同样的反响。[2]战争,作为政体间的暴力行为,大约产生于 1 万年以前。[3] 它最初可能为追求荣誉和战利品所驱使。然而,战争一旦产生,就会因社会害怕遭到他者的攻击,而持续不断地影响着社会。[4] 贝希勒认为,"强化生产是战争的结果而非原因"。[5]"战争一旦被发明出来,它就对技术革新施加了强大的压力"。[6] 对于一个统一的金字塔式的——即分层化的——社会之发展来说,战争是一种决定性的力量。[7] 持久的集权,往往也需要一个国家除统治本国人民外还统治着外族。[8] 战争中的较量强化了行政效能,这导致居支配地位的首领的出现。[9] 对额外资源的需求,则迫使一个独裁统治者无休止地扩张他的帝国。[10]

贝希勒的其他一些观点表明,中国的历程在某种程度上是更广泛的模式的一部分。人类获取食物方面的技术的进步,降低了用于生计的表土的比例:对狩猎—采集而言,通常需要利用 1/3 以上的土地;对粗放型农耕而言,大概需要 1/10;对灌溉农业而言,可能需要 1/100。[11] 只有在不远处有可资利用的无主土地的情况下,移民才是可行的摆脱苛政的方式。[12] 因此,

---

① 至于对大小范围所造成的几乎相反的结局之模式的概述,参见 L. 米切尔和 P. 罗兹主编:《古希腊城邦的发展》(L. Mitchell and P. Rhodes, ed., *The Development of the Polis in Archaic Greece*),伦敦:劳特里奇,1997 年。

② 主要参见 J. 贝希勒著:《民主》(J. Baechler, *Democraties*),巴黎:Calmann-Lévy,1985 年,但也可参见 J. 贝希勒:《自然与历史》(J. Baechler, *Nature et histoire*),巴黎:法国大学出版社 2000 年版。

③ 贝希勒著:《自然与历史》,第 152 和 246—247 页。

④ 贝希勒著:《民主》,第 658 和 660 页。

⑤ 贝希勒著:《民主》,第 659 页。

⑥ 贝希勒著:《民主》,第 662 页。

⑦ 贝希勒著:《民主》,第 620、623 和 665 页,以及贝希勒:《自然与历史》,第 449 页。

⑧ 贝希勒著:《民主》,第 616 页。

⑨ 贝希勒著:《民主》,第 666 页。

⑩ 贝希勒著:《民主》,第 667 页。

⑪ 贝希勒著:《民主》,第 629 页。

⑫ 贝希勒著:《民主》,第 613 页。

最初人类"群落"的"部落化",在一定程度上是对人口饱和的一种反应。[①] 89
虽然为数众多的血亲集团仍支持部落政体以及尽管不甚强大却由君主
和贵族统治的国家,但是它们后来几乎都被由官僚机构统治着的帝国组
织所取代。[②]

在新石器时代,宗教调整了关注的重心。由于农耕靠天吃饭,这不
免使人产生焦虑的情绪,这时候宗教就努力缓解这种情绪。[③] 由于战争
的普遍存在,人们被杀或被奴役的危险增大,对这一厄运的担忧则增强
了他们对神灵护佑的渴望。[④] 从新战士的心理的两面性中,我们也可窥
见一斑:与战友相处时,他们规规矩矩,甚至彬彬有礼;面对外族敌人
时,他们很可能奸杀毁掠,亵渎神灵,并因受不到责罚而自鸣得意。在
以战争为导向的社会,"男性"价值观也将"女性"价值观贬低至从属的
地位。[⑤]

只有根据这些还算切实的基准,我们才能估量,新石器时代晚期和
青铜时代早期的中国到底有多大的特色。

## 有效的战争

大约四千年前的新石器时代晚期,最古老的中华文明的核心是地方
性邦国,主要基础则是稳定的谷物种植,安全储存谷物的陶器,保护谷仓
和人口的筑墙城市[⑥],石质、木质和角质工具,以及用于制造武器和不久
之后的祭器的青铜冶炼业等。其社会被划分为不同等级,受到严格的社
会规范的控制,使用源于图形文字的书写体系,这种文字是为了记录诸

---

① 贝希勒著:《民主》,第 629 页。
② 贝希勒著:《民主》,第 625 页。
③ 贝希勒著:《民主》,第 641 页。
④ 贝希勒著:《民主》,第 663 页。
⑤ 贝希勒著:《民主》,第 667 页。
⑥ 还是有例外,在现在是浙江省的地方,山顶上矗立着巨大的平台。参见杨晓能著:《远古中国
　映像——纹饰、图形文字与图像铭文》,第 174 页。

如祭器的所有者与用途、神谕裁决、君上厚赐以及其他事情的信息等。凡此种种,使得这些最早的上古国家在战争中具有一种即使不稳定却也很实在的优势,胜过那些开化较晚或没开化但其他方面又颇相似的部落——这些部落或分布在它们周围,或夹杂在它们中间。①

这些部落大多也从事农业。它们和上古国家一样都驯养动物:著名的有狗、羊、猪、北方的公牛以及水牛;水牛主要出现在南方但又不限于此。马大概出现于公元前两千年初的某个时候,用于拉战车,而不是乘骑,因此,它暂时主要属于开化地区,但也不尽然。在大型动物的肩胛骨或龟腹甲上占卜,解释它们在因灼烤而噼啪作响时出现的裂缝,这一做法从山东(在东北部)到甘肃(在西北部)、从内蒙古到安徽(在东部)都有发现。在东部沿海,占卜技巧极其精妙。② 因此,不曾有某一特别关键的因素出现在某一特许之地。新颖之处在于,政治、社会、经济和意识形态诸因素的不同寻常的*结合*,共同促成了一种有竞争力的军事优势。

让我们寓论于史吧。《诗经》③中最后一篇颂(即《诗经·商颂·殷

---

① 陆威仪的两部著作为几个这样的主题提供了背景,尽管它们是以不同的视角撰写的。这分别是:陆威仪著:《远古中国的合法暴力》(M. E. Lewis, *Sanctioned Violence in Early China*),纽约州,阿尔巴尼:纽约州立大学出版社 1990 年版;《远古中国的书写和权威》(*Writing and Authority in Early China*),纽约州,阿尔巴尼:纽约州立大学出版社 1999 年版。关于早期的图形文字,参见贝冢茂树著:《中国古代的再发现》(Kaizuka Shigeki, *Chūgoku kodai sai hakken*),东京:岩波书店 1979 年版,第 70 页。

② 宋镇豪著:《夏商社会生活史》,第 515—522 页。

③ 高本汉著:《诗经注释》,♯305。此处的译文与公认的版本有些出入。需要提醒读者注意的唯一之处,是被译作"enfeoffment"的"封建"一词(作者将"封建厥福"译成"That their enfeoffment was good fortune's basis"。——译注)。按照一般的词典释义和总体语境,这么译是符合逻辑的,但一些评注者对此并不认可。通常的翻译是以形容词"巨大的"而论(意思是,属国被告知,它们享有"巨大的福禄")。由于白川静的《甲骨文的世界》(Shirakawa Shizuka, *Kōkotsubun no sekai*,东京:平凡社 1972 年版)一书的第 142 和 148 页提到商代的一种王室"家族分封制",这就使得上述译法至少有商榷的余地。关于商代后期的一个相似观点,参见薮内清著:《中国文明的形成》(Yabuuchi Kiyoshi, *Chūgoku bummei no keisei*),东京:岩波书店 1974 年版,第 37、42 和 45 页。汤是殷商的建立者。禹是最后一位圣王,因水利成就而闻名。荆和楚是位于长江中游地区的国家。

武》。——译注）描述了大约公元前 1200 年①的某个时候殷商王朝的武丁领导的对付"虎方"的战役，此地大部分可能位于长江中游以南。（《殷武》所述的是武丁"奋伐荆楚"，"荆楚"本指楚族或楚国。——译注）我们现在得到的这份文本大概至少出自殷商走向衰亡后的几百年之后。为了与周朝奉行的价值观相吻合，它可能有所修正，因而不应认为它准确无误地反映了商代的情况。尽管如此，它对农耕、纪律和征战的强调似乎真实可信：

> 挞彼殷武，奋伐荆楚。
> 深入其阻，裒荆之旅，
> 有截其所，汤孙之绪。
>
> 维女荆楚，居国南乡。
> 昔有成汤，自彼氐羌，
> 莫敢不来享，莫敢不来王，曰商是常。
>
> 天命多辟，设都于禹之绩。
> 岁事来辟，勿予祸谪，稼穑匪解。
>
> 天命将监，下民有严。
> 不僭不滥，不敢怠遑。
> 命于下国，封建厥福。
>
> 商邑翼翼，四方之极。
> 赫赫厥声，濯濯厥灵。

91

---

① 在中国上古史中，确定公元前 9 世纪中叶之前的精确日期是一个众所周知的难题。这里我依据的是：基德炜著：《商代史料：中国青铜时代的甲骨文》(D. Keightley, *Sources of Shang History: The Oracle Bone Inscriptions of Bronze Age China*)，加利福尼亚州，伯克利：加利福尼亚大学出版社 1978 年版，第 174—176 页以及第 228 页上的图表 38。另一种观点将该日期大大提前了。

这里涉及征战、农耕、城市、纪律，还有神灵护佑的特大奥秘。而国家这一新的集合体的大多数方面，在这些诗句中都得到了明确的颂扬。因此，在威逼利诱之下，平民百姓不得不固着于农业。否则，统治者及其军队就得不到给养。

在历史记载中，周族最早出现在刚刚提到过的武丁统治时期。他们在陕西西部，即商朝统治区的西北建国。此后二百多年里，他们与商朝或战或和，关系变化不定，但到后来，双方在近乎平等的基础上结为盟友。最终，在接近公元前第一个千年的末期，周族与西部不太开化的部落——但包括掌握青铜铸造的四川蜀国——结盟，并在大约公元前1041年的牧野之战中击败商朝军队。周族的胜利部分归因于这些部落的结盟，部分归因于武王的英明领导以及大战开始时他得到的吉兆护佑，部分——可能吧——归因于使用了四马战车来抵挡商朝的两马战车。

对早期的周族来说，赢得了战争，最终也就赢得了一切。当周朝奠基者文王歼灭渭河（在西北）中游南岸的崇国时，他在丰附近建起新都。一首颂诗的末节①（即《诗·大雅·皇矣》。——译注）颂扬了西周使敌人被歼的围攻之术的娴熟。此处描述了城墙如何被攀登、突破，它们大概用夯土建成：

> 帝谓文王：询尔仇方，
> 同尔兄弟，以尔钩援，
> 与尔临冲，以伐崇墉。
>
> 临冲闲闲，崇墉言言，
> 执讯连连，攸馘安安。
> 是类是祃，是致是附，四方以无侮。

---

① 高本汉著：《诗经注释》，#241。此时的中国社会仍然保留了以年龄组为基础划分社会结构的一些特征，因此我在"brothers"（兄弟）后面明确地加了"cousins"（表兄弟），并解释说是"kin of one generation"（同代亲属）。（作者将"同尔兄弟"译成"Link with brothers and cousins, kin of one generation"。——译注）

临冲茀茀，崇墉仡仡。

是伐是肆，是绝是忽，四方以无拂。

不管过去是什么文明，或者变成了什么文明，其基础曾经是——而且依然是——人类在残杀方面体现的高超技艺。

## 权力的摇篮

新出现的要素是*组织*。肉体有肉体的组织，思想也有思想的组织。到新石器时代末期，在跨越次大陆、我们今天称为"中国"的许多地方出现了一些成分，它们很快被整合到新兴的涵盖权力、技术、资源及相关行为的集合体之中；对于这一集合体，只有将它定义为"国家"才算合理。具体而言，沿杭州湾南岸（在东部），很容易看到稻谷种植，而在黄河中游（在西北和东北部）则容易看到种粟。烧制的陶器同样分布广泛，城墙环绕的定居点也是如此。精致的青铜铸造不仅可以在早期中国文化的传统北方腹地找到，而且在西部的四川和南部的江西赣江流域也有发现。这几个中心出土的青铜实物基本相似，并且有一些共同的主题，这暗示它们有着共同的起源，当然在风格与情感表现色调上，地区差异可能也很明显。譬如，四川广汉三星堆的青铜人像和面具造型怪异，比真人尺寸长。它们属于商代的作品，但是还没有发现已知的商代对应物。[1] 同样，除商朝腹地外，在东部沿海和西北部今天系青海的地方，都可以找到第二个千年中叶之前很久的似乎有意义的阴刻符号、图形文字，甚至还有可能属于原始手书的痕迹。[2] 与此有关的问题是，这样或那样的因素是如何结合在一起的。

---

[1] 可以在宋镇豪的《夏商社会生活史》中找到图画，图56（在该书的后面）（该书在第六章"服饰"的第三节"服饰异宜"中提到。——译注）。柳阳、E. 凯鹏著：《神秘的面具：三星堆中的中国古代青铜器》，该书提供了令人惊叹的彩图。

[2] 贝冢茂树著：《中国古代的再发现》，第 71、101—102 和 107 页。杨晓能著：《远古中国映像——纹饰、图形文字与图像铭文》，第47—82 页。

凡事皆有关联。与狩猎、捕鱼和采集相比,定居农业供养了更加密集的人口。这就为更为庞大的军队以及公共工程——不管是夯土墙还是公共建筑——所需的更多的临时征用,提供了额外的人力和给养。中国的先秦时期,战争规模十分庞大,处于这一时代末期的公元前5—3世纪的战国时代,情况尤为突出,这是人所共知的。但值得提醒的是,这样的战争可以追溯得更早。商代不断对其他国家和部族征战杀伐,为此,每次都得调动数千甚至数万人的军队。既然商初人口估计大约在400到450万之间,[1]如此规模的调动也不是什么不可能的事。公元前两千年末期,击败商朝的周朝军队有近5万士兵。到春秋时期,各国征集的军队也达到了同样庞大的规模;及至战国时代,经常提及军队数量超过10万,有时翻了几番。在春秋时代的242年里,载入史册的战争超过480次;在随后战国时代的248年里,战争数量达到590次。[2] 以上古世界的标准来看,这些关于军队规模的数字大得惊人,可想而知会让人产生怀疑。不过,文献中这方面的论述非常多,它们的说法大体上一致。

公元前1600年左右,大约在今郑州(在东北部)所在的地方筑起了10米高的城墙,其巨大残垣依然屹立。据估计,它的总长度大约7千米,底部平均宽度约20米,顶部约5米。[3] 如果我们(武断地)假定,撇开顶部不算仅算底部,底边内侧的长度是外侧的两倍,这就可以算出它的体积大概是875 000立方米。由于不能精确地了解商朝工具的效率,除了搭建临时的木制模板,使土在夯实时固着于某处以及其他的琐事外,我们很难估计开挖土方、将土运到所在地址、抬高并夯实它可能所需的劳力。如果在整个建造阶段,每天8人搬运1立方米的夯土,那么就需要

---

① 宋镇豪著:《夏商社会生活史》,第107页。
② 许进雄著:《中国古代社会》,台北:台湾商务印书馆1988年版,第408—411页。
③ 贝冢茂树著:《中国古代的再发现》,第83—87页。图片和地图参见张光直著:《商文明》(K. -C. Chang, *Shang Civilization*),康涅狄格州,纽黑文:耶鲁大学出版社1980年版,第274—275页。

3 500 人,一年劳动 200 天,干 10 年才能完成这项工程。

军事力量的增强使朝贡、税收和强制劳役成为可能,这一切都加强了财政、物资和技术资源的集中。结果之一,是增强了工匠间的分工。商的某些氏族或血亲集团似乎专门从事某些独特的手艺。[1] 商朝的城市扶持手工作坊,它们不但能熟练地铸造青铜武器以及饰有精美兽类图案的青铜祭器,而且精通其他的日常生活技艺。譬如,将骨头制成箭头、发卡、钻子、针、刀、叉、鱼钩,甚至阴刻成表,用以表明六十甲子,这由十天干和十二地支配对构成,是用来记录日期的。也有用来测量长度的标尺。石头则被打磨成柱基、磨石、斧子、刀、槌臼、凿子、纱锭和编磬。有专业陶工将窑烧至摄氏 1 000 度,给陶器上釉,再印上刻在模具上的图案。纺织品包括麻、葛布和丝绸,其中一些描龙画凤,精心织就,大概为皇室所专用。[2]

交换和贸易在人类历史上源远流长。有迹象表明,与在其他地方一样,它们在中国也早于文明而出现。例证之一是,海贝贝壳——原产于中国南海和东海[3],与世界其他地区一样[4],随后用作中国的原始货币[5]——出现在位于西北部遥远内陆的青海,时间可追溯到公元前 2500 年。还有用骨头做的仿贝。在商代,贝壳作为一种地位高的准货币得到了使用,与它们在其他一些地区单位价值较低的情况形成了对比。甲骨文记载,君王们在特定场合赏赐 2 到 5 朋这类贝币给臣下,以示恩宠。[6]

---

[1] 薮内清著:《中国文明的形成》,第 39 页。

[2] 佐藤武敏著:《中国古代产业研究》(Sato Taketoshi, *Chūgoku kodai kogyō-shi no kenkyū*),东京:吉川弘文馆 1962 年版,第 1—20 页以及第 116—120 页。也可参见贝冢茂树著:《中国古代的再发现》,第 88 页。

[3] 张光直著:《商文明》,第 153—155 页。这只是涉及贝类的两个品种之一,即金环宝螺(*Cypraea annulus*)。

[4] K. 波拉尼著:《原始、古代与现代经济》(K. Polanyi, *Primitive, Archaic and Modern Economies*),纽约:道布尔戴,1968 年,第 280—305 页,这里强调了贝币与国家最初形成之间的联系,特别是在西非。

[5] 许进雄著:《中国古代社会》,第 361 页。

[6] 赵林著:《商代的社会政治制度》,台北:"中央研究院"1982 年版,第 61、68 和 103 页。该书提到安阳的一座王陵里有将近 7 000 枚贝壳的地方,见第 3 页。

公元前一千年初期,更多的贝币在流通,短时间内它们差不多成了真正的货币。譬如,有记载说,一块田地价值贝 7、8 朋。① (五贝为一串,两串为一朋。——译注)

同样,甚至更早在河南(在东北部)的一个地方,公元前六千年就出产绿松石,而这个地方与任何一个知名的地质上的源头都相去甚远。② 甲骨文的记载表明,商代用牛车为军队运送给养,与没有牛车的军队相比,这体现了后勤上的优势。一些学者认为,商王室世系中著名始祖王亥被尊奉为最早驯服野牛的人。当他用牛拉货车运输商品时,在中国北部被有易氏杀害。③ 这里的关键在于,早期文明对奢侈品和基本物资产生的日益增长的需求,在越来越远的区域之上加大了朝贡、运输和贸易的数量与重要性。④ 考虑到出产于长江南部的锡矿石这样的战略物资,国家就更有必要保护它们的运输路线了。⑤

新文明的中心是城市,它们常常像堡垒一样矗立在远远没有被完全征服的乡村。城市的产生,使得人口中的一部分、这时候日益居住在人造环境之中并具有支配地位的决策者,与自然世界的其余部分之间出现了严重的分离。也就是说,当时当地决策所产生的环境影响,与当时当地人们的感受愈来愈不同步了。影响环境的这种*决策距离感*有空间(从决策的地点到影响的地点)、时间(从当代到子孙后代)和社会阶层(从决策者到下层)等多个维度。久而久之,统治者及其顾问日益缺乏对其政策的环境影响的意识和敏感性。今天依然如故。

城市需要建立一定的社会和物质结构,以减慢人口中不同成员之间加大了的社会互动的速度,并合理地加以引导。同样,城市还需要一些

95

---

① 许进雄著:《中国古代社会》,第 361—362 页。

② 许进雄著:《中国古代社会》,第 358 页。

③ 宋镇豪著:《夏商社会生活史》,第 236—237 页。有关王亥的证据饶有趣味,但并非定论。

④ 贝冢茂树著:《中国古代的再发现》,第 101 页。

⑤ 贝冢茂树著:《中国古代的再发现》,第 145 页。关于商朝铜和锡的来源分布,参见张光直著:《商文明》,第 131—133 页。

技术和制度，以管理一个自人类进化以来前所未有的大而密集的人口单位。[1]　这关系到等级社会的发展，而这是为了比先前更集中、更广泛地行使权力所必需的。

城市过去是、现在仍然是大部分的这类分离的缩影。唐纳德·休斯在评论古代美索不达米亚时说到，"城墙屏障与直线开掘的壕沟俨然将人类与原始的自然分隔开来，对抗的态度取代了早期的合作情感……文学……经常用斗争意象来刻画人类与自然的这种新的关系"。[2]　在他看来，欧亚大陆西部的大多数古代城市同样"对可资利用的资源索取过度，在其领地内搜刮殆尽之后，它们尽可能远地获取另外的资源，直至这种努力也无果而终"，这导致了它们最终的衰落。[3]

在新石器时代倒数第二阶段的仰韶时期（一般以饰有涡形几何风格的陶器为特征），华夏定居者最先挖掘了城壕。由于那时的贮藏区可能在城壕之外，因此这些壕沟大概主要用来抵御野兽。城墙随龙山时期——这一时期以光亮、壁薄的黑陶为特征——而出现，它们可能用来防御他人的侵犯。[4]　据《礼记》记载，在这一时期，当"大道既隐"，"城郭沟池以为固，礼义以为纪……故谋用是作，而*兵由此起*"[5]。城墙用夯土砌成，有时有多重，城墙之内则有大面积的不具备城市特征的土地。在商代，一个相当规范的城市空间模式发展起来，墓地和作坊恰好位于设防区之外。军事控制以每一座中心城市为基础，并依赖于"陪都"的发展。

---

[1] R. 弗莱彻著：《定居增长的限制：一种理论框架》（R. Fletcher, *The Limits of Settlement Growth: A Theoretical Outline*），剑桥：剑桥大学出版社 1995 年版。关于商朝的城市排水系统，参见宋镇豪著：《夏商社会生活史》，第 26 页。

[2] J. D. 休斯著：《潘神之苦：古代希腊人和罗马人的环境问题》（J. D. Hughes, *Pan's Travail: Environmental Problems of the Ancient Greeks and Romans*），马里兰州，巴尔的摩：约翰·霍普金斯大学出版社 1994 年版，第 33 页。古埃及与自然的对抗性较小。

[3] 休斯著：《潘神之苦：古代希腊人和罗马人的环境问题》，第 168 页。

[4] 杨宽著：《中国古代都城制度史研究》，上海：上海古籍出版社 1993 年版，第 10、13 和 16—17 页。

[5]（后汉）《礼记》，收录于《十三经注疏》卷 4，东京：中分出版社（Chūbun shupansha）1971 年再版，7 卷。"礼运"，第 3059 页。

而中心城市则有一系列卫星城环绕,都城尤其是这样。①

《诗经》中讲述了商代的公刘——周王室世系的祖先——如何"乃陟南冈,乃觏于京",以及如何"京师之野,于时处处,于时庐旅"。而且,"其军三单,度其隰原,彻田为粮"②。九世之后,周王室的创建者古公亶父迁都周原,那里"百堵皆兴"③。人们普遍承认,从乡村向城市转变的背后,其动力是军事力量。正如《诗经》中对亶父之城的描述:"乃立冢土,戎丑攸行"④。

《诗经》中提到的多重城墙大概是指宫殿和城区周围的内墙。或许除了某些例外,最初两千年间出现的中国城市是严密控制下的一种分格式结构。只有少数达官贵人的华美府第能开门直接通向大街,一般居民的住宅则都局促于高墙围住的聚居点,也即"里"之内(参见杨宽:《中国古代都城制度史研究》,第 209—210 页。——译注),那是死胡同。至于详细情形如何,我们必须参考先秦后期论述治国之道的著作《管子》,才能有所了解。

这明显地存在时代错置式的跳跃,指责这样的跳跃当然是很容易的,历史学家也因职业道德而对这类做法感到不安。但这样做也有其合理之处,它能让我们清晰地把握显然存在的长时段的发展逻辑;至于这么做的企图,简单的反应性评论则是,只能如此——太简单了吧。不过,已对读者作了提醒。

《管子》是用起来最不方便的原始资料之一。它是一部言论汇编,核心内容大概形成于公元前 3 世纪,后来有所增补。对于其观点所具有的一致性,在与其他主要流派的著作联系起来加以考虑时即可估量,但是它的不同部分似乎出自不同人之手,某种程度上反映出他们的世界观略

---

① 杨宽著:《中国古代都城制度史研究》,第 19、20、23—25 和 31—39 页。也可参见张光直著:《商文明》,第 134、158—161 和 268 页。
② 高本汉著:《诗经注释》,♯250。
③ 高本汉著:《诗经注释》,♯237。
④ 高本汉著:《诗经注释》,♯237。

有不同。① 尽管以这么晚的一部作品作为一般的指南,来理解这之前的思想和制度可能具有的基本宗旨,这种做法存在着时代错置的危险,但它所意欲描述的政治世界的类型,通常至少在表面上似乎与春秋后期或战国早期的情况相似,当然只有对它们加以粗略的简化和概括才能这么认为。我们不可能确定《管子》原文中有多少内容是试图描述曾经存在过的事物,又有多少内容是试图描述一种理想。它们似乎是混为一谈的。不过,这部作品对管理的着迷,却让人浮想联翩,书中论道:②

> 大城不可以不完,郭周不可以外通,里域不可以横通,闾闬不可以毋合,宫垣、关闭不可以不修。故大城不完,则乱贼之人谋。郭周外通,则奸遁逾越者作;里域横通,则攘夺窃盗者不止;闾闬无阖,外内交通,则男女无别。宫垣不备,关闭不固,虽有良货不能守也。 97

此处表达了作为一座要塞城市的城邦(the city-state)的意思,这一点是很明显的。

对于城市居民的生活,据认为必须加以持续不断的监管。在《管子》的前面部分,一种等级分明的行政制度得到了详细的论述,该制度以五家或十家这样的单位为基础。(见《管子·立政》:"十家为什,五家为伍,什伍皆有长焉。"——译注)它接着论道:③

> 筑障塞匿。一道路,博出入。审闾闬,慎管键,管藏于里尉。置闾有司,以时开闭。闾有司观出入者,以复于里尉。凡出入不时,衣

---

① 参见 W. A. 瑞科特编译:《管子:中国早期的政治、经济与哲学短文》(W. A. Rickett, *Guanzi: Political, Economic, and Philosophical Essays from Early China*)的导言,新泽西州,普林斯顿:普林斯顿大学出版社,两卷本,第 1 卷 1985 年版,第 2 卷 1998 年版。在查阅这部呕心沥血、价值极高的著作之前,我译了个草稿。读了瑞科特的版本后,我做了许多修改。应该感谢此书的帮助,即使有时候我在解释上与它会有较大的区别。我在提到他的译本时,用"R 版"表示。

② (周)管仲撰,(明)凌汝亨辑评(原书标注由 Huang Jie 和 Lin Boxhou 编辑,可能是指这一版本的责任编辑。——译注):《管子辑评》,公元前 4 世纪后期;台北:中国子学名著集成编印基金会 1978 年版,第 191—192 页,或 R 版第 1 卷,第 227 页。

③ 《管子》,第 79 页,或 R 版第 1 卷,第 104 页。

服不中,圈属群徒不顺于常者,间有司见之,复无时。

因此,在帝国时代之前,管理制度已适时出现。目前,尚无法说出它究竟早到何时。公元 2 世纪,评注者何休在论及公元前 539 年的情况时提到:①

　民春夏出田,秋冬入保城郭。田作之时,春,父老及里正旦开门,坐塾上,晏出后时者不得出,莫(暮)不持樵者不得入。②

纪律,在新的城市—农耕生活中居于核心位置。

暂且往前看,即使这样做时代错置得更厉害,我们还是可以粗略地说,在接下来的帝国时代的第一阶段,地位和职业的地区划分甚至已经被强化,严格的城市治安得到了维系。城墙内的生活按时间安排运转;入夜,对城市周围的很多活动要实行宵禁。"市"对允许开展的交易进行垄断,这里有围墙围着,还有官方的管理,在早期帝国以及直到唐代的中期帝国时期莫不如此。③ 与中世纪欧洲的情况不同,中国古代城市的空气不能"使人自由"④。最终,中古经济革命以及多种多样的大半是自由市场的扩展会打破这些藩篱,但直到 8、9 世纪,尤其是在宋朝,这种情况才出现。

这一切又是如何维系在一起的呢?让我们将题外话留到以后再说,这里再一次回到公元前两千年。首先,新兴的王权是一支绝对凌驾于人们思想之上的力量。这是一种无形的统治,其中一小部分带有理性色彩,着重于用数字来体现对自然的征服。商朝确立了一种基本的计量单位(1.7 厘米),产生了一种音阶,制定了一种历法,大概还明确了标准的两"串"贝壳的数目(可能是 10 枚)。⑤ 当然,其卓越之处,更多地表现在

98

① 引自杨宽著:《中国古代都城制度史研究》,第 242 页,脚注②。
② 最后一句中对"持樵"的翻译很不确定。(在这里,作者将"持樵"拼成了 zhi qiao。最后一句的译文则是:In the evening, those who did not keep to their [own proper] gate-tower would not be allowed to come back in。——译注)
③ 杨宽著:《中国古代都城制度史研究》,第 209—211、219、224—226 和 232 页。
④ 参考的是古老的德国谚语"城市的空气使人自由"(Stadtluft macht frei)。
⑤ 郑德坤著:《中国考古学》(Cheng Te-k'un, *Archaeology in China*),第 2 卷"商朝",剑桥:赫弗父子有限公司 1960 年版,第 200 页;许进雄著:《中国古代社会》,第 361—362 页。

精神领域。

商朝所继承的新石器晚期神秘的图腾信仰元素,成为这一时期宗教世界观的基础。虽然这种世界观的内在本质如何,我们今天并不知晓,但它的存在却是显而易见的,这不仅体现在兽形图文上,而且最主要的是,动物主题在商代青铜器中独占鳌头。这些青铜器有时呈现出兽形,而所谓的饕餮纹,则经常装饰在器皿的外面。这种纹饰由许多不同种类的动物的特征组合而成,叫人难以忘怀,却又难以理解。公元前两千年末,商、周更替,周对动物世界缺乏同样的关注。因此,从周朝开始,这些青铜器逐渐丧失了内在的古老的精神力量,只不过成为社会地位的象征而已。如果说它们在某种程度上仍具有影响,那也是因为祭祀祖先的关系。① 对环境史学家而言,后来的这种变化引出了一个深刻而又仍无法回答的问题,即,人类与曾经围绕着的动物世界的关系为何发生了改变;这时候,动物世界正在为文明所征服,并被边缘化了。

对于远古流传下来的这些信仰,商代似乎做了等级划分(是一种以天帝为核心的多神信仰体系。——译注),还予以合理的解释,并使之融合起来,但是却未直接理会它们——至少残存的简短甲骨文文献反映了这一点,这是文献记载中的一个断层线,令人奇怪并值得注意。也就是说,青铜器上栩栩如生的标志和甲骨文记载之间存在着无法解释的鸿沟。由于这一时代这个世界的人们认为,所发生的一切是众多冥冥之中的存在起作用的结果,因此,商代的意识形态——由书面文献加以重构——就解释说,这些冥冥之中的存在最终都为天帝(God Above)或先祖即*上帝*所主宰。(上帝,殷商甲骨文卜辞和周朝金文中又称"帝"、"天",儒教传世经典中或称天帝、昊天上帝等,是夏商周以来华夏民族信仰的主宰天地宇宙的神。——译注)至于包括天帝在内的众神的好恶,以及未来祸福,则都可以借助占卜求问——通过烧裂大型哺乳动物的肩胛骨或龟腹甲,或者抛掷某些植物的茎(如蓍草。——译注),来判断吉

---

① 杨晓能著:《远古中国映像——纹饰、图形文字与图像铭文》,第200—203页。

凶行止。众神是曾经存在但却无形的实体,它们也会受到兽祭和人祭的影响。但这时已规定,有资格求问的中间人一律是卜官。商代宗教显示,王是一位具有人类化身的神,他在这个真实可见的世界上是无所不能的,如同他的先祖天帝在众神国度中的地位一样。这些神,包括王室已逝祖先中的男男女女,他们无处不在,可以驱使万物,星、风、山、川、草木、梦境无所不包。他们左右天气、收成、自然灾害、战争结果和疾病,还有城市的兴衰。经过这番塑造,统治者的中介作用就不可或缺了。

商王,作为天帝和众神一方及其臣民一方之间的主要纽带,是一个特许的交流渠道,也是占卜和祭祀的主要赞助人,有时还是实践者。祭祀是一种意味着政治合法性的行为。其中,诸侯只能在他们自己的疆土上祭祀,他们拥有的权威也仅限于此;王,或者他的使臣,却可在任何地方祭祀。这些做法混杂在一起,它们必定从新石器时代晚期的宗教中汲取了大部分元素;当时,占卜者、巫师以及祈祷与祭祀的献祭者都已出现。不过,"天帝"却是一项体现着阴险才能的政治发明:它是一尊与商朝有着特别联系的神,或者变成了这样一尊神;它没有任何明确的是非观念或道德准则,还被赋予了所谓的宇宙主宰的地位。(作者此处对商代"帝"或"天帝"观念的理解有片面之嫌。——译注)

在公元前两千年的中国,王家生活中每天都要花上几个小时来占卜;其结果,差不多是以科学家重复实验的方式被翻来覆去地复核着。贵重之物要用来祭祀。有时可能会屠杀 300 头公牛或者将 100 个甚至300 个羌人斩首后献给神灵鬼怪;羌人可能是与藏人有着血缘关系的西部蛮族,系老练的牧羊人。这些人抑或被坑埋,被腰斩,被活活烧死,被凌迟。人们只能猜测,是心理直觉在支持着这种政治行为。它很可能向民众传递着这样一种信息,即社会处于一种永远危险的状态,只有警惕,加上进行统治的王室持续不断地行使独一无二的本领和特权,才能力挽狂澜。这种不断付出血的代价的煞有介事的行为使商朝的臣民充分意识到,如果众神的要求得不到满足,他们的愤怒得不到平息,那是多么的危险。造反——这当然经常发生——不仅被描述为渎圣的行为，而且被重新解释为对整个人类安全的威胁。①

另一项革新是*指令机制*的出现。在我们自己的官僚化、警察化和保姆式的社会里，人们很容易忘记，纵观人类过去的大多数时候，一部分成年人对其他成年人发号施令，是多么的不自然。②

在公元前两千年后期的甲骨文文献中，"命令"或"指令"③图形与发布最终命令的两种力量有关：一种是神灵所在的无形世界中的先祖或天帝④，一种是自然和人类所在的有形世界中的王⑤。天帝发布命令，决定雨是否下，风是否刮，电是否闪（殷墟卜辞中的自然神有风、雨、雷、电、云等等。帝对自然神均用"令"来召唤、指挥。——译注）。⑥ 风，常常还是执行天帝命令的使臣（即"帝史风"。——译注）。⑦ 只有天帝才能决定收成的丰歉、战争的胜负和疾病的来去。⑧ 统治者不断地占卜，以此确定所作所为是否顺应了天意。

颇具特色的是，他自己的指令要传达给众。⑨ 这一术语的含义为何，对此尚存争议，但很可能指的是一群杰出的武士—官员（warrior-administrator）。⑩（一说"众"是商代的自由平民。他们从事农业生产劳

①撇开最终的猜测不谈，对这幅场景的描述是以以下著作作为基础的：白川静著：《甲骨文的世界》，第40—183页；许进雄著：《中国古代社会》，第438—457页；宋镇豪著：《夏商社会生活史》，第452—532页；杨晓能著：《远古中国映像》，第36、43、63、116—117、197、200—203和211页；张光直著：《商文明》，多处；郑德坤著：《中国考古学》，第2卷"商朝"，第134、136页（长度单位），第200页（每串贝壳的数量），第225页（音阶）。

②P. 克拉斯特斯著：《反国家的社会：政治人类学文集》（P. Clastres, *Society against the State : Essays in Political Anthropology*），1974年版；纽约：佐恩书社1987年英文版。

③令。

④上帝或帝。

⑤帝。

⑥岛邦男著：《殷墟卜辞研究》（Shima Kunio, *Inkyo bokuji kenkyū*），东京：汲古书院1958年版，第198、191—192和199页。

⑦岛邦男著：《殷墟卜辞研究》，第206页。

⑧岛邦男著：《殷墟卜辞研究》，第211页。

⑨岛邦男著：《殷墟卜辞研究》，第416、485—486、493—494和502页。

⑩白川静著：《甲骨文的世界》，第204和207—209页。还可参见薮内清著：《中国文明的形成》，第37—38页。

动,有战事时则被征参战。——译注)他也可以向周这类从属的部落国家发布指示,①或命令个人采取一些特别的行动。有时朝廷官员给众下命令,要求他们履行军事义务,从事建设或农耕;或者给其他官员下命令,因为当时官僚机构尚缺乏明确的分工。② 还有一个低一级的指令机制,由那些将上情下传的人员组成。③ 虽然一些农事的完成有赖于国家官员的监督,但可能大多是因为惯常的行动所致。④ 在社会的最底层,现存的血亲集团大体构成了商朝政治组织的基础,它们通过劳役和贡品向统治者尽义务。⑤ 稍晚的一份文献提到,在周朝初年成王统治时期,摄政的周公之子(即伯禽。——译注)被赐予殷民六族,周公的一个兄弟(指康叔。——译注)得到另外七族。(见《左传·定公四年》。——译注)这份文献说到了"宗氏"、"分族"和"类丑"。最后这个术语的意思不太清楚,它可能指的是地位较低的一群人。⑥ 人们认为那时也有奴隶,商朝末代君主征伐"东夷"时擒获的俘虏即是一例。⑦

西周时期,青铜铭文揭示了一种准封建土地经济,其中,劳动力处于严格的管束之下——我们不应想当然地认为这就是其农业经济的全部。这时候的记载提到,统治者将"监工"、平民、家臣和奴隶作为封地赠品,与马匹、战车、武器和土地一道赐予贵族。人被用来偿付犯罪罚金,有时候还可以买卖。到西周末年,此类赠品也被大贵族用来赐与下属。⑧ 这间接表明了农业经济的发展,由此造成劳动力供应不足,并被强制固定在土地上役使。与此同时,亲属制度所发生的模糊而又重要的变化固定

101 下来,形成为一种父系家长制结构,可视为帝国时代的这种社会存在的

---

① 岛邦男著:《殷墟卜辞研究》,第 410—412 页。
② 白川静著:《甲骨文的世界》,第 188、194、199、204—205、209 和 211 页。
③ 白川静著:《甲骨文的世界》,第 199 和 201 页。
④ 白川静著:《甲骨文的世界》,第 189 和 192 页。
⑤ 白川静著:《甲骨文的世界》,第 203 页。
⑥ 顾赛芬译:《春秋左传》,第 3 卷,第 501—502 页,定公四年。
⑦ 薮内清著:《中国文明的形成》,第 37 页。
⑧ 白川静著:《金文通释》,第 60、68、78、158—161、185、249—250、257 和 259 页。

鼻祖。它以自身严格、分明的纪律支配着妇孺。

就这样，中国社会日益受到严格的控制。

克拉斯特斯给我们提供了一把理解这些过程的钥匙。按照他的说法，"政治突变而非经济转变才具有决定意义。人类史前史上真正的革命不是新石器革命……而是政治革命，即不可思议地出现了我们所知的称为国家的事物，这对原始社会来说是不可逆转、不可避免的。"①他补充道，一般而言，"部落首领不一定就预示着会成为国君。"②关键的一点是，"军事远征的准备和执行是首领有机会行使最小权威的唯一机缘。战事一结束……战争首领又成了没有权力的首领。"③他认为，日益加大的人口密度会瓦解另一种社会秩序，即原始的顽强地反政治的社会秩序，而且，通过统一思想，神的代言者可能有助于开辟通往国家之路。④ 虽然上古中国的形态不同于克拉斯特斯所研究的南美部落情形，但是，只要对他的分析适度地加以改变，它就能提供一种新的视角，供我们认识带传奇色彩的三代圣王（sage-kings）（指尧、舜、禹、汤、文、武，出自《墨子》一书。——译注）所开启的变革。

中国这部社会机器这时已就其位，它将要开发、改善、利用和削弱同样也是人类环境的自然环境，最终还会部分地破坏这一环境。而农业发展的最初动机，则是为战争提供更加稳固的资源。在公元前六世纪的楚国，对土地、牧场和水渠的勘测以及财政安排等事项都交托给了司马。他，或他的僚属，计算"所能提供的战车数量，给马匹登记，决定车兵和步兵的定额、铠甲和盾牌的数量"⑤。这类似于一种*战争经济*（*Kriegswirtschaft*）。⑥

---

① 克拉斯特斯著：《反国家的社会》，第 202 页。
② 克拉斯特斯著：《反国家的社会》，第 206 页。
③ 克拉斯特斯著：《反国家的社会》，第 208 页。
④ 克拉斯特斯著：《反国家的社会》，第 214—218 页。
⑤ 有关讨论，参见伊懋可：《三千年的不可持续增长：从古到今的中国环境》，载于《东亚史》（M. Elvin, "Three thousand years of unsustainable growth: China's environment from archaic times to the present," *East Asian History*），1993 年第 6 期，第 17—18 页。
⑥ "战争经济"（war economy），沃尔特·拉特瑙（Walther Rathenau, 1867—1922）赋予一战期间德国出现的指令性生产体系的术语。

## 政治所推动的经济

最好将上古中国那些小国家的经济界定为"政治推动型"。这使我们在理解中央和地方政权所采取的不同措施时,可以选择刺激、控制和监督这几个词,但要避免对一般的政治统治的暗示,因为那不符合事实。经济的某些方面当然也受到了宗教的推动,因为在这一时期宗教已发展到了可以与政治相区分的地步。酿酒——使饮者与神灵相通的酒——的技术,以及第一个艺术鉴赏家在青铜祭器上雕出富丽纹饰的技术,都是宗教信仰的副产品。

将商代后期与公元前 3 世纪的秦帝国分隔开来的一千多年间,社会形态方面也发生了转变,这是使权力在地方层面得以行使的保障。广义上,这首先是从氏族部落集团向一种封建制度的转变,然后再转为初步的官僚统治。在所有这三个阶段中,每一种情形至少都有所呈现,但它们的相对分量在显著地改变。时间上,第一个阶段涵盖商末周初,第二个阶段从周代中期直到整个春秋时期,①第三个阶段是周代末期,主要是战国时代,直至帝国的开端。

实际上只是在三阶段中的最后一个阶段,才出现了要详细描述的政治所推动的经济。它们是理想化的东西,也就是说在一定程度上带有想象的成分,是将所选择的真实内容加以系统化的结果。虽然这在本质上常常不啻是给未来开"处方",但为了听起来更权威,它们最后自我表现出来的好像是在回顾过去。在某些方面,它们明显地存在时代错置之处,毫无疑问也带有玫瑰色,且云山雾罩。即便如此,我直觉地认为,它们还是拣选了这一千年间国家所追求的基本经济目标,即使重点和具体情形可能已发生变化。譬如,对保护不断缩小的自然资源基础的关注,

---

① 正如先前指出的,这里使用复数(指"Springs and Autumns"。——译者)在英语著作中是不常见的,虽然在法语中很常见,而对中文"春秋"一词来说,单、复数这两种翻译都行得通。至于简短的讨论和参照,可参见表 1-1。

似乎在第二、第三阶段有了一定的发展。十分谨慎地使用这些新近的材料，为窥见中国人的精神世界打开了一扇窗口；从中可以看出，社会达尔文式的残酷自较早时期的遮遮掩掩逐渐变得清晰自觉。

　　就中国人的精神世界而言，其非同寻常之处不在于它的异常残忍，而在于它对自身本质的觉悟程度。唐纳德·休斯在古代欧亚大陆西部的古典世界看到了同样的残忍，但是这个世界似乎缺乏自觉。他写道："在环境影响方面，希腊、罗马社会组织最具破坏性之处在于它的战争导向……古代城市和帝国是尚武社会，绝不会长治久安……不可再生资源在耗竭，对可再生资源的利用比可再生的速度要快。结果，西方文明在此获得形成动力的那片土地逐渐被消耗殆尽。"①需要补充的一点是，在这两个地区，上述情形都是出于竞争的需要。当然，在中世纪，欧洲和中国都在适当的时候发现了新的"资源边疆"：欧洲是在北方，后来在海外；中国是在南方和西南部。这是后面章节中我们将要考察的中国经历的一部分，当时中国的经济增长获得了某种独自存在的动力。

　　纪律是根本。"治人如治水潦，养人如养六畜，用人如用草木。"②粮食是治理的生命线。在统治者无能的国度，"田畴荒而国邑虚。"③在治理不善的状态下，"其士民贵得利而贱武勇；其庶人好饮食而*恶耕农*，于是财用匮而饮食薪菜乏。"④

　　开发是一国之所需。"天下之所生，生于用力；用力之所生，生于劳身。是故，主上用财毋已，是民用力毋休也。"⑤《管子》讨论了是否需要信守赏罚以及赏罚是否得当的问题，其中有一种说法值得大加赞许地援

---

① J. D. 休斯著：《潘神之苦：古代希腊人和罗马人的环境问题》，第198—199页。

②《管子》，第108—109页，或 R 版第 1 卷第 131 页。

③《管子》，第 152 页，或 R 版第 1 卷第 195 页。

④《管子》，第 152—153 页，或 R 版第 1 卷，第 195 页。

⑤《管子》，第 198 页，或 R 版第 1 卷，第 230 页。R 版将后一句话译为"if the ruler … is unrestrained in the area of resources, … the people will have no rest in their expenditure of energy. "

引:"良田不在战士,三年而兵弱。"①在这本书的其他地方,当评价另一种状态时列出了两个需要回答的问题。第一个是"士之身耕者几何家?"第二个是"士之有田而不耕者几何人?"②这表明,在运行良好的政体中,对资源的享用是与国家的服务联系在一起的。

另一方面,新近对农业的依赖,是长期存在的饥馑恐慌的结果。"五日不食,比岁荒;七日不食,无国土;十日不食,无畴类,尽死矣。"③澳大利亚的土著人知道——或过去知道——如何靠土地为生;与他们不同,所有文明民族从来都担心食物短缺却又不承认这一点,而这一恐惧也是文明赖以建立的社会纪律的隐秘内核。

撇开纪律不说,这个时代最重要的经济忧虑则是劳动力短缺:④

> 行其田野,⑤视其耕芸,计其农事,而饥饱之国可以知也。其耕之不深,芸之不谨,地宜不任,草田多秽,耕者不必肥,荒者不必硗,以人猥计其野,草田多而辟田少者,虽不水旱,饥国之野也。若是而民寡,则不足以守其地;若是而民众,则国贫民饥。以此遇水旱,则众散而不收。彼民不足以守者,其城不固。民饥者不可以使战。众散而不收,则国为丘墟。⑥

要阻止农民放弃农业,这一需要已经与防止资源耗竭的关切联系在一起:⑦

> 故曰:山林虽近,草木虽美,宫室必有度,禁发必有时。是何也?

---

① 《管子》,第 202 页,或 R 版第 1 卷,第 233 页。R 版将"兵"(armed forces)译作"state"(国)。
② 《管子》,第 350—351 页,或 R 版第 1 卷,第 370 页。
③ 《管子》,第 183 页,或 R 版第 1 卷,第 220 页。R 版将"国土"解释为"the nations's knights"。(这一解释是正确的,而本书作者将"国土"误译为"state's territory"。据许维遹云:"'土'当作'士'",形近而误。——译注)
④ 《管子》,第 192—193 页,或 R 版第 1 卷,第 227 页。
⑤ "野"指的是在固定的农业中心区之外清理出来的空地,不过以前周围是树林。后来,"野"逐渐有了"野外的"、"野外"或"荒野"之意。
⑥ R 版译为"do not collect their harvests",而不是"cannot be retained"。
⑦ 《管子》,第 198 页,或 R 版第 1 卷,第 230 页。

曰：大木不可独伐也，大木不可独举也，大木不可独运也。[需要砍掉其他树木，以清理供进出与运输的路线]……池泽虽博，鱼鳖虽多，罔罟必有正，船网不可一财而成也。非私草木爱鱼鳖也，恶废民于生谷也。故曰：先王之禁山泽之作者，博民于生谷也。

《商君书》，一份重农主义者的政策文献，以同样的精神提出，如果国家"壹山泽，则恶农、慢惰、倍欲之民无所于食，无所于食，则必农。"传统注释解释道，"壹"指国家禁山泽，而百姓则"不许擅自樵、猎、渔"。①

《管子》主张通过分隔居住区，确保社会下层从事世代继承的职业：②

　　四民者，勿使杂处（《管子》此处原文是：士农工商四民者，国之石民也，不可使杂处。——译注）。杂处则其言哤，其事乱。是故圣王之处士必于闲燕，处农必就田野，处工必就官府，处商必就市井。

世世代代都要在行为和价值观上受到教育，以合乎其身份：

　　今夫农群萃而州处。审其四时，权节具备其械器用，比耒耜谷芨。及寒，击槁除田以待时。乃耕，深耕均种疾穩。先雨芸耨，以待时雨。③ 时雨既至，挟其枪刈耨镈，以旦暮从事于田垄。税衣就功，别苗莠，列疏遫。首戴苎蒲，身服袯襫，沾体涂足，暴其发肤，尽其四

---

① (先秦)《商君书解诂定本》，北京：古籍出版社 1956 年版，第 7 页，《垦令》。这一段也引自好并隆司：《关于中国古代"山泽"理论的再探讨》，收于中国水利史研究会主编：《中国水控制史论文选集》（Yoshinami Takashi，"A re-examination of the Theories about 'Mountains and Marshes' in Ancient China," Chugoku Suiri Shi Kenkyukai, *A Collection of Essays on the History of Water Control in China*），东京：Kokusho kanokai（估计是"国书刊行会"，但如果是的话，英语译文应该是 Kokusho kankōkai。——译注），1981 年版，第 11 页。

②《管子》，第 296 页，或 R 版第 1 卷，第 325 页。

③ "时雨"传统上指的是阴历春末的雨。今天，中国北方的降雨主要在 7 月中旬到 8 月末，因而可以肯定地说，这个词不是指上面的这些情况，而是指干燥的冬季之后重新下起的几场雨。两千多年前的降雨模式可能有所不同，而现今存在的是一种模糊的双峰模式，北纬 30 度左右的第一个降雨小高峰是在 4 月份。参见丁一汇著：《中国的季风》（Ding Yihui, *Monsoons over China*），多德雷赫特：克鲁维尔，1994 年版，第 29 页。还可参见 J. 查普曼：《气候》，收于卜凯主编：《中国土地利用》（J. Chapman, "Climate," in J. L. Buck, ed., *Land Utilization in China*），1937 年版，纽约：佳作书局 1964 年再版，第 111 页。

支之力,以疾从事于田野。少而习焉,其心安焉。不见异物而迁焉。①

总是像这样,对劳动力的潜逃问题焦虑不已。

司田的职责是"垦草、入邑、辟土、聚粟、多众"。② 从政治上对经济加以监管,在《管子》里有好几处都得到了比较详细的阐述。譬如:③

> 修火宪,敬山泽④林薮积草,夫财之所出,以时禁发焉,使民于宫室之用,薪蒸之所积,虞师之事也。决水潦,通沟渎,修障防,安水藏,使时水虽过度,无害于五谷,岁虽凶旱,有所秒获,司空之事也。相高下,视肥墝,观地宜,明诏期,前后农夫,以时钧修焉;使五谷桑麻皆安其处,由田之事也。行乡里,视宫室,观树艺,简六畜,以时钧修焉;劝勉百姓,使力作毋偷,怀乐家室,重去乡里,乡师之事也。论百工,审时事,辨功苦,上完利……使刻镂文采,毋敢造于乡,工师之事也。

这样,国家的作用包括维持治安、动员劳力兴修水利、提供建议与指导,以及鼓励、监督、评定和审查——水利除外——而不是"管理"。当然,在现实生活中,中国社会在一定程度上肯定是在不断摆脱加诸其上的束缚,但这并不意味着那套控制体系不曾发挥作用,或者说我们不必严肃地看待它。至少不应像对待 1950 年代末至 1970 年代末实行的毛泽东的公社制度那样,因为"完全"行不通,我们就拒绝考虑它。

《管子》一书的后面提到的防洪系统的组建,的确近似于对从政治上

---

① 《管子》,第 297 页,或 R 版第 1 卷,第 325—326 页。R 版中此段用的是过去时,那是一种合理的解读方式。

② 《管子》,第 321—322 页,或 R 版第 1 卷,第 346 页。

③ 《管子》,第 83—84 页,或 R 版第 1 卷,第 107—108 页。

④ 德克·卜德指出,泽——通常译作"marshes"(沼泽)——我常译成"wetlands"(湿地)——有时用于似乎不太可能是潮湿环境的境况,这包括提到它们被焚烧的时候。因此,将它理解为"草地",或者在我看来的"开阔的林地",有时可能是更好的解读。参见 D. 卜德:"《〈孟子〉中以及他处的沼泽:词汇释义》,收于芮效卫、钱存训主编:《古代中国:早期文明研究》(D. Bodde, "Marshes in *Mencius* and elsewhere: A Lexicographical Note," D. Roy, and T. Tsien ed., *Ancient China: Studies in Early Civilization*),香港:中文大学出版社 1978 年版。

如何管理经济事务的描述。下面这部分翻译虽在细节方面不太准确，但就总的意思而论是靠得住的。虚拟的历史人物管子对同样是假想的齐桓公建言，不过这确曾是一位统治者的名号。[①] 其内容含有真理的成分，从而使得卡尔·魏特夫（Karl Wittfogel）将中国描绘为"水利专制统治"（hydraulic despotism）。这一描述非常不完整，我们随后将会明白这一点，但它并非愚蠢之见，或毫无洞见：

> 请为置水官，令习水者为吏。大夫、大夫佐，各一人，率部校长 107
> 官佐各财足[②]。乃取水左右各一人。使为都匠水工。令之行水道、
> 城郭、堤川、沟池、官府、寺舍及州中，当缮治者，给卒财足。令曰：常
> 以秋岁末之时，阅其民，案家人比地，定什伍口数，别男女大小。其
> 不为用者辄免之，有锢病不可作者疾之；可省作者半事之。并行以
> 定甲士，当被兵之数……视有余不足之处，辄下水官。水官亦以甲
> 士当被兵之数，与三老、里有司、伍长行里，因父母案行。阅具备水
> 之气，以冬无事之时，笼、臿、版、筑各什六，土车什一，雨单什二，食
> 器两具，人有之。锢藏里中，以给丧器……常以冬少事之时，令甲士
> 以更次益薪，积之水旁。州大夫将之，唯毋后时。

春分后，白天变长，而且：

> 利以作土功之事，土乃益刚。令甲士作堤大水之旁，大其下，小 108
> 其上，随水而行。地有不生草者，必为之囊，[③]大者为之堤，小者为之
> 防。夹水四道，禾稼不伤。岁埤增之，树以荆棘，以固其地，杂之以
> 柏杨，以备决水。

---

① 《管子》，第 605—608 页，或 R 版第 2 卷，第 247—250 页。
② 最后一词是一种猜测，基于财具有岁（年龄）的意思。（作者将"财足"译为"persons of full age"是准确的。财通材，"材足"意即各色人等。参见赵守正著：《管子译注》下，广西人民出版社 1982 年版，第 147、149 页。——译注）一个貌似相似的解释，可参见星斌夫著：《中国社会经济史语汇》（Hoshi Ayao, *Chūgoku shakai-keizai-shi go-i*），东京：东洋文库近代中国研究中心，1966 年，第 164 页，"财官"条。
③ 字面意思是"袋子"，即，圈围。

依这一看法,社会差不多是一支军队,或者说,军队与社会一体化。

在另一段落中,后一种思想被视作社会的最终结果。人人都在一定的编制中生活。春天,人们一同外出打猎;秋天,操练军事技术。过集体生活,在一种感人至深的休戚相关的氛围中共同祭祀,共担福祸。其目标是建立一个纪律严明、不惧怕战争的社会。(《管子》原文如下:"春以田,日搜,振旅。秋以田,日狝,治兵。少相居,长相游,祭祀相福,死丧相恤,福祸相忧,居处相乐,行作相和,哭泣相哀。是故夜战其声相闻,足以无乱;昼战其目相见,足以相识,欢欣足以相死。"见《管子·小匡》。——译注)管子告诉我们,这一目标曾付诸实践,而凭借受到过这种教导的 3 万人的部队,齐君"以横行于天下"。[1]

最后但同样重要的一点是,《管子》强调了技术的重要性。它认为,统治者必须细心鉴别工匠的才能,他们是其成功的关键。在这方面,国家也是发展的推动力。[2]

这些段落所说的情况几乎从来就不可能完全"真实"。同样,其中任何事情也不可能是完全"虚假"的纯粹的想象。从中我们可以推测,国家推动经济发展的政治逻辑成形了,这在最初大概并非有意为之,但却构成了一千多年来寻求高压统治的基础。

与这些令人生畏的准则相对但*并不矛盾*的,是帝国时代初期道家所阐述的传统,它详细叙述了原初环境本真状态丧失的问题。这不啻是从自然的伊甸园中被驱逐。对此,公元前 2 世纪编成的《淮南子》大概说得最清楚。[3] 它由三条线索织成:

第一,是神话般的关于人类与周围世界之间曾经存在着的和谐一致

---

[1]《管子》,第 304 页,或 R 版第 1 卷,第 330—331 页。

[2] 例如,《管子》,第 109、111 和 149 页。

[3]《淮南子》,公元前 2 世纪,台北:中国子学名著集成编印基金会,1978 年再版,第 8 卷,第 257—261 页。我最初注意到这一段落,是因为看了罗哲海的"周代中国的自然和文化"(H. Roetz, "On nature and culture in Zhou China")一文。这篇文章于 2000 年 3 月提交给在莱茵举办的题为"18 世纪之前中国和欧洲对自然的理解"的大会,当时尚未发表。

的民间传说。各种宇宙力与四时相和谐。"风雨不降其虐"。人类单纯而诚实。"机械诈伪，莫藏于心"。鸟与动物王国的象征性君王，也即吉祥的凤凰和麒麟，或飞翔于天空，或行走于大地。

第二，是因经济发展、国家、社会分层和战争而使这一和谐遭到破坏的故事。历史以及道家—无政府主义者的争论杂糅其间，但它对因果关联的认识有时却非常深刻。人类行为的首要作用得到了重视。"天地之合和，阴阳之陶化万物，皆乘人气者也。"[1]如果"人气"败坏了，世界将会陷入混乱。

最后，可能是一种无意识的对公元前第一个千年之初温度骤降所造成的破坏的集体回忆。[2]不当的人类行为产生了邪气，打乱了天地的正常运转，这种情况据认为已为接踵而至的灾难所证实。

由于精心编织，关于原初环境本真状态丧失的故事成为了一个浪漫的寓言。其中有时也存在时代错误，譬如它关于铁的叙述即是如此。不过，这也不能掩盖一个事实：故事的核心内容所显示的作用，是再现人类历史上最剧烈的震荡，这可谓进步的开始。

> 逮至衰世，镌山石，锲金玉，擿蚌蜃，消铜铁，而万物不滋。刳胎杀夭，麒麟不游；覆巢毁卵，凤凰不翔；钻燧取火，构木为台；焚林而田，竭泽而渔。人械不足，畜藏有余，而万物不繁兆，萌芽卵胎而不成者，处之太半矣。积壤而丘处，粪田而种谷，掘地而井饮，疏川而为利，筑城而为固，拘兽以为畜，则阴阳缪戾，四时失叙，雷霆毁折，雹霰降虐，氛雾霜雪不霁，而万物燋夭。菑榛秽，聚埒田；芟野菼，长苗秀；草木之句萌、衔华、戴实而死者，不可胜数。乃至夏屋宫驾，县联房植；橑檐榱题，雕琢刻镂，乔枝菱阿，夫容芰荷，五采争胜，流漫陆离……[能工

---

[1] 气即"vital aethers"，我经常将它译成"matter-energy-vitality"，暗含"气息"（breath）的意思，被视为生命物质的一种微弱形式。

[2] 比较罗哲海著：《古代中国的人与自然：古典中国哲学中的主客对立》(H. Roetz, *Mensch und Natur im alten China: Zum Subjekt-Objekt-Gegensatz in der klassischen chinesischen philosophie*)，法兰克福：朗格出版社1984年版，第128—135页。

巧匠]犹未能澹人主之欲也。是以松柏箘露[被砍伐并且]夏槁,江、河、三川绝而不流……飞蛰满野。天旱地坼,凤凰不下,句爪、居牙、戴角、出距之兽,于是鸷矣。民之专室蓬庐,无所归宿,冻饿饥寒死者,相枕席也。及至分山川溪谷,使有壤界。计人多少众寡,使有分数。筑城掘池,设机械险阻以为备,饰职事、制服等,异贵贱,差贤不肖,经诽誉,行赏罚,则兵革兴而分争生,民之灭抑夭隐……于是生矣。

同一个故事,不同的观点。

## 对帝国时代的简短展望

我们暂且做一回答。改变上古华夏世界主要景观的发展进程,始于早期政治实体之间成功地展开军事对抗的需要,这些实体或者是国家、原始国家(proto-state,亦称"早期国家"。——译注),或者是部落。后来,这一过程逐渐变得更加复杂,因为最初在很大程度上因国家需要而得到培育的经济力量,向自我推动的独立性不断增强的方向发展。第二个方面表现出来的是更为纯粹的经济内容,这将在有关嘉兴(在东部)、贵州(在西南部)和遵化(在东北部)的章节中加以论述。不过,无论是帝国统一还是分裂的时代,国家作为经济发展与技术进步的推动者始终在场。当需要增强军事力量或其他形式的力量时,国家的这种作用最为清晰可见,并且在边疆地区出现得最为频繁。帝国分裂时期的一些边疆地区位于现今中国版图的中心。这里用来说明这一情况的,是公元243年的一个例子。那时,北方的魏国正酝酿一场战役,想通过淮河流域去摧毁位于长江下游的敌国吴国。魏国的一位肱骨之臣向其统治者上奏(他们分别是邓艾和司马懿。——译注),内容如下:①

①(晋)《三国志》,北京:中华书局,1969年再版,《魏书》,卷28,页775—776。对这一段落的讨论,也可参见佐久间吉也著:《魏晋南北朝水利史研究》(Sakuma Kichiya, *Gi Shin Nanboku-chō suiri-shi krnkyū*),东京:开明书院1980年版,第13—14页,以及伊懋可著:《三千年的不可持续增长:从古到今的中国环境》,第24页。

田良水少，不足以尽地利，宜开河渠，可以引水浇溉，大积军粮，又通运漕之道⋯⋯［淮河以南］每大军征举，运兵过半，功费巨亿⋯⋯令淮北屯二万人，淮南三万人，十二分休，常有四万人，且田且守⋯⋯以此乘吴，无往而不可矣。

由此可知，水利规划与军队后勤之间的联系，包括粮食供应和水路廉价运输，在官方思考中早已是老生常谈了。

这样的例子在帝国统一时期同样很容易找到。16 世纪下半叶，当田乐（字东洲，时任甘肃巡抚。——译注）主持西北军务时，他创办铁业的成就被他的一个下属记录在那里了：[1]

介胄锋镝，炮石神器，战守之具也，而悉资坑冶故事。陕西行省岁供甘州军需熟铁十万九百余斤[2]，凤翔岁供西宁熟铁七千五百余斤。乏则复赍行李鬶之关以东，稽程则数千里而遥，稽时则以月以岁。徒糜费，罢于征发转输已耳，且无能济缓急。

公乃策诸监司，遍搜山泽，复征治民于秦晋，得治来襄其事。<sup>112</sup>余⋯⋯备兵湟中，始得矿下马圈北山之麓⋯⋯其山崒间中石[3]粼粼积无算。逾数里，山木蕃殖，薪樵者报曰："可以冶铁"[4]。

余躬诣相度，乃即北山下置官厅六楹，铁炉二座，营舍五十间，跨山为墩，上建墩棚四楹，周围墙堑足备不测。

台简西宁各营步卒四百，供版筑之役⋯⋯。仍选士习其艺⋯⋯物其地图而授之，锻者，采者各择其人，为长久计。

是役也，有五利焉：河西乃用武之地，朝冶而夕效，取之源源，一利也；无运输数千里之劳，民获休息，二利也；随取随给，无岁月之淹，三利也；工役则取诸坐食之步卒，炭石则采诸无禁之山林，下不

---

① 李清编辑：《青海地方旧志五种》，第 627—628 页。这个下属是西宁兵备道副使刘敏宽。
② 这里的斤大约是 590 克。参见丘光明著：《中国历代度量衡考》，第 491 页。
③ 赤铁矿，铁的主要来源，充分结晶时有"光亮如镜的外表"。参见 A. 哈勒姆主编：《行星地球》（A. Hallam, *Planet Earth*），牛津：菲登，1977 年，第 130 页（以及照片）。
④ 在西北，有时也用焦炭或"炭煤"熔铁。参见《青海地方旧志五种》，第 581 页。

扰间阎阎,上不烦公帑,四利也;以五郡之材,资五郡之用,旁郡额供止输,折价以备储器之需,五利也。

况迩者彼数内○[1],数为我兵所衄……今复闻在此坑冶,宁复有不逞志?

军事力量、经济发展和资源压力依然相互关联着。然而,到比较晚的这一时期,当中国大部分地区的前现代经济发展已达到很高的水平时,国家几乎肯定会青睐由商业系统来从事铁的生产和运输。在帝国上述的这一边远角落,只是因为诸物匮乏,才会看到这种以某地之物供应另一地的古老关系仍然在明确地发挥作用。

帝制早期中国经济的双重性摇摆不定,到较晚的唐宋时期则越来越清晰地固定下来。在某些重要的经济活动领域,根源于上古的强制性组织依然是其明确的特征。这在大规模的水利工程中表现得十分明显,不管是灌溉水渠、河流的防洪堤,还是阻止海潮和风暴潮的海堤,都是如此。相比之下,规模相对较小、自由且私有的单位,不管它们是精耕细作的农庄、工匠的作坊,还是与别人合伙或家族经营的企业,都体现了其余的很多经济活动的特征,明清时代尤为突出。后者所处的是一种商业竞争环境,与大型水利和其他官营系统——如明代从南到北的漕运——与生俱来的强制性垄断大异其趣。漕运每年征用 150 000 人,每年大约运送 25 万吨大米。[2]

最终结果是官营与私有共生,这样,若仅着眼于其中一个方面,任何对帝制晚期中国经济的论述都将是一叶障目。它*既*受管制,*又有自由*;*既很*琐屑,*又很庞大*。二者并行不悖。

接下来的四章将在帝国时代的两千年中铺陈这一错综复杂的历程,或者更准确地说,是其中的主要方面。下一章要考察的,大概是官营经

---

[1] 碑文在这里缺一个字。

[2] 星斌夫著,伊懋可译:《明代漕运研究》(Hoshi Ayao, *The Tribute Grain Transport under the Ming Dynasty*),密歇根州,安阿伯:中国研究中心,1969 年。

济中最持久、重要的方面,即大型水利工程领域;它的出现,很可能是因为中国人在规划、组织、招募、征税和强制方面有着娴熟的行政技巧。这些工程改造了中国的自然环境,并且使中国经济的主体与水自相矛盾。水利既有惊人的成效,然而维护的代价却一直很高昂;水利既能起到保护作用,然而又时不时地出现可怕的险情;尤其是,它不能而且迄今为止也未能摆脱自身的困境。论及水利之后的三章将考察中国前现代经济增长模式——经过几百年,甚至更依赖于私人的主动创造——是如何对三种非常不同的环境产生影响的。

这两种经济制度当然交织在一起。正如我在"序言"中表明的,成熟的中华帝国发展模式的基础,是一种通过高度分离的单位而运行的能力;必要时,它既可以通过行政手段也可以通过商业渠道来协调它们,以形成所需要的庞大的组合体。这种组合体天生短命,仅在直接需要时昙 114 花一现。正是由于小单位的主动性与几乎无限制的任意组合联合在一起,才造成了对环境的持续彻底的开发;这在前现代世界也许颇为特殊,至少从规模上看是如此。

# 第六章　水与水利系统维持的代价

　　在中国人烟最稠密的地区,水利长期以来一直居于农业——特别是稻作灌溉——以及大宗运输的核心位置,因此,也居于其前现代经济史后期的核心。它源远流长,并因诸多失败而经历了长期的完善过程,从世界和历史的标准来看,它是成功的,也是持续的。[1]　当然,最终的代价颇为高昂:水利系统的维护需要持续、昂贵的投入;而达到一定的地步后,它几乎不可能进一步扩展。环境则对合适地点的利用以及水量有着天然的限制。

　　本章的中心论点也即核心思想是:人工水利系统或多或少具有内在的不稳定性,而且总是与外部破坏性的环境因素产生相互作用。它们会受到下列种种因素的影响,包括降雨、洪水、干旱、植被的移除或重新覆盖、影响航运和泥沙沉积的土壤侵蚀、湿地的消失、灌溉、盐碱化以及海水的侵袭等。水利系统是社会、经济与自然环境遭遇之所,它们之间的关系多半是对抗性的。

　　中国的水利系统是多种多样的。一些用来防治水患;大河两岸的堤

---

[1] 参考约阿希姆·拉德卡的评论,见约阿希姆·拉德卡著:《自然与权力:世界环境史》(J. Radkau, *Natur und Macht : Eine Weltgeschichte der Umwelt*),慕尼黑:贝克出版社 2000 年版,特别是第三章"水、森林和权力"。

坝是为了保护外面的农田；海塘则将汹涌的潮水与风暴挡在海湾之内，它还能防止盐水损害地力。有的用来排水，将湿地变为稻田；有的也用于灌溉，通常将水储存于湖泊和水库，然后通过沟渠和水闸使其改道并加以分配。前现代工业通常需要溪水与河流来提供动力。大城市需要精心建造的系统提供饮用水并处理污水；当水质依旧良好时，什么人先得，什么人后得，则由社会和政治地位来决定。　116

　　与最后这一点相关的例子是李渠，它开凿于公元 809 年（即唐元和四年。——译注），为江西（在中部）的中等城市袁州供水，以饮用、洗涮、消防和运输。（据研究，李渠在唐代并无运输功能，宋代深挖、拓宽城内渠道后才使它能兼通航运。见斯波义信著：《宋代江南经济史研究》，方健、何忠礼译，江苏人民出版社 2000 年版，第 421 页。——译注）在上游，渠水也被用来推磨；往下游，该渠最后成了藏污纳垢的下水道。由于磨坊减缓了水流，它们在一些河段被禁用。因房屋的挤占，最终使得该城的航道太窄而难以行船。一个隶属于渠长的常设机构得以成立，目的是阻止人们往河里扔垃圾，而在邻水处建厨房或厕所也是不被允许的。但这些做法收效甚微。水初入并流经官衙园圃之处，尚清澈见底。往下的河段则是另一番景象。社会地位和与污染的接触呈现出反向的关联。①

　　运河需要保持一定的水位以便行船，当梯级分布的水闸使得运河沿着山的斜坡上下起伏时，这绝非易事。明清大运河即是如此。当水量不足时，这些水闸只得加以关闭，船只被拖过水闸旁的堰埭。（壅水的土坝。用于提高上游水位，以便水运或灌溉。——译注）因为这一原因——缺水，这样，尽管宋代中国人发明了船闸②，通过充泄水以及启闭

---

① 斯波义信著：《宋代江南经济史研究》(Shiba Yoshinobu, *Sōdai Kōnan keizai-shi no kenkyū*)，东京：东洋大学文化研究所 1988 年版，第 403—422 页。宋初袁州有 2 万至 2.5 万居民。

② 李约瑟著，王铃、鲁桂珍协助：《中国的科学与文明》第 4 卷第 3 分册《土木工程与航海技术》(J. Needham, Wang Ling, Liu Gwei-djen, *Science and Civilization in China*, vol. 4. Ⅲ, *Civil Engineering and Nautics*)，剑桥：剑桥大学出版社 1971 年版，第 350—360 页。

闸门来过船,但他们很少加以利用。由于堰埭过不了大船,因此环境又一次制约了经济技术。

水磨、水力驱动的杵锤、水排以及戽水车——大龙骨车(huge openwork wheel),能用安在其边缘的槽汲水——同样需要湍急的水流来推动。这些不同的需求——特别是灌溉、运输、作为动力和饮用——在某种程度上是此消彼长的。不同利益间的争斗以及不同地区间——如上游和下游之间、不时做出牺牲的溢洪区与非溢洪区之间——的冲突,遍及大多数水利系统。

汉水与长江交汇处的沔阳(在中部)(现为湖北省仙桃市。——译注)就是一例。19世纪中叶,南岸的武装抗议者挑起小规模抗争,起因在于官府核定当地作为洪峰到来时的泄洪区。他们不愿牺牲自己,而想要洪水北流。反叛者一度取得了胜利,建立了"非法的"堤坝来保护南岸,随后获得了更多的收成。根据州府的说法,当地百姓若"稍不遂欲,即行赶牛拆屋"[1]。河水意味着争端。在极端情况下,水利成了群体冲突的源头,此地即是如此。

117　　水利可能也会促成一种原始的民主机制。在大约1775年以后的上海县(在东部),当知县想疏浚河流时,他经常召集地方名流聚会,以便为他出谋划策,并使疏浚工作师出有名。考虑到前一章引自《管子》的资料的内容,以及那种普遍而又过于简单的看法——说什么中国的水利是专制的不变基石,有一份文献作为明显的反证很值得一引;在帝国晚期的水利管理中,出现了大量的冗长、翔实的文献,它们很典型,这是其中的一份。它说的是1870年的肇嘉浜:

> 署县朱凤梯邀集城乡董保,议得:道光十六年,通县按亩出夫,不给土方工价,推局费出之官捐。咸丰八年,则方价局费皆取之捐罚闲款,于通县业佃,不累分文。近岁情形,官民交绌,惟减赋后,民

---

[1] 森田明著:《清代水利史研究》(Morita Akira, *Shindai suirishi kenkyū*),东京:亚纪书房1974年版,第118—134页。

力普存。请照华亭海塘捐例,派出亩捐……其市河、盘埂等处,向号繁难者,照方价不敷,向由承挑捆董,率皆草率了事,随浚随浅。此次由绅董呈请,照娄青例,加给繁工,开阔加深,其添费至一成以外,其车坝杂费,委员随舆,书差饭食,具报在县。①

到这一时期,该文献中叙述的做法成为了处理事情的一般方式;与其说它专制,也许不如称之为"中央合法控制下的协商型寡头统治"更好。在其他一些地区,它近乎原始的民主。广东省桑园的围田即是一例。② 此地每年定期举行公众会议来推选代表,而且公众选举水利管理者也已形成制度。③ 当水已成患,需齐心合力共度难关时,它会强化社会的联系。清《桑园围志》记载:④ 118

> 若西江潦涨,基有危险,该村登即鸣锣,附近乡村遞相接传奔报。各堡之人身家性命所关,未有不奔驰恐后者。

这种团结的必要性在明中叶的《松江府志》中得到了说明;此地位于长江三角洲之南:⑤

> 全圩相关,人情最难齐一,反如一圩千亩,不下数十家,若一家圩岸圮坏,则全圩坚好岸,总归无益。其间贫富相持。

若将此地情形与上面提到的沔阳的状况相比较,可以看出,水利环境的不同可以改变人们相处的方式。

到 19 世纪,商业化的水利系统在华北也已出现。在包头附近的东

---

① 俞樾著:《同治上海县志》,上海,1871 年版,卷 4 第 43a 页。
② "围田"可能指这样的地区,一年中至少有某些时候位于周围的平均水位之下,周围有堤坝保护。
③ 伊懋可:《集镇与水道:1480—1910 年的上海县》,收于施坚雅主编:《中华帝国晚期的城市》(M. Elvin, "Market Towns and Waterways: The County of Shanghai from 1480—1910," in G. W. Skinner, ed., *The City in Late Imperial China*),加利福尼亚,斯坦福:斯坦福大学出版社 1977 年版,第 466—467 页。(中译本由中华书局于 2000 年出版。——译注)"公共推举"指一种非正式的选举形式,即,对投票情况不做量化。
④ 森田明著:《清代水利史研究》,第 161 页。
⑤ 森田明著:《清代水利史研究》,第 364 页。

河村,有浇灌的菜园由典当业和其他行业出资资助。一个菜园行会(Garden Gild)负责管理,它大约有 90 个会员,他们都持有"水股",按每人的持有量来分担开支。菜园头领的职位由每个会员轮流担当,但一度也由他们所持有的股份数量来决定。虽然沟渠是行会的共同财产,但是"水股"可以独立地从土地所有者中买卖和借得。①

正如随后将会表明的,虽然"水利专制主义"并非全然的子虚乌有,②但从上文中应能明显地看出,它是对一种更为复杂之形势的不恰当的描述,而这种形势也在因时而变。

建造和维护水利系统通常需要大量的劳力、财力、物力(如石头和木材)以及管理技巧。考虑一下位于杭州湾(在东南部)南岸的上虞县县志中的这则描述吧,它涉及了 1347 年(元至正七年。——译注)重建不到20 000 尺(元制 1 尺合 30.72cm。——译注)的海塘所需的物料:③

> 堤址布杙四行,没土八尺,前行既陷,侧石以护之。乃置方广石于其上,外则叠以巨石,纵横上下,勾连参错以拒洪涛之冲激。内则取夫石之小者,杂以刚土筑,使其紧密完壮。仍包以石而与外称焉。其广者四十尺,其高视广得五分之一。

大致估算显示,这么短的一段堤坝——大约 6 公里,堪与整个江苏南部和浙江北部超过 400 公里长的海塘相比——将需要大约 63 000 根

---

① 伊懋可:《论明清之际的水利与管理:一篇评论文章》,载《清史问题》(M. Elvin, "On Water Control and Management during the Ming and Ch'ing Periods: A Review Article," in *Ch'ing-shih wen-t'i*),第 3 卷第 3 期(1975 年 11 月),第 89 页。(《清史问题》系美国清史研究会主编的专门性刊物,在国外清史研究领域中颇受重视。——译注)

② 关于这一极端见解,可参见卡尔·魏特夫著:《东方专制主义》(K. A. Wittfogel, *Oriental Despotism*),康涅狄格州,纽黑文:耶鲁大学出版社 1957 年版(中译本由中国社会科学出版社于 1989 年出版。——译注)。同一作者的《中国的经济与社会》(*Wirtschaft und Gesellschaft Chinas*)(莱比锡:哈拉索维茨出版社 1931 年版)拿捏得更有分寸。

③ 伊懋可、苏宁浒:《人海相抗:1000—1800 年左右杭州湾形态变化中的自然与人为因素》,《环境与历史》("Man against the Sea: Natural and Anthropogenic Factors in the Changing Morphology of Hangzhou Bay, circa 1000 - 1800," *Environment and History*),第 1 卷第 1 期(1995 年 2 月),第 47—48 页。

木头,和将近 100 万立方尺的石料。这种结构比该地早先常用的土木混合海塘更加耐用,后者不得不每三年重修一次。因此,从长远来看,它可能节约了劳力。但是此类水利工程毁灭了森林,消耗了石材。

还要提到人。长江三角洲南部的华亭县的县志在述及 19 世纪末修海塘时说到,人本身付出了不菲的代价:[①]

> 今之筑塘,总在三伏。工夫为炎暑蒸灼,日晒夜露,骤中暑者,死于塘下,不知凡几。且其时田事正忙多,不能分身到工者,地保塘差乘机讹诈,每亩办钱三四百文,谓之买闲。倘有硬不出钱,情愿挑土者,差保必寻隙,销暴烈日中,多方苦难之,不得不营求解脱。

此段提到的"暑"(英文著作中译为"cholera"。——译注)的日期是相当晚的,这一定是真性霍乱;它首次在 1820 年左右从孟加拉传入中国,尽管没办法确定事实就是如此。[②] 在这一年的温暖时节,工地上的众多工人摩肩接踵,加上糟糕的卫生、临时拼凑的住处以及高度的压力,这些因素的聚合当然会促进此类传染性疾病的传播:霍乱主要是通过受感染的粪便、被污染的饮水和食物以及苍蝇传播的。

由于自身损耗和泥沙沉积,这既需要疏浚沟渠,又需要随河床增高 *120* 而加高堤防,因此,几乎所有的水利系统都有水文不稳定的状况,这使得疏浚和加高堤防成了长期的负担。长远来看,用于维护水利系统的费用远远高于兴建时的花费。水利系统虽然在水文上不稳定,但它们带来的经济收益却又向来不变。它们对径流和降雨的容纳是有限的,而且对地形也有要求。地下水只能以固定的速率自我补充。在一定的技术水平下,一旦因水利系统而受益的机会消耗殆尽,继续维护下去只能是浪费

---

[①] 森田明著:《清代水利史研究》,第 289 页。

[②] 参见程恺礼:《1820—1930 年中国的霍乱:传染病国际化的面相》,收于伊懋可、刘翠溶主编:《积渐所至:中国历史上的环境与社会》(K. MacPherson, "Cholera in China 1820‑1930: An Aspect of the Internationalization of Infectious Disease," in M. Elvin and T.‑J. Liu, eds., *Sediments of Time: Environment and Society in Chinese History*),纽约:剑桥大学出版社 1998 年版,特别是第 497—498 页。

资源。到清代中叶,中国似乎就出现了这种情况。①

水利系统运行之初会大大提高粮食产量和生产效率;这之后,它所创造的活力会受到约束。为形象地说明这一点,试着想象一下将帝制晚期的大运河变成双航道的情形,这条运河从杭州(在东部)北上,直达北京(在东北)城外。换言之,所要想象的情形即是建造第二条与之并行的运河。这将是不可能的,因为没有足够的可资利用的水在山间奔流。山东段尤为明显;在这里,大运河从泰山山麓的西山嘴穿过。夏季,洪水带来大量的悬浮泥沙,将它们导入运河很快就会淤塞河道,因此需要通过备用航道使泥沙入海。冬春,河水较为清澈,但水量不太丰沛,因此必须尽可能地在水库中蓄水。在跨越备用航道口的临时堤坝建成后,水库的蓄水将通过支流被引入运河,以便让驶往北京的运粮船队经过。一旦船队通过,就得拆毁堤坝,年年如此。还要防止支流河道全都变为运河的备用航道,这也是一件令人头痛的事,需要更多的工程予以保障。② 因此,即使作为单航道,要想让运河保有足够的水量,以便一年到头使这么长的一段水道保持畅通,通常也是不可能的。相比之下,铁路则不受这种限制的束缚。

中国的水利系统存在既久,名目繁多。在一些系统中,水利技术很早就明显达到了近乎完美的程度,而且持久耐用;在别的系统中,它败落了;在另外的系统中,它历经几千年而越发的精益求精。下面的两个例子将表明水利史的复杂性,并显示中国的水利工程如何改变了环境,反过来又如何受制于环境,甚至有时因环境而崩溃。

地处西北的秦国,这个在公元前3世纪后半期适时地一统帝国的国家,通过夺取一个庞大的灌溉系统并修建另一个系统,在征服前就增强了其战争机器的效率。这两个工程命运迥异。一个至今仍在起作用,另

121

---

① 德怀特·帕金斯著:《中国农业的发展(1368—1968 年)》(D. Perkins, *Agricultural Development in China* 1368 - 1968),爱丁堡:爱丁堡大学出版社 1969 年版,第 60—65 页和第 333—344 页。(中译本由上海译文出版社于 1984 年出版。——译注)
② 水利水电科学研究院和武汉水利电力学院编:《中国水利史稿》,下册,第 2—12 页。

一个十分迅速地衰落。虽然几百年来人们三番五次地想使它起死回生，但事实证明，要修复这样一个大规模的综合性的系统，已回天乏术。

公元前 4 世纪末，当秦国吞并位于今四川省（在西部）的蜀国时，它占有了岷江灌溉网（即都江堰。——译注）。该灌溉网修建在岷江出群山并穿过扇形平原奔腾而下之处；平原的坡度近乎完美，在 0.29—0.42/00 之间。[1] 其建造原理很简单：以地心引力作为动力，无需汲水；水从干流转向分流渠并用于灌溉，灌溉剩下的水在下游 100 多公里处回到干流。细微之处见功夫。而其中一些细微之处可能是在后来得到增补的，因此下面描绘的是一幅合成图，而非完全聚焦于古代的某个特定时刻。但基本的框架古已有之。

首先，必须使流入该系统的水量尽可能地保持稳定。岷江流量在低水位时大约是 500 立方米/秒，但在高峰时可升至 5 000 甚至 6 000 立方米/秒。第二个问题更为棘手：要阻止沟渠被沉积的泥沙淤塞。水流的减缓削弱了其携裹悬浮颗粒的能力，因此，沟渠往往会随着时间的流逝而淤塞。

应对之策有两条。第一，在冬季低水位时定期疏浚。如今，当地 57% 的降雨集中在 6 至 9 月间，两千年前的情况可能也大同小异。而定期疏浚这一做法，是按照此系统的第一位主修官李冰的"深淘滩，低作堰"[2]之建议而行的。第二，将主分水口（即鱼嘴。——译注）上游设计成弯道，这样，大量悬浮的泥沙由于内江水流较缓以及与干流水面成直角的辅助螺旋流（内江水流漫过飞沙堰进入外江时产生的漩涡。——译注）的作用，而沉积在内江。[3] 通过开通另一条渠道（即飞沙堰溢流道。——译

---

[1] 鹤间和幸：《访漳河渠、都江堰和郑国渠：战国时期的三大水利工程与秦帝国的形成》，《中国水利史研究》（Tsuruma Kazuyuki, "Shōsuikyo Tokōen Teikokukyo wo tazunete: Shin teikoku no keisei to Sensokuki no san daisuiri jigyō," *Chūgoku suiri shi kenkyū*），第 17 卷，1987 年，第 40—41 页。数字资料均取自这份材料。

[2] （清）李沆撰：《蜀水经》（1794 年），成都：巴蜀书社 1985 年再版，2 册，卷 2 第 11b 页。也可参见李约瑟著，王铃和鲁桂珍协助：《中国的科学与文明》第 4 卷第 3 分册，第 293 页。

[3] 赫尔维·查姆雷著：《沉积学》（H. Chamley, *Sédimentologie*），巴黎：杜诺出版社 1987 年版，第 142 页。

者),同时合拢外江处的固定分水口,这些沉积物就定期得到了冲刷。而这条渠道直接将水引回源头的岷江干流,不过干流通常处于封闭状态;外江处的分水口则一般保持畅通。这是一条刷沙渠,它通过一道堰加以阻隔,这道堰是用大竹笼筑成的,竹笼里装满了大石头并安放在稳固的岩床之上。这条刷沙渠也可作为一个溢洪道,来调节水利系统中水位的高低。这样,它在洪水泛滥时可作为一个应急的溢流道,甚至是一种安全阀,因为那种竹笼——盛满石头的竹篮——可以被冲走。为搬走被冲掉的这些竹笼,然后用新的取而代之,每年都要付出繁重的、险象环生的劳动。这种竹笼直径 3 尺,长 10 尺,至少在唐代如此,因为这些数字出自唐代。因此,只有付出高昂的维持代价,这一水利系统的生产力才能得到保存,最初的投资也才会有所保障。其实,岷江灌溉系统是幸存的灌溉系统中的佼佼者。尽管主分水口的渠首一再被毁坏,新月形堤坝代替了人工弯道,但这一系统得到了扩建并有所更新,它如今依然在起作用。①

　　第二个例子是位于今陕西省(在西北)渭河之北的郑国渠,其命运迥然不同。郑国渠的开凿比都江堰稍晚,是在公元前 246 年。它从泾河将泥沙量大的河水沿等高线引到洛水,在渠首部分将水排到低洼的田地,汉乐府歌之曰,"且溉且粪"(应为《郑白渠歌》。——译注)。这也有效地降低了很多农田土壤的盐分。(即《汉书》所谓的"引淤浊之水灌咸卤之田,更令肥美。"——译注)郑国渠的渠道有 200 公里,平均坡度是0.64/00,这显示了精湛的勘测技术水平。它的主要贡献是供养"关中"居民,而秦代和随后的汉代均在此设都。史家司马迁将秦朝的胜利归功于这一水利系统。任何这类单因论的解释都不足取;明智的做法是,将经济发展视为军事和政治霸权的重要组成部分。②

---

① 水利水电科学研究院和武汉水利电力学院编:《中国水利史稿》,上册,第 66—70 页。

② 李约瑟著,王铃和鲁桂珍协助:《中国的科学与文明》第 4 卷第 3 分册,第 285—287 页;鹤间和幸著:《访漳河渠、都江堰和郑国渠:战国时代的三大水利工程与秦帝国的形成》,第 44 页;水利水电科学研究院和武汉水利电力学院编:《中国水利史稿》,上册,第 118—132 页。

为什么郑国渠没有经受住岁月的考验?

魏丕信已精彩地讲述过其来龙去脉,[1]这里,我们只需要回顾一下他的结论并做些解释就可以了。如今,该地区属半干旱气候,也许比两千多年前更为干燥。其表土大都是碱性的,由黄土塑造的地貌也很不稳定,因为黄土本来就是随风吹来的石粉。泾河哺育了这一水利系统,可是其河床在不断缩小,这使得继续引水越来越困难,只能不断地在更远的上游开凿新的引水口。夏季,河水猛涨,这种急剧变化也难以使工程保持稳定。水中的淤泥起初被誉为“粪”,后来大概因为它来自较低的土层,淤泥便日渐贫瘠。可能在汉末唐初之际,最初开凿的这一水利系统很快就部分地失灵了。不过,郑国渠的附属系统,即开凿于公元前 95 年的白渠,继续发挥着作用。

在唐代,水磨占用了大量的农业用水,朝廷三令五申将其拆毁。由此可见,资源短缺加剧了通常的矛盾。

到 10 世纪中叶,白渠也身陷困境。人们每年都要跨河筑坝,提高引水口的水位,但是河坝往往最终会被冲垮。到 14 世纪,当这种临时水坝达到最大规模的时候,它的宽度要达到 850 尺,深度要达到 85 尺。这种水坝好像是用草木编织的篮筐装填土石建成的。后来当引水点上移时,小一些的坝体就能满足需要了。15 世纪,人们开辟了一条支流暗道,以期恢复白渠的功能,但由于泥沙淤塞和民力疲乏而无济于事,此后主要依赖于抽取当地泉水来给白渠补水。不过与泾河相比,泉水能够提供的水量就显得微不足道了。

人们想方设法缓解最糟糕的自然灾害,如泾河时断时续的洪水以及挟石块顺沟而下的急流所造成的破坏,使得等高线上的支流渠不得不成直角穿过。溢流渠得以开凿;跨沟建起格栅式堤坝,既能让水流过又能拦住碎石;选择重要地点在沟渠顶部架空设槽(即修建飞渠。——译

---

[1] 魏丕信:《清流对浊流:帝制后期陕西省的郑白渠灌溉系统》,收于伊懋可、刘翠溶主编:《积渐所至:中国历史上的环境与社会》,第 283—343 页。

注），以便溪谷里的溢流漫过。

最后，在清朝统治下，像之前历朝历代那样大规模动员无偿的劳动已行不通了。这样，长期的社会政治变迁限制了水利规划者梦想恢复古代辉煌的机会。到 18 世纪，尽管为修复水利系统进行了广泛的勘测和更多的努力，但凿井显然成为了灌溉农业的最可靠的基础；当然，仅有殷实之家才买得起方便提水和分水的唧筒。因此，随着时间的推移，环境压力使技术在某种程度上倒退了。这种情况持续到 20 世纪 30 年代；这时，现代工程的首次使用开启了新的浮士德式交易的可能性。

总之，到 18、19 世纪，中国的水利经济陷入前现代的"技术锁定"（technological lock-in）模式之中，从而进退维谷。"技术锁定"是经济学理论中为描述下列情况而使用的一个概念，即：已有的次好技术因其较先确立所带来的优势而继续居于支配地位。用 W. 布里安·亚瑟的话来说即是："利润增长的机制……会……致使经济……受困于较差的发展之路。……技术传统……往往会被有利的回报锁定。"[①] 目前，这包括对现存技术系统的使用、服务和销售加以培训所进行的投资，以及为保证兼容附件和连接装置的有效性所进行的投资。[②]

在此，我采用这一概念来描述一种前现代发展状况：在那里，某种经济和社会制度对某种特定技术——如中国特色的水利技术——的信奉已达到这样的地步：（1）如果它自愿废弃这一技术，势必会立即造成生产上的损失，通常还会导致社会不稳、人身安全缺乏保障的后果，在一般情况下，这是无法接受的；（2）这一经济体的现有可用的大部分资源，特别是金钱、劳力、物资、技术以及政治与组织能力等，都需要用于对水利系统的*维护*。结果，其未来的相当大的一部分可以说都"被抵押"了。而像郑白渠的例子所表明的，如果水利系统无可挽回地垮掉

---

① W. B. 亚瑟：《经济中的积极反馈》，《科学美国人》（W. B. Arther, "Positive Feedbacks in the Economy," *Scientific American*），第 262 卷第 2 期（1990 年 2 月），第 84—85 页。
② 例子有家用录像系统（VHS）、福传（Fortran）编程语言（现已逐渐不用）、柯蒂（QWERTY）式标准打字机键盘和英语拼法。

了,那么,巨额投资也就化为乌有。实际上,中国古代水利可用技术的内在发展也走到了死胡同。因而原则上讲,对中国水利系统的实际代价的评估,应该包括这样一种机会的丧失,即,将数量巨大的这部分输出用于另外的、最终可能更有成效的事物上的机会。很明显,如今现代技术的发展已完全排除了这种可能性。所留下的,则是一份伟大而沉重的历史遗产。

## 变化着的模式

组织情形反映了环境状况。因此,在洱海(在西南)西岸,所谓的十八溪水从绵长山脊的陡峭一侧顺势而下,当它们造成淤塞时,往往会在山脚的冲积扇上改变河道。这几乎没有造成永久的破坏,也无需大型组织来加以维护。[①] 与此相对照,洱海北岸的弥苴河,由于泥沙量大,最终高出所流经的周边的农田,就像一条小黄河似的。在帝制后期,它冲积出了一个壮观的三角洲,这三角洲又细分出一些远远伸进洱海的围田。结果,对弥苴河的维护每年需要的劳力达到数千人。这一需要还因上游植被清除所造成的入水泥沙量的增多,而日渐加大。从 15 到 19 世纪,这里的水利系统从松散的集体维护转变成严密的官僚化管理,这可以得到文献的佐证。

官方支持的修理最早见载于 1403—1424 年间,到 1506—1521 年间又有 3 次。此时,军屯士兵维护东侧堤坝,平民百姓负责西侧。[②] 据说,负责每年定期修缮堤坝的官僚制度最早是在 1436—1469 年间的某个时

① 伊懋可、柯鲁克、沈寂、琼斯和迪尔英:《9—19 世纪洱海流域清理与灌溉的环境影响》,《东亚史》(M. Elvin, D. Crook, Shen Ji, R. Jones, and J. Dearing, "The Impact of Clearance and Irrigation on the Environment in the Lake Erhai Catchment from the Ninth to the Nineteenth Century," *East Asian History*),第 23 卷(2002 年 6 月)。

② 李元阳(此处拼写有误,作者将他拼写成了 Li Zhiyang。李元阳,1497—1580 年,字仁甫,号中溪,白族,云南大理人。——译注)纂:《嘉靖大理府志》(1563 年)(不全),澳大利亚国立大学孟席斯图书馆缩微胶卷 1055,卷 1 第 56b 页。

候通过当地官府发挥作用的,但是由于 16 世纪中叶的危机,其成效不佳。1563 年的《大理府志》提到或引用某人的话说到如下情形,确切日期尚不清楚:

> 今三十年来,无人讲求,[堤坝]圮坏殆尽。议者拟令照田[由该系统为之服务的地主所有]起夫,分届立限,刻石标记,永为定规。
>
> 以每年正月乡饮次日,不待督率,各自赴工,培土种木。违迟一日者,众议告罚,岁以为常。①

尽管现在有了官府的监管,但仍急需集体维护。

1552 年弥苴河的溃堤进一步引起了官员的反应。维修工作的细枝末节被人记录下来,譬如用于泄洪的“龙洞”——侧面开的渠道——的数量。他们总结道:“致今之军困民乏,非地利不足,乃水利不足也”②。根据所需的木材、石料还有劳力来看,修缮的花费同样昂贵起来。1563 年的那部府志记述了处于压力之下的一个社会的情形:

> 有田或得买免,无田或致强役,斑白不休,妇子不宁。急则撤壁篱以补决堤;缓则盗桯木以供私炊。③ 看守者不胜其烦,修筑者已厌其苦。甚有东堤田主盗决堤西,西堤田主盗决堤东。④

其实,该水利系统原来是可持续的,但是像通常一样,也需要付出代价。

1628—1643 年间弥苴河的水利组织得到了改善,而 1736 年之后不久发生了更多的变化。负责看护多长的堤坝,这是根据地主缴纳的税收来分派的。阴历正月中旬出工,通常在这一时期干一个月,其成效由官员们检查。然而,1795 年之前不久由水利部门地方官员开启的进一步变化并未产生良好的效果;1818 年,组织机构又一次被革新,随后通过三个

---

① 李元阳纂:《嘉靖大理府志》,卷一(此处卷号有误,应为卷二。——译注)第 57a 页。
② 李元阳纂:《嘉靖大理府志》,卷一(此处卷号有误,应为卷二。——译注)第 57a 页。
③ 这可能指的是已砍倒并堆放起来以备用的木材,因此是一个特别诱人的目标。
④ 李元阳纂:《嘉靖大理府志》,卷一(此处卷号有误,应为卷二。——译注)第 56b 页(此处页码有误,应为第 57b 页。——译注)。

不同的地方官员又进行了两次改造。这些反反复复的努力,确保了 *126*
1815—1817 年水灾过后的一段时期的稳定。在位于这条河下游前端的
主峡谷上建起防护性水利工程,以减少其裹挟的泥沙,这也起到了一定
的作用。

实际所发生的情况是,由于上游的土地开垦和森林滥伐,弥苴河携
带的泥沙增多,河床增高,这就必须不断疏浚河道,并将堤坝建得越来越
高。从 1828 到 1843 年,尽管有疏浚,但靠近峡谷之下河道的河床还是
增高了 10 尺。人们还安放作为标识的石柱,来测量疏浚所需的深度。[1]
即便如此,到了离清代不远的时候,紧挨着峡谷以南的弥苴河的大部分
河道,都已高于四周之地的房屋屋顶了,今天依然如此。到 19 世纪早
期,清理和疏浚需要 6 万人,他们从阴历正月断断续续干到四月初。还
需要 3 万人重修堤岸。[2]

清代中期,弥苴河河坝的总管(此人系高上桂,号月峰,白族,清代邓
川州银桥村人,生卒年月无考。——译注)以夸张的言语描写了这一
过程:

> 凡水皆行地中,而洱苴独行地上;凡河俱宜深透[因时间流逝],
> 而弭苴岁有淤填。此大较也……毛家涧一带[上游流域,位于主峡
> 谷之上]皆破岫、恶崿、败溪、破谷,纠纷结聚于三江口。每当西北风
> 起,往往山土扬尘,飞沙扑面。一值夏秋霪霖,则坏冈裂谷。山石、
> 涧沙与急溜、崩洪澎湃訇砰而下,四围亢阻无路,仅以蒲陀峒[主峡
> 谷]为宜泄。而三江口雍积之沙,浪人岁复以巨爬顺水推之。于是
> 水石交冲,视邓为壑。洱苴河受病之源,实在于此。
>
> 由是而南,则黑蚂涧、蛇涧。诸山又皆身无完肤[即植被没了],
> 巉然直插河底。沙飞石走,益助以填海之势[这条河的]。于是以一 *127*
> 道之长河,受百道之砂砾。初犹盘束于峒峡,及至上公沙[主峡谷谷

---

[1] 侯允钦纂修:《邓川州志》(1854/1855 年),台北:成文出版社 1968 年再版,第 82 页。
[2] 侯允钦纂修:《邓川州志》,第 79 和 82 页。

底]……则豁然开放,奔腾轰若惊雷,驰如万马,几欲以六千里之平原繍壤[裹挟着农作物和房子],一快其疾扫之势,全河形势莫险于此。

继自王伍而下……一水危如悬架,而一湾一曲之处,愈觉飞沫喷薄,震撼异常。自来溃决每在于斯……夏秋河流浑浊,泥沙并下,然淤与河未尝不入于海,[那么]年深日久,海口湮而河尾[河水流进洱海的入口处]亦滞。是以三十年前锁水阁下即[恰好是]系河水入海之处,今[大约在1854—1855年]已远距五六里许。[直线延伸的速度接近每年0.18里]……固于附近居民有益而于上流有损。何则贪淤田之利而不加疏,使河尾窄不容舟。尾闾不畅则胸膈不舒,而涨漫之患作。此又沙石之患受自源而及于尾者也……

论曰:邓之患在水,所以滋患实在山。山皆金气,众多不毛,不毛则山面童赬易剥落浸淫而岩谷虚豁。雨潦降则连冈接岭,驱沙走石,急溜崩洪,旬砰争道而下,此大川所以泛滥,支川所以垫淤也。夫古今防水之策论列备矣,而防山无闻焉。①

其实,这里的森林滥伐和开垦是晚近之事。可能是由于人口压力,弥苴河主峡谷之上山坡环境的变化导致了它下面的新的环境问题的出现,从而促使新的更严密的社会政治组织的形成,同时国家直接干预的水平也更高了。这个例子之所以重要,是因为它表明人类和环境之间可能存在着一种变幻不定的因果链,即,人类影响着环境,从而又引起人类社会结构的调整。

接下来的部分要描述中华帝国两个最大的水利系统,以便对前一章概述的主题,即国家在推动经济发展中的作用继续进行探究。为了使描绘的图景不至于偏颇,应该记住,帝国时代大多数水利系统的规模相对都比较小,而且国家在其中的主要作用只是仲裁参与者之间的争端,或重建地方上已衰落的水利组织。这即是监督而非身体力行。当关注点

---

① 侯允钦纂修:《邓川州志》,第90—103页。

转到小型事业对环境的影响时,很多自治性更强的活动——类似于早期弥苴河的治理——也会在随后的三章中加以叙述。

## 南流的黄河

1194 年(金章宗明昌五年。——译注)以降直至 1853—1855 年(清咸丰三年到咸丰五年。——译注),黄河的最后一段是从山东半岛的南部入海的。在此前所有有史可查的时期——虽然不是跨度更长的所谓"地貌学家时间"(geomorphologist's time),它曾奔流向北。黄河南流入海的篇章成为了一个缩影,它揭示了帝国时代的大部分水利问题,以及为解决这些问题所采用的技术。最重要的是,它揭示了自然力与人力之间无休止的冲突。水文学对抗着水利学。

人们提到黄河有一条向南的径流河道,但实际上从开封地区往下,它夺占了多条不同的水路。1578 年以前,在任何一个确定的时期,这些支流通常分成数股,以多种方式与淮河相互作用,而黄河曾夺淮入海(参见图 1-1)。中国人千方百计地控制黄、淮合流,由此形成的人为作用的规模,大概是前现代历史上的任何地区都难以企及的。下面的表 6-1、表 6-2 总结了黄河的沉积学数据,它们并不意图显示细微 *129* 变化,一个重要的例外是区分了 1578 年前后两个时期,当时人为作用变得非常明显了。

表 6-1 表明了现今黄河废三角洲处的长期造陆模式与黄河北流后渤海湾处的新近造陆模式之间的对比。近来人们估计,1194 年以前,淮海平原每年大约增长 2.55 平方公里。[①] 这样说来,黄河南流就使这一增长速度翻了一番还多。

---

① 引自李元芳:《废黄河三角洲的演变》,《地理学报》(此处刊名有误,应为《地理研究》。——译注),第 10 卷第 4 期(1991 年),第 38 页,脚注 39。

表 6-1　1194—1983 年黄河南北河道的造陆模式

| 河道 | 时期 | 时段(年)** | 造陆面积(km²) | 造陆速率(km²/年) |
|---|---|---|---|---|
| 南部 | 1194—1577 | 384 | 2300 | 5.99 |
| 南部 | 1578—1854 | 277 | 6700 | 24.19 |
| 北部 | 1855—1908 | 54 | 1239 | 22.94 |
| 北部 | 1909—1953 | 45 | 588 | 13.07 |
| 北部 | 1954—1970 | 17 | 270 | 15.88 |
| 北部 | 1976—1983 | 8 | 261 | 32.63 |
| 总计* | 1194—1983 | 785 | 11358 | |
| 平均 | | | | 14.47 |

\* 不包括 1971—1975 年。

\*\* 这些数字已得到调整,以避免重复计算时段间交界点的年份。

资料来源:李元芳:《废黄河三角洲的演变》,《地理学报》(该文载于《地理研究》。——译注)第 10 卷第 4 期(1991 年),第 37 页。

值得注意的第一点,是 16 世纪后半期以后三角洲沉积规模的变化。至少在最初,这体现了水利技术上的变化所造成的人为影响。由于这一变化也是一个长期现象,而且人们不时地恢复使用一些早期的水利方法,因此可能存在其他的影响因素。黄河的河道已相对归一,因此它携带泥沙的能力更强。而在清朝治下,对黄河中游沿岸植被的破坏加剧了。

表 6-2 显示了对南流时期黄河三角洲陆地延伸和泥沙沉积增长的估计。从第 2 行加粗的数据可以看出,潘季驯在较晚时候主持修建的水利工程产生了什么影响。通过统一黄河河道并排除其他多条河道,然后收缩现有河道,他无意中将黄河口河床的高度在 13 年内提高了 2 米多。原因是,水流加速冲刷过下游之后正是在河口减速的,因而很多泥沙淤积了下来,他忽略了这一点。

表 6-2　1195—1854 年黄河三角洲延伸速度和增长速率

| 时期* | 时段（年） | 延伸（公里） | 延伸速度（米/年） | 增长速率（厘米/年） | 总增长（米） |
|---|---|---|---|---|---|
| 1195—1578 | 384 | 15.0 | 39 | 0.4 | 1.536 |
| **1579—1591** | **13** | **20.0** | **1 538** | **16.6** | **2.158** |
| 1592—1700 | 109 | 13.0 | 119 | 1.8 | 1.908 |
| 1701—1747 | 47 | 15.0 | 319 | 3.4 | 1.598 |
| 1748—1776 | 29 | 5.5 | 190 | 2.0 | 0.580 |
| 1777—1803 | 27 | 3.0 | 111 | 1.2 | 0.324 |
| 1804—1810 | 7 | 3.5 | 500 | 5.4 | 0.378 |
| 1811—1855 | 45 | 14.0 | 311 | 3.1 | 1.395 |
| 总计* | 661 | 89.0 | | | 9.877 |
| 平均 | | | 135 | 1.5 | |

\*　为保持一致,各时段的截止日期已做了调整。

\*\*　至于稍有不同的数字,参见万延森:《苏北古黄河三角洲的演变》,《海洋与湖沼》,1989 年第 20 卷第 1 期。

资料来源:叶青超:《试论苏北废黄河三角洲的发育》,《地理学报》,1986 年第 41 卷第 2 期;徐海亮:《黄河下游的堆积历史和发展趋势》,《水利学报》,1990 年第 7 期。

　　黄河南流期间,河道在变迁,水利方略则时有时无,这些变化揭示了人与自然不断斗争的本质。这也表明,由于大运河船队不得不从离黄河河口不远的上游驶过黄河(参见图 1-1),要维持大运河的畅通,汉人政权就必须与黄河搏斗;这是一场输不起的斗争,它又只能是短暂地获胜。大运河是确保北京供给的生命线,而北京在 1420 年之后成为明代的主都。凭直觉可知,为了政治和军事上的需要,必须阻止少数民族从北方入侵中原,这反而导致了人与水的斗争。既然都城不能丢失,这就成为了另一种形式的锁定。

　　要过黄河,粮船需要沿淮安和徐州之间很短的河段行驶,此段非常凶险,以暗礁密布、水流湍急著称。在这里,要维持大运河与黄河交汇处的正常运转,其代价是十分巨大的。1606 年,徐州段的疏浚和筑堤征调 [131]

了50万劳力,耗时5个月,耗银800 000两。① 19世纪末的《淮安府志》解释道,河床的泥沙沉积使那交汇处的良好运行变得更加困难了:②

> 当这条运输线路[在15世纪初]首次开通时,大运河比黄河和淮河的水位高。因而,它遭受的破坏相对较小。当黄河与毗连湖泊沿线的堤坝逐渐增高时,大运河相对下沉。明代中期以来,严重的灾害使得黄、淮两河反向流入大运河。结果,大运河没有一年不为清理、疏浚、修建和封锁所困扰。

使大运河稳定下来的企图产生了冲击性的影响,这可能会导致其他水文系统的不稳定。16世纪中叶泇河的开凿就是一例。其目的是使北上船只几乎能直接驶过黄河,从而避开险滩急流。工部尚书对地形的勘察如下:③

> 公复躬率河吏,登隆原隰,准其高下⋯⋯始得所谓韩庄者,势益洿下,可疏导也。乃为六井而脉之,凿下数尺,小石碛砾,类如苏壤,钁之即靡⋯⋯公曰:此可渠也。

与一般的印象相反,儒家官僚有时候也会躬身实践。精通水利能为官员赢得名声。④

开凿泇河的问题在于它有副作用。19世纪中叶的《邳州志》(东部和东北部的交界处)对此有所记载:⑤

> 若夫川莫大于河,浸莫大于沂,而河故泗道也。自泗夺河徙,沂不南注。泇运既开,齐鲁诸水,挟以东南。营、武、泇、沂,一时截断。

---

① 谷光隆著:《明代河工史研究》(Tani Mitsutaka, *Mindai Kakō-shi kenkyū*),京都:同朋舍1991年版,第20页。

② 谷光隆著:《明代河工史研究》,第17页。

③ 谷光隆著:《明代河工史研究》,第165页。他名叫舒应龙。

④ 关于这一主题,参见R. 杜根著:《制服那条龙:帝制后期中国的儒家工程师与黄河》(R. Dodgen, *Controlling the Dragon: Confucian Engineers and the Yellow River in Late Imperial China*),火奴鲁鲁:夏威夷大学出版社2001年版。当我说"脏了他的手"时,这或许不得不隐喻地加以解释。

⑤ 谷光隆著:《明代河工史研究》,第271页。(此处页码有误,应为第247页。——译注)

阪牐繁多，而启闭之务殷。东障西塞，而川脉乱矣。

更糟糕的是：

> 官湖，在今城东八里……又连汪湖，近沂河口。而旧城西北，有蛤湖、蟃湖；其东，周湖、柳湖，*皆系河决填淤*。其直河以下，并以浊流浸灌，涯堑无存。是故连为腹心之疾，河为门庭之寇。腹心虑其痞塞，门庭患其唐突。

这即是船队将南方大米运给北方官兵所要付出的环境代价。

为什么这条河转向南流？相关的主要事件如下。[①] 手边没有中国历史地图集的读者也不用担心那些花样繁多的地名。真正重要的是观其概貌，它们会以斜体得到突显的：

（1）1077 年黄河暂时分为*两支*。一支沿所谓的"南清河"即泗水古道流经山东半岛（在东北）南部，并夺淮（在东部）入海；另一支则沿北清河即济水古道继续北流。虽然次年完全恢复了北流，但这一分流情形是将要发生之事的基本形态。

1168 年，《金史》提到，"河决李固渡，水溃曹州城（在东北），分流于单州之境（在山东西南）……都水监……又言道：'新河水六分，旧河水四分，今若塞新河，则二水复合为一。'"[②]二水复合后，黄河又成了一条河。然而，时隔不久，黄河*对国家物力、人力所施加的压力增大*，以至于节度使在 1193 年言道："大河南岸旧有分流河口，如可*疏导*，足泄其势。"[③]"疏导"是这一时期治河的标准方法之一。它在实践中所造成的主要问题是，若河道变得更宽而深度不变，水流将会变缓，并卸下一部分泥沙。[④]

---

① 这种论述主要以谷光隆的《明代河工史研究》为基础。我非常感谢谷光隆教授惠赠此书。

② 脱脱等著：《金史》，北京：中华书局 1975 年再版，"河渠志"，卷 27，第 670 页。

③ 脱脱等著：《金史》，卷 27，第 674 页。正如已指出的，通常要区分"势"与"力"。例如，王充解释说，牛马比困扰它们的蚊虻更有力，但却不那么有势。参见黄晖校释：《论衡校释》（汉），4卷，台北：商务印书馆 1964 年版，第 145 页。

④ 对一条有既定粗糙度和坡度的河道而言，水的流速随 2—3 次方变化，跨区流动面积为多雨的周边长度所分割。挟沙能力与流速的 4 次方成正比。

(2) 1194年,金朝廷继续就黄河如何分流最好这一问题争论不休,同时既要避免水利工程上的巨额耗费,又不至于危害位于南流和北流潜在线路上的城市和农田,尤其是因为在堤坝决口前并不能确切地断定真正的河道到底在哪里。所希望实现的目标是"以分流抵水势"。是年秋,黄河从开封以北(在东北)决堤南流,尚书省上奏称:节度使和其他官员"殊不加意,既见水势趋南,不预经画"①。结果,黄河不但又一次像从前一样在两条"清河"之间分流,而且在1351年后以汴河作为它的南部河道。换句话说,黄河河道现在难以控制。下一阶段还是这样。

(3) 1391年的洪水刚过,"黄河全*归*淮河故道",它是沿颍河过襄城②、寿州③抵达的,同时有一条小支流经徐州入海。④

(4) 1416到1448年间,如今的黄河南流主河道夺了涡河河床,但是在1448—1455年间又出现一条大的*北流河道*,它流经北清河,最终因人为干预而停流。十分有限的控制短暂地复现了。

(5) 15世纪80年代末和90年代初的洪水暴发过后,多达70%的黄河河水又一次*北流*。1492年,指导巡察的一道上谕颁布下来:⑤

> 朕闻黄河流经河南、山东、南北直隶平壤之地,迁徙不常,为患久矣,近者颇甚。盖旧日开封东南入淮,今故道淤浅,渐徙而北,与沁水⑥合流,势益奔放。(见《明孝宗实录》卷66。——译注)

这时,因财力、人力耗费,朝廷做出决议,*放弃治黄努力,中止对大运* 134 *河的维护*。有人主张,代之以海路运送官粮,更为可取。⑦ 要记住一点,

---

① 脱脱等著:《金史》,卷27,第678页。

② 在北纬33°30′,东经114°50′。

③ 在北纬33°30′,东经116°45′。

④ 谷光隆著:《明代河工史研究》,引自《宝应图经》卷首,第20页,脚注24和正文,卷5—6。(作者为清代著名学者刘宝楠。——译注)

⑤ 引自吴缉华:《黄河在明代改道前夕河决张秋的年代》,收于吴缉华主编:《明代社会经济史论丛》,台北:台湾学生书局1970年版,第368页。

⑥ 也就是说,沁水在直隶北部的邯郸。

⑦ 吴缉华:《黄河在明代改道前夕河决张秋的年代》,第375页。

在这一时期,黄河所携泥沙的绝大部分依然淤积在了它所流经的平原上。一路输往入海口的泥沙是很有限的。①

(6) 1493 年,驯服黄河的第一人刘大夏重建了黄河堤坝系统,通过这一措施,此后黄河完全*南流*有了保障。这使流入河口的泥沙大增,以至成"壅"。② 1534 年,据当时的黄河总管③说:

> 往时,*淮水独流入海*,而海口又有套流,安东上下又有涧河、马逻等港,以分水入海。

> 今*黄河汇入于淮*,水势已非其旧,而诸港套俱已湮塞,不能速泄,*下壅上溢,梗塞运道*。宜将沟港次第开浚,海口套沙,多置龙爪船往来爬荡,以广入海之路。④

也就是说,刘大夏的成功带来了新的问题。

(7) 16 世纪的前 75 年间,黄河常常同时取*多路*流经淮河河谷。有关当时情况的描述,可以在引自伟大的历史地理学家顾祖禹记载 1558 年之事的一段话中找到:⑤

> 大河旧道由新集[在东北部的归德府]……至萧县蓟门集,出徐州(在东部和东北部交界处)小浮桥。此贾鲁所复故道河流[在 1344 年⑥]……,势若建瓴,上下顺利。后因河南水患颇急,另开一道,出小河口,意欲分杀水势。而河不两行,本河日就浅涩,至是自新集至小浮桥,淤凡二百五十余里。河流北徙……又析为六股……俱由运河至徐州洪。又分一股,由砀山坚城集下……又析五小股……亦由小浮桥合徐州洪……大河分十一流而势弱,势弱则淤益多,淤多则

<sup>135</sup>

---

① 李元芳:《废黄河三角洲的演变》,《地理研究》,1991 年第 4 期,第 30 页。

② 谷光隆著:《明代河工史研究》,第 54 页。

③ 朱裳。

④ (清)傅泽洪辑录:《行水金鉴》(约 1725 年),台北:文海出版社 1969 年再版,卷 23,第 958 页,收于沈云龙主编:《中国水利要籍丛编》。

⑤ 顾祖禹著:《读史方舆纪要》(1667 年),台北:新兴书局 1972 年再版,《川渎三·大河下》,卷 126,第 6b 页。也引自谷光隆著:《明代河工史研究》,第 12 页。

⑥ 谷光隆著:《明代河工史研究》,第 53 页。

决溢更甚矣。

据说 1565 年黄河有 16 条支流。① 此时人们谈及"黄河"时差不多要用复数,至少下游如此。而且,这样的河流在水文上不能与 1578—1579 年水利转型后出现的黄河同日而语。

(8) 16 世纪中叶之后,黄河夺淮的入海口被泥沙淤塞。当时的总漕吴桂芳上言:"盖由滨海汉港岁久道堙,入海惟恃云梯(位于主入海口之外岛上的关站)一径,至海拥横流,尽成溢流。"②到 1578 年,中部入海口的宽度从明初云梯关往下的 7 或 7.5 公里减至 3.5 到 4 公里,最多 5 公里。③

1577 年,吴桂芳反对分流淮河和黄河并让它们改道入长江的建议。他将先前的河道类型与他自己所处时代的河道类型进行了对比:早先黄河大部分是在*中游*跟淮河汇流,如今这两条河流仅在*入海口*不远才交汇:

> 河最浊。非得清淮涤荡之,则海口纯是浊泥,必致下流壅塞之势。愈增旁决,内之患转急。……
>
> 历宋元我朝正德[1506—1521 年]以来,几五百年,黄河自淮入海,而不拥塞海口者。以黄河至河南,即会淮河同行,循颖、寿、凤、泗至清河。清以涤浊泥滓,得以不停。故数百载无患也。盖是时,黄水循颖、寿者,十七其分支流;入徐州小浮桥者,才十三耳。
>
> 近自嘉靖间[1522—1566 年],徐州小浮桥流短,徐、吕二洪屡涸。当事者不务远览,乃竟引黄河全经徐邳,至清河。
>
> *始与淮会*。于是河势强而淮流弱,涤荡功微,故海口渐高,而泛滥之患,岁亟矣。……今若永绝淮流,不与黄会,则混浊独下,淤垫

---

① 谷光隆著:《明代河工史研究》,第 24 页,脚注 29。
② 谷光隆著:《明代河工史研究》,第 64 页。
③ 李元芳:《废黄河三角洲的演变》,《地理研究》,1991 年第 4 期,第 30 页。

日增。云梯、草湾、金城、灌口之间"沧海将为桑田"①。而*黄河益无归宿*。②

这样,在潘季驯治水之前,人们开始将黄河水汇集在徐州段,目的是帮助帝国漕运在该处过黄河。这种汇集的后果在入海口已显现出来,而这也在情理之中。

其实,黄河在主入海口的南北两面也有众多的小入海口。顾炎武,这位 17 世纪记录地区多样性的伟大人物,引用了一份资料,描述了新近南面小入海口是如何因潮汐将黄河冲刷入海的泥沙倒灌进来而淤塞的:③

> 以上诸海口旧本无淤,近日之淤黄沙而然……盖海水潮汐日,二至每入也,以二时其出也,则海水遏湖水不得流者每日有八时,黄沙宁无停乎。

北流的诸海口同样如此,也是"近日"被黄河的泥沙淤塞,主入海口的宽度则减至原来的一半。这份材料没有注明日期,大概在潘季驯大力治河之前不久,因为它提倡的理念是"若使黄淮水势不南分,而合力以之海,则新沙不停,旧沙自去"④。这将成为潘季驯的不二法门。

(9)潘季驯(1511—1595 年)(作者所标年份有误,应是 1521—1595 年。——译注),这位最伟大的治河专家,将上述方案付诸实践。⑤ 他所阐述的基本的水文观念如下:

> *水分则势缓;势缓则(悬浮、跃移和沉底的)沙停。沙停则河饱,*

---

① 形容一种局面完全转变的成语。
② 顾炎武著:《天下郡国利病书》(1639—1662 年),上海:商务印书馆 1936 年再版,"淮",第 10 册卷 13,第 56ab 页。
③ 顾炎武著:《天下郡国利病书》,"淮",第 10 册卷 13,第 44b 页。
④ 顾炎武著:《天下郡国利病书》,"淮",第 10 册卷 13,第 44b 页。
⑤ 对潘季驯治水的出色介绍,参见弗美尔:《16 世纪末潘季驯关于黄河问题的解决方案》,《通报》(E. Vermeer, "P'an Chi-hsun's Solutions for the Yellow River Problems of the Late Sixteenth Century," *T'oung Pao*),73 卷(1987 年)。

尺寸之水皆由沙面，止见其高。

水合则势猛，势猛则沙刷。沙刷则河深，寻丈之水皆由河底，止见其卑。

筑堤束水，以水攻沙。水不奔溢于两旁，则必直刷乎河底。一定之理，必然之势。此合之所以逾于分也。①

新的正统理论诞生了。虽然潘季驯的理念并没有被量化，但它接近于这样一种现代理论，即水流挟沙能力与流速的 4 次方成正比。因此，挟沙能力易受流速的细小变化的影响，而流速又易受河道深度变化的影响。可见，水利工程可能会造成重大的差别。

1578—1579 年，潘季驯在黄河下游进行了改造工作。他大约筑起了十万两千丈土堤，三千丈石堤，堵塞大小决口 139 处，建了 4 条各三十丈的石砌泄洪道，疏浚了一万一千五百丈河床，种植了 830 000 棵柳树以固坝顶，夯入了不计其数的树干作为堤坝的桩基，耗费了约五十万两白银以及近十二万七千石大米。② 他统一了黄河水道，束水于靠近河岸的所谓"缕堤"之内，而在大部分地区用离河 1 公里或 1.5 公里的"遥堤"来辅助，目的是防止夏末秋季洪峰到达时泛滥的洪水冲溃缕堤，或从其顶端漫过。③

这项策略的一个棘手之处在于，黄河流速较急，在清口流经与淮河交汇处时，往往会封住流速较缓的淮河，甚至会向后者倒灌，从而造成两河交汇处的淤积。这方面的痕迹，即所谓的"门限沙"，如今依然可见。④因此，潘季驯的判断有误，这又是以他的看法为依据的；用《明史》里的话来说，他的看法即是"使黄、淮力全，涓滴悉趋于海，则力强且专，下流之

----

① 谷光隆著：《明代河工史研究》，第 373 页。
② 谷光隆著：《明代河工史研究》，第 374 页。
③ 谷光隆著：《明代河工史研究》，第 374 页。
④ 谷光隆著：《明代河工史研究》，第 392 页。关于"门限沙"一名，参见（清）张廷玉编纂：《明史》，北京：中华书局 1974 年再版，《河渠志二·黄河下》，卷 84，第 2059 页。

积沙自去,海不浚而辟"①。更具体地说,则是:

> 旧口皆系积沙,人力虽不可浚,水力自能冲刷,海无可浚之理。惟当导河归海,则以水治水,即浚海之策也。

> 河亦非可以人力导,惟当缮治堤防,俾无旁决,则水由地中,沙随水去,即导河之策也。②

这正如不久后西哲弗兰西斯·培根所言,顺从自然,才能征服自然。③ 很显然,潘季驯的想法很好,但思虑不周。他的治黄新策略的后果是,增加了入海口的泥沙,降低了下游的坡度。

（10）十年后洪水再次泛滥。1591 年,泗州（在东部—东北部交界处）州治被淹 3 尺,据说"居民沉溺十九"④。一位亲眼目睹的官员⑤描述了洪水中的城墙,"如水上浮盂,盂中之水复满"⑥。他建议"辟海口积沙为第一义"。⑦ 随后,他又补充道:"自海沙开浚无期,因而河身日高;自*河流倒灌无已*,因而清口日塞。"他建议清理清口,然后在那里分流黄河,而在下游将支流重新汇合,这样水能"冲海之力专"。⑧ 人们对于如何处置入海口的"日壅"争论不休。批评潘季驯的人还指出,约束过多实际导致了泛滥。多数人倾向于回到分流的方针上来。⑨

1593 年,皇帝命杨一魁主持水利建设。在 1595—1596 年间,杨一魁基本上贯彻了多数派的观点,他自己对这一派观点的形成则做出了贡献。这即是,"分泄黄水入海,以抑黄强。辟清口沙七里……泄淮水三道入海,且引其支流入江。"⑩杨一魁的努力取得了一定的成就,但这只能就

___

① 张廷玉编纂:《明史》,卷 84,第 2052 页。
② 张廷玉编纂:《明史》,卷 84,第 2051 页。
③ 自然若不能被目证,就不能被征服(*Natura non vincitur nisi parendo*)。
④ 张廷玉编纂:《明史》,卷 84,第 2056 页。
⑤ 张贞观。
⑥ 张廷玉编纂:《明史》,卷 84,第 2056 页。
⑦ 张廷玉编纂:《明史》,卷 84,第 2056 页。
⑧ 张廷玉编纂:《明史》,卷 84,第 2057 页。
⑨ 张廷玉编纂:《明史》,卷 84,第 2060—2062 页。
⑩ 张廷玉编纂:《明史》,卷 84,第 2062 页。

短期而言。不管是潘季驯的汇流,还是杨一魁的分流,其本身都陷入了很大的困境。然而值得指出的一点是,对于那两份图表所显示的 16 世纪黄河三角洲增长模式的变化,我们现在可以从人工水利方面加以解释。

(11) 三角洲延伸速度和沉积增长速率的下一个高峰是在 1701—1747 年(如表 6-2 所示)。它比潘季驯的水利措施的影响要轻一些,是 1579—1591 年延伸速度的 21%、沉积增长速率的 20%,而这一点可能与靳辅影响下的水利政策的转变有关。靳辅是另一位声名卓著的治河专家,从 1677 年直到 1692 年病逝,他差不多一直在负责黄河的治理问题。[①] 靳辅大体同意潘季驯的观点。[②] 他沿云梯关下游河道修筑了一条加长土坝,大约一万八千丈,即 64.5 公里,[③]目的是汇聚水流,以冲刷淤泥。此后,据说"水至归渠,遂其湍迅之势,则刷沙有力,而后无旁出之虞"。[④] 这个日期一定在 1690 年之前;其时,曾经分流的下游河道再次合流,航道也加宽加深了。[⑤]

1650—1675 年间,黄河下游河道淤塞得很快。[⑥] 这可能要归咎为如下几个原因:所谓的明末流寇掘堤;[⑦]明朝庭掘堤放水淹叛军;[⑧]还有如

---

① 关于靳辅生平,参见恒慕义主编:《清代名人传略》(A. Hummel, ed., *Eminent Chinese of the Ch'ing Period*),2 卷,华盛顿特区:美国政府印刷局 1943 年版,第 161—163 页(中译本全三册,中国人民大学清史研究所《清代名人传略》翻译组译,青海人民出版社 1990 年版。——译注)。

② 傅泽洪辑录:《行水金鉴》,卷 47,第 1718—1719 页。还可参见卷 51,第 1836—1837 页。

③ 换算起来,1 市尺=0.35814 米,根据海军情报处著:《中国本部》(*China Proper*),爱丁堡:皇家文书局 1945 年版,第 3 卷,第 610 页。这可能是堤坝中的河道长度,而不是堤坝的总长度,因为两岸都有堤坝。此时从云梯关到海的距离大约是 100 里(傅泽洪辑录:《行水金鉴》,卷 48,第 1730 页),约 50 公里,或者根据《中国本部》的一览表,是 57.6 公里。换句话说,与 64.5 公里相差不太大。

④ 傅泽洪辑录:《行水金鉴》,卷 52,第 1875 页。

⑤ 傅泽洪辑录:《行水金鉴》,卷 50,第 1818—1819 页。

⑥ 靳辅的观点是,该世纪中叶河口仍很大,足以倾泻洪峰。参见傅泽洪辑录:《行水金鉴》,卷 48,第 1749—1750 页,也可参见 1677 年靳辅的评论,主河道最下游"十年多"就"全部淤积,成为田地",同样在傅泽洪辑录:《行水金鉴》,卷 48,第 1725 页。

⑦ 傅泽洪辑录:《行水金鉴》,卷 49,第 1783 页。

⑧ 王质彬:《对魏晋南北朝黄河问题的几点看法》,《人民黄河》,1980 年第 5 期(此处期号有误,应为第 1 期。——译注);《开封黄河决溢漫谈》,《人民黄河》,1984 年(此处年代有误,应为 1983 年。——译注)第 4 期。

靳辅所称的"分泄",这是由 1676 年那样的不能奔流入海的洪水造成的。[①]　随后,穿过入海口的主流"仅一线"保留下来。他又言,"责以栽柳蓄草,密种菱荷蒲苇,为永远护堤之策"[②]。随着时间的推移,淤泥也会干硬起来:[③]

> 然,河身淤土有新旧之不同。三年以内之新淤,外虽板土,而其中淤泥未干,冲刷最易。五年以前之旧淤,其间淤泥已干,与板沙结成一块,冲刷甚难。

除了建束水土堤外,靳辅还增加了堰堤的高度,以便将淮河上游来水拦在洪泽湖之内,不让它与黄河交汇。这即是要"蓄水以冲海口"。[④]他也在泥沙干涸的黄河主河道上——他描述这里现在是"其入海之路,竟淤去三百分中之二百九十九"——开掘了一条大型干渠。这种干渠与所剩的涓涓细流紧靠在一起,这样,当洪峰流量被引入干渠时,二者之间的隔层将会塌毁,旋即汇成一条更大的河道。[⑤]　在经历了刷沙尚未完成洪水即已到来所造成的困难后,[⑥]这一方案似乎成功地实现了上述有限的目标。

在该世纪余下的日子里,发生了一些重要的事情,一半出在了黄河南段。其中有些事情得到了研究,另一些则仍有待考察。譬如,林珍珠(J. Leonard)叙述了 1824—1826 年大运河"日趋严重的生态退化",并将它与洪泽湖堤坝的崩溃联系起来。控制洪泽湖,是使漕船过黄河而避免让携带大量泥沙的水流损害运河的关键。耗资使用比标准船只吃水浅的小船来转载,从而解决了 1825 年的危机。第二年,需要临时征用从上海到天津的私人海运,这一点之所以成为可能,是因为给了那些盘踞在长江下游河谷的大商人丰厚的条件;当然,这些大商人自身的技术和资

---

① 傅泽洪辑录:《行水金鉴》,卷 47,第 1721 页。
② 傅泽洪辑录:《行水金鉴》,卷 48,第 1751 页;卷 49,第 1767 页。
③ 傅泽洪辑录:《行水金鉴》,卷 48,第 1725—1726 页。
④ 傅泽洪辑录:《行水金鉴》,卷 49,第 1768—1769 页。
⑤ 傅泽洪辑录:《行水金鉴》,卷 48,第 1726 页。
⑥ 傅泽洪辑录:《行水金鉴》,卷 48,第 1775 页。

产也是必不可少的。①

然而,实质上从长远来看,不管前现代技术有多好,都应付不了这条大河河口水位几乎增长 10 米的情形(表 6 - 2)。1855 年,黄河转回了北部河道。②

## 141 杭州湾海塘

16 世纪后期潘季驯对南流黄河下游河段的收束,在前现代世界的任何时候、任何地方,都可算得上对环境产生最大影响的一个工程。不过,一旦我们转向另一个持续数百年建设和维护的*工程项目*,即,至少自唐代以降一直护卫长江以南至杭州湾南岸(在东部)的海塘,那么,就一定会看到,这一项目对环境的影响位列前者之上。它所给予的庇护,使得前面所述的"中国的尼德兰"得以出现。以前,该地人烟稀少,沼泽盐碱化,溪流被海洋侵蚀;后来,它变成了有排水围田和运河的一马平川,而且在 20 世纪之前是世界上人口最稠密的地方。"中国的尼德兰"与其欧洲同伴的面积大体相当,最大时方圆约莫 40 000 平方公里。如果我们也将长江以北的海塘部分包括在内,那么"中国的尼德兰"就大得多了。

当然,在中国和尼德兰的这两个例子中,自然所带来的挑战与启示各不相同。如此说来,长江三角洲原来的湿地并不具备堪与阿姆斯特丹海岸连绵的沙滩和草地相比的特点;这里的沙滩和草地曾经护卫并依然护卫着阿姆斯特丹以西的尼德兰的大部分海岸。它是一种天然堤坝,只需要填填土,在北部向外延伸一些,并加固作为再保险的内线就可以了。(下一章提到的贝沙岗是与它最相似的地方。)从外观上看,二者也有许

---

① 林珍珠著:《摇控:1824—1826 年道光帝对大运河危机的治理》(J. Leonard, *Controlling from Afar: the Daoguang Emperor's Management of the Grand Canal Crisis*, 1824 - 1826),密歇根州,安阿伯:密歇根大学中国研究中心 1996 年版。
② 阿姆兰:《1851—1911 年山东境内的黄河:洪水及其应对的中国经验》[I. Amlung, "Der Gelbe Fluss in Shandong ( 1851—1911 ): Überschwemmungskatastrophen und ihre Bewältigungen im spät-kaiserlichen China"],柏林工业大学哲学、科学理论与科技史研究所,博士论文,1999 年。

多不同之处。尤其与中国水利系统不同的是,尼德兰水利系统的设计主要不是用来灌溉农田的。

因篇幅所限,这里只能描述中国人与东海进行的壮丽斗争的部分篇章,因此我将聚焦于杭州湾的内侧部分。后者历经千余年,其海岸线几乎完全被重塑,这部分是因为自然力所致,部分是由于人类行为的间接作用。这一过程的梗概通过图6-1、6-2、6-3的画面即可定格。

图6-1显示的是一千年前的杭州湾,一个喇叭状的巨大潮汐湾,它产生的潮汐赫赫有名(即钱塘江潮。——译注),从东席卷了南岸,并从杭州城下面流过。北岸由两大片草地和盐田构成,紧挨着赭山,"赭红色的山";而赭山与其南部海峡最窄处对面的龛山,即"形如壁龛的山"对峙。有数百年历史的海塘护卫着南岸,一道三拱堤坝连接着河庄、燕门、蜀和小尖山等诸山,从大海延伸至内陆超过十公里,为城乡提供了另一道防线。

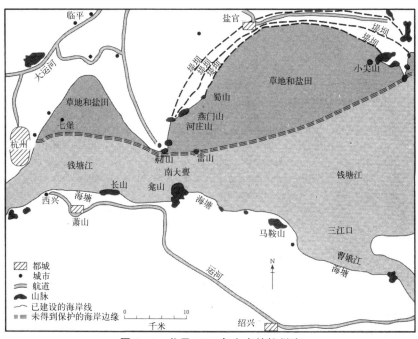

**图6-1 公元1000年左右的杭州湾**

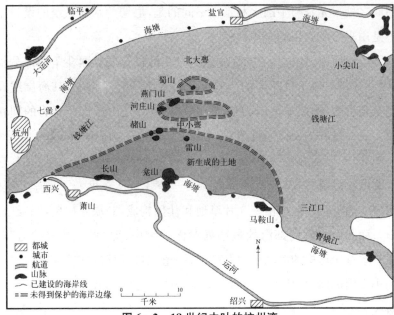

图 6 - 2　18 世纪中叶的杭州湾

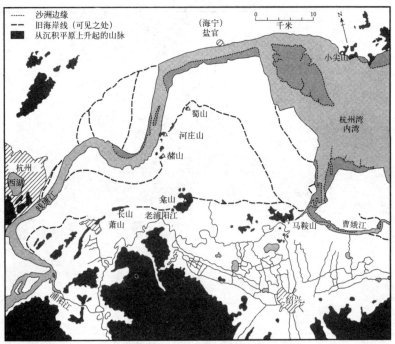

图 6 - 3　1986 年的杭州湾

我们向前快进 500 余年,去接近图 6-2。图 6-2 表示的是 18 世纪 <sup>144</sup> 中叶的杭州湾。这时候,大海已吞噬北部的草地和盐田,海岸被迫退回到脆弱的海塘线上,小尖山和杭州城之间也没有了天然锚地。而这一防线对于大运河首段的保护是至关重要的,从图上能看到大运河从这座大城市向北流去。盐官城此时位于海岸边。潮汐主要通过北部海峡进入,从北部向下延伸的陆岬上曾有群山镶嵌,它们现已变成伸入海中的一块凸起的狭长陆地上的山丘;这块陆地正在从南部冉冉升起,由大量新近沉积或输送来的泥沙构成。南边的海峡淤塞了。

又过了 200 年,将我们带到了图 6-3 和现在。与前两幅图不同,这一幅依据的是拍摄于 1986 年的卫星图像。其中,以"南沙"著称的南部狭长陆地已稳固下来,内湾的西部已被填塞,钱塘江缩小成了一条其沙洲在不断移动的水道(虽然这一点在单独一幅地图上显示不出来)。而填塞过程中的一些步骤,从部分早期海岸线的残余中可以察觉出来。最初的南部海塘在内陆已消失不见了。古老的中亹也淤塞了。绍兴城东西方向如蝴蝶翅膀般展开的水道是鉴湖的残迹;直到宋初,鉴湖还是一处著名的灌溉水源,但是在一千年后的今天,它仅仅是那片平原上一块人为的斑痕。与此地大多数浅湖一样,鉴湖也淤塞了。只有杭州湾中部那熟悉的群山,历经数百年幸存下来,仍可为游人攀登、驻足并眺望周遭景色。应该补充的是,杭州湾的水现在随发展而变得暗淡、污浊,除白鹭和海鸥外,来这里栖息的鸟儿寥寥无几。

转变是怎样发生的? 人为的因素起了多大作用? 借助人们的某种反映而在这里讲述的故事,在本书中是最为复杂的,但这种复杂性又是绝对必要的。对第二个问题的简洁回答是:人为作用"非常大"。要做出篇幅更长(但仍不充分)的回答,就比较困难了。

径流主要来自杭州湾南面的山上。它不仅哺育了钱塘江,而且滋养了其他重要的小江河。这包括浦阳江,它现今从西北方向在离杭州城(从另一侧进入)不远的*上游*直接汇入钱塘江。15 世纪中叶之前不久,它从更北边的河道直接流入杭州湾,这正好在该城*下游*。还有一

条曹娥江，它从东南方向流入"南沙"以东的杭州湾。山上流下的小溪
注入绵延的人造鉴湖；该湖自后汉以来存在了千年之久，它位于绍兴
的东西两侧，恰好在稍后建成的运河以南，①运河的修建则是因为在杭
州湾内行船非常危险所致。留存至今的斑驳的鉴湖是浅浅的海湾，水
生植物密布其中，渔网点缀其间，丛生的柳树垂于其下。500 年前，三
条大河都注入杭州湾，而今只有曹娥江的江口犹存（图 6-1 和 6-2）。
河流的交汇处从古至今都以"三江口"著称，这一名字如今只是针对它
的地理史才有意义。

现在这里的海岸线被海塘包围起来了，有时候可能还会在内陆地区
辨认出早先部分海塘的痕迹。它们常常是不断地向外修建，像树的年轮
一样展开。其他的海塘则在波浪与潮汐作用下因沉没而消失已久。两
千年前，杭州湾沿海通常是盐沼和滩涂，周边在潮间带的高处可能还矗
立着丛生的藨草（*Scirpus xmarigueter*），因为现在有些地方仍然如此；
它们阻挡着波涛，增加了泥沙的沉积和有机物的集结。在经过一个过渡
地带后，紧挨着的是比较狭窄的芦苇（*Phragmites australis*）带；芦苇是
一种有着多种经济用途的植物，如用作造纸原料，因此在一定程度上人
们一直有意栽植它。芦苇带也用于放牧牛羊，在历史上很可能即是
如此。

从长江口到杭州湾北部，海水冲刷到岸的泥沙总量大约是 $4.66 \times 10^7$ 吨，也就是每年将近 4 700 万吨。来自海洋的泥沙数量如此之大，为
世间罕见。钱塘江的汇水面积有 49 000 平方公里，在芦茨埠测得其每年
排放的泥沙为 $6.68 \times 10^6$ 吨——大约是六又三分之二百万吨，潮汐在该

---

① 该运河也有灌溉作用，有关它的情况，参见盛鸿郎（此处拼写有误，作者将他拼成了 Sheng
Yongyuan。盛鸿郎，著名水利工作专家。——译注）和邱志荣：《我国最早的人工运河之
一：山阴古水道》，以及姚汉源：《浙东运河史考略》，皆收于盛鸿郎主编：《鉴湖与绍兴水
利》，北京：中国书店 1991 年版。这条复合水道的最老的一段可追溯至公元前 5 世纪，它
部分是修建的，部分是由天然溪流改造而来。作为绍兴平原上一个连续不断的水利系统，
大概始于公元 4 世纪初到 5 世纪之间。

地不那么巨大了。这样，流入杭州湾的泥沙总量每年就达 $5.328 \times 10^7$ 吨。[1] 如今，潮涌形成于大小尖山附近，最近的测量表明，其速度在4.8—9.6 米/秒。[2]

1702 年左右，程鸣九所著的《三江闸务全书》总结了杭州湾的长期变化：[3]

> 盖由浙江上流，出水者有三亹。南北各一大亹，而小亹居其中。一亹出水，二亹俱涨，递相先后，错综其间[4]。当其出水之时，或数百年，或百年之内，未可以岁月计也。

> 试就宋朝言之，绍圣甲戌水出自南大亹[隐约表示它以前走的是一条不同的线路]，五百有余岁。迨明万历庚申，出自小亹，未及百年即涨满。而北大之庐墓田园，付诸川流。壬申癸酉间，流尚细微。至乙亥六月廿三日，遂骤决而成大江。萧阴二邑交界，瓜沥、九墩等处沙地，即于是时涨开摊晒无端。癸酉秋季，又坍尽无迹。幸往东汤湾[水闸的临海处]等处沙地，竟有延袤之势，人宜不胜其喜。然闻沿海诸土著不以为可喜，而反以为深足虑者，正在乎此。

杭州湾内湾不稳定。

较早时期，情况可能更是如此。11 世纪曾任职杭州府的苏东坡写道：[5]

> 潮自海门东来，势如雷霆，而浮山峙于江中，与渔浦诸山相望，犬牙错入，以观潮水，洄洑激射，其怒自倍。沙碛转移，状如鬼神，往

---

[1] 林承坤：《长江口泥沙的来源分析与数量计算的研究》，《地理学报》，1989 年第 44 卷第 1 期；以及《长江口与杭州湾的泥沙与河床演变对上海港及其通海航道建设的影响》，《地理学报》，1990 年第 45 卷第 1 期，第 80 页；还有曹沛奎、谷国传、董永发和胡方西：《杭州湾泥沙运移的基本特征》，《华东师范大学学报》，1985 年第 3 期，第 75 页。

[2] 周胜、倪浩清、赵永明、杨永楚、王一凡、吕文德和梁保祥：《钱塘江水下防护工程的研究与实践》，《水利学报》，1992 年第 1 期，第 23 页。

[3] 程鸣九（鹤雩）编纂：《三江闸务全书》(1684、1685 和 1687 年的序；1702 年出版，1854 年平衡撰《三江闸务全书续刻》，附有 1835 和 1836 年的序)，卷上，卷 2，第 2a 页。我非常感激斯波义信教授惠赠此书。

[4] 在帝国时期内，至少南大亹或"海门"直到 17 世纪似乎一直是固定的入海口。

[5] (宋)苏轼著：《苏东坡集》，上海：商务印书馆 1939 年版，第 5 册，卷 9，第 53 页。

往于深潭中,涌出陵阜十数里,旦夕之间,又复失去,虽舟师渔人,不能知其深浅。

14世纪中叶,杭州本地人钱惟善以同样的方式写道:[1]

> 山屿浮江如盘石,潮出海门分二派[2],东派沿越岸,向富春,西派直抵兹山,怒激而回,谓之"回头潮"。

147　这一特征日后没人提及。在这个时候,钱塘江北岸似乎可能在顶着压力,当时江水从杭州城流向赭山(图6-1),但现在江水绕过这座山直接流向杭州湾了。

在考察杭州湾沿海变迁的可能原因时,我们需要区分两类变化,即大规模修筑海塘时期之*前*就已出现的长期的变化,以及可能受人类水利活动影响的相当晚近的变化。我们先从头来考察这一过程。

杭州湾的前端曾是位于外湾西北岸的那个凸角,1500多年前,它将那片大陆与王盘山连在一起。王盘山今天是离乍浦近海约40里的一群岛屿(在图6-1和图6-2的东北方向之外),它在宋代之前就被冲刷开了,[3]这使得内湾北岸开始更直接地面对潮水的冲击。森田明对江苏和浙江省负责海塘的水利组织的研究[4]也表明,沿江苏省南部和浙江省北部沿海修筑海塘的原因之一,就是要保护当地沿海居民免受大潮的侵害。这种侵害在12、13世纪的南宋似乎成了较为严重的问题,原因可能与当时世界总体气候状况比较寒冷且不怎么稳定有关。[5] 这些变化非人

---

[1] 引自陈吉余、罗祖德、陈德昌、徐海根和乔彭年:《钱塘江河口沙坎的形成及其历史演变》,《地理学报》,第30卷第2期(1964年6月),第121页。

[2] 此时的龛山和赭山之间没有现在的河口。

[3] 中国科学院编:《中国自然地理》,北京:科学出版社1982年版,第238—242页。"王盘"也写作"黄盘"。

[4] 森田明:《江苏和浙江省负责海塘的水利组织》(Morita Akira, "Kōetsu ni okeru kaitō no suiri soshiki"),1965年发表,1974年再版收于森田明:《清代水利史研究》。

[5] F. 皮尔斯:《潮汐变暖》,《新科学家》(F. Pearce, "Tidal Warming," *New Scientist*),2000年第1卷第4期,第12页,总结了查尔斯·柯灵(Charles Keeling)的研究。作为驱动气候变迁的1800年一循环的一部分,据说潮汐在1425年左右达到其强度的顶峰。在这一循环中,最大的潮汐都与寒冷的气候相关。

类所能掌控,当然人们对大浪侵袭也是做出了反应的。

显然,杭州湾北部海岸至少从 12 世纪初开始就处于潮水侵袭之下。据 1116 年的一份官方记载称,"比年水势稍改,自海门过赭山,即回薄岩门、白石一带北岸,坏民田及盐亭、监地,东西三十余里,南北二十余里。"1117 年杭州知府观察到"汤村、岩门、白石等处并钱塘江通大海,日受两潮,渐至侵啮"。① 14 世纪末叶之后,情况在恶化:②

> 长乐乡去郡城四十里,南近钱塘江。洪武季岁以至永乐己丑年,江潮冲激,塘岸崩毁……至甲午年五月,天降淫雨,烈风迅雷,江潮滔天,平地水深寻丈,南北约有千余里,东西五十余里……居民多遭陷溺,死者无数,存者流移,屋舍漂空,田土荡尽。

*148*

由于此时杭州湾*近陆一侧*涡流的影响,中小瓓与通向北大瓓的进路就这样被打开了。

沿外湾北岸朝海一侧的低洼沙洲首先被海潮冲走。一份宋代方志记载了海盐(在图的东北方向之外)东南土地流失的情形,包括灌溉系统,"今皆没入海"。③ 这可能进一步去除了内湾北岸外围的防护。这一记载还提供了观测内湾的基准线:721 年当重修盐官(海宁)海塘时,它位于城南 15 公里处,如今它在海岸边,而海则在海塘再往南的 5 公里处。④ 1122 年人们就注意到了潮水侵蚀情况,⑤但真正的海潮侵袭则始于 13 世纪初:⑥

> 宁宗嘉定十二年[1219 年]盐官海失故道。潮冲平野二十余里,至侵县治芦洲港,渎及上下……盐场皆圮。蜀山沦入海中,聚落田

---

① 顾祖禹著:《读史方舆辑要》,第 3760 页。

②《仁和县志》(再版,台北:成文出版社 1975 年版),《中华方志丛书》第 179 号,华中地方,第 390 页。

③ 顾炎武著:《天下郡国利病书》,浙江下,第 3b—4a 页。

④《海宁县志》(1765 年;再版,台北:成文出版社 1983 年版),《中国方志丛书》第 516 号,华中地方,第 461 和 463 页。

⑤《海宁县志》,第 1663 页。

⑥ 顾炎武著:《天下郡国利病书》,浙江下,第 42ab 页。

畴几失其半,咸水淹及四郡。时守臣上言:"……去年海水忽涨,横冲沙岸,每一溃裂辄数十丈,日复一日……今潮势深入,逼近居民。万一春水骤发,怒涛奔涌,海飓佐之,呼吸桑沧。百里之民,宁不俱葬鱼腹乎。"①

1222年海潮再次来袭,浙西地方官②上奏皇帝说,太湖(在图的西北方向之外)的整个东部和南部地区受害,如果不采取措施,土地会因盐碱化而变得无法耕作。③

关于元明时期的大致情形,可以引用撰于17世纪初的陈善的《海塘议》中的内容,来加以总结:④

*149*

> 海宁县治[盐官]南濒海……东抵海盐,西抵浙江,延袤百里。塘西南有赭山,南与龛山对峙,夹为海门[图6-1、6-2上标有赭山、龛山],是为海潮入江之口。
>
> 说者谓海涛浩瀚至此⑤,束不得肆,辄怒而东延。及其延也,又有石墩山[海宁城正东]以障之,则益怒耳,于是东西荡激。害乃中于宁。
>
> 查宁邑旧志,塘之外有沙场二十余里,沙场之内,有秫地、草场、桑柘、枣园一百六七十顷⑥有奇。{只要有对海塘的这种外部保护,潮汐就不能冲击和冲垮它,也能完全确保陆地一侧的石砌海塘安全。
>
> 今沙场悉荡入海。由于起防护作用的沙场消失,命全系于新筑的这一道海塘。

---

① 比较《海宁县志》第463页:"县城南20公里处完全沉没入海。"
② 刘厚。
③ 顾炎武著:《天下郡国利病书》,浙江下,第42b—43a页。比较《海宁县志》第463页。
④ 收于顾炎武著:《天下郡国利病书》,浙江下,第47ab页。
⑤ 沿岸海水因泥沙淤积而变色,这从卫星照片上清晰可见。
⑥ 换算起来,1顷=100亩,约等于7公顷。

宋元以前勿论}①,我明自洪武[1368—1399 年](应为 1368—
1398 年。——译注)至万历[1573—1619 年](应为 1573—1620
年。——译注),*海凡五变,五修筑矣。*

有一份资料指出,钱塘江口早在 15 世纪初就开始淤塞。1420 年礼
部的一位官员(即通政使岳福。——译注)上奏说:"赭山、岩门山旧有海
道,今皆淤塞,故潮势愈猛。"②尽管这么说,但此时北大亹似乎不可能已
被启用。关于这一点,17 世纪某个时候海宁(盐官)当地的某个人写的信
可以为证:③

> 吾宁邑之海不过大海之一支流耳,而潮冲沙啮,人民田庐立见
> 淹没者……西则龛赭二山南北对峙,夹为海门,为海入江之口。东
> 又有石墩、大小尖山逻立海隅,为海入宁之口。潮自东起,历乍澉二
> 浦而来,陁于"近洋八山"④之内。

> 江自浦阳⑤西泻,历严滩,至钱江而出严亹⑥,陁于龛赭海门之 *150*
> 际。*其进甚狭,势迫束而相击。其来既远,势汹涌而必怒。夫是以*
> *湍急澎湃而有冲决之患也。*……

> 城南百武即界为海塘……其近城数十里之间,以尖山东锁,赭
> 山西键,拱抱而突出于外邑。城在两山中之北,三隔鼎立,邪冲注
> 射。而城外为海之陜隈。……

> 且潮奔入严亹,扼于江流之塗注,则激而复北,不可遏御。此数
> 十里者三面受敌,故塘之溃坏恒见于此也。

---

① 大括号内的段落仅仅出现在《海宁县志》第 471 页。
② 顾炎武著:《天下郡国利病书》,浙江下,第 46b 页。
③ (清)翟均廉撰:《海塘录》,收于《钦定四库全书》,史部,第 583 册(1764—1781 年撰),景印文
　渊阁四库全书,台北:台湾商务印书馆 1986 年版,第 667 页。他名叫张慈重。
④ 可能是乍浦外的下八山。
⑤ 此时在萧山县的西南角。
⑥ 可能在右岸的颜家湾下游,斜对着温汤山(Mount Wentang)。参见《杭州府志》(1898 年版,
　1888、1894 和 1898 年版序言,台北:成文出版社 1974 年再版),《中国方志丛书》第 199 号,华
　中地方,地图,第 256 页。

海潮来袭,任凭海塘被毁。

然而,在17世纪中叶50年左右的时间里,北部海塘承受的压力有所缓解。据《海宁县志》记载:①

> 按宁邑塘堤自康熙三年修诸后,塘外涨有护沙,绵亘数十里。居民筑舍其上有数百家,号无名村。近塘沙性渐淡,种植木棉;沿海新沙则刮卤煮盐。人收其利,无复知有海患也。是年风潮陡发,塘岸冲损。

随后,不稳定的状况再现:

> 康熙五十九年至六十年等年,护沙日渐塌陷,或数十丈、数百丈不等……自雍正二年后潮日北冲护沙,荡刷无存,塘堤随筑随坍。

151 1720年,浙江巡抚②向皇帝奏报:"近因淤塞,以致江水海潮尽归北岸。"③这听上去像是很关键的变动,但实际上在随后的20多年里,人们还是费心尽力,特别是用疏浚的方式,将江水和海潮二者都重新引回中小亹。1733年,在巡抚(即李卫。——译注)着手疏浚钱塘江中央河道的早期努力被抛弃后不久,雍正帝论道:④

> 若再于中小亹开挖引河一道,分江流入海,以减水势,似更有益。

继位者乾隆帝对水利琐事也怀有这种个人偏好。1762年,乾隆帝写道:"比岁潮势渐趋北大亹",⑤显然,在该世纪中叶的一段时期内,水流来回变动相当大。同一年稍后,乾隆就这些变化的过程做了总结,大部分内容以他自己的观察为基础:⑥

---

① 《海宁县志》,第474—475页。
② 朱轼。
③ 《海宁县志》,第477页。
④ 《海塘录》,第323—324页。
⑤ 《海塘录》,第331页。
⑥ 《海宁县志》,第342页,与第351页比较。

乾隆乙丑以后，丁丑以前，海趋中亹。浙人所谓最吉而最难获者。辛未丁丑两度临观，为之庆幸，而不敢必其久如是也。

无何而戌寅之秋，雷山①北首有涨沙痕②；已卯之春，遂全趋北大亹。而北岸护沙以渐被刷，是柴塘石塘之保护。于斯时为刻不容缓者，易柴以石。

直至 1765 年，钱塘江主河道似乎在南北之间摆动不定，但到 1780 年左右，它基本稳定下来，从而有了现代的模样。③

因此，今日钱塘江下游河道仅有 200 多年的历史。在西方出版的几乎每一幅历史地图中，对钱塘江早期面貌的描绘都是错误的，除少量的中国历史地图外，全都如此，这当然是小事一桩。最重要的是这样一点：虽然 18 世纪人们在水利工程上大费周章，但上述的变化主要是超乎人类控制的自然力作用的结果。

泥沙沉积是另一桩麻烦事。

正如上文已指出的，大海带进杭州湾的泥沙量之大，非比寻常。要大致在总体上达到泥沙进出的平衡，则要求钱塘江的水流将留在湾内的泥沙冲走，否则，这里的河口将会淤塞并消失，抑或沉积的泥沙会被移到近海；这些泥沙是因为海水退潮时带出泥沙的速度总是慢于涨潮时带进泥沙的速度而留下的。1915 年以来人们搜集的证据表明，当江水流速低于 2 000 立方米/秒，潮水带进泥沙的势头就居优势；当流速超过 8 000 立方米/秒，江水冲刷泥沙的作用就占上风；处于中间值时，进沙还是刷沙，状态就不稳定。钱塘江的水流状况之所以至关重要，是因为在适当条件下，它能够抵消潮涨潮落间海水裹挟泥沙能力的差异所造成的淤积。通常，海水涨潮时挟沙能力比较大；海水退潮时因流速较慢，挟沙能力也就比较小。

---

① 位于禅机山东部，中亹南岸的东北端。参见《海宁县志》，第 70—71 页。
② 这样的痕迹表明，要紧急清除它们从中显露出来的沉积物。
③《海塘录》，第 353 页。

由于这里的强降雨期是在五月至八月间,因此,钱塘江流量在七、八月份最大,十一、十二月份最小。[1] 经测量,在海宁(历史上称盐官),每日两次一个来回的潮水(并非特定季节)所带进、带出泥沙的特有值,分别是$1.8×10^6$和$0.85×10^6$吨。从表6-3上可以明显看出钱塘江和海潮之间微妙的力量平衡,它显示的是在七堡站测得的数值,这里位于海宁上游约39公里处。

在降雨量低的年份,杭州湾内的沙坎增高;雨量充足的年份,这一高度则会降低。于是,在1951、1952年的干旱期,这里的沙坎增高;而1952年的降雨量只有中等,这之后的1953年,乍口的沙坎就达到最高值,即26米。由于1954年大雨造成的冲刷,当年沙坎的最高值差不多下降了2米。历史上,太湖地区的降雨量在1504—1559年和1636—1723年间相对较低,在1288—1378年和1449—1518年间则相对较高。[2]

这样,基于对杭州湾变迁过程的初步了解,我们似乎可以合理地认为,历史时期杭州湾周围江水流量的人为改变对泥沙沉积的方式有着重要影响。更具体地说,用海塘围住沿海地区,用水闸控制江河流量,结果水流的高峰期消失,泥沙最终淤积下来。人为活动的时间节奏与之合拍。杭州湾南岸在唐代就被长达500多里的海塘所包围。而在我们所关注的时期,保护现今属于绍兴县的那一地区的六千一百六十丈的那段海塘,在13世纪初修建于绍兴府治以北40里处,取代了较早的唐代海塘。及至明代,其中约1/3的堤坝被"易土以石"。[3] 修筑堤坝的目的主要是"储淡水并灌田"。[4]

*153*

---

[1] 孙湘平等编著:《中国沿岸海洋水文气象概况》,北京:科学出版社1981年版,第13页。

[2] 陈家其:《南宋以来太湖流域大涝大旱及近期趋势估计》,《地理研究》,第6卷第1期(1987年3月)。

[3] 顾炎武著:《天下郡国利病书》,浙江下,第50a页。用于表示起保护作用的面层的术语是"甃",意思是"一口井"和"修理一口井"。

[4] 顾炎武著:《天下郡国利病书》,浙江下,第41b页。在顾祖禹的《读史方舆辑要》第3833—3834页有类似的评论。

表 6 - 3　在七堡站测得的钱塘江上江水流速与潮水流速及相关输沙量

| 江水流量* | 潮水流向 | 潮水流速（米/秒） | 潮水流量（10⁶立方米） | 输沙量（10³吨） | 泥沙密度（千克/立方米） |
|---|---|---|---|---|---|
| 低 | | | | | |
| 232 | 入 | +0.80 | 106 | +582 | 5.49 |
| | 出 | -0.63 | 105 | -203 | 1.93 |
| 高 | | | | | |
| 6 030 | 入 | +0.49 | 24.7 | +47.1 | 1.95 |
| | 出 | -1.11 | 259 | -719 | 2.78 |

\* 年均值:988 立方米/秒。

资料来源:钱宁、谢汉祥、周志德、李光炳:《钱塘江河口沙坎的近代过程》,《地理学报》,第 30 卷第 2 期,1964 年 6 月。最后一栏由伊懋可和苏宁浒计算,见《人海相抗:1000—1800 年左右杭州湾形态变化中的自然与人为因素》,《环境与历史》(M. Elvin, N. Su, "Man against the Sea: Natural and Anthropogenic Factors in the Changing Morphology of Hangzhou Bay, circa 1000 - 1800," *Environment and History*),第 1 卷第 1 期(1995 年 2 月)。

万历时期的《绍兴府志》提供了一个小型例证,说明了人为作用与泥沙沉积之间的因果机理:[1]

> 天顺元年,知府彭谊建白马山闸以遏三江口[2]之潮。闸东[朝海的那一面]尽涨为田,自是江水不通于海矣。

然而,白马山闸为时不久,到 17 世纪就被废弃了。[3] 对影响泥沙沉积方式的另一种解释是,1457 至 1464 年间浦阳江河道发生了改变,由此这条江的大部分水流注入杭州上游的钱塘江,据说这增强了闻家堰以下河段的冲刷力,从而使杭州湾沙坎的顶端向海后退了。[4] 另外,可以引用

① (清)周徐彩纂,俞卿修:《绍兴府志》,(1719 年版;台北:成文出版社 1983 年再版),《中国方志丛刊》第 537 号,华中地方,第 591 页。

② 以下出自马尧相的引文描述此闸"朝北"。程鸣九的《三江闸务全书》(卷下,下,第 34a 页[从顺序上看,这里给出的页码是错误的])中说它在山阴县治即绍兴西北 45 里(22.5 公里)处,在白马山脚下。

③ 顾炎武著:《天下郡国利病书》,浙江下,第 48a 页。

④ 陈吉余、罗祖德、陈德昌、徐海根和乔彭年:《钱塘江河口沙坎的形成及其历史演变》。

《海宁县志》中的一段话作为对 1500 年这一年江口情况的记录；这段话可能指在江上安装水闸或闸门的作用即是使江水从南部山脉倾泻而下，注入海门：①

> 赭俟②出滩若堵，则口隘潮束反击于盐官［海宁］隈岸。

我们暂时可以根据这一点指出，由于安装了水闸和闸门，水流流速减缓，流入南海门河道的水流挟沙能力下降。最终，就更一般的情况而言，由于像这样受到阻断的几条大江大河，尤其是浦阳江及相关支流都位于杭州湾南侧，因此正是在这里，我们可以断言，人为作用的影响应该是很明显的。过去的确如此。

我们继续探讨这一焦点问题。情况很清楚，在为海塘南面的绍兴平原建造的灌溉系统中，就控制机制而言，海塘只是最后的一招。由于下面的潮滩湿地被辟为农田，1000 多年来这一灌溉系统一直在从山脚下的冲积扇缓慢地向北推进，并减少了高峰流量。一个叫马尧相的人对这一过程做了历史概述，虽然其动笔的日期不得而知，但肯定在 17 世纪中叶之前：③

> 会稽水源自西南而流入东北。*在昔与海潮相通湃泻不节，民受其病。自汉，马臻筑镜湖以受诸山之水，沿堤置斗门、堰、闸，以时启闭，水少则泄湖之水以灌田，水多则闭湖，泄田之水以入于海……*
>
> 厥后增筑海塘，开玉山斗门［南来之水进入钱清江的主控点，位于绍兴城与镜湖以北约 16—17 公里处］，*而湖之堤渐废。宋时虽有复湖之议，而今则有不必然者矣。何则？ 会稽支分派别之水，其源数十……*

---

① 《海宁县志》，第 469 页。
② 原文中代指不明。诸溪（"所有的溪流"）可能是赭溪（赭山的溪流），但是赭山太小，它不可能有什么大的溪流，因此译文做出的阐释似乎最合适。（作者将这条材料中的"赭"理解为"诸"，因此将它释译为溪流的复数，也即"streams"。——译注）
③ 引自顾炎武著：《天下郡国利病书》，浙江下，第 43a – 44b 页。

> 用是观之，田之沿山者，受浸于泉源，而其滨海者，取给于支流。既获其租，又免其患。两利而兼收者，*实赖后海塘以为之蓄泄也*。

> 是以，*前乎汉而无海塘*，则镜湖[作为一座淡水水库]不可不筑；¹⁵⁵ *后乎宋而无镜湖*，则海塘不可不修。

这样，水文系统的不稳定像通常一样产生了影响。由于泥沙沉积和当地悍民辟湖为田，因此，当海塘阻隔使江水不能轻易入海时，镜湖的消失就使得下游平原的水灾增多。这种情况还因浦阳江水流方向的变化而加剧；这条江在上游又称"浣江"，在下游既称"钱清江"又称"西小"或"西小江"。浦阳江此时在向北流，随后转向东北，以自西向东差不多横贯的方式流经低洼平原。马尧相描述了浦阳江下游从与西北线相差无几的早期河道转向北边这条河道时所发生的情况；它今日再一次流经西北线，如图 6-3 所示（当然那时它可能得绕过一座横亘其中的山，这座山在 15 世纪被凿开了）：

> 然又有可虑者，盖浦阳①、暨阳②诸湖之水，俱入暨阳[浦阳]江，*西北折而入浙江，其势回环，不能直锐③*，遂逾渔浦流注钱清江[也就是说，先北上，然后东流]，北出白马等闸以入于海。

> 迄今*闸久淤塞*，水道不通，一有泛溢，则必东注，而以会稽为壑。虽有玉山斗门[绍兴以北，马鞍山以南]，不足以泄横流之势，每于蒿口、曹娥、贺盘、黄草沥、直落施等处*开掘塘缺*，虽得少舒一时之急，而*即欲修补以备潴蓄*，则又难为工矣。

尽管在这个例子中问题最终得到了解决，但技术锁定的情形又一次出现。可见，一旦某个社会受制于这样的一种系统，它就没有了从容的

---

① 今浦江。

② 今诸暨。

③ 公元一千年中叶，浦阳江流入临浦湖（在今临浦镇北部，但已消失很久），然后流经一条狭窄的水渠，入渔人湾（渔蒲，如今也已消失），掉转过来，经杭州城上游某处流入钱塘江。参见陈桥驿：《论历史时期浦阳江下游的河道变迁》，《历史地理》，1981 年第 1 期；斯波义信著：《宋代江南经济史研究》，第 554—555 页和第 64 页。

回旋余地——有碍于提出新的技术上的补救方法,只能分配劳力和资源来维持它。如果费用开始上涨,那就棘手了。

绍兴西部的山阴县县志强调了这一问题,同时暗示了这里的江河到这时与海洋相隔的程度:[①]

*156*

　　　　自后镜湖废为田,源既漫流,水无所潴。兼以浣江[即浦阳江]之水灌于西江[图6-3所示的"老浦阳江"]……*山阴遂成巨浸*。时遇霪潦,水势泛溢,惟一玉山斗门不能尽泄。

这就是灌溉农业所付出的代价,据说该地地面遂成"瓮形"。(原话是"一遇霪雨则溪水横流,遂成瓮形",出自明代蒋谊《扁拖闸记》。——译注)

1448至1511年间,至少修建了13座新水闸,来向南、北两个方向排放西小江的水,并将两条"新河"的水放掉。它们很可能都向北流入了海门区。[②] 这些举措还不够,紧急情况下仍需要临时掘开海塘,加以疏导。据一条资料说[③]:"然两闸口狭甚,水至此则却行泛浸数百里[④]。决海塘,则激湍猛悍,并大为田患。"《山阴县志》也论道:"塘决而狂湍迅涌不得不骤涸,然后苦疲民以筑塞,功未成而患旱干矣。"[⑤]

解决之道在于局部改变浦阳江的水路,在麻溪[⑥]及其附近用水闸阻拦过多的水往北流,并在三江口处跨越浦阳江口建三江闸或应宿闸;其28道闸门中的每道闸门都以28星宿中的一个星宿命名。该闸建在两山之间(南面的那座山是一处小型外露层),由一天然的石砌路面连接着,里面构筑闸基的巨石"相牝牡",然后填嵌上用煮熟的黍茎和石灰或灰浆做成的糊状物。[⑦](文献原文是:"辇巨石与山甬石相牝牡以槛,锢以秫粥

---

① 顾炎武著:《天下郡国利病书》,浙江下,第47a页。
② 顾炎武著:《天下郡国利病书》,浙江下,第47ab页。
③ 引自顾炎武著:《天下郡国利病书》,浙江下,第48b页。
④ 可将4平方里看作1平方公里。
⑤ 顾炎武著:《天下郡国利病书》,浙江下,第47b—48a页。
⑥ 位于这一地点上游处不远,浦阳江在这里改道。
⑦ 顾炎武著:《天下郡国利病书》,浙江,册50,附注60a页注9。闸墩之石遇水流冲击之处逐渐变得尖细,"使不与水争"。

灰。"见万历《会稽县志》卷八。——译注)其北侧有长四百丈、宽四十丈的土堤掩护,先用铁、后又用竹子加固。之所以要这样做,是因为用以制作这道屏障的泥土"始莫测"(文献原文是:"其北接以土堤数十丈。始苦淖莫测,先以铁,继用箇籍,发北山石投之,左右亦用石。其长四百丈,广四十丈有奇。"见万历《会稽县志》卷八。——译注)每道闸门上有一个双层的厚木板控制水流。据说这项工程建得很仓促。闸底的槛并不平整、严密,木板渗漏必须加以修补,其中有些木板在每个枯水季节都得更换。水闸的最初花费是 6 000 两白银,而土堤的费用数倍于此。这两项费用均由受益的三县按土地面积课税承担,劳力则从当地百姓中轮流征募。[157]"于是水不复却行,塘亦不复再决且筑。"

这个大型水闸于 1537 年竣工。注意这一日期。除东边的曹娥江外,这时候,该工程完全将绍兴平原的水系与海洋隔开了。结果,近海岸的泥沙沉积量立即增多:[①]

> 潮汐为闸与土塘所遏不得上,渐得田万余亩。堤之外有山翼之淤为壤,亦渐可得田数百顷。其沮洳可蒲可苇,其泻卤可盐,其泽可渔,其疆可桑,其途可通,商旅是举也。

随着 1537 年水闸的建成,土地在朝海的那一面得以形成。有鉴于此,南大亹的淤塞以及随后钱塘江江口在 1620 年变成中小亹,在一定程度上就很可能是沿杭州湾南岸的沿海平原先前的水利圈围的结果。

据说在 17 世纪,三江闸的修建者汤绍恩的工作即是"以节水流,以备旱干"。[②] 这意味着高峰时的水流由一种*可控的*系统拦截下来。用程鸣九的话来说,即是:[③]

> 此当年河海皆深之言也。今沙易涨,*藉流水疏通*,且夏秋二季之水,实关农务,宜惜蓄。至冬季*即下板不筑泥*,亦无所碍……节水

---

① 顾炎武著:《天下郡国利病书》,浙江下,第 49a 页。
② 程鸣九著:《三江闸务全书》,卷上,上,"汤神事实录",第 12b 页。
③ 程鸣九著:《三江闸务全书》,卷下,下,第 3a 页。

未完[在初夏]，即闭不必筑。节水已过，有闭不可无筑矣……

水闸就好像一件粗糙的实验仪器，其管控水流取得了可观的效果。正如程鸣九所言：[1]

158

> 昔汤公建大闸，迄今日百有数十余载，其间两行修葺……独是年来潮汐为患，*沙泥壅塞*，苦于疏浚无策……

> 盖深洞之底板尽撤，则水势湍急，而其流倍猛。*彼沙土随潮而入者*，亦自随潮而出。若使底板不撤，其流必不能撤底疾行。

> 但放闸时，底板一任闸夫之去留。且于深洞难启闭处，或及半而止，或不尽起而止，以故清水上浮，而流不及底。沙土下积，而倾泻无由。江河之淤也有由然矣。

如果想发挥它的功能，就要合理地使用这一设备，但并非总能如此。雨水稀少，又有一道修得特别好的水闸，这种情况也有可能引起淤积。《时务要略》提到水闸时说道：[2]

> 闸之壅塞为害，起于辛亥年[1671年]。后逢亢旱。闸内犹可，闸外涨至东馈紫时有之。闸内之水积而不泄至月余，亦时有之。迄壬戌[1682年]修闸后，罅漏少而江流屡涸。沙既易壅。

这里的水流也因鱼簝而变缓。程鸣九提到：[3]

> 又以曲簿为笱取鱼，古制仲秋为之，至次年元夕后悉收。今笱簿频增无收时，且遍处广布数重曲簿，绝流作鱼池，久则生苔，滞流最甚。[4]

这是一种司空见惯的情况：费尽心机地应付帝制晚期的资源压力，却导致了更尴尬的后果。

---

[1] 程鸣九著：《三江闸务全书》，卷下，下，第36ab页。
[2] 程鸣九著：《三江闸务全书》，卷下，下，第38a页。
[3] 程鸣九著：《三江闸务全书》，卷下，下，第39a页。
[4] 程鸣九著：《三江闸务全书》，卷上，上，第45b页也谈到了笱簿悉除，"俾川流赴海迅速"。

当地植被的损毁也加速了河道的淤积:①　　　　　　　　　　　　　　　*159*

> 康熙三年[1664年]甲辰,提标牧马海滨,将芦苇尽毁。灶户乘机悉开为"白地"②。浊流既无芦挡,且遇狂雨,白地浮泥,冲落江中填积……

> 第从牧马毁芦之后,几处沙地即坍已有廿余载,则闸内外时常涨满亦有廿余载,以此又知*江固因芦毁而涨,地亦未必不因芦毁而坍*。

> 窃观迩来坍涨虽无常,而涨时居多,亦属地将广斥之兆。数载后,海口关锁。

这样,有一个例子很有说服力:历史上南沙半岛(明末清初,因钱塘江江道几度北移而逐步形成的一个半岛。——译注)自南边扩展起来,它在很大程度上是人类水利建设的不经意的结果。既然那片土地可以垦殖,淤积本身就并非一种灾难。问题出在了当时十分脆弱的北岸,那里的海塘不断受着冲击,而海塘后面就是大运河。

因此,尽管大自然威力无边,在18世纪还是出现了控制杭州湾本身的构想。1723年雍正帝赞成疏浚钱塘江的一个被堵塞的江口,"若浚治疏通,使潮汐不致留沙壅塞",这样就可以保护海宁(盐官)的海塘。③ 体现这种干预主义做法的最确凿的例证是,1732年有人提出在跨海的那一狭长地带上建一石坝的计划,用来将位于海宁东陆的小尖山与距海约1里的塔山隔开,以"分杀水势,俾潮汐南趋,北岸护沙可望复涨"。④ 这个石坝将长达一百八十二丈,估计其深度将达四到十三丈。然而当最后的

---

① 程鸣九著:《三江闸务全书》,卷下、下,第39b—41a页。
② 这个术语最初在宋代好像是指为农耕而出售的未垦官田。参见须藤義之著:《中国土地占有制研究》(Sutō Yoshiyuki, *Chūgoku tochi-seido-shi kenkyū*),东京:东京大学出版社1954年版,第194页注11。后来它可能仅指"免税田",暗含着严重盐碱化的土壤之意。参见星斌夫编:《中国社会经济史语汇(续篇)》(Hoshi Ayao, *Chūgoku shakai keizai shi go-i zokuhen*),山形:光文堂书店1975年版,第132页。
③《海塘录》,第319页。
④《海塘录》,第384页。

八十一丈这一段在 1739 年完工时,据称,由于"浮沙"或我们所称的"悬沙"沉积,最深处仅为一丈八九。深度的这种悬殊遭到了议论,但没有人作出进一步的解释。

人们也修筑了两类堤坝来抵消波浪对北部海塘的冲击。一类是"鸡嘴坝",也就是一种狭窄、尖角的沙嘴,目的是"以挑回溜,而波涛汹涌难于合龙"。① 另一种是半圆形的"草盘头",被称为伸到海中的"挑水坝",有三四丈高。它背后的原理是:"其处塘堤,原属平稳。一经对岸沙涨,或海中沙滩阴积水势直射,受冲平即成险,故筑'草盘头'以挑溜。"②实际上,它可以作为一种折射其周围波涛的人造海岬,以此来减缓波涛冲击那些没有防护的海岸段的力量。

第三类保护举措是"坦水",这是一种向下斜依在海塘外层根脚的水利斜堤。下面用块石砌成,上面用条石盖面,在两行排桩之间起保护作用。其用意可能在于抵消海塘所激起的波浪的合力,并通过前浪后浪的相激来减轻它们破坏塘基的力量。《海塘录》评论道:③

> 惟海宁东,自尖山一束江水,又从上顺下。潮与江闸激而使高,遂起潮头,斜搜横啮,势莫可挡。又潮退之时,江水顺势汕刷。④ 苟非根脚坚厚,难保无虞。是以宁塘历来修筑,既重塘身,更重塘脚坦水。但从前用块石铺砌,虽多至三四五层不等,易于泼卸。以致修补频仍,终非经久之策。

18 世纪 30 年代初,直接保护海宁城的那段长约五百零五丈二尺的海塘用石头加以重筑,当时就指定要修一道斜堤,人们期望它足够厚实,

① 《海塘录》,第 384 页。

② 《海塘录》,第 381—382 页。

③ 《海塘录》,第 381 页。这里的"坦水"一词,指的是海塘外面一道有斜坡的石砌护堤。

④ 关于这种译法的合理性,参见孙任以都著:《清代行政术语:六部术语译注》(E-tu Zen Sun, *Ch'ing Administrative Terms: A Translation of the Terminology of the Six Boards with Explanatory Notes*),马萨诸塞州,坎布里奇:哈佛大学出版社 1961 年版,第 354 页第 2428 个术语中对"汕刷"的解释。

能抵御波涛对塘基的破坏。这道斜堤每层长约一丈,宽一丈二,用粗石约 100 800 斤,总计 60 吨重①,约 6 尺深,上盖以 7 寸厚、12 尺×1.2 尺大小的条石。这项工程的规模一目了然:仅 505 块粗石的重量大约就有30 000 吨。对岸稻作的发展为此付出了间接的代价。

18 世纪 30 年代中期,人们致力于清理钱塘江中游通道,下面这份材料表明了这么做的背后的理由:②

> 宁邑塘工之患虽在北岸,*而致患之由则在南岸*。缘南岸常有沙滩涨起,挑溜北趋,塘工日加危险……

> 大学士稽曾筠创为"借水攻沙"之法,于南岸沙洲用铁器随势挑挖,或顺溜"截根"③,或迎潮挑沟,使江水海潮昼夜往来,自为冲刷。江溜日趋南岸,北岸淤沙日涨。大工得以告成。

> 乾隆九年[1744 年],巡抚常安设法疏浚中小亹,引河蜀山一带,仍用切沙之法,内则疏挖,外则挑切。至乾隆十一年(英文原著标为 1747 年。应为 1746 年。——译注)春夏之间,潮汐渐向南趋,涨沙[在北岸?]日见宽广。乾隆十二年(英文原著标为1748 年。应为 1747 年。——译注)中,小亹大通,未必非切沙法相与有成也。

同时,由于蜀山之南被开沟引溜,乾隆帝下令沿杭州湾北岸安放竹篓(可能装有石头),来"挑溜挂淤"④。于是乎,帝制晚期的官府曾一度认为,控制沿海海域,多多少少甚至也在它们的权限之内。但是,正如乾隆帝注意到而我们已经讲到的,到 1780 年左右,这一切都结束了。钱塘江河道已北迁。不过,那些堤坝留了下来。

---

① 丘光明著:《中国历代度量衡考》,第 513 页,认为清代的"斤"相当于约 596 克。此时汉语的10"寸"、"尺",大约是 35.24 厘米。同上,第 118—119 页。
②《海塘录》,第 383 页。
③ 含义不明。"根"也许是堵塞物?
④《海塘录》,第 365 页。

*162* 评论

因此,大型水利系统是前现代中国技术锁定的主要形式之一。对它来说,每一种成功的解决方案往往都会引发新的问题。目前,想要试图量化刚刚描述的例子所付出的代价还不现实,但是根据负责决策的官吏和贵胄的看法,谈论技术锁定是合情合理的。

1678 年朝廷因筹措军饷亟需,将维护三江闸的费用减半,结果绍兴连年歉收。① 同样,据说 1682 年在一块纪念"姜公"的碑上题记,如果西小河(图 6 - 3 上的"老浦阳江")沿线堤坝决口,则"三邑田亩,再岁不登"。② 1854 年关于三江闸的文献汇编和两卷补遗的出现,③主要是为了考虑如何延续那些维护和重建工程所用的方法。正如其中一篇序所言:"嗟夫,世有作者,后必待继者"。④

至于大修所需的工程规模,可以从有关 1578 年知府萧良干主持修缮的工程的报告中管窥而知。仅最初 41 年,它就花去了原先建闸费用的 60%:⑤

> 先筑堰于闸内外,以障洪流潮汐[当工程正在修建之时]。用砌石封土法,乃于闸前增置"小梭墩"[可能建了人行道,使工匠能往返从事工作],其用石牝牡交互,从下而上。一值石缝,筑铁锭固之。

> 闸上自首迄尾,覆石令平行;两方更加巨石为栏,以二十八宿分属各洞,鉴于栏洞上。

> 其有罅泐处,沃锡加灰秫⑥。底板槛石及两涯,有应补换整齐

---

① 程鸣九著:《三江闸务全书》,卷上,鲁序:第 2a 页。

② 程鸣九著:《三江闸务全书》,卷上,上,第 35b 页。

③ 平衡著:《三江闸务全书续刻》(出版者缺失,1854 年版),1835 和 1836 年的序。

④ 程鸣九著:《三江闸务全书》,卷上,罗序:第 1b 页。

⑤ 程鸣九著:《三江闸务全书》,卷上,上,第 14ab 页。

⑥ 按其本意,"灰秫"可能是作为一种灰浆,用来"胶石"的。参见程鸣九著:《三江闸务全书》,卷上,上,第 16a 页。

者,有应用灰铁者,靡不周致而无遗……

是役也……发银若千两,用夫若千人,三阅月而功成…… *163*

而闸之规制,盖增而广;闸之形势,盖壮而厚:实因而兼创也。①

日常维护的情形,则可从萧知府以及在下一个世纪也来重修水闸的其他官员所留下的规章中看出来。下面即是一例:②

条款:一闸板计一千一百一十三块[用于封闸门]。每块阔八寸三分,厚四寸二分。工价三钱。每块铁环一副,重十二两,工价六分。其采取板料,委廉干官员或闸官领价亲往山中,平买大松木,雇匠假解,取其四角方正坚完者充用。边薄者取作盖板……板定隔年添换旧板,仍着闸夫运至佑圣观前,稽类念明。少则治罪勒赔,凡遇开闸起板漂流及堆积腐朽、被盗者,治罪勒赔。

这只不过是徭役的很小的一部分,却被视为对当地居民的盘剥。

在1630年的一块石碑上,绍兴府推官③撰文纪念钱清江("老浦阳江"的一部分)疏浚,其中,水利重负被比作北方蛮族对中原地区的侵袭:④

东南之有水患犹前宋之有虏警也。虏入而荼毒我生灵,蹂躏我城邑。*而水之虐过焉*……

剡溪激湍注其南,浙海狂潮撼其北。稽诸古,不无怀襄之垫准,之今若是埋阏之患则未之前闻也。间自后郭⑤涨沙三千余亩,于是水性勿顺,北奔而南,俾受害处沃壤陆沉,征科莫抵,且直激横冲,而 *164* 百丈如线之堤无以御之。方春而入则无麦,当秋而入则无禾……

邑侯虽出镪金贸石,率民筑堤,然而狂澜时溢,石未必胶,是委千金于巨浸,犹夫南宋之时,岁币屡遣而虏欲无厌也……[虽然推官

---

① 比较另一处描述,见程鸣九著:《三江闸务全书》,卷上,上:第16ab页。
② 程鸣九著:《三江闸务全书》,卷上,上:第20b—21a页。
③ 刘光斗。
④ 平衡著:《三江闸务全书续刻》,卷1:第15a—16b页。
⑤ 不确定的地名,可能与杭州湾的另一个名称即"后海"有关,也可能有"后海周边卫护之地"的意思。

已使江河得到疏浚]方今江水凭陵犹靖康以后之虏势，吾民凋敝大似南渡之�踣。向非我侯，则吾民之居是者亦鱼鳖而已矣。

兴修水利的责任虽然可以推卸，但却无法逃脱。除非有幸碰上当地自然之力作用方式的改变——那样的话代价也不菲——否则，现在也就为过去所困。

人们不得不面对一种悖论。同样的一种水利技术，在上古、中古甚至帝制晚期之初曾经对中国经济的发展贡献良多，后来却逐渐成为一种束缚，最终则阻碍了经济结构的任何轻易的变革。要进行进一步有利可图的水利扩张，既缺少水，也没有合适的地区可资利用。一种非凡的前现代科技已至黔驴技穷。最为致命的是，水文系统不断摆脱自诩为主人的人类的掌控，逐渐干涸、淤塞，抑或泛滥、改道。凡此种种，耗尽了用来控制和役使它们的资源。而且，在现代工程学兴起之前，它们也使这些资源无法用于他途。没有哪个社会像中国这样不遗余力地、如此大规模地重塑它的水利景观，但是长期与环境相互作用的辩证法，却将从前的某种力量转化为虚弱之源。

# 特　例

# 第七章　从物阜到民丰的嘉兴的故事

　　嘉兴位于长江下游三角洲的南部,坐落在东部海滨。从诸多方面看,嘉兴过去两千多年的经历可以被视为大半个中国的一个范例。它与中国发展最早的传统密集型城乡地区相隔较远,后者的几个重要的中心在东北、西北以及西部的部分地区。由于与这些文化中心地带相比,它在一定程度上是一个后来者,因此,它的优势在于可以让我们搞清楚,开发*之前*它在人们眼里到底是个什么样子;这么说来,古老的北方画面就不那么真实了。① 同时,可想而知,前现代发展历程推进到这里,大致可以被看成是这一发展的完结。其他很多地区,特别是边境沿线,及至帝制终结时也未行进到这一地步;而另外的地区,早已如古老的西北的大多数地区一样衰落了。这就使得嘉兴成为了一个至少可当作初始模式的有用之地,当然每一个地区——不只是嘉兴——肯定都有其独特之处。

---

① 有很多线索表明,差不多一千年以前,北方部分地区与嘉兴类似,其早期的环境都很丰裕。但只是些线索而已。这样,可能会说到公元前800年左右位于东北部,即现今北京之南的韩国(并非位于陕西省东南的那个更有名的韩国)。《大雅》中说,这里"川泽讦讦,鲂鱮甫甫,麀鹿噳噳。有熊有罴,有猫有虎。"于是,统治者在此"实墉实壑,实亩实藉"。参见高本汉著:《诗经注释》,♯261。

我们面临的最棘手的问题是资料零碎,以至一个有趣的故事往往会有始无终。我们更常常感到有些重要的事情是在私底下发生的——特别是社会和政治冲突,但相关的叙述仅仅一带而过,并未刨根问底。要绘制出一幅既首尾关联又可信的画面,往往需要交互使用自圆其说的想象力以及严肃的以事实为根据的原则。这可不是一项轻松的工作。

## <sup>168</sup> 故事概要

在帝制早期,嘉兴是一片芦苇丛生的沼泽地,据说这里还生长着野稻。① 稻作也是粗种粗收,即所谓"火耕水耨"。② 当时,人们还从事渔、猎、用海水煮盐和上山砍柴等活动。③ 最后这一项在中古或之后就难以为继了,这是乱砍滥伐的结果。在这里,包括水果和贝类在内的食物很丰富,据说穷人也天天过着无需隔夜粮的日子,"不忧冻饿"。④

中古时期,嘉兴从环境上看仍然是丰富多彩的,当然与早期帝国治下相比多了些人工驯化与营造的痕迹。它已成为水利之乡,海塘、运河、水闸和堤坝星罗棋布,道路与桥梁环绕其中。这时候,它的自然面貌开始受到了搅扰,犹如脸生美人痣一般;而带有题记的石碑留住了一些特别的地方的历史和意蕴,佛寺与道观的修建既增强了曾经的荒山野岭的吸引力,又在精神上征服了这荒野之地。神灵依然在这片景观上逗留;对道家神仙和显赫先祖的怀念,对出没于井泉边能兴云降雨的龙王的崇拜,对掌管瘟疫、蝗灾和其他灾难的当地神灵的崇敬等,即是明证。

---

① 许瑶光等重修:《嘉兴府志》,(1879 年;5 卷,吴仰贤等编订,再版收于《中国方志丛书》第 53 册,华中地方,台北:成文出版社 1970 年版),第 783 页。以下称(清)《嘉兴府志》。

② 对这种技术的特质,学者们争论颇多。参见渡部忠世、樱井由躬雄主编:《中国江南的稻作文化》(Watabe Tadayo, and Sakurai Yumio, eds., *Chūgoku Kōnan no inasaka bunka*),东京:日本放送出版协会 1984 年版,第 1—54 页。

③ (元)单庆修:《至元嘉禾志》(在 1264—1294 年即至元年间,嘉禾大体相当于嘉兴),徐硕(作者写成了 Xu Shi。——译注)纂,再版收于中华书局编辑部编:《宋元方志丛刊》,8 卷,北京:中华书局 1990 年版,第 4500 页。(应为第 4422 页。——译注)以下称《至元嘉禾志》。

④ 《至元嘉禾志》,第 4422 页。

在中期帝国治下,用海塘围隔大海,将围起来的土地淡化并营造围田的做法逐渐得到发展。当然,从技术上说,这种做法尚不完善。[①] 这可以从 13 世纪方志的相关评论中看出来,如某些湖泊"近者……皆成围田",但是,如果在海塘周边建起更多的堤坝和田地,"岁有水潦,则潴水者益狭矣"。[②] 这显然是多年大雨后常用的救灾良方。不过,围田是推广密集型稻作种植方式的关键,因为种稻子需要精确地控制灌水和排水,还要辛苦地移栽秧苗,这可以最大限度地利用每一块田。栽秧时必需往围田里灌水,之后在庄稼成熟时再将水排出来。我们如果想一想其他的为提高资源回报而常使用的技术,就会发现,这种生产方式的资源(即土地)回报是在增加,但它却是以每小时的劳动回报递减为代价。渠道疏浚和水闸维护也都不可能一劳永逸。[③] 大海的威胁依然存在。每一场暴风雨过后,溺者的尸体就会被冲到这片沙滩之上。[④]

海盐县没有天然的灌溉水源,只得依赖官塘取水。十日不雨,则多车戽之声,唯恐稻田干涸。[⑤] 为了煮盐,人们不得不种芦苇作为燃料,这表明了木材短缺的状况。中古时期新提到了一些具有重要经济价值的作物,包括小麦、豆类、麻和棉。与野生作物相比,种植作物的范围日渐扩大。这时候也生产丝绸。[⑥]

在中期帝国末年以及晚期帝国之时,环境压力、经济压力和社会压力在这里随处可见。就在 19 世纪中叶之前的 1838 年,嘉兴人口约为 2 933 764 人,[⑦]按最粗略的估计,可能是两千年前的 30 倍多。据推测,汉

---

① 《至元嘉禾志》,第 4441—4442 页。

② 《至元嘉禾志》,第 4442 页。

③ 《至元嘉禾志》,第 4444、4450、4452 等页。

④ 《至元嘉禾志》,第 4597 页。

⑤ 《至元嘉禾志》,第 4451—4452 页。

⑥ 《至元嘉禾志》,第 4453、4455 页。

⑦ (清)《嘉兴府志》,第 523 页和曹树基:《清时期》,葛剑雄主编:《中国人口史》第 5 卷,上海:复旦大学出版社 2001 年版,第 472 页。

代该地的人口为 79 431 人,这意味着两千多年后人口增加了 37 倍左右。① 由于后来"嘉兴"地区被纳入更大的吴郡(或苏州),因此很难确定唐代嘉兴的人口。唐代——无法进一步确定时期——该地区所属的海盐和嘉兴两县的数字是 30 254 户,按每户大约 5 人的比率算,那么当地的人口可能是 151 270 人。② 换句话说,这里的人口在公元 500 年时大概翻了一番。最快速的增长发生在 11 至 13 世纪,据记载,人口从公元 1080 年的 693 310 人升至 1290 年的约 2 290 260 人。③ 这相当于在 210 多年里每年几乎增长 0.6%。此后,文献所载的人口数变化较大,原因可能包括实际人口变化以及统计范围的变化。④ "明初"(14 世纪后期),这里有 1 112 121 人记录在册,1769 年是 2 416 105 人。⑤[据吴仰贤等编订的《嘉兴府志》(载于《中国方志丛书》第 53 卷,华中地方,台北:成文出版社 1970 年版)第 783 页、第 523 页记载,乾隆三十四年这里大小丁一百三十四万二千六百八十二,大小口九十七万九百一。——译注]也就是说,中古经济革命,连同相当于清中期后半叶年增长率的两倍还多的人口年增长率⑥,似乎成为了适合于嘉兴环境—经济特征的独特的发展经历。当然,人口增长造成的压力在明代有所缓解,⑦但在危机四伏的 17 世纪

---

① (清)《嘉兴府志》第 521 页指出,汉代(一个相当长的时期,无法具体到更精确的日期),会稽郡有 223 038 户和 1 032 604 位居民(每户平均 4.6 人)。会稽郡辖 26 县,其中 2 县属于嘉兴地区。除以 13,就得出 79 431 人这一粗略的近似值。

② (清)《嘉兴府志》,第 524 和 528 页。

③ 斯波义信著:《宋代江南经济史研究》,第 146 页。我略去了公元 980 年的 116 850 人这一低得多的数字,因为它可能反映了宋初数据采集的贫乏。

④ 现在大家似乎同意,1776—1850 年间的官方数字是合理可靠的。参见曹树基:《清时期》,第 3 页。

⑤ (清)《嘉兴府志》,第 523 页。

⑥ 精确的宋代年增长率是 0.57%,清代后期(1769—1838 年)是 0.26%。

⑦ 明代中后期官方人口数字大都不可信,因为它们几乎没有变化。从 15 世纪 20 年代至 16 世纪 20 年代,它们在 833 000 和 735 000 的范围间稍有波动,从 16 世纪 70 年代至 17 世纪 30 年代在 563 000 和 565 000 之间。定性的证据往往表明,在这一时期的大部分时间里,人口发展的真正趋势可能是上升而不是下降或稳定。晚明官方的数字可能低至真值的 1/3。参见严淑元:《作为 16 世纪中国人口指南的饥荒救济统计:河南省的一个案例研究》,《清史问题》(Yim Shu-yuen, "Famine Relief Statistics as a Guide to the Population of Sixteenth-Century-China: A Case-Study of Honan Province," *Ch'ing-Shih Wen-t'i*),第 3 卷第 9 期(1978 年 11 月)。

中叶可能又出现了,而从 1700 年左右的某个时候往后,压力增大。

帝制晚期这里压力增大的一个症候是,技术不分性别,男女都能掌握,农耕上尤其如此。妇女日益成为农业劳动力的重要补充。虽然抽丝纺纱仍是妇女的主要工作,①但在海盐等地,由于"地狭人众,力耕不足糊口",养蚕也成为男人参与的一项"要紧事",当然他们主要是种植桑树。养蚕之时,"男不盥,女不栉"。② 如果养蚕失败,养蚕人只好卖儿鬻女。③ 170 在帝制后期,海塘更为坚固,结构宏伟并以石砌成,朝海一侧通常备有前一章提到的坦水和折流坝。④ 除了最后这一点之外,经过 1500 年的发展,总之就是使人们的生活和生计比在帝制初年时更容易受到极端情况的影响,因为那时候还有天然资源储备可以缓解经济危机。

帝制晚期,这里的稻作变成了兼有旱地冬季作物的复种。年成好时,这些作物的产出能抵上半年的收成,但这需要额外出工,因为在冬季播种前必须尽可能将稻田的水排干,如同每年必须重修围田的堤坝以防洪一样。⑤ 市场网络更加稠密,这使人们面临灾难时多了些回旋的余地。譬如,洪水过后,如果有必要重新播种,人们在市场上就可以买到新稻秧。⑥ 前提当然是手头有现钱,或者有地方可以赊账。

劳动强度加大的情况在一些资料中得到了表达,譬如说到,在农忙季节"子妇竭作"来种麦豆,栽桑,筑场。⑦ 在水源远离田地的地方,就使用连筒引水。气候的变化需要人们不断地对播种时间进行细微调整,而在当地不同地点、不同土质上,必须种不同的粮食,以获取最好的收成。在谷物生长时额外施肥,是帝制晚期出现的一项提高产量的精作技术,

---

① 正是她们供奉着蚕姑。参见(清)《嘉兴府志》,第 803 页。
② (清)《嘉兴府志》,第 793 页。
③ (清)《嘉兴府志》,第 793 页。
④ 伊懋可、苏宁浒:《人海相抗:1000—1800 年左右杭州湾形态变化中的自然与人为因素》,《环境与历史》,第 1 卷第 1 期(1995 年 2 月),第 42—44 页。
⑤ (清)《嘉兴府志》,第 789 页。
⑥ (清)《嘉兴府志》,第 789 页。
⑦ (清)《嘉兴府志》,第 783 页。

但施肥的时机不好把握(吴仰贤的《嘉兴府志》第 785 页提到"须相其时候";第 788 页也说,"迟早相去数日,其收成悬绝者,及时不及时之别也。"——译注)。① 通常从外地收集和购买肥料,这在时间和金钱上造成了进一步的压力。

也许可以这样概括,嘉兴从物阜到民丰的转变是一个有得有失的矛盾混合体,伴随着其他的变化,也包括了其他的代价。这种转变的一个方面,即体现为自然被大大地祛"魅"了。至少在达官贵人中间——他们的记载是我们叙述的基础——上古和中古时期的灵怪异事虽未完全消失,但也似乎从川林中隐去。取而代之的是一个愈加理性和更多世俗算计的世界,当然接二连三的瘟疫等难以控制的灾难仍然能激起狂热的宗教反应。② 但最重要的是,这一转变使当地社会被禁锢在一种特别的经济运行模式之中而难以脱身。技术已历经几千年的发展,即使仍属前现代技术,但也已成熟,改善的可能性十分有限。因此,如果有同样数量的人需要养活,那么,它非朝着不同的战略方向转变不可。

## <sup>171</sup> 大海

在帝制早期,大海深深地渗进了嘉兴,结果,它在环境上成为了一片难以区分的天地:一半是咸水,一半是盐沼。在中期帝国和晚期帝国之初的几个世纪,海塘、水闸、堤坝和围田连为一体,虽偶有狂风暴雨突破这种人类防线,但大海几乎被隔绝在外。日积月累,防线内的水和土地淡去了盐分,并被分隔开来。

东北风带来的暴风雨汹涌澎湃,成为了对人类脆弱防线的最大威胁。19 世纪末的县志中有这样一则关于海盐(这个名字的意思是"海里

---

① (清)《嘉兴府志》,第 784—785 和 788 页。
② 康豹著:《厉鬼与送船:帝制时代晚期浙江的温元帅信仰》(P. R. Katz, *Demon Hordes and Burning Boats: The Cult of Marshal Wen in Late Imperial Chekiang*),纽约州,奥尔巴尼:纽约州立大学出版社 1995 年版。

的盐")的描述：①

> 武原（海盐的一部分。——译注）独当海面。东望无际，南则澉浦诸山，北则乍浦诸山，左拒右撑，遥相犄角。其中沿海五十余里，更无障蔽。惟赖一线堤防，日与潮水相争。而潮水之涨落大小，全在有无东北风相助为虐……
>
> 当夫天清气朗，风不鸣条。虽霉②伏大汛，不过沿塘溃涌，旋即消落。如其狂飙驾潮，即隆冬严寒如银山，层拥而来，逼近塘身，作势冲击。其激而直上者，如无数白龙腾身而上，散为飞雨，泼溅塘后。其迴掣而下者如岩峦摧裂，訇然脱坏。鸿絧奔湍，声犹百万雷霆相斗。前潮未落，后潮复起。三日两日以风为节，或且风息而潮不退。盖全海簸荡，其势不得骤静也。
>
> 去年③风潮屡作，为数十年所未见之危险……瓦屋皆飞，大木斯拔。但听风声雨声潮声横空压落。举境官民面无人色。

172

生活在这种威胁之下的人们必须遵守社会规范和政治纪律。如果想要保住性命，他们就得接受甚至欢迎一定程度的国家干预，也包括强制在内，而这种干预是以必要的公共工程组织起来的。

大约生活在明代的章士雅作了一首描写暴风雨的诗，其中有两句揭示了陆地和大海之间失去的联系可以如何轻松地重新恢复起来。在说完因"惊涛"流溢而造成"水国不胜愁"后，他观察到：

> 波连大泽浮蛟窟

---

① (清)《嘉兴府志》，第 291 页。

② 现代用法称其为"梅雨"，因为梅与霉同音。这样更美，但却令人困惑，因为它们与梅子没有什么明显的关系(此处作者的解释不全面。梅雨与梅子也有着明显的关联。——译注)。3 月末 4 月初，嘉兴地区梅花盛开。参见白兰、伊懋可著：《中国文化地图集》，第 29 页。这离雨季还有很长一段时间，因为要到 6 月中旬至 7 月中旬当夏季季风遭遇来自地势高于长江下游流域之北方的冷空气时才会有雨。关于"梅雨"的时节，参看丁一汇著：《中国的季风》(Ding Yihui, *Mosoons over China*)，多德雷赫特：克鲁维尔出版社 1994 年版，第 19—22、128、134 以及 195 等页。

③ 此段暂时无法注明日期。

潮撼重湖徙鹭洲①

章士雅可能将蛟看作与鹭一样"真实"。在杭州湾远处的沙洲上，成群的这种大鸟隐约地站成一线，留在了我对该地区的最鲜活的回忆之中。与往常一样，这首诗也具有政治寓意。在结尾处，章说他为"国计民艰"而流出了两行热泪。

1696 年暴风雨摧毁了上海、嘉定和川沙的海塘，对此，张永铨做了一首诗，描述了海浪侵袭、灾害发生而惨不忍睹的画面。虽然这些地区比嘉兴更靠近北部海岸，也许更加暴露在外，但是它们有着同样的大环境，而且实际上由同一段绵长的海塘保护着。以下三节诗讲的是沿海居民如何抗争，以避免厄运：②

数口同将绳系身，犹冀相依或相挈。

那知同泛竟同沉，或钻屋顶求身脱。

身随茅屋偕漂泊，或抱栋梁任所之。

风来冲激东西撤，或攀树杪得暂浮。

蛇亦怖死缘树头，人怕蛇伤手自释。

人蛇俱已赴沧州……

173

黎明雨息风不定，未没人家欢相庆。

遥见波中有一沙，千人沙上呼救命。

潮来一卷半云亡，再卷沙沉人已竟。

一日二日面目在，浮尸填积如丘山。

三日四日皮肉烂，臭闻百里真心酸。

---

① 刘应钶修，沈尧中纂：《嘉兴府志》，1600 年；再版收于《中国方志丛书》第 505 册，华中地方，台北：成文出版社 1983 年版，第 1842—1843 页。以下称(明)《嘉兴府志》。

② 张应昌编选：《清诗铎》，第 473 页。末行译为"使人心里恶心"(made one sick at heart)可能更准确，但在中文里，这个词(即心酸。——译注)也可以指心痛，与"想呕吐"的意思相去不远。

张氏接着描写鱼儿如何吃尸体的内脏,鸟儿怎样啄尸体的肝脏和大脑。在结尾时他问道,生活在沿海的百姓到底犯了什么罪,为什么要遭受如此巨大的惩罚,而且不分贤愚老幼? 这将我们带到了第十二章将要讨论的天人感应的世界中去了。在此诗人的回答是,那是海神在作恶,但他并未提及它为何作恶的更深层次的原因。

大海也可能是使人们身心愉悦的源泉,从中能获得摆脱红尘羁绊并遁入空灵的片刻闲暇,因为对海的畏惧能使精神更加集中。明代沈尧中的一首打油诗讲述了他在嘉兴之滨所呆一日之情况,对这些主题均有涉及。

诗中说到了鲸,这就不能不提及唐代诗人李白(作者写成 Li Bo,可能与唐代另一诗人李渤混淆。——译注)驾鲸升天的传说。诗中说的织女(在"问取支机石"一句中涉及织女;汉传说"支机石"为天上织女用以支撑织布机的石头。——译注),指的是住在银河边上的一颗星宿,与她的恋人也即被称为牛郎的星宿隔岸相望。据说,她曾将一块宝石给了一群寻找黄河之源的探险家;有人则认为,黄河就像银河一样在天上流淌。在沈尧中的这首诗中,老生常谈、夸大其词与讽刺幽默非凡地杂糅在一起:[①]

> 褰裳出海墙,脱屦就砂迹。
>
> 水行数百步,约深二三尺。
>
> 触有古木槎,聊以距为席。
>
> 呼童携酒至,且自浮大白。
>
> 珊瑚足底□[②],鱼虾肘后掷[③]。
>
> 旋看海色动,东望一线赤。

174

---

① (明)《嘉兴府志》,第 1969—1970 页。
② 方志文本中此处有一字无法辨认。我用我认为合适的意思做了补充。(作者添上了"loose"一词,即"松软,疏松"的意思。——译注)
③ 添加了"splashing"(溅水的)一词,以便理解这句诗。

溟曳吐半钲，顷刻升全璧。

纷兮导云旗，晃矣簇霞戟。

远岛隐复见，满眼金与碧。（作者漏译了这两句。——译注）

掀髯发长啸，响震蛇龙宅。

银山倒地来，雪浪排空迫。

宾朋各窜逸，仆从皆躅踖。

爱向枯槎跨，东西恣所适。

长鲸戴我足，封豕扶我腋。

便欲驾明河，问取支机石。

恍惚波心出，还登去时陌。

故人续欢集，把酒相慰藉……

少焉汐既退，阳侯亦遁迹。（作者将"焉"误译为"鸟"。——译注）

大地忽然生，不觉成今昔。

归邸不能寐，秋虫吟四壁。

像沈氏一样生活在陆地上的中国人认为，大海并不是一个凶狠地吞噬一切的混沌世界。他们有点像近代早期的西北欧人，自负地认为他们为天所佑，能永远在可靠的陆地上生活。① 当然，早些时候，在中期帝国

---

① 参见阿兰·科尔班著：《空虚的地域：西方世界与海岸之愿（1750—1840）》（A. Corbin, *Le Territoire du vide：L'Occident et le désir du rivage，1750—1840*），巴黎：奥比耶出版社 1988 年版。

治下,嘉兴(应是当时的松江府。——译注)的民众有着与这种欧洲思想类似但更温和的想法。他们看到当地的一座古岗,南与大海接壤,北抵松江府治,长一百里,入土数尺皆螺蚌壳,于是就认为,"此天所以限沧溟而全吴人也"。① 沈氏也认为,大海并不是鬼蜮之渊薮——这与前现代巴厘岛人的例子有点类似②,而是神仙之居所,他在另一首诗中就是这样阐明的。③ 大海也使很多不熟悉它的人感到恐惧,这一点我们可以从沈氏的客人和仆从的惊慌失措中看出来。部分是因为这一原因,对那些敢于面对大海的人来说,海也成为了身心愉悦、超脱的源泉。

与 18 世纪前的欧洲人不同的是,中国人认为海岸线是不稳定的。经验可以明显地证明这一情形的存在。在嘉兴的某些地区,有人居住的陆地被大海卷走了,前一章提到的王盘那个例子表明了这一点。王盘曾与大陆相连,但据宋代的常棠所述:④

> 黄盘山邈在海中,桥柱犹存。淳祐十年[1241 年],犹有于旁滩潮里,得古井及小石桥、大树根之类,验井砖上字,则知东晋屯兵处。

明朝后期的方志告诉我们:⑤

> 宋志:海盐东南五十里有贮水陂,南三里有蓝田浦,东三里有横浦。东通顾邑⑥,南入海又有三十六沙、九涂、十八冈及黄盘七峰布列海壖。

> 今县治去海仅半里,旧陂塘之迹悉沦于海,而金山相去益远。潮汐自宪赭⑦上滩洄流,激海宁黄湾境。至秦驻白塔间[今天离岸两

---

① 《至元嘉禾志》,第 4514 页。

② 参见吉田祯吾:《海之宇宙学》,收于后藤晃等编:《历史中的自然》(Yoshida Teigo, "Umi no kosumorojii," in Gotō Akira *et al*, eds., *Rekishi ni okeru shizen*),东京:岩波书店 1989 年版。

③ (明)《嘉兴府志》,第 1969 页。

④ 在伊懋可和苏宁浒的《人海相抗》一文中做了论述。

⑤ (明)《嘉兴府志》,第 509—513 页。

⑥ 在何处并未得到确认。

⑦ 此时位于古杭州湾的南北海岸。

公里],势复涌撼。游涛乘风坏民庐、伤禾稼,为全吴①忧。堤议始亟。

这是一片不断变幻的景观。相反,在其他的地方,海岸则建立起来,譬如长江口南端、嘉兴稍北的南汇半岛。②

正如我们在前一章所见到的,明末清初,此地在与海的交战中基本告捷。

## 围田

在中古时代的数百年间,这种有好有坏的景观通过造围田得到了治理。围田这个汉语词汇的字面意思是"围着的田地"。它们的形状像反转的浅圆锥帽。凸起的边缘——护堤——围绕四周,里面的渠道稍斜,通向底部的公共排水沟。围田排水指的是用踏板水车将水从排水沟中抽出来,也就是将板子接成一条连续不断的木链,带动开口的四方水槽将水抽上去。这也是一份苦差事。

在中期帝国及晚期帝国的前半段,良田位于围田的顶端;在这里,农民既比较容易用上外面的水,又不那么费力地将水排入下面的排水沟。在清代相对更平等的农业社会,围田这种方式转而延伸到了像馅饼片一样被分割的田地上,在中心地带,所有这些田地从上往下一围到底。1600年的府志对首次出现的这种转变做了如下记载:③

> 本郡围田,河泾纵横,谓古井画之遗,莫可详也。④ 唐广德中,屯田使朱自勉浚亩距沟,浚沟距川,而其利始兴。后刺史于頔缮堤疏

---

① 长江下游三角洲的南侧。

② 伊懋可、苏宁浒:《遥相感应:公元1000年以来黄河对杭州湾的影响》,收于伊懋可、刘翠溶主编:《积渐所至:中国历史上的环境与社会》(M. Elvin, N. Su, "Action at a Distance: The Influence of the Yellow River on Hangzhou Bay since AD 1000," in M. Elvin and T.-J. Liu, eds., *Sediments of Time: Environment and Society in Chinese History*),纽约:剑桥大学出版社1998年版,特别是第352页。

③ (明)《嘉兴府志》,第491—492页。

④ 这一观念不过是仿古幻想。

浍，刈树表道……

时郡为嘉兴、海盐两县。嘉兴地势平衍，旱涝易备；海盐面海并
山，南高北倾，十日不雨，田者无措，故闸堰为急。令海盐者，唐长庆
中有李谔，开右泾三百有一，创长丰闸二。宋咸平中，鲁宗道导蓝田
浦、白塔港水一十八里。嘉佑中，李惟几浚沟洫、树木闸、置乡底堰
三十。①绍兴间李直养修乡底堰八十余，及常丰二闸，②筑支港堰二
十四。其后，赵善悉（作者误读成了 Zhao Danxi。——**译注**）浚乌
丘、招宝③等塘④，筑堰八十一。海盐堰闸之功，世见记载如此。

因而对水力的驯服耗时约 400 年，府级以下官府的参与似乎常常起
着关键作用。

成功的故事背后隐含着因不同的经济与环境利益而造成的社会纠
纷和政治冲突。而什么可能会引起官府与私人利益的冲突，从下面这一
段对整个江南地区更为全面的描述中可窥见端倪：⑤

其围田，五代钱氏［五代时统治吴越国⑥］常置营田军四部八百
人，专力田事。宋罢营田军。端平中，转运使乔惟岳复凿所经堤堰
便漕［涉及税粮］。

而富民取盈田租，辄不修圩。又其俗，以一易、再易田为白涂，
田获倍常而租如故。故佃民利淹没，遂凿古堤捕鱼［它们穿过所凿
洞口游进来］，垦之［在坝顶］树艺，或傍圩败圯波及，于是田围尽废。
每春夏霖雨，田辄弥漫。

----

① 对这一技术词汇的翻译是否准确，尚不确定。（作者将"置乡底堰三十"译为"put in place
　 thirty district-boundary embankments"。——译注）
② 此处二闸的名字与前面提到的虽然音同，但写起来字却不一样。
③ 跟以前一样，这里在涉及有明确意思的小地名，地图上识别起来也不会有什么大问题时，我
　 常常冒昧地将其意思译出来，以传达古汉语地名的某种味道。（在此，作者将"乌丘"、"招宝"
　 两地名分别译为"Black Mountain"和"Summonwealth"。——译注）
④ 正如在传统的英语用法中"dike"既可指高高的堤坝也可指在它旁边流淌的沟渠一样，此处所
　 用的汉语词汇（塘）的模糊性可与之相提并论。
⑤ （明）《嘉兴府志》，第 493 页。（还应包括第 494 页。——译注）
⑥ 即公元 907—960 年。

178 　　乾兴元年[1022 年],始诏发运使董诸部兵,疏导壅阏[在那航道中]。嘉祐三年[1058 年],转运使……上言,诏县令,民作田塍,位位相接,因此为县官殿最。四年,诏,置开江兵,立吴江等四指挥使兴修。

因而,官府一如既往地在干预,甚至在必要的时候还会动用军队。

在最后这个例子中,官府的财政利益可能也被牵涉其中;但运输与灌溉是一对普遍存在的矛盾。澉浦的方志提到城镇和大海间只有一条可靠的运输线,为这对矛盾的存在提供了一个例证。不同寻常的是,在这里,面对气急败坏的官僚,私人开拓精神占了上风,至少一度如此:①

　　六里堰②在镇西六里,高下相去数仞③,为惠商、澉浦、石帆三村灌田堤防之所。缘舟船往来,实为入镇门户,因置车索[在斜坡的一侧将舟船拖上放下]④,今属本镇提督。

　　三里堰在镇西三里。元无此堰,淳祐九年[1249 年]六月,大旱,民居沿河,私捺小堰。至水通诸堰,悉复毁去,独此堰为居民私置车索,邀求过往。久为定例。

　　然军船之往来,盐场之网运,酒⑤库之上下,舆夫税务诸场之版解,商旅搬载海岸南货,别无它歧。河流易涸。实为不便。

179 　　况此方既有六里堰,足以防闭水利[阻挡海水流入,并限制河水流出],此堰赘立,委是为害。淳祐十年[1250 年],茶园酒官……申县开掘,济利一方。但提督诸堰,实隶镇官,常宜觉察,重捺邀求之弊。

---

① (宋)常棠撰,罗叔韶(作者写成了 Luo Shuhao。——译注)修:《澉水志》,再版收于中华书局编志(作者将"辑"误写成了"志"。——译注)部编:《宋元方志丛刊》,北京:中华书局 1990 年版,第 5 卷第 4662 页。以下称《澉水志》。

② 即横穿水道将其拦阻的一个堤坝,而不是与其河岸平行的一处堤防。

③ 约 4 到 5 米。"仞"是上古时的高度或深度单位,据说指的是一个人的身高。是上古时的 7"尺"(有时可能是 8 尺)。战国时代一"尺"约 23.1 厘米。参见丘光明:《中国历代度量衡考》,第 11 页。

④ 车索的字面意思可能是"车子绳索",对它的翻译是根据上下文而猜测的。(作者将"车索"译成"a capstan-tuned cable"。——译注)

⑤ 这酒是用大米而不是葡萄酿造的。

叙述到此结束,似乎并未对私置车索的居民采取过措施,镇官很可能全都得到了后者的好处,因此睁一只眼闭一只眼。

水利建设历经很长时间才会稳定下来。在 12 世纪的第二个三分之一时期,即宋代南迁都城于杭州(在东部和东南部交界处)后,嘉兴住满了随朝廷迁来的名门望族。其中很多人排干湖泊和湿地来造田。军队也复筑滨湖堤坝,在其中造"壩田"以自利。干旱时节,惟有壩田的用水得到满足后,其他人才可分得一杯羹。洪涝时期,据说这些壩田会"屹屹"周遭。它们也会阻塞通到下游渠道的出口,使平头百姓很难排干他们田里的水。

在蒙古人征服中国南部后的 1297—1307 年间,一个监管官署(即浙西都水营田司。——译注)得以设立,以管理"营田",包括确定湖泊的边界并阻止百姓对湖泊的进一步蚕食。但正如 1600 年的方志所言:"然当事者皆胡人,不习水利。"田地"益坏"。1341 年后的一段时间,朝廷努力进行过补救,但随着元朝行将终结,"河圩、厅闸实俱败决"。如果向下流动的河道畅通无阻,就会使"湖水奔驶田中,其害滋甚"。[①]

嘉兴的那些浅湖往往淤塞得相当快;如果蓄水区出现滥伐现象,致使水中所含泥沙增多,淤塞甚至会更快。总之,当然是人类的活动将一个有规律地变化的环境转化为一种人为平衡的环境,这需要细心的管理和不断的维护来加以控制。由于后面的明清两朝几近实现了这一目标,人们就很容易忽视它们曾经为之付出的努力。

## 作为稀缺资源的土地

180

中国的大部分地区在历史长河中的某些时候都会遇到经济投入匮乏的时刻,但匮乏的不再是劳力而是土地。这种时刻肯定很难加以精确定位,而且因地而异,通常相差数百年。再说,无论什么时候,人们大概

---

① (明)《嘉兴府志》,第 494—495 页。

都会激烈地争夺最好的土地。反过来说,甚至在较为发达的地区,在现有的技术水平下,一些贫瘠土地的收益可能也不会增加,因此不大会有人去耕种和开垦。当然任何一个时候,都会有各种各样的因素来减缓整个帝国内部趋同情形出现的速度。移民方面也存在着经济和地理上的困难,而在陌生人中间定居也会有社会和语言障碍。初来乍到,面对陌生的地形、不同的资源和新的疾病,身体、免疫系统和技术上也需要适应。这种解释总的看来模糊不清,并且这一过程也不平衡,各种地方和各个时候都存在这样的情况,但绝不意味着变化的无足轻重。这种变化很可能改变了经济和社会互动的几乎每一个层面的特征。另外,它可能还助长了对地产的占有。

在唐代的江南,仍有相当多的土地未经开发。[①] 唐初,稻田隔年休耕的惯例仍持续了一段时间。[②] 通过移栽稻秧而优化土地利用的做法在唐代以前并未实行,随后才逐渐出现。早年间,还有通过灌水淹死杂草的做法,就像烧稻茬来肥田一样。[③] 这一时期,效率更高的农业技术开始传播,使每家维持生计所需的平均土地数减少。这些良方包括使用牛拉犁和粪肥、小型的稻米与冬麦的复种制、水车的广泛使用以及农民一年四季劳动计划的增强等。[④] 正如上文表明的,人口开始增加了。

12、13世纪,嘉兴经济中主要匮乏因素从劳力向土地的转化似乎已经定型。公元980年,每平方公里登记在册的居民数是15人(可以肯定,这是一个相当低的数字)。1080至1102年间,平均是84人。1290年达到294人。[⑤] 因而,只不过三百多年,嘉兴7790平方公里土地上的人口密度几乎显著地增长了20倍——更加可以确定的是,在199年间增加了3.5倍。这些膨胀的人口主要由扩大的围田来养活,在其上可以密集种

181

---

① 李伯重著:《唐代江南农业的发展》,北京:农业出版社1990年版,第30、86页,比较第106页(论宋代的休耕)。
② 李伯重著:《唐代江南农业的发展》,第41页。
③ 李伯重著:《唐代江南农业的发展》,第51页。
④ 李伯重著:《唐代江南农业的发展》,第89—95、106—129、149和190等页。
⑤ 斯波义信著:《宋代江南经济史研究》,第146页。

植喜湿的稻米,外加日益频繁地种植旱地冬季作物,比如小麦或蔬菜。

如果要为这种转变的性质寻找定性证据,我们至少可以通过对两个时期的比较来加以说明,这就是官府拥有足够土地来建屯田谋发展的时期(如上文提到的朱自勉的例子中表明的),以及后来人们为极小块土地而热衷打官司的时期。这两个时期中的前一个时期至少持续到晚唐,第二个时期到 12 世纪末叶明确起来。

公元 304—305 年,西晋派兵 3 000 到嘉兴做屯卒。"久而镇静,使君教兵两千,耕稼官田。岁遇丰稔,公储有余。"①要清楚地了解这些早期的屯区可能是如何得到组织的,我们必须推进到 500 年后的唐代。公元 8 世纪中叶的叛乱使嘉兴饱受 14 年兵灾,之后,这里"因之以饥馑,重之以瘥札。死者暴露,亡者惰游。编版之户,三耗其二。归耕之人,百无其一。将多于官吏,卒重于农民。"②公元 763 或 764 年,朝廷命一高官③建立军屯:④

嘉禾土田二十七屯,广轮曲折千有余里⑤。公划为封疆,属于海浚,其畎浍达于川。求遂氏治野之法,⑥修稻人稼穑之政。⑦ 芟以殄

①《至元嘉禾志》,第 4494 页。

②(清)《嘉兴府志》,第 196 页。

③ 他姓元,但其他方面都不确定。可能的人选包括元结和元载。(元结是唐文学家,字次山,号漫郎等,河南洛阳人,曾参与抗击史思明叛军,立有战功,后任道州刺史。元载,字公辅,今陕西凤翔县人,曾任宰相,专擅弄权,后被代宗赐死。据吴仰贤的《嘉兴府志》的第 196 页所说:"可以济斯难者,莫出乎屯田。广德初,相国元公倡其谋……",由此可断定他应是元载。——译注)

④(清)《嘉兴府志》,第 196 页。

⑤ 文中说"千有余里"。宋代嘉兴府是 7790 平方公里,大致相当于 88 公里×88 公里,因此要想在其中找出一个约 500 公里长的地方,即使它弯弯曲曲,也不可能。如果将"里"理解为"1 平方里",那么它大致相当于四分之一平方公里(0.5×0.5 公里)。这样,"千有余里"大概是指 250 平方公里的地区,这还不足该地区总面积的 1/5。在李伯重的《唐代江南农业的发展》的第 86 页,这一数字是"曲折百有余里"。如果这指的是一个 100 平方里的地区,那它大约是 25 平方公里,这可能太小了。如果反过来,它指 100×100(直线)里,那就是 2 500 平方公里,几乎是该府总面积的 1/3。当然,这并非不可能,1 000 平方公里这一数字似乎更合理。

⑥ 这里所指的"遂",是离都邑 100 多里的地区。所参考的是准经典著作《周礼》的《地官·乡老》部分,收于清代阮元所编《十三经注疏》(再版,北京:中华书局 1980 年版)。以下称《周礼》。

⑦ 这里又一次使用了出自《周礼》的一个官名。

草,剟以除木,风以布种,雨以附根,颁其法也;冬耕春种夏耘秋获,朝巡夕课,日考旬会,趋其时也;勤者劳之,惰者勖之,合耦助之,移田救之,宣其力也;下稽功事,达之于上,上制禄食,复之于下,叙其劳也(该句在英文原书中并未译出。——译注)。

根据我们所了解的后来的情况来解读这段材料,会感到这一描述在几个方面是令人惊讶的。考虑到这些军屯土地是作为灾后恢复计划的一部分加以开发因而并非典型常态这一事实,而且,由于它参照了上古三代使用的经营之法(指井田制。——译注)而对理想色彩保持了警惕,我们可以指出以下几点:第一,在这里土地仍比较容易获得;就一个县而言,250平方公里是一个相当大的地区。第二,稻作技术简单,不需要苗床或移栽,除草但不施肥,一年仅一熟,没有冬麦或蔬菜,就足以获得"如云漠漠"的收成;另一份关于同一方法的记述中提到这一点,当时它由大理评事朱自勉主持经营。① 第三,这一带土地的基本调整工作仍在进行当中。

上文提及的另一份记述还说到"夫伍棋布,沟封绮错"。很明显,由于中文文献中的用语几乎无一例外地来自早期的描述,那时灌溉还是一件新奇的事,因此,这份记述就说人们是"以沟为天"。② 也就是说,他们已摆脱了依赖雨水来养活的窘境。对农业活动的组织也直接由官僚来管理——毕竟它们是军屯,因而迥异于至少对广大农民来说可以独立从事的活动;在中期和晚期帝国治下,这些人摆脱了某种形式的半奴役状态。

土地短缺的转变发生后,社会对农田的态度可以从公元1219年枢密院编修官钱抚对嘉兴的记述中推断出来。这篇记述的标题是《复学田记》,而学田即是将收入用于资助儒生的那种田。(学田始创于宋,延至清代,目的在于赡学。——译注)当时,人们对土地的占有发展到了甚至连相当小的一块肥沃的地产都不放过的地步。此时土地官司的增多,可

---

① (清)《嘉兴府志》,第196页,述及朱公成就。
② (清)《嘉兴府志》,第196页。

作为说明这种冲动的一个标志：①

> ［钱说］国家立学，遍天下学之。制小大不同……然，莫不有土田以充储仓焉。盖迪士以教，赡士以养。可以两备，不可以一阙。[183]倘户外之屦孔多，廪人之粟不继，此亦兴教者所宜尽心也。

做此番引论之后，他讲述了嘉兴学官萧杞的故事。萧氏论道："士慊一饱，徒教不能以自行"。由于"旧田尚可考"，他就成为了一个"镇学"，"善计会"，"搜匿掘伏"。

这份调查中最富戏剧性的发现是"六和塔院冒据"之田：

> 初，院僧诱鹖冠顾氏，取其田四百六亩②，虚立贱买券约。已而，夏姓民称其家质田居十之一，僧不应言买③，诣县请赎，令从之。因论僧所受顾氏田不如律，告之郡，郡不私有，悉没以予学。
>
> 僧屡讼屡衄，特以赎田者非质田子孙。有司仅给此田，余在学，固无恙。会郡博士践更，僧与胥为市［偷偷摸摸的］，乘罅［在当地社会内部］去籍并已没田，掩而有之。涉年二十，阅儒官六七，弗究弗图，稔伪成真。
>
> 至是隐状始尽白，乃疏于郡、于台中及漕，协心主盟［针对被诉者］，诘胥之奸，仍归之学。僧怙器，又讼之部，部亦坐僧非是。僧遂诎，乃合受田之数而归其半……[184]
>
> 今兹田逃释归儒，不以养游民［指僧侣］，而养秀民。④

钱抚的故事明显存在敌视佛教的偏见。除此之外，其中讲到的小块土地（不超过前面例子中屯田面积的 0.1%）所引发的冲突之严重，以及各色人等的粉墨登场，都说明此时土地的重要性已非同一般。28 公顷就

---

① 《至元嘉禾志》，第 4532—4533 页。

② 406 亩，等于 0.285 平方公里。

③ 严格地说，这里用"mortgage"一词是不准确的。（作者指的是他用这个词来对译"质"。——译注）它不是以地产为抵押品而得到的一种贷款，而是将地卖出；经过期限不确定的一段时期后，卖方或其继承人有权按出售价格将其买回。

④ 会涉及哪个"部门"，尚不清楚。

足以引发一场争吵，并最终引起朝廷官员的注意，包括这份记述的作者也是应当地人所请才奋笔疾书的。

当然也有这样的时候，即政治动乱使人们可以重新获得更多的可耕地，以致缺少劳力耕作。因此，明初嘉兴的那位记录者①的传记写道："田多荒芜，悉勉有力（劳力或资金）者垦之"。②

随着明朝的发展，城市也变得拥挤不堪；也许我们应该说是"再次拥挤不堪"。晚明的方志描述了这一过程，而这在 16 世纪尤为明显：③

> 国初，郡城中民廛尚寡，四水门内纵横皆巨流，即支渠亦堪鼓棹。德靖间[16 世纪 20 年代初]，生齿日繁，市河两岸结屋如鳞次。于是土苴填委，支渠渐积成陆，而巨流亦或淤涩。居人苦之。
>
> 嘉靖二十六年[1547 年]，郡守……创议开浚市河，故渠之埋废者浚之，民居之侵隘者卸之，桥块之垢滞者辟之。复令里出一舟，运砂土置南湖中，培为楼址。

实际上，城市人口在南宋时似乎有所增加，在宋元和元明更迭期的动荡中又下降了。至少就那个时候而言，显示早期城市繁华的证据零散而稀少，使我们无法断言事实是否如此。④

地产冲突也涉及木材；在中期帝国期间，后者在某些地区日益成为一种稀缺资源。宋代沿海城镇澉浦的方志在紧接着关于镇西和西北六座山的条目之后，讲述了下面这个故事：⑤

> 右六山不种林木，百姓牧养牛羊处所[不像其他的山]。先是亭民百姓互争柴山，自五代至本朝有讼，屡经御判。人以石匣贮文以藏于地。二百年初无定属。每岁交锋，山上杀死不已。淳熙十一年

---

① 谢天锡。（作者误读成了 Xi Tianxi。——译注）
② （明）《嘉兴府志》，第 853 页。
③ （明）《嘉兴府志》，第 498 页。
④ 譬如，（清）《嘉兴府志》第 190 页上周邠和的诗。
⑤ 《澉水志》，第 5 卷第 4661 页。

[1184 年]，仓使……详起宗委，干办公事，常于公暇采舆论，参酌予夺，各分定界，永为不易之论。具奏，上悦，由是息争。

在此，我们可以略窥地产冲突进程之一斑：它常常以环境战争为标志，由此将原来普遍公用的非农业地段，譬如树林和山上牧场，转让到个别家族和社区名下。此时，一般需要*种植*树木来获得木材和柴火，这段引文头一句里的"种"字说明了这一点；对此，这本小书中关于澉浦地形的两句扼要评论也可以证实："低矮白山，不种树木。"①

至明代，形势恶化。宋代时长墙山——有时被称作黄道山——脚下有一造船厂，那里有一个名为龙眼潭的泊舟处。造船意味着有木材供应。饶有兴味的是，当地唯一可资利用的饮用水来自半山腰的一口井，它是在僧人的倡导下开凿的，后来成了行人必经之地。16 世纪，董穀——海盐当地人，《续澉水志》的纂修者——讲述了一个故事，说明木材短缺到这个时候是如何加剧的：②

黄道山……下枕龙眼潭。泊舟处有水军寨，外捍大海。庙在山之腰……

后龙眼潭塞……岁壬子[1552 年]，岛夷③剽掠黄岩④，浙西告警。癸丑[1553 年]遂犯金山，侵及海盐。舟师守澉，集于山外[也即临海的那一面]，兵有登山伐庙前柏为舵筟者。神凭之，曰：汝敢伐吾柏耶！祈吾，当宥汝！

乃谋创新厥祠。俄而潮冲沙碛，龙眼潭仍洋洋深入。战舰复集祠下，风涛不惊。自是寇经数四，终不为害，其灵贶之著显盖如此也。

这个故事暗示，此时的沿海山脉已缺乏优质木材。那棵坐落在庙宇之地上的柏树作为神树而得到保护并幸存了下来，水兵将其砍伐，犯了他们所认识到的不敬神之罪，当然，事情紧急，情有可原。幸运的是，他

---

① 《澉水志》，第 5 卷第 4660 和 4671 页。
② （清）《嘉兴府志》，第 290 页。
③ 即"倭寇"，实际上此时的海盗大部分是中国人。
④ 就在澉浦的南部。

们亡羊补牢,因而赢得了神的宽宥。

### 187 桥

桥必不可少,因为走水路太多,既不舒服也很危险。大约 15 世纪末,沈炼针对平湖的筼翁桥写下了这样的诗句:[①]

> 淡水何弥弥,厉涉须苦匏。
> 中流拍浮者,瞿瞿呼亦劳!

这里参考了上古《诗经》中的一首诗[②],而当一首诗歌被用作证据时,常常会出现这样的情况,即,我们无法知晓典故对所要表达的意思有多大的影响。其实,人们不可能在明代中叶还这样使用葫芦。

桥梁与顶端也用作道路的堤坝不同,可以让下面的流水流淌自如,因而不影响灌溉、排水或运输。平湖的横桥坍塌后,需要跨溪建立通道,于是"乡人聚土为堰"。两年后到任的新官发现,该堰已堵塞了溪流:

> 适遇亢阳,远近支河莫不焦涸。访之耆老,环吁请开,亟为决放,严禁阻挠。水得大来,因无孔暵。因为设船济渡。

建水闸的计划后来因花费巨大而搁浅,但最终建了一座三孔平石板桥。[③]

这种石板桥造价低廉,但容易坏。木桥易腐烂。[④] 在桐乡邻桥翻修成平石板桥后的数月,霆雨骤下引发洪水,桥因此被毁。于是捐资修桥者

---

① (清)《嘉兴府志》,第 161 页。
② 高本汉著:《诗经注释》,♯34。"匏有苦叶,济有深涉。"("The gourds have their bitter leaves,/The ford has a deep crossing,")鉴于这一参考,另一种可能的译法是"for a ford so deep that one crosses it with one's clothes on, a gourd is essential",这采用了上古时的意思,即"和衣涉水";这里所用的"涉"字,后来人们一般用它指"危险的"意思。最后,"for support"这两个词(对应为该诗句中的"须"字。——译注)是必须用上的,这与上古人们涉水时在衣带上系葫芦的做法相符,否则这句话就解释不通。
③ (清)《嘉兴府志》,第 161 页。
④ 例如,(清)《嘉兴府志》,第 160 和 166 页。

重建了一座更坚固的石拱桥，当然，这种桥建起来比较难，造价也更高。[1] 到了明代，人们逐渐意识到农业的发展会减少行洪空间，而这就使得从保留的桥孔外流的水量增加，桥所承受的压力也随之加大。譬如，平湖的万安桥，据观察说，"守城成地益胜，水益蓄其外。比年，桥渐圮"。[2]

与水利规划相比，桥，更多的是由社会和个人主动修建的，当然有时可能是出于官方的授意。如果说在中期和晚期帝国治下存在着某种独立于官府的"市民社会"的成分，那么桥梁的修建，将是寻找证据，以证明其有无和多少的佳所。比较一下下面的两个故事吧，一个是吉祥桥，一个是见龙桥，二者都在嘉善县。第二个桥名中的"龙"字似乎暗指主要捐资者的名字，而不能望文生义，认为真的有人看见龙了：[3]

> 吉祥桥　元至正间[1341—1367 年]，有张巨山者，赀雄一乡，生子曰巨森，年十八，暗哑不能言。有僧募缘建桥，过其家，巨山给曰：问吾子欲何为？僧即诣其子问，忽应曰：此桥吾家当独成。巨山喜，乃捐赀建桥……巨森由是能言。

这是一种合乎道义的奇事，大部分中国人都为之欣喜。

> 见龙桥　环城皆水，各门俱有木梁通往来，独南门外则大通渠也。商贾帆樯旦暮鳞集。达官贵客楼船金鼓相望，冲激易圮……邑侯李仕华来莅兹土[明代的某个时候]，邑人以病涉告。公戚然，乃召居民[资金随之而来]。

有时候，"无官职"的个人可能是出生于所涉地区的官宦之人，由于回避制而无法在当地为官。16 世纪，平湖县人冯汝弼即是一例，他修了焦山门桥和其他的桥，并自叙其事：[4]

> 嘉靖四十年[1561 年]……余行自汉塘至郡城，忽风雨大作，见

---

[1] （清）《嘉兴府志》，第 148 页。
[2] （清）《嘉兴府志》，第 160 页。
[3] （清）《嘉兴府志》，第 154 页。
[4] （清）《嘉兴府志》，第 149 页。

188

*189*　　　雨涯断岸泥泞。牵挽徒涉者，溺水相继。余不忍见也。归办竹木砖石，沿堤修筑五十余里。十余年来，时圮时葺，恐不能为长久计。于是蓄料鸠工，修建石梁木梁三十二座，修筑石堰土堰一十五处。若其未备，不能无，望于同志君子。

明初，僧人仍是修桥的重要募款者和组织者。① 有时，这是为一己之私。15世纪末，晚明的方志向我们这样讲述了海盐的情况：②

　　　邑治西有潴水之泽，曰贲湖。湖心有庵……庵左右有土堰，通行旅往来。数溃圮。庵僧……谋诸里中长者，易土以石，以为长久计。为梁虚其中，通湖水之消长，以杀其势。

然而，16世纪之后，在桥梁的修建上，僧人似乎不再发挥任何作用了。最后一例可能是海盐文会（作者拼写成了Dahui。——译注）桥的修建。由于每年春③夏间风雨大作，致水暴涨为害，因此，在这位观察者的一生之中，桥似乎处于兴圮靡常的状态。在地方水利官员受命修桥失败后，观察者以一己之力的行动也告失败，于是水利专员在1550年组织地方士绅和僧人募集资金，招募工匠，最终取得成功。④

桥有时候是重要的市场，或者连接着市场。这里有关于熙春桥的一段论述：⑤

　　　我禾百货所萃，莫盛于郡城东隅。稗贩之家，操奇赢以化。居远近归市者，肩相摩而趾相错也。南北阻，一衣带水，架桥如虹。

*190*　　　重建时，"制不拓于昔，而甃石悬磴较壮，且固焉。"⑥从其用词可见，

---

① （清）《嘉兴府志》，第158—159页。

② （清）《嘉兴府志》，第159页。正如前面指出的，此处使用的"势"一词，适用于纠缠家畜的蚊子。在一般意义上讲，家畜更"强大"，但蚊子可能更机动灵活，因此更有优势。

③ 原文中说的是"秋夏"，但是一来这样说顺序不对；二来秋天暴雨在嘉兴并不常见，这与开头的"每年"一语很不符。因此，我将这里的"秋"改为了"春"。

④ （清）《嘉兴府志》，第159页。

⑤ （清）《嘉兴府志》，第144页。（应为第146页。——译注）

⑥ （清）《嘉兴府志》，第146页。

这是一座阶梯式的拱桥。

在嘉兴城外三公里处有驷马桥（吴仰贤的《嘉兴府志》第 146 页载，该桥在嘉兴县东一里半。——译注）。有人告诉我们，"吕太常尝以乡民入市艰于跋涉，因建此桥"。①

虽然在唐、宋时期，这里似乎只初建了几座桥，但到 19 世纪中叶，嘉兴府的桥梁已近四百座。②

## 环境与罪行

水路纵横的世界是一个容易滋生犯罪的场所，因为罪犯可以立刻消失于如织的水网之中。16 世纪末或 17 世纪初，生于嘉兴府的官员李日华因此曾建议，应像早年一样在大河的交汇处建水栅，当然，并不清楚何曾有过这样的做法。他的建议体现了这个水上世界的特点；在这里，水路对人类活动的影响比旱路要大。并且，他的建议还表明了通常中国官员对自然的态度，一种欲将自然置于严密的行政控制之下的持久的决心。此外，他的建议也隐含着因这样一种情况而产生的挫败感：如果缺少持续不断的监督，其中的机构和设备同样都会崩溃破损。③

[李写到]嘉禾（嘉兴旧称。——译注）郡城四面皆水……以托生聚。其水必自大水分来，分多必合，下流又归大小而去。大水者，为湖为荡为浦为漾，渺茫千百余里，乃四方奸盗啸聚出没之薮也。

故禾郡之防盗，不当防之于陆，而当防之于水，不当防之于内地曲折湾流之水，而当防之于大水所来之口，与支流会合入大水之口。其口阔者或数十丈，或五六丈。一入是口，则肆行劫掠，比屋可虞。一出是口，则渺茫巨浸，即是盗乡，饱载扬帆，不复可追矣。

贼虽爱财，当亦护命。先年之盗，不敢辄入内地，止于沿塘行径

191

---

① （清）《嘉兴府志》，第 146 页。
② （清）《嘉兴府志》，第 161 页。
③ （清）《嘉兴府志》，第 122—123 页。

寥落无人之处,剽劫孤客。正以各口有栅,口不易入;即得入,别口之栅又不易出,入而难出,势即成擒。贼亦安肯轻自送死耶?

近因承平日久,诸事迟懈,各口之栅无一存者。其称设栅锁闭者,止于城市桥梁之下横木一根,围圆不过径尺,长短不过二丈。虽有锁链,亦不坚固。又于编民中择其下户贫窘者,强抓栅夫。此不过阻遏里中往来小船,适为要锁之媒何益?防守之数,若过大盗版斧一加,立见斩截,宁足为毫发之恃乎?

今当差官,于郡城四面杳有小水接连大水去处,两边密钉椿木四五层。其木务须粗大牢壮,中留一口,作门一扇或两扇,通船往来。止是官座船与[官府的]运艘经由者,其门稍大,其余止容一船。铁链巨锁,晨昏启闭。金点附近殷实之人,编定工食,从厚给与。

仍于栅之左右地面置造官房,督令居住,以便看守。

192

总栅之内,于各处桥梁仍旧,安置横木,以时启闭。此后即有大盗能斩栅而入,看栅之人力不能敌者,亦可自从陆路驰至第二层内栅边,呼集居民,为御盗之具。又于紧要栅口,拨兵船一支,临期放炮发哨……

故事结局如何,作者没有交代。其实,他所提议的诸种措施能否一一实行,大可值得怀疑。


## 食物供应

在中期帝国末年以及晚期帝国治下,嘉兴很多地方在食物供应上都无法自给。当地人收入的大部分来源于水上贸易、煮海水制盐、种桑养蚕或种棉花。这样,额外所需的食物必须从商人那里购买。这一模式是因当地环境局限和发展历史不长而造成的。例如,在乍浦——宋元时期由一个沿海村落聚集而成——周围,该镇每一侧的情形都大相径庭:①

---

① (清)《嘉兴府志》,第 127 页。

　　其西,则民以盐为生。牢盆声达数十里。*稍有余土,一望苇茅,不耕。北虽原田通湖邑。民有米,咸走湖间,来乍亦罕。惟东南数十百顷独近乍,田腴,岁获亩一钟。贸易相通,乍命咸系。而其坎不凿,太平犹可,一旦有警,米在山中。*

这里提到的计量单位*钟*在帝制中期末叶并不常用,而且暂时还不能确定它在西制中相当于多少。[①]

　　乡村缺乏保障,这与主要由气候造成的收成波动联系在一起。收成低则价高,收成高则价低。虽然这几乎可以预测,但是不应忘记,当长途运输和市场等制度完好地建立起来之后,即使是在前现代,这也能够缓和甚至消除这些波动。马立博的研究已表明,18 世纪晚期的广东省(在岭南)就曾出现过这种情况。[②] 嘉兴"常平仓"上吴宏基的碑文则描写了 16 世纪末该府的情况。这些谷仓在丰裕之年负责购买并存储粮食,在饥馑之年以百姓买得起的价格加以出售。它们成为了一种"官方缓冲"之策:[③] <sub>193</sub>

　　　　余尝见嘉禾岁穰[变化着的]粟多则尽趋市粜,粜者多则籴者少,而价日卑。价日卑而民不得不粜者,苦于无钱也。于是乎农病。岁凶粟寡则尽趋市籴,籴者多则粜者少,而价日高。价日高而民不得不籴,苦无粟也。于是乎民[作为消费者]病。

　　　　当此之时,能使不伤农不害民,农家不致贱弃如粪土,而穷民不致贵取如珠玉。[也就是说,官方要储备粮食]……

　　　　异时闻父老言:嘉靖辛酉[1561 年],阴霾肆虐,釜灶栖蛙。近又寓目于万历戊子[1588 年],岁旱魃,陆梁千里,一望如灌奔。此两年,岁责莫入,道馑相望,鬻妇子如豕鹿,白骨累积。借有早计储蓄

<hr>

① 帝制早期时,一"钟"在 6 升—37.5 升之间,常见值是 20 升。参见丘光明:《中国历代度量衡考》,第 248—253 页。

② 马立博:《南方"向来无雪":帝制晚期中国南方的气候波动与收成(1650—1850)》,收于伊懋可、刘翠溶主编:《积渐所至:中国历史上的环境与社会》,特别是第 435—444 页。

③ (明)《嘉兴府志》,第 1812—1814 页。(应为 1811—1813 页。——译注)

之术,给彼升斗,何渠至是⋯⋯

于今五年,犹念右有贱不使伤农,贵不使伤民之策。适奉檄,各郡邑建立长平仓以备凶年,主籴粜。乃遍观一邑之中,设仓凡四。

循邑以北,几二十七里,为王江泾,于姑苏当走[较大的]集。其人十农三贾,十九苦涝,十一苦旱。其田宜禾少麦,视高原所入,差倍甚。涝伤禾,乃受之饥。以其间设廒仓,中市而立,厥面阳,厥形方⋯⋯纵横度可盈三百寻。

还至于邑,西南行三十里而近为新城,于苕溪当走集。其人十农四贾,中分苦旱涝。其田宜麦禾多桑,视衍沃所入,差俭甚。旱涝伤麦禾,乃受之饥。其廒仓,中市临官道而立,厥面阳,厥形长。

于是,他继续讲述该县其他城镇谷仓建设的情况。

这里的寻,长 8 尺。由于明代建筑用尺平均为 31.9 厘米,[①]因此,一寻约合 2.55 米。仓底面积似乎约有 766 平方米,这意味着谷仓墙壁的长度可能约有 28 米。该文献也指出,这种建筑分为两部分,有一条狭窄的通道将二者和另外的附属部分连接起来。

这种大型谷仓的设立,以及府衙需要购买、囤积和销售粮食的运作方式,是应对变幻莫测的天气以及易受这种变化影响的复杂而不稳定的粮食生产制度的部分代价。窘迫之时卖儿鬻女,是人们日益缺少回旋余地的一个重要标记,这与自然环境之缓冲的消失有关。

## 自然灾害

总体上看,在帝制早期,饥荒、洪水和干旱影响的人数比中期或晚期帝国治下少。公元 107 年至 125 年的某个时期,当武原(大致就是海盐)发生饥荒时,地方官开仓放粮,"活三百户"。[②] 这意味着约有 1500 个人

---

① 丘光明著:《中国历代度量衡考》,第 105 页。
② (明)《嘉兴府志》,第 887 页。

获救。可以将上面这些数字与洪皓传记中的数字比较一下；洪皓曾于1119 至 1125 年间的某个时候任秀州（大致是嘉兴一带）司录：①

> 大水民饥，以救灾自任。发廪损市价，揭旗市上，无敢贵粜。不 195
> 能自食者，为煮粥食之。立屋于东南两废寺，十人一室，男女异处，
> 涅黑子识其手，防其淆伪[多得一份口粮]。
>
> 会浙东[在东部/东南部边界]漕米四万斛过城下[位于大运河
> 上]，白守，邀留以济，守不可，皓曰：愿以一身易十万命。竟留之。
> 廉访使至，悉其状具奏，脱其罪且继之粟。前后所活，九万五千
> 余人。

由此可见，与一千年前相比，大到值得一书的救灾规模已上升到一定的数量级了。②

刚刚论述的这件事并非如此的不同寻常，从而不会给人留下错误的印象。晚明方志中的其他资料可以证实它。譬如，15 世纪末以刚正廉洁著称的官员杨继宗，任嘉兴知府九年，据说积粟"数百万斛"。"丁亥戊子[1467 年和 1468 年]大饥，郡人赖是全活"。在随后的饥荒中，这些存粮被运往其他受灾地区而消耗殆尽，甚至造成本地供应的严重不足。③

## 万物生灵

除植物和鸟兽鱼虫外，嘉兴景观上还栖息着其他生灵。它们是人们想象中的造物，包括龙、鬼魂和神祇。如果我们想要全面地理解身居其间的人们是如何体验这种环境的，那就必须将它们全部牢记在心。

---

① （明）《嘉兴府志》，第 807 页。
② 宋斛合 5 斗或半石，所以，一斛可容纳大约 29.25 升；参见丘光明著：《中国历代度量衡考》，第
　262—263 页。这可计算出，从漕米中额外救济的人均口粮大约是每人 12.3 升。给予这样的
　一个数量可能持续了将近一个月。
③ （明）《嘉兴府志》，第 831—832 页。

1283 年秋，县令顾泳撰如下篇章，记述了海盐县陈山上的龙君行祠：①

*196*

> 乃岁旱祷雨之所，始于宋县令李直养建……久圮……实白龙兴雨之所。
>
> 壬午［1282 年］之六月，旱魃为虐。农民相视待毙。十月朔，亟走陈山祷曰：今日非特农民无一饱望，朝廷公租苗额②七万五千有奇③，尤令责也。言甫出，云阵蔽天，大雨沛然而下。
>
> 越一日，云汉昭回，人心皇皇如昨。遂帅官僚士友暨僧道耆老，复祷于行宫。盖数日，又诣陈山，请于龙湫［龙居之地］，得显迹以归。安奉余襄，得冯真人正印④，就私廨，又作法檄雷霆，以佐其神。果雨，民大悦。既沾既足岁，乃大熟。
>
> 癸未［1283 年］五月尤旱。余诣行宫如前，祷不懈。益处大雨二日，农民余望未洽。再祷复檄雷，次夜雨若倾。民望始慰……
>
> 七月二十二日……遣工为龙君施涂绘［在部分修复的寺庙中］。不俄顷，雷电以风，大龙君见，继而小龙又见，俨然父子之在其上。及上升，即雨水盈尺。时邑人沈煜、耆老孙时懋、道士叶师纯等万目共睹，莫不悚怖。余之事龙君甚，至而龙君之报余亦不薄矣。

正如第十一章将要表明的，至少到 17 世纪，对很多人来说看见龙乃常有之事。

*197*
　　另一种冥冥之力在石笋夫人庙上得到了显现。⑤ 该庙始建于 1265

---

① （清）《嘉兴府志》，第 287 页。

② 关于南宋的这种公租苗额，参见斯波义信著：《宋代江南经济史研究》，第 72、90、152—159 和 254 页。

③ 元代的担约合 83 升，约为宋代担的 1.43 倍。［作者在翻译此处材料时加上了量词"picul"（担）。——译注］参见丘光明著：《中国历代度量衡考》，第 263 页。

④ 中国的占星学中所使用的一种器具。

⑤ 严格地说，此处所用"stalagmite"（石笋）一词并不恰当，因为没有牵涉到洞穴，但我们将按照它在汉语文献中的原样来使用它。（石笋，即溶洞底面自下而上增长的碳酸钙淀积物。——译注）

至 1274 年间,1520 年由一个有京官身份的施主重建(1520 年为明武宗正德十五年,而吴仰贤的《嘉兴府志》第 266 页提到此庙重建时说,明嘉靖庚辰进士吴默重建,但并未指出具体时间。——译注),而能促使官僚阶层的一员出资修建,则说明这个时候庙里的香火仍很旺。当地一个名叫曾丙的人有一段相关的记述,它表明,到帝制晚期的中叶,对自然的祛魅过程已然开启:①

> 咸淳初[1265 年],东南十里石出如笋,里人异之。因名"石笋庙"……

> 景泰三年[1452 年],修建以迄于今上下数百年间,*造福降禧如一日*。郡中父老儿童,与夫村姬野婆,*丰凶相祈,水旱相咨*,疾病相求,应之如响。远近络绎争趋者如市。

但是,曾丙问道,自然之物果真会显灵吗? 如果是这样,又是在什么意义上而言的呢?

> 能若此者,石果得灵而特异哉? 意者天下之物,多见之谓"常",罕见之为异。物非*自异也*,亦非自灵也,人心*异之*,而见其灵耳。故异斯灵矣,灵斯神矣。

> 神也者,其气之机乎。② 且造化流行,屈伸开合,独以秀且灵者。钟之于人,虽妇人女子厥赋维均,故其含贞抱一郁积之。

> 久于两间者,精爽照朗,与名山大川相为终始。正所谓"不以生而存,不以死而亡"者矣。孰谓卷石勺水非山水类耶?③ 则此石笋之灵,益启人心,只肃之机,以见鬼神。为德之盛,固在于石,而实不在于石也。

---

① (清)《嘉兴府志》,第 266 页。
② "气"是宇宙的基本物质。对 17 世纪中国人的思想中更广泛的关于"机"(the fine 'germinal causes')的讨论,参见伊懋可著:《中国历史的模式》(M. Elvin, *Pattern of the Chinese Past*),加利福尼亚州,斯坦福:斯坦福大学出版社 1973 年版,第 229—232 页。
③ 形容"景观"的常用语。(即文中的"山水"一词。——译注)

由此可见,少数饱学之士试图从哲理的层面理解普罗大众在日常生活中遭遇的所谓奇迹异事。然而其他人,比如这篇记述后面的一首诗的作者却确信,"地实有情生笋,女如介石为神"①。

这样,在帝国时代的最后几个世纪,达官贵人中日益散布开来的"祛魅"的自然观既不完善,也不总是那么清晰明了。然而,如果人们通读长时段中的相关材料,那么,证明这种趋势的证据似乎就更有说服力。我所知的最鲜明的例子是地方志中所载的烈女传。就宋明时期而言,与德行相关的奇迹异事屡见不鲜。但到了清代,这样的记述却几乎难觅踪影。我们将在第十二章论述天人感应时再回头讨论这一复杂的主题,以及人们五花八门的见解。

无论如何,自然能传达信息。在这一点上,人们老是想区分的"自然"与"超自然"的界线是若隐若现的。关于周新的两则小故事隐约地表明了这一点;②此人生活于 15 世纪初,死后被封为城隍:

> (1)任浙江按察使。初至界,见群蚋飞马首尾,之榛中得一暴尸,身余一钥一小锁识。新曰:布贾也。收取之。既至,使人入市,市中布——验其端,与识同者皆留之鞫,得盗。召尸家人与布而置盗法。

199

> (2)新坐堂,有旋风吹叶至,异之。左右言,此木城中所无,一寺去城稍远独有之。新曰:其寺僧杀人乎? 往树下发得一妇人尸。

第一则故事仅涉及自然而然的因果关联,以及周氏的洞察力与侦查力。但第二个呢?

对风水影响的迷信偶尔会在地方史中浮现。"风水"是一种关于如何操纵神秘力量的堪舆术或伪科学;据信这种力量弥漫于景观、场所、住宅甚至房间。它通过改变建筑物、坟墓和家具的所在、位置、排列或其内部物体的形状而发挥作用;由此,神秘力量对特定人物的生活和命运的影响就会被加以改变。在西方,相对应的部分是人们迷信天灵线(ley—

---

① (清)《嘉兴府志》,第 266 页。
② (清)《嘉兴府志》,第 266 页。

lines)的作用。晚明方志中的两则评论阐释了这一主题：①

（1）万历[1573 年]中，妄凿东垣，建桥改水。*丁酉[1597 年]科，无一中式。*是年冬，邑令②郑振先折桥塞窦。*庚子[1600 年]③科，遂中八人，一时称盛云。*

（2）时④儒学僻处西城[它可能坐落于此]，风气不萃，科第寥落。⑤

在我们倾向于区分的心物二元之间，中国人认为风水使它们密切相连；意识到这一点，就能理解这两段话了。

## 士绅的陈述

通过对前面段落所勾勒的变化的认识，我们对中期和晚期帝国的山水诗的反应有了改变。在一代代人的干预下，自然世界持续不断地转变着，它已不再是"自然"的疆域，而成了其他的什么东西，譬如人与自然共辖的领地。地方超自然力量在山川中的徘徊使得它们依然很神秘，但与人类活动处于紧张对峙之中。历史的回响在个别地方产生了共鸣，使得 *200* 心灵与比较平淡的现实间产生了一种距离，忧伤却动情。即使是在晚期帝国治下，对上古的记忆依然萦绕在这片景致之上。于是乎，横跨前帝制时代吴越两国边界、曾是一个战场的国界桥，就触动清代诗人缪绥武（作者拼写成了 Mu Suiwu。——译注）写下如此佳句：⑥

萧疏两岸荻花齐，荒草凄迷日影西。

行过野桥分国界，朔风犹听马酸嘶。

---

① （明）《嘉兴府志》，第 859 页。
② 可能是秀水的。
③ 紧接着的三年一度的考试年份。
④ 大概是 16 世纪的某个时间。
⑤ （明）《嘉兴府志》，第 859 页，黄献可传。"风气"这个词，从字面上讲是"大气或空气"，在后来类似的文献中通常指人文环境，但它最初的含义是指自然事物：如，气散而为风。
⑥ （清）《嘉兴府志》，第 149 页。

在前帝制时代，吴越两国之人，特别是越人，以善战而闻名。历史好生奇怪，后世的吴越之人竟得了个极不善战的名声。16世纪，参与组织抵抗所谓"倭寇"的一个当地人的传记评论道："浙人又柔脆不习战。"①

平民百姓为生存而苦苦挣扎，但这种挣扎却并非总能成功；未被谈及而始终存在的对比是，士绅文人可以享受片刻的闲暇，而且他们部分摆脱了衣食之忧。言及于此，并不是想否认文人与官僚常常也有为民请命之举动，而只是想将他们的特权地位置于一定的情境之中。特权也会带来别样的苦恼，譬如宦海沉浮的压力，达官贵人中温和而又残酷的人际争端。种种不如意常常使人渴望遁入山林，不管是身临其境还是神游八荒。自然可以涤荡红尘之垢。正如范言所书："登高公事了。"②苏轼（作者写成了 Su Zai。——译注）所言则更有代表性：③

> 鸟囚不忘飞，马系常念驰。

下面有一些杂七杂八的引文，它们拼凑成了士绅与官宦眼中的嘉兴的乡村画面。

这里开场的诗篇，是元代萨都剌所作的《阜林舟中诗》，作者是一位酷爱游览名山大川的官宦。其诗曰：④

> 春溪野鸭肥可射，幽树深阴叫山鹧。
>
> 远人三月酒船过，柳絮飞时杏花谢。
>
> 行行水竹上云林，往往人家或僧舍。
>
> 小官便欲赋《归来》，何处买山钱可借。

201

---

① （明）《嘉兴府志》，第791页，王忬传。

② （明）《嘉兴府志》，第1560页。

③ （明）《嘉兴府志》，第1554页。

④ （清）《嘉兴府志》，第141页。需要指出的是，如同在本书的其他地方一样，在旧时中国的阴历中，"月"（moon）用来指一个月。农历三月通常是4月到5月初。偶尔，为译诗能在元音上押韵，我也会打破这个惯例，而使用 month。

萨都剌所渴望的是出世。而明代诗人、书法家兼绘画鉴赏家项元淇①所作的《杪春同诸友登毗庐阁》，则是以景为媒，生发出神游天外的渴望：②

> 锦阁攀依敞四邻，丹霞延伫俯千寻。
>
> 散花往往迎香蔼，清磬时时庆远音。
>
> 城引溪流萦若带，日披海岛尽成金。
>
> 共怜胜地开祇苑，暂借春风吹道襟。

诗中"祇苑"一词指的是舍卫城太子的园林，传说这里建有祇园精舍，是释迦牟尼钟爱的胜地之一。中国人通过登上高处而得到了一种特别的灵感，还会在一年的特定时间去登高，尤其是阴历九月初九。

也是在明代，沈尧中所作《嘉兴十咏》中的第二首融真实世界和万物生灵于一体，没让人感到有什么不协调：③

> 澄流屈曲抱城隅，何事潆洄五色殊。
>
> 几欲燃犀窥水底，恐惊神物又踌躇。

古代"五色"是青、黄、赤、白、黑，与中间色相比，被认为是五大色。它们与五行相对应。"燃犀"据说是公元 4 世纪初的将领和官员温峤所点的一种照明设备，这样，他可以在幽暗的牛渚矶（因属长江，作者直接译成了 Yangzi River。——译注）中见到奇形怪状的动物。

明清时期，描写地方风景的那些诗歌——人们几乎可称之为"带字*202*的明信片"（postcards in words）——似乎常常在景色中掺杂了对经济、人际交往、水利甚至当政者的看法。譬如，1478 年步云桥建成后不久，嘉

---

① 项的标准小传形容其为"狷介寡侪，不事生产"。方宾观、臧励龢等编：《中国人名大辞典》，香港：泰兴书局 1931 年版，第 1314 页。以下称《中国人名大辞典》。

② （明）《嘉兴府志》，第 1559—1560 页。

③ （明）《嘉兴府志》，第 1563 页。

善的著名文人周鼎就在其上题诗如下：[1]

> 孤村自成市，酒幔两三家。
>
> 桥约中流壮，田分别径斜。
>
> 澹沧通浦溆，石井没泥沙。
>
> 落日停桡处，高城西望賒。

我用"fishtail"（鱼尾）一词来形容船桨（作者指的是将"桡"译为"the fishtail oar"。——译注），因为这是很常见的一种桨。划船的那个人（多半不是诗人自己）站在船尾，面朝前方，摇动桨叶，而他那长长的弯曲的胳膊就固定在抬起的桨架上，绕船尾来回地水平转动。这与螺旋桨有异曲同工之妙。

清代很多诗人感到，乡野劳作越来越与他们的审美观相契合了。为了说明这一点，这里不妨引用程瑞禴所作的《泊王江泾》中的几句：[2]

> 舟横野浦卧沙明，玉月凉生景倍清。
>
> 灯火照波萤乱点，凫鹥隔岸夜无声。
>
> 千林桑叶留人采，万顷湖田待雨耕。

"湖田"曾经是湖，后来被排干水，变成了稻田。对劳作——也许应说得更明确一点，是"他人劳作"——的注意，现在成了景观欣赏的一部分。而景观本身，在很大程度上是人类的一种创造物，如疏浚了的河流、所种植的树木、围垦和平整的田地等。

## 山坞上

贫寒的生活是艰苦的。当然，我们所掌握的这方面的证据受到了文

---

[1] （清）《嘉兴府志》，第 155 页。有关乡村集市的宋诗，参见斯波义信著，伊懋可译：《宋代中国的商业与社会》(Shiba Yoshinobu, *Commerce and Society in Sung China*, translated M. Elvin)，密歇根州，安阿伯：密歇根大学中国研究中心 1970 年版，第 144—145、147、149、151、152 和 154 页。

[2] （清）《嘉兴府志》，第 136 页。

学惯例的影响,通常表现为对愚蠢、残暴的官府政策的抗议。论贫穷的诗文,论恶劣天气或苛捐杂税所致苦难的诗文,以及论农民卖妻鬻子为娼为奴的诗文,在某种意义上是一幅浮光掠影的风俗画。这好比另一种形式的带有文字的风景名信片,但实际上往往是老生常谈。它的真实性却并不因其司空见惯而有所削弱。

由此,我们在讲述民生维艰与盛世欢歌的篇章间该如何权衡? 这里所做的判断是,二者皆真实可信。前者刻画的是坏年景,后者描述的是平常事。正常年份,农民巧干加苦干可安然度日,有时甚至还略为宽裕。当然,遇上天灾人祸时,在这一体制下,其环境根本不再有任何的回旋余地。野外无可为食,林中无可为猎或无物可采,水中无鱼可捕;抑或其他可资利用的资源也因他人优先享有的私有产权而悉数告罄。除先前提到的"官方缓冲"可不时利用一下外,还有一种有用而又有限的*经济*回旋余地。这得益于日益发达的市场网络。尽管能有效地将商品弄到最急需的地方,而且很有可能也会有利可图,但要想达成买卖,双方通常都得有一些家底——存款、现金、抵押品或存货。也就是说,大部分农民和小商贩被迫生活在"山坳上"(on the edge)。不少人的日子时刻如此;旱涝蝗灾年份,这样的人就更多了。

袁介[1]所作的《检田吏诗》就是一首讲述民生艰难的名诗。诗中讲到,诗人路遇一位知情者,此人原原本本地向诗人追忆起他或她的经历。本诗提及的华亭县,在宋代及元代的部分时间里是秀州(大致是嘉兴)的一部分。[2] "Yellow Inlet"即黄浦,它后来因上海坐落的那条江而闻名于世。那场旱灾的日期是 1320 年。诗文中提到的"官田"使人注意到,在中国的这一地区,从宋末一直到明朝,国家拥有大片农田,其税赋比别处高,因为里面包含了额外的地租:

> 有一老翁如病起,破衲褴褛瘦如鬼。

---

① (明)《嘉兴府志》,第 2192—2194 页。
② 在明代,它被划给了江苏省。

204

> 晓来扶向官道傍，哀告行人乞钱米。
> 时予捧檄离江城，解后一见怜其贫。
> 倒囊赠与五升米，试问何故为贫民。
> 老翁答言听我语，我是东乡李十五。
> 家贫无本为经商，只种官田三十亩。
> 延祐七年三月初，卖衣买得犁与锄。
> 朝耕暮耘受辛苦，要还私债并官租。
> 谁知六月至七月，雨既绝无潮又竭。
> 欲求一点半点雨，不啻农人眼中血。
> 滔滔黄浦如沟渠，田家争水如争珠。
> 数车相接接不到，稻田一旦成沙涂。

灾祸接踵而至。下文倒数第二节诗中提到的"粮"，指的是征收起来运到京城以供应当地军队并满足官府其他需要的粮食（即"阿孙卖与运粮户"一句中的"粮"，译文为"the tribute grain"，贡粮。——译注）：

> 当年隔岸分吉凶，高田尽荒低田丰。
> 县见高田旱，将谓亦与低田同。
> 文字下乡如火速，勒我将田都首伏。
> 只因嗔我不肯首，尽把我田批作熟。

205

> 太平九月开早仓，主首贫乏无可偿。
> 男名阿孙女阿惜，逼我嫁卖陪官粮。
> 阿孙卖与运粮户，即目不知在何处。
> 可怜阿惜犹未笄，嫁向湖州山里去。
> 我今年纪七十奇，饥无口食寒无衣。
> 东求西乞度残喘，无由早向黄泉归。

黄泉，系上古中国人构想的地下世界，那里是死者居住的阴间；这之后，佛教和道教所说的西天或天庭以及地狱开始得到引用。

这里的目的不在于强调诗中所讲的故事如何令人心碎，而是想表明这种故事是司空见惯的。有太多的诗文讲到穷人在艰难时世必须卖儿鬻女,因此我们不可能将这种情况仅仅视为一种常见的文学夸张。①

　　同样的这一主题在袁黄的《农父篇》中也有涉及;这首诗可能作于 16 世纪末。② 他提到的"荇带"是荇菜(*Nymphoides peltata*),一种水草,饥馑时可当作食物。(荇带,指水中荇菜的带状根。——译注)明代,"仆"仅仅意味着在官府听差,但这一规定通常被置之不理。诗文中对皇家德泽如湛露的描写,出自《诗经》的一个典故。③ 下一节中的"落叶"很可能指失去的孩子:

> 春日郊行江水绿,春云黯澹家家哭。
>
> 昼锁千门断野烟,白骨纵横满川谷。
>
> 去年五月风雨多,处处长鲸吸茅屋。
>
> 姑苏城外天欲浮,荇带荷残春作谷。
>
> 东家有女娇如花,西家有男惜如玉。
>
> 天时人事并阽危,女卖为娼男作仆。
>
> 为娼作仆负初心,万户萧条春恨深。
>
> 皇家德泽浩如海,何时湛露一霑林。
>
> 湛露霑林愁落叶,野人交悔谋生拙。
>
> 蹂碎床头雨后梨,从今不复供锄锲。
>
> 沿门栈豆……

　　袁氏接着暗示人口锐减,以致"贵如金一步一呼"。(作者对该诗的点读有问题,最明显的是对"蹂碎床头雨后梨,从今不复供锄锲。沿门栈豆贵如金,一步一呼肠一折"的理解。他是这样译的:"The plows are

---

① 参见伊懋可著:《中华世界中变化多端的故事》(M. Elvin, *Changing Stories in the Chinese World*),加利福尼亚州,斯坦福:斯坦福大学出版社 1997 年版,如第 50、62、68—69、81—82 和 86 页。这些故事大多译自《清诗铎》第 564—570 页有关该主题的部分。

② (明)《嘉兴府志》,第 1852—1853 页。这种不同寻常的押韵方式大概为该诗所独创。(作者之所以质疑这首诗的押韵方式,可能是因为他自己对它的点读有问题。——译注)

③ 高本汉著:《诗经注释》,♯174。(作者指的可能是《诗经·小雅》中的《湛露》篇。——译注)

still not back on the job, although the rains have finished. So they hack with hoes at the horse-fodder beans now clambering over their lintels. A cry or a footfall is as precious as gold."意思是说：虽然雨已经停了，但耕地的人还未收工。于是他们用锄锄掉已爬上门槛的马料豆。一声呼唤或一阵脚步就如黄金一样宝贵。由此可以看出，作者的点读是这样的：雨后犁从今不复，供锄锛沿门栈豆，贵如金一步一呼。——译注）夜间，织机无声，他只听到猫头鹰在叫。（诗句为"杼轴宵空鸟雀喧"。——译注）在诗的最后，他警告安居"嵯峨"并"挟弹"的上层阶级不要漠然视之。（"挟弹"应该是指王孙身上挟带的石子之类的东西，而不是作者所译的"either folding their hands or drumming with their fingers"，其意思是"要么拢起手，要么用手指击鼓"。——译注）。思考之后，他说道："悠悠苍天奈尔何"。①

约阿希姆·拉德卡提到过，地理学家和环境史学者心目中的中国形象是"极其矛盾"的。一直以来，它既是"一个典范，也是一幕悲剧"②。这两种观点都有真实的成分。需要对"典范"论做一点修正，这即是说，大部分经济成就的取得都有赖于持续不断的艰苦工作，对妇女来说，尤其如此。将近元末或明初的某个时候，王冕就这一主题作过一首诗。他后来以画梅著称。王冕出身贫寒，父亲曾让他放牛，他却跑去听诸生读书。（因此挨了顿揍。）他有一个号，即"煮石道者"。他了解他所讲的事情。

他在诗的开篇就提到妇女的破裙、赤脚、蓬头，并说她们"面如土"，接下来他继续写道：③

> 日间力田随夫郎，夜间缉麻不上床。
> 缉麻成布抵官税，力田得米归官仓。
> 官输未了忧郁腹，门外又闻私债促。

---

① （明）《嘉兴府志》，第 1853 页。
② 约阿希姆·拉德卡著：《自然与权力：世界环境史》，第 126 页。
③ （明）《嘉兴府志》，第 2188 页。（应是第 2188—2189 页。——译注）此段诗文的最后一句提到的官粮的确切缴纳办法如何，尚不完全清楚。

大家揭帖出陈帐，生谷十年还未足。

大儿五岁①方离手，小女三周未能走。

社长呼名散户由，下季官粮添两口。

然而，在这个时候，麻布的时代差不多要过去了。明代出现了一场植物革命，麻——产出来的是一种酷似亚麻布的织物——基本上被作为一种布料纤维的棉花所取代。棉花之所以受青睐，是因为它更暖和、更轻，而且更能吸潮。其每公顷的纤维产量还大约是麻的十倍。棉花作物对长江口以南东海岸地区以下适度的盐性土质的适应，催生了海边一片宽 15 至 60 公里的集中植棉区。② 虽然嘉兴似乎不像稍北一些的地区那样严重地依赖棉花，但在食物供应上它可能对市场网络产生了同样的依赖，并减少了必要的对灌溉系统的维护，因为沿海的棉花不需要大量灌溉。当晚清方志提到该府机轴之声不绝时，③与王冕的诗有所不同，这时它主要指的是纺棉，当然也包括织丝。

有两份统计资料使"山坳上"潜藏的生活真相浮出水面。虽然这些资料不得不用数字来呈现，但其意思却简单明了：嘉兴人寿命短；农业产量高。这是一种多么有趣的悖论。

第一个数字给出的是嘉兴妇女出生时的预期寿命。所谓出生时预期寿命，可以被视作某一年龄段的人口（都出生在某个时候）中某个特定群体活下来的总人数所存活的年数，是根据各年龄段幸存的那部分人数调整后得出的数字。也就是说，如果我们分开来大致考虑，这个总人数对一岁以上的每一岁数而言就是那一年纪当中还活着的那部分人数。如果用图表示的话，就可以更准确地反映这一点，因为寿命曲线表下的

---

① 回想一下可知，平均起来，用农历的一年岁（岁）所表示的确切年龄，要小于用"岁"表示的年龄。

② 伊懋可著：《另一种历史：欧洲视野下的中国》（M. Elvin, *Another History : Essays on China from a European Perspective*），悉尼：野牡丹/夏威夷大学出版社 1996 年版，第 106—108 页。

③ （清）《嘉兴府志》，第 783 页。

那个地区会以连续不断的方式显示各年龄段存活下来的那部分人数(将起始岁数 0 当作 1 岁)(原书中没有这一图表。——译注)。两种略为不同的计算方法得出的结果略有差异。第一种方法得出嘉兴妇女出生时预期寿命是 24.5 岁,第二种方法仅为 18.3 岁。[①] 事实可能更接近于比较高的那个值。然而,即使这个值也是低的,并且很明显,与随后两章将要研究的其他两个地区的那些妇女相比,帝制晚期嘉兴妇女出生时预期寿命低得可怜。这一数值可以使我们在这里间接地估量她们在生活中承受的压力有多大。

　　第二个数字涉及稻米的种子—产量比,也就是说,它反映的是种了多少与收了多少之间的关系。这是衡量农业生产力的几个著名的标准之一。[②] 譬如,从欧洲近代早期的小麦来看,其平均种子—产量比很难超过 1∶5。[③] 在帝制晚期的嘉兴,好年景对勤快的农民而言,种的稻和收割的稻的种子—产量比,从量上讲是 1∶45 到 1∶51。[④] 就稻种和米(大多数人吃的那种)的比率而言,它仍大约在 1∶31 到 1∶36 之间。也就是说,这里每公顷谷物的生产率与同一时期欧洲的那个产量处在完全不同的一个层次上。这是多种因素综合作用的结果,包括所种粮食的特性

[①] 伊懋可:《血统与统计:从地方志的烈女传中重构帝制晚期中国的人口动态》,收于宋汉理主编:《帝国历史中的中国妇女:新视角》(M. Elvin, "Blood and Statistics: Reconstruction the Population Dynamics of Late Imperial China from the Biographies of Virtuous Women in Local Gazetteers," in H. Zurndorfer, ed., *Chinese Women in the Imperial Past: New Perspectives*),莱顿:布里尔出版社 1999 年版。原则上,用"成人"预期寿命即大约在 15 岁以后的可能更恰当,因为资料所涉及的妇女的年龄都超过了 48.5 岁。这里,充分利用这种有所删节的公开资料,并从其相关信息中得出一个值,再利用调整过的寿命图标模型(根据 logit 模型作出的半线性回归模型),来推断早期的年龄值。

[②] 其他标准包括每单位面积的产出、每单位时间的劳动量产出以及投入能量与产出能量(不包括光照)比,还有基于成本和财务收益关系的经济衡量标准。

[③] A. 马达莱娜:《1500—1750 年的农业欧洲》,收于 C. M. 奇波拉主编:《欧洲经济史》(A. Maddalena, "Rural Europe 1500—1750," in C. M. Cipolla, ed., *The Fontana Economic History of Europe*),1970 年版,格拉斯哥:科林斯出版社 1974 年再版,第 2 卷第 4 章,第 334—343 页。这里给出的 1750 年以前时期的最高比率是 1500—1549 年尼德兰和英格兰的 8.7。

[④] 稻谷有糠壳,虽然它有营养,但通常被中国人用"捣"或"舂"的方式除去,人们认为这样更好吃,更便于储藏。

（是水稻，而不是小麦和其他旱地作物），诸如年平均温度、光照时间、土壤等等的自然条件，当然还包括农业技术。

在中国，关于种子—产量比的资料相当稀少。因此，从清代方志中将相关段落全部译出会大有裨益。请注意我有意将 *gé* 错译为 *he* 的地方（作者在这里指的是将"个可得米七合"一句中的"合"译为"he"的情况。"合"作为中国旧时容量单位和量粮食的器具，读作"gě"，因此，作者此处将其标为"*gé*"，读音也是错的。——译注），以避免与 *gè*（个）混淆；这是一个不同的度量单位，差别仅在于声调。前现代中国主要的粮食容量单位以十为倍数，分别是合、升、斗和石，大小依次递进。在目前情况下，还没有与之相称的确切的现代等值量。*亩* 是常用的面积单位，明代时约合 0.07 公顷，清代时相当于 0.067 公顷。*升* 是常用的容量单位，略多于 1 公升：

> [a]凡田一亩，用种七升或八升。[b]颗六为肋，肋八为个，[c]亩获稻为个者三百六十。[d]上农丰岁，个[表示稻]可得米七合，亩可得米二石五斗也。①

（1）从[a]和[d]可以明显看出，7（或 8）升稻种可产 250 升（2.5 石）米，增值率是 1∶35.71（或 31.25）。（2）我们继而注意到 250/360 约等于 0.7（更精确的值是 0.694……），这使我们可以根据[d]推断出：用于称量稻（因此，看起来也同样用于称量种子）的"个"，与用来称量米的"升"是等值单位。（3）因此，以容量来算，从种子（不用说，是未去壳的）到稻的增值率大约是 51（或 45）。

每亩播种的量可能不同，要么是 7 升，要么是 8 升；从米和稻的比率来看，也有两种可能的比率，要么是 0.694，要么是 0.7，这都可能造成微小的偏差。表 7-1 列出了可能的结果，用[*u*]表示"稻"，[*h*]表示"米"。

---

① （清）《嘉兴府志》，第 783—789 页。（确切地说，应为第 783—784 页。——译注）

表 7-1 帝制晚期嘉兴水稻的种子—产量比

| | 种子 | 产出 | 比率 | 单位 | 资料来源 |
|---|---|---|---|---|---|
| A. | 7 升[$u$] | 360 个[$u$] | 1∶51.43 | [$u$]/[$u$] | [a]+[c] |
| | 7 升[$u$] | 250 升[$h$] | 1∶35.71 | [$u$]/[$h$] | [a]+[d] |
| | 8 升[$u$] | 360 个[$u$] | 1∶45.00 | [$u$]/[$u$] | [a]+[c] |
| | 8 升[$u$] | 250 升[$h$] | 1∶31.25 | [$u$]/[$h$] | [a]+[d] |
| B. | 4.858 升[$h$] | 250 升[$h$] | 1∶51.46 | [$h$]/[$h$] | 250/360 |
| | 4.9 升[$h$] | 250 升[$h$] | 1∶51.02 | [$h$]/[$h$] | 0.7 |
| | 5.552 升[$h$] | 250 升[$h$] | 1∶45.03 | [$h$]/[$h$] | 250/360 |
| | 5.6 升[$h$] | 250 升[$h$] | 1∶44.64 | [$h$]/[$h$] | 0.7 |

　　B 部分的关键之点在于,它表明,必须预先确定需要多少粮食,以便播种足够的作物种子,产出既定数量的粮食。

　　"颗"是一撮五六株待栽种的稻秧。[①] 由于 1 亩约 0.07 公顷,这样,可以将它看成是一个大约 26.5 米×26.5 米的正方形。这份材料告诉我们,1 亩有 6×8×360 颗,换算之,即 17 280 颗(或 86 400 到 103 680 粒芽种)。17 280 的平方根约等于 131。如果每 26.5 米栽种 131 颗秧苗,这约相当于每米种 5 颗,或每颗距离 20 厘米。这个数字似乎合情合理。如果农民们能保持 1 分钟种 5 颗的速度,6 个人干大约 10 小时,就能种上 1 亩。

　　这些计算表明,就农业而论,即使按照近代早期欧洲种子—产量比的标准来衡量,嘉兴人口所依赖的生产体系也是极其高产的。这就有两种情况相伴而生。第一,将这一生产体系维持在必要的水平上,就需要

---

① (清)《嘉兴府志》,第 790 页。

付出艰苦的劳动。第二，干旱、洪涝、虫灾、人类疾病或战争所带来的任何破坏，都会使特别多的人的生活陷入困境。

这里的经济压力使一部分人几乎不分男女全都投入农业劳动之中。清代洪景皓所作的《农诗》表现了男男女女这时候是如何定期在田间劳作的。他所提到的"桔槔"是舀水的桶，被固着在长杆的一端，另一端挂重物以保持平衡。它们是汲水用的。我用"lascivious worksongs"指所谓的"山歌"，[1]通常与船工们所唱作为船歌的歌曲很相似，当然，它似乎就是这里所指的意思。"秧马"像小木船，上有鞍子可供栽种的人骑坐；他们赤裸的双脚插在两侧的泥里。纵览整个过程，有一点需要强调，为了经济需要，人们得忍受一些烦恼——不光是泥巴和昆虫，还包括摸黑劳作——并且，要小心地注意那些可能会偷懒的人：[2] *210*

> 楝树花开大麦黄，村村擎耒垦斜阳。
> 桔槔声间山歌响，捡历明朝好撒秧。
> 妇插青田男溇田，勤偏居后懒居前。
> 蓝裙黑裤青衫袄，不怕朝朝泥水溅。
> 月落鸡鸣星渐稀，趁凉芸草露沾衣。
> 指箍臂篦骑秧马，恼杀蚊蝇扑面飞。

钱载的《插秧诗》涉及同样的主题。[3] 钱氏是嘉兴本地人，来自秀水县，进士出身。18世纪后半叶任职于礼部，诗书画蔚然成家。其传记形容他"脱去畦町，自成一家"。[4] 他号"箨石"。其诗的寓意是表现农民的坚忍不拔：

> 妾坐秧田拔，郎立田中插。

---

[1] 参见大木康：《冯梦龙"山歌"之研究》，载于《东洋文化研究所纪要》(Oki Yasushi, Feng Menglong 'Shan'ge' no kenkyū, *Tōyō bunka kenkyūjo kiyō*)，第105册(1988年)。

[2] (清)《嘉兴府志》，第784页。这首诗的第一个字模糊得无法辨认。我用了"plum"作为该树的名字。

[3] (清)《嘉兴府志》，第789页。

[4] 《中国人名大辞典》，第1618页。

211

没脚湿到裙,披蓑湿到胛。

随意千科分,趋势两指夹。

佝偻四肢退,遍满中秧恰。

方方棋枰绿,密密僧衣法。

针针水面出,女手亦留掐。

逆境中相互鼓励,也是乡村生活的一大特色:①

端阳前后,插青毕,酿金赛,田畯浊醪瓦缶,酣呼相劳苦,谓之"青苗会"。

有人怀疑——没有任何证据——这只是给男子设立的一个节日。

那么,为什么农业劳动会如此费心,既要谨慎留意,又要辛辛苦苦呢?一个原因是,良田的短缺将前现代技术推向了极限。这使得按所期望的高水平来衡量技术通常的表现的话,总是不尽如人意。依时令合理调整特定活动并在不同地区种植不同作物,这一点至关重要。前者的例子是追肥的运用,即,在作物生长期间施肥,而不只是事先给土壤施肥:其中时机与用量是关键。后者通常与土壤成分的差异相关。这两点在随后叙述平湖时会提到。译文开头的三对笨拙的合成词[即原书中的"Heaven-Weather"(天气)、"energy-substance"(气)和"Earth-Soil"(地)。——译注]反映了中文术语的模棱两可:②

天只一气,地气百里之内,即有不同。吾乡田宜黄稻,早黄晚黄皆岁稔。白稻早糯岁稔,粳白稻遇水即死。然自乌镇北、涟市③西,

212

即不然。盖土性别也。耕种之法,惟当急于赴时。同此工力肥壅,而迟早相去数日,其收成悬绝者,及时不及时之别也。

---

① (清)《嘉兴府志》,第 783 页。

② (清)《嘉兴府志》,第 788 页。与同书第 784—785 页相比较。有关这些问题的详细分析,参见李伯重:《气候、土地和人力的变化:明清两代江南湿地的稻米产量》,收于伊懋可、刘翠溶主编:《积渐所至:中国历史上的环境与社会》。

③ 乌镇和涟市。

这里讲述的是有关时机的故事,有警示意义。譬如:①

> 田家一阕,废工失时,往往因小害大。崇祯庚辰五月十三日[1640 年 7 月 1 日],水没田畴。十二[6 月 30 日]以前种者,水退无患;十三[7 月 1 日]以后则全荒矣。

有时候,这些警告带有寓言性质,但它们所表达的要点依然有用。"有一人以蓑笠未具,不克种田,以致饥困。"俗语有云:

> 蓑衣笠帽一副,价贵不过一钱。

更准确或更通俗地说,"为了一钱,饿倒一家。"②

第二个原因是,帝制晚期农事的*时间强度*。虽然宋代以来小麦和大麦一直是作为与水稻轮作的冬季作物种植的,但这个时候更加广泛地这么做了,而且蚕豆、豌豆和菜子也加了进来。③ 这些附属作物,实际上除了此处提到的主要几种外还有很多,它们被统称为"春花"。④ 有谚云,春花熟,半年足。⑤ 大约 17 世纪初,嘉兴似乎已成为这方面发展的中心,而这种做法很快在长江流域传播开来。⑥

沈先生的《农书》——17 世纪早期流行的一本小册子——中关于小麦和菜子种植的段落,表明了农民是如何关注起时间以及应得的收成的:⑦

> 垦麦仑惟干田[在这里稻子刚好成熟了]最好。如烂田须垦过几日[通过翻土],待仑背干燥方可沉种。*倘时候已迟,先浸种*[在水里或许有营养液]*发芽以候仑干,切不可带湿踏实,菜麦不能行根,*

---

① (清)《嘉兴府志》,第 785 页。

② (清)《嘉兴府志》,第 785 页。

③ 菜子又名"油菜",其种子经压榨出油。

④ 川胜守著:《明清江南农业经济研究》(Kawakatsu Mamoru, *Min-Shin Kōnan nōgyō keizai-shi kenkyū*),东京:东京大学出版会 1992 年版,第 121 页。

⑤ (清)《嘉兴府志》,第 788 页。

⑥ 参见川胜守著:《明清江南农业经济研究》,第 111 页。

⑦ 川胜守著:《明清江南农业经济研究》,第 114 页。

春天必萎死,即不死亦永不长旺。

沉麦盖潭[因为液体粪肥]要满,撒子要匀,不可惜工而令妇女小厮苟且生活。麦要浇子,菜要浇花。麦沉下浇[用液体粪肥]一次,春天浇一次。太肥反而无收……若八月初先下麦种,候冬垦田移种,每颗十五六,根照式浇两次,又撒牛壅锹[毗连的小型的]沟盖之[用泥土],则干麦粗壮,倍获厚收。

菜比麦倍浇,又或垃圾牛粪锹沟再浇,煞花……(省略了"即有满石收成"一句。从译文来看,作者的点读是"菜比麦倍浇,又或垃圾牛粪,锹沟再浇煞花,即有满石收成"。——译注)

那道"镇司能不体忧勤"[1]的训谕,在某些方面比直接描述无休止的辛劳更能体现每个人所承受的压力。

养蚕的时间强度也经常被人们提及。正如前面所指出的,大约从春节前后开始,(吴仰贤的《嘉兴府志》第 800 页说,"蚕事始于清明节"。——译注)一个月左右的时间里,养蚕时,男不盥女不栉,若蚕不登架化成蛾,(吴仰贤的《嘉兴府志》第 798 页提到木架的作用为"于蚕初收时即张之茂桑之上",第 801 页提到"以苇箔作架……散而蚕登其上",是为蚕攀爬所用,未提到蚕化蛾一说。——译注)"举家聚哭"。若蚕丝歉收,父母则不免要卖儿鬻女。[2] 即使身在远方,男人也会回家帮忙采摘必不可少的桑叶。若有妇归宁,也要返夫家"昼夜紧张地侍弄蚕茧的营生"。[3] (在作者所说的吴仰贤《嘉兴府志》第 798—803 页未见到相关论述,只好将它直译出来。——译注)

肥料来源和牧草资源也很紧张。无法确切地判定下面这份材料的日期,但它十有八九出自清代:[4]

---

① 引自(清)《嘉兴府志》第 790 页上沈翼的《农书》。
② (清)《嘉兴府志》,第 793 页。第 169—170 页也做了探讨。
③ (清)《嘉兴府志》,第 798—803 页。
④ (清)《嘉兴府志》,第 791 页。

种田地*肥壅*最为要紧。人粪力旺，牛粪力长，不可偏废。租窖乃根本之事，[①]但近来粪价贵，人工贵，载取费力，偷窃弊多，不能全靠租窖。则*养猪羊*尤为简便……羊一岁所食，取足于羊毛、小羊而足，所费不过垫草[作为饲料]，晏然多得肥……羊必须雇人斫草，则冬春工闲诚糜廪粞……今羊儿吃枯叶枯草……地宜牛壅，田宜猪壅（这两句是译自作者的译文，吴仰贤的《嘉兴府志》第791页并无与之相符的句子。——译注）……购人粪必往杭州，切不可在坝上买满载[来自旱厕]。
214

这样，嘉兴土地耕作与牲畜饲养的结合，一定程度上是为了应对肥料短缺而发展起来的。至少在该府的一些地区，牛已经因犁耕所用而出现了。[②]猪当然是清道夫，大多靠残羹冷炙为食。但因为通常没地方再放牧，羊或许是圈养，人们得亲自喂养它们了。

从种植者的观点来讲，棉花有利也有弊。不断在同一地方种棉花，就会耗尽地力，因此必须轮作。棉花的收成也容易出现起伏。与之相对，棉花所需的水比水稻少，从而减少了灌溉和维护水利系统所需的劳动。正如我们已指出的，嘉兴实际上与其说是原料生产者，不如说是一个加工者，一种几乎在同一时期的西欧，尤其是尼德兰部分地区发现的工业化前的工业化（即所谓的"原工业化"。——译注）在这里兴起。晚清府志中海盐县的例子突出了这一点：[③]

地产木棉花甚少，而纺之为纱，织之为布者，家户习为恒业。不止乡落，虽城中亦然。往往商贾从旁郡贩棉花列肆，吾土小民以纺织所成，或纱或布，亲晨入市，易棉花以归……燃脂夜作，*男妇或通宵不寐*。田家收获输官偿债外，卒岁室庐已空，其衣食全赖此。
215

---

① 关于这一翻译的合理性，参见星斌夫著：《中国社会经济史语汇》，第253页。（作者将此句译为"Making a contract with city residents to purchase their excrement is of fundamental importance"，意思是"与城中居民签订合同购买他们的粪便是非常重要的"。——译注）

② 比如平湖。参见（清）《嘉兴府志》，第784页。

③ （清）《嘉兴府志》，第807页。

　　这样的一种工业化前的工业化是否必然会在某一天转变成真正的工业化，没什么规章可循，即使有一个十分精密的市场体系会满足某种外放制（a system of putting-out）的任何需要，正如嘉兴曾经有过的那样，也无济于事。当然我们从这份材料中所目睹的，是某种使我们更加熟悉全面工业化的情况的开端：可以说，那时的海盐在一定程度上是活在一种"无形的环境"之中；也就是说，决定其命运的许多情况不再是日常经历的某些事，也不再是直接观察的制约，而大多是远方的世界，这只有通过市场机制和二手信息才能与之联系起来。

　　19 世纪中叶刚过，太平天国起义导致嘉兴府人口锐减，甚至不足 19 世纪中叶总人口的一半。[①] 这个鲜活的例证提醒我们，这种脆弱的增长曲线是多么容易受到偶然的政治波动的影响。不过，自野稻曾在三角洲未被围垦的湿地上生长以来，嘉兴人走过了漫长的道路。他们表现出了非凡的创造力，以及非同一般的适应与生存能力。但是，对这几千年的历程到底如何评价，切合实际的最终定论仍然是模糊不清的。

---

① 曹树基著：《清时期》，第 102—103 和 470 页。

# 第八章　中国人在贵州地方的拓殖

贵州省俨然另一片天地。省会贵阳坐落于 1 250 米之巅,这里系四条河流流域的源头所在。[1] 它以桃李花开时"芳菲夺目"而闻名遐迩,气候温和,夏无酷暑,冬无严寒。[2] 其周围,亚热带群山层峦叠嶂,河谷纵横逶迤。森林中蛇猴相安,鹿奔虎逐,飞禽走兽欢腾雀跃。虽然一些地方有瘴气伺伏,但仅限于几个地方而已。与沿河漂流而下的木材一样,可提炼水银的朱砂等金属矿石也吸引了汉族商人和实业家。

这里自古就是苗族人的家园,当然他们也是乔迁至此的。口口相传的苗歌表明,他们曾生活于东部海滨,但在某个时候却向西长途跋涉,[3] 大概在迁徙途中还逐渐赶走了"猡猡"(读作"luó luó",作者拼成了 Lolo,我国西南少数民族彝族的旧称。——译注)等其他部落。歌中提到,他们因人多寨子容不下而被迫离开,不过一直存在着的汉人的压力更有可

---

[1] 中国自然资源丛书编撰委员会主编:《中国自然资源丛书》,贵州卷,第 34 卷第 408 页。以下简写为《中国自然资源丛书》(贵州卷)。

[2] 靖道谟等编:《贵州通志》,1741 年版,台北:华文书局 1968 年再版,第 1 卷第 1b 页,第 15 卷第 1b 页。以下简写为《贵州通志》。

[3] 燕宝整理译注:《苗族古歌》,贵阳:贵州民族出版社 1993 年版,"译者序",第 1 页,以及"沿河西迁"这一章,第 651—786 页。关于此书得以问世的搜集、抄录经过之背景,参见本章稍后"苗族人"一节开头的评论。

能是问题之所在。在这一旅程中,他们似乎掌握了制斧砍树的技术,也学会了使用其他工具。而技术上的所有进步,包括造船和建木寨,都在这一唱一和的歌词中高高兴兴地被记了下来。①

在贵州,一些苗族人与前来的汉人结盟,文化上也部分被同化;其中一些人甚至接受汉人后裔的领导,他们通常是受朝廷任命的"落籍"土司。其他人则为自由斗争了数百年。反抗似乎始自明代,当时汉人官府施行了一项直接的控制举措(即改土归流。——译注),客居的汉人也增多了。② 直到19世纪70年代初,苗族人争取自由的斗争才最终归于失败。③

虽然到清代时苗族人也有枪有炮,最初可能是从17世纪80年代反清失败的吴三桂残部手中得到的,但帝国火器上的优势可能发挥了作用,因而制伏了他们。④ 由于苗族人"弥漫山谷,击之则四窜林莽,少顷复聚",⑤朝廷军队就毁掉他们的藏身之处,想方设法将其消灭。他们烧毁苗族人的村落,有时对它发射"火箭",⑥并且"伐山通道,直逼其寨"。⑦为加快沿江的军事运输,他们"浚浅滩,辟险碛,伐巨林,凿怪石"。⑧ 苗族人也砍倒大树堵住山路,并建栅栏,附凿小孔架火铳,以求自保。⑨ 环境状况决定了战争的特点,战争也改造了环境。

中国人的征服和占领始终受到一定程度的威胁,而这一行为所造成的社会紧张状态则助长了犯罪活动的条件。18世纪初就有一群苗族人

---

① 《苗族古歌》,第740—743和774页。

② 正如第485页注121(即中译本第81页注②——译注)指出的,"客"一词指在某一政治单位之内变更住所之人。与之对照,"移民"则指那些跨越国界之人。

③ 对这些事件的概述,见 H. J. 韦恩斯著:《汉人在中国南方的扩张》(H. J. Wiens, *Han Chinese Expansion in South China*)[初版名为《中国向热带地区的进军》(*China's March to the Tropics*),1954年版],康涅狄格州,哈姆登:肖斯特灵出版社1967年第二版,特别是第70—93、187—191和234—236页。

④ 譬如,参见《贵州通志》,第24卷第14b、第24卷第23a—27b等页有关雍正在位时期的战役。关于苗族人的火器,包括炮,参见《贵州通志》,第24卷第25a、第24卷第27b等页。

⑤ 《贵州通志》,第24卷第14b页。

⑥ 《贵州通志》,第24卷第27b页。

⑦ 《贵州通志》,第24卷第26a页。

⑧ 《贵州通志》,第24卷第29b页。

⑨ 《贵州通志》,第24卷第24b、26b和27b页。

"仍时出劫掠汉夷男女,售与汉奸(此处'汉奸',当时特指汉人中的坏人。下同。——译注),转贩他省,以获重利。"①夹在两大敌对武装之间的熟苗则受害尤甚:②

> 无事则役以挽运;用兵则驱为向导。军民③待之如奴隶,生苗疾之若寇雠。官兵胜,则生苗乘间劫杀以泄怨。生苗胜,而官兵混行屠戮以冒功。

有一次,当熟苗响应安抚企图时,官军却杀夫,并虏其妻女,以贩卖牟利。其他苗族人在获悉这种暴行后,就"人怀必死,多手刃妻女",以表达自己抗争到底的决心。④ 无论是战是和,抑或处于非战非和状态,贵州都如其 19 世纪末的方志所言,是一块"半不通语言文字,则风俗难同"⑤ $^{218}$ 的拓殖之地。除了当地战事,普通罪犯和"客"中的社会边缘群体,以及贪婪且军纪涣散的官兵,他们合在一起使得该地险象环生。

贵州此地美,美中却透着诡异与恐怖。对组织严密且财力雄厚的外来者而言,这自然是个有利可图的地方,但当地人却被剥夺了其地理上的禀赋。这里是从他省前来的中国冒险家、逃难者和不满者的庇护所,但有时候他们甚至也会因气候、疾病和战事而心生恐惧。对汉族官员、士兵、商人和居民来说,征服该地并将其纳入思想、环境、经济及行政控制之下也绝非易事;到近代之初,这远远没有完成。

此时,中国人在贵州的拓殖仍在进行,从中我们可以窥见早些时候出现在其他地区的汉人扩张伊始时的大体情形。在意识形态上使扩张合理化,实乃文明的一大使命,但官员们可能会直陈其事。这里摘取知

---

① 周作楫撰修:《贵阳府志》卷 64,贵阳:贵阳府学署,清道光庚戌刻本,页 1b。以下简写为《贵阳府志》。

②《贵阳府志》,第 64 卷第 2b 页。

③ 中文语词"民"既指与"官"相对的"庶民"(commoner),也指与"兵"相对的"平民"(civilian)。因此这两种翻译有时候都适用。

④《贵阳府志》,第 64 卷第 3a 页。

⑤《贵阳府志》,第 50 卷第 20ab 页。

府为 1850 年《贵阳府志》所作的序言的一部分。① 应当注意的是,在公元一千年和两千年之初的漫长的数百年间,该地为独立或半独立的南诏国及其后的大理国所统治。对此,他却未置一词。

秦汉之际,尝置黔中牂柯郡②矣。当夫庄蹻[楚国(在中部)的将军,在公元前 3 世纪末面临大秦帝国崛起之时,自立为王]开边,唐蒙持节[去岭南的南越国]之时[公元前 2 世纪],即日内属,不过羁縻。

至于元明[13—17 世纪],百战而后服之,再叛又几弃之,控御固若斯之难哉。夫必有鄙夷不屑之心,而后彼亦悍然不顾以相抗。

今者毒溪瘴岭,尽立室家,卉服鸟言,俱隶版籍。驱其豺狼狐狸,垦其荦确草莱,岁纳其粟米秸秸,呼召役徭,罔敢或后。

盖文德之怀柔远矣。而其俊髦亦默体朝廷激发鼓舞之意,不肯自外相与。讲明乎道艺,步趋乎矩绳。

尚在这些自得之词墨迹未干之时,1854 年最后一次苗族人大起义爆发,将近二十年才被镇压下去。

对这篇序先作两点解释,可能会有助于理解:

首先,是人口。最早可资利用的贵阳府较为可靠的人口数字,是在"乾隆嘉庆间",即 1800 年左右。此时有 152 000 户在册。晚一些时候但在 1850 年之前备好的府志稿记录了 173 000 户(实为 172 958 户。——译注),约 904 000 口,比率是平均每户约 5.2 人。③ 登记在册的人口随时间推移而增多,这位知府就此所做的评论表明,由于难以区别实际增长和统计数的增长,因此,对最后这一日期之前数百年或数十年的人口增长所做的任何估计都是靠不住的。

其次,是长期动荡。在这个方面,最严重的行政危机是雍正帝于 18 世纪 20 年代和 30 年代初开始的剥夺或削弱内部自治之土司权力的努

---

① 《贵阳府志》,第 1 卷第 4b—5a 页。他名叫王成璐。(时任贵阳知府。——译注)
② 郡相当于府。
③ 《贵阳府志》,第 44 卷第 2b—11a 页。

力;通过这一权力,大部分少数民族自此一直由某种间接统治制度统治着。① 在 1724 年给 8 省(其实只有川、陕、湖广、云、贵。——译注)督抚的上谕中,雍正帝阐述了他对总体形势的看法:②

> 朕闻各处土司鲜知法纪,所属土民每年科派,较之有司征收正供,不啻倍蓰。甚至取其牛马,夺其子女,生杀任情……然土司之敢于恣肆者,大率皆汉奸为之指使,或缘事犯法,避罪藏身;或积恶生奸,依势横行。

第二年,在给参与平叛的封疆大吏的上谕中,雍正帝又根据奏报描述了当时正在发生的一些恶行:③

> 闻黔省狆民最为不法。上年三四月间,辄敢蚁聚抢夺集市。至八月间,抚提会调兵丁二千名,委员进剿。于九月行至定番州(今贵州惠水县。——译注),兵丁强买民物,喧闹罢市。暮抵古兰地方,夜火不戢,又复焚毁熟苗五寨,以致民苗合围,射伤官兵。

在多种原因的作用下,时断时续的当地战火经久不息,还不时地燃烧起来,并演变成大规模的起义。有清一代,四次起义烈火先后发生在 17 世纪 90 年代、18 世纪 30 年代(由反抗雍正帝的改革所促发)、18 世纪 90 年代和 1854—1873 年。④

关于贵阳的每一份文献,不管是上谕、序言,还是诗歌,都得在这样的背景下来解读。

## 苗族人

在少数民族眼中,这世界是个什么样子? 目前仅有少量的资料阐明

---

① 参见冯尔康著:《雍正传》,台北:台湾商务印书馆 1992 年版,第 382—399 页。
② 《贵阳府志》,第 1 卷第 1b 页。
③ 《贵阳府志》,第 1 卷第 2b—3a 页。给高其倬和其他人。
④ 参见白兰、伊懋可著:《中国文化地图集》,第 36 页的地图。

了这一主题,贵州东南地区的一部苗语婚庆对唱集就是其中之一,它给我们提供了有关这里的人们如何看待其生活环境的见解,虽有些零乱但却很生动。这些歌曲在最近二三十年得到收集,部分是因为它们正在逐渐消失。很难知晓自帝制晚期以来它们有多大的改变,被加工或可能删改到了什么程度。下面选译的部分,是以汉语逐字转译的苗语改编本为基础的。①

开篇,是一场人们熟知的暴风雨:②

221

> 天空闪晃晃,雷声响隆隆,
>
> 河中洪水涨,满坡满岭淌。

在闷热的盛夏,"他把衣服脱,就像蛇蜕皮,就如虿蜕壳"。③ 这说明他虽有自我意识,但也是一种动物,而且不像开化的汉人那么多愁善感。

万事皆有因:④

> 有儿有娘生,有水有崖淌。

不过,对我们西方人和汉人而言,这样的因果关联可能有点儿怪异。而对苗族人来说,所有的生灵,包括神和动物,都是在神秘的远古时代*杂婚*产生的结果,因而彼此是*亲戚*。这就是婚姻如此重要的原因所在。即使是石头,也寻求婚配:⑤

> 石头不得亲,石头得生气,脖子胀得很,石头才吞亲,吞戚去精光。

人们观察常见的野生动植物的方式可能会直截了当:⑥

> 黄色灰色蝗,睡在茅草坡。

---

① 参见杨通胜等编:《开亲歌》,贵州:贵州省民族研究所 1985 年版,"前言"。
② 杨通胜等:《开亲歌》,第 34 页。
③ 杨通胜等编:《开亲歌》,第 385 页。(实际是第 386 页。——译注)
④ 杨通胜等编:《开亲歌》,第 19 页。
⑤ 杨通胜等编:《开亲歌》,第 12 页。(包括第 13 页。——译注)
⑥ 杨通胜等编:《开亲歌》,第 85 页。

抑或按照婚姻神话来想象：①

> 猴子家撵客，撵亲去深山，撵亲往绿林。

这样的树林时常出现在实际或想象的背景中，但有时仅仅是为了修辞的需要，如下所述：②

> 钻村寻好汉，进林找干柴，不得根干柴，也得半干桠，找不着贤人，也找个精灵。

虽然干柴比湿柴好烧，但贵州是多雨地区，干柴难找。因此"找干柴"是苗人用来象征困难之事的寻常方式。

然而至少到晚近的这一时期，农业景观是多数人生活于其中的景致：③　222

> 过了弯弯田，田埂弯又弯，来到大桥头。

几乎可以肯定，人们怀疑没有一座桥是苗人自己修建的。民歌中已糅进了新奇地出现的外来人，还提到了他们的那些建筑。

此外，我们还看到了一些地道的民间智慧：④

> 河水哗哗响，能生长庄稼，或是条干河，庄稼不收获。

还有零散的语句暗示，随着人口的膨胀，打渔捕蟹会给资源造成压力：⑤

> 一村八百户，一河八百篰。

蟹篰是用竹子编的，也可用来捕鱼。而在人多蟹满时，民歌可能只洋溢着欢腾的气氛。那一唱一和是令人着迷的。

自然既可用作隐喻，也是真实的存在。一首歌中描述，岳父岳母看

---

① 杨通胜等编：《开亲歌》，第 89 页。
② 杨通胜等编：《开亲歌》，第 344—345 页。
③ 杨通胜等编：《开亲歌》，第 315 页。
④ 杨通胜等编：《开亲歌》，第 362 页。
⑤ 杨通胜等编：《开亲歌》，第 672 页。

见秤银子的戥盘里堆满银子后,就为那钱争吵起来,互拽对方的头发,并且他们的

前额相碰撞,如雀被胶粘。①

另一首歌写道,据说有人

挖蜘蛛钓鱼。②

很多地蜘蛛(ground spider)确实有这类袖状网(sleeve-like web)。(作者将"蜘蛛"译为"tube-like webs of spiders",意思是"有筒状网的蜘蛛",故有"袖状网"一说。——译注)

人们还采集野生植物。跟上面提到的干柴一样,它们也可作为比照,从而揭示人类生活的方方面面。因而一首歌中提了这样一个问题:介绍人要

找哥来配妹,找花椒配蒜。③

223 你若能找到,那可是味美的香料。

通常提到的野生动物都很小,譬如野猫、猴子(吃野果)、老鼠、水老鼠和水獭。也提到了青蛙——当作食物。提到老虎时说的都是上古时期的,当然在帝制末期,贵州这里也有老虎出没。还有一首诗歌涉及犀牛找亲的情景,但这完全是虚构。

由此得到的显著印象是,这是一个从事农耕的社会,人们在田里和有篱笆的菜园里忙碌着,他们也饲养牲畜,包括牛、马、骡、猪、鸡、鸭、鹅,还有家猫家狗。不过,他们依然给人一种鲜活的感觉,生活得比汉人更接近较为狂野的大自然。

这些歌曲的开篇都会问到一个惯常的问题。在遥远的过去,当这个

---

① 杨通胜等编:《开亲歌》,第 640 页。
② 杨通胜等编:《开亲歌》,第 6 页。
③ 杨通胜等编:《开亲歌》,第 43 页。

农耕社会创立之时，

　　哪个最聪明，开块田种粮，杀头牛订亲。[1]

答案是苗族人的两个传说的祖先。农耕与人类社会的出现密切相关：[2]

　　天上阴沉沉，

　　大地黑压压，

　　雷公隆隆响，

　　闪电明晃晃，

　　洪水往上涨，

　　变成把薅锄，

　　修条大宽沟，

　　修个好村寨，

　　水才流下来，

　　亲才住那里，

　　戚才住那里。

人们焚烧残茬，给土地施肥：[3]

　　地肥靠火烧，鸡吃米长大。

土地面积是衡量财富的标准。彩虹，作为龙媒人，告诉未来新娘的父亲，新郎腰缠万贯：[4]

　　家产千万挑，九千丘一坝。

还经常提到简易的水利设施：[5]

　　送到深塘边，塘水绿茵茵。

224

---

① 杨通胜等编：《开亲歌》，第 1 页。
② 杨通胜等编：《开亲歌》，第 23 页。
③ 杨通胜等编：《开亲歌》，第 35 页。
④ 杨通胜等编：《开亲歌》，第 48 页。
⑤ 杨通胜等编：《开亲歌》，第 71 页。

水牛和普通的牛充当劳力：①

> 灰牛去耙田，犁田养老小。

随后：

> 七月大热天，水牛滚泥窖。②

最后，歌中说到了这个社会的商业方面的情况，提到村落中还有市场。③ 苗族人铸造自己的铁制农具，④造船，⑤织布。⑥ 他们的屋脊"似马鞍"。⑦ 他们有供奉当地神灵的庙宇，⑧熟悉法庭，用到了诉状，人们猜测这可能是用汉语写的。⑨ 他们也有自己的符号记录系统，至少会记下婚约，将它们刻在木头上。歌中有对这样一份婚约的描述，还称赞它刻画得很清晰；而在提到某种可能是当地书面文字的东西时，歌者说它们

> 岔开似狗掌，弯扭如羊角。⑩

该社会这些方面的特征，特别是对法庭的熟悉，应当归结为中国人几百年来的统治和影响，当然并不清楚他们在某个特别方面的影响程度到底如何。歌中涉及的主要事项可能都十分古老，但新近发生的情况也很容易被穿插其间。

苗族人对自然感应异乎寻常地钟情，诸如"荆叶沙沙响"⑪之类的诗句即可为证。但更为特别的是，他们时常对其他造物表现出古怪的情愫。在下面的诗句里，"香"这个人是歌中的主角。为了寻妻，他正携带

---

① 杨通胜等编：《开亲歌》，第 328 页。
② 杨通胜等编：《开亲歌》，第 322 页。
③ 杨通胜等编：《开亲歌》，第 369—370 页。（即"寨中街亮堂，街好好赶场"。——译注）
④ 杨通胜等编：《开亲歌》，第 636 页。（即"拿它铸锄头，铸成犁和耙"。——译注）
⑤ 杨通胜等编：《开亲歌》，第 32 页。（即"划船去下方"。——译注）
⑥ 杨通胜等编：《开亲歌》，第 36 页。（即"织成大匹布"。——译注）
⑦ 杨通胜等编：《开亲歌》，第 79 页。
⑧ 杨通胜等编：《开亲歌》，第 388 页。（即"原是土地庙"。——译注）
⑨ 杨通胜等编：《开亲歌》，第 635 页。（即"到新州告状，告你到官家"。——译注）
⑩ 杨通胜等编：《开亲歌》，第 62 页。
⑪ 杨通胜等编：《开亲歌》，第 79 页。

着一份礼物:①

> 是群灰公鸭,站在田埂上,见香去说亲,肩上挂只鸭。

也就是说,活得好好的鸭子看到了一只遭殃的死鸭子。

必须承认,其中很多诗歌所表达的意思晦涩难懂。从我们的角度看,上面引用的诗歌并未充分地表达苗族人观念世界的新奇与特别。但有一点应该很清楚,他们没有完全被汉人的生活方式所同化,因此就简单地将其视为"蛮人",这是根据通常不那么大度的汉人的看法而产生的一种误解。同样显而易见的是,他们较为单纯的世界观无法永远抵挡复杂的汉人文化力量的影响。

## 战争与发展

战争是西南边境发展的动力,而军事胜利则是全面的经济渗透,当然还有行政介入的前提。西南地区无法从冲突转变到或多或少稳定的和平局面,因为这一局面是以对虚设的"朝贡地位"的认可为基础的;在朝鲜和越南,由于政府组织良好,这种地位最终证明是可能的,它们当然也有能力动员起有效的军事抵抗。虽然宋朝曾与高度汉化的云南的南诏国有过良好的关系,但此地在帝制晚期并无稳定的政治结构,因此,中华帝国(the Chinese empire)无法与之确立长久可靠的合约。

对此地也不能只是听之任之。从中国人的观点看,汉人与苗、瑶、壮及其他部落男子之间的边疆战事成了一个久拖不决的安全问题。中期帝国治下,朝廷主要采取承认当地世袭土司的方式来巩固其地位,以使当地的其他势力难与之匹敌;作为回报,这些土司要承认汉人的宗主权,且常常需要纳贡。这种情形几乎持续到了晚期帝国,不过其间也起用了数目不等的流官。数百年来,当地一些古老家族虽然变换着头衔,但在其势力范围内,他们仍保持着统治地位。因此,杨应龙的祖辈,镇守川黔

---

① 杨通胜等编:《开亲歌》,第 387 页。

交界的播州的安抚使,在晚唐、宋、元以及明代统治期间一直在这里据有官职,而他却于1589年举事反叛。

15世纪末对大藤峡瑶民暴动的镇压,为战争与环境的相互影响提供了一个绝佳的例证。该地紧挨贵州南境,在广西桂平以北约六十里处。虽然该地与贵州南境的环境并不相同——譬如,瘴气更盛——但它与之非常接近,足以引导我们很好地认识这一问题。下面的故事出自清代官员谷应泰于1658年所做的私人撰述,即《明史纪事本末》。其视角和内含的评价属于清代早期的那种。①

> 广西浔州②之境,万山盘矗,中有水曰浔江……夹江诸山,皆研戮业,其最险恶地为大藤峡。盖有孤藤,渡峡涧如徒杠也。
>
> 惟藤峡最高。登藤峡巅,数百里皆历历目前,军旅之聚散往来,可顾盼尽也。诸蛮以此为奥区……
>
> 藤峡、府江之间为力山③,力山之险倍藤峡焉……其中多冥岩奥谷,层磴绝壁。入者手挽足移,十步九折,一失足则陨身数百仞下。中产瑶人……又有獞人(今壮族。——译注),善传毒药弩矢,中人无不立毙者。

谷氏接着讲述瑶民首领侯大狗在1450—1456年掀起的暴动,其军队"攻堕郡县,出没山谷"。到1457—1464年,悬赏缉拿他却始终未果,兵部尚书王竑认为,对付大狗可能是"譬之骄子,愈恤愈啼,非流血挞之,啼不止"。1465年,韩雍领导平叛之战,其目标直指大藤峡上叛军老巢。在击败一些苗"贼"后,他下令斩了四名不守纪将领,以立威于军中。随后,用土兵160 000剪除了藤峡之羽翼。他们生擒俘虏1 200名,斩首7 300多级。

---

① 谷应泰著:《明史纪事本末》,1658年;台北:台湾商务印书馆1956年再版,4卷本,第2卷第157—166页。

② 桂平。

③ 蒙山以西30里处。

据说，当他询问当地父老下一步该如何行事时，他们提出了这样的建议：

> 大藤天险，重岩密箐，三时瘴疠。某等生长其地，不能得其要领。[227] 且贼闻大兵至，为备益坚。莫若屯兵围之，且战且守，可不战自毙。

父老们出此计策情有可原，因为他们渴望家园避免全面战争所造成的流血与破坏。

韩雍不以为然。因为当地地形复杂，且面积广大，不可能有效地合围。他还认为，屯兵日久，将士意志必定松懈。因而，他下令封锁诸山隘口，并发起全面攻击：

> 贼闻兵来，置妇女、积聚于桂州、横石、寺塘诸崖……峡南排栅坚密，滚木、礌石、标枪、毒矢，下如注。官军登山仰攻……将士用团牌、扒山虎①、压二笆②等器，鱼贯以进，皆殊死战……雍命纵火焚，烈烟焰蔽天，日尽晦，贼大溃散。

无数瑶人被捕，"贼屋庐藏积皆赭"。韩氏命军队穷追那些跑去保护妇女的人。（文献原文中并没有"保护妇女"云云。——译注）途中，其部"伐山通道"。对栖息地的这种破坏是一种生态战争。谷氏形容第二座山上的竹木林"林箐丛恶，非人所处"。韩雍诱使瑶人突围，并用大炮将其轰倒，当然将这些大炮运上山坡也费了九牛二虎之力。（文献原文是说瑶人滚下礌石大木以阻挡韩雍军队，于是韩雍派人潜至山顶，待瑶人中计滚完后就发炮告知，即"用千斤礌石大木转而下，声若雷，岩谷皆应，弩矢雨注。雍诱使大发，而令人间道潜陟其巅，觇贼发竭，举炮为应。"——译注）在"缘木扳萝而升……猿引蚁附"地到达敌军营寨后，帝国将士"发火箭焚其栅"——最后这一术语也可以指小型火箭（small rocket）。三千多瑶人被

---

① 字面意思是"爬山的老虎"。这通常指二人抬着可以登山的轿子，但此意在此处好像不通。（作者将"扒山虎"这种山行便轿译为"climbing irons"，意为"攀援铁杆"。——译注）
② 这是对"压二笆"之意思的猜测，即，将它想成一根棍子、一把耙子或一个把手，能给登山者另一个立足点或握力点。（作者将"压二笆"译为"alpenstock"，意为"登山杖"。——译注）

砍了脑袋,此后,韩雍磨崖石将其得胜岁月刻在上面。最后,他斩断瑶人"蚁度"如桥的巨大峡藤,将此地改名为"断藤峡"。

这种强行教化行动的影响持续了二十多年。时间如此之长的原因在于,为使当地稳定,除了重新植入人们熟悉的准封建化(quasi-feudalism,在这里可能指朝廷改土归流的诸多举措。——译注)外,韩雍也别无良策。实际操作起来,就是将土地分给他的下属军官。他们很快就干起从"贼"手中收受贿赂的勾当。更常见的是:

> 贼……横江御人。总制都御史陈金,谓诸蛮不过利鱼盐耳,乃与约:商船入峡者,计船大小给鱼盐与之。诸蛮就水滨受去,如榷税然,不得为梗。

> 蛮初获利听约,道颇通。金亦谓此法可久,易峡名"永通"。亡何,诸蛮缘此益无忌,大肆掠夺,稍不惬即杀之。

1512年,哲学家和官员一身二任的王阳明领命负责平"贼",即使在他1520年死后,该地很长时间内仍需兵威震慑。谷应泰的评论表明,他对难于制定一项行之有效的政策感到很沮丧。"流官"与"土官"的混合使用没能带来有效的治理,儒家教育对瑶人剽悍本性的影响也微乎其微。贸易使他们"见利犬猜",建营堡加以约束却导致他们"失势兽骇"。他们不受人摆布,但也不能将其置于"王化"度外。大军糜费不可久驻此地,但少量人马又无济于事。军屯也没能阻止掳掠。

为解决此类问题,1629年,在贵州西北最终实行了以发展农业来改变贵州环境的战略,谋划者为朱燮元。朱燮元本来负责镇压"猡猡"首领奢崇明与安邦彦的联合暴动,后者是水西苗人的世袭土司,其祖先从公元前3世纪起就归顺了历代的汉人朝廷:[1]

---

[1] 谷应泰著:《明史纪事本末》,第4卷第60—72页。方宾观、臧励龢等编:《中国人名大辞典》,第242页,以下称《中国人名大辞典》。此页描述其父安疆臣所出身的家族"世居水西,管苗族"。又参见田雯著:《黔书》,收于严一萍(作者写成Yan Ping。——译注)选辑:《百部丛书集成》第36部《雅雨堂藏书》(作者写成了"Yueya-tang congshu"。——译注)(清);台北:艺文印书馆1965—1968年再版,第3册,第10a—12a页。

燮元乃大会诸将,曰:"水西多山,险丛箐篁,蛮烟瘴雨,莫辨昼 229
夜,深入难出,以此多败。当与诸君扼其要害,四面迭攻,渐次荡除,
*使贼乏粮,将自毙*。"

于是焚蒙翳,剔岩穴,截溪流。发劲卒驰骋百余里,或斩樵牧,
或焚积聚,暮还归屯,贼益不能测。凡百余日,所得首功万余级,生
口数万。每得向导,辄发窖粟就食,而贼饥甚。

当安氏投降后,朱氏上奏九法,他认为这有利于维持安定:

不设郡县,置军卫,不易其俗,土汉相安,便一;

*地益垦辟,聚落日烦*。经界既正,土目不得以民不耕地,渐侵
秩,便二;

黔地瘠,仰给于外。今自食其土,省转输之劳,便三;

国用方匮,出太府金币劳诸将不足,以爵酬之爵轻,不若以地,
于国无损,便四;

既许世其土,各自立家,经久远,永为折冲,便五;

大小相维,轻重相制,无事易以安,有事易以定,便六;

训农治兵,耀武河上,使贼日备我,便七;

从兵民便,愿耕者给之,且耕且戍,卫所自实,无勾军之累, 230
便八;

军耕抵饷,民耕输粮,以屯课耕,不拘其籍;*以耕聚人*,不世其
伍,使各乐其业,便九。

要记得苗族人也从事农耕,这可能会被视作从容不迫地使该社会汉
化的举措。准封建的军事行政结构将会确立起发展框架,文化差异也将
得到尊重。所以他很快就能上奏说:"今臣分水西之壤,授诸渠长及有功
汉人,咸俾世守。"他在搞文化融合。虽然没有明说,但言外之意似乎是,
在将来某个合适时机,当万事俱备且社会凝聚力足以避免分裂之忧时,
此地归顺固定流官统治的局面就会到来。从前面几页所引资料的基调
以及所提出的这些政策中,我们可以大体得出一个清晰的结论,即此地

245

在 17 世纪还有大量可资利用的耕地,当然质量可能并非上乘。这与帝制晚期的嘉兴形成了对比。

这样,贵州及周边地区的地形特点决定了战争的特性。它使苗族人可以长期游击式地对抗朝廷,但从长远来看,他们如果不零打碎敲而想持久地占山为王,却绝无可能。该省提供的人力或资源与朝廷在此地的投入无法匹敌。另一方面,在这样的环境下过于频繁地行使权力,对汉人官府来说也会不堪重负。朱燮元和其他许多汉族官员逐渐认识到,长治久安的唯一办法是*改变环境*。

17 世纪中叶,贵州巡抚彭而述(作者误写成了 Peng Ermi。——译注)以平天下为己任,积极开展平叛、拓殖、开发和约束土著的活动。这里引述的是他的《水西行》,恰好撰于贵阳以西地区①安氏暴动被平定之后。其中"羽林"一词有两层意思,即:宝瓶座群星(总名为羽林天军。——译注)和皇帝亲军。乌蒙和东川属于云南,紧挨贵州西境:

*231*

　　惟皇神武事长征,天策羽林上将营。

　　特遣将军授庙略,铁骑十万水西城。

　　指挥如意真无比,叱咤之间风云起。

　　雕弓在箙箭在腰,笑谓鼠子不足弨。

　　苗垒何堪作战场,岩洞蛮窟不可量。

　　混沌以前未见此,密林深箐何茫茫。

　　*凿山铲道*填鼓吹,马上兜鍪裹糇糒。

　　大者牛车小负担,日为君王开土地。

　　延袤四府多膏田,乌蒙镇雄与东川。

　　此辈婚媾相犄角,古来结聚西南偏。

　　昨者露布三大捷,或化鲸鲵或反接。

　　从兹一鼓须荡平,退荒裔土归臣妾。

*232*

　　瓯脱自此供职方,纵横千里多稻粮。

---

① 靠近今日的黔西县。《贵州通志》,第 45 卷第 51b—52a 页。

个中隐含了种族和文化蔑视,还有对土地的征用以及对环境的强行改变。

18 世纪上半叶一个叫常安的满州旗人表达了对这片新拓之地的喜悦。注意,这里的"民"指"汉人"(广义上也包括满人),同样,"万姓"也是如此。"烟"喻指苗人的势力及其文化。他说:①

> 足底潜窥宿鸟归,耳根平洗飞云渡。
> 岭崖有路石为梯,悬市无城岚作护。
> 村落参差势不齐,民情质朴安其素。
> *蛮烟扫净廓封疆*,万姓欢腾书露布。

## 征服后从审美和制图上对景观的重塑

外人第一次踏入贵州,会为其所见而惊诧莫名。当上文提到的常安骑马经过时,他写下了如下诗行,描述的大概是喀斯特石灰岩尖峰:②

> 斜插尖峰形势奇,平悬峭壁重关固。
> 乱松坡上雨初晴,古驿门前烟欲暮。
> 电激岩头百道泉,翠迷谷口千年树。

233

诗中提到的驿站,是帝国邮政传递服务的一部分,由此推动了第一批可靠的道路的修建。除驿站外,这里显然是一个陌生的世界。

人们通常的反应是,将它与更熟知的中国其他地方加以比较。邹一桂,这位以擅画花卉山水而声名远播的 18 世纪中叶的监察御史,描写了贵州河流回环曲折的样子。③ 下面译文中的"Wu",是长江下游流域的旧称。"gill"是英国北部的一个用语,指小峡谷或天坑,通常有溪水穿流而过。它好像最能表达原文中意为"咽喉"一词的意思(指的是用"gill"所译的"穴"。——译注):

---

① 《贵州通志》,第 45 卷第 58a 页。(原诗名为《到黔》。——译注)
② 《贵州通志》,第 910 页。(《到黔》。——译注)
③ 《贵州通志》,第 911 页。(原诗名为《白水河观瀑》。——译注)

> 吾吴富水黔富山,有山无水山不活。
>
> 深林秖觉岚气重,多穴仅与狐兔窟。
>
> 十里一匊泉五里,已成渴涓涓洮流。

贵州其实有很多河流,但没有吴地之人所习见的那种水量。

17 世纪落发为僧的钱邦芑写了《他山赋》,非凡地再现了贵州的景观。在某种意义上,其诗标题恰如其分地表达了它所说的意思:贵州的山迥异于别处。这一标题也参照了《诗经·小雅》的一个短语:"它山之石"。① 在这层意思上,它也可以指"退位让贤",即让别人为官。② 记住一点是很重要的,即:因体裁规范,中国的描述性诗文让个中好手能尽展文采,诗中也有很多象声词并极尽想象之能事。将它们当作可以了解现实的指南来解读时,就有必要考虑这一点。

钱氏脚下的路和眼前的景色都为之洞开,这可能得归功于诗中未提及的仆人用火或斧头来一马当先;正如同澳大利亚早期的一些风景画家所感觉到的,二百年后还必须这么做。③ 从环境角度看,这些诗句证实他所到之处树木确实遮天蔽日。从心理上讲,它们所提供的见解,使人们可以洞察钱氏所感受的这种蛮荒山景的深层况味:天柱地轴似乎可见,绝非它处可比。④ 但这天地之力为谁所有?

234

> 瞻环区之旷复,信山水之离奇。
>
> 乃黔地之荒僻,更耸异而嵚崎。
>
> 既嶜嵸而陡削,亦峥嵘而逶迤。
>
>
> 余也忘情尘累,遯迹遐陬遘兹,
>
> 异境心契神投,辟莱秽于巉(巉巉,音同寒产且通作寒产,意为山

---

① 高本汉著:《诗经注释》,第 184 节。

② 既然钱邦芑号"大错和尚",它也可能意味着他将自己视为纠正别人错误的人。

③ T. 波尼哈迪:《持斧的艺人》,《环境与历史》(T. Bonyhady, "Artists with Axes," *Environment and History*),1995 年第 1 卷第 2 期。

④ 《贵州通志》(《四库全书》版本),572—493,第 44 卷第 9ab 页。

屈曲貌。《楚辞·九章》:思蹇产以不释;张衡《西京赋》:珍台蹇产以极壮。——译注)嵃,焚荆榛于岰丘。

　　嵱嵷高下而毕现,岅屴前后而俱收。

　　登椒巅以遥瞩,觉嶰岬(音同"轧伽",意为众山森列貌。——译注)之奔投。

　　烟云开合以万状,气象变眩而莫求。

　　若夫崧岫□(这里所缺的字可能是"嵧",音同磊,通礌。——译注)以艰陟,洞穴合杳而阴寻。

　　回溪潒潒而滂泻,大壑奔崩以怀灵。

　　隐窥地轴之维络,邈测天柱之矗撑。

　　钱氏的感受可用王杏的几句诗来概括,在后者所作的咏贵州泉水诗中,他对眼前之景论道:"悟造化之真传,以兹为鉴兮"。[1] 这里的造化是古代道家的用语,它好比一个无形却又无处不在的铁匠的作用,不断将自然中的某一物化育为另一物,而并非指天地万物的创造者。这样,山水间沉思就有了一种宗教色彩,当然,是一种新的宗教,一种新的玄学。

　　钱氏也描画了一种未经人类染指的元初荒野,当然用的是汉文词汇而非苗文语词。学界往往认为,中国人觉得真正的"荒野"索然无味,但它似乎让钱氏感到很惬意。他接着说:

　　松桧丛倚,柏杉掩映,

　　篁筠疏密以相间,花卉参差而互亲。 235

谈完江潚后,他又讲道:

----

[1]《贵州通志》(《四库全书》版本),572—491,第44卷第4a页。(还有572—492,即44卷7b页。——译注)

高柳丛生于浩淼，枝柯披荫于洪渠。

荇藻丝牵而带续，芹茝①斜刺而剑舒。

禽鸟间关于林杪，凫鹥泳唼于蒲菰。②

对他而言，这似乎是一片未被蹂躏的世外桃源，他在其中怡然自得。

贵州山石奇形怪状，令人心醉神迷。这一目之华彩乐章，连同其快板节奏，绵长悠远，难以尽言；钱氏在诗中对它们进行了描述。在此略引数语，以传其神韵：

独是奇石魂磈，拔地插天，

或赑屃而砖硠，(硠音同更。——译注)

或礧碥而屈卷，

或横仄而□矹，(矹音同轧。——译注)

或逆竖而倒悬，

或龙盘而虎奋，

或鹏举而凤轩。

这里的"Atlas"，即赑屃(读作 bìxì，作者将它们拼成了 Beixi。——译注)的西化对应物(Atlas 是希腊神话中的大力神，因支持巨人族首领泰坦反对主神宙斯，被罚作苦役，用头和肩将天撑起。——译注)，是形似龟的一位河神，据信能负重。"□矹"，指的是中国传统的压延布，通过在上面压上光滑的大石头而成形，这可使它的表层变硬，并增强其耐磨力。而从《一千零一夜》里发现的"roc"，是中国古代神话中大"鹏"鸟的西方对应物。

可见，钱邦芑正在以汉人的观念来感知这个对他来说颇为新奇的世界。虽然并非有意，但他也是一个抹杀之前的某种见识的文化征服者。

---

① 可能是荇菜(*Nymphoides*)和狐尾藻(*Myriophyllum*)。

②《贵州通志》(《四库全书》版本)，572—493，第 44 卷第 9ab 页。对"蒲菰"的识别尚不确定。("蒲菰"即雕胡，多年生草本植物，生在浅水里，嫩茎称"茭白"、"蒋"，可做蔬菜。果实称"菰米"，"雕胡米"，可煮食。参见汉典以及李晖发表于《寻根》1995 年第 2 期的《"雕胡"探源》一文。——译注)

制图者对同一景观又别有洞见,这可从 1850 年的《贵阳府志·序》中略窥一斑。当此之时,人们对精确的喜好日益增强,而所编之志几乎 *236* 如同一部末日审判书:地形、居所、植物、动物、人口、税收等一一在列,就连士绅烈女也都有简洁的传记,只是偶尔闪烁点色彩。

至少从公元 3 世纪的裴秀以来,[1]中国的制图者们就懂得坐标方格,当然很少在方志舆图中加以使用,这也许是因为所需调查的苛刻性所致。然而,这些图都是在坐标方格上构画的:贵阳府总间距为 60 里,更小的间距单位是 10×10 的方块。将如此复杂的一个地方纳入地图概念控制之下,这项工作之艰难使编者也不禁有些灰心丧气:[2]

> 图难矣,而图黔南尤难……
>
> 图黔南者,虽知裴氏之六法,尚不能成,何则? 黔以南多深谷。当其下入也,两岸之峰峦若合,无人焉能下,以入谷之中。
>
> 黔以南多伏流。当其断续也,重源之显见难知,无人焉能遥以测川之脉。故水道之见于旧记采访册者,或有源而无委,或有委而无源,或有源委而无受纳之支川,或有支川而无决入之左右先后……
>
> 黔南之地多华离,非仅犬牙相错也。一州一县或分为数区,多与它州外县相隔。或一里一司或悬绝千里[3],反与本州岛岛本县联属。又或苗狆错杂,瓯脱即在郊关之外。村屯无异,受辖乃至三四之歧……
>
> 黔南之路丛箐多,而远近无定。山岩断阻,或百里之径纡曲至 *237* 于半千。官程驿路稍有规杆,密洞穷乡无复步里。又或百里之遥,举中而得半,三分而取一……

---

[1] 李约瑟著,王铃协助:《中国的科学与文明》第 3 卷《数学、天学和地学》(J. Needham, with Wang Ling, *Science and Civilization in China*, vol. 3, *Mathematics and the Science of the Heavens and the Earth*),剑桥:剑桥大学出版社 1959 年版,第 538—541 页。
[2]《贵阳府志》,第 24 卷第 1a—2a 页。
[3] 修辞上的夸张。贵阳府全境从南到北只有大约 600 里。

> 黔南之山,峰丛嶂杂,无原隰以拓之,无川渎以止之,繁多而纪律乱,[1]叠起而向背迷。居民尟少,名号恒无,而形势模糊,冈峦若一。以故谭山脉者,非繁言莫竟,或叙数里之支而累牍,或举由旬之干而连篇……
>
> 若夫方言杂糅,百里之川或百其名,三里之堡至三其号,此则名称之不可恃也。

审美和制图反映了同样寻求掌控的两幅不同的面孔。

## 拓殖官员的看法

在新任地方官到任时,虑及税收、农产和天气,还有良好的治安维持等,他是否会料想将要遇到一个什么样的府县? 参照 1850 年方志中《分星略、五行略》部分有关此地位置的那一节——即*分野略*,它标示了与之相关的、被认为会支配其命运的星宿——他可能会发现如下几条信息:[2]

> 南干宛延于广顺、贵筑、贵阳、定番、贵定之间,居高山之脊,故寒;然近南服宜暑,寒暑相适,气候反平。冬无祁寒,夏无酷暑,南干以北无瘴疠。罗斛最南,居赤水[3]之上,间有瘴。开州、修文最北,有寒疫,然不多也。

这"寒疫"的种类晦暗不明。有一点却很明确,即:南干这个大分水岭将贵阳一分为二,使两地在瘴疠方面迥异。

该方志接着叙述,先是白描,然后用我们可能会称之为玄学的方式进行。不过,这种区分对前现代时期的中国读者而言没什么意义,他或她大多认为所有的评论都同样真实可信:

---

[1] 原文如此。
[2]《贵阳府志》,第 40 卷第 13a—15b 页。
[3] 该文本读作"赤水",但前页已解释过,所提到的这条河不是指通常标有这个名字的河流(它位于西北部),而是指盘江或红水河。

日西则景朝，多雨之地，故恒荫翳足雨泽。山高溪深尠平地，故其谚曰：天无三日晴，地无三尺平。地高，故候少晚。

其经流……皆陷下，两岸皆峻壁，少渠堰之利，水泽悉资天雨。故农时五日不雨，则雩祈之祀行……

涧谷之中，日月亏蔽。有伏阴，故多雹。地直坤维，故多女，好巫鬼。皆阴气盛也。

"the Dark-Female Principle"指上古中国玄学中的"阴"，"the Feminine-Chthonic"指出自中国古代占卜用书即《易经》的"坤"卦。中文语词"坤维"有两层意思。它既可以用来指"地之一维"，即高山；也可用来指"坤"。

"巫"——降神招魂者，大做法事，锣鼓喧天，还给阴间烧"黄表纸"。① 对此，18 世纪在湖南省西南一带为官的朱颎（"颎"，读作 Jiǒng，作者拼写成了 Gong。——译注）做过一首诗，题为《苗祭神·惩淫祀也》。② 诗中，朱颎的文化、社会偏见和种族蔑视态度跃然纸上，然而另一方面，他又对这壮观的场景津津乐道：

239

沙锣鎕其鸣，铜鼓坎其鼓。

杂沓召巫觋，缤纷饰猫虎。

束腰垂红巾，齐头裹青组。

野僚掷叉跳，洞徭掉臂舞。

雄猛作将军，鬤鬖跪翁姥。

村女花缀钗，山童草缠股。

纸旗曳筊当，瓦缶罗酱蒟。

喧笑献豕头，緷綷（緷綷，綷音同律。——译注）焚鸡羽。

香烟郁紫云，符水洒白雨。

---

① 该方志中使用的中文语词是"巫鬼"。至于在华东地区其涵义是什么，参见郭仪霄所作《秋疫叹》的第四首，收于张应昌编选：《清诗铎》，第 871 页。

②《清诗铎》，第 883 页，以及《诗人名氏爵里著作目》，第 32 页。所提及的"巫觋"即"灵媒"。在华南的大部分地区，都会发现各种各样的作法驱鬼之人，不只是苗人当中才有。

侏僷(僷同俪。——**译注**)语难听,醉饱神或吐。

我闻教民俗,祭法必师古。

容貌肃衣冠,揖让严步武。

齐戒慎语言,馨洁陈酒脯。

致敬无敢亵,降福斯有主。

非类必不歆,失礼非所取。

蘋藻羞王公,蕡桴迓田祖。

*安得洗蛮烟,采入豳风谱。*

最后一行涉及《诗经》中的一节(即《大雅·公刘》。——译注),它讲
述的是公刘兴邦,十三代之后,周朝崛起。诗中其他部分的细枝末节并
非都这么好解释——例如,为什么焚烧鸡羽? 但值得回顾的是,将蒌叶
叶子与槟榔及灰分一起咀嚼可作兴奋剂。[1] 蘋藻(*Hippuris*)或杉叶藻
(mare's tail)是一种水生植物。

该诗在中间稍后顿转笔锋,对于这一现象,人们在当时其他一些触
及民间或不同寻常之事物的诗歌中也有发现。最终因为对儒家正直美
德的崇敬,使得诗人和听者都以好游客的良知,抛开成见,去欣赏蛮人多
姿多彩的活力。但朱颖的傲慢并非装腔作势。他确信苗人应该融入固
有的汉文化主流中来。

汉族官员的态度有时比该诗所显示的更为复杂。其中一些人对苗
人"慷慨大方的美德"深表赞赏,并且认为,虽然他们的"风俗"显得"残暴
野蛮",但他们的"品性"却"诚实正直"。[2] 明代的何景明写了一组关于
"平坝城南村"村民的诗文,[3]该诗倒数第二行意为"未受汉文明影响"的
一个词组(即"化外国"。——译注)表明,他们可能大多是苗人。然而这
只是一种猜测。明代的平坝是贵阳西部的一个防戍区,住的主要是少数

---

[1] 参见嵇含著:《南方草木状》,第46—53页。又见本书第4章"岭南"一节。
[2] 出自18世纪的一份文献,引于韦恩斯著:《汉人在中国南方的扩张》,第235页。
[3]《贵州通志》,第44卷第28a页,572—503。

民族。诗中,何景明首先描述了这个村庄在秋凉之际自我运转的情形:

> 秋荫结林霏,细雨洒茅室。
>
> 牧放止近郊,牛羊不相失。
>
> 广园散花林,平畴霭风日。
>
> 长幼不出门,咸知恋俦匹。

这里体现了古代北方汉人从哲理上对这种季节性的足不出户的回应。于是,他想起了村民们善良简朴的生活:

> 沉沉古陂水,日暮寒更绿。
>
> 隔阪见居人,萝蔓缠草屋。
>
> 摘禾留客饭,采薪伐枯木。
>
> 童稚持竹竿,雨中放鸡鹜。
>
> 区区化外国,犹得睹淳朴。

*241*

其所见所闻杂糅着道家朴素的、无政府式的乡村社会之梦想。也许正如塔西佗通过对比罗马的没落腐败与日耳曼人的朝气蓬勃来嘲弄前者一样,何景明也意在批评自己所属的汉人世界。然而,正如我们从世界其他地方所知的,一个执掌拓殖的行政官员对其治下之民既欣赏又屈就,这并不稀奇。

## 农事

前现代时期贵州的经济增长采取了汉人模式,它姗姗来迟。1741 年的府志仍若有所思地论道:①

> 贵州物产鲜少,生计瘠薄。民间无终岁蓄,故通十三府计之,户口才二十万,土地硗确……
>
> 顾山川风气,有时而开。淮海惟扬州[在长江北岸的江苏省]在

---

① 《贵州通志》,第 11 卷第 1a 页。

《禹贡》，厥田下下，厥赋下上。而自唐宋以后，财赋遂甲天下。[1] 岂非人聚则土辟，土辟则物丰，财贿资用自饶。

好一副英勇的乐观精神，当然也面临着一定的压力。而压力产生的原因在于气候的恶劣、土著的愤愤不平；以及当地那穷山恶水——河流湍急无法行船，这一时期人们认为它们不适于给灌溉系统供水；[2]还有频频见诸16世纪文献记载的饥馑和大瘟疫。[3] 尽管如此，此地还是显示了良好的基础。时至清末，贵阳至少已有一些发达的灌溉系统。从19世纪末的那一方志（指《黔中风土记》。——译注）中所引用的一份较早的记述来看：[4]

> 贵阳之田有水源浸溢，终年不竭者谓之"滥田"；滨河之区，编竹为轮，用以戽水者，谓之"水车田"；平原筑堤可资蓄泄者，谓之"堰田"；地居崖下溪涧，可以引灌者，谓之"冷水田"；积水成池，旱则放开者，谓之"塘田"；山泉泌涌，井汲以资溉者，谓之"井田"；山高水乏，专恃雨泽者，谓之"干田"，又称"望天田"。坡陀层递者，谓之"梯子田"，斜长喆曲者，谓之"腰带田"。

抽水的用具是戽水车，也就是巨大的透孔的轮子，有水罐安在其边缘，转到顶点时水被倒入水槽，而底部的水流会推着轮子转动。它们不像嘉兴的踏板水车那样需要人力的投入。然而一些地区河岸陡峭，使得水利装置难以奏效，"水泽悉资天雨"。[5]

《贵阳气候月令》表明，当地的农作制度比嘉兴的要简单：[6]

---

[1] 一种误断，可能基于扬州盐商显赫的财富？
[2]《贵州通志》，第2卷第4a页。
[3]《贵州通志》，第2卷第4a页。
[4]《贵阳府志》，第40卷第15a页。
[5]《贵阳府志》，第40卷第13ab页。（实为13a页。——译注）
[6]《贵阳府志》，第40卷第15ab页。

正月,雨水,桐①橡②咸实[分别用于制作防水油和黑色染料]。是月也,宿麦抽茎,蚕豆竞花。

二月,春分之后,遇雨,水田犁,梯田圩,爰治干田。雨甚,潴水以防竭。是月也,二麦含苞,种粱,点春荞,播旱粟[可能是燕麦——参见"九月"(作者将"九月"中的"粟"译作"oat"。——译注)]。

三月,清明,始撒稻谷。雨后培塍,贮水以待莳。是月也,麦成穗,蚕豆豌豆实,荞麦苗,种稗。③

四月,立夏莳稻。是月也,大麦登,荞初实。

五月,芒种,谷蔬毕种。是月也,种黄豆、绿豆、小豆,刈荞,获 243
小麦。

六月,盛暑,衣絺绤。是月也,稗怒生,稻始胎。

七月,昼暑夜凉,雨则昼凉。是月也,刈早稻,点秋收。

八月,白露,晚稻实。是月也,诸稻登,刈早稗。

九月,寒露,诸稻毕。登粟黄,垂穗。④ 豆其枯。红稗莠稗实。农乃铧田以疏土气。是月也,刈粟、菽粱,摘稗,种二麦,暨冬蔬。

十月,始裘。是月也,种蚕豆豌豆。

十一月,农始休。是月也,蚕豆豌豆苗。

十二月,寒重,晴则暖。是月也,雪融麦出。

细看这些日期会发现,这里跟嘉兴不一样,在同一块地上,一般不会在不同季节种两种不同的作物。(荞麦生长期在二月至五月间,可以为第二种作物留出时间,但是轮作的需要也使这不大可能。)除了稻米和小麦,人们就以生命力强但产量低且不是特别好吃的谷物以及稗(the barnyard millet)为生;稗生长快,在某些情况下栽种几周后就结籽,但在

---

① *Aleurites* 属。
② *Quercus acutissima*,之前是 *sinensis*。
③ *Echinochloa crus-galli* 的变种,一种变异植物,通常被当作野草。
④ 这是为什么认为二月的"早粟"可能是野生燕麦的一个原因。另一个原因是,虽然已知贵州生长着野生燕麦,但这份月令中并未单独提到过它。参见《贵州通志》,第 1 卷第 1ab 页。

这里却要四个多月。①

苗族人的农事有时候还更为简单。他们在高地种植作物之前的准备工作,只是在上面放一把火了事。明代的江盈科在一首诗中记载了此事,随后在另一首诗中又补充道:②

> 绝壁烧痕随雨绿,来年禾穗入春香。

苗族人也有环境缓冲,因为他们可以通过打猎补充食物供应。吴国伦,16世纪的一位官员兼诗人,在下面四行诗的第三行中偶然提及这一点:③

> 历历重栅临断浦,堑垒木栅密如堵。
>
> 刀耕余力射猎还,磔鸡赛鬼挝鼍鼓。

不清楚他们所猎为何物。在贵州,人们常常提到野猪,但这猎物十有八九是鹿。王阳明④的《木阁箐》中的诗句表明,在16世纪,鹿可能相当多:⑤

> 瘦马支离缘绝尘,连峰窈窕入层云。
>
> 山村树暝警鸦阵,涧道云深逢鹿群。

也就是说,尽管苗人早已主要成为了农牧民,但他们在某种程度上仍然可以靠自然为生。

人类历史上最重要但几乎未被察觉的一个心理变化是,当我们再也不能仅仅靠采集或狩猎在几小时内就能轻易地获取食物,而单单为了生存就得有意识地将我们自己组织起来的时候,对我们周围的世界所产生

---

① C. A. 兰普、S. J. 福布斯和 J. W. 凯德著:《温带澳大利亚的禾草》(C. A. Lamp, S. J. Forbes, J. W. Cade, *Grasses of Temperate Australia*),墨尔本:因卡特出版社 1990 年版,第 144 和 146 页。

②《贵州通志》,第 45 卷第 38ab 页。(即《黔中杂诗》。——译注)

③《贵州通志》,第 44 卷第 48a 页。

④ 哲学家—官员,此处是以其名字王守仁记录的。参见原书第 228 页。

⑤《贵州通志》,第 45 卷第 32a 页。

的不安全感和疏离感就会加剧。这种变化没有明文记载，但从经历过类似情况并仍然健在的一些人——如澳大利亚的土著老人——的谈论中，可寻得蛛丝马迹。其实质是屈从于一种普遍存在但未得到承认、实际上又难以名状的恐惧。[①] 它是文明的根基所在。

## 血泪斑斑的财富

矿物是吸引汉族劳工和商人来贵州的奖赏之一。有种矿产品为该省及相邻的湘、川部分地区所独有，这就是朱砂。朱砂即硫化汞（HgS），是水银或汞的唯一常见的来源。传统上，它主要用于医药、偏方（譬如，对付梦魇）和冶金。它在中国的炼丹术中也很重要，因为朱砂和水银可以明显地来回彼此加以变换，这一方式表明，其变化中蕴藏着恒常的秘密。[②] 该矿石也可用于制造颜料。

贵阳有朱砂矿，分布在开州，它又以开阳著称，此地坐落于该府的北边。而田雯的《黔书》还描述过更靠北一些的采矿作业；这是明末清初一部描写该省的系列短文集：[③]

> 坝至洋水、热水五十里而遥，皆砂场也。洋、热之砂，为箭镞、为个子用；坝之砂为斧劈，为镜面，此其凡也。
>
> 采砂者必验其影，见若匏壶者，见若竹节者，尾之掘地而下曰

---

① 参见 R. 劳勒著：《开天辟地的声音：在土著的梦想中苏醒》（R. Lawlor, *Voices of the First Day : Awakening in the Aboriginal Dreamtime*），佛蒙特州，罗切斯特：Inner Traditions International 出版社 1991 年版，第 373 页。

② 山田庆儿：《宋代的自然哲学及其在宋代学术中的地位》，收于薮内清主编：《宋元时期的科技》（Yamada Keiji, "Sōdai no shizen tetsugaku : Sōgaku ni okeru no ichi ni tsuite," in Yabuuchi Kiyoshi, *SōGen jidai kagaku gijutsu*，京都：人文科学研究所 1967 年版，第 47—48 页。正如随后解释的，相互变化实际上是一种幻觉。

③ 田雯著：《黔书》，64, 4 : 2：第 2a—3a 页。原文不容易翻译，而我提出的解读与格劳汀·伦巴德-沙尔蒙先对它的部分解读有几处不同。参见格劳汀·伦巴德-沙尔蒙著：《汉文化适应的一个实例：贵州省》（Claudine Lombard-Salmon, *Un Exemple d'acculturation chinoise : La province de Guizhou*），巴黎：法国远东学院 1972 年版，第 190 页。

"井"。平行而入曰"堑",直而高者曰"天平"①,坠而斜者曰"牛吸水"[或许是因为渗漏]。皆必支木幂版以为厢,而后可障。土畚、锸、锤、研,斧锼之用靡不备。焚膏而入,蛇行匍匐,如追亡子。控金颐②[如同传说中土夫子企图敲击死者嘴里含着的珍珠而不毁坏它]而逐原鹿,③夜以为旦,死生震压之所不计也。

石则斧之,过坚则煤之[然后在上面浇灌冷水,直至其崩裂],必达尔后止。有狻猊焉,象[佛的象征]王焉,于莵[凤凰]长离焉,则大幸矣。否则杯桊焉,篓籔焉,簪珥焉,要亦听之。庞而重者为砂宝,伏土中呴呴作伏雌声,闻者勿得惊,惊则他走。凡砂之走,响如松风,无巨无细。

咸以晶莹为上。柳子所谓"色如芙蓉是也"。

方其负荷而出,投潴水,淘之汰之,摇以床,漂以箕。既净,囊而漉之,不即干,口④以吹之。其水,或潴之池,或引之竿,"越岗逾岭",涓涓"天上"落也。

获之多寡,视乎命地之启闭,视乎时砂之楛良,视乎质。不可强,亦不可恒也。

人们在找那矿物,而它被描述得栩栩如生。

田雯关于朱砂的散文诗将采矿和冶炼置于一种历史、哲学、炼金术以及社会的背景之下。⑤ 它也揭示了生产和买卖朱砂的巨大工商业体系

---

① 字面意思是"天空"或"白昼"。

② 源自《庄子》的《外物》篇,其中说到"以金锥控其颐"。参见郭庆藩撰:《庄子集释》,北京:中华书局 1961 年版,第 928 页。以下简写为《庄子集释》。

③ 这种释译是一种猜测。(这一句译文是"Like deer, they turn the night into dawn with artificial light",意思是"像鹿一样,他们以人工火光将黑夜变成了黎明"。——译注)鹿往往与黎明相关。因而,在杜甫给张隐士两首诗的第一首中,他说"不贪夜识金银气,远害朝看麋鹿游。"参见仇兆鳌注:《〈杜少陵集〉详注》,现刊第 1 册,原刊第 2 册,第 1 卷,第 5 页,《题张氏隐居二首》。

④ 字面意思是"干燥的嘴"(a dry mouth)。对这个词以及后面其他技术术语,我都根据上下文作了合理猜测。

⑤《贵州通志》,第 44 卷第 11b—13b 页。

是如何以伪科学、时尚和迷信为基础建立起来的。其实,我们自己在商业上的很多走火入魔的行为,以及很多无用或有害的产品,大概终有一天看起来会同样的滑稽可笑。这节诗的倒数第二行提到的东西可能是化妆品。

> 至若丹砂之名,
> 首见《禹贡》,
> 与砥砮而并称。

> 入髹漆以成,
> 用钟乳质近,而形分紫英,
> 性殊而貌共。
> 烹而练之,绛雪琼膏。
> 饵而服之,十州三洞。

　　娓娓说完道家对长生不老的追求后,他描述了当地兴起的朱砂热。诗中提到的贝,在上古中国被当作一种货币,是财富的象征:

> 于稽所产,
> 不一其乡。
> 二酉①之麓间出,
> 汤池之下深藏,
> 虽习闻而未睹,
> 今乃见于黔疆。

> 阶江、盘水、婺邑、铜崖,
> 咸可掘而可采。
> 然忽闭而忽开,

247

---

① 两座酉山的第一座在湖南(其中较小的那一座),第二座在四川(较大的那一座)。

未有开阳之火者也。

于是奇赢之徒，
废举之士，
指烟岚以争趋，
驱舟车而来至，
相与募保佣工，
画壤列肆，
追一钱之蚓蛇。

探重泉之幽闭，
壁高支以造天，
脂亲齐以觅地，
怅晓夕之莫知，
置死生于非意。

乍吐微芒，
俨护大贝，杂土石以同居，
寝矿床而酣寐，
或如矢镞，
或如斧劈，
或莹如镜，
或黯如漆，
𫘪𫘤比光，火齐较色，
灿矣霞披，欻然榴滴，
是禀离精聿钟火。

**他在这段的末尾评论道：**

> 辟邪魔魁,豪客名家,连城肯易。

在简单勾勒了矿场"梯升绠坠"的工作后,田雯接下来就指向了水银 *248*
生产所造成的污染:

> 沿村野老,接涧孤□,
>
> 措斗引竿,漉末拾零,
>
> 足清溪而蚀趾,目注粒而损睛,
>
> 波涛为之尽赤,襟袂为之顿赪。
>
> 苟锱铢之可取,虽纤忽其敢轻尔。

汞中毒可引发"疯帽工"综合症(据说,从前英国制帽工普遍用硝酸
汞进行鞣皮工作,因此容易出现汞中毒,其表现是神经错乱,被称为"mad
hatter syndrome"。——译注),主要症状是胆怯、失去记忆力和注意
力。[1] 这似乎正是田雯在此处所涉及的内容,当然也可将原文的那一措
辞解读为老人为了锱铢之利而变得"肆无忌惮"。

明末,这个行当愈加红火:

> 乃作灶支垆,置碾施杵。
>
> 研之,则我朱孔阳。[2]
>
> 蒸之,则挥汗成雨。

最后一句涉及水银生产。

诗文结尾处通常变换语气。田雯说,朱砂"不足充耳目之玩","乃妄
传服食之神"。它也给官府带来了麻烦。所以他希望长禁其生产,并矫
情地问道:"山谷何为苦?"(此句作者点读有误,其译文是"How could
this cause any distress to the mountains and the valleys?"意为"这怎么
会给山谷带来苦楚呢?"所以才有他的"矫情"一说。这里正确的点读应

---

[1] J. V. 罗德里克斯著:《对风险的估算:我们环境中化学品的毒性与人类的健康风险》(J. V.
Roddricks, *Calculated Risks: the Toxicity and Human Health Risks of Chemicals in Our
Environment*),剑桥:剑桥大学出版社 1992 年版,第 98 页。

[2] 引自《诗经》,参见高本汉著:《诗经注释》,第 154 节。

是"其莫产山谷,何为苦此一方民"。——译注)丁炜——活跃于清初的一位官员兼诗人所附加的评论增添了哲学注解:

> 物之宝者,取之必殚其劳。采砂之法,约略与采金同。(英文原著引用时省略了这一句。——译注)嗟夫,天地生物本以利人,迨采者既竭,而求者未厌,则利适滋害矣。

249　　下面的一段①描述的是蒸馏或提纯技术,即从固态汞中直接产生汞蒸气。结尾处提到,暴露在汞蒸气中可能会危害健康,而且注意到,"启釜甓者必含薑或菊汁乃可迩。不,则触其气而齿堕"。这是前现代时期威胁健康的人为化学危害。对于技术细节,我将略而不谈,只是想指出,其工序类似于1555年出版的乔治·鲍埃尔或"阿格里科拉"的《金属论》(汤若望曾译之为《坤舆格致》。——译注)所描述的德国的一些采矿方法。②

田雯最后回到了炼金术主题:

> 已成汞而升之,复可为殊[当它冷却时]。不忘其本,物亦有然者矣。又有自然之汞,生砂中不待烹炼而成者,尤不易得,羽化之资粮也。

变化中蕴含不变,由此体现了生死之中永恒不朽的秘密。

这是一种幻觉。朱砂加热后会转化为氧化汞,随后在摄氏500度左右分解,于是产生汞。将这一过程颠倒,在摄氏300—500度之间,汞与空气中的氧气作用,产生的将不再是朱砂,而是红色氧化汞,因为所需的硫在加工开始后就大部分消失了。而后,这种氧化物在摄氏500度时可能会还原成汞,似乎证明了变化中存在着不变。这是因为在这里所描述的对化学之理解尚处于初级水准的条件下,从空气中提取的氧气并不能

---

① 田雯著:《黔书》,4:4:第5ab页。
② 格奥尔格乌斯·阿格里科拉[G. 鲍埃尔]著:《金属论》(Georgius Agricola [G. Bauer], *De Re Metallica*),1556年版,1912年 H. C. 和 L. H. 胡佛(Hoover)翻译和编辑;纽约:多佛尔1950年再版,尤其是第430—432页上所描述的方法。

为心灵之眼所瞥见。①

　　谢肇淛,明末的那位藏书家,对朱砂类长生丹药造成的危害直言不讳。② 他在 1608 年撰述的《五杂组》中说,若长时间服用,它们可致命,其后果"如石灰投火"一般。他那个时代,有一个人(此人系张江陵。——译注)于晚年服丹而死,"死时肤体燥裂,如炙鱼然"。谢对诱使人们服丹的"愚而恬"(作者将它译为"imperturbable stupidity",意为"冷静的愚蠢",这可能是因为对"何苦所为愚而恬不知戒哉"一句的理解有误所致。——译注)大惑不解,并且觉得:

> 盖皆富贵之人,志愿已极,惟有长生一途,欲之而不可得,故好人邪术得以投其所好,宁死而不悔耳。

　　另一种重要的矿物是铅。活跃于 18 世纪中叶的赵雷生给我们留下　250
了有关湖南黔阳即湘黔交界处的一座朝廷铅锌矿山的描述。③ 这首诗显然存在争议,当然他所提到的问题现在只能从文本本身来猜度了。谈到细节,应该注意的是,锌大部分通常出现在闪锌矿(ZnS)中,而这常常又是与方铅矿(PbS)即主要的铅矿石一起被发现的。第一行诗中的中文语词"铅"既可以指锌,也可以指铅,因此我用拉丁文的 *plumbum*(铅)来翻译它,以传达原文的某种韵味。但严格说来,历史上 *plumbum candidum* 即"白铅"(white lead),在近代早期的西方指的是锡:

> 黔阳旧产铅,黑白有二种。
>
> 深谷潜韫藏,高山森龍樅。
>
> 开闭烦五丁,混沌现窦孔。
>
> 两手持斧凿,两足拨荒茸。

------------------------

① 这些解释要归功于澳大利亚国立大学地球科学研究院的伊恩·威廉斯博士(Dr Ian Williams),我想要对他的帮助表示感谢。

② 谢肇淛著:《五杂组》,第 952—953 页。

③《清诗铎》,第 929 页。

一火衔口内，闪烁微风动。

曲折入幽深，岩窟泉溶溶。


破顶下水车，雪珠天半涌。

暵其洞中泥，灿似沙裹汞。


熬以楛柮炉，居然祥金踊。

上者运神京，报最邀天宠。

迩来耗黠商，国课缺承奉。

遂使有用资，慨遭居奇壅。


安得能事吏，善为斯厂董？

第二节中给"混沌"凿孔，暗指《庄子·内篇》中第七篇末尾的一则寓言（见《庄子·应帝王》。——译注），说的是好心而鲁莽的北海之帝和南海之帝想报答中央之帝混沌的盛情款待。由于混沌没有开窍，他们就在他身上凿了 7 个孔，以期让他能像人那样息、视、听、尝（应该是"食"。——译注）。事实证明这种好心是致命的，而混沌在第七天就死了。这一短语乍看起来似乎是在暗示，这样来穿凿大地有点不正常而且危险，但这好像又不是赵的本意。它很可能只不过是一种文学花样，而他并没有深究。

可见，这块拓殖的边疆是原料的重要来源，而对它的需求，则以一种经典的形式，由远方更发达地区的市场推动着。木材是另一例证。16 世纪被遣戍西南地区的一位官员①——后来曾为当地修史②——做了一首诗，诗中说到，此时为索求栋梁之材给边远地区带来了压力，这压力甚至

---

① 杨慎。
②《贵州通志》，第 44 卷第 44ab 页。（诗名《赤虬河行》。——译注）

来自远至北京的地方。他提到的赤虺河可能是现今汇入乌江的六冲河（作者写成了"Liuhe River"。——译注）的一条支流，而乌江流经贵州东北部后汇入了长江。芒部是上古此地的一个统治者的儿子：[1]

> 赤虺河源出芒部，
>
> 虎豹之林猿猱路。
>
> 层冰深雪不可通，
>
> 千寻建木撑寒空。
>
> 明堂大厦采梁栋，
>
> 工师估客穿蒙笼。
>
> 此水奔流似飞箭，
>
> 缚筏乘桴下蜀甸。

在第二例中，木材的运输至少要走 3 000 里，如果再考虑到水路运输线的蜿蜒曲折，距离会更长，而且它也是关于四百多年前市场对环境之影响的一个例证。拓殖几乎总是与对原料的寻求牵扯在一起。 *252*

## 桥梁

贵州的桥梁虽不如长江下游的泽国那样常见，但却更为重要。徒步涉过或乘船渡过令人头昏目眩的河谷并非易事，通常会险象环生，抑或难于登天。在人烟稀少的自然条件下，兴造土木可算是一项非凡的壮举。对这些建造物的维护和修缮则需要更多的金钱和加倍的毅力。与中国其他地方一样，在这里修桥也是地方上的一件善举，并且是既能让个人在其中自由发挥积极性而又不用受官方组织约束的少数几类公共工程之一。田雯对葛镜桥的记述说明了上述很多论点。[2] 与葛镜"作誓词"相关的那些民间宗教仪式详情如何我们并不清楚，但提及它们对那

---

[1] 他以自己的名字命名现今镇雄附近的一个镇，此地恰好是跨滇黔交界处。

[2] 田雯著：《黔书》，第 11 卷第 12a—13b 页。

**故事来说必不可少：这说明真诚能感动主宰自然界的神明。**

> 平越[贵阳东北]东五里，两山侧塞，岸高涧深。下通麻哈江，水黝如胶，有风不波。人佝居于壁间，接手猿引。雾幂山昏，寡见星日，少禽多鬼怪。昔人凿石疏道，悬縆以渡……

> 今①有桥。盖里人葛镜缚长虹、架蹲鸱而思，卒业焉。既建，旋圮，再建，复倾。于是齐戒[也许涉及性]百日，告黎峨之神，徙鼋鼍之窟，率妻子刑牲酾酒于江，作誓词以明志曰："桥之不成，有如此水。"

> 其言悲，其眦张如包胥[吴国攻打他自己的国家楚国时，他入秦庭，号哭七日，以求秦国给予他军事援助]……衣履穿决，形容枯槁，般倕为之感动流涕。如是者，垂三十年而桥成。

> 而葛镜以名。异哉镜也，当治桥之难也，窳窳呰呰者众矣，而矢死靡移，荡其家室之所藏，一国非之不顾，虽事无足道，然亦可谓豪杰之士。其生平志意，岂不伟哉！

> 呜呼，济民利涉，国侨无闻，反不若草野一善之行传世而久远，是又葛镜之羞矣。

这个酸腐的论断（指"葛镜之羞"。——译注）在随后的讨论中被修正，因为人们知道，"镜之才智善于猎名亦可矣"。丁炜的评论重申了这一点，并且强调，葛镜的道德力量对自然界的方方面面产生了影响：

> 匹夫[像葛镜一样]存心济物，于物必能有济。况镜之毁家立名，百折不渝者哉？事虽渺小，然视断断守财为子孙饮博费者，抑亦相去什百矣。

> 先生与人为善，特为反复论断其序桥之险仄也，如鬼啸云阿，猿鸣雪峡；其叙镜之苦志图成也，如寡妇夜哭，逐客晨号。传神之妙，直夺化工。

---

① 在 17 世纪。

作者妙笔生花，以景色描绘和明喻来润饰文章，而且笔锋所至，古老的 254
历史和相关神明的态度也历历在目。其传达的是此桥修建对当地人所必
然造成的影响。田雯对此颇有妒意；因为他作为儒家官员，肯定想青史留
名，而在百姓心中，田雯及其同僚的风头被葛镜的成就抢占了。这也表明，
除了"悬缱以渡"，前现代时期在贵州江河上建桥，是多么的困难。如文中
修辞所示，只有精诚所至，人们在与自然之力的博弈中才有可能占上风。

在通往云南的帝国要道上，有一座官府所修的非凡桥梁。它从贵阳
往西南方向，跨越关岭县的盘江峡谷。此桥最初在 17 世纪 20 年代为朱
家民所建，当时他正领兵镇压安邦彦为首的部族暴动。这是军事需要推
动发展的另一例证：①

> 盘江……入滇所必经也。两山夹峙，一水中绝，断岸千尺，湍激
> 迅悍，类天设以界滇黔……往以舟济多堕溺。

> 明天启间［1621—1627 年］，监司朱家民拟建桥。而不可以石，
> 乃仿造澜沧之制，冶铁为絙三十有六，长数百丈，贯两崖之石而悬
> 之，覆以板，类于蜀之栈，而道始通。其功伟矣。

> 然絙长则力弱。人行其上，足左右下，絙辄因之升降，身亦为之
> 撼摇，眩掉不自持。车马必下，前者陟岸，后者始登。若相蹑，则愈
> 震。其险也，不可名状。

> 迄［即，清初］乃济之以木。择材之巨者数百，排比之，卧于两崖 255
> 水。次镇以巨石，拄以强干。层累而加，参差以出，镝其本使固。及
> 两木之末不属者，仅三十尺有四。则又选围可丈之木，交其上。而
> 后行者可方轨联镳，贯鱼逐队而不警也。犹且施之以栏楯，挽之以
> 版屋，涂之以丹臒。梵宇琳宫，鳞次于崖之左右，辉煌掩映，如小李
> 将军图画，遂为西黔胜概焉。

似乎无法知晓修建木桥所用的原始方法，它最多可能就一二百尺长，而

---

① 田雯著：《黔书》，第 11 卷第 13b—14b 页。

文中说,之前索桥的绳索或铁链有几千尺长。当然,为安全起见,后来的木桥在峡谷后面的崖上还修了很长的一段。在带着这个问题而未能亲临现场察看之前,我们只好暂时存而不议,但可以指出其他两点。第一,17世纪时,此地显然还有很多大树。第二,桥不单单是中华帝国政治统治的工具,便利帝国驿马沿线通行的安全通道,它还是*汉族文化统治的一种象征*。其典雅之建筑笼罩着当地人觉得陌生的一种情结,并使周围景色转而适合汉人的审美要求,这很像唐代的一幅图画。丁炜对桥的这种深远作用毫不讳言,认为桥将要传播文明。他反问道:"而工岂独一桥哉?"①17世纪的程封则更重实效:②

> 如云戍卒防秋去,尽地金钱转饷来。

田雯关于盘江的诗表达了更加清醒的认识:对汉人来说,贵州仍是化外之地。驻扎的朝廷军队得枕戈待旦,否则,他们会因疏忽而冒生命危险,正如诗中所描述的彝族部落突然发难那般:③

256

> 四山壁立色如赭,盘江横流绝壁下。
> 惊涛赴壑奔万牛,峻架悬空容一马。
> 危丛古树何阴森,寻常行客谁敢临。
> 猓妇清晨出深洞,虎群白昼行空林。
> 沉潭之西多巨石,短棹轻舟安可适。
> 日光射壁蛮烟黄,雨气蒸江瘴波赤。
> 土人行泣向我云,此地前年曾败军。
> 守臣只知需货利,将士欲苟图功勋。
> 英雄谟策自有术,窜妇奸男何足论。
> 营中鼓角连云起,阵前临山后临水。
> 烹牛酾酒自酣乐,传箭遗弓尚惊喜。

---

① 田雯著:《黔书》,第11卷第15b页。
②《贵州通志》,第45卷第51a页。(见程封的《盘江》一诗。——译注)
③ 田雯著:《黔书》,第11卷第15ab页。(何景明的《盘江》。——译注)进攻的日期尚不清楚。

战马俱为山下尘，征夫尽向江中死。

遂令狐豕成其雄，屠边下寨转相攻。

千家万家鸡犬尽，十城五城烟火空。

夕阳愁向盘江道，黄蒿离离白骨槁。

魂入秋空结怨云，血染春原长冤草。

只今异域来归王，高墩短堑俱已荒。

牧童驱羊上茔冢，田父牵牛耕战场。

*惟有行人长叹息，闻说盘江泪沾臆。*

257

历史在徘徊。逝去的士兵和战马的幽灵出没在其殒命之处，并把它变成了阴风肃杀之地。但历史也在淡去。生活中柴米油盐等琐事很快让乡民们忘掉了所曾发生的一切。如桥梁一样，值得记忆的地方也需要维护。

## 旅行游历

在这里四处游历依然艰难，而且危险。葛一龙的诗作《牂柯路》——"牂柯"是古时对贵州地区的称呼——是以令人沮丧的如下几句开头的：[1]

苦雨风凄凄，顽云堕恶溪。

警柝响昼堡，束薪防夜蹊。

他们必须准备生火，以使野兽不敢靠近。稍后他告诉我们，道路很泥泞。考虑到当地的降雨情形，这应该是常有之事。在一处浅滩：

仆夫欣涉水，一洗没胫泥。

贵州的空气总是湿漉漉的，这是在那里能亲身体验到的一件事。黄珂《登东山》的开篇诗句很好地证明了这一点：[2]

城上旌旗带雨悬，城边草树尽生烟。

258

---

[1]《贵州通志》，第45卷第11b页。
[2]《贵州通志》，第45卷第46b页。

山光水色连千里，人语鸡声傍一川。

我们今天与旅游相关的一些心态在当时似乎就已出现。游客去旅行，是为了见识和体验那别样风光、新奇食物、异域民风以及露水情缘。他去那儿不是为了没完没了的贸易或公务。他也可能是朝圣者，去寻找某种难以捉摸的启示，以及一些在熟悉的地方看不到的风景。有一些例证将会揭示这形形色色的态度。

生活在 15 世纪的祁顺是明代的一位官员，因出使朝鲜时"单骑"赴会——换言之即不要豪华的扈从——并拒收所送礼品而名声远播。那些礼品非常贵重，后来朝鲜还用它们建了"却金亭"来纪念他。但祁顺似乎以游客而非官员身份到访过贵州，并且还为此留诗一首。[①]（即《石阡书怀》，可能是他任石阡府知府时所作。——译注）

男儿弧矢平生志，历遍中华到石阡。

椎髻卉裳荒服地，剑牛刀犊太平年。

雨余山翠开图画，夜静泉声落管弦。

俗客不来公事简，倚窗频和白云篇。

汉语中常用"游山玩水"一词来指旅游，那些流连于名山大川的人则被标为"云游四海"之辈。在贵州，他们经常光顾石灰岩构造的洞穴，那经历就好比到了一处蓬莱仙境或传说中的"世外桃源"。陈惪荣的《游雪厓洞》即是一例。[②] 这一洞穴以及别处著名洞穴依其自然特征而得到命名，其名称有的属于简单描述，但也有很多是出自佛经道藏。参观这样的洞穴就像边旅游边朝圣，人们会在审美中唤起虔诚，也会悠游好奇地东张西望，而许多欧洲人依然会抱着这样的心态走进他们自己的中世纪礼拜堂和大教堂。

259

---

① 《贵州通志》，第 45 卷第 32a 页。注意，在拼音的音标系统中，"石阡"这一地名的发音类似于"Shurr-chyenn"，重音在最后一个音节上。
② 《贵州通志》，第 45 卷第 54b—55a 页。

> 牂江闻道似瀛洲，为爱清幽览胜游。
>
> 雉堞四围山北去，鼍梁双架水东流。
>
> 别开云路邀青鸟，暂息尘机玩白鸥。

青鸟是仙境中神仙的使者，通常被描述成黄鹂一般。"白鸥"则在有关贵州的诗文中经常被提及。例如，关于贵州春日的几句诗云：[1]

> 白鸥不避人，矫翼下溪口。

在陈訚荣的诗中，弦外之音当然是"真实的白鸥"远胜过想象的青鸟。

然而，人生在世不过若白驹之过隙。他接着谈到了那些洞穴带给人的宗教启示。在这里，事先作些解释会有助于读者理解。维摩（Vimalakīrti），历史上一个著名人物，据说曾因怜悯众生而"示相有疾"，在中国颇有影响的一部佛经里（即《维摩经》。——译注）是主角。他也因用语默来示不二法门而声名远播。[2] 灯有多重寓意：它们常常令人想到转化——一支火焰点燃另一支火焰——或投胎转世，或大彻大悟。"三生"一词指的是未参悟之人所经历的生死轮回。"一指"禅是宋代僧人天龙及其弟子俱胝彰显的参禅手法：举起一根手指，意为万法或道德上正确的生活方式最终是一致的。这里的"西"指印度。

> 玉虚宫阙彩云边，下有维摩小洞天。
>
> 钟磬声中清梵落，松杉影里夜灯燃。
>
> 闻歌欲订三生果，微笑同参一指禅。
>
> 引得西来无限意，碧溪芳草自年年。

*260*

不清楚诗中所述——比如歌与灯——多少是"真"的，多少是游客心中所想的。既然在佛教徒看来，万象皆空，也许真假并不如我们想象的那么

---

① 谢三秀所作。《贵州通志》，第 44 卷第 32b 页。（即《城南江亭学使壁战韩公邀同参知大涵谢公小集五首》。——译注）

② 许理和著：《佛教征服中国》（E. Zürchen, *The Buddhist Conquest of China*），莱顿：布里尔出版社 1959 年版，第 131—132 页。（此书中译本于 1998 年由江苏人民出版社出版，李四龙、裴勇等译。——译注）

重要。然而,我们注意到,在下文所译的接下来四行诗的末尾,"应是"在悄悄地讽刺。

此时,陈惠荣运用了更古老的中国玄学和道教的元素。"象"出自《易经》八卦,是宇宙流变的基本形式。鹤,长寿的象征,是仙人驾乘而遨游天空的座驾。庄周梦蝶是中国哲学中最广为人知的典故:庄周梦到他变成了蝴蝶,但醒来时满腹狐疑,不知是庄周做梦变成了蝴蝶,还是蝴蝶做梦变成了庄周。这个典故的真正寓意并不是说人们很难知晓其感觉是真是假,而是说万事万物都在不断地相互变化。

> 层楼高矗水云隈,挂斗横参万象开。
>
> 碧汉乍疑槎泛去,青天应有鹤飞来。
>
> 梦中蝴蝶原非幻,眼底蜉蝣尽可哀。
>
> 一瓣心香迎绛节,欲将清浅问蓬莱。

入圣登仙需"万缘俱净",因为正是那缘,将我们羁绊于尘世之中。那些"卧雪餐霞客",也即像他一样餐风露宿的游客,恰是"吟风弄月"人,换言之,即为自然之美所触动的人。他暗示,这样的人会变得如同"虚室生白"。"室"象征心灵,"白"则指虚怀若谷地参悟。也就是说,他们已迈出了通向彻悟的一小步。旅行像苦修一样劳心费力。像苦修一样,它也能提升人的境界。

田雯的《迎春》以更俗的方式,表达了有教养的汉人为丰富多彩的苗人节日所激起的又迷恋又傲慢的心态。① 翻译中要把握这首诗的格调并不容易。文中嘲讽与兴奋并行不悖,种族成见和文化偏见也展露无遗。

> 土牮秃速毛赪黄,勾芒鸦髻鞭棰长。
>
> 千夫舁举蜃雾吐,春帖红腻蛮花张。

---

① 《贵州通志》,第 44 卷第 58a—59b 页。比较第 239 页的内容。(见中译本第 253—254 页。——译注)

岑牟掺挝次第起，立部之伎何堂堂。

权舆一队老农态，荷锄驱犊东作强。

立旗大书丰年字，蒙头草笠腰鹑裳。

山谣秧歌语莫辨，盱睢口眼群相将。

逐队结连各变化，风抢阵马神飞扬。

僰童年纪十四五，朱铅涂面锦衹袼。

或弹箜篌弄筝笛，或披甲胄挥戟枪。

或骑咒象佛子国，或斗珠贝波斯羌。

壮者壁垒颇与牧，美者娇冶施兼嫱。

旋风岂类天魔舞，当筵不是成都娼。

最后一队更奇绝，身轻一鸟空中翔。

耸尻翘足立肩背，公孙剑器争毫芒。

*262*

稍后：

村翁侏俪如狰鬼，摇铃跳月心颠狂。

在进一步描述和评论之后，田雯指出，蛮人的迎春戏曲吸引了人山人海的看客，而当此之时，属吏也会放衙来观。① 结尾，他志得意满地说，

---

① "犂"是一种瘤牛（*Bos indicus*），在印度和东非部分地区也有发现。它有一对壮观高耸的弯角。"红腻"可能表明这些春帖得到了官方的认可，但这一见解只是一种猜测。（作者将"春帖红腻蛮花张"译为"A variegated barbarian show，red seals stamped on their springtime inscriptions"，意思是"蛮人的表演丰富多彩，他们的春帖上盖有朱印"。——译注）"天魔舞"是 14 世纪中叶将近元末时在宫廷形成的一种舞蹈。其灵感据说来自历史上唐代所记载的一支同名乐舞。"跳月"指的是未婚的苗族青年男女在春天的月夜跳舞择偶，此后安排婚事。汉人对这一习俗很感兴趣，并留下了大量记载，叙述了他们所认为的它何以持续的内容。

他已写了一本《黔俗记》来赞美该地。(最后一句"他时采作黔俗记"表明,他还只是有"作"的想法,而不是"已写了一本"。——译注)对旅游来说,文人官员的辅助作用有如游记作家一般不可或缺。并且,他会让人对所描述的地方心生向往。

## 疾病

贵州也有让人扫兴的东西,这即是微生物(microfauna)。特别是在该省南半部,疟疾(malaria,亦称瘴气,如这一节所引文献中的提法。——译注)肆虐。它很可能是不太致命的变种,也就是说,并非由恶性疟原虫(*Plasmodium falciparum*)所引起。尽管对疟疾可能出现的环境条件有很多、很细的观察,但值得注意的是,这里似乎没有一个汉人将它与其传病媒介大劣按蚊联系起来。这种联系在云南白族那里妇孺皆知,而至少从明初以来,与白族来往密切的汉人也对其耳熟能详了。[1] 这是田雯能在《黔书》中谈到它的原因:[2]

263

瘴气[3]自镇宁[4]以上,凡地之近粤者,即有。每于春夏之交,微雨初歇,斜日欲睨,丹碧迷漫,非虹非霞,气如蒸沫,则瘴起也。

遭之,急伏地,或嚼槟榔,或含土,庶几可免。否则立病如痎疟,久则黄疸胀腹,或逾年,或一二三年,莫之救矣。必得黄花根治之。黄花生水泽间,长尺余,叶如蓼,花开两瓣,根可取鱼,亦可倒蛊。土人多识之。

大抵瘴生于岚,山泽不正之气也。

巴黎民族植物学(Ethnobotany)实验室的乔治·梅塔耶(George Métailié)认定,"黄花"可能是大戟科水黄花(*Euphorbia chrysocoma*),似

---

[1] 大理州文联编辑:《大理古佚书钞》,昆明:云南人民出版社 2001 年版,第 162 和 437 页。
[2] 田雯著:《黔书》,4:4:第 24b—25a 页。
[3] 瘴。
[4] 在北纬 26°、东经 100°45′和贵阳西南。

乎仅在贵州有发现。其全名是"水黄花"。①

由于疟原虫在人体内从体温升降中伺机发育,疟疾通常会有数天的发作潜伏期,当然对恶性疟原虫结构而言,疟疾潜伏期就不太明显了。常见的临床表现是肝脾肿大;在某些情况下,也可能出现黄疸症状。因此,梅塔耶对根治它的"黄花"的认定似乎是合情合理的。

有一点也很明显,在边疆地区疟疾发病的地理分布随时间而变化。这同一份资料(即《黔书》。——译注)继而提到了一种据信能驱除疟疾的非凡实践,并顺便记载了这种变化:

> 镇宁所辖之火红、落架,素苦瘴。近用火器惊之,即解散。遂习以为常,亦渐不能困人。地气固有时而变欤?

游记经常提到当地是否出现疟疾。何景明的《安庄道中》即是一例。② 在明代,安庄是贵阳西南的一个军卫。③（即安庄卫。——译注）他开篇说道:

> 处处人家空薜萝,
>
> 几年凋弊扰干戈。
>
> 山过白水峰峦峻,
>
> 路入盘江瘴疬多。

杭淮,活跃于15、16世纪之交的一位官员兼诗人,在他论盘江的诗中,似乎强调了安全旅行的季节特征:④

> 逾冈陟岭兼多病,腊尽春来不记程。
>
> 瘴水已知多客泪,穷山只是有人行。

264

---

① 全称是 *Euphorbia chrysocoma* Levl. And Vant。1999 年 1 月 7 日的个人通信,来自巴黎国立自然历史博物馆(Musée National d'Histoire Naturelle)。

②《贵州通志》,第 45 卷第 35b—36a 页。

③ 在现今镇宁县所在的地方。

④《贵州通志》,第 45 卷第 34ab 页。(即《经盘江次刘元瑞韵》。——译注)

田雯更加明理：①

> 山青敢嗟瘴疠毒，雪消且喜梅花香。

杜拯在关于盘江的很多诗中都记载，游客携带着避瘴药：②

> 泛泛盘江三月天，一篷瘴雨夜郎船。
>
> 渡头草树云垂锁，袖里槟榔客自怜。

正如田雯曾经指出的，虽然人们认为槟榔能祛除这一疾病，但最好不过的是当地根本没有疟疾。元代的李京③过七星关时曾写下这样的诗句：④

> 两崖斩壁连天起，一水漂花出洞流。
>
> 闻道清时无瘴疠，行人经此不须愁。

265　　　疟疾无论在嘉兴还是下一章所关注的遵化都不曾出现。在贵州，其分布状况则限定了何时何地外人能安全无恙地行动。

## 想象和现实中的野生动物

野生动物是人类的另一种存在形式。这里有三则故事可以说明这一主题，它们分别涉及猿、虎和象。在每一个例子中，其"人性"则各有不同表现。

发生在唐代的一则故事表明，人们头脑中的猿和人之间的差异有些模糊，而猿有时也可能属于万物生灵之列：⑤

> 元和中［公元 806—820 年］，荆客崔商上峡之黔。秋水既落，舟行甚迟。江滨有溪洞，林木胜绝。商因杖策徐步，穷幽深入。不三四里，忽有人居。石桥竹扉，板屋茅舍，沿流屈曲，景象殊迥。
>
> 商因前诣，有尼众十许延客，姿貌言笑，固非山鳌之徒。即升其

---

① 《贵州通志》，第 45 卷第 59ab 页。（诗名《迎春诗》。——译注）
② 《贵州通志》，第 45 卷第 36b—37a 页。（见《过盘江》。——译注）
③ 李景山。
④ 《贵州通志》，第 45 卷第 30b—31a 页。
⑤ 《贵州通志》，第 46 卷第 4b—5a 页。

居,见庭内舍上,多曝果。及窥其室,堆积皆满。须臾,则自外齐负
众果,累累而至。

　　商谓其深山穷谷,非能居焉,疑为妖异,忽遽而返。众尼援引流
连,词甚恳。商既登舟,乃访于舟子,皆曰:"此猿猱耳。前后遇者非
一,赖悟速返,不尔,几为所残。"

　　商即聚童仆,挟兵杖,亟往寻捕,则无踪迹矣。

　　佛尼以其光头与褐色僧衣的形貌,可能容易让人看起来她与猿、猴无
异。该故事发生之时,佛教正变得有些不受欢迎,至少不被部分官吏待见。
帝国对宗教进行抑制和限控的最重要举措将在 20 年后的公元 842—845
年出现。因此这也提醒我们,这个故事可能含有反佛教的一面。

　　虎的故事发生在贵州省东北部的费州,①而且也是在唐代:②

　　费州蛮人,举族姓"费"氏,境多虎暴,俗皆楼居以避之。

　　开元中[公元 713—741 年],狄光嗣为刺史,其孙博望生于官
舍。博望乳母婿费忠,劲勇能射。尝自州负米还家,山路见阻,不觉
日暮。前程尚有三十余里。

　　忠惧不免,以持刃刈薪数束,敲石取火,焚之自守。须臾,闻虎之声,
震动林薮。忠以头巾冒米袋,腰带束之,立于火光之下,挺身上大树。

　　顷之,四虎同至。望见米袋,大虎前躩。既知非人,相顾默然。
次虎引二子去,大虎独留火所。

　　忽尔脱皮,是一老人,枕手而寐。忠素劲捷,心颇轻之。乃徐下
树扼其喉,以刀拟头。老人乞命,忠缚其手而诘问之。云:"是北村
费老,被罚为虎。天曹有日历,令食人。今夜合食费忠,故候其人。
适来正值米袋,意甚郁快。留此须其复来耳,不意为君所执。如不
信,可于我腰间看日历,当知之。"

　　忠看历毕,问:"何以救我?"

─────────────

① 靠近现在的德江县。
②《贵州通志》,第 46 卷第 6a—7a 页。

答曰："若有同姓名人亦可相代。异时事觉，我当为受罚，不过十日饥饿耳。"

忠云："今有南村费忠，可代我不?"

老人许之。忠先持其皮上树杪，然后下解老人。

老人曰："君第牢缚其身附树。我若入皮，则不相识。脱闻吼落地，必当被食。事理则然，非负约也。"

忠与诀，上树，掷皮还之。老人得皮，从后脚入。复形之后，大吼数十声，乃去。

忠得还家。数日，南村费忠果锄地遇啖也。

很多文化里的民间故事之基础在于，相信有些动物是被施了魔法的人类，脱皮之后可暂时恢复人形，而如果不给他们皮囊，他们将受阻而不再变成动物。在这里，这种古老又广为流传的观念，与中国人依照刑律和罚税以及该故事中的食人日历惩治死者的冥府官僚系统观念掺杂在一起。很有可能，中国人对这类动物之含糊性——即它们既像人又不像人——的感知在帝制晚期变弱了。

象与众不同。田雯的《黔书》中讲述了下面的故事:[1]

明天启乙丑[1625 年]，水西安邦彦、蔺州奢崇明……举兵犯滇……锋锐莫可当。

人鲜斗志，黔省戒严，调陶土司兵会剿。有一象深伏小堑，鼻吸泥水数斛，乘贼不意，突出跑吼，跃起数丈，喷鼻中泥水作云雾，直挫贼锋，人马皆辟易。复卷一悍贼掷天坠地，麂踏如麈。贼咸披靡。有裨将乘机逐北，获全胜。

及暮收兵，象尚勃勃具余勇，鼻中毒矢一。次日创剧，遍体出镞余三升，遂毙。

滇黔之人德之，为封瘗，立碣于马竜南山之阳。余为之补铭辞

---

[1] 田雯著:《黔书》，第 2 卷第 27b—28b 页。

于石,曰:

"惟兹有象,见诸《大易》。目细形庞,鼻长齿巨。肉兼众兽,胆随四季。生于旷野,育在坊肆。动若云徙,静如山峙。七宝床施,五纹绣被。厥性至灵,颇知节义⋯⋯

何让英贤,无喑异类。即此一战,安危攸系。众皆束手,尔独攘 269
臂。群寇夺魄,三军吐气⋯⋯血化为磷,骨埋成玉。余烈犹生,抱忠入地。草青云黄,辚辀贶赑。"

这是中国人在神话和传说中赞美动物讲义气的又一则轶事——狗在水中打滚以打湿其沉睡的主人,使他免于火灾;马跪在其骑士所落入的山沟之侧,让他的缰绳挂下来作为后者逃生的工具,诸如此类不胜枚举。与这些故事不同,田雯叙述的核心事件或许真实可信。

别的物种的某一成员具有道德价值,对于这种主张,必须置于人类等级所确定的价值语境中来理解,而这种道德价值并非存在于别的物种成员自身,由它所有并为它所享。想象中的土地神灵将已逝义象的血肉融入大地,它的英灵在此会长存不灭,这对其有德之人类同行来说也确实如此。除此之外,我们会发现,这是一头驯养的象,被训练来帮忙干活,并且有时会被饰以五彩纹绣。它是人类社会的一员。

人们对与现实中很多野生动物之互动的描述也是基于这样的感知,即:与它们在情感上的交流,以及不时的亲身接触,是出于人的本性,因为人与动物一半陌生一半又有亲缘关系。因而,常安会这样写道:[1]

猿啼虎啸几愁闻,
星炯月寒频怯步。

但也可能会有更令人高兴的交情。江盈科,一位活跃于 16 世纪末的官员,就华严洞寺庙写道:[2]

---

① 《贵州通志》,第 44 卷第 59b—60a 页。(《到黔》。——译注)
② 《贵州通志》,第 45 卷第 12b 页。(《华严洞寺。》——译注)

鸟窥僧灶饭，

猿挂洞门松。

然而，对老虎的畏惧从未被人们抛诸脑后：

涧影石千怪，

秋光花一班。

偶闻潭过虎，

色变戒前攀。

此乃葛一龙在《平越山中》一诗中所云。[1] 甚至虎的气味都会使人们心神不宁。15 世纪后半叶的一位官员在《安庄道中》一诗中写道：[2]

一帘暝色人归市，

半壑腥风虎过桥。

更待月明刁斗动，

满天苍碧夜迢迢。

16 世纪时，陆粲作歌谣一首，描写了该省边疆地区的士兵和辎重部队的苦楚，诗句如下：[3]

可怜风雨雪霜时，

冻饥龙钟强驱逼。

手搏麦屑淘水餐，

头面垢腻悬虮虱。

高山大岭坡百盘，

衣破肩穿足无力。

三步回头五步愁，

---

[1]《贵州通志》，第 45 卷第 12a 页。

[2] 丁养浩。《贵州通志》，第 45 卷第 44b 页。

[3] 诗文中未翻译的一行表明这首歌谣提到了贵州。（即《边军担夫谣》，作者提及的未翻译的一行可能是"贵州都来手掌地"。——译注）

　　　　密箐深林多虎迹。

许多描写贵州的旅游诗词枯燥乏味,令人唏嘘不已,其中也会提到作者
担心他可能遇到老虎。① 人类也可能成为猎物。

## 喜悦、恐怖与沮丧

　　贵州和西南部的景观促发了人们的不同情绪。最引人注目的一种是
难以名状的喜悦。活跃于 18 世纪上半叶的一位官员、旅行家、诗人兼画家
张鹏翀所做的一首诗,就是一个令人回味的例子。② 其诗的主题是水亭瀑　271
布。预先应做点解释:中国人认为彩虹是“饮溪”而成;“摩尼”则涉及佛法,
有时象征着一种以“摩尼”(Mani)著称的宝珠,据信它“暗中能令明”:

　　　　山幽路复穷攀缘,时闻细溜声溅溅。

　　　　忽警长桥古涧边,上流缭绕疑铺毡。

　　　　下流百丈临平川,断崖一落空中悬。

　　　　蒙蒙似滚万箔绵,随风袅袅腾蜿蜒。

　　　　须臾直讶化作烟,喷为晴雪飞翩翩。

　　　　乘虹饮练光炽然,白日照耀摩尼鲜。

　　　　重重复影断复联,砰崖裂石雷阗阗。

　　　　神摇目眩心魂颠,旧闻野兕藏涡漩。

　　张鹏翀在结尾告诉我们,他“朗吟”了道教经典《庄子》中的两篇,即
《逍遥游》和《秋水》。这两篇涉及的主题是,大小是相对的,而人类在宇
宙的位置比他们所能想象的更广阔。最后,他声称:“此身定作飞空仙。”
该诗的核心主张是,真实的世界——“白日照耀”——而非佛法所言的
“五蕴皆空”,让一个人达到了这种境界。

---

① 例如可参见张一鹗的《偏桥至镇远》,后一地方位于偏桥东,在其下游 60 多里处。作者是位
　官员,擅长绘画和填词作赋,活跃于 17 世纪后半叶。《贵州通志》,第 44 卷第 44ab 页。
②《贵州通志》,第 44 卷第 60a—61a 页。(即《望水亭瀑布奇绝作歌纪之》。——译注)

272 　此地的景观也能引起人们的恐惧,这是田汝成论乌蛮滩的一些诗句的主旋律。① 这些险滩位于黔桂交界处正南方的广西境内,当然在贵州方志中有所叙述。② 它们所在的河流是西江的主要支流之一,而它们也以危岩林立著称,这些岩石各有诸如"三鬼"、"马槽"、"雷霹"等等之类的名号。

> 一叶中流下,
>
> 千山两岸开。
>
> 鼋鼍吹浪转,
>
> 燕雀受风延。
>
> 巨石迎船出,
>
> 啼猿近客哀。
>
> 从来轻险绝,
>
> 涉此寸心摧。

　　该处之生命气息不仅由爬行动物、灵长类动物和鸟类所体现,而且险礁怪石似乎也栩栩如生。这种恐惧能激发一种难以抗拒的兴奋,一种从与现实更直接碰撞的感知中所产生的生存紧张状态。

　　然而,因拓殖掠夺所蒙上的历史阴影不可能被涂抹得一干二净。李瑞的《鹦鹉溪道中》一诗提醒读者,"寇"或自由斗士——都是苗人——时不时地会施加报复;树、狗、水和鸟儿的生命力如何与人类的犯罪形成了对比:③

> 废垣几处望中存,杨柳青青荫石门。
>
> 人为寇侵先避地,犬知主去尚防村。
>
> 侵阶流水随渠满,依树啼莺到日昏。
>
> 何事草场成战伐,令人三叹不能飧。

　　一种沮丧的情绪笼罩着一片美不胜收的土地。

---

① 《贵州通志》,第 45 卷第 8b—9a 页。(即《乌蛮滩》。——译注)

② 约北纬 22°45′、东经 109°15′,在横县。

③ 《贵州通志》,第 45 卷第 41b 页。

# 第九章　遵化人长寿之谜

帝制晚期,在原明朝北疆山区一带(位于东北与满洲里交界处)的遵化州,人们的寿命比较长。妇女出生时的预期寿命高达四十岁,是嘉兴妇女的两倍。[①] 挖掘那些可能会造成这种差异的原因,即是本章最重要的问题;而本章论及的这一地区的发展虽然受到了环境的制约,但它到清代还是出现了兴盛的局面。

遵化在某种程度上是否更健康一些? 如果是这样,又是为什么?

我们从不利的方面开始叙述。这里虽然有药王庙和传统禳病仪式,但 1886 年出版的帝制时期的一本最新方志并没有任何传染病疫情记载,这与嘉兴所在的沿海省份即浙江形成了鲜明对比。在浙江,人们慑服于瘟疫所造成的恐惧,而瘟疫也确实存在。[②] 遵化的情形与西南部贵州的情形也大相径庭,正如我们所看到的,贵州南干以南的地区深受疟疾之苦,其状况已为游客们十分痛苦地加以撰述。

此地当然也有瘟疫。在一份有关当地人的英年早逝之原因的目录

---

[①] 伊懋可:《血统与统计:从地方志的烈女传中重构帝制晚期中国的人口动态》,收于宋汉理主编:《帝国历史中的中国妇女:新视角》。

[②] 康豹著:《厉鬼与送船:帝制时代晚期浙江的温元帅信仰》,纽约:纽约州立大学出版社 1995 年版。

中,瘟疫赫然在列。这份目录是皇帝颁给当地城隍的敕令的一部分,它责令其鉴察所辖的当地阴司,祭祀因多种方式惨遭横死的孤魂,或因子孙断绝而可能无以享祭的野鬼:①

> 有遭兵刃而横伤者;有死于水土盗贼者;有被人强夺妻妾而殒死者;有被人掠取财物而逼死者;有误遭刑罚而屈死者;有天灾流行而疫死者;有为猛虎毒虫所害者;有饥寒交迫而死者;有因战斗而殒身者;有因危急而自缢者;有因墙屋倾颓而压死者……此等孤魂死无所依,精魂未散,结为阴灵,或倚草附木,或为妖作怪,悲号于星月之下,呻吟于风雨之中。

那些痛苦的亡灵似乎也是当地人口的一部分,只有他们得到了安慰才能保一方平安。在这里,瘟疫并没有被当作比某种致人死命的遭遇更普遍、更可怕的东西。

比较起来,此地明显免受瘟疫和其他传染病的困扰,可能与相对较低的人口密度有关。该州第一个相对可靠的人口数是 1820 年的 702 316 人,每户大约 6.4 人。到 1910 年,人口是 899 354 人,每户规模降至 5.4 人左右。② 然而,很难给丘陵地区的人口密度估算一个意义值,因为这里仅有一小部分地方可以居住。

在一定程度上这也可能是由于冬季的缘故,当地冬季温度会降至零度以下,因此至少会减少一些潜伏的微生物及其宿主的活动。(例如,只有少量昆虫活跃于零度或零度以下。)一年里的很长时间会持续低温,这

---

① 何崧泰等纂修:《遵化通志》(出版者未述明),卷 25:祀典,页 3ab,以下简写为《遵化通志》。对哥伦比亚大学图书馆所提供的缩微胶卷,我深表感谢。涉及"厉"的另一条资料,参见其下的 314 页。(推测此处所说的"厉"的另一条资料,指的是 3b 页所说的"厉坛祝文",而这里所标记的 314 页可能有误,因为《遵化通志》中的"祀典"总共才 21 页。——译注)

② 曹树基:《清时期》,葛剑雄主编:《中国人口史》第 5 卷,上海:复旦大学出版社 2001 年版,第 335—336 页。这里给出了 19 世纪每年 0.28% 的增长率。(该书此处原文是:"宣统二年遵化州有 166 547 户,以户均 5.4 口计,约有 89.9 万。若此数据为真,从嘉庆二十五年至此,人口的年平均增长率为 2.7‰"。——译注)

在当地的一些打油诗中体现得很明显。① 其中的日子指的是传统阴历的月日,而在大多数年份中阴历年开始于阳历二月:

> 一九二九,冻脚冻手。
>
> 三九四九,冻煞猪狗。
>
> 五九六九,沿河看柳。
>
> 七九河开,八九雁来。
>
> 九九无凌渐,九九加一九,
>
> 犁牛遍地走。

遵化一直要冷到五月。

该州水质优良,这可能有助于抑制胃肠疾病。山区环境使得河流湍急,急流和沙砾型河床则能过滤微生物并使水质清洁。(例如,水流过沙子后会清除大部分贾第虫。)此时,各地的中国人通常都烧水饮用、沏茶,但如果从现在的经验来看,他们烧水的时间可能还不够长,还无法完全保证安全。因此,初始水质仍很重要。

遵化人知晓水可以传播疾病,因此他们有一个习俗,即在每年除夕的下半夜,向井中扔赤小豆,并劝导人们,他们若这样做,会"一岁食水者不染瘟"②。

现在讲有利的方面。显然,按照帝制晚期中国人的标准,在遵化人饮食中肉类和水果通常很丰富。当地经济是一种混合型模式,提供了异乎寻常的多样组合。旱地农耕是基础,基本作物是粟和小麦。田地之外还有菜园作后盾,而遵化人也精通造林术,即植树的技艺。树林除了提供建材、柴火、油和蜡等产品外,还提供额外的食物,从而为抵御艰难时世发挥了*自然环境的缓冲作用*。

狩猎活动依然存在,猎物从熊到狐狸不一而足;人们视熊掌为美味佳肴,却对狐狸不屑一顾,认为它几乎不值得猎取。畜牧很广泛,除了牛

---

① 《遵化通志》,卷15;舆地,风俗,页14a。

② 《遵化通志》,卷15;舆地,风俗,页15a。

以外,还有大量的绵羊和山羊,也有驴子——人们有时会吃驴肉或炖驴肉汤。猪用残羹剩饭来喂养。人们也喝一些羊奶,这对帝制晚期的中国本部来说,是不常见的做法。

遵化自古就因果树而闻名,包括桃树和李树在内,每样果树都有很多品种。后来,它的苹果也赫赫有名,人们用叶子将苹果细细包裹起来,外销到了其他地区。阴历七月,"园果尽摘,曰果秋",可与"黍秋"①相提并论。水果是当地文化的一个独特的组成部分。例如,在一年的腊月初八,人们习惯将豆子、水果与大米掺在一起煮成粥。当地人还将这种粥涂在果树上,相信这会使它们有个好收成。②

饮食与健康的关系作为一般原则得到了公认,但其细节却很复杂并常常引起争议。③ 在历史上,饮食的作用很大,但人们却很少认识到这一点,马克·科恩(Mark Cohen)对古代和艾伦·麦克法兰(Alan Macfarlane)对 18 世纪英格兰的研究著作即可为证。④ 在遵化这里我们所能做的,就是推测其多样化的饮食可能有助于提供一种比通常更可靠的动物蛋白、必要的矿物质和维生素供应;对于维生素 $B_{12}$ 和维生素 D 可能尤其是这样,它们各自几乎不可能从素食中获取。在这里若果真如此,这将会增强人们抵御疾病的基本抵抗力。

如果依不同的观点来看这一问题,则有迹象显示,季节性劳作节奏在冬季为人们提供了持续的一段相对休闲的时间,这与华中和华南地区

276

---

① 《遵化通志》,卷 15:舆地,风俗,页 13a。
② 《遵化通志》,卷 15:舆地,风俗,页 14b。
③ 参见陈君石等著:《中国膳食、生活方式与死亡率:65 个县的调查研究》,牛津:牛津大学出版社、康奈尔大学出版社和人民卫生出版社 1990 年版(J. Chen, T. C. Campbell, J. Li, R. Peto, *Diet, Life-Style and Mortality in China: A Study of the Characteristics of 65 Chinese Counties*, Oxford University Press, Cornell University Press, and People's Medical Publishing House: Oxford, 1990)。
④ M. 科恩著:《健康与文明的兴起》,康涅狄格州,纽黑文:耶鲁大学出版社 1989 年版(M. Cohen, *Health and the Rise of Civilization*, Yale University Press: New Haven, Conn., 1989);A. 麦克法兰著:《和平时期的恶战》,牛津:布莱克威尔出版社 1997 年版(A. Macfarlane, *The Savage Wars of Peace*, Blackwell: Oxford, 1997)。

一年到头的忙碌形成了对比。人们可能得益于从过度劳作中休养生息的这一机会。

这里有丰富的木材用作燃料和建材，当然在本世纪（指 20 世纪。——译注），当地的木材供应已经萎缩。在冬季，几乎很少有人不将室内弄得暖暖和和的。因而：①

> 近边山木之不成村者，小则采以为薪，大则焙而为炭，较他处价廉而质坚。贩卖者统聚于城北大河。

在古代后期，燃料多得用不完！

最后一点是，妇女不用承受长江下游地区的妇女所承受的那等压力；在那里，妇女一方面既要操持家务，照看孩子，另一方面还得做女红，干农活。在这里，孩子可以得到更好的照料，女性也更长寿。

将这些看法先罗列在这里，以提供初步的概述。接下来，将对它们加以说明，还要展开分析，并进行描述。需要强调的是，尽管长寿问题是一个真问题，但所提示的答案却带有随机性。在这一阶段，对它们需要加以争论，而不是信以为真。但一般论点主张，环境状况是关系到人类生存率的一个至关重要的因素。

## 景观与地貌

遵化位于中国本部的东北部，周围群山环绕。② 在古代，它是"山戎"族无终领地的一部分（无终是先秦时期出现的部族。在族属上，有的学者将其归入山戎，有的学者将其归入北狄。参见马兴：《无终新考》，《晋阳学刊》，2004 年第 2 期。——译注）；"山戎"后来建立了无终子国。公元前 7 世纪，齐桓公曾将其征服，使齐国的疆域直达其南境；他反过来又 *277*

---

① 《遵化通志》，卷 15：舆地，货部，页 40b。
② 下文关于现代遵化的信息主要来自遵化县志编纂委员会编：《遵化县志》，石家庄：河北人民出版社 1990 年版，以下简写为《遵化县志》。

将征服的土地移交给了燕国。

无终与稍后的鲜卑和契丹都是戎族的一支,后两者一度统治过中国的部分地区。虽然无终活动的地域比区区遵化大得多,但是该部族很快在历史上湮没无闻。一千多年来,其名称只出现在各式各样的县名中。① 先秦时期,此地几乎完全是森林经济,并以无田可耕但枣树和栗树众多而闻名遐迩。历史资料能让我们略微知晓帝制早期这里的生活状况。例如,大约在公元2世纪末,当后汉将倾、国家动乱之时,无终人田畴率其族人和部众"入徐无山中,营深险,平敞地。而居数年,百姓归之,至五千余家"②。这表明,此时,在作为遵化三县之一的玉田,尚有大片的人烟稀少却适于居住的土地。这可能是无终和匈奴——后者被汉武帝击败后与无终融合——尚未大规模地进行农耕的结果。③

帝制晚期,读书人一般认为,遵化远古的历史是原始的、不为人知的。这里引述帝制晚期某个叫史朴的人所撰碑刻的部分内容;我们只知道他是本地人,动笔的目的是为了纪念州治的一段城墙的重建。"春秋"指的是公元前750—500年。④

> 遵化春秋无终子国也,其初僻处山陬,浑浑噩噩,不闻有土木兴作事。即有之,而国无史乘不获典……
>
> 其可取证者长城,当郡治北面,延百数十里,则燕所筑自造阳至襄平,秦所筑自临洮至辽东者,皆所必经。实州境建置著于史传之始,汉晋⑤以还。始,分无终、俊靡⑥二县,继并无终一县。以今治考古县,距县治⑦皆不百里远。意只边鄙一村落耳。居其间者,或终其身不识城郭作何状者有之,矧望有崇墉峻阁之观哉?

278

---

① 《遵化通志》,卷43:页2b。
② 《遵化通志》,卷13:舆地,山川,页21a。
③ 林旅之著:《鲜卑史》,香港:博文书局1973年版,第13—14页。
④ 《遵化通志》,卷16:城池,页2ab。
⑤ 公元前3世纪至5世纪初。
⑥ 今遵化西北部。
⑦ 今玉田。

唐武德[618—626 年]中,以无终置玉田县,复于县东北置买马监,即今州治地也。旧志,*州城唐时土筑,其即置监时乎?……*

迄明不改。然历此数百年,卒未闻有易城制者,岂土筑能久而不敝欤?抑牧民者丑于简陋,莫敢议举也。尝闻父老传述,初制甚隘。今之文明河,即旧城河西面。今之鼓楼,即旧北门券也。周径不敌今制之半。

此处所说的"初制"城墙实际上可能是明朝所建,但对此尚有争议。让我们更细致地考察一下汉人和少数民族交替统治的时期再说吧。

在公元 3—6 世纪政治上四分五裂的这一时期,遵化位于小国前燕和它后续的某几个"燕"国以及后来拓跋魏所建的鲜卑帝国的边陲。这个时代,在东北部的少数民族中,定居和农业生活方式更进一步扩展。这在一定程度上是由于汉族移民为逃避华北平原的动乱而大量涌入前燕促使的结果。据说,314 年登基、卒于 348 年的前燕的慕容皝(作者拼成了 Murong Guang。——译注)罢苑囿,赐田地和耕牛给移民中的贫者。[1] 这次汉族农民的流入也进一步加深了民族融合。[2] 但从相关史料中可以明显地看到,在这一时代的没完没了的战争中,胜利者夺得了大量牲口,包括马、牛和羊,这说明游牧经济仍占重要地位。[3] 稍后于 409 年创建北燕的冯跋也是农耕的推动者,他曾下令说,怠惰农事的农民应被处死。[4] 这种苛严的做法表明,当时与上古时期一样,人们还难以接受新的生产方式。

这一时代,气候异常寒冷,一则关于后燕君主慕容熙的故事言及于 *279* 此。慕容熙的妃嫔沉迷于打猎。有一次,慕容熙陪她来到了白鹿山,此地大约在北纬 42 度,遵化的正北;接着往东,到了一处现在靠近朝鲜边境的地方。在途中,据说他的五千士兵或被虎狼吃掉,或受冻致死。[5] 到

① 林旅之著:《鲜卑史》,第 35—36 页。
② 林旅之著:《鲜卑史》,第 332 页。
③ 具体例子见于林旅之的《鲜卑史》的第 77、145 和 161 等页。
④ 林旅之著:《鲜卑史》,第 87 页。
⑤ 林旅之著:《鲜卑史》,第 80—81 页。

6 世纪末,气候开始较为暖和,那时在此地务农会更容易一些。

正如我们已指出的,遵化的最早居民,即面目模糊的无终人,与鲜卑人是有关联的;至于鲜卑人所过的那种生活,在我们的资料中也可寻得端倪。415 年,当时鲜卑人的心脏地带,也就是现在的山西省北部闹起了饥荒。政治家崔浩虽深受汉人哲学文化的熏陶,却力谏鲜卑族拓拔部的北魏君主(即拓拔嗣。——译注),决不可向南迁都。他对仍举棋不定的君主表达了一种传统的见解:"至春草生,乳酪将出,兼有菜果,足接来秋,若得中熟,事则济矣。"①这与后来遵化所盛行的混合经济并无二致,也就是放牧、采集、种植蔬菜和水果,并从事农业。然而,在崔浩谏言的七十多年后,因粮食短缺和"野无草青",最终迫使拓跋部于 487 年南迁至汉人的古都洛阳。其决定因素是,都城必须靠近廉价的物资运输地点。当此之际,恶劣、多变的气候主宰了历史的命运。

从《隋书》对齐人,也即契丹族的一支的描述中,我们可以一窥公元 500 年左右的早期契丹族的生活方式:②

> 逐水草畜牧,居毡庐,环车为营……余部散山谷间,无赋入,以射猎为赀。稼多穄,已获,窖山下,断木为臼,瓦鼎为釬,杂寒水而食。

事实上,他们早期的饮食似乎大部分是肉和奶,并以牛粪为燃料。③
280 契丹经济技术的某些成分似乎直接成为了遵化遗产的一部分,比如在冬季用地窖储藏食物等。

一些鲜卑民歌以汉语版本保存了下来。即便是一种二手翻译,抑或鲜卑风格的汉语翻译,它们仍能唤起人们对这些牧人和骑手所处环境的想象。④ 不过,它们多半指的是森林密布的遵化以北那块大草原一般的

---

① 林旅之著:《鲜卑史》,第 201—202 页。
② 引自陈述著:《契丹社会经济史稿》,北京:三联书店 1963 年版,第 7 页。
③ 金渭显著:《契丹的东北政策》,台北:华世出版社 1981 年版,第 9 页。
④ 林旅之著:《鲜卑史》,第 361—364 页。

地区,由于我们缺乏其他资料,只能极其粗略地表征一下。文化息息相关,环境却迥然有别。于是乎:

> 天似穹庐,笼盖四野。
>
> 天苍苍,野茫茫,
>
> 风吹草低见牛羊。

牛、羊等动物系生活所依,看见它们不免令人兴奋不已。

从心理上讲,作为一个北"狄"意味着什么,这从其他民歌中可略窥一斑。有时候,他们心怀苍凉,直面死亡的降临,并赞美肉体的欢愉:这些都不是汉人的特点。下面是一首游子思乡之作:[①]

> 陇头流水,流离山下。
>
> 念吾一身,飘然旷野。
>
> 朝发欣城,暮宿陇头。
>
> 寒不能语,舌卷入喉。
>
> 陇头流水,鸣声幽咽。
>
> 遥望秦川,心肝断绝。[②]

第二首诗歌描写了男子汉的阳刚之气,但勇气背后掩盖的是忧惧,而勇士的荣耀也如昙花一现:

> 男儿欲作健,结伴不须多。
>
> 鹞子经天飞,群雀两向波。
>
> 放马大泽中,草好马著膘。

281

---

① 为了使第二节的第一句解释得通,我只好将"城"改为了"成",但不确定这是否正确。看起来这一句似乎也与这首民歌其余部分的风格不太吻合,因为这首民歌的场景似乎是欢快的。
② 秦川是陕西西北的清水河的一部分,流入渭河的上游。

牌子铁裲裆,钰(亦有版本为铉,或相通。——译注)矛鹳尾条。

前行看后行,齐著铁裲裆,

前头看后头,齐著铁钰矛。

*男儿可怜虫,出门怀死忧,*

*尸丧峡谷中,白骨无人收。*

有一诗节在吟唱欢爱中体现了戎狄的风格。先是四句以骑马——如鞭打和上马——为主题表示爱恋的双关诗句,(指"放马两泉泽,忘不著连羁。担鞍逐马走,何等见马骑。"——译注),然后如下结尾:

健儿须快马,快马须健儿,

跋跋黄尘下,然后别雌雄。

古人云:黄泉路不远。日子得照样过下去!

人们几乎总是用动物来形容生活情形:坚毅的猛禽比笨拙的麻雀优秀;慷慨赴死的青年勇士在膘肥体壮的战马上是何等光彩;发情的马儿活力无限,以这样的形象来宣扬性爱。

在中国的中古后期,遵化成了北"狄"与汉人反复发生冲突的地区。宋代的苏辙(作者拼成了 Su Che。——译注)表达了对"燕"——古代对该地的笼统称呼——的一般看法,他写道:①

燕山如长蛇,千里限夷汉。

他注意到,燕地的风俗与中国其他地方大相径庭。"自古习耕战"。他还补充说:

哀哉唐汉余,左衽今已半。

282　为什么是这样? 937 年,后晋割让燕云十六州给契丹,此地随之落入

---

① 《遵化通志》,卷 13;舆地,山川,页 4a。

契丹人之手。在随后的 12 和 13 世纪,它分别处于女真和蒙古人统治之下,直到明初才重归汉人统治,距离它被割让已有四百年。① 但在晚唐的乱世之中,许多汉人自愿逃到契丹去,稍后还带去了包括冶铁在内的重要技术。由于我们缺乏公元 500—1 000 年和 1 000 年初的遵化的专门资料,为了解后一个时期的一些情况,再次查阅一些对当时契丹生活较为一般的描述将会很有益处。但与以前一样,其前提是,我们要记住,它们大多指的是遵化以北的地区,而那里的气候更干燥一些。

那些战俘,或战败后沦陷的部分人口,被当作奴隶一样对待。有时候,他们甚至会被人们用绳索绑在树上以防逃跑。但后来,人们找到了一种降低逃跑率的更好的办法:给他们找个配偶。② 苏辙在出使契丹时饶有兴致地观察到,汉人劳力被迫辛勤地从事农作,结果,"衣服渐变存语言"③。尽管如此,人们猜测,这样的奴隶最终也会被同化。

同样,苏颂在出使北方邻国时谈到一群群羊,即"千百为群"。他注意到,在夏季,人们听任牛羊自逐水草,不复羁绊,"而生息极繁"。汉人在蓄养牲畜时往往喜欢严加管控——所以他微有妒意地用了个"而"。他发现,契丹人养马也用此法,蹄毛俱不剪,"云马遂性,则滋生益繁"④。然而,当了解到,他亲眼目睹在田里辛劳的佃户全都是汉人,而且赋役甚重时,他大为不悦:⑤

> 田畴高下如棋⑥布,
> 牛马纵横以谷量;
> 赋役百端闲日少,
> 可怜生事甚茫茫。

---

① 以下的论述主要以陈述的《契丹社会经济史稿》为基础,其余的资料引自金渭显的《契丹的东北政策》。
② 陈述著:《契丹社会经济史稿》,第 17—20 页。
③ 陈述著:《契丹社会经济史稿》,第 70 页。
④ 陈述著:《契丹社会经济史稿》,第 30—31 页。
⑤ 陈述著:《契丹社会经济史稿》,第 70 页。
⑥ 这里的棋指的是围棋,它是在纵横 361 个交叉点上落子,而不是下在点与点之间的方块内。

汉语里所用的"畴"这个词指的是田边地头,但苏颂看到的可能是地垄,这可以从 11 世纪以来对契丹世界的另一番描述中得到解释。[①] 其中的关键词用斜体表示:[②]

> 自古过北口即番境。居人草庵板屋,亦务耕种,但无桑柘,所种皆从*垄*上,盖虞吹沙所壅。山中长松郁然,深谷中多烧炭为业。时见畜牧牛马橐驼,尤多青羊黄豕。

像在很多文献中所见一样,这位汉人评论家在看到牲畜数量之多时所产生的不胜惊讶之感跃然纸上。据说,有一次契丹人击败女真人,获马 20 万匹。[③] 即使对历史学家的夸张打个折扣,这一定也是个惊人的数字。早些时候,当唐末的刘仁恭统治幽州时,他曾用环境战来对付契丹人的牲畜:每岁落霜时,烧其地野草。这造成契丹人的很多马匹饥饿而死,所以他们只好贿赂他,让他停止这种做法。部分行贿品即是马匹。[④]

契丹的猎人们对野生动物的习性了如指掌,《辽史》"国语解"对此颇为欣赏。[⑤] 尤其是,"鹿性嗜咸,洒盐于地以诱鹿射之"。猎人也可能在夜里吹角,以此模仿鹿鸣;当鹿聚集时,就以同样的方式射杀它们。

从契丹辽代治下所撰的一份描述重修观鸡寺并恢复其地产的碑铭中可以看出,当地盛行的是一种混合经济,包括农耕、少量狩猎、大量牲畜饲养以及植树。除了重开寺庙当铺以获取利息收入外,还得由一位清正廉洁的主持来重组地产,以免"山坊雅秀,徒为樵牧之资。"于是农田扩大到三千亩,"山林"百余顷,果木七千余棵。[⑥] 如早先所言,帝制末期遵化的经济将是这三种来源成分的结合,彼此相辅相成。种果树和植树造林是当地古已有之的技术,密集的旱田农耕是汉人带进来的一种北方平

---

[①] 出自王曾的《行程录》。
[②] 陈述著:《契丹社会经济史稿》,第 106 页。(还包括 107 页。——译注)
[③] 金渭显著:《契丹的东北政策》,第 68 页。
[④] 金渭显著:《契丹的东北政策》,第 11 页。
[⑤] 陈述著:《契丹社会经济史稿》,第 36 页。
[⑥]《遵化通志》,卷 47:金石,碑刻,页 2a—3a,以及陈述著:《契丹社会经济史稿》,第 73—74 页。

原要素,放牧和打猎则是无终人和契丹人的贡献。这样,我们在帝制晚 284
期的遵化所见到的农—牧—林经济模式在这一时期即已存在。

对于汉人在明朝治下重建自己政权之前的数百年的了解,甚至在明
朝初年也是模糊不清的。记忆中的这段空白很可能萦绕在后世学者的
心头。及至 19 世纪末,进士丁炜曾写过《后湖考》,企图再现玉田县城西
约 30 里处被称为"偏林"一地的历史。① 这在中国的环境史上属于最初
的尝试之一,因而值得大书一笔。

1161—1189 年金世宗统治时期,该地是行宫所在,被定名为"御林"。
但在丁炜生活的时代,那里没有森林:

> 林南仓者,邑八镇之一。其北有薮焉,曰"后湖"……旧传为契
> 丹萧后②围场,然无所据。

> 惟《金史》载"玉田行宫御林",并记其往来游幸之迹甚详。大抵
> 以狩猎而出……秋狩每在蓟州,而春狩则恒在玉田,是必有泽薮可
> 渔猎者。今其地失考久矣,而愚欲以后湖当之,闻者虽斥为附会,所
> 不敢辞,盖尝自思曰:

> 吾生长于林南仓镇……曾未识林南何自得名,可乎? 夫且镇东
> 之十二里有屯焉,曰:"林东"也,镇西八里又有屯曰"林西"也。今其
> 林果安在也? 后湖之于林南仓,适当其背,而林东与林西则又正中,
> 其地廓敞而幽邃,四时多水。

> 雍正初[1723 年]于此营稻田若干顷,惟留湖心为水匮。后为點
> 者占耕……

> 今稻田已鞫为蒲苇,经其地慨然兴沧桑之思。然而弥望葱茏, 285
> 引屯烟逗山翠。当夫风和日丽,涨软云低,游鱼闲鸟,与夫獾狐麋鹿

---

① 《遵化通志》,卷 43:古迹,公园,页 4ab。
② 很可能是 983—1030 年在位的辽圣宗的妻子。所乘车置龙首鸥尾,饰以黄金,夏秋从行山谷
  间,花木如绣,车服相错,人望之以为神仙。不过,另有两位契丹皇后也是这个姓。参见方宾
  观等编:《中国人名大辞典》,第 1645 页。

之属,悠悠然上下出没于其间,以钓以弋,无施不可。

时或值草衰木落,水减沙平,往往于霜天雪地中有豪侠者流,臂苍鹰,牵黄犬,裘马仆从,驰逐以嬉,盖旷然一猎场矣。吾邑泽薮此其著者。

使于此加以润色,规苑囿之制,崇宫馆之饰,将以追长杨与上林①不难。昔金主玉田之猎,舍此何适夫?乃叹所谓御林不待他求,而今屯镇之林名者,亦于是乎释然。已昔之林也,今之湖也……后湖之旧为天子围场,殆无疑义。

且安知夫女真之迹非沿袭乎契丹,而为之者,则即以围场归之萧后,亦似无不可。惟行宫未寻其址,不克如州志所载,萧后妆楼有地中折瓷可质,遂能使戚武毅公(戚继光。——**译注**)凿凿言之[在16世纪]……然尝闻营稻田时,浚湖心水匮,得铁锁长数十丈,并杂货宝,亦适与妆楼,记得镜得钱者略同。第未有人焉艳称,夫某于某处获砖埴物,如铜雀之瓦,五凤之缶。盖俗见之所趋,固不在乎此也。而要之,宫也,林也,其相属者也,迄不外乎后湖者。

近是,至若牧童樵叟,三五为群,或隐隐于烟雾中见城郭宫阙,迫之则灭。如所谓蜃楼海市之观者,此竟传为后湖奇迹。然吾不敢取虑。夫取之,将愈近附会,而徒遗庄生幻说之讥也。姑即夫史之足据,与人所共见之境以衡之。将更质诸多闻者,而考其信焉。

饶有趣味的是,作者着力重现的并非对一个民族——因为契丹和金皆非汉人——而是对一个*地区*的记忆。这是考古学魅力的有力证明:从另一个世界出土的文物,雄辩名实,却默然不语。人们也会产生这样一种感觉,即:辉煌的历史可能存留于故地之上,并向百姓一展其容。

14世纪中叶,元朝统治行将结束之时,潘伯修从浙江南部发出欢呼之声。他赋诗一首,抨击异族对中国的统治。他在诗文中慷慨陈词,仿

---

① 这两个地方在秦、汉两代均是中国西北部的历史名胜。

佛置身燕山之中。[1]　是现实还是想象，我们无法确定——可能是想象，但是这地方却符合其诗的主题。

他的诗用典颇多，因此需要预先作一番解释。"辽"指的是契丹族，在北宋时，辽国统治满洲里和被割让的燕云十六州。蒙元的许多高级官员都是从中国西部地区挑选出来的，他们甚至说波斯语，而不是以汉语或蒙古语作为其通用语言。我将"美人"译为"fair lord"，其单数通常指"君王"；这里改成复数，以更加切合该词的西方语源。"金"暗示女真族的"金"国，它在 12 世纪的大部分时间里统治着中国北方。[2]　"沙苑"的引申意指的是陕西的沙地，在洛河与渭河的交汇处附近，距黄河流经的东面的大拐弯不远。此地[3]与燕山相距甚远，这进一步证明了我们对该诗的印象：它出于想象而非实察。此地作为放马场久负盛名，而这里的"猎骑"象征入侵者。另一方面，"鹤"是中国"神仙"的坐骑。"芜"说明了农耕的荒芜，"雕"可能暗指汉族英雄。最古怪的特点是用"豪猪"代表汉人对异族占领的抵抗，当然豪猪也算得上猛兽，它敢与老虎搏斗，还能用刺伤人；[4]从上下文看，似乎只能这么理解：

> 辽海东空鹤不归，平芜遥际极凉霏。
>
> 寒天霜静雕鹰没，沙苑秋高牧马肥。
>
> 落日美人歌玉帐，西风猎骑拥金羁。
>
> 豪猪猛起当前立，曾冒鸣弓脱晓围。

潘氏这首诗的头四句表明，景观有时候可以怎样用作政治隐喻。不过，如何选择和阐述政治隐喻，反过来也会让我们了解一些景观的状况。

明朝夺回遵化县之后，此地就毗邻新修的长城，并驻屯了很多卫戍

---

① 《遵化通志》，卷 13：舆地，山川，页 4b。

② 按照某种理论(即五行论。——译注)，既然"金克木"，"金"抑或指的是契丹人所推崇的元素。金渭显著：《契丹的东北政策》，第 137 页。这句诗文可能标记了一场秘而不宣的战争。

③ 即沙苑。

④ 谢肇淛著：《五杂组》，1608 年，台北：新星书局 1971 年再版，第 716 页，以下简写为《五杂组》。

士兵。1513 年,在李信建出任遵化县令的 3 年后,他刻石并将其立于县衙内,使继任者能"知是邑之难,而是官之可畏无穷也"。他提到,当时方圆 300 里的遵化,仅有 2 000 多户的编户平民。他将人口的下降归咎于士兵的破坏;这致使很多平民回到了位于外地的老家(原文为"盖兵燹离散,归并甲籍,故户口耗散焉"。——译注),而税收和劳役的苛刻也是原因之一。令人惊讶的是,他对听命于当地最高军官这一点也直言不讳:①

> 尊而都宪临于斯,重而阃帅提督于斯,三卫屯所官兵屯戍于斯,九营三十关寨多粟给于斯。远而朵颜②三卫,朝贡出途于斯。密迩辇谷贵戚、功勋、佃种,日益于斯!

这一哀叹指出了要害所在。一个半世纪之后,满族的征服结束了农耕与游牧之间数千年的战争状态。到 17 世纪中叶,长城不再是边疆地带,而这一军用上层建筑大半崩坏湮没。留在身后的,是环境上有待开发之地区的一小块土地。

一旦长城不再是受到威胁的防线,与之相连的情感同样起了变化。在明代,当它依然重任在肩时,李攀龙在关于它的一首诗中写到,"不知何处不堪愁"③。然而到了清代,由来已久的冲突在这个新的朝代已被越过,以前汉族朝廷为其饱受战乱的边疆所取的婉转名称(指"北平"。——译注),已成明日黄花;对此,李希杰难掩喜悦之情:④

> 山雪微茫晓乍晴,凌寒匹马出长城。
>
> 进几莫复称边塞,古郡从谁问北平?
>
> 气固沉雄推老将,论因成败陋书生。
>
> 钜工休让秦专羡,知否燕山早得名?

每一诗节末尾的问题中即隐含着答案,这在某种程度上都可以回答说,

---

①《遵化通志》,卷 16:建置,署廨,页 9a。

② 长城以北。

③《遵化通志》,卷 43:页 1a。

④《遵化通志》,卷 43:页 1a。

是"很久以前"。我所译的"Northern Peace"当然指"北平"。当看似永恒的边疆已成为历史,人们在情感上的反应逐渐减弱,而沉淀下来的则各有不同。

截至 18 世纪中叶,读书人对燕山的感受再一次发生改变。一旦持续两千多年的边疆文化冲突因时来运转而消解,这些文化的所在就变成了吸引游客的一种场景。能体现这一点的是一份简单的存目,题为"遵化十景",复录于该州的方志之中。下面的这首诗系曾任知州的傅修所作,其每节的开头都刻画了一种地貌:①

> 燕山磅礴古渔阳,络蔓悬崖积藓苍。
> 拔地虚无根似削,摩天撑突势疑翔。
> ……
> 跋马崇冈怀往迹,仰扪群峭漫相羊。

就这样,两种文化之间上千年的巨大断层带已然变成了风景。

## 皇陵

在清代,遵化成为皇室东陵的所在地。入关前的七位满族统治者被葬在满洲里靠近奉天(今沈阳。——译注)的三个地方,而第一位埋葬在遵化的皇帝则是 1643—1661 年在位的顺治帝(虽然人们通常认为他在位的时间始于 1644 年)。遵化陵墓群中也包括 1661—1722 年在位的康熙大帝的陵寝,以及 1735—1796 年在位(但死于 1799 年)的乾隆大帝的陵寝。其他的还有 19 世纪以后的咸丰帝和同治帝以及著名的——或臭名昭著的——慈禧太后的陵寝;后者生于 1835 年,卒于 1908 年。第三个皇陵所在地位于北京以西,1722 年末—1735 年在位的雍正帝第一个埋骨于此。葬于西陵的其他皇帝是嘉庆帝、道光帝和光绪帝。

---

①《遵化通志》,卷 43:古迹,遵化十景,页 22a。

*290*　　　东陵紧挨着长城的北面,现在已是历史遗迹。可以说,当这些陵寝尚在修建的时候,朝廷就将环绕它们的群山设为了"风水禁地"。"风水"(Geomancy,或"winds and waters"),是中国人的相地之术。由于此地禁止普通的狩猎,这片区域也就成了一个天然公园,像鹿等别的猎物繁盛起来。如今,该陵墓周围的地区是中华人民共和国境内最大的保护区之一。①

　　虽然总有人心存疑虑,但是,在帝制晚期,大多数中国人多多少少都相信点丧葬风水,也就是说,相信祖先的坟墓隐含着一种力量,由此阴宅之地会影响后代子孙的命运。这样,在 19 世纪末,当直隶(今河北)总督李鸿章企图在遵化正南为新煤矿修铁路时,其政敌就指责他在破坏皇室陵寝的风水。即便这可能只是掩盖其他动机的一种托辞(尤其考虑到铁路只经过该州的西南角),这种指责也是不易对付的。

　　清列圣陵寝坐落于长城以北的一个封闭的山谷之中(此处方位可能有误,因为清东陵位于长城以南。——译注),从北向南长约 14 里,在丰台岭的南坡,即遵化州治以西 60 多里处。出于中国特有的封祭仪式之目的,它们被赐予了一个更宏伟的名字,即凤台山。1662 年,其主峰再一次被改名,这次改为了昌瑞山(此事发生在康熙二年,即 1663 年。——译注),一个更吉庆的名字。它被设定为举行祭祀的"地坛"。(原文是"从祀地坛"。——译注)按照遵化方志的记载,其山形就像是君臣上朝时用于书写的笏板(此处译文是"…has the form of the tablet used by both an emperor and his officials to write on during sessions of the Imperial Court",显然有失准确。因为笏板是大臣上朝时用来记事的工具,而非君王所用。——译注),故有"一峰挂笏,状如华盖"②之称。因此,选择此地建陵也即是出于风水的考虑。这一点,我们在贵州的朱砂矿中已然得见,只是其情形不那么夸张而已。

---

① 中国自然资源丛书编撰委员会编:《中国自然资源丛书》,北京:中国环境科学出版社,1995 年版,第 14 卷:河北卷,第 348 页。以下简写为《中国自然资源丛书》。

② 关于这些要点和以下的要点,参见《遵化通志》,卷 1:页 1a—12b。(实际在《遵化通志》卷 1:陵寝,图考,页 3b。——译注)

该方志下面段落中的"天池"是中国人对高山湖泊的一种雅称,在处理这些地名时,我没有直接抄录,而是做了意译,以准确传达人们赋予一个个地名的韵味,从而使人更深刻地感受到山形地貌与其特有名称及外观之间的内在联系:

> 后龙雾灵山,自太行逶迤而来天池,聚巘垣,局天池。然前有金星山,后有分水岭,左有鲇鱼关、马兰峪,右有宽佃峪、黄花山。诸胜[291]回环朝拜,如众星之拱向。左右诸水分流,夹绕外堂,合襟并汇于龙虎一峪。

> 渤海朝宗,势雄脉远,我清亿万年之基,所由巩固悠久者也。

这些陵寝被视为一种神秘的力量之源,由此这一朝代增添了活力。

前往陵墓的路途美不胜收,这使几位帝王在往返途中诗兴大发。虽然这些诗作可能常常为随行的文人所润色——谁知道呢? 但确实有几首诗细致入微地再现了乡村的清新、富庶和兴旺的景象。康熙帝的《梨树峪道中步辇口占二首》即是一例:[①]

> 一溪转展见山花,
> 步步石苔杨柳斜。
> 试看目前将熟果,
> 青榛郁李并堪夸。

他关于福泉寺——帝国的一个驿站就设于此处——温泉的夸张诗词,大概更能代表清代诗歌的特色。这首诗的产生,反映了这样一种精神状态,也就是在敏锐地观察到的现实与沾沾自喜的幻想之间游移不定,而幻想中又交织着历史、神话和玄思。其中提到的"方壶"和"圆峤"是五大神山仙岛中的两座,"紫芝"是象征朝廷清明的一个征兆,"朱草"则是使人永生的一种食物。诗文中也提及在距离该诗写作将近 2 000 年前汉武帝所建造的香溢宫。"石髓"指的是用钟乳石制成的药丸,因传递

---

① 《遵化通志》,卷 5:陵寝,宸翰,页 3ab。

着延年益寿的愿望而享有美誉。人们还认为,真正的道士都得在头发上插"金茎"。("金茎"指的是承露盘,或盘中的露。——译注)据说,汉武帝也会在晚上用盆来接露水,并相信喝露水会长生不老。至于"阴阳",当然是指"黑暗的力量"和"光明的力量"。"瑶圃"则是那些已获永生者之居所的一部分。下面引用的内容约占原诗的三分之二:

> 温泉泉水沸且清,
> 仙源遥自丹砂生。
> 沐日浴月泛灵液,
> 微波细浪流琼琤。
>
> 初经石窦漾暄溜,
> 烈势直与炎曦争。
> 潆洄碧涧落花驻,
> 掩映翠巘霜林明。
>
> 汀暖溪转入栏槛,
> 甃以文石何澄泓。
> 方壶圆峤时自暖,
> 紫芝朱草冬长荣。
>
> 殿启披香溢石髓,
> 盘低承露浮金茎。
> 冲融太和蓄元气,
> 炎德利物功难名。
> ……
> 时巡岂必瑶圃远,
> 对此心意皆和平。

292

华清绣岭杏寂寞，

鲸鱼凫雁徒纵横。

曷若兹泉独标异，

万年胜绩环神京。

作者既梦想个人长生又期望帝国永存，但二者都好比云山雾海，难以成真，却又总是令人向往。同时，康熙表达了这样一种感觉：此地兴旺发达。当然他可能会说，这是因为满清的开国之君顺治厚葬于此；而更合理的看法则是，如果此地不兴旺，它就不会被首选为建陵之地。

乾隆帝酷爱吟诗作赋，虽然其大部分诗篇平庸无奇，但也留下了描写遵化乡村的佳作。1739 年 10 月，当他陪同母亲祭拜顺治帝和康熙帝的陵寝时，他注意到了秋寒肃杀的景象：①

慈闱爽气催，征辔霜花散。

晓晖有秋欢，里巷鼓腹遍。

十年后的四月末，在另一次去陵园的路上，他描绘了春天：②

陌草青无尽，堤杨翠欲凝。

迎眸膏壤润，乾惕倍因增。

作者有感于百姓的疾苦，但未必是为赋新词强说愁。乾隆的确是朝乾夕惕、励精图治的。

列圣陵寝的内部有一条贯穿南北的中轴直线。它始于昌瑞山，经顺治帝陵寝，再经过一条长路，直抵有五个入口的龙凤门。龙凤门南边是影壁山，其作用大概是庇护风水。这条路沿影壁山迂回，进而在到达大红门也即大门处恢复直线；过了这道门，则是另一条支路，还有另一堵风水墙。其他陵寝大多位于这条中轴线的两侧，以支路与之相连，并且大致按系谱图布局，当然也有一些例外。顺治帝生母的陵寝就位于主陵墓

①《遵化通志》，卷 6：陵寝，宸翰，页 1a。
②《遵化通志》，卷 6：陵寝，宸翰，页 2b。

区之外,这可能因为她只是与帝国谱系相关,而不属于帝国谱系。(顺治帝的生母是孝庄文皇后,也即清太宗爱新觉罗皇太极的庄妃,其陵寝是昭西陵。该陵位于主陵墓区之外,其原因并非如作者推测。真实情况是,康熙二十六年,孝庄文皇后病死,遗命将其葬在孝陵附近,按祖制家法,孝庄文皇后应与皇太极合葬,入葬盛京皇太极的昭陵,但康熙帝既不想破坏祖制,又不愿违背祖母遗嘱,于是在风水墙外、大红门东侧建暂安奉殿。雍正三年,雍正帝将暂安奉殿改建为昭西陵,将孝庄文皇后葬入地宫。——译注)

按照风水理论,每一座陵墓的北面都背靠一座山,而各陵寝所在地多多少少都装点着象征常青不朽的松树。埋葬室本身被称为"地宫",那里熏香长燃,而"神厨"里还有为死者准备的食物。在地面上,沿"神道"到顺治帝陵寝,安放着许许多多的石兽。这些动物,有的是客观实在,有的是子虚乌有;它们或卧或立,栩栩如生。(帝王陵墓前安设的石人、石兽统称石像生,又称"翁仲",是皇权仪卫的缩影。——译注)

无论如何,四面诸山本身也有拱卫不到的地方,因此主陵墓群周围有一道"风水墙"。再往外,是禁区的界限,也即一条被称为"火道"的环形路,方圆大约380里。假设它真的是环形,那么它所环绕的地区则横跨120里,由352个卫所护卫着,卫所之间因而相隔500多米。这个环形带还被940棵所谓的红椿所分割,这些红椿同理也有大约200米的间隔。该核心区域之外更远的地方则有成排的白椿和青椿加以标识。

清代之前,百姓可以在这些风水禁地上开展多种多样的经济活动,它们为当地经济提供了部分资源。有清一代,此地的这些活动大都被禁止。《大清律例》做出了如下规定:①

> 凡山前山后各有禁限。如红椿以内盗砍树株、取土取石、开窑烧造、放火烧山者,比照盗祀神御物斩奏请。定夺为从者,发近边

---

① 《遵化通志》,卷7:陵寝(作者写成了 qinling。——译注),禁令,页13a—14b。

充军。

若红椿以外,官山界限以内,徐采樵枝叶,仍照旧例,毋庸禁止。并民间修理房茔,取土刨坑不及丈余,取用山上浮石长不及丈,及砍取自种私树者,一概不禁。

外其,有盗砍官树、开山采石、掘地成濠、开窑烧造、放火烧山,在 295 红椿以外,白椿以内者,即照红椿以内者,为首杖一百,徒三年……如在青椿以外,官山以内者,为首杖九十,徒二年半……

弁兵受贿故纵,如本犯,罪应军徒者,与囚同罪……

其未得贿,潜通信息,致犯逃避,本犯罪应军徒者,与囚同罪;本犯罪应斩决者,将弁兵等减发极边烟瘴充军。

其因起意在内偷生,遗失火种,以致延烧草木者,于附近犯事地方枷号两个月。满日,发新疆,酌拨种地当差……

陵寝禁地之遵化、蓟州、密云、平谷各州县民人,如有偷砍海树、私运出山、窝藏贩卖者,将失察之州县官降一级调用。

由此可见,在前现代中国和其他地方,自然保护往往建立在对神灵和超自然现象之崇拜的基础上,常常还要与经济私利做不懈的斗争;在此处,则是当地穷人的生计与朝廷颁布的禁令之间的冲突。当然,考虑到可以通过行贿加以通融,所有这些冲突都会得到缓和。

皇陵是万物生灵出没的乐园。① 传统社会的中国人相信,在某个地 296 方,若人人行善,当地就会天降祥瑞,明显的特征即是风调雨顺。而朝廷的政治清明也会引来上天的特别眷顾。在东陵,这包括多彩祥云;对此,1677 年和 1723 年均有奏报。(据《畿辅通志》卷十一记载,孝陵于康熙十六年彩云焕发,从巳越午。——译注)最重要的符瑞则是蓍草(Achillea)、灵芝和凤凰的出现;蓍草类似于西洋菁草和珠蓍,在《周易》中是被用来占卜的。除凤凰外,这些征兆在《遵化通志》中都有所记载,

---

①《遵化通志》,卷 2:陵寝(作者写成了 qinling。——译注),祥瑞,页 4a—7b。

时间是雍正帝在位时期,即 1722 年末至 1735 年末,而这位帝王对符瑞的沉迷也是众所周知的。雍正极有可能是篡位者,因此可能觉得需要上天的支持来加以肯定,也需要已驾崩的父皇显灵认可。于是,在其父康熙帝的陵墓周围总有灵芝生长,以此衬托他自己即位的合法性,并缓解其内心的愧疚。灵芝显得"五彩缤纷,光华粲发,金英玉质,迥异寻常"。它们在 1728、1729 和 1734 年三次出现。(据《畿辅通志》卷十一记载有五次:雍正元年,著草丛生,茎长八尺;雍正五年,嘉禾呈秀;雍正六年,芝生宝鼎;七年,复生于圣德神功碑侧;十二年,复生九芝于宝城最近山上。——译注)人们将这些灵芝敬谨分装四篋,尊藏在康熙帝陵寝附近的一个亭子里。(也即景陵隆恩殿东暖阁。——译注)灵芝是何物,还有待确定。

百鸟之王凤凰于 1729 年出现在陵区上方的天台山,其状如下:

> 集于峰顶,高五六尺,毛羽如锦,五色具备,交采焕然。立处群鸟环绕,北向飞鸣。

雍正朝之后,方志的编纂者再未提到这么多的符瑞之事,如果有很多的话,他们不会不"泛作颂扬"一番的。人们猜想,他们也可能在走折中路线:虽然有必要对其后的皇帝深得上天眷顾之才能表示敬重,但也不用像雍正的臣属一般阿谀奉承。没有人公开表示对符瑞之事的怀疑;若有,那将成为政治灾难。至于他们私底下的观点如何,人们可以合理地揣测。

## 经济、环境、人口

清朝治下,遵化州幅员扩大,下辖三市,即主分水岭以北的州治,主分水岭以南的丰润县治和玉田县治。这一时期的气候极有可能与现在盛行的气候相似,四季分明,月平均气温最低是 1 月份的零下 7 度,最高是 7 月份的 24 度,如同 20 世纪 50 到 80 年代之间的记录。现在每年的降水量约为 755 毫米,其中 3/4 以上集中在夏季的 6—8 月间。先前主要

297

食物是粟、小麦、高粱和大豆,还有少量稻米,清代时又增加了来自新大陆的玉米和甘薯。

现在我们也掌握了有关当地地震的文献资料。记录中最糟糕的一次发生在1679年,这次地震几乎彻底摧毁了州治城墙。这城墙原本是相当牢固的,其里侧有夯实的泥土,外侧砌以大的砖块,但由于之前17年间它们不时受到洪水的冲击,因此地震一来,顿时坍塌殆尽。1888年的一次小震则致使东北角的那座塔和东南部的一段城墙崩圮。[①]

有清一代,遵化的良田大多被分给了八旗子弟。八旗是控制世袭军队的组织,八旗子弟的祖先在入关前就开始为满清统治者服役。旗人分得田地后就租给汉人百姓。据说,这些佃农在上缴旗人地租之后所剩无几,"偶遇灾歉,辄不易支"[②]。1868年至1871年间,在曾国藩就任直隶总督的日子里,他谈到了在当地募款修缮州治城墙的困难,"遵化地近陵寝,民多佃户,家鲜素封。兼之水旱连年,疮痍未复"[③]。显然,从平民百姓的角度看,遵化并不富裕。

尽管如此,还是有很多人对稳定地保有这些土地表示满意:[④]

> 接种旗地之户,亦视地给值……并立退约存据……非积欠租款,地主不得撤地增租。其招佃未受价者……其租之增减,佃之去留,皆由地主自便。

雇佣关系似乎也异常稳定:[⑤]

> 人各有业。陶人、冶人、瓦工、木工,以至代佣而受直者,皆自食 298
> 其力。故境鲜游民,技无淫巧。

这里木材的充足也与晚清中国其他大部分地区的木材短缺形成了

---

① 《遵化通志》,卷16:城池,页1ab和2b。
② 《遵化通志》,卷15:舆地,风俗,页1b—2a。
③ 《遵化通志》,卷16:署廨(作者写成了"shujie"。——译注),页3a。
④ 《遵化通志》,卷15:舆地,风俗,页1b。(其实是页2a——译注)
⑤ 《遵化通志》,卷15:舆地,风俗,页2a。

对比。在旧时边界的沿线松林随处可见,而该州之人大量用黄松盖房子,并制作各种器具。松树也很多,足以让人们采割松脂:①

> 或伐干未尽,不再萌芽,亦不死。脂聚树本,久之,明透易燃。劈碎束为火把……颇胜编竹。

人们用柳树制作椅、凳,因为它耐湿耐热,"价廉工省";用薄木板做升斗、篮子和柳条箱;还将极细的柳条蘸上硫磺,用以点火。②

植树造林的实践得以积极开展。在旧时边界沿途山中,人们细心移植从松子中自然长出的马尾松苗,施粪,浇水,培土。有时则直接将树种种在小木棚里保护起来,随后,当树苗成长时就用灌木篱代替木棚来御风。③ 相比木材价格昂贵的其他地区,我们可以这样推论:在遵化,自然生长的树木仍然很多,因此,人们对于偷盗、火灾甚至官司所造成的损失不那么焦虑。在帝制晚期的中国,当木材价格高昂时,这一情况往往又限制了植树造林方面所需的长期投资。

环境因素妨碍了集约型水田稻作的大量发展。由于土壤的沙质特性,水会从田里渗出去。④ 尽管一些水利设施经久耐用,⑤但涉及分水的很多设施却又引发了如何维护的问题,这往往会造成淤塞。⑥ 然而,人们还在争议,是不是农业越精耕细作,就越加大而不是降低了经济风险,进而可能会增加压力。人口越密集,经济状况可能越危险;并且为了维护至关重要的水利设施,经济很可能会因劳动、时间、资源和行政能力的耗费而被禁锢。总的来说,如果特别考虑到木材和水资源的唾手可得,帝制晚期遵化的经济稳定性可能要好于中国其他大部分地区。

---

① 《遵化通志》,卷15:舆地,物产,木部(作者写成了 mupu。——译注),页25a。
② 《遵化通志》,卷15:舆地,物产,木部(作者写成了 mupu。——译注),页27a。
③ 《遵化通志》,卷15:舆地,物产,木部(作者写成了 mupu。——译注),页25a。
④ 《遵化通志》,卷15:舆地,物产,谷属,页1b。
⑤ 《遵化通志》,卷13:舆地,山川,页16b。
⑥ 《遵化通志》,卷13:舆地,山川,页23b(双城河)和24b(蓝泉河)。

这并不是说这里的农民没有对资源善加利用,其方志在谈到粟时 *299*
说道:①

> 其秕可饲牲畜,糠可喂猪。其干俗呼"谷干草",可葺屋覆墙,可
> 供爨然久烧。能销釜铁断为寸。可饲骡、马、牛、驴等畜。

显然,稳定与富足不是一回事。

妇女劳作与消遣的情景在晚清遵化的方志中几乎难以见到。有两
个段落显示了一种与嘉兴截然相反的社会和经济约束的存在:②

> 妇女无冶游③之习。贫者饁、耨、缝、织,不惮劳勤。

> 妇女不谙农务,惟采棉摘豆,或履田间采麦登场。有需箕帚,④
> 而碾米供炊,井臼之劳,常年弗辍。他若荷樵担粪,贫家亦或为之。

明代以来的烈女传中仅有一例,说到这里的一位坚贞的寡妇——育
有两子——"督耕",同时还"课读"⑤。

几乎完全没有提及妇女生产手工艺品出售的现象,唯一的例外是
说,在玉田县,"妇女以麦茎,编辫制笠……售于四境"⑥。同样:⑦

> 玉田林南仓附近,各村织苇席者颇多,或编麦秸作笠。今不作
> 笠,但编辫成绺,即易发售。指爪之勤,动作不辍。乡姬村姑莫不乐
> 于从事矣。

遵化多石的山坡也适宜种棉花,但"纺线织布亦鲜利益。多至辍业。

---

① 《遵化通志》,卷15:舆地,物产,谷属,页1b。(是2b页。——译注)
② 《遵化通志》,卷15:舆地,风俗,页3a。
③ 到帝制晚期,此处的"冶游"一词通常指"嫖妓",用在这里明显不当,因此我在翻译时回溯到
　它在古代的含义,即一个女子与心爱的人一起漫步。
④ 这里所用的"箕帚"一词通常指"畚箕和扫帚",更常指"妻子"。在此处的语境中,"妻子"解释
　不通,因此我凭推测,在这里按"箕"的原义解读,即一种"簸箕"。
⑤ 《遵化通志》,卷55:烈女传,页8a(张氏)。
⑥ 《遵化通志》,卷15:舆地,物产,页3b。
⑦ 《遵化通志》,卷15:舆地,风俗,页3a。(是页3ab。——译注)

州人本不习织,*种棉无复讲求者*"①。烈女传提到了两个全都出自清代的事例,其中说到,有一寡妇以"纺织"②养家糊口,但并未明确用的是什么纤维。有关风俗习惯的部分则补充了更多的细节,而且还顺便指出,晚清时,这里棉纺织品的生产可能被认为是男人的分内之事:③

> 州人初不习纺织。贩布者远至德平[在山东省],近则饶阳[在河北省,靠近保定],岁辄巨万计。近年洋布价廉于线,洋线价廉于棉。玉丰两邑向产棉布之区,销售既难,纺织之人亏折失业。近始禀准,先在州城设课,织官局招各乡子弟来局习织。生徒给以饭食,机师加以花红。习成者领机自织自售。

其他还有一些零星可见的关于遵化妇女日常生活的资料,它们毫无二致地给人一种总体印象:这里的妇女柔顺服帖,半隐深闺,勤勉自律,其心灵手巧深得赞许。这些主题在有关每年的习俗活动的评论中得以阐明:

> 初六妇女始归省母家,及往戚族贺岁。前此五日曰"破五"④。*妇女不得出门*。⑤

> 春初多停女红,谓之"忌针填仓日",曰:恐刺仓官⑥眼。二月二日曰:恐刺龙目……*然相谑为懒妇约云*。⑦

> 三月三日为修禊日。架秋千于院落者,*女戏之*;于衢路者,*男戏之*。⑧

---

① 《遵化通志》,卷15:舆地,物产,页14a。

② 《遵化通志》,卷55:烈女传,页2a。(是页3a、12b和56。——译注)

③ 《遵化通志》,卷15:舆地,风俗,页2ab。

④ 并非"破五"的通常之意。翟理斯著:《华英字典》(H. Giles, *A Chinese-English Dictionary*),1912年初版,台北:敬文书局1964年再版,第1143页,说"破五日"是"正月初五——节日终了"。我的翻译所依赖的类比是"破日",不吉利的日子。

⑤ 《遵化通志》,卷15:舆地,风俗,页9b。

⑥ 从上下文来看,可能是一位神祇。

⑦ 《遵化通志》,卷15:舆地,风俗,页11a。

⑧ 《遵化通志》,卷15:舆地,风俗,页11a。

五月五日……谓蛇、蛙、蝎、蜈蚣、壁虎为"五毒"。药肆每于端 *301*
节午时取制膏药。*闺阁*因象其形，以彩绒缠为簪佩。①

七月七日女子*祀织女乞巧*，男子置蟏蛸于盒乞文。先夕，屏庭
院，设瓜果，削瓜牙错如花瓣，置针瓣上，奉以盘。望拜河汉，祝而
退。顷，视瓜上有蛛丝罗结者，曰得巧。是日以碗水暴日下，各自投
小针浮之水面，徐视水底，日影或散如花，动如云，细如线，粗如椎，
因以卜女之巧。②

十二月八日炊豆、果，杂米为粥，曰"腊八粥"……或戏粘妇人背
上，以祝生子。③

十二月二十三日晚刻，设牲具糖果祀灶，以糟草秣灶君马……
今男子祭，禁不令妇女见之。祀余糖果禁幼女，不令得啖。④

据方志记载，男人和女人仅有一次在公开场合一同出现，那就是他
们在清明节"满道"去上坟的时候。当然，在年历中，一定还有其他的日
子会定期出现这样的情形。⑤

遵化妇女的生活中并不是没有实实在在的压力。例如，狼还会在山
村中将孩子叼走。⑥ 但至少可以审慎地猜测，在经济上，特别是在繁重的
农业体力劳动中，她们比嘉兴和贵阳的姐妹们的担子要轻一些。这一定
会使她们活得更长。

①《遵化通志》，卷15：舆地，风俗，页12ab。
②《遵化通志》，卷15：舆地，风俗，页12b—13a。
③《遵化通志》，卷15：舆地，风俗，页14a。
④《遵化通志》，卷15：舆地，风俗，页14a。
⑤《遵化通志》，卷15：舆地，风俗，页11b。
⑥《遵化通志》，卷15：兽属，没标注页码。

## 健康与水质的关联

数不清的诗歌和游记证实了遵化水质的优良。下面即是这样的几行诗,它出自一位知州之手:①

302

> 城郭峥嵘云雾中,嵯峨翠嶂环四面。
>
> 春融桃柳两岸妍,秋来霜叶红于茜。
>
> 朝暮泉声入耳清,四时瑶草长葱茜。

当地的一位学者写到水清冽通透,"澄泓至可数鱼虾",另一位则写道,入夜:(前者是周体观,后者是张景椿。——译注)

> 农歌渔唱已萧然,两岸蛙声鸣不住。②

到处是一派生动活泼的景象。

水不用煮沸即可饮用,这一事实有时候会被单独提到。因此,方志告诉读者,小泉山"有泉出石罅间,泉水甘冽适于饮"。③ 这涉及一个明显的、暂时无法回答的问题:其他的泉水若没得到这种认可,它们在多大程度上可以饮用呢?

在当地居民孙献廷所作的一首诗中,对水质的关注跃然纸上。④ 这首诗表明,团山山顶附近的树木都是由一口井来浇灌的:

> 山无奇石井无栏,修绠探源汲不干。
>
> 倒影坚如孤塔出,朝阳喜应一峰团。
>
> 青珉我欲镌碑补,白垩人防凿石残。

---

① 《遵化通志》,卷13;舆地,山川,页13a。(题为《知州长白修礼和韵诗》。——译注)
② 《遵化通志》,卷13;舆地,山川,页13a 和14a。这两首诗的第一首(即周体观的诗。——译注)论及,万斛泉的水过去曾经干涸过,但是现在又水流如注了。但并不是每一处水源都四季长流。
③ 《遵化通志》,卷13;舆地,山川,页21b。
④ 《遵化通志》,卷13;舆地,山川,页18b。(其实在页20b。——译注)

嘉树盼同移竹活,灌余谁为报平安。①

　　溪流可能会在关于遵化的大多数诗作中出现。例如,清代的罗景泐 303
("泐"读"lè",作者读成了"qiè"。——译注)在距丰润城东北二十五里的
翠华山举行的一次文人酒会上作了一首诗,他在第二节的开头写道:②

草木衰靡胜碧苔,清光留客共低徊。

庵临树杪千寻矗,山抱溪流百折来。

　　人们建起了一些小型的灌溉网。晚明玉田知县缪思启在关于孟家泉
的诗文中似乎描述了山坡上的一种简陋的水利设施,水从这里被引入沿山
的沟渠和梯田,最后再用水车分水。当时龙骨水车实际上被称为"衔尾
车",暗喻其龙骨首尾相接,旋转不断,就像粗糙的木制自行车链条一样。
由于槽里的水不断被装满又倒出,流出的水也断断续续,因此它如"浪"一
般。"尽汗邪"一词大概是指用肥料逐步改善土壤,这肥料很可能是石灰:③

问俗出东郊,春光映林木。

耽此景物熙,劳来补不足。

一水清且涟,蜿蜒若龙伏。

排决引共流,点点可比玉。

潺湲竟晦明,尽此天然物。

古有衔尾车,翠浪翻岩腹。

膏沐广延润,稻黍宁异术。

圻畛既已分,隰陇各为轴。

白水雨后耕,绿云望中覆。

联腴尽汗邪,比获遍场麓。 304

袯襫为解颐,心神倍爽豁。

---

① 我用"石灰"来注解"石",因为那才是石膏或白粉所需之物。"珉"通常译作"雪花石膏",这种
　石膏质地细密,非常适于雕刻,但其颜色通常近乎白色,与该诗文中的"青"不相符合。
②《遵化通志》,卷13:山川,丰润县,页码难以辨认。(是页37a。——译注)
③《遵化通志》,卷13:山川,玉田县,页23ab。

返斾复归来，日旭山归牧。

这首诗所描绘的景象与长江三角洲的平缓溪流及其由堤坝、围田和海塘组成的世界大异其趣。

严格地讲，遵化地区算不上是一个"水利社会"，其发展灌溉农业的诸多努力都难以为继。因此，玉田县衙所属的100顷左右的灌溉农田虽然在18世纪初时曾由蓝水泉与荣辉河供水，但由于这两处水源的淤塞，到19世纪末，它们全都变成了旱田。①

有时人们有意不去充分利用水源，涌珠泉就是一例。涌珠泉从山麓积石的缝隙中流出，"旱引灌田"②。换句话说，尽管雨后泉水暴涌，声震山谷，但人们却未曾想去储存这些径流，以备常用，而只是在气候干旱时用它来缓冲旱情。

水利发展的主要障碍在于，在很多地区，土壤因过于沙化而不易留住地表的水分。从长城迤逦而下的十里河，在过州治南部后就变成了一条"沙河"。"它春涸夏涨，或朝溢夕浅，无常流，无定势。"17世纪20年代，一位巡抚想在这里开通运河，将遵化与其西部的蓟州连接起来，以节省为士兵供应粮草的花费，但却壮志未酬。方志在评论他的失败时说道："亦以沙深石活③，未易蓄水"④。后来，人们的确开凿了一条运河，但却是在南边的另一个地方。

305　　　水文的变化无常通过楼子湖的例子可加以说明。这座湖在州治以南13里处，因此可能是刚刚提到过的无常流、无定势的十里河水系的一部分。⑤下面文献中谈到的"茨"是 *Sagittaria sagittifolia*，一种水生植物，根可食用：

纵横七里，产莲茨，旧址卑湿。明成化中[1465—1487]，泽水汇

---

① 《遵化通志》，卷13：舆地，山川，页23b—24b。
② 《遵化通志》，卷13：舆地，山川，页18a。
③ 字面意思是"活"。
④ 《遵化通志》，卷13：舆地，山川，页14b。
⑤ 《遵化通志》，卷13：舆地，山川，页15a。

渚,遂成渊津。今渐涸,多垦成田。

浅湖通常会转瞬即逝。过去一千多年里,在中国的很多地方,可能有成百上千座浅湖或干涸,或被排干。耐人寻味的是,楼子湖不同寻常。它曾经是满湖清水,后来却消失殆尽,这显然并非人类所为。

水文的多变从环境上制约了遵化所曾出现的传统社会后期集约型的汉人发展模式,这反倒可能成了它的优势所在。这种可能性值得思量。无论如何,前现代的山区水利工程不过是小打小闹。下面关于当地人如何在圣水泉兴修水利的描述,即可为凭:①

> 夏秋之交,阴雨绵连,泉水甚旺,晶光闪闪,下注如垂珠帘。冬春泉音,如索贯珠,滴滴不断。皆可态也。
>
> 壁址凿石成渠,受之以地。深三尺,广五尺许,池内暗穿地穴,为龙吻以泄之,碾石皿以承之。渐次而下,坎二最下。一坎阔数亩,为土人园林之溉,渥于桔槔。
>
> 坎上石幽,凉亭轩敞,烟岚、摩汤苍翠交辉,修然尘外风致。

水利工程的规模很重要。这样,一个小型的水利工程不可能轻易地对一种社会结构产生很大的影响。在同样的技术水平下,水利工程的进一步扩大,则会因四季流量不同这一简单的约束而受挫。 *306*

遵化的水质使外来者赞不绝口,清初的顺天巡抚宋权就是一例。他本人来自华北平原的南部(宋权系商邱人氏。——译注),在一首咏乌龙泉的诗中表达了对泉水的喜爱之情,其中的几节我在下面译了出来。②这首诗本为一场庆典所做,庆典发生的场景可能是他主持的一座砖砌水池的修建,这座水池的面积有 80 平方英尺,深 9 英尺,用于储存乌龙泉供应的泉水。遗憾的是,不久之后发生的一次地震阻断了水流,这可能

---

① 《遵化通志》,卷 43:古迹,遵化十景,页 24b。
② 《遵化通志》,卷 13:舆地,山川,页 12b。

是发生于 1679 年的那次地震。到 1684 年,泉水水流如常。

> 遵化有泉甘且清,由来名胜擅畿甸。
> 云涌珠喷逼城隈,澄泓地境光浮面。

> 一眼澈底鱼若悬,朝霞彩映色如茜。
> 入春波浪流潺湲,严冬荇叶纷青茜。

在宋氏看来,遵化透着一股田园风味。而得益于所处环境赋予的灵感,其诗歌平添了一种古朴的气质。他继续写道:

> 老夫多事添一舟,闲坐乘风果余善。
> 民淳政简吏人稀,山肴野簌中丞宴。

请注意当地的饮食。宋氏继续描写一个人想要超越尘世所应有的心境,随后他这样结尾:

> 五岳芒鞋无定迹,异日莫忘杯水饯。

这首诗被争相传颂,后来也有无数人效仿其韵律,其中就有他的儿子和一个孙子。在这些后继者的诗作中,有一首系当地居民史恩培所做,这首诗的开头写道:[1]

*307*

> 遵化近依东陵东,故应形胜冠几甸。
> 九泉山脉东北来,十河水汇东南面。

可见,遵化水量之丰沛和水质之优良得到了普遍的认可。

水可治病,亦能吸引游客。遵化著名的温泉位于州治西北 40 里处,即使在数九寒天,这里的水也是热气腾腾的。水流从山腰处喷薄而出,随后分成两股。其中一股流入了莲花池,另一股直接流入了浴池。在这里,"官民异区,男女异域",渠道和水闸则使沐浴者可随意得到热水或冷水。人们认为,在泉水中浸泡半日,就能使"湿寒痞胀"等任何疾病即刻

---

[1]《遵化通志》,卷 13;舆地,山川,页 14a。

痊愈。

除了温泉，它还有其他的吸引不速之客的奇观：

> 未至泉数十步，暖气虫虫上蒸如鼎沸，不可响迩。即之，一泓若鉴，澄清见底。投以钱，翻翻若小黄蝶，自折而下，面背宛然。游人诧为奇观。探以指，辄不可耐。汲之烹之生物。又与井泉候等。造物洵不可测哉。

的确是一处充满奇闻趣事的游览胜地，但令人关切和兴致盎然的，还是优良的水质。[①]

真乃一有益身心之地。

## 飞禽走兽

遵化的方志中有对当地常见的飞禽走兽的详细描写。开头，一般是引用一种传统的出自某份著名文献的说法，譬如 1596 年的李时珍的《本草纲目》，接着则谈论当地的情形。所引用的一些描述稀奇古怪。这部药典中即有这么一例，说老虎在阴历每月的初一至十五之间吃其猎杀之物的上半部分，在十六至三十日吞食其下半部分。[②] 出于迷信，当地人的所见所闻有时候异彩纷呈，而且肯定不会全然正确，但其中有很多是可靠的，甚至偶尔还会注意到某些知识点的漏洞。作为一方的人类与另一方的鸟兽之间的关系是多种多样的，包括共生、相互躲避、相互猎食、相互陪伴、观察、作为宠物，以及用动物入药。

*308*

---

[①]《遵化通志》，卷 13：舆地，山川，页 16ab；以及卷 43：古迹，遵化十景，页 24b—25a。（实际在页 24a。——译注）

[②]《遵化通志》，卷 15：物产，禽兽（应为"兽属"。——译注），页 1a。其实李时珍提到这一说法的来源时用了"又云"，表明是道听途说的。其措词略有差异，而且不像方志那样与食人特别联系起来。参见李时珍著：《本草纲目》，1596 年；上海：商务印书馆 1930 年再版，第五册（实际是第六册。——译注）第 51 卷第 3 页。

我们从鹰开始考察：①

州境多有之。毛羽灰黑相间。身大如鹅，其睛黄而红，其嘴尖而钩。能捕鸟雀及兔，不食五谷，惟啖肉。

令一人日夜守之，使不得睡。甫一交睫，守者即大声以醒之。百日皆然，名曰"熬鹰"。然后乃以铁环环其足上，环上系弦绳数十余丈，架之以往田间。

见有鸟雀，以手先指，使鹰得见手之所指。鹰乃随之，百不失一。一有不得，鹰自以为无颜，必不肯归。

有系弦，既不得去，未获物又不肯归，收弦时往往将其腿掀下。故养之者，非度其万无一失，不敢轻发也。

今各陵皆设鹰手四名……盖猎以供祭者。

然而，在中国的其他地方，所用的驯鹰方法更接近欧洲的猎鹰训练术。②

这里还有秃鹙（作者拼写成了"tuqiu"。——译注），它要么是一种鹳（genus *Leptoptilus*），要么是一种类似鹳的大型水鸟。③ 人们认为它能与人搏斗，方志告诉我们说：

309

好啖凫雏及虫蛇等物。尤好食鱼，常伸其颈于水岸。终日佚之，不饱不止……州境花者居多。

在 1994 年河北省有经济用途的鸟类名单中没有提到鹰和秃鹙这两

---

① 《遵化通志》，卷 15：舆地，物产，禽兽（应为"禽属"。——译注），页 1a。这里的鸟很可能指的是隼，但从其庞大的体型看，却又像是鹰。

② 在 1608 年的《五杂组》的第 736—737 页，我们发现如下的叙述："教鹰者，先缝其两目，仍布囊其头，闭空屋中，以草人臂之。初必怒跳颠扑不肯立，久而困惫，始集臂上。度其馁甚，以少肉啖之，初不令饱。又数十日，眼缝开，始联其翅而去囊焉。囊去，怒扑如初，又惫而驯，乃以人代臂之。如是者约四十九日，乃开户，纵之高飞。半响，群鸟皆伏，无所得食，方以竹做雉形，置肉其中，出没草间，鹰见即奋攫之，遂徐收其绦焉。习之既久，然后出猎，擒纵无不如意矣。"

③ 《遵化通志》，卷 15：舆地，物产，禽兽（应为"禽属"。——译注），页 1a。

种鸟；这种"用途"包括能供游人观赏。① 人们可猜想而知，近些时期，由于大部分的天然湿地被排干或变成了水库，同时水质也因污染而退化，鹳便失去了栖息地。② 鹰则位于食物链的顶端，它们因对环境变化的敏感而为人熟知。

我们知道家鹅"能伏水，性好食肉，及唼蛇、蚓等类，能避虫虺"③。据记载，野鹅（即大雁。——译注）具有如下的习性：它们随季节迁徙，编队飞行；入夜，一雁似哨兵放哨，其他的则睡卧沙洲。当地唯一的一则评论是，"相传生疣者，闻雁声，扪之辄落"。一个更合乎情理的俗念是，生活在遵化河岸的鹳若互啄而鸣，那么雨水必至。④ 这种说法是否真实，则是另一回事。

人们相信喜鹊具有预知四季天气变化的高超技艺，而且其预知的方式很复杂，就像是用它们独有的语言一般。⑤ 燕子也同样具有这种本领。⑥ 显然，在当时的中国人看来，鸟儿有脑子，会动情——譬如鹰会感到脸上无光。家雀偶尔也很情绪化："居室檐下，无不有者。性善怒，有获之者，移时负气，腹胀而死"⑦。

为了有蛋有肉吃，"家家"养母鸡。⑧ 秋后，人们会张网捕捉小瓦雀，"以为时鲜"⑨。"松鸡"是"州产山珍，当推为最"⑩。稍微普通点儿的"雉"，据说会"雪后飞出，栖于高树。每不肯下，多至饿死。人因得捕获，亦有生致蓄之者"⑪。好生奇怪！若确有其事，则说明这种雉没进化好。

方志在别处的诗文中也提到了许多其他鸟类，可能包括苍鹭或白

---

① 《中国自然资源丛书》，第 14 卷：河北卷，第 10 页。
② 《中国自然资源丛书》，第 14 卷：河北卷，第 67—68、69、71—72、127、147 等页。
③ 《遵化通志》，卷 15：舆地，物产，禽兽（应为"禽属"。——译注），页 1b。
④ 《遵化通志》，卷 15：舆地，物产，禽兽（应为"禽属"。——译注），页 1b。
⑤ 《遵化通志》，卷 15：舆地，物产，禽兽（应为"禽属"。——译注），页 2a。
⑥ 《遵化通志》，卷 15：舆地，物产，禽兽（应为"禽属"。——译注），页 2a。
⑦ 《遵化通志》，卷 15：舆地，物产，禽兽（应为"禽属"。——译注），未标注页码。
⑧ 《遵化通志》，卷 15：舆地，物产，禽兽（应为"禽属"。——译注），未标注页码。
⑨ 《遵化通志》，卷 15：舆地，物产，禽兽（应为"禽属"。——译注），未标注页码。
⑩ 《遵化通志》，卷 15：舆地，物产，禽兽（应为"禽属"。——译注），未标注页码。
⑪ 《遵化通志》，卷 15：舆地，物产，禽兽（应为"禽属"。——译注），未标注页码，但本页内容在前面的引文之下。

鹭。人们很难轻易地将它们二者准确地区分开来。①

*310* 　　在3世纪的隐士帛仲理所住的无终山,有蝙蝠觅洞而居,清代王庆元在一首名为《仲理洞》的诗中提到过它们。② 在这里,鲜菇"肉芝"的运用混合了生动的想象和一点嘲讽;据认为,它能使人长生不老。

> 仙人已登仙,有洞空洞洞。
> 何时成大丹,无复问真汞。
>
> 丹龟约千年,风干尘且塽。
> 蠕蠕蝙蝠生,疑是肉芝动。
>
> 遗蜕不可留,游神栖道总。
> 慎哉性命旨,真仙乃无懵。

作者意识到,虽然过去的神秘氛围仍萦绕在记忆之中,但后来的景观不再像以前那般神秘。

话题转向动物后,我们发现,老虎在此地与其说是一种生命威胁,不如说是一种经济资源:③

> 州境沿边诸山往往见之。肉味微咸且腥。皮为一品坐褥,贵重且辟邪魅。肚、肾、睛、胆、膏血、毛、骨并入药。虎鼻悬门中一年,取熬作膏,与妇饮之,可生贵子。虎肠束产妇腰,可催生。虎须剔牙可止痛。

不管这种传统的中药是否对病人有用,对动物的健康来说,它们绝非福音。

---

① 《遵化通志》,卷13:舆地,山川,丰润县,页27a。
② 《遵化通志》,卷13:舆地,疆域,页7b(其实是舆地,山川,页10b。——译注)。我将"道"译为"Immanent Pattern"(内在规律)。
③ 《遵化通志》,卷15:物产,兽部,页1a。

李霂,17 世纪的一位良吏,在一次游览位于州治西北、现在的残长城 [311] 之外的沙坡峪时诗兴大发。① 从中可以看出,他对待老虎的态度,与人们在贵州发觉的胆战心惊相比,显得轻松自在。也许这是因为他骑在马背上,而且像他这么重要的人肯定不乏护卫之流,不过他对此只字未提。

> 鸟道萦纡一线盘,竭来云表驻征鞍。
>
> 雉群低向榛丛落,虎迹深从雪后看。
>
> 沙碛如霜青嶂绕,塞垣似带紫蒙宽。
>
> 壮游忽动褰裳兴,不忆风尘行路难。

食人动物可能主要是狼,而不是虎:②

> 州境随处有之。毛随草色递变。藏草中,每不及辨。遇者必作蹲踞之状,以手画地作圈,方脱于死。又能作小儿嗥。村间小儿每被狼食,须于墙外以白垩画壁作圈,辄不敢入。或祀山神亦不为怪。

人类通常是猎人:③

> 麂　州境沿边有之。然在风水,禁山者例禁捕猎……角解后,骨可饰弓,可熬膏制霜入药。尾为山珍,肉亦芳美。皮去毛制为衣绵,韧且可御风。

也有畜牧业。④ 注意,"mountain sheep(山羊)"是指代"goat"的词汇。

> 羊　州境所产最多,有"山羊""绵羊"二种。山羊角长而弯,颔 [312] 下有须。毛长而直,尾上舒,肉至膻……绵羊角短,颔下无须。毛俱卷而不舒,尾乃肉团,如盘大……肉鲜美不膻。皮多白色。每孕六

---

① 《遵化通志》,卷 14:舆地,关隘(作者拼写成了 guanyi。——译注),页 3a。我将原文中的"褰裳"(提起衣裳)这一短语转译为"throw back my cloak"(扔掉外套),因为前者是一个沿自上古的习语,当时中国男子是骑着马的,而要这么做,就要去换上裤子才行。这里暗含的意思是,按照确定的时尚,为了涉水或大步前行,就要准备好行头。

② 《遵化通志》,卷 15:舆地,物产,兽部,页码难以辨认。

③ 《遵化通志》,卷 15:舆地,物产,兽部,页 1ab。

④ 《遵化通志》,卷 15:舆地,物产,兽部,页码难以辨认。

月即生，每一年一产，产于春月者最佳，亦有一年再产者，然秋羔多有倒损之患，不如不产……皮可为裘，脂可为烛……羊乳至美，然取之不易。须俟羔能吃草，驱至他所。每牝两只，头相对，束缚使不动不见。从羊尾后取之，乃可得。

很多狗是养来抵挡豺、狼，并在晚上看家护院的。人们还训练母狗用来打猎，有些狗也被人食用；这种狗名叫"地羊"，叫得令人羞愧。人们还饲养观赏性的叭儿狗，喜爱它们的乖巧，以及学习各种把戏的能力。[1] 同样，在遵化，大大小小的老鼠很常见，因此猫被"州人多蓄以捕鼠"[2]。

有几种动物被当作宠物，也就是直接用来消遣或做伴的动物。黄莺在有树木的地方很常见，人们用笼子加以圈养，就是为了欣赏其优美的叫声。[3] 据说，在有松树的地方松鼠很多，"豢久驯熟，可纳衣袖中"[4]。白鼠是一种很特别的鼠类：[5]

> 状如田鼠，色白目赤。然性灵，善登轮。州人蓄之，盛以匣。一面饰玻璃，中置倒柱，置活轮如伞，倒悬伏。
>
> 以手拍匣，鼠即上轮。急登轮，辄急转。愈拍则登愈急。轮有数式，然皆以登转为戏具也。

有人不禁纳闷，人们为什么会喜爱宠物？也许过去那些喜好驯养鸟兽来牟利的人会将这种喜好传至数代，而乐于豢养与摆布宠物的嗜好，不管是遗传还是后天所得，抑或二者的共同作用，都是由这种喜爱发展而来的，即使它更有可能成为一种经济负担而非使自己获利。当然，有些宠物摆布起它们的人类"主子"来，也是得心应手的。

因此，动物与人类社会具有多种多样的关系。有些动物，譬如鹳，被

313

---

[1]《遵化通志》，卷15；舆地，物产，兽部，页码难以辨认。
[2]《遵化通志》，卷15；舆地，物产，兽部，未标注页码。
[3]《遵化通志》，卷15；舆地，物产，禽兽（应为"禽属"。——译注），未标注页码。
[4]《遵化通志》，卷15；舆地，物产，兽部，未标注页码。
[5]《遵化通志》，卷15；舆地，物产，兽部，未标注页码。

人认为很坏,令人不快;其他的动物则像大雁一样,虽相隔遥远,却赏心悦目;或者像蝙蝠一样,虽不相容,有时却让人浮想联翩。像狼这样的一些动物,是捕食者;毒蛇,是一种危险。更多的动物则是人们的猎物。还有一些动物像老虎一样,既被捕杀也会捕杀他者。鹰、猫、家鹅、家禽、绵羊和狗为人所役使,在某种程度上也是伴侣,人们控制它们的花样常常独具匠心。后四种动物也是人们的食物。其他的动物也各有本领,譬如喜鹊,人们认为它们能预知洪涝干旱;鹳,能知雨汛。白鼠、松鼠和黄鹂则是宠物。因此,人们与野兽和家禽的互动,是通过实践、象征、消遣和想象而与日常生活交织在一起的。

## 素食

相比于谷物,蔬菜和水果在遵化饮食中所占的比例要略逊一筹,但这类食物对于多种维生素和矿物质的提供却至关重要。[①] 而人们能吃到的蔬菜和水果的种类之多,让人惊叹不已。大体而言,用最接近的英国品种与中国种类相比照,可见到以下这些蔬菜,包括芹菜、芥菜、大白菜、苋菜、茄子、蕨、大蒜、洋葱、莴苣、香芹、芜菁和萝卜、山药、百合、油菜、野白菜、黄花菜、甜菜根、胡椒、红辣椒、黄瓜、葫芦、甜瓜、黄豆、豌豆、小扁豆。它们有的不止一种,对此,我就用复数表示。

在这些蔬菜中,蕨是唯一的一种需要特别调配才能吃的蔬菜。必须将它放在碱水或碱液中煮熟,以去其"涎滑",然后晒干可食。在遵化北部,它"沿边众多","州人以为常蔬"。

此地水果和坚果品种繁多,主要有桃、杏、李、柿子、山楂、枣、栗子、<sup>314</sup>榛子、银杏、核桃、文冠果、樱桃、苹果、海棠、"郁李"(*Prunus japonica*)、梨、葡萄、花生、荸荠和无花果。遵化人绝不可能缺维生素 C,这东西因多种原因而在饮食中很重要,譬如它有助于铁的吸收等。

---

① 除特别注明外,这一节中的资料都来自《遵化通志》,卷15;舆地,物产,页7b—11b;蔬部(应为"蔬属"。——译注),页11b—13b;果部,页29b—34a。

当地菜肴的一大特色是食用某些树的嫩芽。例如，"小叶白杨"的芽用水一淖就吃掉了。将早春的柳芽淖一下，拌上油和醋即可食用。皂荚和银杏树的嫩芽同样可作为食物。甚至也可以在灰烬中烘烤蕨根，用作盘中餐。①（《遵化通志》中此处原文是说，荆掺和土以后最能肥田，而"根烧灰尤良"。作者将"荆"译成了"bracken"。——译注）

一些蔬菜无需种植而可从野外采得。除蕨之外，苋也是这样，二者"处处有之，不待种而自生"。苦荬是一种带苦味的莴苣，其种子随风飘落，落地即生，而且"多生于荒田中"。虽然人们也普遍种植山药，但味道最好的山药据说是野生品种。"茂林大麓间"能找到食用菌，还能在山上找到"野白菜"（*Moricandia sonchifolia*，又叫"诸葛菜"。——译注），它们"夏至子落，就地再生。复充秋蔬，无待耘、种、粪、溉"。常食之，可免"时疫"。有野荸荠可资享用，野葡萄也是如此。榛，"沿边最多，皆山生，鲜修种者"。穆子（*Eleusine coracana*）"随处"可见，"不待种植。贫家多收获之，以为御冬之具"②。山萱最初是从野外采摘的植物，但"近今"在园圃中也有人种植，它的花晒干或腌制后可以食用。其他很多菜蔬可能也是早年人们从野菜培育而来的。这样，"环境的缓冲作用"的存在，可以使人们免遭蔬菜、坚果乃至谷物短缺之苦，至少在夏季如此。而且很明显，还有一些种类的"公地"能让众人采集食物。

农民通常都有菜园子。里面种着莴苣，还有又弯又长、豆荚成双的豇豆。但最多、最重要的还是瓜、葫芦和黄瓜。人们会费心照料这些葫芦科植物，从对如何种植"黄瓜"的描述中可见一斑；"黄瓜"可能是也可能不是 cucumber：

315

　　　　土人多于园中北面竖篱以御风。就地掘洞深尺许，先于正月浸入瓦器中，令生芽；二月插秧洞中，上覆以木板草帘，暖则曝之，寒则覆之。立夏出秧分栽。

---

① 《遵化通志》，卷 15：舆地，物产，木部，页 27a、28b、29b。
② 《遵化通志》，卷 15：舆地，物产，页 6a。

菜园在引进新植物上也发挥了一定的作用。例如在 19 世纪初当玉米被引进遵化时，它先是种在菜园里，然后才成为一种田间作物。方志中说它"皆贫家之常食也"；冬天，人们还用玉米穰代替木炭作燃料。

在同类或相近物种的根茎上嫁接幼苗，是培育新果树和新坚果树的最常用的方法。因而：

> 秋冬布核土中，经冻核裂，次春即生。一年后，清明前可接。

柿子被嫁接在黑枣树（*Diospyros lotus*）的树干上，苹果被嫁接在海棠树干上，梨嫁接在"杜梨"（*Pyrus betulaefolia*）上。相比之下，文冠果（*Xanthocera sorbifolia*）大多是由根的分叉或新种子来培育的，但我们也听说，"接本易活"。

人们会定期修枝。于是，栗树"隔年须削皮、删枝，曰'歇枝'。次年实繁，递更数十年，犹繁盛者，人力勤也。"

银杏或"铁线蕨"会得到更加细致的照料：

> 种树须雄雌并种，两树相望，方结实。或雌树临水照影，或凿一孔，纳雄木少许，亦结。亦可移栽。

银杏树确实分公母，因此在某种意义上第一部分的描述是很合理的，但随后它却不知不觉地胡思乱想起来。如何厘清这种有用知识与胡言乱语的杂糅，成为阅读前现代中国的很多技术文献的一大难题。这 ^316 样，有一点很重要，即不要只是摘出那些令人印象深刻的部分，然后忽略掉其他部分。

核桃树移植的步骤提供了另一个这样的例子。核桃树（*Juglans regia*）不分公母，但每棵树开着截然不同的雄蕊花和雌蕊花。其果实显然也没有"公"、"母"之分。但是我们注意到，在这段文献中，除胡言乱语外，遵化的果农开展了选育的实践：

> 州人谓实有尖者为雄，无尖者为雌。雌雄两实并种则易生。树上嘉实留俟自落，青皮自裂。捡实大、壳光、纹浅、体重者作种。掘

地二三寸,铺片瓦,和粪下种,覆土浇水。冬冻裂壳。来春自生,片瓦在下,自无入地植根,便于移栽。

遵化出口水果。我们听说,海棠果(*Malus spectabilis*)"近多航海运往四远,为价廉,销易也"。一般的苹果也能外销到该州之外,"结果后,津客已集,相树论价。"

考虑到冬季严寒,对果蔬的储藏和保存就特别重要。在这里,大部分蔬菜的叶尖部分都会加以腌渍。一些用醋腌,能抑制细菌和霉菌的生长,并有助于维生素 C 的保存。一些用盐腌或浸在盐水里,也能减缓细菌的生长。一种原始的罐封方式也为人熟知。那就是,将大白菜叶煮一下,撒上一层盐和胡椒粉,然后放在罐子里,用大石头压紧,封存。蔬菜也可能被切成片晒干。例如,对芜菁、茄子和倭瓜就会这样处理,而倭瓜"往以为御冬"。木耳会被晒干。有时,人们会摘下豇豆荚,挂在阴凉处晾干,这样它们就可以保存到来年春天。所有这些方法都被用来加工"黄豆",人们喜欢吃的那种大豆:

317

其豆可食、可酱、可豉、可油、可腐。腐之滓可喂猪。人或借以充饥。

果、蔬都能腌渍,就像通常腌渍杜梨、黄瓜、茄子、芹菜叶、芥菜根和苋菜花那样。不过,水果和坚果大多是用蜂蜜糖渍的方式加以保存的。对桃子、山楂、栗子、榛子、核桃、樱桃、苹果、海棠和西瓜皮都这样处理。处理保存的技术细节无从得知;鉴于蜂蜜被频频提及,可见当地富产蜂蜜。

窖藏也至关重要,人们密切关注什么品种好储存,什么品种不好储存。因此有记载说,白菜"春种夏熟者无佳味,且不耐久",而夏末播种、秋天收获的白菜则"入窖收藏,勿令冻,亦勿伤热"。青白菜"可久藏",但"白者食之嫩美,而易败";有关芜菁和萝卜部分的最后一行说到,它们"优于以上各种,均宜入窖收藏,以备冬春之用。冻则不堪食矣"。至于夏天的瓠子,"为日用常食,至秋则尽,不堪久留"。能否存留,显然是人们优先考虑之点。

一些蔬菜的种植主要是为了饲养动物，一种被称为"黑豆"的大豆即是范例。它们或烤或煮，和上高粱，用来喂养马、牛、骡、驴，或磨成粉来喂猪，使猪"肉肥加重"。

食物的吃法也影响其营养价值。在遵化，生吃某些蔬菜的做法颇受青睐。一个例子就是生食"味微苦"的齿状莴苣根以及某种芜菁叶。人们也生食红辣椒，可能还生食豆芽和榛子。

那么，遵化的饮食是否比嘉兴和贵阳的更好？[①] 这里的水可能更有益于健康。人们在农耕和园艺之外还从事畜牧并打猎，这意味着肉食一定比嘉兴更充足，可能比贵阳更为丰富；当然，在这里，牛也很重要。因此，对于遵化来说，饮食中可添加很多蛋白质。而大豆、其他豆类和豌豆、花生和小麦，则会进一步增加人们饮食中的蛋白质含量。所有这些，尤其是大豆——豆粉的蛋白质含量超过肉类的平均含量，比南方的主食大米含有多得多的蛋白质。还有鸡蛋，在这里似乎可以普遍食用；可能也有少量的羊奶供应。

与嘉兴相比，这里的水果和坚果非常均衡，数量也明显地比贵阳多，虽然后者的果树也很有名。因此，这里富含一些额外的维生素 C。蔬菜品种很多，这就确保了人们所需的大部分矿物质和维生素的供应。存储蔬菜越冬的技术也很发达。当然，可能除了有野菜以及野坚果树可资利用外，论及蔬菜，没有理由认为遵化的情况比嘉兴和贵阳要好。

至于钙的供应，虽然新近它在中国人的饮食中的比例相对较小，但遵化的豆粉中含有大量的钙，即使数量有限的无花果的钙含量也很丰富。遵化的樱桃和李子有助于钙的吸收。因此，在这方面，这里相对具

_____

① 下面段落中关于食物营养价值的具体材料来自 B. 福克斯和 A. 卡梅伦著：《食物学、营养与健康》，伦敦：阿诺德，1997 年，第 6 版（B. Fox，A. Cameron，*Food Science*，*Nutrition and Health*，Arnold：London，1997）；以及 J. 盖洛和 W. 詹姆斯主编：《人类的营养与营养学》，爱丁堡：丘吉尔·利文斯通，1998 年，第 9 版（J. Garrow，W. James eds.，*Human Nutrition and Dietetics*，Churchill Livingstone：Edingburgh，1998）。关于中国营养状况的一般看法，以陈君石等著的《中国膳食、生活方式与死亡率》的第 47、55、59 和 62 页的内容为基础。

有优势。

在中国,视黄醇或维生素 A 以及人体内转化成维生素 A 的预成物质的缺乏,是另一个问题。对此,遵化这里丰富的瓜果会有所帮助。食用瓜类,每 100 克就含有大约 175 毫克的维生素 A 的等量物。桃、李和樱桃也是少数对此有用的水果品种。不过,所有这三个地区维生素 A 的常备来源可能主要是深绿叶蔬菜。例如,每 100 克的食用莴苣中就含有290 毫克的胡萝卜素,也即维生素 A 原。

凭我们可以处理的粗略史料去比较两个地方饮食的优劣,对其结果不能太过肯定,记住这一点很重要。"同样"的食物,因其产地以及收获和加工方式的不同,其效果可能会迥然有别;更何况在某种程度上,人类的器官可能适应了某个地方特定的饮食中某类物质的缺乏。不过,总的来说,遵化饮食的质量很可能比嘉兴和贵阳的好得多,并且由野生食物和野生动物所构成的自然环境的缓冲作用,对于稳定食品的供给也有积极意义。

就这样,我们对遵化人不同寻常的长寿之谜作了粗略的解释。

# 观　念

# 第十章 大自然的启示

三千多年里,中国人重新塑造了中国。他们清除森林和原始植被,将山坡变为梯田,把谷底隔成农田。他们修堤筑坝,叫河流改道,让湖泊迁移。他们猎捕或驯化飞禽走兽,抑或为经济发展而破坏了其栖息地。到帝制晚期,经历这番开发和改造后,可称之为"自然"的净土所剩无几。

与此同时,在精英分子中也生发出一种审美的和哲学式的对待自然的态度,即将自然视为宇宙造化之功的体现。自然不是一种短暂的存在,而是一种永恒的、可理解的启示。一双慧眼能从某处风景中看到"道"的自我展现,看到推动世间万物变化的互补力量的往复循环。它能在山环水抱中发现风水宝地。可以说,它能意识到大自然是神明的乐园,而神与大自然同在;抑或发觉大自然是万象之中光芒四射的佛的化身。[1]

到公元 4 世纪中期,这样的想象已固定下来。当然,上面的表述有些说教的意味,因此,或许会像诗歌里所表达的那样尚有不足。而其核心要素,可以在王羲之(321—379 年)的一组诗文中看到;王羲之系兰亭

---

[1] H. 德罗绘著:《中国早期山水画的宗教性》,巴黎:法国远东学院 1981 年版(H. Delahaye, *Les Premières Peintures de paysage en Chine : Aspects religieux*, École française d'Extréme-Orient: Paris, 1981),第 81 页。

山集会中的首要人物,此地在今日隶属于浙江省(位于东部和东南部的交界处)。①[东晋穆帝永和九年(353),王羲之与名士谢安、孙绰等41人,于三月三日在会稽郡山阴的兰亭集会。他们曲水流觞,饮酒赋诗,各抒怀抱,最后由王羲之作序一篇,总述其事,是为《兰亭序》。作者在这里所说的"王羲之的一组诗文",也即《兰亭诗六首》。——译注]

322 这诗文中有几个词需要先作一番解释。"大象"是《易经》中的卦象,也即物象,观其不同排列;可卜知世事之未来。"理"一词,即"方式—准则",这里出现了三次,在不同场合以不同方式分别作"事理"、"规律"和"玄理"讲。这一时期,"理"常常与"事"(也即"现象")而非与"气"(也即"能量—物质—生机")相对照,后来则常与"气"相对照。它指的是规定和控制事物运行的方式。

宇宙工匠的意象隐约地出现在"陶化"所指之中;这个词最初是用来指代陶瓷制作的,它显然也可以表示"造物主的变化"。后者即是中文里的"造化",这在前几章中已有提及。严格说来,"造化"是一个类似于神的改变者而非创造者,而且是一个有点抽象的概念:它更像是一种力量,而不是神。

也请注意,在人们俯仰山水之际,"理"据说能在其眼中驻留片刻,人们可以观察到它们如何"自陈"。而在一片浩瀚辽阔的景色中沉思,也就获得了与宇宙自然亲近的机会。

**其一**(实为"其二"。——译注)

悠悠大象运,轮转无停际。
陶化非吾匠,去来非吾制。

---

① 小尾郊一著:《中国文学中所表现的自然与自然观》,东京:岩波书店1963年版(Obi Kōichi, *Chūgoku bungaku ni aratawareta shizen to shizenkan*, Iwanami shoten; Toyko, 1963),第205—206页。

宗统竟安在,即理顺自泰。

有心未能悟,适足缠利害。

未若任所遇,逍遥良辰会。

### 其二(实为"其三"。——译注)

三春启群品,寄畅在所因。

仰眺望天际,俯瞰绿水滨。

廖朗无涯观,寓目理自陈。

大矣造化功,万殊莫不均。

群籁虽参差,适我无非新①。

323

### 其五(实为"其六"。——译注)

合散固有常,修短定无始。

造新不暂停,一往不可起。

于今为神奇,信宿同尘滓。

谁能无慷慨,散之在推理。

言立同不折,河清非所俟。

因此,人们通过俯仰山水,可以认识到天地的持久永恒、自我轮转、无始无终且变幻无常,并达到心与物游、淡泊、不执着、无挂碍、一尘不染的境界。

这样,在其核心之处可以看到,中国人对自然的态度是自相矛盾的。

---

① 读作"类似于"*xin*(新)的 *qin*。

一方面,他们认为自然不是某种超然存在的意象或反映,而是超然之力本身的一部分。智者要法自然,并认识到人无法再造自然。另一方面,他们驯化、改造和利用自然的程度,实际上在前现代世界几乎无出其右者。其程度肯定比大多数西北欧国家要大,不过靠水利工程为生的尼德兰可能是个例外。例如,欧洲的农耕几乎全都依赖降雨而非灌溉,灌溉则是中国大部分农业的基础;就欧洲那些长长的交通运河来说,虽然也短暂地发挥过重要作用,但与中国的比起来就相形见绌了,而且它们在16世纪才开始修建,比中国的要晚很多。

这一矛盾表明,思想表述与客观实际之间的关系——只要我们能先行理解再予重现的话——可能很复杂。甚至就像此处的这个例子一样,至少表面上一看,就能看出其矛盾所在。在某种意义上,有时名实之间是相反相离的。在所有这些有关环境观念的作品的背后都隐藏着一个陷阱,即:假定人的实际行为与我们掌握的资料中所展现的观念与情感大体上必然一致。这一问题首先是在罗哲海(Heiner Roetz)的一本关于古代中国的著作中提出来的;这部著作富于争辩,因而十分出色,但却未得到应有的重视。① 他坚持声称,即使在古代,中国也已有了多种自然观的存在。除此之外,他还主张:"如《庄子》中所流露的那种对自然的同情,实则只是对现实发展中的恰然相反进程的一种反应(reaction)。"②他指出:"在批评文明的破坏后果时,《庄子》热情地站在非人类世界的一边。其中反复地出现一个主题,用于衬托为了人类目的而对自然的征服,这即是*树木*。树木被加工成人类利用的物体,其方式正是我们失去本性的典型证明"③。然而,他也提醒我们:"对于自然之凋零的哀叹……

---

① 罗哲海著:《古代中国的人与自然》,法兰克福和美因:朗格,1984年(H. Roetz, *Mensch und Natur im alten China: Zum Subjekt-Objekt-Gegensatz in der klassischen chinesischen Philosophie: Zugleich eine Kritik des Klischees vom chinesischen Universismus*, Lang: Frankfurt am Main, 1984)。
② 罗哲海著:《古代中国的人与自然》,第85页。
③ 罗哲海著:《古代中国的人与自然》,第82页。

决不能只当作讽喻来理解，它也说明实有其事。"①现实中，森林确实遭到了破坏。

没有一种简单明了的方法能够解决罗哲海所提出的两难问题：我们所掌握的资料主要反映的是一个时代的主流观点，还是更通常地反映了富有远见而敏感的思想家逆主流而动的回应？如果二者兼而有之，那么二者如何区分，又各占多大比例？这一未解之惑，将会萦绕于我们在下面的"观念"篇中对许多翻译材料所做的理解。

## 中古早期之前中国诗歌中的自然与环境

上古和帝制早期中国诗歌中的自然表述，是一个有着颇多研究的主题。② 这里需要做一概览，从而提供一个背景，以理解下面这些截至中古早期的涉及环境的诗歌。

中国传统诗集中最古老的一部是《诗经》。③ 它所收录的诗歌大多创作于公元前的 9—7 世纪，描写的是北方的生活。其中，"自然"通常化作鸟、兽、虫、鱼、花、草等互不关联之物而纷纷登场。它们在某种程度上常常用于与人类的处境相类比；于是，鸿雁于飞，会使人想起"之子于征"的场面。④ 而像鸟儿可歇息、歌者不能停的诗句中将它们与人类处境相对比的情况，则比较罕见。⑤（此处作者提及的是《鸨羽》里的诗句，即"肃肃鸨羽，集于苞栩。王事靡盬，不能蓻稷黍"，出自《诗经·国风·唐风》。——译注）有关类比的一个简明的例证，是女子心绪不安地等待着

---

① 罗哲海著：《古代中国的人与自然》，第 83 页。
② 如小尾郊一的研究：《中国文学中所表现的自然与自然观》。
③ 方便看到的译本有阿瑟·韦利翻译的《诗经》(A. Waley, *The Book of Songs*, Allen & Unwin：London，1937) 和高本汉的《诗经注释》(B. Karlgren, *The Book of Odes：Chinese Text*, *Transcription and Translation*, Museum of Far Eastern Antiquities：Stockholm, 1950)。后一本书中还有中文原文。下面的引文均来自高本汉的著作，他为每一首诗做了编号。
④ 高本汉著：《诗经注释》，♯181。
⑤ 高本汉著：《诗经注释》，♯121。

与夫君相会：①

> 喓喓草虫，趯趯阜螽。
>
> 未见君子，忧心忡忡。

325　　更为精妙的，则是那首描写丈夫征役未归的诗歌中所体现的对比效果；该诗云，傍晚，禽畜归来，但他却踪影全无：②

> 君子于役，不日不月，
>
> 曷其有佸？鸡栖于桀，
>
> 日之夕矣，羊牛下括。
>
> 君子于役，苟无饥渴！

这些比拟令人感动，但往往哀而不伤。偶尔，作者会以自然为师，来进行道德教化：③

> 伐木丁丁，鸟鸣嘤嘤。
>
> 出自幽谷，迁于乔木。
>
> 嘤其鸣矣，求其友声。
>
> 相彼鸟矣，犹求友声。
>
> 矧伊人矣，不求友声？

《诗经》所用的使诗文表达效果渐至高潮的一种手法是，对在几个诗节中重复出现而又不一样的同一诗行中的一个词加以变换。其中有一首诗按顺序记述了制作车轮的步骤：从砍伐木材到整理辐条，再到制作轮缘。这么做的时候，附近的水流改变了模样，最终形成了旋涡。④（这里提及的是《诗经·伐檀》里的诗句。——译注）这是一种因感同身受而引起的共鸣。另一首诗写到，一个女子等待不忠的爱人，就像黍发了芽，

---

① 高本汉著：《诗经注释》，♯14。

② 高本汉著：《诗经注释》，♯66。

③ 高本汉著：《诗经注释》，♯165。

④ 高本汉著：《诗经注释》，♯112。

抽了穗,再结满果实,她的感情也经历了从不安到心痛麻木再到抑郁的过程。①（这里提及的是《诗经·黍离》里的诗句。——译注）植物在这里成为了把握季节与心情变化的指南。

气候既可以反映一种情绪,又可以营造一种情绪。有一首诗描写的是士兵为抵抗猃狁(读作 xiǎn yǔn。中国古代的一个民族,即犬戎,也称西戎,活动于今陕、甘一带,猃、岐之间。——译注),离家数月,厌倦疲乏,其结尾写道:②

> 昔我往矣,杨柳依依。
> 今我来思,雨雪霏霏。
> 行道迟迟,载渴载饥。
> 我心伤悲,莫知我哀。

不过,尚未将自然环境与人类道德统一起来看待,或许在关于天灾的一些诗歌中会闪现这样的意识。它们使人觉得,是上天在与人类作对,导致了瘟疫、洪水、饥荒、凶兆和干旱。人们认为,这是或应该是因统治者的暴虐而得到的惩罚,但有时候灾难却不分青红皂白地落到了无辜者的头上。③

> 旻天疾威,弗虑弗图……
> 若此无罪,沦胥以铺。

灾难来临时人们惊慌失措,这种反应有时候是可以理解的:④

> 旱既大甚,涤涤山川。
> 旱魃为虐,如惔如焚。
>
> 我心惮暑,忧心如熏。

----

① 高本汉著:《诗经注释》,♯65。
② 高本汉著:《诗经注释》,♯167。
③ 高本汉著:《诗经注释》,♯194。
④ 高本汉著:《诗经注释》,♯258。

群公先正，则不我闻。

昊天上帝，宁俾我遁！

先秦时期的第二部诗集是《南方诗歌集》，称为《楚辞》或许更为确切；楚国是上古晚期位于长江流域中部的大国。①《楚辞》的主体部分可能要追溯到公元前 4 世纪，有些篇章则是几百年以后作的。同时可以注意到，其中对自然的体验和反应方式前后有些不一样。

首先要说的，是作者——屈原及其他大多数匿名诗人②——已掌握了处理复杂的综合性场景的艺术，并将其作为传情达意的工具。《山鬼》末尾的几句就是很好的例子。③ 请注意，我将"冥冥"译为"smirr"，这是一个苏格兰西部方言词汇，用来形容细雨濛濛犹如薄雾的情景。"公子"指山鬼本人。

327

雷填填兮雨冥冥，猿啾啾兮狖夜鸣。

风飒飒兮木萧萧，思公子兮徒离忧。

这里用"monkeys"（猴子）表示的那个词（也即"狖"。——译注）若译作"black gibbons"（黑长臂猿），可能会更贴切一些。

诗中有时候会描述某些具体的景观，《涉江》即包含了乘蓬船沿今日湖南省西部之沅江旅行的记录。④ 其中提到的溆浦位于沅江的一条支流之上，此地居民与诗人之间显然存在着语言沟通的障碍。

入溆浦余儃佪兮，迷不知吾所如。

深林杳以冥冥兮，乃猿狖之所居。

① 一个清晰晓畅的译本，是霍克思翻译的《楚辞》，牛津：克拉伦敦出版社 1959 年版；伦敦：企鹅出版社 1985 年修订版（D. Hawkes, *Ch'u Tzu: The Songs of the South*, Clarendon Press: Oxford, 1959; revised edition, Penguin: London, 1985）。
② 《楚辞》的作者到底是谁，这是一个令人苦恼的问题，但与我们使用它的意图不相干。
③ 马茂元编：《楚辞选注》，香港：新月出版社 1962 年版，第 105 页。
④ 马茂元编：《楚辞选注》，第 128 页。

　　　　山峻高以蔽日兮，下幽晦以多雨。

　　　　霰雪纷其无垠兮，云霏霏而承宇。

　　这里首先隐约地闪现了对环境的敏感意识，即幽晦，阴凉，多雨，这是凭直觉产生的。

　　《楚辞》中的很多诗句都有一个新的特点，即在灵感迸发或神情恍惚中神游八荒。诗人常常似乎上至云端，将天地万物尽收眼底，虚虚实实，令人眼花缭乱。我们看一看《悲回风》中的几句，就可以找到例证。[1] 这是一首哀伤之作，作者试图凭借他所见的浩瀚辉煌的自然之力，而从人世间的挫折与颓唐中摆脱出来。其中的"昆仑"指的是西域的仙山。有时它被说成是"天帝在下界的都邑"，而且还是西王母所居之地。据说，那些登上昆仑之上"阆风巅"（作者将它译为"the Cold Wind Mountain"。——译注）的人会长生不老。[2] 而"风穴"，即风汇聚之处，据说也在这里。岷山，一座真实存在的山峦，位于今日的四川省，人们认为它是长江的源头所在。

　　　　上高岩之峭岸兮，处雌蜺之标颠。

　　　　据青冥而摅虹兮，遂倏忽而扪天。

　　　　吸湛露之浮源兮，漱凝霜之雰雰。

　　　　依风穴以自息兮，忽倾寤以婵媛。

　　　　冯昆仑以瞰雾兮，隐岷山以清江。

　　　　惮涌湍之磕磕兮，听波声之汹汹。

　　　　纷容容之无经兮，罔芒芒之无纪。

　　　　轧洋洋之无从兮，驰委移之焉止？

*328*

---

[1] 马茂元编：《楚辞选注》，第177页。在解读第二节第一行里的"浮源"时，我采用了小尾的《中国文学中所表现的自然与自然观》第18页的说法，而不是马茂元所注的"浮凉"。

[2] 白川忠久著：《陶渊明和他的时代》，东京：研文出版社1994年版〔Shirakawa Tadahisa, *Tō Enmei to sono jidai*（Tao Yuanming and his age），Kembun shuppan：Tokyo，1994〕，第325—327页。〔此文献作者姓氏有误，应为"石川"（Ishikawa），而非"白川"（Shirakawa）。其他地方该作者名出现时一律改为"石川忠久"。——译注〕

楚国诗人对壮美自然和神奇事物的陶醉之情,与其以多姿多彩的形式体现的非凡创造力相得益彰。他们问天从何来,还想象出令人目眩神迷的化外仙境,那里有蛟龙出没的大海、万籁俱寂的丛林、妖魔遍布的荒野以及千里冰封的北国。而他们所想象的仙境,或者是对真实情况的夸张呈现,或者是对神灵属地的虚构模拟。这一点可从"东君"——其实是化身为巫者所唱的一段赞歌中得到证明。[①] 在黑夜将白、旭日初生之时,他:

> 驾龙辀兮乘雷,载云旗兮委蛇。
>
> 长太息兮将上,心低徊兮顾怀。

赞歌将尽,东君下山了。请留意,这里提到的"天狼"是主侵略之兆的恶星,也是楚国在西北的死敌即秦国的象征。"弧"代表"弓箭",也表示主备盗贼的弧九星。

> 青云衣兮白霓裳,举长矢兮射天狼。
>
> 操余弧兮反沦降,援北斗兮酌桂浆。
>
> 撰余辔兮高驰翔,杳冥冥以东行。

自然是令人心醉神迷的。

由楚国开创的楚辞衍化发展出了"赋";赋这种诗体篇幅长,叙事状物,通常不求押韵,每句长短不一,但也并非总是如此。这种体裁的诗文首创于楚,在早期帝国治下兴盛起来。其题材多种多样,包括风物、皇家猎苑和都邑等等。尽管有时辞藻华丽,但其名篇佳作,也可以达到冷峻客观、美妙动人的效果。仔细想想公元前2世纪中叶枚乘作品中的那些诗句,就能体会到这一点。下面这些内容摘自其《七发》,它描写的是一棵"桐"树。[②] 虽然"桐"有好几种含义,但在这里肯定是指梧桐(*Firmiana simplex*,之前提到的 *Sterculia platanifolia*),一种树干笔直

329

---

① 马茂元编:《楚辞选注》,第 95 页。

② 小尾著:《中国文学中所表现的自然与自然观》,第 34—35 页;萧统编,李善注:《文选》(作于 6 世纪;北京:中华书局 1974 年再版,以 1181 年的版本影印,共 4 函),卷 34。

的落叶乔木,结子可食,通常有 20—30 英尺高,叶柄长叶片宽,形似手掌,背面还有绒毛。之前提过,在传说中,凤凰非梧桐不栖。这里所说的龙门峡,很可能是位于河南洛阳正南的伊河之上的那道峡谷,但也有其他几种可能。"鵕鵙"(handan)据说是一种在日出前鸣叫的鸟;由于缺乏科学的鉴定,我在这里将其译为"dawn-caller"(司晨者)。

> 龙门之桐,高百尺而无枝。中郁结之轮菌,根扶疏以分离。上有千仞之峰,下临百丈之溪。湍流溯波,又澹淡之。……冬则烈风漂霰、飞雪之所激也,夏则雷霆、霹雳之所感也。朝则鹂黄、鵕鵙鸣焉,暮则羁雌、迷鸟宿焉。独鹄晨号乎其上,鹍鸡哀鸣翔乎其下。

它也表明,很长时间以来,中国的诗歌大都喜欢使用类比。

诗词歌赋中热情地描绘自然现象的做法,持续到下一个千年。譬如公元 3 世纪,木华作了一篇精妙的《海赋》。[1] 以下是这篇赋中的几句,我随意地译了出来:

> 于是鼓怒,溢浪扬浮,更相触搏,飞沫起涛……岑岭飞腾而反复,五岳鼓舞而相碰。喷沦而滀漯,郁沏迭而隆颓。盘涡激而成窟,滦而为魁。

这篇赋也并非满纸虚文。其实,两股不同流向的水流相遇,特别是波列遇上洋流,的确会产生惊涛怪浪。[2] 但这里所描绘的,不过是一般的、笼而统之的看法,与下一节所译的谢灵运对杭州湾的细致描述不可同日而语。

最后可以说,在早期帝国结束后的一百年里,由于中国社会思想发展的突飞猛进,人们开始将构成宇宙本质的所有行为直接当作一个整体来理解和感受了。当然,那种认为五百年前道教始祖,尤其是庄子已有

---

[1]《文选》,12:1a—8b;小尾著:《中国文学中所表现的自然与自然观》,第 241—242 页。

[2] J. 布朗等著:《波浪、潮汐与浅水作用》,牛津:帕加马出版社 1991 年修订版(J. Brown, et al., *Waves, Tides and Shallow-Water Processes*, Pergamon: Oxford, 1991),第 32—34 页。

这种认识的观点也不无道理。相反的论点是——更像是限定而非直接的反对,在纷纷扰扰的这几百年里,宇宙整体观在诗画中很少出现,抑或没有出现过;对大多人而言,它只是一闪而过的直觉,而不是一种明确的认识。如今它却已然成型。

这种转变的一个标志是,将古老的哲学用语“本原”(being so of itself),即中文的“自然”,与诗歌中的直觉表述交织在一起。概括地说,“本原”接近于我们西方人所说的“nature”。至于“直觉”(direct perception),我的意思仅仅是指不存在概念前提意识的情形,也就是说,所思即所见。

331 　　如同英语中那样,中文里的“自然”在广义上有多种含义。这里有引自孙楚(公元 233？—293 年)的两部不同作品的两对诗句,其中用“自然”来指事物和现象所具有的*内在特征*。①

## 其一

　　有自然之丽草,育灵沼之清濑。(出自孙楚的《莲花赋》。——译注)

## 其二

　　彼芳菊之为草兮,禀自然之醇精。(出自孙楚的《菊花赋》。——译注)

这里的灵沼,即是周文王的著名的鱼池,可能暗指丰饶与繁荣。

　　在这个意义上,“自然”用法的含意是指那种没有人类干预的“自然”进程。郭璞(公元 276—324 年)说道:②

　　播匪艺之芒种,挺自然之嘉蔬。(出自郭璞的《江赋》。——译注)

---

① 小尾著:《中国文学中所表现的自然与自然观》,第 50 页。
② 小尾著:《中国文学中所表现的自然与自然观》,第 50 页。

当然，人类与自然的差别只是相对的。人也是自然的一部分，自然可以为人类提供经验教训。4 世纪的时候，苏彦作了一篇赞颂浮萍（*Spirodela polyrhiza*）的赋文（即《浮萍赋》。——译注），其中包括下面的这几句。① 这里我译为"Ultimate Logic"的"至理"一词，也可以译为"perfect pattern-principle"。

> 睹浮萍之飘浪，乃触水而自居。体任适以应会，亦随遇而靡拘。
> 伊弱卉之无心，合至理之冥符。

人竟然像浮萍。

最重要的是，自然是觉悟（*enlightenment*）的源泉。关于这一点，仔细阅读公元 407 年去世的殷仲文的一首记游诗，即可看出来。② 这首诗中满是道教典故以及其他的抽象概念。

> 四运虽鳞次，理化各有准。
> 独有清秋日，能使高兴尽。
>
> 景气多明远，风物自凄紧。
> 爽籁警幽律，哀壑叩虚牝。
>
> 岁寒无早秀，浮荣甘夙陨。
> 何以标贞脆，薄言寄松菌。
>
> 哲匠感萧晨，肃此尘外轸。

"理"指的是"方式—准则"，即宇宙的塑造模式。"清"也指"明净"，暗指道士所做的自我净化。我将"气"译为"life force"（生命力），也可译为"aether"（以太）、"pneuma"（元气）和"energy-matter"（能量—物质）等

332

---

① 小尾著：《中国文学中所表现的自然与自然观》，第 247 页。
② 小尾著：《中国文学中所表现的自然与自然观》，第 188 页。

不同的词。正是这一术语后来被用于表示大千世界的基本物质。"律"是十二乐调(此处作者对"律"的解释似有不妥。这里的"律"应作"节律",即"季节时令"解。——译注),人们据此判定月份和季节;它们是各种古老仪式的中心。"爽籁"使人想起庄子的描述,他通过其寓托的高士(即南郭子綦。——译注)之口,说天地运转的气息就像一种多声部的管乐(即天籁和地籁。——译注)。"虚牝"指的是道教的虚无观念,也可能指佛教的万法皆空思想。"松树"象征的是道士对肉身不朽的追求,他唯恐看到自己如同脆弱的真菌被腐蚀得七零八碎。"尘"指的是尘世,而这种红尘羁绊,已被旅者抛诸身后,即便只有片刻的称心如意,这么做也是值得的。

稍后,谢灵运概述了以"赏心"("delighting heart"或"responsive mind"——同一关键词的不同译法)这一观念为基础的哲学观,这是在审美上与自然世界的互动,是达到佛教觉悟的方式。他作了一首富有教诲意义的四行诗,来表达这一点:[1]

> 情用赏为美,事昧竟谁辨?
> 观此遗物虑,一悟得所遣。

其思路似乎是这样的:用"情"获得的对感觉世界的愉悦回应,最终会达到一种直观的美感,进而看透原本凭理智无法解析的现象,并使人领悟到现象背后并没有什么恒久或常驻的东西,所以空无"一物"。这是达到大彻大悟的途径。在别处,他还说过:"赏心惟良知"[2](出自谢灵运的《游南亭》。——译注);又说,"赏废理谁通?"[3](出自谢灵运的《于南山往北山经湖中瞻眺》。——译注)

看来山水之外还有玄理。

自然有一种意蕴,它长久显现但又总是捉摸不定,这种直觉在陶渊

---

[1] 小尾著:《中国文学中所表现的自然与自然观》,第 294 页。
[2] 小尾著:《中国文学中所表现的自然与自然观》,第 291 页。
[3] 小尾著:《中国文学中所表现的自然与自然观》,第 293 页。

明的一部著名诗集的篇章中得到了明确表达；陶氏生活于 365—427 年，是一位士族出身的隐士诗人。这里引述其《饮酒》组诗二十首中的第五首。我在译文中纳入了原诗中未阐明的一些弦外之意。例如，"南山"在传统上是永恒不变的象征，但它在这首诗中也可能暗指庐山，即隐士与僧人隐修之地，位于陶渊明居所以南，与之相隔不远。饮菊花酒是为了能长寿，但这里并没有直接提到饮酒，只提到了菊花。也有可能只是将菊花花冠拌入酒中。我用"timeless, unmoving, conception"这一短语来翻译"真意"，直译应是"authentic intent"（真实的意图）。而与之共鸣的，既有道教"真人"，也有佛教"真心"，即不染杂念的觉者，因此如大海般宁静不变。诗中可能也暗示，一个人只有在铅华褪尽、生命终了之时，才会与世界的其余部分再度结合起来。①

> 结庐在人境，而无车马喧。
> 问君何能尔？心远地自偏。
>
> 采菊东篱下，悠然见南山。
> 山气日夕佳，飞鸟相与还。
>
> 此中有真意，欲辨已忘言。

他意识到了某种只能称之为"内在超验"的东西，然而，这听上去可能有些矛盾。

陶渊明的一生，反映了隐含在山水诗发展的这一阶段背后所特有的世态和文学模式。② 他出身于军功显赫的南方家族，曾"猛志逸四海"，擅长儒学，在 28 岁之前担任过多种文武官职。他因母丧回家，得以脱身宦海，这成为幸事。而当时他所倚重的一位权势人物虽凭武力篡夺了帝位，但旋即失败；另一位他与之过从甚密的要人也因此次政变而自杀。

334

---

① 对此及相关问题的详细分析，见石川忠久著：《陶渊明和他的时代》，第 150—164 页。
② 下面几段的论述以石川忠久的《陶渊明和他的时代》中的"内篇"为基础。

于是,他立即辞官,退隐浔阳田园;这位于现代江西省的某个地方,此后13年再未入仕。

当时的达官贵人中间弥漫着些许遁世之风,甚至还比较谁最谦冲淡泊。陶氏虽然是一个卓绝超群的诗人,但是像其他大多诗人一样,也有点装腔作势。他说他心念"山泽":

> 望云惭高鸟,临水愧游鱼。

鸟儿、鱼儿自由自在,他得不到这样的自由,可是羡慕不已。他在脱身官宦生涯时写道:

> 久在樊笼里,复得返自然。

大约一年以后,他回归樊笼,并接受了县令一职。但八十天后,他又辞官了,并说"吾不能为五斗米折腰,拳拳事乡里小人邪!""五斗米"指的是他任县令时的官俸;"乡里小人"是浔阳当地的一位督邮,顺道来察看他的公务。看来,他辞官不是因为悟道,而是因为放不下高人一等的架子。

退隐期间,他常常谈到自己的清贫。如果说这有点儿真实可信,那也是相对于达官贵人中的其他成员及其家族的先辈而言的。有一次他描写了回到其田园的情景:"童仆欢迎,稚子候门";农人们向他报告说田畴有事,他却优哉游哉地犹豫着,是命巾车还是棹"孤舟"去处理。多么奢华的清贫!

与他相比,之前其叔父陶淡的做作行径,更是有过之而无不及。陶淡辟谷修炼,同时却靠大量家产为生,而且有一百多名仆人侍奉。他可能觉得由于其父早逝,自己的官运不会太佳。看来,或许将奢华的隐居生活、对悟道的追求以及亲近自然的躬耕之乐,视为达官贵人在尔虞我诈的朝廷争斗中处于下风时退而求其次的安慰为好。陶渊明的与众不同之处在于,他使诗歌远离了政治纷争。

## 第一个清晰的环境观念

到公元4世纪末,关于环境的观念首次明确地出现。这种观念所需的思想气质,反映在谢灵运的作品之中。谢氏生于 385 年,卒于 433 年,是生活在刘宋王朝治下的一位贵族、地主和诗人。尽管他曾创作过许多优美的抒情诗,但其杰作则是长篇叙事诗《山居赋》,[①]至少环境史学家是这么看的。这首诗是本节论述的中心。

它为什么重要呢?

首先,这篇诗文涉及了一个具体的地区,也即杭州湾南岸一线山脉的边缘,位于北纬 30 度,在现在的上虞县境内。其中的描写应该可以从第六章对杭州湾的论述中得到确认。当然,那时候,这里的沿海平原还是一马平川,唐代以降才兴修起很多海塘和水利工程,日益将它防护起来;森林里尚有众多的飞禽走兽,它们早已消失不见了。而当时的气候也比现在的寒冷。

第二,虽然诗文措词激烈、夸张,但是其内容大多言之有物。谢氏不愿像之前的某些文人一样,描写奇苑仙境,也没有让自己如木华作《海赋》一般,在普通题材上天马行空。他笔下的上虞曾经存在过。它是一个真实的地方,也是无边无际的大自然的一部分,由此可以以小见大。

专家们通晓,大多数中国传统诗歌往往喜欢运用耳熟能详的经典或常见的文学套路,在这方面所耗费的笔墨与对真实世界的记述相差无几,因此,他们也许会对这首诗的价值产生怀疑。为此,我将提出三个论点以作回应:(1) 对于既熟悉非文学资料又了解这个地区的环境史学家而言,当地的总体特征及许多细枝末节是可以立即加以识别的。(2) 研究过当地森林史的地理学家陈桥驿认为,在所能辨认的地方,谢氏所罗

---

① 我使用的文本,见《全上古三代秦汉三国六朝文》,北京:中华书局 1965 年版,(宋)《谢康乐集选》,"赋",1a—11b;也参考了顾绍柏校注的《谢灵运集校注》中的不同解释(河南:中州古籍出版社 1987 年版,第 318—376 页);很多注释还核对了傅乐山的宝贵著作《溪流潺潺:中国山水诗人谢灵运——康乐公的生平与著作》,2 卷,吉隆坡:马来亚大学出版社 1967 年版[J. D. Frodsham, *The Murmuring Stream: The Life and Works of the Chinese Nature Poet Hsieh Ling yün (385—433), Duke of K'ang-Lo*, 2 vols., University of Malaya Press: Kuala Lumpur, 1967]。

列的当地树木和哺乳动物的种类大体上是与之相称的。① （3）曾完整地
对这篇赋进行过"学术翻译"的弗朗西斯·韦斯布鲁克相信，它"是由真
情实景直接触发而来的。"②他对这一论断也做了最重要的一处修改，这
与大海有关：他说，谢氏"对海的想象极尽夸张之能事"③。而这一处修改
则是因误解所致。作为一位文学专家，韦斯布鲁克对杭州湾知之甚少，
而且还将钱塘江误认为长江。④ 考虑到这一特殊情况，应该说，是他的说
法有点儿夸张。不过，在其他的分析中，韦斯布鲁克对一个关键问题的
证实十分重要：他严谨而细致地鉴别出谢诗对《诗经》、《楚辞》和《易经》
等经典的引用几乎随处可见。这就是说，人们仍然需要对诗文保持警
惕，因为有些内容可能只是出自文学作品。谢氏的诗文中有许多地方出
现了这种情况，我对其中的大部分作了提示。

　　谢诗清楚地表明，即使他并没有使用一个通用的词语来这么说，但
他已具备了相当敏锐的"环境"观念，认为"环境"是一个相互关联的复合
体，由处于不同生境的、五花八门而又相互依赖的生命所构成。

　　今天的读者很难读懂这首诗，因为诗人的思维世界里嵌入的丰富多
彩的知识与读者的完全不同。其实，谢氏不断将自己的注释附着于作品
之中，他这么做部分是为了解释其观点，部分是要说明那些浓缩的典故
或者人们不熟悉的当地细节。即使对于其写作时代的那些受过教育的
读者来说，《山居赋》大概也很难懂。这里所做的翻译试着尽可能让人们
读懂。⑤

　　第三，这首诗对于理解后世的中国人对自然与环境的态度具有指导

① 陈桥驿：《古代绍兴地区天然森林的破坏及其对农业的影响》，《地理学报》，第 31 卷第 2 期
　（1965 年 6 月），第 130 和 135 页。
② F. A. 韦斯布鲁克：《谢灵运的抒情诗与〈山居赋〉中的山水描写》，耶鲁大学 1972 年的博士论
　文（F. A. Westbrook, "Landscape description in the lyric poetry and 'Fuh on Dwelling on
　the Mountains' of Shieh Ling-yunn," Ph. D. thesis, Yale University, 1972），第 222 页。
③ F. A. 韦斯布鲁克：《谢灵运的抒情诗与〈山居赋〉中的山水描写》，第 236 页。
④ F. A. 韦斯布鲁克：《谢灵运的抒情诗与〈山居赋〉中的山水描写》，第 235 页。
⑤ 我应该向堪培拉的江阳明（Sam Rivers）致谢，他在核查疑点方面表现出了学者的谨慎。我偶
　尔对他的解释提出不同的看法，我加倍地意识到了我所冒的危险。

作用,当时他们的态度常常未能清楚地表达出来,几百年后这种做法就被视为理所当然了。最为重要的是,在谢氏的思想中,对我们今日所称的"发展"产生的兴奋与从自然之思中得到的心灵启示并不冲突;前者即是对自然的实际控制,后者也即领会到自然远比我们人类伟大,并且对其驱动过程我们只能部分地凭直觉感受或发现。因此,他乐于让仆人砍倒古树,并在荒野中开辟出新路。对于这种内心渴望,任何一个曾拥有大片未开垦之地的人——实际上这是正在消失的少数派——可能都会怀有一丝同情。在这一点上,若认为谢氏不可理喻,那就是我们自己不可理喻了。只有千年后的后见之明才能明了,不易觉察的细小进步也会走向自己的反面,从而造成破坏。

第四,谢氏对其庄园所在的自然世界的看法具有多种维度,为弄清其看法的真谛,所有这些维度都需要加以理解。他将自身置于历史——对我们来说也就是"中国历史"——的背景之中,当然,这只是对他而言的"历史"。从这方面讲,这篇诗文便是其自我标榜的体现:他退隐山林,很大程度上是因为朝廷生活的险恶,在那里,派系力量平衡对其不利;他也隐约地将自己的行为与中国历史上一些伟人或真或假的急流勇退加以对比。像谢氏一样,据说那些伟人也是因为在政治生活中受到挫折而 ³³⁷ 毅然隐退的。谢氏也在拿自己的庄园与其他更早的著名庄园和苑囿作比较,而这总是对他自己有利。他延续了传统,而且还暗示,他发扬光大了它们。他在生活中营造的山水是在一个为人所知的具体地方,与古圣贤哲的庭园相应共鸣。但是,在这个地方,万物一体,相互关联。这就是为什么可以称之为一首"环境"诗歌的原因。万物是相互联系的:江河、移动的离岸沙洲、漏斗状河口及其潮汐、人类改良自然而形成的灌溉农田和排水沟渠、星罗棋布的湖泊和岛屿、水生植物、药草、竹子和树木、鱼、鸟、山上的动物,还有诸如狩猎、伐木、造纸、开路和造房之类的人类活动。围绕这个相互联系的整体的,是他所编织的一个反映佛家觉悟的普度众生的理想:忌杀生的智慧,放生的德性,立讲堂、禅室和僧房;还有对我们的生命之虚妄特征的领悟,以及对外象与内理之运行的洞察,这些通常似乎有悖常情,并让我们感到困惑不解。从人类的视角看,环境不仅仅反映着生物的生活规律,而且反映着人类的思想意识。

同时,我们必须记住,他在创作中自觉地秉持了文学传统。因此,《山居赋》作为一篇赋,可想而知,它带有巴洛克式的夸张、对比、类比以及加强赞颂效果的排比。甚至当他说他在力求"去饰取素"时,我们也有权恭敬地怀疑。

下面的译文引介了大约 2/3 的诗文内容以及部分原注,还有正文之前的一些解释性说明。为便于阅读,我还将谢注中的某些细节挪到了正文译文之中。只是在几个地方,我发现翻译时很难照顾到原文语句长短不一的情况,这使得诗文的韵律及其大部分声调都会产生细微的变化。《山居赋》与后世的大多数赋不同,其韵律虽然并非通篇都有,而且也不十分明显,但还是有条不紊的。这样,在译文中用元音来押韵是说得过去的。

我将诗文分成了几大部分,并以大写的罗马字母相标记,以明示其整体结构。第一部分是序,谢氏在其中说明了他归隐的合理性,并通过暗示说明,归隐在历史上具有崇高的地位,他在一定程度上是在步古圣先贤之后尘。序之前是一篇用散文写的简短导语:

338 　　　　古巢居穴处曰岩栖,栋宇居山曰山居,在林野曰丘园,在郊郭曰城傍,四者不同,可以理推。言心也,黄屋实不殊于汾阳[这像圣王尧,道家哲人庄子如是说];即事也,山居良有异乎市廛。抱疾就闲,顺从性情,敢率所乐,而以作赋。扬子云[生活于公元前 53 年到公元 18 年的一位辞赋家和诗人]云:"诗人之赋丽以则。"文体宜兼,以成其美。今所赋既非京都、宫观、游猎、声色之盛,而叙山野、草木、水石、谷稼之事,才乏昔人,心放俗外,咏于文则可勉而就之,求丽,邈以远矣。览者废张[写了《二京赋》]、左[写了《三都赋》]之艳辞,寻台[后汉的一位穴居隐士]、皓[一位传说中的隐士,据说变身为狐与狐狸同住,但能立即复归原形]之深意,去饰取素,傥值其心耳。

意实言表,而书不尽,遗迹索意,托之有赏。其辞曰:

# I

谢子卧疾山顶,览古人遗书,与其意合,悠然而笑曰:夫道可重, <sup>339</sup> 故物为轻;理宜存,故事斯忘。古今不能革,质文咸其常。合宫非缙云之馆,衢室岂放勋之堂;迈深心于鼎湖,送高情于汾阳。嗟文成之却粒,愿追松以远游。嘉陶朱之鼓棹,乃语种以免忧。判身名之有辨,权荣素其无留。孰如牵犬之路既寡,听鹤之涂何由哉。

陶朱公范蠡是春秋时的吴国人(此处解说有偏差。范蠡是春秋时期楚国宛地三户邑人。——译注),因曾遭吴王侮辱,便花了二十多年的时间,帮助越王灭掉自己的故国。事成之后,他经内陆水道来到北方的齐国,并在那里改名换姓,但后来无意间再次名满天下。因此,他再次离开,并且又一次改名换姓。倒数第二行提及李斯,始皇帝的宰相,残忍却勇于革新。秦二世统治时,由于政敌、宦官赵高的诡计,李斯被处死。临死前对其次子说,他想要和他再次牵黄狗一起出门,猎逐跑得快的兔子,但现在怎能有这样的机会呢?(原文是:吾欲与若复牵黄犬,俱出上蔡东门逐狡兔,岂可得乎?——译注)最后一句涉及陆机的一句话。陆机也 <sup>340</sup> 是吴国人,但生活在公元 3 世纪末、4 世纪初。他为成都王领兵,却吃了败仗,有人诬陷其叛变,于是被杀。临刑前他感叹说,如果能再一次听听靠近长江口的故乡华亭的鹤叫声,该有多好啊。(原文是:华亭鹤唳,岂可复闻乎!——译注)对于这些典故中的隐晦之意,谢氏在其注释中做了说明。他大概是在自伤其政治境遇吧。

若夫巢穴以风露贻患,则《大壮》以栋宇祛弊;宫室以瑶璇致美,则白贲以丘园殊世。惟上托于岩壑,幸兼善而居滞。虽非市朝而寒暑均和,虽是筑构而饰朴两逝。

正如谢氏在其注释中所说,"谓岩壑道深于丘园,而[住在那里]不为巢穴[像原始时代那样]。"他是在倡导一种文*明社会的荒野情怀*

(civilized wilderness)。

谢氏的身后名一点也不比过去亦曾"山居"的其他人高,而且他这个南方人对风水还比较敏感。[顺便说明一下,在下文第四句中,"洛"(Luo)一词里的"uo"与"property"里"o"的发音非常相似。第七句中的"Cwm"读作"coom",用来翻译"奥",指一端是绝壁的陡峭山谷。]

341

> 昔仲长愿言,流水高山;应璩作书,邙阜洛川。势有偏侧,地阙周员。铜陵之奥,卓氏充铫搅之端;金谷之丽,石子致音徽之观。徒形域之荟蔚,惜事异于栖盘。至若凤、丛二台,云梦、青丘、漳渠、淇园、橘林、长洲,虽千乘之珍苑,孰嘉遁之所游。且山川之未备,亦何议于兼求。

卓氏家族原本是赵国的铁匠,后被秦帝国朝廷迁到四川临邛,他们在那里公然私采山林,冶铜炼铁。石子即石崇(249—300),是公元3世纪时一个为富不仁的官员,也是一位诗人。他为自己在黄河北岸的金谷涧建了一所乡间别墅,在那里举行远近闻名的宴会;宴会时间长,来宾就在席间即兴赋诗。[1] 他后来却因一道假圣旨而被处死,这道圣旨是应当时身居要职的他的一位对手之鼓捣而颁发的,他曾拒绝将一位心爱的歌女献给此人。(此人是孙秀,这名歌女是绿珠。——译注)赋文中通过提及乐音而暗示,玩物可丧志。

"穆"指的是秦穆公,他在位之时,秦国这个西部国家还远未催生中国历史上第一个王朝。据说其爱女与快婿(即弄玉、萧史。——译注)吹笙箫之时,引来凤凰和鸣,于是双双飘然而去。"丛台"有两种不同的意思:在赵国指的是合二为一;在楚国指的是五谷丰登。(此处作者的解释有点让人不知所云。而谢氏在其注释中是这样说的:"丛台,赵之丛馆。张衡谓'赵筑丛台于前,楚建章华于后'"。——译注)"灵"是楚灵王,云梦大泽大约在长江的中游(见50—52页)(英文原著页码。——译注),

342 现早已干涸。至于最后两句的意思,谢氏在其注释中说的是,对于山川

---

① 石川忠久著:《陶渊明与他的时代》,第268—275页。

景致,因地势所限,我们只能遇到什么就接受什么。(谢注原文是"且山川亦不能兼茂,随地势所遇耳。——译注)

赋的第二部分相对简短,写的是谢家庄园的由来。第一段谈到其祖父谢玄,当然我们只是从诗人的自注中了解这一点的。[①] 谢玄曾是军功显赫的将军,但为了"避君侧之乱",远离了朝廷纷争。

## Ⅱ

览明达之抚运,乘机缄而理默。至岁暮而归休,咏宏徽于刊勒。
狭三间之丧江,今望诸之去国。选自然之神丽,尽高栖之意得。

尽管谢灵运似乎不太可能直接得到祖父的言传身教,但可以说,他寄情于山水,多少还是有些遗传的。[②]

公元前3世纪楚国的屈原可能是中国古代最著名的诗人,传统上认为,他因楚王不听其建议而绝望地投江自溺。乐毅是一位将军,先后在魏、燕两国生活,曾成功地率领燕、赵、楚、韩、魏五国联军战胜了齐国。当对乐毅委以重任的燕王去世后,其继任者与乐毅反目。由于担心自己的生命安全,乐毅便投奔到了赵国。当然,他们后来捐弃了前嫌。

谢氏在对这一段末尾诗文的注解中议论道:"经始山川,实基于此。"这就是说,他继承了祖父归隐期间规划庄园的志向。干预自然的做法为这个家族所一脉相承。

在这部分的最后一段,谢灵运直抒胸臆。其用词有时晦涩难解,所说的则是五花八门,糅合了敬顺、享乐、自嘲、绝望等内容,还表露出一种乐观、自大的教化意识。因此,很难确定,译文是否抓住了原文的确切含义。顺便作点解释,注意,班嗣生活在汉代,是道教宗师老、庄的信徒,他信仰并赞许他们二人"绝圣弃智"。尚父是一位长寿的大臣,曾辅佐过周

---

① 石川忠久著:《陶渊明与他的时代》,第506—507页;此处提供了一份详尽的谢灵运家族的家谱,其中包括该家族中除谢灵运之外的其他几位诗人,其先辈和晚辈中都有。
② 傅乐山著:《溪流潺潺》,第2卷,第103页。

朝的三位开国先君。(此处作者误将"尚子"视为尚父。从谢氏原注"尚平未能去累,故曰晚研"中可知他提到的是尚长。尚长,字子平,汉代名士。为子嫁娶毕,即不复理家事。后用为不以家事自累的典故。——译注)倒数二、三两句似乎朦胧地暗示了老子的名言"大巧若拙",而《庄子》的《知北游》篇中形容的则是,"知"在求解过程中徒劳无获,因为所知者既不能也不愿告诉他。

> 仰前哲之遗训,俯性情之所便。奉微躯以宴息,保自事以乘闲。愧班生之夙悟,惭尚子之晚研。年与疾而偕来,志乘拙而俱旋。谢平生于知游,栖清旷于山川。

在这些开场白之后,我们接着谈论其地理描写。在谢氏所处时代之前的大约五六千年,当地景观是一条没于水中的海岸线,其中的小山如同岛屿般矗立于浅海之上,这片海可能比现在的高出 4 米。随着大海的后退,它在小山之间留下了一块沉积平原,并点缀着浅显的残湖,海岸则依然是一片潮汐盐沼。海塘的修建始于中唐之前,但到底在之前多久尚不清楚,很可能在谢氏生活的那个时代这种海塘还不存在。[①] 因此,他在水上倾注笔墨是可以理解的。

Ⅲ

344

> 其居也,左湖右江,往渚还汀;面山背阜,东阻西倾;抱含吸吐,款跨纤萦;绵联邪亘,侧直齐平。

随后,他环顾这一界域之四周,以考察附近的景致。他提到的那些颇具小地方特色的名字,似乎早已为人所遗忘。注意下文中用来翻译"泉"的"beck",是英国湖区用来形容小溪的一个词。

---

① 关于这个地区的地理史,参见伊懋可、苏宁浒:《人海相抗:1000—1800 年左右杭州湾形态变化中的自然与人为因素》,《环境与历史》,第 1 卷第 1 期(1995 年 2 月)。

## IV

> 近东则上田、下湖、西溪、南谷、石瑑、石滂、闵硎、黄竹。决飞泉
> 于百仞,森高薄于千麓。写长源于远江,派深毖于近渎。

在早期的这个时代,大多数田地都处于高位,需要开发山脚的冲积扇,而在冲积扇所形成之处,从山上快速流下的水缓慢流淌,然后再排入下面的诸如镜湖等湖泊。在后来的岁月,随着沿海平原被围垦,土壤的盐分得以清除,湖泊就成了水库,为如今位于其下的新田提供灌溉服务。当然,在谢氏生活的时代,这些技术还远未成熟。几百年后,当它们传到北方时,却在改变着长江三角洲的面貌。

注意,在下一段用来翻译"离合"的"anastomotic",是地形学与医学领域的一个技术术语,指的是有多个互通接口的渠道和管子。

> 近南则会以双流,萦以三洲。表里回游,离合山川。嶻崩飞于
> 东峭,盘傍薄于西阡。拂青林而激波,挥白沙而生涟。

山水永远变动不居。谢氏在注释中谈到,行人看到有石头跳出,将崩于江中时,"莫不骇栗"。

略过描写"近西"风景这一段的开头几行,我们来看看结尾部分。

> 竹缘浦以被绿,石照涧而映红。月隐山而成阴,木鸣柯以起风。

谢氏在注释中说,"鸟集柯鸣,便谓为风也。"汉语中表示"wind"的词语"风",还可以有"空气"或"曲调",以及"地方风气"或"风俗"等含义。因此,"木鸣柯以起风"一句所暗示的,即有"风"的第二层意思"曲调"。

下面段落中有一个词(*li*)在字典中是查不到的。它很可能出自如今已被遗忘的方言,而且很可能像这一地区的一些地名一样,起源于越语而不是汉语。(根据英文原著所附的拼音"*li*"猜测,作者这里所说的是"两"。——译注)谢氏将其注解为"长溪",我在这里用了比较生僻的"flume"(水道)一词来翻译它,以标示其特征。前四行诗的主题,即是

345

"二而一和一而二"。

> 近北则二巫结湖,两智通沼。横、石判尽,休、周分表。引修堤之逶迤,吐泉流之浩瀁。山矶下而回泽,濑石上而开道。

谢氏接下来描写的是远景,更多的为人熟悉的地名也随之出现。他在开头点出了与道教相关的一些名山。天台山位于东海岸的台州城北部,孙绰(317—371)登此山时曾写过一篇著名的赋(即《天台山赋》。——译注),满篇皆是佛、道典故。他在其中提到了穿越橡树溪或橡树峡(原文是"济楢溪而直进"。——译注),谢诗中也有类似的描写(即"越楢溪之纤萦"。——译注),当然在他这里,"溪"好像是更严峻的障碍。天台山的北端是石桥,据称是神仙往来所经之地,但在谢诗自注中,它与楢溪一样,普通人难以抵达,因而罕有人至。方石和位于宁波附近的四明山,二者构成了四周都有天然石"窗"的景致。"明"指的是日月星辰。太平山位于余姚县和上虞县的交界处,其形如伞,又名伞山。这里提到的"桐"树可能是泡桐(*Paulownia*)或梧桐(*Firmiana simplex*),而不是油桐(*Aleurites fordii* 或 *montana*)。谢氏在快到结尾处提到的"纬牒",是这一历史时期的头几个世纪所作的附会儒家经典的伪书。他也暗示,自然本身即是另一部不同的经书。

## V

> 远东则天台、桐柏,方石、太平,二韭、四明,五奥、三菁。表神异于纬牒,验感应于庆灵。凌石桥之莓苔,越楢溪之纤萦。

换句话说,凌石桥、越楢溪之后,他们就可以成仙了。

这样的山水不只是秀美,也不仅仅在一般意义上使人有所领悟。即使再小,它也是仅有的一处可预知或至少为人熟悉的自然变迁的场所。它如幻似真,又非不着边际。我们不了解这些名字的来龙去脉,所以无法与之产生共鸣,这不要紧。重要的是,要承认谢氏的读者一定会有所反应。因为,当内情晦涩不明时,他就会在注释中补充细节。于是,关于上文提到的五奥峰,他说"昙济道人、蔡氏、郗氏、谢氏、陈氏各有一奥[海湾似的凹槽],皆相掎角,*并是奇地*。"他用了我此处标为斜体的这一短语强调一点:名单中的这些山都不是普普通通的山。

接下来他提到更多的山,又用了令人浮想联翩的名字。随后,则真实地记述了在这种沼泽地带行动的不便,以及穿越他自己在注释中所称的"处处"傍依浦涧之"茂林"的困难。

> 远南则松蒧、栖鸡,唐嶷、漫石。峷、嵊对岭,梅、孟分割。入极浦而邅回,迷不知其所适。上嶔崎而蒙笼,下深沉而浇激。

谢氏在其注释中告诉我们,道人昙济住在孟山,在那里他有"芋薯之畹田"和"清溪秀竹"。当然,说这些,是试图唤起早期道家的一种简朴理想:烧耕,不灌溉;食根,而辟谷。认同这一点就很难想象,这些描述性话语中所显现的地方,不管其大致方位在哪儿,与人们今天所见的植被稀疏、人口稠密、工业化如火如荼、混凝土与污染充斥着乡村、头顶电线纵横交错以及汽车呼啸飞驰的情景,会有多大的关联。细想一下我们还会发现,它甚至也迥然有别于后续千年之后靠近中古末期时的情况。那时,人口已经是谢氏或昙济时代人口的二十倍或更多;大海因海塘高筑而被阻挡在外;流域的河流得到充分整治以为农业生产服务;原始森林也大多遭到了砍伐。如果说有什么共同特征延续了这么些年的话,那可能就是水漫四野的景致,以及要在高出最高潮汐几米的地方居住的意识。

接下来是关于"远西"的描述,但这一段的原文失传了。因此,我们只能通过向北看而判断这部分诗文的内容。北部面对的钱塘江由西向东注入杭州湾。可以看出,其中描绘的,是世界上一个强潮河口的画面,这里满是不断变化的沙洲,还有著名的海潮。[1](即钱塘潮。——译注)杭州湾潮汐的流转有着自身的独特性,它自东北涨来,朝东南退去,我们今天所看到的这种情景,与 1 500 多年前谢氏诗文中的描述大体相似,纵

---

[1] 伊懋可、苏宁浒:《改造海洋:1000—1800 年左右杭州湾地区的水利系统和前现代的技术闭锁》,收录于伊藤三太郎、吉田义则主编:《环境危机时代的自然与人》。

使从那时以来,海岸边的地形发生了相当大的变化。

远北则长江永归,巨海延纳。昆涨缅旷,岛屿绸沓。山纵横以布护,水回沉而萦洄。信荒极之绵眇,究风波之腰合。

……窥岸测深,相渚知浅。洪涛满则曾石没,清澜减则沉沙显。及风兴涛作,水势奔壮。于岁春秋,在月朔望。汤汤惊波,滔滔骇浪。电激雷崩,飞流洒漾。凌绝壁而其岑,横中流而连薄。始迅转而腾天,终倒底而见墊。此楚贰心醉于吴客,河灵怀惭于海若。

在这段结尾的几句里出现了两个文学典故。按照谢氏的注解,楚国太子楚贰的病,据枚乘(汉代辞赋家,创作了第329页引用的一篇关于桐树的赋)所说,由吴国的一位访客治愈了,而这位访客所用的疗法,是让他欣赏秋天海上的波涛美景。最后一句提及《庄子》的《秋水》篇。其中写到,河伯对自己及其力量欣然自喜,直到它抵达大海,面对大海的广阔无垠,才觉自惭形秽。

至于科学内容,有一点值得注意:其中涉及月相,我据此而使用了"tides"一词。(作者用这个词来翻译"波"。——译注)我们也可能会对诗人的敏锐洞察力入迷,只是不必过分为之倾倒。他认识到水势——或者用现代的说法,也即"它的动量和能量",当然这会产生历史的误导——在某种程度上与我们现在所称的速度和质量有关。

现在我们转而分析谢氏的宅子和庄园。这里的描写让人联想到诗人置身于山水而凭直觉在脑海中所进行的简单对比,以及一些一闪而过又似是而非的想法。

## VI

尔其旧居,囊宅今园,枌檟尚援,基井具存。曲术周乎前后,直陌蟊其东西。岂伊临溪而傍沼,乃抱阜而带山。考封域之灵异,实兹境之最然。葺骈梁于岩麓,栖孤栋于江源。敞南户以对远岭,辟东窗以瞩近田。田连冈而盈畴,岭枕水而通阡。

像其他任何一座新屋——或者像他那样以旧翻新——的主人一样, <sup>350</sup>他对这一建筑的细节津津乐道,并对四周的景色欣赏不已。他在注释中还特地提到了这座屋子独特的三居构成,其中的"骈梁"结构,猜想可能是使用横跨屋脊的一对大梁来挑起三处空间,就像平放着的三折屏风,由两根转杆将三块屏扇连接在一起。他还说,"此二馆属望,殆无优劣也。"对于"阡"这个词,我取"a path to a grave"(通往墓园之路)的特别之意来翻译,因为它所处的地方有岭枕水,这就暗示,根据在中国南部判定丧葬风水如何的相地之术,这地方很适于作陵寝之地。

下面这一段中所提到的"节",指的是中国人依据太阳运行,而将农历一年划分为二十四个节气,①每个节气大约十五天。翻译为"forecast"的汉语词"觇",要么可以理解为依据某种兆头或征兆来预知气候,要么可以简单地理解为敏锐的观察。作者对农耕的描写表明,大约在 4 世纪末,这一地区在水稻种植上已采用了精耕细作的方法:他既提及复杂的灌溉系统,又提及早熟和晚熟的谷物品种。

> 阡陌纵横,塍埒交经。导渠引流,脉散沟并。蔚蔚丰秋,苾苾香粳。送夏蚤秀,迎秋晚成。兼有陵陆,麻麦粟菽。候时觇节,递艺递熟。供粒食与浆饮,谢工商与衡牧。生何待于多资,理取足于满腹。

这里提到"浆",含有对古代中国人的生活方式的暗示。《诗经》的《大东》篇涉及那些文雅、无用且纵欲的高官时,就有这样的诗句:②

---

① 遵照席文(Nathan Sivin)教授的建议精神,"节气"一词可译为"qi-nodes"(气一节),或"nodes of the year"(年节)。

② 高本汉著:《诗经注释》,♯203。在这里,高本汉将"浆"(米汤)译为"粥",即米粥。顾赛芬著:《中国古文大辞典》,河间府:天主教会印刷所 1911 年版(S. Couvreur, *Dictionnaire classique de la langue chinoise*, Imprimerie de la Mission catholique: Hejian fu, 1911),第 563 页,写有"eau de riz"(米汤);高本汉著:《古汉语字典》,斯德哥尔摩:远东文物博物馆 1957 年版(B. Karlgren, *Grammata Serica Recensa*, Museum of Far Eastern Antiquities: Stockholm, 1957),第 192 页,写有"Rice-water, drink"(米汤,饮品)。这些表述与谢氏将其归于饮品的明确分类更为相符。

351　或以其酒,不以其浆。

　　谢氏的自注提请人们注意《庄子》里的一个间接说法:"许由云:偃鼠饮河,不过满腹"①。在我们自己的这个时代,人们也会引用这句话,以说明道家的生态体贴的理想:淡泊清心,无所欲求。谢氏还说道,人们"若少私寡欲,充命则足",就不需要工匠、商人、照管山林猎物的虞衡,或看守兽群的牧民。不过他又补充了一句:"但非田无以立耳。"

　　凭常识可知,他在这里是有点做作的。其实他很清楚,作为一个富有的贵族,他在自己的生活中决不可能做到这一点。也许,他未曾言明的是,自己十分向往古代的简朴生活,这意味着道德上的过人之处;他有先见之明,从尔虞我诈的现实政治中自我隐退,而不至于与那些依然沉迷其间的官员们沆瀣一气。但有时候我们对此也不得不将信将疑。凭我个人的直觉,我认为他至少表现出了两种精神状态:在某种意义上,对道家的那些理想深信不疑,同时却又在不断地与其背道而驰。这不啻是人类的通病。

　　这部分的最后一段描写了与海面几乎持平的沼泽地,对此,有几处需要先解释一下。"菰(Zizania)"是一种生长在浅水中的植物,其籽可采来食用,与谷物无异。"渐榭"指的是位于汉代长安(在西北部)西北的太液池中高耸的渐台。该池中有岛,据说"象征瀛洲、蓬莱、方丈"②。"水月"是佛家对感官世界的飘渺虚幻的一种想象。

　　　　自园之田,自田之湖。泛滥川上,缅邈水区。浚潭涧而窈窕,除
352　　菰洲之纤余。毖温泉于春流,驰寒波而秋徂。风生浪于兰渚,③日倒

---

① 郭庆藩辑:《庄子集释》,北京:中华书局 1961 年版,"逍遥游",第 24 页。
② 方宾观等编:《中国人名大辞典》,第 143 页。
③ 用"orchids"翻译"兰"这一术语可能会产生误导。"兰"包括 Orchidaceae,即现代中文所说的"兰科",以及很多特别的兰花群(the Cymbidium group),还包括其他所有根本不是真的兰花的花卉品种。大致而言,真正的兰花,其花上有 3 个萼片和 3 个花瓣,花瓣中通常有一个比其他的大,而且还有与众不同的雌雄合一生殖器,即"合蕊柱"。考虑到位置是在水边,这里提到的"兰"可能是兰属(the genus Arethusa)中的泽兰。

景于椒涂。飞渐榭于中沚,取水月之欢娱。旦延阴而物清,夕栖芬而气敷。顾情交之永绝,觊云客之暂如。

很显然,谢氏的感觉游移不定。他一会儿觉得自己眷恋于尘世的声色情愫,并因积极入世而乐在其中,甚至还要通过疏浚、整治来改善自然。(谢氏在自注中解释说,"诸涧出源入湖,故曰浚潭涧"。由此可知,作者在这里将"浚"理解为"疏浚",是不妥当的。——译注)过了一会他又意识到,因为基本现实所致,人们是多么容易为编织的梦幻仙境以及错误的看法所蒙蔽——"日倒景于椒涂"。最后他默认自己像所有的人一样,不过一凡夫俗子,因此,无论觉悟到什么程度,都不可能完全摆脱对私交的需要。

在下一部分,我们开始接触各种物产。有时候人们会觉得,正是因为这些物产才使得整篇《山居赋》像文学作品一样无法迻译,这种看法也许有些道理。同时它们在很大程度上证明,将《山居赋》视为中国传统上第一首、可能也是最伟大的一首论述环境的诗篇,是恰当的。

Ⅶ

水草则萍藻蕰菱,萑蒲芹荪,蒹菰苹蘩,蕅荇菱莲。虽备物之偕美,独扶渠之华鲜。播绿叶之郁茂,含红敷之缤翻。怨清香之难留,矜盛容之易阑。必充给而后擘,岂蕙草之空残。

这一部分的最后四句略而未译。它们说的是,在中国诗歌中水草作为主题具有多么悠久的历史。谢氏对诗的双重来源很敏感:这既是经由前人之作传达的个人经验,又是在个人经验基础上进一步阐发的前人之作。他也很在意诗歌藉此所获得的社会名声。在我略去未译的几行中,他小心谨慎而又清楚明白地为自己的作品寻求众所周知的关联。

他接下来写的是药草。这些药物,无论是真是幻,都带有某个地方的特色。谢氏在其注释中评论了《神农本草经》这部汉末搜集、汇总前人资料而编撰的药典:"《本草》所出药处,于今不复依,遂土所生耳。"看来观察可能胜于典据。他又补充说，"此境出药甚多"。紧接着，他对诗文中所引的很多典故作了解释，这包括那些传说中的采药者，并罗列了"三建"、"六根"、"五华"、"六实"(《山居赋》原文中说的是"九实"。——译注)等一系列药草。最后他提到很多药物"并皆仙物"，当然，只有一种，也就是最后那一种(即茯苓。——译注)似乎足以这么认为。

关于药物这一小节的最后几句的主题，是可以叫人延年益寿乃至长生不老的异常的磨练：

> 水香送秋而擢茜，林兰近雪而扬猗。卷柏万代而不殒，伏苓千岁而方知。映红葩于绿蒂，茂素蕤于紫枝。既住年而增灵，亦驱妖而斥疵。

354 "水香"(*Eupatorium chinensis* or *lan-grass*)，是包括雏菊和菊花在内的菊科的一种，多年生植物，3 到 4 英尺高，在山野之地蓬勃生长，散发出一种芳香的气味。其花呈淡紫色，管状，只在深秋时开放。我将"卷柏"(*Selaginella involvens*)译为"Tortuous Juniper"(临时造词翻译)，这是一英尺多高的丛生的常绿灌木，常用来提取染料，还可药用。这里提及的栀子花被称为"林兰"(*Gardenia florida*)。最后四句描写的植物没有具体名称，但很明显是灵株仙草。中国的隐士有时会食用花蕊来延年益寿。

其中提到雪，这是很重要的。诗中有多处证明，4 世纪后期的年平均气温比现在要低，雪是其中的一处。为说明这一点，我将下面紧接着的四句诗从原本靠近诗的结尾处提前到这里，并略去其他无关的文字不译：

> 草迎冬而结葩，树凌霜而振绿。向阳则在寒而纳煦，*面阴则当暑而含雪*。

文中所说的似乎是常有之事，而且并非转瞬即逝。现在杭州最冷的 1 月份平均气温大约 4 摄氏度；近期记录的 1 月份最低平均气温是 1 摄氏度。间或有雪和严寒出现，但持续的时间都不长。[①]

---

① 中国自然资源丛书编撰委员会编：《中国自然资源丛书·浙江卷》，北京：中国环境科学出版社 1995 年版，第 229、232 和 246 页。

在下面写竹子的部分,作者尝试运用了一种粗略的分类法。他区分了竹叶的形状和颜色。此外,还指出了相似品种的生长方式的不同,如"水"竹细而密,"石"竹粗大而成丛。

> 其竹则二箭殊叶,四苦齐味。水石别谷,巨细各汇。既修竦而便娟,亦萧森而蓊蔚。露夕沾而凄阴,风朝振而清气。捎玄云以拂杪,临碧潭而挺翠。蔑上林与淇澳,验东南之所遗。"

355

由此也可以察识诗文用典之处,这里引证了早期诗人左思曾提到的吴国的捎云山以及西北部吴兴附近的碧浪湖。虽然谢氏并未冒犯其他地区,但他的地方沙文主义思想是很明显的。他在这一段的结尾列出了一些值得漫步和逗留的地方,还提到了一些历史典故,比如竹笛起源的典故等。

植物考察的最后部分是当地树木。它们通常难以识别,有时甚至需要天才才能担此重任。"楠"是 *Malachus nanmu*。"柘"即 *triloba*,一种带刺的树木,当桑叶短缺时,也可以用来喂蚕。在翻译"楸"(*Broussonetia*)、"樗"(*Ailanthus*)时,针对这两种树木的特征,我做了两点发挥。(作者翻译"楸"时说它是"造纸原料";翻译"樗"时说其"叶子散发臭味,但果实可以食用"。——译注)

> 其木则松柏檀栎,梗楠桐榆。橻柘谷栋,楸梓桎樗。刚柔性异,贞脆质殊。卑高沃堵,各随所如。干合抱以隐岑,杪千仞而排虚。凌冈上而乔竦,荫涧下而扶疏。沿长谷以倾柯,攒积石以插株。华映水而增光,气结风而回馥。当严劲而葱倩,承和煦而芬腴。送坠叶于秋宴,迟含萼于春初。

356

这一段既表现了中古早期环境资源的相对丰裕——第七章的主题,也暗示出后来资源的相对匮乏。它还表明,谢氏对哪种植物生活在什么样的生境有清楚的看法,同样,他对哪种动物生活在什么样的栖息地也很清楚。

VIII

植物既载,动类亦繁。飞泳骋透,胡可根源。观貌相音,备列山
川。寒燠顺节,随宜匪敦。

"自然"在这里是相对于人类世界来理解的,它不受社会约束所限制。
在这个自然世界中,也可以看到原达尔文主义(proto-Darwinian)的洞察智
慧在闪烁。谢氏说,动物种类繁多,使他不可能"追根溯源";我对他用的"根
源"一词作了直译(其译文用词是 root or source。——译注)。不过,他本能
地猜想,它们一定来自某个地方,而并非一劳永逸的独一无二的创造物。

动物中先写的是鱼,其名字有点叫人辨别不清。他所提到的一些鱼
似乎可以直接与今天浙江省的鱼类对应上。在生活于湖泊与当地河网
的淡水鱼中,我们发现了鳜属(Siniperca spp.),其中的代表是大肚子黑
条纹鲈鱼;还有著名的鲤鱼(Cyprinus carpio)。在淡水中活动,并常常
在水流湍急的河流上游产卵的鱼中,有无齿、扁平的鲢鱼(Hypophtha
357 imichthys moritrix)。欧洲鲫鱼(the crucian carp)以河口鱼为食,而在
民间传说中它们却是忠诚与互助的化身,因为它们总是成双结对而行。
近来的水利工程似乎干扰了其繁殖,据说它们现在已灭绝。[①] 生活在海
里,在春季或夏季溯河到上游产卵的鱼,包括海鲈鱼(花鲈属
Lateolabrax spp.)和鲻鱼,后者是一种仅 3 到 9 英寸长的小鱼。生活在
盐分较公海低些的浅海区域的鱼包括鲻鱼(Mugil cephalus)。

对其他一些品种的确认似乎还说得过去。我们大体上能够肯定的,
是以其他鱼类为食的鳢、鲔和近海边常见的鳢。有点儿比较难认的是鲿
(Pseudobagrus aurantiacus),一种多刺的有须的黄鳝鱼,传说中认为它
能飞,但缺乏事实根据。同样不好确认的是淡水三角鳊(Megalobrama
terminalis,"鲂"的俗称。——译注)和鳡(Elopichthys bambusa),后者
长约 3 英尺,会大量吞食其他鱼类。"鳟"这一名称适用于多种鱼,但我

———————
① 《中国自然资源丛书·浙江卷》,第 305 页。

猜它在这里指的是另一种溯河产卵的鱼,也即山女鳟(*Oncorhynchus masou*),它们会在夏季游离大海,并溯河而上,在水流湍急且清澈的砂砾处产卵。总而言之,我们将会料想到这一时期杭洲湾南岸的环境:盐碱滩涂,大海塘尚未修建,这里养育了很多的鱼,它们要么在咸水与淡水之间游动,要么在半咸半淡的环境中栖息。因此,"鲨"很可能指的是"吹沙"(*Acanthogobius flavimanus*),一种喜欢半咸的水,体长仅 6、7 英寸的小鱼,而不是某种鲨鱼,这是词典上的代称。传说它常张口吹沙,故而得名。①

有一些鱼类仍辨认不了,这包括"鱿"和"*xun* "(鮷,现存《山居赋》原文中是这么写的。——译注)。下面译文中的"perch"(鳢)、"tench"(鲩)和"bream"(鳊)只是大体相当的英文对应词。

> 鱼则鱿鳢鲋鱮,鳟鲩鲢鳊。鲂鲔鲨鳜,鲩鲤鲻鳣。辑采杂色,锦烂云鲜。唼藻戏浪,泛荇流渊。或鼓腮而湍跃,或掉尾而波旋。鲈 <sub>358</sub> 紫乘时以入浦,鳢鮷沿濑以出泉。

谢氏的鸟类目录中列举了大雁、鱼鹰、苍鹭、白鹭、秃鹳、鸨、野鸡、野鸭和家禽(作者此处将原文中的"朔禽"解译为"domestic fowl",即家禽。而谢氏自注中则说,"朔禽,雁也"。——译注),所有这些大概都是他亲眼所见的。谢氏在其注释中对古代一位鲁国贵族(即臧文仲。——译注)"不知其鸟,以为神也"的情形表示鄙视。然而,有两种鸟听起来似乎纯属文学虚构。② 它们当然有可能是当地或上古时的鸟名,其在现实生活中的含义已无人知晓。谢氏继续描述道:

> 晨凫朝集,时鷮山梁。

他解释说,野鸭"常待晨而飞"。这好比早朝,因为旧时中国上朝是在早晨的前几个小时,人们以为这个时候思维更加清晰。下面一句涉及

---

① "鲨"的发音与"沙"相同。
② 指"鲲"和"鷇"。

《论语》中一段晦涩的文字。① 其暗含之意可能是，在自然界中，万物都要依时而变。

接下来谈到鸟儿的迁徙：

> 海鸟违风，朔禽避凉。莄生归北，霜降客南。接响云汉，侣宿江潭。聆清哇以下听，载王子而上参。薄回涉以弁翰，映明壑而自耽。

王子，或王子乔，系周灵王太子，曾四处漫游，好吹笙，跟从一位道士修炼数十年后，乘白鹤而去。这些诗文大量仿效早期的作品，其数量远比我所明确指出的多。有趣的是，谢氏觉得鸟儿也有一定的智慧，甚至还有一点儿灵悟，能通神界。

哺乳动物更平凡一些：

> 山上则猿猓（猓音同魂，指狒狒。——译注）狸貜，犴貜狖猱（猱，音同盈，指黄狐。——译注）；山下则熊羆豺虎，獔鹿麇麚。掷飞枝于穷崖，踔空绝于深硎。蹲谷底而长啸，攀木杪而哀鸣。

"羆"是熊科动物（*Ursus torquatus*），"熊"是较大的棕熊（*Ursus arctor*）。所确认的"wolf"（猱）、"jackal"（豺）和"many-hued dog"（猱）都只是近似而已。这样，由于谢氏在其注释中说"猱""似貜而长，狼之属"，我就将它译为"狼"。"麇"是一种鹿。

到了现代，所有这些物种似乎都无一例外地消失了。而在杭州湾两岸地区存活下来的野生动物，仅剩一些食虫目与啮齿目动物，再加上一些诸如黄鼠狼、鼬獾、狸猫和小灵猫之类的小食肉动物。② 当然，将公元5世纪的这个世界过于理想化，也是一种愚蠢的做法，因为虎和狼都会造成危害。但是，人类几十万年来都是在动物环伺之下发展起来的。一旦四周异常寂静，会令人产生空虚之感的。人们不禁感叹，长此以往，对我

---

① 西蒙·利斯（即 P. Ryckmans）编译：《孔子的〈论语〉》，纽约：诺顿，1997 年（S. Leys, *The Analects of Confucius*, Norton：New York, 1997），第 48 和 168 页。
②《中国自然资源丛书·浙江卷》，第 324 页。

们心灵的平衡会有什么影响呢？

在谢氏生活的时代，当地经济在某种程度上仍依靠狩猎。谢氏不好此道，令人称奇，这可能是习佛所致：①

> 自少不杀，至乎白首，故在山中，而此欢永废。庄周云：虎狼仁 360 兽，岂不父子相亲？② 世云虎狼暴虐者，政以其如禽兽，而人物不自悟其毒害，而言虎狼可疾之甚，苟其随欲，岂复崖限。自弱龄奉法，故得免杀生之事。苟此悟万物好生之理……庶乘此得以入道。庄周云③：海人有机心，鸥鸟舞而不下。今无害彼之心，各说豫于林池也。

其中提到的"机心"，是一个人完全沉浸于机巧时所具有的一种精神状态，庄子在一篇寓言中就暗含过这种意思。诗文继续说道：

> 缗纶不投，罝罗不披。磻弋靡用，蹄筌谁施。鉴虎狼之有仁，伤遂欲之无涯。顾弱龄而涉道，悟好生之咸宜。率所由以及物，谅不远之在斯。抚鸥□而悦豫，杜机心于林池。

谢氏在注释中增补了一些细节。④ 从史家的观点来看，这处于新旧杂陈的关头。谢氏生活在这个时代而怡然自得。当时，狩猎文化已近尾声，随着谷物和蔬菜种植面积的扩大，狩猎成了明日黄花。不久之后，狩

---

① 谢氏在自注中提到这一主题。
② 谢氏的措辞稍有变通。参见《庄子集释》，"天运"第十四。
③ 实际上出自《列子》。参见《列子选集三种》，收于《中国子学名著集成·六四》，台北：中国子学名著集成编印基金会 1978 年版，2：黄帝，第 61、327 和 609 页。感谢史蒂夫·勃根坎普（Steve Bogenkamp）博士指出了这一点。还应说明的是，《列子》中的这则寓言所说的，是古时一个住在海边的"好鸥鸟"者。而在我查阅过的《列子选集三种》中，与"机"有关的内容只是在第三种的注释中出现过，在第 327 页。其中说到，如果圣人忘机，鸟兽便与之为伍。
④ 依据当代的一份粗略的文献［《辞海》（上海：中华书局 1947 年版）第 974 页对"磻"的解释］，我在"arrow-barbs"前加上"sandstone"，用以翻译"磻弋"（The sandstone arrow-barbs）。"弋"是系有长绳的箭，能在射出后收回。不知道这种古代用法在谢氏的时代是否还流行，因此也不好推断此时的狩猎技术如何。"□"是文学作品中描绘的一种鱼，《诗经》中提到过（高本汉著：《诗经注释》，♯281），没有可鉴别的现代对应品种。将最后一节第二行中的"不远"译为"Way"（道），是参考了《中庸》这一经典中常说的"道不远人"。

*361* 猎在这一地区已难得一见。捕兽者、弓箭手和渔夫们所曾使用的那些灵巧而血腥的工具只好任其废置——人们虽然熟悉,但已不再使用了。这就使得他能够倚靠佛教不杀生这一新的原则,而与周围的野生动物建立一种非常平和、密切的关系。

与此同时,野外的鱼虫鸟兽虽独立于人类世界,并与其驯化了的农用同类大异其趣,但它们还远远达不到只是作为精神和审美的对象,不再与人类日常生活的生存需要相关联的地步。谢氏与它们相适应,对它们依然怀着一种因社会遗传而来的猎人式的热情,但却少了猎人的不可避免的残忍。因此,他才能超凡脱俗,忘乎所以。但不求回报的热情难以持久,或许只有少数的科学家和艺术家算是例外。

佛教还激发了他的另一个冲动。谢氏梦想着使自己的庄园成为佛经中仙园圣林的当世再现。他在注释中写道:"今旁林、艺园、制苑,仿佛在昔。"看来,信仰激励着发展。

## IX

> 敬承圣诰,恭窥前经。山野昭旷,聚落膻腥。故大慈之弘誓,拯群物之沦倾。岂寓地而空言,必有贷以善成。钦鹿野之华苑,羡灵鹫之名山。企坚固之贞林,希庵罗之芳园。虽绰容之缅邈,谓哀音之恒存。建招提于幽峰,冀振锡之息肩。

*362* "慈"是大慈大悲的菩萨,对他来说,既然众生相依相存,惟有众生脱离了轮回之苦,他才愿意,或许也才能够达到最后涅槃的地步。① 因此,他留存于世,以普度众生。"涅槃",可以认为是对以前某个独特个体的"灵魂"或"本尊"无休止轮回转世的了结。当人们参透此身与所有色相一样皆属心生幻象之后,就会进入涅槃之境。译文中的"Gautama"(乔答

---

① 参见 F. 库克著:《华严佛教》,宾州大学帕克校区:宾夕法尼亚州立大学出版社 1977 年版(F. Cook, *Hua-yen Buddhism*, Pennsylvania State University Press: University Park, Penn., 1977),第 110—122 页。

摩)当然是佛，"sūtra"(修多罗)则是佛教经典，在中文里它与儒家、道家的经典一样，用同一个"经"字表示。《维摩诘经》(*Vimalakīrti-nirdeśa*)是以维摩诘居士为中心，围绕大乘佛教教义所展开的一系列对话，在中国是 4 世纪期间及之后流行起来的。

这一传统必须保存下来：

> 爰初经略，杖策孤征。入涧水涉，登岭山行。陵顶不息，穷泉不停。栉风沐雨，犯露乘星。研其浅思，馨其短规。非龟非筮，择良选奇。翦榛开径，寻石觅崖。四山周回，双流逶迤。面南岭，建经台；倚北阜，筑讲堂。傍危峰，立禅室；临浚流，列僧房。对百年之高木，纳万代之芬芳。抱终古之泉源，美膏液之清长。谢丽塔于郊郭，殊世间于城傍。欣见素以抱朴，果甘露于道场。

"筮"指的是参照《易经》而抛一束蓍草茎秆卜卦。"龟"指的是上古时用来卜问人事吉凶与未来祸福的龟腹甲；人们通过解读其上因灼热尖状物穿孔而出现的裂纹来做到这一点(参见第五章)。第一种方法至今甚至还有人沿用，当然人们更喜欢掷硬币；第二种方法早就过时了。也许谢氏诗句中所要表达的意思是，这两种方法都不适用于一个佛教徒的修行。

依据谢氏的注释可知，佛陀的追随者"不以丽为美"，因此会远离郊、郭。而"清虚寂寞，实是得道之所也"。看来，幽居乡间其实是出于灵修的原因。

在下一段中，谢氏描写了两位僧人，即昙隆和法流。他们都是谢氏的朋友，似乎曾在其庄园里住过一阵子：

> 二公辞恩爱，弃妻子，轻举入山，外缘都绝。鱼肉不入口，粪扫必在体。物见之绝叹，而法师处之夷然。

要想理解他的这段颂词，就必须回想一下"六度"，或者说六种到达彼岸的方式，即布施、持戒、忍辱、精进、禅定和智慧。下文里的"事"指其字面之义，即外在之象。"心"则是指精神王国，即通过理性而非感知所得的领悟。"业"指的是人们认为所有行为（karma）都有其不可避免的结果，因此，善有善报，恶有恶报。

> 苦节之僧，明发怀抱。事绝人徒，心通世表。是游是憩，倚石构草。寒暑有移，至业莫娇。观三世以其梦，抚六度以取道。乘恬知以寂泊，含和理之窈窕。指东山以冥期，实西方之潜兆。虽一日以千载，犹恨相遇之不早。

此刻的谦恭，也即他对良师益友的激赏，与"存在"这一终极主题杂糅在一起。

这时的"山水"已然成为一种更加复杂的观念。其中，文学典故和历史、神话、哲学思辨、地理学、地形学、景观建筑学、植物学和动物学层层交织。现在又变换成了一种精心营造的对佛陀生活场景的再现，如梦似幻，虚无缥缈。这些方面同时存在。如果打一个还算恰当的数学比喻的话，可以说，其中的大部分是相互正交的关系。换句话说，任何存在于某个维度的事物与其垂直维度上的任何事物都没有必然的联系；反之亦然。若以为这种思维方式受到了常识完全合理地认为的矛盾的困扰，那是一种误解。

另一种维度出现在有关道家的补充说明之中。"仙学者"，他说，"虽未及佛道之高，然出于世表矣。"尽管谢氏早期曾明显地迷恋那些或许能获得长生不老效用的药草，但他现在已将其置于次要位置了：

> 贱物重己，弃世希灵。骇彼促年，爱是长生……甘松桂之苦味，夷皮褐以颜形。羡蝉蜕之匪日……虽未阶于至道，且缅绝于世缨。

描述完居于山水间的仙人之后，谢氏将目光转向庄园中的日常劳动者。但应当指出的是，他提及的那些人不是以个体出现的，他们无非是一群没名没姓的仆从。其暗含之意是，谁都可以取代他们。

对不太常见之植物的辨认又一次出现问题。例如，我认为这里用来指中华猕猴桃（Actinidia chinensis）的那个"杨"字，通常是杨桃的中文名称，但是，这种常年生的热带、亚热带果树不可能生长在如此靠北的地方，在一个气候更冷的时期尤其不可能；而且它也不应该是诗文中描述的那种攀缘灌木(猕猴桃树实为大型落叶木质攀缘藤木。——译注),果实成熟期也不在年末。"樻"大致是一种苔藓,可能类似于长在李子树上、作药用的扁枝衣(*Evernia prunasti*),或者是一种长在树上、作为冰岛藓的替代物的兜苔(*Sticta pulmonaria*)。对更不容易鉴别的植物的名称,我只是简单地做了转录。

基于谢氏的自注,我在翻译时对下面这一段原来的正文所作的很多补充是说得过去的,对人们理清头绪也不无裨益。但需要指出的是,为理解隔一句所提到的"灰"(lime),我将原文中所说的"垙"译成了"chalky soil"(白垩土)。同样,我将谢氏所说的从"埏"层中取出的物质书写为 <sup>366</sup>"peat"(泥炭),而不是字典中翻译的"coal"(煤)。将"山清"视作葡萄酒的名称,是一种猜测。不过值得注意的是,"every entity follows its own 'laws'"这一论断是我对"咸各有律"的直译。其关键词是"律",它有好几种意思,如标准音律,也指官方颁布的法律。因此,自然中有"律",它与"理"相对照这样的思想,即使在中古早期中国文化的概念范畴中并非普遍流行,但也已享有一席之地了。

这段诗文中有几处援引了《诗经》。(谢在自注中说,"猎涉,字出《尔雅》"。——译注)有关收集茅草搓成绳索的那两句(即"昼见寒茅,宵见索绹"。——译注),实际上就是直接的引用。① 这总是会使所有坦言系作者亲眼所见之物的确定性大打折扣。

## X

> 山作水役,不以一牧。资待各徒,随节竞逐。陟岭刊木,除榛伐竹。抽笋自篁,摘箬于谷。杨胜所拮,秋冬罴获。野有蔓草,猎涉蘡薁。亦酝山清,介尔景福。② 苦以术成,甘以掉熟。慕椹高林,剥芰岩椒。掘茜阳崖,摘撴阴摽。昼见寒茅,宵见索绹。艾菰蒉蒲,以荐 <sup>367</sup>

---

① 高本汉著:《诗经注释》,♯153。
② 高本汉著:《诗经注释》,♯207。

以荄。既坁既埏，品收不一。其灰其炭，咸各有律。六月采蜜，八月
扑栗。备物为繁，略载靡悉。

这一部分是证明"物阜"（the "environmental richness"）看法之真实
性的一个基础；论述嘉兴的第七章表明，在前现代经济发展之前，这种情
况在这一地区是存在的。即便如此，上述描述也仅能表现物阜之万一。
殊不知，谢氏这位虔诚的佛教素食者在其注释中说道："渔猎之事皆不
载。"而渔猎活动将会使那些不吃素的多数人的生计大为改观。

这篇赋在这一段的后面还有好几页，其内容包括当地游记、其管理
有序而"罗行布株"的果园、当地的长生药草以及对生活本质的论述。

　　事与情乖，理与形反。

但有关环境内容的材料仅仅是一鳞半爪。

本章开篇所提的问题在一定程度上得到了解决。一方面，是在自然
中获得的神秘喜悦，对自然的尊重，以及对自然的宗教性和艺术性感受；
另一方面，是不断地坚决利用与开发自然，这两者之间明显的冲突大概
是从我们现代人的视角生拉硬扯出来的，至少对这个中古早期的东部沿
368 海地区而言是这样。当时，自然的根基仍很雄厚，自然资源也很丰富，因
而在这一时代背景中没有见到任何紧迫的冲突，是有道理的。六百年之
后这么说就开始令人生疑，而一千年后还这么说就不真实了。

这一情形亦已表明，1 500 多年前的环境观念，不论多么短暂，也曾
在中国文化中留下了一抹痕迹。

# 第十一章 科学与万物生灵

中古时期中国诗人对所处环境的感知,是需要与那些有科学精神气质者所作的观察和想象加以比照的。也就是说,除了诗人的有关见解外,我们还需要考查不同类型的*观察*及*客观存在*概念,因为这些方面影响到了历史时期中国人对环境的理解。既然思想和感知处于双向互动之中,其关系微妙而无法分解,那么就需要了解,历史时期中国人对其所见所闻做了什么样的*思考*?为什么有那样的思考?他们又是如何评价其见闻和理论观念的可靠性的?

有益于这种探究的最丰富的材料,比谢灵运的诗篇晚了一千年才出现。因此,在简要考察了上古和中古中国人原科学式(proto-scientific)的对自然的看法之后,本章在时间上将跳到公元 1608 年,我希望这种跳跃不至于太仓促。这一年,谢肇淛出版了《五杂组》,①这部著作大约有 1 414 页。这里隐含的逻辑与用来详细考察《山居赋》的逻辑是一致的。也就是说,《五杂组》代表着一种典型的思维类型,一旦弄懂了它,就可以举一反三地考察当时及其前后的类似的思维方式。

---

① 谢肇淛著:《五杂组》,1608 年版,李维桢监刻,台北:新兴书局 1971 年版,以下简称 *WZZ*。引文均出自 1608 年原版的摹本,用的是现代页码。

继前一章之后,读者诸君需要努力调整一下阅读的时间范围。此时我们所进入的这个世界早已发生了中古经济革命,经历了数百年的中国式的前现代经济增长,人们熟悉木版印刷也已有 750 多年,而这个世界由通过竞争性考试而非门第和军功选拔出来的官僚所统治,并养成了使学术成就日益系统的习惯。

370    至于谢肇淛的《五杂组》,虽有趣却系草草写成,因而未臻思想成就的高峰。之所以考察它,是因为它显示了大部分中国原始科学思维类型的长短之处及其与环境的关系。最重要的是,它迫使我们直面观察问题。这一时代,中国人实际*看到*的世界在什么方面与我们现在所见的有所不同?他们往往又是如何未加思考而草率地臆断人人都看到了,并且总是会看到?

这种问题不像表面上看起来的那样平淡无奇,它可以生动地加以说明。比如谢肇淛,一个理智、冷静、务实而有学问的人,显然还是个老练的观察家,为什么这样一个人有时也会声称见到了龙?是龙啊。他甚至偶尔还会与*其他人一起*看到龙,而且同意那些人的说法,说他们所有人都亲眼目睹了龙。当然,自中世纪的欧洲开始,这种现象也屡见不鲜。中世纪博学、理智的欧洲人有时也相信他们看到了奇迹,至今某些地方甚至还会有这类事情发生。

注意,我们现在所讨论的是*观察*而非信仰。因为基于无法解释的常识,我们往往以为观察是信仰的基础,一旦想到信仰有时候会反过来影响观察时,可能就会令我们产生不安。而龙的问题是必须认真地加以对待的。它为中国以及受中国影响的社会所独有,成为其文化上特有的自然奇葩。①

现代科学已发展到了旷古未闻、归于一尊的程度,因此,也就祛除了像"龙"这类非真实存在的问题。现代科学所强调的重点,是逻辑的严密

---

① 这里所说的是中国的水生品种,它有呼风唤雨的奇特力量;而不是西方的那种龙,它与火相联,其栖息地通常是山洞,而非中国龙常常出没的幽潭或深海。

与量化,超越五花八门之现象所作的大量形式化的内在一致的解释,对信息的公开记录,对自己提出的假说所进行的常规化的试验性的漏洞检测,及其不断的自我反省——即使这个假说依照它自己的天才人物来看是真实的,也要这么做。然而,即便到了今天,我们在某些地方依然可以看到我们自己的"龙",只是可以说,这种可能性比曾经发生的要小。但这并不意味着这种可能性不存在,或者可以不存在。就此而言,谢肇淛的这部奇特的杂集既有历史意义,也有现实意义。

## 思想背景

正如西方近代早期的科学和准科学既有古代的也有中世纪的思想系谱,谢式科学也一样。例如,中国早期有汉代的王充[①]和宋代的沈括[②]这样的思想家,他们涉猎过谢肇淛所考察的主题,在方法上有时与他也有共通之处。而指出谢氏的著作在某些方面与他们的不同,也许不无裨益。

王充著述的论辩模式比谢氏的更有章法,他旨在确立某种先验理论的地位,尤其是认为天地万物自然无为,还认为汉代的阴阳五行说站不住脚。《论衡》中的一段文字能说明其风格:[③]

> 夫天地合气,人偶自生也;犹夫妇合气,子则自生也。夫妇合气,非当时欲得生子,情欲动而合,合而子生矣。且夫妇不故生子,以知天地不故生人也。然则人生于天地也,犹鱼之于渊,虮虱之于人也。

---

[①] 王充著:《论衡校释》(汉),4 卷,黄晖校释,台北:商务印书馆 1964 年版,以下简称 *LHJS*。

[②] 沈括著:《梦溪笔谈》,宋代;胡道静校注:《新校正梦溪笔谈》,香港:中华书局 1975 年版,以下作 *MQBT*,附有现代页码。毕来德等:《沈括(1031—1095 年)的〈梦溪笔谈〉》,《亚洲研究》,1993 第 3 期[J. F. Billeter, *et al*, "*Florilège des Notes du Ruisseau des Réves* (Mengqi bitan) de Shen Guo (1031—1095)", *Études Asiatiques* XLVII, 3 (1993)],该文对沈括的思维方式做了目前所见的最合适的解释。

[③] 《论衡校释》,第 136—143 页。

如天故生万物,当令其相亲爱,不当令之相贼害也……

或曰:欲为之用,故令相贼害;贼害相成也……不相贼害,不成为用。金不贼木,木不成用;火不烁金,金不成器……含血之虫,相胜服,相啮噬,相啖食者,皆五行气使之然也……

曰:天生万物,欲令相为用,不得不相贼害也;则生虎狼蝮蛇及蜂虿之虫,皆贼害人,天又欲使人为之用耶……

凡万物相刻贼,含血之虫则相服,至于相啖食者,自以齿牙顿利,筋力优劣,动作巧便,气势①勇桀……夫人以刃相贼,犹物以齿角爪牙相触刺也……故战有胜负,胜者未必受金气,负者未必得木精也[五行说似乎认为,金,有如斧中铁,据信能克木]。

这段文字的论辩环环相扣,为有关世间万物之非道德性质的精确认知所激发,与谢肇淛的不太系统的收集法大异其趣。虽然谢氏比王氏更不喜欢五行说,但他对五行说的质疑、嘲讽和取笑只是泛泛而论,凭经验考量,思想杂乱无章。

沈括的《梦溪笔谈》与谢氏的《五杂组》相近,几乎也是一个糅合了学术、历史、博物和文学的杂烩,还包括一些*奇闻轶事*,②如彩虹入溪涧饮水③和其他神奇之事。④ 书中随处可见以模型论说的例子。譬如,他用粉末将一颗银球的一半涂上,并旋转它来显示位相,以此证明月形如球。然而,这种比照只限于形状,因为人们虽然公认月亮是个反射体,但却认为它似气,有形而无质。这一点是必不可少的,从而当日月在天空相遇

---

① 正如第 493 页第 42 注所解释的,《论衡校释》第 145 页有"势"与"力"的比较。王充指出,牛马之"力"大于蚊虻,但因蚊虻所困,"势"不如蚊虻。

② 白莱尼、桀溺、马若安和德·维克拉威:《沈括与科学》,《科学史评论》,1989 年第 4 期[J. C., Brenier, J. P. Diény, J. -C. Martzloff, and W. de Wieclawik, "Shen Gua (1031—1095) et les sciences," *Revue d' histoire des sciences* XLII. 4 (1989)],第 339—340 页,该文质疑近来关于沈括的学术研究,说道:"这样的一部著作,其风格,其结构,及其折衷的学说表明,它明显地像是一般的文学作品,怎么与科学扯上了关系呢?"

③《梦溪笔谈》,第 209 页。

④《梦溪笔谈》,第 197 页及以下部分等。

时,才会避免"相碍"。① 沈括可能还是一位敏锐的观察家,能够想象出某一景观形成的方式和历史:②

> 予奉使河北,边太行[东北部]而北,山崖之间,往往衔螺蚌壳及石子如鸟卵者,横亘石壁如带。*此乃昔之海滨,今东距海已近千里。所谓大陆者,皆浊泥所湮耳* …… 凡大河、漳水、滹沱、涿水、桑乾之类,悉是浊流。今关、陕以西[即现代陕西],水行地中,不减百余尺,其泥岁东流,皆为大陆之土,此理必然。

沈括相信"物之变化",将其视为五行说的某些方面的证明,如某处泉眼的水,煮沸之,则淀析出铜矾,再"烹",则会产出铜;还有石洞中的水,滴下来会生成为钟乳石和石笋。③ 他的一位亲戚的徒弟曾因吞下一块用"丹"炼制长生不老药所留下的残渣而死,他得知此事后说道:"以变化相对言之,既能变而为大毒,岂不能变而为大善? 既能变而杀人,则宜有能生人之理。但未得其术耳。以此知神仙羽化之方,不可谓之无,然亦不可不戒也。"④ <sup>373</sup>

他的一位朋友曾召问一女巫,其法力也曾令他信服。他发现,由于女巫对"人心中萌一意"皆能知晓,所以"虽在千里之外"的人间之事她也可以知晓。但当"漫取"一把棋子来问其数,由于问者自己未点数目,所以她也说不准,因而不能显示其神力了。⑤

---

①《梦溪笔谈》,第 83 页。马克·卡利诺夫斯基:《中国宇宙学中对天体半径的计算》,《科学史评论》,1990 年第 1 期[M. Kalinowski, "Le Calcul du rayon céleste dans la cosmographie chinoise," *Revue d'histoire des sciences* XLIII. 1(1990)],第 32 页,说:"中国的宇宙学家从仪器模型中获得宇宙形象,并以此为基础来建构其理论。星图、天球仪和浑天仪,对他们来说似乎即是小型的宇宙模型。"

②《梦溪笔谈》,第 237 页。

③《梦溪笔谈》,第 249 页。

④《梦溪笔谈》,第 238 页。

⑤《梦溪笔谈》,第 198 页。这里译作"random"的词是"漫",有"随意"和"任意"的意思。前面提到过,"*go*"是"中国围棋",在纵横十九道的棋盘上用黑白子对弈。

他常常颇感兴趣的，是我们称之为"科学"现象背后的*道德蕴涵*。①因此，在讨论凹镜对影像的倒立时，他假定"橹臬、腰鼓"与凹镜一样，其倒立成像的焦点为"碍"，最后他论道：②

> 岂特物为然，人亦如是，中间不为物碍者鲜矣。小则利害相易，是非相反。

在确定证据是否有效的问题上，他的兴趣比谢肇淛的还小，但他们都同样相信数学的关键作用，以及五行生数在宇宙造化中的中心地位；同时也都意识到了阐明数理的难度，甚至认为这是不可能的。沈括不但是一位制定历法和制作刻漏的专家，而且是一位占星家，用他自己的话说，他多年来都在"占天候景"。③尽管如此，他却认为人类不能完全掌握这种星象数理之学：④

> 世之谈[决定命运的]数者，盖得其粗迹。然数有甚微者，非特历所能知，况此但迹而已，至于感而遂通天下之故者，迹不预焉。此所以*前知之神*，未易可以迹求，况得其粗也。

374

> 予之所谓甚微之迹者，世之言星者，恃历以知之，*历亦出乎亿而已* …… 治平（北宋时宋英宗赵曙的年号，作者误拼为"Yeping"。——译注）[1064—1067]中，金、火合於轸…… 凡十一家大历步之，悉不合，有差三十日以上者，*历岂足恃哉* ……

> 又一时之间，天行三十余度，总谓之一宫。然时有始末，岂可三十度间阴阳皆同，至交他宫则顿然差别……殊不知一月之中，自有消长，望前月行盈度为阳，望后月行缩度为阴，两弦行平度。至如春木、夏火、秋金、冬水，一月之中亦然。不止月中，一日之中亦然……

---

① 白莱尼等：《沈括与科学》，第347—348和350页，认为沈的"科学"，"完全是经世致用的"，"对追求真理本身不感兴趣"。
②《梦溪笔谈》，第38页。
③《梦溪笔谈》，第81页。
④《梦溪笔谈》，第78—79页。

*安知一时之间无四时？安知一刻、一分、一刹那之中无四时邪……*

　　*又如春为木，九十日间，当蚩蚩消长，不可三月三十日亥时属木，明日子时顿属火也。似此之类，亦非世法可尽者。*

　　在对古老的五行玄学的把握上，沈氏似乎比谢氏更坚定，但二人都感到，天地万物终究是不可知的。

　　《五杂组》松散分类的剪贴簿格式及其名称，大概都受到了唐代段成式所编的《酉阳杂俎》的启发。[1]《酉阳杂俎》是一部大杂烩，内容包括相对可信的历史轶事与见闻、仙佛的神秘事迹、奇异古怪的"自然现象"、曼德维尔式的异域"风情"，以及对当时社会风俗的如实记载。简单举几个例子。其中记载，唐太宗蔑视祥瑞，因此下令捣毁皇家寝殿旁的一个白鹊巢；[2]僧人一行借助一面来自皇宫内库、其鼻盘龙的古镜祈雨；[3]岭南有飞头者，到了夜晚，其头脱身而飞去；[4]士大夫之妻多悍妒者，婢妾小不如意，则烙其面；[5]有虎能令尸体起立自解衣服，然后吃掉它；[6]唐代之前缺乏对牡丹的审美情趣。[7] 他偶尔也会关注一下分类系统，比如依据所食之物对动物加以分类等。[8]

　　段成式的著作与谢肇淛的不同之处在于，段氏几乎从不试图去评断某个传闻的真伪。略举其中一例。它说的是僧一行幼时家贫，有老妇接济过他，老妇之子杀人后被问罪，最后，一行救了他。据说一行用计使北斗七星消失，然后将化为七头猪的七星捉住，藏了起来，在说服皇帝宣布大赦以回应上天的警示后，他便每晚放归一星。在故事的末尾，段氏说，

375

① 段成式著：《酉阳杂俎》(唐代)，文渊阁《钦定四库全书》重印，第 1047 卷，台北：商务印书馆 1983 年版，第 637—768 和 769—835 页。
② 段成式著：《酉阳杂俎》，第 639 页。
③ 段成式著：《酉阳杂俎》，第 666 页。
④ 段成式著：《酉阳杂俎》，第 669 页。
⑤ 段成式著：《酉阳杂俎》，第 688 页。
⑥ 段成式著：《酉阳杂俎》，第 742 页。
⑦ 段成式著：《酉阳杂俎》，第 760 页。关于这一点，也可参见本章"谢氏其人"这一节的最后部分。
⑧ 段成式著：《酉阳杂俎》，第 737 页。

他发现此事"颇怪",但是"大传众口,不得不著之"①。

这类故事提醒我们,如果以为许多中国人在论述现象时都怀着冷静的现实主义和精确的原科学式的洞见,并将其作为认识帝制时代文化的综合指南,这在某种程度上就会出现南辕北辙的结果。

## 谢氏其人

谢肇淛原籍福建,16世纪中叶的某个时候生于杭州。他在科举考试中中过进士,出任过工部屯田司员外郎,对水利、云南省以及其他主题多有撰述。② 人们往往将《五杂组》视为一部奇闻怪事录,其中一些内容读起来津津有味,如:有两性同体者,能用阴阳道交欢;有能踢死老虎的骡子;有吞食小儿因而臭名昭著的麻叔谋;还有人鬼交易的鬼市等。③ 这些内容是体现此书感染力的一部分,读起来还是很有趣的,但是若据此认为谢氏不过是一位趣闻轶事的编纂者,那就领会不了他的良苦用心。④他的目的之一是要证明宇宙的复杂性,它远非宋代新儒学简单地祈求的"理"⑤所能囊括,也不是传统的玄学所能规约的:⑥

萧丘[方位不明]有寒焰,洱海[在西南部]有阴火,又江宁县[在东部]寺有晋时常明灯,火色青而不热,天地间有温泉,必有寒火,未可以夏虫之见论也[谁能不相信冬天会结冰]。

376

---

① 段成式著:《酉阳杂俎》,第643—644页。
② 方宾观等编:《中国人名大辞典》,第1056页。
③《五杂组》:分别见于第389、766、381和258—259页。
④ 正如福建历史学家傅衣凌所做的那样,这部著作有时候会被当作一种社会史和经济史资料来加以引用。参见他的《明清农村社会经济》,北京:三联书店1961年版,第155—156页,或者他的《明代江南市民经济试探》,上海:上海人民出版社1963年版,第44页,脚注第94。
⑤《五杂组》:第14—15页。
⑥《五杂组》:第160—161页。甚至在18世纪中期,某些英国科学家还对诸如"水或冰生火"之类的现象充满了好奇。参见巴什拉著:《科学精神的形成》(G. Bachelard, *La Formation de l'esprit scientifique*, 3rd edn, Vrin: Paris, 1957),第3版,巴黎:弗林出版社1957年版,第35页。

对于某些论断的真伪问题,他十分着迷。

这种关注最先集中于历史,而他自七八岁就开始读史书。[1] 他凭自己的经验意识到,历史记载可能因相关各方的压力而被歪曲:[2]

> 尝预修郡志矣,达官之祖父,不入名贤不已也;达官之子孙,不尽传其祖父不已也。至于广纳苞苴,田连阡陌,生负秽名,死污齿颊者,犹娓娓相飏不置,或远布置以延誉,或强姻戚以祈求,或挟以必从之势……强者明掣其肘,弱者暗败其事。及夫成书之日,本来面目,十不得其一二矣。嗟夫,郡乘若此,何有于国史哉?

谢氏不为文字记载所迷惑。他也意识到了历史编撰的选择性问题,这可以从他有关梦多能"验"的讨论中看出来:[3]

> 今人见纪载中所纪之梦多验……夫人无日不梦,验者止此[所记载的很少],则不验者不可胜数矣。

谢氏常常对史实及解释持怀疑态度,当然,他偶尔也会令人难以置信地轻信一些事情。他还怀疑史家有时会无中生有,因此他认为,"客星[一颗新星]犯帝座,*此史官文饰之词耳*[以表示他们对皇帝宠臣的不悦],*未必实也*。"[4]他以同样的态度看待历史编撰中对征兆所做的篡改:[5]

> 自《汉书·五行志》[6]以某事属某占,至今仍之。然史氏既事而言,言之可益;司天氏未事而言,言多不验。

最后,他认为,人们若笃信不疑,则可能以为幻觉即真。下面这则轶事即可为证:[7]

376

---

① 《五杂组》,第 1116—1117 页。
② 《五杂组》,第 1103—1104 页。
③ 《五杂组》,第 1080—1081 页。
④ 《五杂组》,第 21 页。
⑤ 《五杂组》,第 30 页。
⑥ 公元 1 世纪编纂。
⑦ 《五杂组》,第 51 页。

吾友孙子长少年美皙，七夕之夜，感牛女之事，为文以祝之……忽如梦中，为女仙招致琼楼玉阙，殊极人间之乐，七日始苏。时皆笑以为妄。余谓非妄也，魅也。人有邪念，祟得干之，就其所想，以相戏耳[处于梦幻之中]。

与对文献资料和口耳相传信息所持的这种怀疑态度相抵的，是他乐于思考的开明思想，正如他论及有关唐末的一场大冰雹的记载所反映的，"其言似诞，然宇宙之中恐亦何所不有[在某处]。"有一冰块据说"高与寺楼等"，经一月乃溶化。[1] 下面的文字体现了他的基本态度：[2]

人死而复生者，多有物凭焉。道家有换胎之法，盖炼形驻世者，易故为新，或因屋宅破坏，而借它人躯壳耳。

此事晋唐时最多，《太平广记》[3]所载，或涉怪诞，至史书《五行志》所言，恐不尽诬也。

其最异者，周时冢，至魏明帝时[公元5世纪末]开，得殉葬女子犹活。计不下五六百年，骨肉能不腐烂耶？温韬、黄巢发坟墓遍天下[分别在10世纪初和9世纪末]，不闻有更生者。史之记载亦恐未必实矣。

谢氏很重视自己对现象的观察，这从下面两段文字中可以看出来：[4]

蜀有火井[5]，其泉如油，热之则然。……又有不灰木，烧之则然，良久而火灭，依然木也。此皆奇物，可广异闻（鲁孔林闻亦有不灰木，取以作炉，置火辄洞赤，但余未之见耳）。

闽中郡北莲花峰下有小阜，土色殷红，俗谓之胭脂山。相传闽越王女弃脂水处也。环闽诸山无红色者，故[该省当地人]诧为奇

---

① 《五杂组》，第 74 页。
② 《五杂组》，第 397 页。
③ 10 世纪末李昉与他人合作编纂。
④ 《五杂组》，第 317—318 页。
⑤ 参见第四章，第 66 和 68—69 页。

耳。*后余道江右，贵溪、弋阳之山无不丹者……因思楚有赤壁……* [其他这样的例子我并未亲眼得见]，*想当尔耳*。

谢氏的意思是说，人们往往只对他们不习惯的事物表现出惊奇或怀疑：[1]

万历己卯[1579 年]，予从祖……以大行往[出使琉球国]，至中流，飓风大作，雷电雨雹一时总至，有龙三，倒挂于船之前后，须卷海水入云，头角皆现，腰以下不可见也。舟中仓皇无计，一长年曰："此来朝玺书耳。"令扶使者起，亲书"免朝"示之，应时而退。天子威灵，百神效顺，理固有不可诬者。*若非亲见，鲜不以为妄矣*。

这就是说，除非有极其明显的相反证据，否则我们通常所见的，即是我们期望看到的东西。在描述这次经历的另一段文字中，谢氏说，龙"倒垂云际，距水尚百许丈，而水涌起如炊烟，直与相接。人见之历历可辨也。"[2]显然，他所重视的，是通过直接观察而确认的事实。[3] 在别的地方，他还说：[4]

至后[冬天]雪花五出，此相沿之言。然余每冬春之交，*取雪花视之*，皆六出，其出五者，十不能一二也，*乃知古语亦不尽然*。

毋庸置疑。

## 玄学基础

"理"和"气"这两种观念是谢氏思想的基础，当然他对二者都有所限定。

---

[1]《五杂组》，第 360—361 页。

[2]《五杂组》，第 272 页。

[3] 弗兰西斯·培根(Francis Bacon)用自己的亲身经历证实，去掉油脂的熏肉经过大约 7 个月的腐烂后，可用来治疣子。参见巴什拉著：《科学精神的形成》，第 146 页。

[4]《五杂组》，第 127 页。

首先,他认为天地万物是永存的,即使仅仅作为某种潜在之物,也是存在的:①

> 不知天地未生时,此物[我们今天所经历的那种]寄在甚麼处……未有天地之时,混沌如鸡子。然鸡子虽混沌,其中一团生意,包藏其中,故虽历岁时而字之,便能变化成形。

> 使天地混沌时无这个道理包管其中,譬如浊泥臭水,万年不改,又安能变化许多物事出来?

380 可见,他主张——就像我们可能会说的,无中不能生有;之前的任何空间里都有可能包含了潜在之物,或因后出现了实体而先必定有潜在之物。

谢氏还在虚实之间作了区分:②

> 夫理者,天之主宰也,而谓理即天,终恐未是。理者虚位,天者定体。天有毁坏,理无生灭。

在别处,他强调,"理须有寄寓,如火传于薪,薪尽则火灭矣。"但他又似乎略带讽刺地继续说道:"谓火非薪亦可,谓薪即火亦可,谓薪尽而火存亦可,谓薪火相终始亦可,不必更著一语也。"③

在关于宅第周围植树的讨论中,出现了"理"的内容:④

> 北人于居宅前后多植槐柳之类,南人即不尔,而闽人尤忌之。按桑道茂云:"人居而木蕃者去之,木蕃则土衰,土衰则人病。今人忌之以此。"然术士之谈,何足信也?土必膏沃而后草木蕃,岂有木盛土衰之理乎?

他对古老的五行论不屑一顾,因为它通常都不适用。他认为,公元前1世纪末,刘向父子将原来的灾异说推而广之,以致"天地万物动植,

---

① 《五杂组》,第11—12页。
② 《五杂组》,第13页。
③ 《五杂组》,第1059—1060页。
④ 《五杂组》,第810—811页。

无大小"皆能以之附会。还有，①

> 至求其征应而不得，则又以五事②强合之，而凡上下贵贱，食息
> 起居，无大小，皆比其类而附之于五事，虽宇宙之理，似不过是，而其 381
> 迁就穿凿，亦已甚矣……

> 历代国史相沿为五行志，至于日月薄蚀，星辰变故，灾异之大
> 者，则又属之天文，岂阴阳与五行有二理耶？而风雨雷电又岂非天
> 文之属乎？其说愈刺缪而不通矣。

反对穿凿附会，如同坚持天地自然无为这条独特的自然法则一样，
皆是明智之举。

然而，"天"并非纯粹的自然之物，它有知有觉，并因应着道德关怀：③

> 天，积［密度相当低］气尔，此亘古不易之论也。夫果积气，则当
> 茫然无知，混然无能，而四时百物，孰司其柄？生死治乱，孰尸其
> 权……

> 然而惠迪从逆，捷如影响，治乱得失，信于金石，雷击霜飞，人妖
> 物眚，皆非偶然者也。

道德因果方面的事情我们稍后再看。其实，谢氏在考察具体问题时
往往对此避而不谈；即便提到时，也常常会让人暗自觉得似是而非。例
如他在谈到"穷奇"时说道："莫恶于穷奇［食善人不食恶人］。"④

谢氏也认为，宇宙中存在着"理"所不能解释的事项，这从他对宋代
新儒学的批评中可以看出来：⑤

> 象纬、术数之学，圣人所不废也。舜以耕稼陶渔之夫，一旦践帝
> 位，便作璿玑玉衡以齐七政［日，等等］，则造化之理固尽在圣人橐籥 382

---

① 《五杂组》，第155—156页。
② 貌、言、视、听、思。
③ 《五杂组》，第14页。
④ 《五杂组》，第709页。
⑤ 《五杂组》，第14—15页。

中矣。后世如洛下闳[汉代的历法家]、僧一行[唐朝的观测家和计算者,推算出子午线纬度一度之长]、王朴[10世纪中叶的历法家]之辈,冥思精数,亦能范围天地,浑仪倚盖,旋转不差,黍管葭灰,晷刻靡爽,亦奇矣。至宋[新]儒议论,动欲以理该之。噫,天下事理之所不能尽者多矣,况于天乎?

谢氏在别处还说道:"所谓极其至,虽圣人亦有所不知也。"[1]也就是说,宇宙具有根本不可知的特性。

每一现象皆有其自身的特殊之理,而"理"在概念上是极其微小、不再可分的单位。换言之,"理"可以直观地*仅仅作为一个整体*来加以理解,不必区分任何组成部分。每一现象之"理"又是单独发挥作用的,这意味着,它与其他之"理"无任何严格意义上的结构性关联;即使有,可能也只是许多"理"的内部以某种松散形式存在的相互协调或冲突。"理"的这两个特性,即*概念的不可再分性*和*作用的单独性*,成为了一种障碍,使中国人不能通过仔细观察"理"发展出一种分析方法,因而没有足够的动力来推动现代科学思维方式的产生。

有两个例子将会印证这些论断。第一个涉及地震:[2]

> 闽、广地常动,浙以北则不恒见,说者谓滨海水多则地浮也。然秦、晋[在西北部]高燥无水时亦震动,动则裂开数十丈,不幸遇之者,尽室陷入其中。及其合也,浑无缝隙,掘之至深而不可得。王太史维桢实遭此厄。则闽、广之地动而不裂者,又得无近水滋润之故耶?然大地本一片生成,而有动不动之异,*理尤不可解也*。

第二个例子是关于暴雨、反常的洪水和山崩的:[3]

> 闽中不时暴雨,山水骤发,漂没室庐,土人谓之出蛟,理或有之。

---

① 《五杂组》,第13页。
② 《五杂组》,第301—302页。
③ 《五杂组》,第304—305页。

大凡蛟蜃藏山穴中，岁久变化，必挟风雨以出，或成龙，或入海。闽乌石山下瞰学道公署，数年前，邻近居民常见巨蟒，长数百尺，或蹲山麓，或蟠官署舣棱之上，双目如炬。至己酉［1549 年？］秋八月，一夜，大风雨，乌石山崩，自后蟒不复见云。

在这种情形下，乞灵于龙，将它作为成事之"理"，显然被认为是合理的、恰当的。

然而，有时候"理"几乎象征着某种秘术。对此，谢氏坚定地予以探寻：[1]

杭州有猢狲，能变化，多藏试院及旧府内。然余在二所尝独处累月，意其必来，或可叩以阴阳变化之理，而杳不可得。

有一种"理"他的确看到了，但却又让他困惑不解，这即是支撑鹳鸟筑巢的"理"：[2]

羽族之巧过于人，其为巢，只以一口两爪，而结束牢固，甚于人工，大风拔木而巢终不倾也。

余在吴兴见雌雄两鹳，于府堂鸱吻上谋作巢，既无傍依，又无枝叶，木衔其上辄坠。余家中共嗤笑之。越旬日而巢成矣。鹳身高六七尺，雌雄一双伏其中，计宽广当得丈余。杂木枯枝，纵横重叠，不知何以得胶固无恙？此理之不可晓者。

在这些段落中，"理"变成了一个"黑匣子"，其中隐含着引人注目之物，但却不能一探究竟。不过，既然一个旧鸟巢可以很容易被摘下、检查并拆开，这就特别耐人寻味了。

甚至可能存在一种倾向：当缘由模糊不清时，"理"恰好派上用场。因此，谢氏在注意到（并非十分准确）江南没有蝗虫后，便补充道："此理之不可晓者。"[3]当他觉得自己确实知晓缘由时，他就更倾向于用"故"

---

[1]《五杂组》，第 719 页。
[2]《五杂组》，第 741—742 页。
[3]《五杂组》，第 769 页。

384

这样的词,其意思可能要么是"理由",要么是"因此"。于是他写道:①

> 蚊盖水虫所化,*故*近水处皆多。自吴越[长江下游三角洲地区和杭州湾]至金陵[南京]淮安一带,无不受其毒者,而吴兴、高邮、白门尤甚。盖受百方之水,汊港无数*故*也。

他明白了其中的关联,而不是原因。

另外一个关键概念"气"有时在前文中被译成"物质—能量—活力"(matter-energy-vitality)。虽然译过头了,但它还是保留了最初的"气息"蕴含。在上面的一段引文中,②人们认为"气"本身是"茫然无知,混然无能"的。"气"可能附着了某种类似道德上的善业或恶业的东西,不过它是无知无觉的。大体而言,"气"带有作为生命的力量或气息的含义。这一点从谢氏对曾经所谓的"无种而生"的讨论中可以清楚地看到:③

385
> 天地间气化形化,各居其半。人物六畜,胎卵而生者,*形化者也*。其它蚤虱、蟫蠹、科斗、蚯蚓之属,皆无种而生④,既生之后,抱形而繁,即殄灭馨尽,无何复出。盖阴阳氤氲之气,主于生育,故一经熏蒸酝酿,自能成形⑤,盖即阴阳为之父母也。

稍后,他记录了广为流传的一种观念:虱子会离开久病将死之人,因为"其气冷也"。⑥ 在讨论马骡和驴骡的区别后(他认为前者是神骏,后者是贱畜。——译注),谢氏将其评论延伸到人的身上:"可见人物禀气于

---

① 《五杂组》,第 773 页。

② 《五杂组》,第 14 页。

③ 《五杂组》,第 780 页。

④ 字面意思是"种子"。

⑤ 在其他地方(《五杂组》,第 161—162 页),谢氏谈到五行之气"受形"后有不同的特性:水"最微",其灭形也最速;土最"重大",而其形"永不耗"。但他并未就"形"作一般的讨论。

⑥ 《五杂组》,第 783 页。加斯东·巴什拉引用 18 世纪一封信的观点说,"电"最好被称为"活力"(vivacity)。这封信的作者还说:"我们通常看到年轻人比老年人有更多我们称之为'火与活力'的东西……现在,如果将动物的生命也同样归因到电火的话,那么就不难想象让老人与小孩睡在一起的危险了:由于老人身体所含的这种火比年轻人少,那么毫不奇怪他会从后者身上吸取一些这样的东西,年轻人的身体就会失去其自然力量,而陷入衰弱状态。经验已证实这种状况。"重译自巴什拉著:《科学精神的形成》,第 154 页。

父，不禀气于母也。"①他还认为，疾病也可由气传播，即作为某种疫气而游动。②

地气影响了植物与树木的生长。③ 近海旁有云气笼罩山间，有龙睡于其下。④ 并且，气还激发了以古代某位著名杰出人物为特征的具有公德心的拨乱反正活动。⑤ 也许，对于气与生命力之间最明显的联系的阐述，出自一个开篇即讨论死者是否"有知"的段落。他在这里认为，死者有知还是无知，二者皆难以思议；紧接着，又对鬼神的有无问题做了同样的评论。然后他继续说道："人得天地之气以生，及其死，而气尽矣"⑥。在他看来，人分上、中、下，气的质量决定了人的品质。

因此，"气"这一概念变化多端。它可以是宇宙的基本物质，或凝结，或稀疏，因而呈现出不同的形态；也能成为显示其他属性或现象——例如公德心与疾病的媒介。在讨论哪种水最适合沏茶时，谢氏青睐"山水"，但认为它必须在"近人村落"处，否则，"若深山穷谷之中，恐有瘴雾毒蛇，不利于人，即无毒者，亦能令人发疟。盖其气味与五脏不相习也。"⑦最后，气还可以是生命的直接源泉。气以这种或那种形式弥漫于宇宙之中。万物因气而相联，理则往往使之相分割，相区别："天地间只是一气耳。"⑧

"气"的结构也会引起令人困惑的问题。在谢氏所说的怪诞故事里，说到彩虹有饮食习惯，饮干了井水，并吃筵席。他论道："夫虹乃阴阳之气，倏忽生灭，虽有形而无质，乃能饮食，亦可怪矣。"⑨

这里所概述的两种基本观念都无助于精确的论证。它们用以解释

---

① 《五杂组》，第 714 页。
② 《五杂组》，第 515 页。
③ 《五杂组》，第 801 和 820 页。
④ 《五杂组》，第 874 页。
⑤ 《五杂组》，第 859 页。
⑥ 《五杂组》，第 666—667 页。
⑦ 《五杂组》，第 226—227 页。喝"近人村落"处的"山水"难道可获得对微生物的免疫力？
⑧ 《五杂组》，第 297—298 页。
⑨ 《五杂组》，第 56 页。

的过多,也就什么都解释不了。当然,与其他的思想观念,譬如五行论一起,它们还是有助于人们在感知以后形成概念。谢氏的有趣之处在于,他明显地感到了所有这些概念的不足,有时也会短暂地摆脱它们,但却无法决然地弃之不顾。

## 探寻客观存在

《五杂组》背后的一个动机即是探寻客观存在,谢氏是通过可靠的观察来强调这一问题的。因此,在讨论龙的时候,他先是指出龙有九似,角似鹿,头似驼,眼似鬼,项似蛇,腹似蜃,鳞似鱼,爪似鹰,掌似虎,耳似牛;之后,他补充道:"然龙之见也,皆为雷电云雾拥护其体,得见其全形者罕矣。"①不过,书中有某种证据证明龙的存在:②

> 万历戊戌[1598年]之夏,句容③有二龙交,其一困而堕地,夭矫田间,人走数百里竞往观之,越三日风雷挟之而升。

387 　　他还提到一位官员在治理黄河下游时发现一张龙蜕,长数十尺,"鳞爪鬐角毕具",其骨则"坚白如玉。"④难道是恐龙化石不成?

其他的证据则不那么直接。例如,书中提到,公元8世纪初,有凤凰追逐两条龙至华阴(作者拼成了"Huaiyin"。——译注)附近,龙堕地后化为两道清泉。"其一为凤爪伤流血,泉色遂赤"⑤。

谢氏理所当然地认为有龙存在。"龙虽神物,然世常有之,人罕得见耳。但以一水族而云雨、雷电、风雹皆为之驱使,故称'神'也。"⑥龙各有地盘,分界而行雨,这样,某地可能有甘霖降下,其附近却半点雨星未见。⑦

---

① 《五杂组》,第692—693页。
② 《五杂组》,第694页。
③ 在东南部的宁波附近。
④ 《五杂组》,第694页。
⑤ 《五杂组》,第696页。
⑥ 《五杂组》,第697页。
⑦ 《五杂组》,第693页。下一章中将会讨论一个截然不同的看法。

因为龙性淫，"无所不交"①，所以龙的种类颇多，结果，杂种增生。中国南方有善致雨者，在祈雨活动中也利用"龙性淫"的特点，"幕少女于空中，驱龙使起，龙见女即回翔欲合，其人复以法禁，使不得近，少焉，雨已沾足矣。"②

谢氏对狐怪同样持一种实事求是的态度，并肯定地告诉我们，"今京师住宅，有狐怪者十六七，然亦不为患。北人往往习之，亦犹岭南人与蛇共处也。"③在南方浙江省的金华，有三岁多的家猫，它们也能迷惑人，因此他告诉我们说，"不独狐也。"④

谢氏毕竟还是一位老练的观察者，对诸如福建人所认为的猫头鹰会带来晦气这类迷信想法，常常嗤之以鼻："云是城隍摄魂使者。城市屋上，有枭夜鸣，必主死丧。然近山深林中亦习闻之，不复验矣。"⑤这样，若非亲眼得见，他往往会心生疑虑："昔人谓其（指鹗，作者译为"fish-hawk"。——译注）吐而生子，未必然也。又鸬鹚亦胎生，从口吐出。此屡见诸书者，而未亲见之。"⑥他自己曾玩过无刺、不会螫人的蜜蜂，因此它们真实可信。⑦另一方面，他又相信岭南有关人面蛇的传闻："知人姓名，昼则伺行人于山谷中，呼其姓名，应之，则夜至杀其人。"⑧

388

这即是问题所在：谢氏缺乏一套易于系统地确立事实并怀疑谬误的程序。这样，虽然他可以在论述中表现出较高的逻辑水平，但却没能取得有效的进展，因为他所认定的客观存在往往并不存在。

"客观存在"是欧洲文化所创造的一个复杂概念，形成于 17 世纪，在前现代中国，这一概念并不著名。在这个意义上，我所说的"客观存在"，

---

① 《五杂组》，第 696 页。
② 《五杂组》，第 692 页。
③ 《五杂组》，第 716 页。
④ 《五杂组》，第 719 页。
⑤ 《五杂组》，第 732—733 页。
⑥ 《五杂组》，第 735 页。鸬鹚（*Phalacrocorax capillatus*）并非胎生。
⑦ 《五杂组》，第 776 页。
⑧ 《五杂组》，第 788 页。

指的是这样一种过程:对世界上察觉得到的某种情况加以陈述,这一陈述要公开记录下来并易于采用,陈述的背景则是对证据进行系统的评估,以证明其作为真相的基本可能性,并经得起继续公开的查考与再评估,而结果与证据也都得登记在册,以备使用。其实,中国已相当接近这一情形了,所欠缺的主要是继续的公开查考以及对结果的传播。换句话说,即缺乏一种反馈过程。在西欧,"客观存在"这一概念在推及自然现象和实验室之前,最初产生于法庭庭审实践。它依赖于书刊的公开记载,以及学会、大学、博物馆和其他此类机构的思想交流。① 中国有印刷书籍,唐宋时有国子监之类的机构,宋及宋以后还有地方"书院",但这一复杂概念的其他内涵却大都缺失。② 我们甚至可以推测,这种意义上的"客观存在"需要一种集体的精神规训,以便将它带入诺贝特·埃利亚斯(Norbert Elias)所描述的"文明的进程"③。就这里所用的特定术语而言,说帝制晚期的中国不熟悉"客观存在"概念,这一说法并不过分。

另一不太明显但却同样重要的东西对中国来说几乎也是缺失的,这即是"规划",一种系统性的集体工作计划。17、18世纪的考据学是个例外。④ 奇怪的是,谢氏有那么多的朋友和熟人,但他却从来没想过将他们

① B. 夏皮罗著:《17世纪英格兰的概率与确定性:自然科学、宗教、历史、法律与文学之间的关系研究》,新泽西州,普林斯顿:普林斯顿大学出版社1983年版(B. Shapiro, *Probability and Certainty in Seventeenth-Century England: A Study of the Relationships between Natural Science, Religion, History, Law, and Literature*, Princeton University Press: Princeton, N. J., 1983)。

② 中山茂著,J. 达森伯里译:《中国、日本和西方的学术传统与科学传统》,1974年版,东京:东京大学出版社1984年版(Nakayama Shigeru, *Academic and Scientific Traditions in China, Japan, and the West*, 1974, translated J. Dusenbury, University of Tokyo Press: Tokyo, 1984),尤其是第4章。

③ N. 埃利亚斯著,E. 杰科特译:《文明的进程:礼仪的历史》,1939年版,牛津:布莱克威尔出版社1978年版;1994年修订版,2卷(N. Elias, *The Civilizing Process: The History of Manners*, 1939, translated E. Jephcott, Blackwell: Oxford, 1978, rev. edn 1994, 2 vols.),第1卷,尤其是第2章。

④ B. A. 艾尔曼著:《从理学到朴学:中华帝国晚期思想与社会变化面面观》,马萨诸塞,剑桥:哈佛大学出版社1984年版(B. A. Elman, *From Philosophy to Philology: Intellectual and Social Aspects of Change in Late Imperial China*, Harvard University Press: Cambridge, Mass., 1984)。

组织起来,考察诸如帝国范围内甲状腺肿的地理与环境分布的详情等,而他对这一问题又很感兴趣,甚至还建立了一个持续运作的同僚网来相互交流结果,以搞清楚这一问题。比较而言,在西欧,阿利斯泰尔·克龙比(Alistair Crombie)所谓的"有效的新式科学交流"产生于17世纪初,尤其是因为马林·梅森(Marin Mersenne)的贡献。[马林·梅森(1588—1648),法国著名的数学家和修道士,当时欧洲科学界一位独特的中心人物,是欧洲科学家之间联系的桥梁。许多科学家都乐于将成果寄给他,再由他转告更多的人。因此,他被誉为"有定期学术刊物之前的科学信息交换站"。——译注]至于*规划*的思想,在弗兰西斯·培根、梅森、罗伯特·波义尔和其他科学家的身上则皆有所体现,到17世纪60年代末,它已成为一道明确而自觉的程序,正如克洛德·佩罗(Claude Perrault)为皇家科学院(the Académie royale des Sciences)从事集体工作所制定的计划中体现的那样。① ³⁸⁹

与欧洲人相比,中国人在科学领域虽然也有着断断续续的合作与偶尔的交流,但他们看来好像总是在单打独斗。从谢肇淛来看,他像早期的王充和沈括一样,似乎也从没为自己或他人提出过任何一种系统的、累积的方法,以便在未来着手了解更多的关于科学事物的真相。

## 实验与思想实验

我们可以对"实验"作如下定义:使用人为、可控且能重复的环境,以便将能再现的共变量设定在理想状态下某一特定的可变投入与一种产出之间。实验根源于古代,这可能包含在园艺师、厨师和陶艺家等手艺人制作大体一致的产品的能力之中,也可能包含在医师们针对某个特定病体的状况探索药物和其他疗法的相同效果的努力之中。

对谢氏来说,即使他从未系统地加以运用,但他也明白这种粗浅意

---

① A. C. 克龙比著:《欧洲传统中的科学思维风格》,3卷,伦敦:达克沃斯,1994年(A. C. Crombie, *Styles of Scientific Thinking in the European Tradition*, 3 vols., Duckworth: London, 1994),第2卷,第811、829、851、948—949、956和988—989页。

义上的实验逻辑。有一个例证表明,他作过思想上的实验,用以驳斥"世兔皆雌,惟月中兔雄,故兔望月而孕"的观点。他提出,"使置兔暗室中,终岁不令见月,其有不孕者耶?"对于这一问题,可想而知,他显然会作出否定的回答。为了强化这种思想实验,他还提及《诗经》对雄兔的论述,以此作为一种权威的说法;同时阐述了"月为群阴之宗"的理论观点,这意味着月亮上不可能有雄兔存在。①

有一个简单的"实验",据此可以将他认为平常潜藏在现象背后难得一见的气呈现于眼前,这如下所述:②

> 常言谓:鱼不见水,人不见气。故人终日在气中游,未尝得见,惟于屋漏日光之中,始见尘埃衮衮奔忙[对流流动],虽暗室之内,若有疾风驱之者。*此等境界,可以悟道,可以阅世,可以息心,可以参禅*。漆园[庄子的象征]齐物之论,首发此义,*亦可谓通天人之故者矣*。

390

谢氏将微尘本身误解为气,如同将磁场中的铁屑误认成磁场,或将布朗运动(悬浮微粒不停地做无规则运动的现象。——译注)中的粒子误认为撞击它们的分子。其实,微尘只是气的标志。

重复进行的宗教祭祀可能也是一种实验。于是:③

> 谅辅为五官掾,大旱祷雨,不获,积薪自焚,火起而雨大至[他没受到伤害]。戴封在西华亦然。临武张熹为平舆令,乃卒焚死。有主簿小吏皆从焚,焚讫而澍雨至。……前二人之雨,天所以示听卑之意也;后者之焚,天所以绝矫诬之端也。天亦巧矣。

这在本质上即是一种实验情形,纵然相关变化并不可靠,因此需要一条逃生之路。此后不久,谢氏还说道,即使多方一起来精诚祈雨,通常"杳无其应也",显然,人越多越不灵验,这种说法很形象。④ 如果神没能

---

① 《五杂组》,第 68—69 页。
② 《五杂组》,第 76—77 页。
③ 《五杂组》,第 65 页。
④ 《五杂组》,第 66 页。

降雨,就将枷套在神像的颈项上来"胁迫神",这种做法往往也是无效甚至危险的;①但在某种意义上,人们却把胁迫神当成一种屡试不爽的有效实验。

园艺实践也提供了开展可靠的原始实验活动的场所:②

> 今朝廷进御,常有不时之花,然皆藏土窖中,四周以火逼之,故隆冬时即有牡丹花……其实不时之物,非天地之正也。

种植者采用特别的技艺来培育奇果异蔬,这种行为也有些类似于原始实验:③

> 余于市场戏剧中,见葫芦多有方者,又有突起成字为一首诗者, 391 盖生时板夹使然,不足异也。

下面的另一个例子,则反映了对植物生长过程所做的自觉而又有节制的干预:④

> 竹太盛密,则宜芟之。不然则开花而逾年尽死,亦犹人之瘟疫也[人口稠密导致传染病的传播]……凡遇其开花,急尽伐去,但留其根,至明春则复发矣。

谢氏还说,用昆虫制作的称为"蛊"的著名毒药,一旦制成,"必试一人":⑤

> 若无过客,则以家中一人当之,中毒者绞痛吐逆,十指俱黑,嚼豆不腥,含矾不苦,是其验也。

他还仁厚地补述了一些诸如甘草之类的解药,认为只要快速得当地服用,试毒者就不会有大碍。

---

① 参见《五杂组》第 67 页的例子。
②《五杂组》,第 857 页。
③《五杂组》,第 837 页。
④《五杂组》,第 818—819 页。
⑤《五杂组》,第 940 页。

众所周知,烧窑的技术不好掌握,因为它取决于多种变量,如随时而变的窑温、窑胚在窑中的位置等等。因此,从其论述来看,有时为确保能达到预期的效果,采用极端的方法也不为怪:[1]

> 景德镇所造,常有[在过去]窑变云,不依造式,忽为变成,或现鱼形,或浮果影。传闻初开窑时,必用童男女各一人,活取其血祭之,故精气所结,凝为怪耳。近来禁不用人祭,故无复窑变。

在他看来,没有这种人祭所生出的未知成分,窑变便无可能。

有几次,谢氏并未查证某物的某种并不可靠的性状,这似乎并不是不费吹灰之力就能测验的。因此,他在写到黄杨木(*Buxus microphylla*)时说道:"世传黄杨无火,入水不沉,*此未之试*,或不尽然也。"[2]这难道是因为查证起来太费功夫? 甚至对于有关它的其他传言,即黄杨在闰年[3]会缩入土中,虽然他也心存疑虑,但仍未进行检测,也是因为这样吗?[4] 最后一点是,他至少有一次嘲笑过原始实验式探究方法没有任何实际作用,这并不是因为所要检验的说法所致,而是因为检验本身乍看起来就荒唐可笑:[5]

> 《拾遗记》云:"善别马者,死则破其脑视之,色如血者日行万里,黄者日行千里。"夫马已死矣,别之何为? 别而至于破脑,尚为善别马乎? 此亦可笑之甚者也。

他对这一事实,或者说,对马的速度和耐力与其死后脑浆颜色之间有什么联系并不感兴趣,对那荒谬夸张的数字也未加评论。他关注的,只是*死后*别马的做法,正如他所认为的,这毫无意义。

于是,他给我们留下了一道难题。谢氏绝对理解实验式的思维风格

---

① 《五杂组》,第 1013 页。
② 《五杂组》,第 848 页。
③ 在中国农历中才有闰年。
④ 《五杂组》,第 849 页。
⑤ 《五杂组》,第 714—715 页。

之准则，但是他没能意识到这就为可能会得出新看法的过程奠定了基础，这是为什么呢？

## 解释类型

谢氏所偏好的解释类型，可以被称为"原流行病学式"（proto-epidemiological）的解释。对于"原流行病学"，可以界定为对于随时空或行为而发生的*相关变化*的考察，以试图分离出可能的原因。他举的一个简单的例子即是：为什么有些山有云罩其顶，其他的山却显然没有？[1]

> 《庐山记》："天将雨，则有白云，或冠峰岩，或亘中岭，……不出三日必雨。"……安定郡有岘阳峰，将雨，则云起其上，若张盖然。里谚曰："岘山张盖雨滂沱。"闽中鼓山大顶峰，高临海表，城中家家望见之，云罩其顶，来日必雨，……然它山不皆尔，以鼓山有洞穴故也。

争论的关键是找出造成差异的决定性因素。在这里，洞穴是必不可少的。

他采用了与原流行病学非常相似的思考方法，来探讨饮用水的影响：[2]

> 轻水之人，多秃与瘿；重水之人，多肿与躄；甘水之人，多好与美；辛水之人，多疽与痤；苦水之人，多尪与偻。余行天下，见溪水之人多清，咸水之人多齉，险水之人多瘿，苦水之人多痞，甘水之人多寿，滕峄、南阳、易州之人，饮山水者无不患瘿，惟自凿井饮则无患。山东东、兖沿海诸州县，井泉皆苦，其地多碱，饮之久则患痞，惟不食面及饮河水则无患，此不可不知也。

---

[1]《五杂组》，第83页。
[2]《五杂组》，第222—223页。

另一段话表明,他在试图分析事物间的相关变化时体现出同样的风格:①

> 齿居晋而黄,颈处险而瘿。晋地多枣,故嗜者齿黄。然齐[大致在现在的河北]亦多枣,何独言晋也? 瘿虽由山溪之水所致,②然多北方……饮其水者,辄患,至江南千峰万壑中,居者何限? 不闻其有颈疾也。

> 至北方舆夫,项背负重,日久结瘤,亦如瘿状,但有面背之异耳。岭南(the Far South)③人好啖槟榔,齿多焦黑,宁独晋乎? 至于衍气多仁,陵气多贪,云气多痹,谷气多寿,恐亦未尽然也。

> 鞑靼种类,生无痘疹,以不食盐、醋故也。近闻其与中国互市,间亦学中国饮食,遂时一有之。

由此可见,谢氏敏锐地感觉到许多疾病的产生都有其环境基础,不过,他为发掘相关变化模式从而鉴别特例而做的探索,并未促使他试图进一步加强分析。他缺乏一种研究规划意识,其探索只不过受怀疑与好奇心所驱使,没有持续下去。

在阐述自然现象的努力中,则可发现其解释类型略有不同。尽管仍关注那些在他看来造成差异的重要因素,但他也试图鉴别相关的自然过程。有一个简单的例证,是他将一处独特的瀑布描述为"奇绝",原因在于,它虽无声,但却未出现在岩腰凹陷处;而他认为,这正是其他"无声"瀑布产生的基本前提。④ 对于将月球引力视为潮汐出现的原因或唯一原因之类的观念,他颇为担忧,因为二者在时间上并不完全吻合:⑤

> 至于应月者,月为阴类,水之主也。月望而蚌蛤盈,月蚀而鱼脑减,各从其类也。然齐[在东北部]、浙[在东部]、闽[在东南部]、粤

---

① 《五杂组》,第 386—387 页。
② 实际上是因为碘的不足所致。
③ 现在的广东和广西。
④ 《五杂组》,第 287 页。
⑤ 《五杂组》,第 297—298 页。

［岭南］,*潮信各不同时,来之有远近也。*

迄今为止,凭经验来说,这是正确无误的。高潮与低潮出现的时间是由多种因素造成的。

其更为详尽的论述,则是有关海市蜃楼的:①

登州②海上有蜃气,时结为楼台,谓之海市［即"海市蜃楼"］。余 395
谓此海气非蜃气也。

大凡海水之精,多结而成形,散而成光。凡海中之物,得其气久
者,皆能变幻,不独蜃也。

余家海滨,每秋月极明,水天一色,万顷无波,海中蚌蛤……之
属,大者如斗,吐珠与月光相射,倏忽吐成城市楼阁［幻觉］,截流而
渡,杳杳至不可见方没。海滨之人,亦习以为常,不知异也。

至于蚌蜯……蛎之属,积壳厨下,暗中皆生光尺许,就视之,荧
荧然,其为海水之气无异矣。

他像这样预先作出了概念化处理。

谢氏不时地说到,某些现象或其他问题可能无法解释,譬如"天下泉
有一勺而不枯不溢者。夫不枯,易耳,其不溢也,何故? *此理之不可晓
者。*"③为什么不溢? 他意识到这是地下水,或如他所说的:"犹泉脉在地
中,不可见也。"④他不得不倾全力来推测,这里有地下岩床,以及独立的
水源和外溢的池塘,与明朝大运河过山东段山脉时所利用的条件没什么
不同。用模型可能更有助于说明问题,但他并没打算这么做。

谢氏最擅长的是辨别原始的古代文化的遗迹(proto-archaeology):⑤

秦始皇泰山立无字碑,解者纷纭不定,或以为碑函,或以为镇

---

① 《五杂组》,第 234—235 页。
② 位于山东省。
③ 《五杂组》,第 230 页。
④ 《五杂组》,第 230 页。
⑤ 《五杂组》,第 277—278 页。

石，或以为欲刻而未成，或以为表望，皆臆说也。*余亲至其地*，周环
巡视，以为表望者近是。

盖其石虽高大而厚，与凡碑等，必非函也。此石既非山中所产，
又非寻常勒字之石，上有芝盖，下有跌坐，俨然成具，非未刻之石也。

考之《史记》，始皇以二十八年上泰山，立石封祠祀。下，风雨暴
至，休于树下，因封其树为五大夫。禅梁父[一处次要的山峰]刻所
立石……则泰山之石已刻矣。今元君祠旁公署中尚有断碑二十九
字，此疑即所刻之石也。

然则片[未刻]石之树，其颠为祠祀，表望明矣。

在这里，正如最后一段所表明的，谢氏掌握了一系列合理的事实，包
括亲自对证据所做的考察，因此他才能将事情讲得明明白白。他对错与
否，是另一回事，但并不直接关系到他的思维方式问题。

他还有一种不成熟的观念，即：能工巧匠的本事堪比造化的鬼斧神
工。因此，在提到一些上古的天文仪器（璇玑玉衡。——译注）、军事设
备（黄帝之指南车。——译注）和其他机械发明（周公之欹器，公输之云
梯，武侯之木牛流马等。——译注）时，他说："非不绝人伦，*侔化工*，几于
淫矣。然亦聪慧天纵，非可以智力学而至者。"[1]也就是说，工匠们的直觉
天赋非同寻常，藉此可造出一些浑然天成的模型、设备或机械装置，而这
仅凭智力是做不到的。在其他地方，他还提到了可以为家庭主妇烙面饼
（《五杂组》原文为"诸葛武侯在隆中时，客至，属妻治面，坐未温而面
具。"——译文）的木制自动装置，以及无需风或水流推动即可以自动行
驶的小船等。[2] 其中，唯一可能没有言过其实的例子，是某皇后使用的自
动梳妆台，上面有小泥人，进退开合，皆能自主。

工匠们之所以能巧夺天工，是因为他们以自然为师。这种以自然为
师的思想，在他有关北京的天文仪器的一则评论中，得到了简洁明了的

---

[1]《五杂组》，第 415—416 页。
[2]《五杂组》，第 421—422 页。

表达:"又有铜球一,左右转旋,以象天体。"①

谢氏也能熟练地援引历史变化过程来解释自然界中的某些现状:②

> 峄山③多石,黝黑色,从下望之,簇簇如笋。然山径皆缘石行,或俯出其下。石之下皆沙也,石附以沙自固。久之,沙为风雨摧剥渐尽,窟穴竞开,石亦不能自立,常有自山颠陨至田中者。

典型的地形学解释!

不过,就历史逻辑而言,在中国,与欧洲这一因语言发展而发展起来的思维最为相近的,也许是训诂学对几百年来汉字语音缓慢演变的分析;这一学问在后来的清代发展到了极致,④但在《五杂组》中却几乎难觅踪影。

中国有许多药典和药草书,在谢氏著书时,其中距离最近的是1596年出版的李时珍的《本草纲目》,鉴于这一事实,谢氏对分类学及分类的关注之少不禁令人惊讶。⑤ 他的兴趣似乎主要用于讨论为什么所记载的某些动物中会有怪种,譬如对长尾长鼻猴(即绿猴)的描写中提到了蠪;⑥或者为什么某些植物的名称会被用来指称另外的种类,因此,杨都叫做"白杨","水松"也可以表示一种水藻(刺松藻)。⑦(《五杂组》原文是"白杨全不类杨,亦如水松之非松类也"。——译注)然而,他确实初步认识

---

① 《五杂组》,第146页。

② 《五杂组》,第277页。

③ 位于山东。

④ 参见艾尔曼著:《从理学到朴学:中华帝国晚期思想与社会变化面面观》,第212—221页。

⑤ 《本草纲目》。乔治·梅塔耶:《16世纪中国与欧洲的自然历史和人文精神:李时珍和雅克·达雷尚》,《科学史评论》,1990年第1期[Georges Métailié, "Histoire naturelle et humanisme en Chine et en Europe au XVIe siècle: Li Shizhen et Jaques Daléchamp," *Revue d'histoire des sciences* XLIII. 1(1990)],第353—374页,描述了李时珍所用的多种分类标准,譬如大小、茎的类型和可食用的部位等。但他总结说,《本草纲目》是"一个实用的体系,其目的不是要像分类一样,尽可能多地认识在大自然中遇到的不知名的植物……而是提供可用的信息,以利于正确地治疗或预防疾病。"

⑥ 《五杂组》,第712页。

⑦ 《五杂组》,第813页。

到了其中涉及的问题：①

> ［古人］不知所为［也写作"虫"］，蹶鼠前而兔后，……宋沈括使
> 契丹，大漠中有跳兔，形皆兔也，而前足才寸许，后足则尺许，行则跳
> 跃，止则仆地，此即蹶也……*物之难博如此*。

<sup></sup>纵然我们所确认的只是最为基本的例证，但上述解释没能涉及的，
也不过是谢氏的著作中不曾用到的两种重要的科学思维方式，这即是盖
然论和假设。因此总的来说，我们可以断定，这里介绍了帝制晚期中国
的环境认识所具有的明晰的科学成分，即使它未得到发展和量化，情况
也是如此。

## 道德原因还是物质原因

谢氏从很多方面关注着道德是不是一种业力（causative force）的问
题。我们周遭的自然环境是掌管人间善恶，还是对之不闻不问？这方面
的一个简单的案例涉及这样一个问题：闪电为什么会击中某处？

谢氏首先探讨了"雷"的性质，并视之为一种基本的现象：②

> 唐代州③西有大槐（*Sophora japonica*）树，震雷④击之，中裂数
> 丈，雷公为树所夹，狂吼弥日，众披靡不敢近。狄仁杰为都督，逼而
> 问之，乃云："树有乖龙，所由令我逐之，落势不堪，为树所夹，若相救
> 者，当厚报德。"仁杰乃命锯匠破树，方得出。夫雷公，被树夹已异
> 矣，能与人言，尤可怪也。

他继续说道："*雷之形，人常有见之者*，大约似雌鸡肉翅，其响乃两翅
奋扑作声也。"⑤这使得他认为，宋儒以阴阳之理来解释雷电"诚可笑"也，

---

① 《五杂组》，第712—713页。
② 《五杂组》，第57—58页。
③ 在现代的山西。
④ 换言之，即闪电。
⑤ 《五杂组》，第60页。

因为雷"有形有声",应属"物类"。①

随后他开始讨论这样一个问题:从人的角度看,雷击是否有可能错误地惩善扬恶:②

> 雷之击人,多由龙起,或因雷自地中起,*偶然值之*,③则不幸矣。399
> 一云:"乖龙惮于行雨,往往逃于人家屋壁,及人耳鼻或牛角之中。所由令雷公捉之去,多至霹雳。"

> 然亦似有知不妄击者……余从大父……幼时,婢抱入园中,雷下击婢,婢走,雷逐之入室,安儿床上,而婢震死,儿无恙也。④

谢氏接下来对这个基本问题作了正面阐述:⑤

> 雷之击人也,谓其有心耶?[这即是说,从道德角度看,它是否有明确的惩恶扬善的意图?]则枯树畜产亦有震者,彼宁何罪?谓其无心耶?则古今传记所震所击者,皆凶恶淫盗之辈,*未闻有正人君子死于霹雳者*⑥……

> 则非大故不足以动天之怒耳。然而世之凶恶淫盗者,其不尽击,何也?曰:"此所以为天也。使雷公终日轰然,搜人而击之,则天之威亵矣。"

这几段中的例子表明,"理所当然,事未必如此"。不管它们可能会怎样令现代读者感到古怪,但其中的逻辑,即便不算完美,也不可忽视。当然,其立论所依赖的事实则毫无价值。

不过,谢氏在说到雷自行其事时,也留意其中是否有我们可能会认为的自然模式:⑦

---

① 《五杂组》第 60—61 页。
② 《五杂组》,第 58—59 页。
③ 即无意中受到伤害。
④ 这大概是球状闪电。
⑤ 《五杂组》,第 61—62 页。
⑥ 如果婢女有罪的话,文中也没解释是什么罪。
⑦ 《五杂组》,第 62—63 页。

余旧居九仙山下,庵室外有柏树,①*每岁初春*,雷[*也即闪电*]必从树傍起,根枝半被焦灼,色如炭云。居此四年,雷凡四起,则雷之蛰伏似亦有定所也。

他还明确区分了物质原因与道德原因:②

至于日月交蚀,既有躔度分数,可预测于十数年之前,逃之而不得……指以为天之变,不亦矫诬乎?

他进一步论证道,在历史上,朝政败坏与日食的出现并无紧密联系;这就意味着,将日食看成不祥之兆,就相当于认为天故意跟人作对,因而是有悖常情的:"是为父者,日朴责贤子,而姑息不肖子"③。他说,自俗儒占候之说兴起,人们对天的态度就大为不敬了。④ 反过来看,行星运行与彗星的出现也*的确*具有道德意义:⑤

太白,兵星也。考之历代天文,太白竟天,兵戈大起,彗星竟天,则有禅代之事。

16 世纪初,彗星扫过文昌星后,出现了馆阁之乱,"九卿台谏无不被祸"。同样,在 1577 年末,当"异星"现于西南方后,"朝中正人为之一空。"因此他总结说:"变不虚生,自由然矣。"⑥在这里,道德论立即战胜了不可知论:⑦

吾未见圣世之多灾、乱世之多瑞也。谓天有意乎?亦有遇灾而反福、遇瑞而遘凶者。

又有灾祥同而事应夐然不同者,必求其故,则牵合傅会;不求其

---

① *Sapinum sebi ferum.*
②《五杂组》,第 39 页。
③《五杂组》,第 39 页。
④《五杂组》,第 41 页。
⑤《五杂组》,第 25 页。
⑥《五杂组》,第 25—26 页。
⑦《五杂组》,第 29 页。

故而尽委之偶然,将启……"天变不足畏"之端,则如何而可也?

在下一章考察清廷一度支持的"天人感应"信仰时,我们将继续讨论这一主题。

## 以自然为友、游历与品鉴　　　　　　　　　*401*

推动谢氏写作的动机是什么? 我们不妨冒简单化的危险,像这样来描述他:自然之友,永远在猎奇的思想旅者,喜欢品鉴自己所集得的思想与经历并让它们具有文学情调的雅士。第一个方面体现在他对快乐的讨论之中。他在讲到贫贱并不像俗民所说的那般快乐后,继续说道:"惟是田园粗足,丘壑可怡,水侣鱼虾,山友麋鹿,耕云钓雪,诵月吟花"①。

谢氏毫不掩饰其求新猎奇的嗜好:"读未曾见之书,*历未曾到之山水*,如获至宝;尝异味一段,奇快难以语人也。"②他也喜欢思考所见所闻,并说教一番。下面这段文字似乎能说明他在这方面的特点,而西方读者看到后可能会想起拉封丹的寓言:③

> 蜣螂转丸以藏身,未尝不笑蝉之槁也;蜘蛛垂丝以求食,未尝不笑蚕之烹也。然而清浊异致,仁暴殊科,故君子宁饥而清,无饱而浊;宁成仁而杀身,无纵暴以苟活。

谢氏大都秉持客观精神来观察节肢动物(譬如对黄蜂④和蜻蜓⑤的观察),但在另一方面,他又喜欢从自然景象中引出道德说教。即使他没有公然这样做,也很难不让人怀疑:通常其主要目的是为了得到品鉴的快乐,而不是为了加深对自然的理解。

--------

① 《五杂组》,第 1061 页。
② 《五杂组》,第 1064 页。
③ 《五杂组》,第 778 页。
④ 《五杂组》,第 781 页。
⑤ 《五杂组》,第 789 页。

## *402* 人类与周遭的环境

对于人类与其环境的关系,谢氏有着多方面的关注。四处游历加深了他对空间上的变化以及气候、饮水质量和人的健康之差异的认识。他了解到这个国家的某些地区和城市承受着人口压力,而人口密度越大,疫病就会越流行。他还了解到其他地区缺乏劳动力。他证实了中国某些省份可用资源的减少,有些土地的肥力在下降。博览群书使他能意识到长时期的变化,例如他注意到,在帝制中期,人们对栽培花卉的审美态度发生了转变,从漠不关注变得趋之若鹜。他懂得人造环境如何影响了人类的安全与健康:不同的城市住宅用料存在着不同的火灾隐患,不同的卫生设施安排会导致疾病发生几率的不同。而人们对环境的不同反应,则使他感到很迷惑:譬如他们对山的态度,既存在着宗教般的迷恋,又害怕山的高度。人们要适应包括大海在内的多种自然条件,对这一情况的思考使他产生了一种印象:要生存就得变通。

这些主题环环相扣。因此,虽然阐述这些主题的段落大致上遵循了上面所说的顺序,但这也意味着,它们彼此紧密地交织在一起,要想清晰地将它们理出个先后,是很不容易的。作者在文中还不时地拿经验说事,其中一些经验是否有效,却值得怀疑。这里关注的,则是谢氏的思想。

我们先从人口说起。

谢氏将明代看成一个罕见的人口增长期。这种观点与今日学界的共识略有龃龉,[1]不过其分歧在某种程度上可能是因为谢氏聚焦于特定地区造成的,这一点稍后就会看出来。他的总的看法如下:[2]

---

[1] 当然,可参见严瑞源的拓荒之作《从救灾统计看 16 世纪的中国人口:河南省个案研究》,《清史问题》,1978 年第 9 期[Yim Shu-yuen, "Famine relief statistics as a guide to the population of sixteenth-century China: A case-study of Honan province," *Ch'ing-shih wen-t'I*, 3. 9, (Nov. 1978)]。这篇文章表明,至少就一省而言,明末的官方人口数字可能只是实际总人口的三分之一。

[2] 《五杂组》,第 330 页。

二百四十年来，休息生养，民不知兵，生齿繁盛，盖亦从古所无之事。故未雨绸缪，忧时者不得不为过计矣！

他自然是在迎合当朝，而且他所说的"从古所无之事"也不符合史实。然而，因地狭人众，人们之间竞争加剧，从而导致人的心理发生了变化，谢氏对此倍感不安，这一点是令人信服的。稍后他说：[1]

> 吴之新安，闽之福唐[2]，地狭而人众，四民之业无远不届，即遐陬穷发、人迹不到之处，往往有之，诚有不可解者。盖地狭则无田以自食，而人众则射利之途愈广故也。

> 余在新安，见人家多楼上架楼，未尝有无楼之屋也。计一室之居可抵二三室，而犹无尺寸隙地。

> 闽中自高山至平地，截截为田，远望如梯……而人尚什五游食于外。设使以三代井田之法处之，[3]计口授田，人当什七无田也。

不过，人口压力也并非随处可见：[4]

> 可畜田者，惟闽、广耳。近来闽地殊亦凋耗，独有岭南物饶而人稀，田多而米贱，若非瘴蛊为患，真乐土也。

第一句按正常直译的话，应该译成"积聚田产"（accumulate a surplus of farmland），但这就与本段及前段表达的意思明显地矛盾，因此我略为做了改动（作者将它改译为"to accumulate a surplus by farming"，似乎表明他将"畜田"解读为"积攒余粮"。感觉这一改动似无必要，因为谢氏所说的"畜田"与本段及前段表达的意思并不像作者所认为的那样"明显地矛盾"。本段的"闽地殊亦凋耗"，说的是福建农田土壤

---

[1]《五杂组》，第331—312页。
[2] 现在的福清，位于福州的南部。
[3] 带有半传奇色彩的"井田"制，是一种按三三网格（就像"连城"游戏中的井字形方格）划分土地的做法。八家各为己用而耕种外部的八块田，并共同耕种中间的那一块，以便给地主交纳租税。汉文中的"井"字看上去像一个三三网格，"井田"制因此而得名。
[4]《五杂组》，第308—309页。

肥力的下降,而前段的"地狭而人众",不过是陈述一个事实,与"畜田"与否没有直接关联。"畜田"在谢肇淛看来,乃仕宦富室的不义之举。——译注)。然而,谢氏也确实指出,在长江中游的许多地区,"米贱田多,无人可耕",因此,他认为这些省的居民收入相对平均。[1] 他还指出了东北部的盐碱化问题:"山东濒海之地,一望卤潟,不可耕种,徒存田地之名耳。"民众则贫困不堪。[2] 这样,他描写人口与资源之关系的那几页所反映的总体情况是,人口与资源的分布不均衡,而且反复不定。

<sup></sup>404 在前面他讨论竹子的内容里,我们已粗略地看到谢氏是如何将人的疫病归因于较高的人口密度的。[3] 这里有个特别的例证:1603 年的秋冬,为疏浚黄河的一段河道,大批劳力临时集中在了一起。不卫生的条件助长了疾病的发生:[4]

> 盖河滨薪草、米麦一无所有,衣食之具皆自家中运致,两岸屯聚计三十余万人,秽气熏蒸,死者相枕藉。一丁死,则行县补其缺。及春,疫气复发,先后死者十余万。

卫生设施不足可以部分解释为什么拥挤的状况在城市里是那么的危险:[5]

> 京师住宅既逼窄无余地,市上又多粪秽,五方之人,烦嚣杂处,又多蝇蚋,每至炎暑,几不聊生。稍霖雨,即有浸灌之患。故疟痢瘟疫,相仍不绝。摄生者,惟静坐简出,足以当之。

"疟"很可能是疟疾。疟原虫只需要摄氏 16 度就能活动。[6]

---

① 《五杂组》,第 334 页。

② 《五杂组》,第 336 页。

③ 《五杂组》,第 818 页。至于他前面的论述,见第 391 页。

④ 《五杂组》,第 195—196 页。鉴于所用的是 60 年一循环的干支纪年法,这里的日期可能是 1543 年。如果是这样的话,谢不可能亲眼目睹这件事。

⑤ 《五杂组》,第 113 页。

⑥ 参见 F. L. 邓恩:《疟疾》,收于 K. F. 基普尔主编:《剑桥世界人类疾病史》,剑桥:剑桥大学出版社 1993 年版(F. L. Dunn, "Malaria," in K. F. Kiple, ed., *The Cambridge World History of Human Disease*, Cambridge University Press: Cambridge, 1993),尤其是第 856 页。

对北京来说,处理人的粪便是个难题。下文的"厕"指的是粪坑,上面通常有横木或坐具以利于排便,与现代的厕所完全不同:①

> 厕虽秽浊之所,而古人重之。今大江以北人家,不复作厕矣……但江南作厕,皆以与农夫交易;江北无水田,故粪无所用,俟其地上干,然后和土以溉田。京师则停沟中,俟春而后发之,暴日中,其秽气不可近,人暴触之辄病。

在别处讨论沏茶时,他论道:"江北之雨水不堪用者,屋瓦多粪 ⁴⁰⁵ 土也。"②

谢氏对当时城市污秽状况的描述,与 150 年后耶稣会士的赞赏性介绍形成了鲜明对比,这在本书"结论"部分(第 468 页)做了阐述。我们会对这一点疑惑不解:是 150 年后的城市卫生条件改善了,还是判断标准改变了?

谢氏认为,边远地区的人往往比经济较发达地区的人长寿(第九章有关遵化的论述证实了这一看法)。在对人参的讨论中,他说道:③

> 今深山荒谷之民,茹草食蘗,不知药物为何事,而强壮寿考,不闻疾病;惟富贵膏粱之家,子弟妇人起居无节,食息不调,而辄恃参术之功。

同样,野生植物比其驯化的同类更健康:④

> 凡梅、桂、兰、蕙之属,人家极力培养,终不及山间自生者,盖受日月之精,得风霜之气,不近烟火城市,自与清香逸态相宜。故富贵豢养之人,其筋骨常脆于贫贱人也。

人类则会受到气候的影响:⑤

---

① 《五杂组》,第 249—250 页。
② 《五杂组》,第 227 页。
③ 《五杂组》,第 949—950 页。
④ 《五杂组》,第 818 页。
⑤ 《五杂组》,第 315—316 页。

边塞苦寒之地,有唾出口即为冰者;五岭炎暑之地,有衣物经冬不晒晾即霉湿者。天地气候不齐乃尔。

然南人尚有至北,北人入南,非疟即痢,寒可耐而暑不可耐也。余在北方,不患寒而患尘;在南方,不患暑而患湿。尘之污物,素衣为缁;湿之中人,强体成痹。

因此,人们通常不得不适应各地气候的变化。谢氏在提到东北部风沙蔽日时说道:"江南人初至者,甚以为苦,土人殊不屑意也。"①他描述的有关适应者与不适者之间差别的例子是晕船,这给人以深刻的印象。他在陪祖父出使琉球群岛时,亲眼得见这一点:②

虽水居善没之人,未习过海者,入舟辄晕眩,呕哕狼藉。使者所居皆悬床,任其倾侧,而床体常平,然犹晕悸不能饮食。盖其旷荡无际,无日不风,无时不浪也。

人工环境也各有不同:③

火患独闽中最多,而建宁及吾郡尤甚:一则民居辐辏,夜作不休[因此油灯有危险];二则宫室之制,一片架木所成,无复砖石,一不戒[打翻一盏灯],则燎原之势莫之遏也……江北民家土墙篱壁,以泥苫茅,即火发而不燃,燃而不延烧也。无论江北,即兴泉诸郡多用砖甓,火患自稀矣。

这里值得注意的是,东南沿海的某些地方仍有足够的木材让人们按照传统方式建造房屋,但这种木屋也有其他的弊端。谢氏提到岭南时说:"屋久必蛀[因为白蚁],物久必腐,无百年之室,无百五十年之书,无二十年之衣。"④有时台风还会吹倒房屋。他说,在岭南沿海地区,每隔三

---

① 《五杂组》,第 48 页。
② 《五杂组》,第 293 页。
③ 《五杂组》,第 307 页。
④ 《五杂组》,第 336 页。

五年就会有大风暴肆虐：[1]

> 发则村落、屋瓦、林木数百里如洗,舟楫漂荡,尽成齑粉。其将 _407_
> 至数日前,土人皆知而预避之,巨室皆以铁楞木为柱,铜铁为瓦,防
> 其患也。

我亲身经历了1965年侵袭香港的台风,目睹大量的檩木像火柴杆一样从屋顶上被吹掉。如果有人傻到此时还冒险外出,并不幸被其中一根砸到,旋即就会丧生。

他人对环境的反应如何也使谢氏颇感兴趣,其中一个方面是恐惧。他说:"平生游山,所历当以方广岩[2]、灵羊谷为第一险。"他继续论道:[3]

> 仰倚绝壁,下临无际,既无藤葛可攀,途仅尺许,而又外倾。且
> 为水帘所喷,崎岖苔滑,就其傍睨之,胆已落矣。余与诸友奴仆六七
> 人,仅一小奴过之,然几不能返,面无人色矣。[4]

另一种令他感兴趣的情感,是众人对登山进香的喜好。他就人们对山东境内名山——泰山的朝拜做了如下描述,言辞还颇为尖刻:[5]

> 渡江以北,齐、晋、燕、秦、楚、洛诸民,无不往泰山进香者。其斋
> 戒盛服,虔心一志,不约而同。即村妇山氓,皆持戒念佛,若临之在
> 上者。云:"稍有不洁,即有疾病及颠蹶之患。"
>
> 及祷祠以毕,下山舍逆旅,则居停亲识皆为开斋,宰杀狼藉,醉 _408_
> 舞喧呶,娈童歌倡,无不狎矣。夫既不能修善于平日,而又不能敬谨
> 于事后,则其持戒念佛,不过以欺神明耳。

---

① 《五杂组》,第80页。
② 在福建永泰县。
③ 《五杂组》,第264页。
④ 值得注意的是,这里将"奴仆"翻译成"农奴"(serfs)可以说是合理的,这有诸如《五杂组》第259页关于山东集市那样的段落为凭;在那里,"骡、马、牛、羊、奴、婢、妻、子"都可出售。也许人们甚至应该称其为"奴隶"。当然,"奴仆"(servants)意味着有一定的自由,这一点是不必证明的。
⑤ 《五杂组》,第281—282页。

但即便如此，我们还是想弄明白，当初有没有某种深层的动力吸引这些平民去登山？无论曾经可能发生过什么事情，反正人们的紧张情绪都得到了缓解……相比之下，谢氏清楚地意识到，身为官僚去游山玩水，却有诸多不便：①

> 游山不藉仕宦，则厨传舆儓之费无所出。而仕宦游山，又极不便：侍从既多，不得自如，一也；供亿既繁，彼此不安，二也；呵殿之声，既杀风景，冠裳之体，复难袒跣，三也。

> 舆人从者，惮于远涉；羽士僧众，但欲速了；崄巇之道，恐舁夫之谇语；奇绝之景，惧后来之开端，相率导引于常所经行而止，至于妙踪胜赏，十不能得其一二也。

> 故游山者须藉同调地主，或要丘壑高僧……惟意所适。一境在旁，勿便错过……宁缓毋速，宁困毋逸，宁到头而无所得，毋中道而生厌怠。携友勿太多，多则意趣不同；资粮勿太悭，悭则意兴中败。勤干见解之奴，常鼓其勇……勿偕酒人，勿携屏伴。每到境界，切须领略。时置笔砚，以备遗忘。

> 此游山之大都也。

这段话讲得非常在理，但读起来却沉闷乏味。与一千年前谢灵运的寄情山水，或早期欧洲阿尔卑斯山征服者的泰然自若和竞争热忱相比，从这段话中可概括出人们对山水态度的某种变化，这即是从贤士的热情向官僚的冷漠的转变。

长期以来，中国人对鲜花的反应因品种不同而有所差别。谢氏认为，"古人于花卉似不著意，诗人所咏者，不过苤苢、卷耳、苹蘩之属。"②他

---

① 《五杂组》，第 285—286 页。
② 《五杂组》，第 824 页。这些分别是：车前属（*Plantago spp*）、卷耳（*Cerastium vulgatum*）、苹（*Marsilia quadrifolia*）和银叶艾（*Artemisia stellerana*）。它们当中的第一、第三和第四可以从高本汉的《诗经注释》的第 8、15 和 13 篇中找到。

进一步说道：①

其于桃李、棠棣、芍药、菡萏，间一及之。至如梅、桂，则但取以
为调和滋味之具，初不及其清香也。岂当时西北中原无此二物，而
所用者皆其干与实耶？

菊花只在《楚辞》的《离骚》篇中出现过，但该诗文中说的是"夕餐秋
菊之落英"，而不是将它作为赏心悦目之物。其作者"尚未为菊之知己
也"。至于牡丹，"古人亦以调食。使今人为之，亦大杀风景矣。"②

谢氏告诉我们，这种情况到公元500年左右发生了改变：③

牡丹，自唐以前无有称赏，仅谢康乐集中有"竹间水际多牡丹"
之语，此是花王第一知己也……

[150年之后]炀帝辟地为西苑，易州进二十相牡丹，有赭红、赪
红、飞来红等名，何其妄也……至开元[公元713—741年]，始渐贵
重矣。

《离骚》早在隋代之前很久，也即先秦末年撰就，其中记载了很多有
象征意义的花卉，还描绘了一些可栽种、照料和培育的品种。因此，即使 410
如谢肇淛所说，中国人对花卉的态度真的经历了长期的历史变化，这种
变化也没他所讲的那么大。也许更准确的说法是，人们对栽培花卉的审
美兴趣越来越浓。

后来，谢氏提到了梅花：④

高人墨客相继吟赏不置。然玩华而忘实，政与古人意见相反。

在这里，作者暗示了贵族或官僚的优越性：只有他们才能去把玩那

---

①《五杂组》，第825页。"李"通常指"李子"，但可能主要是奈李（*Prunus salcina*）和西洋梨（*P.
communis*）。"梅"是梅花（*P. mume*），也即白梅（the "Japanese apricot"）。"荷花"在高本汉
的《诗经注释》第145篇中被提及。

②《五杂组》，第826—827页。

③《五杂组》，第838页。

④《五杂组》，第826页。

些无论如何没什么实际用途的东西。谢氏继续说道：

> 闽、浙、三吴之间，梅花相望，有十余里不绝者，然皆俗人种之，以售其实耳。花时苦寒，凌风雪于山谷间，岂俗子可能哉？故种者未必赏，赏者未必种，与它花卉不同也。

有些花确实会让众人为之疯狂，譬如玉兰（*magnolia denudata* 或 *magnolia conspicua*）：①

> 金陵天界寺及虎丘有之，每开时以为奇玩，而支提、太姥道中，弥山满谷，一望无际，酷烈之气，充人头眩。

但至少在谢氏看来，一些野生花卉处处都被忽视了。他在提到瑞香，一种在早春开淡紫色花的灌木时说道："余谓山谷之中，奇卉异花，城市所不及知者何限，而山中人亦不知赏之。"②

他还认为，环境对于鲜花的健康生长至关重要：③

> 牡丹，自闽以北处处有之，而山东、河南尤多……余过濮州曹南一路，百里之中，香气逆鼻，盖家家圃畦中俱植之，若蔬菜然。

可见，牡丹不能成功地移植到福建，与荔枝和龙眼为什么不能在浙江以北种植，一定程度上反映的是同一个道理：④它们有不同的气候偏好。

那么，为什么在公元 500 年左右中国对栽培花卉的自觉欣赏开始迅速地增强起来，并且还经久不衰呢？谢氏对此提供了某些一闪即过的线索。⑤ 他是从提问开始论述的：

> 人生看花，情境和畅，穷极耳目，百年之中，能有几时？

从他本人来看，他只在两处作了回答。第一处的描述如下文所示，

---

① 《五杂组》，第 846 页。
② 《五杂组》，第 845—846 页。瑞香香味芬芳，但有毒。
③ 《五杂组》，第 840 页。
④ 《五杂组》，第 842 页。
⑤ 《五杂组》，第 853—854 页。

其中涉及的曹南,是山东省西南部的一个山区,号称牡丹之乡。

> 在曹南一诸生家观牡丹,园可五十余亩,花遍其中,亭榭之外几无尺寸隙地,一望云锦,五色夺目。主人雅歌投壶,任客所适,不复以宾主俗礼相恩。夜复皓月,照耀如同白昼,欢呼谑浪,达旦始归。衣上余香,经数日犹不散也。

就这样,栽培花卉已成为社会生活的一部分。

第二处的寓意更为深刻,它表明,人们赏花时心情不是很放松。谢氏曾经在他称作的"长安"之地受邀赴宴;长安是西安的旧称,汉、唐时系帝国都城。设宴的主人出身于身居高位的官宦之家,但作者未提及其姓名。宴会的焦点则是有几百盆菊花的菊展,这些菊花一律按高低一致、颜色间隔有序的方式来摆放。宴会中有"委蛇其中"的"娈童"表演歌舞,人们还有机会欣赏名画、古器——大概是青铜器和陶器——以及琴瑟、图书等。同时,谢氏还说道,我们"不谈俗事","虽在画栏朱拱之内,萧然有东篱南山之致"。[①] 这些菊花使人想到,眼前的自然中隐含着永远难以捉摸的深层意蕴。

栽培花卉是园艺施展的乐园。它们最强烈的吸引力在于能让人本能地回忆起消失了的那个世界;在那里,人类与未经改变且几乎完全独立的自然之间相互作用、相互影响。同时,它们也是人类驯服和塑造这一自然的例证,并因此而得到颂扬。它们的美,则是在细心呵护与严格控制之下产生的精致的人工美。从我们的角度看,长期以来这里的人们对栽培花卉的喜爱,间接地证明了同时期并行不悖的对中国自然界的驯化。如果敢用这么一个词的话,可以说,栽培花卉,即是对人们日常接触"真品"("the real thing")的高雅的替代。

---

①《五杂组》,第 854 页。最后一句参考的是陶渊明的诗句:"采菊东篱下,悠然见南山。"这已在第 333 页中译出。

# 第十二章　帝国信条与个人观点

不存在一种可称之为"中国"观念的自然观,甚至找不到这样一个谱系。中国的自然观就像一个万花筒,其中大都是些你中有我、我中有你的零散观念。本章的任务就是要用帝国最后几百年的历史来揭示这一点。此时,万花筒似的中国自然观已分成泾渭分明的两部分:帝国的意识形态与诗歌中的各种个人观点。在长达百年的时间里,官方花费了大量心血来树立并宣扬朝廷权威,以维护其正统性,但收效似乎非常有限。而许多本身即是官员,或出身于官僚阶层的诗人们,在个人诗作中似乎很少留下为自然所感动的诗句。

下文第一部分概述了大约 18 世纪中叶之前清朝统治者热衷于倡导的天人感应说(moral meteorology)这一信条,当然,此后其倡导的力度大减。这一信条主张,人要对天气变化负责。雨量和光照合时与否,适量还是过多,均取决于人们是行善还是作恶。其效应如何,则可统计出来。在一个群体中,如果多数人行善,个别恶人就会受益;如果多数人作恶,个别好人也会遭殃。人分三六九等,其责任大小不一。皇帝的行为影响最大,官僚次之,平民居末。但所有这些人,或其中任何一类人,都能在特定情况下起到决定性的作用。而且,由于各地天气大都不同,上天对人们行为的赏罚也存在地区差异;京师周边的天气据认为与上天对帝王行为的看法有着特定的关联。而意识形态则是一种政治工具,其特殊之处在于,它具有人为安排的理性,其中交织着合理的政治机会主义,这有利于统治者。因此,当天灾发生时,皇帝可以通过谦卑地罪己,彰显其令人敬畏的道德品质;否则就斥责他者,要么诅咒他们,要么惩罚他们。其他引人注意的还有,清廷会不时地寻找德行和降雨之间的联系,以为这是凭经验可以觉察到的。

第二部分专门考查《清诗铎》中有关环境的诗歌。这本诗选由曾在内阁任职的张应昌编选,出版于 1869 年,原名为《国朝诗铎》。它包含了 911 位诗人的 2 000 多首诗歌,多数以日常生活为主题。不过这些诗歌良莠不齐,有的意境幽美,多数则系蹩脚之作。其阐述的内容纷然杂陈,不无冲突,如经济发展的传奇与经济开拓的灾难;地大物博与自然资源的枯竭;人类与自然毫不妥协的斗争以及巧妙的合作;敬畏自然与沉浸其中的玄思;与肌体一样既强壮又脆弱的自然;供海神、河神、风伯雨婆及土地神出没嬉戏的自然;塑造人格的自然;前人浩气长存其中而作为遗产的自然;映射人类及其活动的自然;自然的冷漠与自行其是,等等,不一而足。

或许,所有这些说法的唯一共同之处是,在某种程度上,自然万物不管是作为有机生命还是作为神灵,似乎皆有知觉。

## 天人感应说

在中国,天人交感的思想源自上古。譬如《诗经·云汉》像这样描写了一场旱灾:"王曰:於乎! 何辜今之人? 天降丧乱,饥馑荐臻。"[1]《尚书·洪范》"庶征"部分列出了"雨、旸、燠、寒、风"及其应时或缺的症候、结果,以此作为帝王行为善恶所引起的"征"。[2] 东汉时,人们认为干旱之类的自然灾害是因为"阴"少,需要祭祀山川及大赦天下来增加阴力。[3] 时人襄楷就

---

① 高本汉著:《诗经注释》,第 258 篇。

②《尚书》,先秦;再版于阮元校刻:《十三经注疏》,京都:中文出版社 1971 年版(Chūbun shuppansha,Kyōto,1971),第 1 册,第 406—407 页。

③ 马恩斯著:《东汉正史:其作者、资料来源、内容及其在中国史学中的地位》,莱顿:布里尔,1990 年 (B. J. Mansvelt Beck, *The Treatises of Later Han: Their Authors, Sources, Contents and Place in Chinese Historiography*, Brill: Leiden,1990),第 163 页。

415 写道，"连有霜、雹及大雨、雷"，是"臣作威作福，刑罚急刻之所感也。"①

　　本章分析所用的主要材料，选自从康熙至道光等几位满族皇帝的所谓"圣训"的《敬天》部分。② 它们引出了几个问题。由于不同的皇帝有不同的个性，因此便有不同的喜好和做法；皇帝在位时间若很长，其喜好和做法在此期间就会发生重大变化。一个例子即是，乾隆皇帝在 18 世纪 80 和 90 年代支持道士和僧侣公开举行祈雨仪式，之前他从未做过这样的事。③ 有些皇帝可能喜欢摆出一副有德之人的姿态。④ 我们也得记住张磊夫（R. De Crespigny）对早期异象的解释："史书中所载的异象，与其说反映了自然界的无序，不如说反映了人们的不满与政治分歧。"⑤至于雍正热衷说教并沉迷符瑞，可能是因为对不断出现的篡位之说感到不安，所以着力强调他与上天的亲密关系以及对它的敬畏。⑥ 圣训对材料的选择可能也有倾向性；这样，皇帝祈雨得雨的情况与祈雨不得相比，出现的几率就更大。

---

① 张磊夫著：《东汉时期的异象》，堪培拉：澳大利亚国立大学亚洲研究学院出版社 1976 年版（R. De Crespigny, *Portents of Protest in the Later Han Dynasty*, Faculty of Asian Studies with the Australian National University Press; Canberra, 1976），第 23 页。

② 全部汇编称为《大清十朝圣训》，凡 99 卷，出版社和出版日期缺失，但明显是官方出版的，涵盖年限是 1616—1874 年。下面大部分引文的格式是：表示皇帝年号的大写首字母，以及《敬天》相关部分的卷数与页码。这些大写首字母有：KX（康熙）、YZ（雍正）[1741]、QL（乾隆）[1799]、JQ（嘉庆）[1829]和 DG（道光）[大约 1856]。更多详情，参见参考书目中的《大清十朝圣训》（SCSX）。

③ 例如《大清十朝圣训》，乾隆，卷 29，页 2a、5a 和 7a。当然，私底下皇帝对于佛教和道教的热情很持久。关于雍正与禅宗，参见恒慕义主编：《清代名人传略》，华盛顿特区：美国政府印刷局 1943 年版（A. Hummel, ed., *Eminent Chinese of the Ch'ing Period*, U. S Government Printing Office; Washington D. C., 1943），第 918 页。

④ 杨启樵著：《雍正帝及其密折制度研究》，香港：三联书局（应为三联书店。——译注）1981 年版，第 26 页。

⑤ 张磊夫著：《东汉时期的异象》，第 11 页。张磊夫也注意到，在宫廷圈子中，有可能利用异象作为"一种隔代争斗的工具"，参见《东汉时期的异象》，第 15 页。

⑥ 关于继位问题，参见恒慕义著：《清代名人传略》，第 916—917 页；还有康无为著：《皇帝眼中的君主制：乾隆朝的形象与实际》，马萨诸塞，剑桥：哈佛大学出版社 1971 年版（H. Kahn, *Monarchy in the Emperor's Eyes: Image and Reality in the Ch'ien-lung Reign*, Harvard University Press; Cambridge, Mass., 1971），第 232 和 239 页；以及杨启樵著：《雍正帝及其密折制度研究》，第 37—70 页。

尽管如此,很显然,假如他们并未掌控实际的认同标准,哪怕本质上纯属形式主义的做派,那么,文献所描述的公开推崇的信仰就不会在上谕中得到阐释;在那里,皇帝的威望既是信仰可靠性的保障,又会使信仰误入歧途,以致即使看起来对仪式稍有冒犯,也会招致不幸的后果。譬如,1747 年(此事发生在乾隆十三年,应为 1748 年。——译注),一位官员在天坛祭祀时因头痛而蹲在地上,这一行为被认为是对天大不敬,因而立即受到了参奏。[1] 由此可见,信仰原则是一种意识形态的外壳,有助于维护政治体制的有序运转,但这可能还不是关键所在。[2]

从环境史的角度看,也许只有在中国北方那样的地区,人们的信念中才一直保持着对天人感应说的信仰。这是因为,若以现在的记录作为大致的指南,[3]即可看出,在帝制晚期,北方的天气常常风云突变。也许正是其瞬间多变,才能保障这么多的瞬时巧合,譬如祈祷之后立即出现明显的回应,进而可保持对德行天象机理的信仰。华中和华南的天气则是比较稳定的。[4]

在清朝皇帝中,至少康熙和雍正二帝采取了准科学的态度,来对待通过观察天人感应的因果性而做的验证。康熙在 1678 年的上谕中宣称:"人事失于下,则天变应于上,捷如影响,岂曰罔稽。"[5]另一次,当发生 <sup>416</sup>

① 《大清十朝圣训》,乾隆,卷 2,页 1a。

② 至于有人为什么不得不对它们是怎样的根深蒂固表示怀疑,有一些背景性的论述,参见伊懋可:《裂缝如何张开? 西方颠覆晚期中国传统文化的起因》,《论题十一》,第 57 卷,"东亚观察",1999 年 5 月[M. Elvin, "How did the cracks open? The origins of the subversion of China's late-traditional culture by the West," *Thesis Eleven* 57, "East Asian Perspectives" (May 1999)]。

③ J. 查普曼:《气候》,收于卜凯主编:《中国土地利用》,第 112 页:"年平均降水的百分差(是)……麦区大约为 30%,并且随着年平均降水的减少,偏差会更高。"

④ 参见马立博:《"南方向来无雪":帝制晚期华南的气候变化与收成(1650—1850)》(R. B. Marks, "'It never used to snow': Climatic variability and harvest yields in late-imperial South China, 1650—1850," in M. Elvin and T.-J. Liu, ed., *Sediments of Time: Environment and Society in Chinese History*),收于伊懋可、刘翠溶主编:《积渐所至:中国历史上的环境与社会》。

⑤ 《大清十朝圣训》,康熙,卷 10,页 2a。

地震时,他又说:"朕于宫中勤思召灾之由,力求弭灾之道。"①

由此便引出两类问题。第一类问题是,对于天气现象,特别是令人瞩目的日食这类可提前预测的天象,是如何分辨出道德成因的?譬如康熙认为,由于官吏的贪婪,"小民愁怨之气上达于天,以致召水旱日月星辰之变,地震泉涌之异。"②

第二类问题是,上天的行为是如何被赋予宗教或哲学含义的?在我们看来,情况似乎是人们对显而易见的问题常常会避而不谈。刚刚引述了康熙描绘的情况,其中涉及一个问题,为什么上天竟然降灾于受官吏盘剥之人,使其更加困苦不堪?有时候即使无法回答,最起码也得提出这样的问题。乾隆曾写过一篇祷词,他在其中声称:"此罪不在官,不在民,实臣[皇帝自己即是天之'臣']罪日深。"接下来他毫不迟疑地反问道:"然上天岂以臣[也即他自己]一身之故,而令万民受灾害之侵?"③

感应上天与所谓的"诚心祭拜",尤其是不受帝国控制的民间祭拜之间存在着张力。这一点从雍正帝于1725年颁布的有关祭拜遭到禁止之神刘猛的上谕中就能看出来:④

> 旧岁直隶总督李维钧奏称,畿辅地方每有蝗蝻之害,土人虔祷于刘猛将军⑤之庙,则蝗不为灾。朕念切恫瘝,凡事之有益于民生者,皆欲推广行之,且御灾捍患之神载在祀典……是蝗蝻之害,古人亦未尝藉神力驱除也。⑥今两江总督查弼纳奏,江南地方有为刘猛将军立庙之处,则无蝗蝻之害,其未曾立庙之处,则不能无蝗,此乃

417

---

① 《大清十朝圣训》,康熙,卷10,页2b。
② 《大清十朝圣训》,康熙,卷10,页2b。
③ 《大清十朝圣训》,乾隆,卷28,页4a。
④ 《大清十朝圣训》,雍正,卷8,页2a。
⑤ 虽然关于他的故事版本不一,但他真的是将军,后来成了一尊神。参见《辞海》,第190页;E. T. C. 沃纳著:《中国神话词典》,1932年版;纽约:朱利安出版社1961年再版(E. T. C. Werner, *Dictionary of Chinese Mythology*, 1932; reprinted, Julian Press: New York, 1961),第257—258页。康熙曾禁止官员祭祀刘猛。
⑥ 间接提示,刘猛并不是官方认可的神。

查弼纳偏狭之见,疑朕专恃祝祷为消弭灾祲之方也。其他督抚亦多有奏称设法祈雨祷晴者。

凡水旱蝗蝻之灾,或朝廷有失政……或一方之大吏不能公正宣猷……又或一郡邑之中风俗浇漓,人心险伪,以致阴阳沴戾,灾祲洊臻……

故朕一闻雨旸愆期,必深自修省,思改缺失,朝夕乾惕,冀回天[仁慈的]意。尔等封疆大吏暨司牧之官以及居民人等,亦当恐惧修省……至于祈祷鬼①神,不过借以达诚心耳。若专恃祈祷以为消弭灾祲之方,而置恐惧修省于不事,是未免浚流而舍其源……朕……断不惑于鬼神巫祷之俗习。

这种乞灵于鬼神的粗俗祭拜并未超出官方限定的范围,有鉴于此,这位皇帝原则上对它加以认可,但却努力赋予它更高的意义;认为它不是在邀宠地方神灵以消灾免祸,而是要诚心以德性来感动上天。

清朝创立者努尔哈赤的最初的上谕是为了表明他是天子,其"基业"有上天助佑。1626 年,他暗示了天人感应的信条。② 其继任者皇太极,对于满族人的汉化和懦弱感到担忧,因此未用天人感应之说附会天气和自然灾害。1637 年,面对连续第二年春寒可能导致的更大歉收,他只是诏谕户部,动员八旗军下级军官(满语官名"拨什库"。——译注)督耕,因为他认为,如果"耕耘及时,则稼无灾伤。"③1644 年(这一年代有误,皇太极于 1643 年猝死。而此处所述事件发生于崇德六年,也即 1641年。——译注),皇太极在痛斥一些下级军官嗜酒误事造成旗下兵丁贫穷时问道,后者是不是一些与他们的长官并不一样的臣民,进而又问道: *418*

---

① 注意,"鬼"并不带有邪恶的"魔鬼"的含义。
②《大清太祖高皇帝圣训》(清,康熙二十五年序言),以下简称 *DQTZ GHD SX*,收于《大清十朝圣训》,卷 1,页 1b。
③《大清太宗文皇帝圣训》(清),以下简称 *DQTZ WHD SX*,收于《大清十朝圣训》,卷 4,页 4ab。

"而天偏降之以霜雹旱涝之异灾耶?"①

在大清上谕中,天人感应说只是在1653年随顺治帝而出现。面对京城水灾、房舍颓坏、薪米昂贵到贫民无法承受的困境,他宣称,这是"皆朕不德所致",承诺要改过自新。1656年顺治颁布了一条更长的上谕,在例行公事般的自责后,就将责任推到前任摄政的头上:②

> 朕自亲政以来……冬雷春雪,陨石雨土,所在见告,变匪虚生,皆朕不德所致……今水旱连年,民生困苦,是朕有负于上天作君之心……

> 当睿王[多尔衮]执政之时③,诛降滥赏,屏斥忠良,任用奸贪,国家钱粮恣意耗费,以致百姓嗟怨,人人望朕何日亲政,亟为拯救。今经六载,虽竭力更新……灾祲时闻,是朕有负于百姓望治之心。

这里暗示说,天气仍然只是上天与统治者之间的事。

在随后的康熙统治时期,一种涉及范围更大的因果理论得到了阐述。这存在两种多少有点不同的模式:(1)认为诚敬待天是"上达感格天心"的关键,态度不恭会"召"天灾。(2)认为朝廷及其官员酷虐、思虑不周或动机不良的行为都会使小民产生怨气,这种怨气会作为一种物质力量而"上干天和"。这两种模式可以用三条上谕中的段落加以说明:

> (1)1678年

> 人事失于下则天变应于上……今时值盛夏天气亢旸,雨泽维艰……禾苗垂槁……朕用是夙夜靡宁力图修省,躬亲斋戒虔祷甘霖,务期精诚上达感格天心……④

---

① 《大清太宗文皇帝圣训》,收于《大清十朝圣训》,卷1,页3b。
② 《大清世祖章皇帝圣训》,以下简称 *DQSZ ZHD SX*,收于《大清十朝圣训》,卷1,页4b。
③ 参见元聪著:《一朝二帝:1644—1660年的多尔衮与顺治》,堪培拉:澳大利亚国立大学亚洲研究院1989年版(A. Lui, *Two Rulers, One Reign: Dragon and Shun-chih 1644—1660*, Faculty of Asian Studies, Australian National University: Canberra, 1989)。
④ 《大清十朝圣训》,康熙,卷10,页2a。

（2）1679 年

兹者地忽大震,盖由朕躬不德……用人行政多未允协,内外臣工不能精白乃心恪尽职掌,或罔上行私……或恣肆虐民,是非颠倒……上干天和召兹灾眚。①

（3）1679 年

一民生困苦已极……近因家无衣食将子女入京贱鬻者不可胜数……此皆地方官吏谄媚上官科派百姓,总督巡抚司道又转而[将这些赃物]馈送在京大臣以天生有限之物力,民间易尽之脂膏尽归贪吏私橐,小民愁怨之气上达于天,以致召水旱日月星辰之变,地震泉涸之异。②

康熙帝充分意识到第一种模式(即诚敬)并不可靠。因此,他在 1708 年说道,他之前曾祷告上苍③,以求消除旱灾。结果在祀园丘之日,"立见感格大沛甘霖,始知幽独之诚具在上天昭鉴中也。"后来又遇到旱灾,大臣奏请康熙再次祈雨,但他拒绝说:"今天下丰裕,朕心之诚恐不及前……不宜轻祷。"④

当某种现象可以通过计算而加以预测时,基于德性阐释的论说就不可信了,日食和月食的情况即是如此,这是某些中国思想家至少在一个世纪以前就认识到的问题。⑤ 但对康熙来说,有一点不言自明,"天道关

420

---

① 《大清十朝圣训》,康熙,卷 10,页 2a。
② 《大清十朝圣训》,康熙,卷 10,页 2b。
③ 关于中国人的"天神崇拜"(hypatotheism,信仰某位最高神,但却不视其为唯一的神),参见伊懋可:《先验的突破》,收于伊懋可著:《另一种历史:以欧洲视野论中国》,悉尼:野牡丹/夏威夷大学出版社 1996 年版(Elvin, "Transcendental breakthrough," in M. Elvin, *Another History: Essays on China from a European Perspective*, Wild Peony/Hawaii University Press: Sydney, 1996),第 263—264 页。
④ 《大清十朝圣训》,康熙,卷 10,页 3b。
⑤ 如上一章讨论过的谢肇淛。参看第 400 页。

于人事"。他在 1682 年说道："彗星上见,政事必有阙失。"①但他意识到了有关日食的问题,因为当钦天监②预测到日食时,他于 1697 年上谕如下:③

> 日食虽人可预算,然自古帝王皆因此而戒惧,盖所以敬天变修人事也。若庸主则委诸气数矣!去年水潦地震,今又日食,意必阴盛所致,岂可谓无与于人事乎?

后来他通过论述历史记载力图强化其论点。记载表明,那些以天象为警的统治者会"长享太平",而那些遇之不警、视为"适然"的君主则会致衰替。

雍正帝重申了父皇所宣扬的原则,但其背后的哲理却更为精密。他也有两个创新之处:第一是想到了天人感应现象具有*统计的*性质;第二是运用了一种差强人意的*判定方法*,判断那些现象的起因是地方层面的还是全国层面的。我们后面再谈第二个创新,现在先考察第一个。

1724 年,江苏和浙江两省督抚奏报长江口和杭州湾遭海水侵袭,雍正帝谕旨,其中表达了他的总的看法:④

> 朕思天地之间,惟此五行之理,人得之以生全,物得之以长养,而主宰五行者,不外夫阴阳。阴阳者,即鬼神之谓也……
>
> 岂神道设教哉!盖以*鬼神*之事,即*天地之理*,不可以偶忽也。凡小而邱陵,大而川岳,莫不有*神*焉主之,故皆当敬信而尊事。
>
> 况海为四渎之归宿乎?使以为不足敬,则[古代的]尧舜之君何以望秩于山川……今愚民昧于此理,往往信淫祀而不信神明,傲慢亵渎致干天谴。

421

---

① 《大清十朝圣训》,康熙,卷 10,页 3b。
② 或许更合适的译文是"Board of Astrology"。(作者在正文中译作"Board of Astronomy"。——译注)
③ 《大清十朝圣训》,康熙,卷 10,页 3b。
④ 《大清十朝圣训》,雍正,卷 8,页 1ab。

> 夫善人多而不善人少,则天降之福,即稍有不善者,亦蒙其庇;
> 不善人多而善人少,则天降之罚,虽善者亦被其殃。

> 近者江南奏报,上海、崇明诸处海水泛溢。浙江又奏报……海
> 水冲决堤防,致伤田禾……水患虽关乎天数,或亦由近海居民平日
> 享安澜之福,绝不念神明庇护之力,傲慢亵渎者有之。

> 夫敬神固理所当然,而趋福避祸之道即在乎此……

> 人意即*神意*,一年之感格自足以致休祥,岂独一乡一家被其泽
> 哉!若百姓果能人人心存敬畏,必获永庆安澜[在他们的海上]。

然后,他下令向沿海居民发布这道谕旨,使之尽皆知悉。

在精神世界里人与神据称是相互感应的,它的构成决定了宇宙中一
切实体的相应物质构成的运行。在某些方面,这个精神世界的非人类一
方因其自身内在的特点而束手束脚,只能被动地对特定刺激做出特定的
反应。人类,虽地位卑下且须怀有敬畏之心,但却是一个独立的变量,拥
有自由意志。因此,1729 年雍正说:"善恶之报全视乎其人之自取。①即
如播种者,种稷则生稷,种黍则生黍。又如击器者,击金则为金声,击石
则为石声。"②

在 1731 年的一则上谕中,这位帝王谈到了该论点的另一面,即有些
事情是上天无法做到的:

> 今年仲夏以来,京师雨泽愆期……盖上天慈爱为心,断无降灾
> 于人之理[不该受罚]。*其遭值水旱饥馑者,皆由天下人之自取*……
> 若因此而或生怨尤之心,则其获罪更大……倘有人敢生怨怼[对上
> 天的公正惩罚和警示],则乖戾之气自外生成,上天虽欲宽宥而不可
> 得矣!③

相反,如果百姓无罪,他们决不会被置于无处可逃的境地。

---

① 另一个用到这一句子的地方,见《大清十朝圣训》,雍正,卷 1,页 6b。
②《大清十朝圣训》,雍正,卷 1,页 4b。
③《大清十朝圣训》,雍正,卷 1,页 6b。

天人感应效应的统计性质,只适用于群体而非个人,①考虑到这个精神世界的集体性,这一点就可以理解了。这也解决了一个古老的宗教上的问题:在一个被认为由公正神明所主宰的世界里,为什么往往却是好人受苦,恶人吃香。②

尽管天人感应效应具有集体性,但雍正帝毫不怀疑他自己是与众不同的:③

> 人君受天眷……其感通为尤捷……如今年三月十六日[1725年],览署山西巡抚伊都立奏折,知平阳地方三春少雨……朕祗告神明,斋心虔祷。续据伊都立奏报,于十八、十九、二十等日得雨沾足。

证明完了。接下来,他援引了另一个关于其有效干预的例子,并吩咐各省官员务必将地方水旱之事奏报上来。否则,他说:"朕无从省戒,以挽天心,致使旱涝成灾。"然后他又谦虚地补充道:"朕此旨并非自谓精诚昭格[上天],欲以夸示于众。"他强调,他是力图阐明"天人之际,感应不爽,呼吸[以太形式的气]可通。"④

天气和异象构成了一个天国与尘世交相感应的系统,一旦有人彻底地企图将它们与实际观察到的人类行为加以关联,这个学说就难以成立。因此,他只好援引在其他地方拒绝接受的那种"偶然因素",以规避这一矛盾。1730年初,钦天监上奏雍正帝说,六月一日将有日食,持续时间为9分22秒。他反应说他"深为畏惧",认为可能是"民情"尚

---

① 远离闪电。参见伊懋可:《见龙之人:谢肇淛〈五杂组〉中的科学与思维模式》(M. Elvin, "The man who saw dragons: Science and styles of thinking in Xie Zhaozhe's *Fivefold Miscellany*," *Journal of the Oriental Society of Australia*, 25 and 26, 1993—1994),《澳大利亚东方协会杂志》,第25和26卷,1993—1994年,第32—34页。

② V. 赖克特主编:《工作》,伦敦:宋西诺出版社1946年版(V. Reichert, ed., *Job*, Soncino Press: London, 1946),第21章。

③《大清十朝圣训》,雍正,卷1,页1b。

④《大清十朝圣训》,雍正,卷1,页1b。另外与呼吸的比较,还可参见卷1,页5a。

未顺畅,而这也许就是上天的警示。① 这一事件发生之后,他发布如下的上谕:②

> 江宁织造郎中隋赫德具折奏称……日食之期,江宁地方先期阴雨,至午后则天色晴明,万物共见,日光无亏。地方咸以为瑞,特行奏贺等语。朕彼时即批谕切责隋赫德,此并非尔职掌应奏之事……又山西巡抚觉罗石麟奏称,太原等处浓云密雨,日食不见。朕亦降旨,切加申饬矣……
>
> 凡为人者,受天嘉佑而或骄矜纵肆,怠惰前修,则将转福为灾矣……雍正八年六月初一日之日食,乃上天垂象以示儆,所当永远敬畏……讵可以偶尔观瞻之不显,而遂夸张以称贺乎。山西地方偶值阴雨,不可以概天下。至隋赫德所称,江南光不见亏缺。朕推求其故,盖日光外向,过午之后,已是渐次复圆之时,所亏止二三分。是以不显亏缺之象。
>
> 昔年遇日食四五分之时,日光照耀,难以仰视,皇考[康熙帝]亲率朕同诸兄弟在乾清宫用千里镜,四周用夹纸遮蔽日光,然后看出考验所亏分数,此朕身经试验者,若果污蚀不及分数[预报],则[这可能是因为]系钦天监推算之误,又岂可因此而怠忽天戒……
>
> 又康熙五十八年正月初一日日食……是日阴云微雪,未曾显见。皇考谕廷臣曰:京师虽未曾见,别省无云之处必有见者……今见外省臣工中有因今年日食不显而生欣喜之心,为庆贺之奏者,甚属非理。

将一定的原科学成分引入该体系后就会产生矛盾;对此,这位皇帝只能施以威力下令消除。他的继任者避开这样的问题,是可以理解的。

如果天气和其他的天象或地象是上天对地方官民德行的一种回应,

---

① 《大清十朝圣训》,雍正,卷 1,页 5a。
② 《大清十朝圣训》,雍正,卷 1,页 5ab。

照这么说,在地方层面就应该出现可察觉的变化。因此,1732年雍正帝批评说,在某地出现的水旱灾荒可能是多种原因造成的:朝廷恶政是主要原因,还有臣工的过错,"有司教令烦苛",或"民间风俗之浇薄"。他继续说道:①

> 思天下人民众多,良顽不一,或有愚昧无知,因饥馑困厄而生愁怨之心者。夫平时心术诈伪,习俗乖张,仰蒙上天垂象示儆……转相怨怼,竟忘上天降罚之由来,视为己身无辜而获谴者……
>
> 朕即修省祈祷,亦未必能代伊等解免,而宽其罚也。每见一州一县之中,相隔不远,而雨泽多寡不均,收获丰歉各异,此即显而可见者。

1733年(此事发生在雍正十二年,因此应为1734年。——译注)他重申了这一点:"惟是上天之降灾,往往画地分疆,广狭不一……亦有通省皆收,而一府一县或一乡一里独惟灾沴者。此岂上天有所厚薄于其间哉……其招致[灾难]之由,必非无故。"②

雍正明确表示是地方官员的责任:"督抚大臣等果能公忠体国,实心爱民,必能感召天和,锡嘉祥于其所辖之地。"③同样他也指出了恶吏的特征:"似尔此等巡抚,朕知地方必无丰收之理。天降冰雹惟在莽鹄立、陈时夏、魏廷珍之所属地界中,亦大奇可畏。"④正如他所理解的,"何等督抚即有何等年岁",他还提到说,莽鹄立甫任湖南,那里水患至;调任江西巡抚后,这里旱灾临。当布兰泰任职甘肃时,冰雹屡报于甘肃。"如此响应",他说,"奇哉!"⑤

曾经的良吏可能也会随着年龄的增长而衰颓:⑥

---

① 《大清十朝圣训》,雍正,卷1,页7a。
② 《大清十朝圣训》,雍正,卷1,页7b。
③ 杨启樵著:《雍正帝及其密折制度研究》,第27页。
④ 杨启樵著:《雍正帝及其密折制度研究》,第28页。
⑤ 杨启樵著:《雍正帝及其密折制度研究》,第28页。
⑥ 杨启樵著:《雍正帝及其密折制度研究》,第28页。

> 试观田文镜抚豫时心力充足……遂为天下所莫逮。从命兼督山左,老病之余,精神衰耗……而两省之灾眚遂亦屡见洊臻,此非彰明较著之征验也欤[某种精神状态与实际所发生事情之间的联系]?

雍正是在将天人感应说变成一种武器,以从心理上震慑地方官民。

宣化府的例子说明,民众的大多数因其恶行对天气产生了不利影响,从而可能会遭到怎样的谴责。1729 年,雍正上谕内阁:[1]

> 尝思岁时雨旸之各地不同者,其故或由于朝廷政事有所缺失,或地方官吏乖其职守,或民间习俗浇漓,人心伪薄……
>
> 上年直隶通省地方收成丰稔,惟宣化、怀来、宝安三州县独愆雨泽,朕心即疑地方官民恐有招致之由,秋间口北道王棠来京,朕……据王棠折奏:
>
> 宣化、怀来、保安等处,去年夏秋亢旱,今春他处皆得瑞雪,而此地独少,二月间臣因公出境,勘得鸡鸣驿、新保安之间有古惠民渠一道,灌田数百余顷,旗民互讼,历三十余年未曾结案,臣详勘渠道,先剖曲直,继将上年所奉上谕再四宣布,劝使回心,一时旗民人等顶颂皇仁,即时感悟,分渠共溉,永息争端。
>
> 果于三月初一二等日连降瑞雪,平地尺余……
>
> 倘一方之中,彼此猜嫌,构争起讼,人怀不平之气,斯天地之气,亦湮塞于一方,不能和畅宽舒,有不雨旸失序者乎?

在证明了他的论点后,这位皇帝于是像往常一样声称,他并不是要将责任推到官吏和民众身上,因为"君民上下,原为一体"。

同一年的晚些时候,当情况再次恶化时,他就没这么宽容了。[2] 他要求当地官民努力自我悛改,即使如此,该府仍然没能让皇帝平息怒气。1734 年初秋,雍正在总结此地过去的天气状况之后说道:"是年冬月,他

---

[1]《大清十朝圣训》,雍正,卷8,页 3b。
[2]《大清十朝圣训》,雍正,卷8,页 4a。

处皆得瑞雪,而此地独少。此必地方文武大员不能妥协,或无知愚民有干和气之所致。"①他指出,宣化在经历持续的苦旱之后,现在又遭遇冰雹对庄稼的破坏,"其大有如拳如鸡子者"。紧接着即是从天人感应的角度所做的更多的分析:②

> 朕思冰雹虽北方所时有,而宣化乡村被灾独甚,为近来所罕见。可见上天垂象,屡屡示儆于宣化者显然。若彼地官民或视为气数之适然,而不知恐惧战栗思过省衍。

他要求将此上谕广泛传达,以使宣化官民能够"人人各自省疚",以便将来能时和年丰。

雍正的继任者乾隆帝对于先帝乐此不疲而使官员中产生的这种态度持保留意见。在其继位的 1735 年,乾隆就颁布③上谕指出,虽上古圣王尧舜也不能避免水旱之灾,继而说:④

428

> 督抚身任封疆重寄,奏报收成分数,乃关系地方民命,必确实无欺,始得议行蠲赈。……朕……见各省陈报收成分数,或有只据一方丰收数目,为定雨水过多之处,以高阜所收为准,亢旱时有之年,以低下所获为准,……其意只图粉饰,以邀感召和气之名……

> 尔等督抚……岂得因年岁之丰阜,贪天之功为己功乎? 若岁丰可引为己功,则必岁歉惧为及罪,捏报丰收,不恤民艰。

这样,天人感应说使得官员在统计收成时更加玩忽职守。⑤

乾隆坚守了地方官民对天气负有责任的假定。⑥ 当各主要省份都有

---

① 《大清十朝圣训》,雍正,卷 8,页 7a。
② 《大清十朝圣训》,雍正,卷 8,页 7ab。
③ 人们习惯说"他颁布",但这就回避了这样一个问题:他在多大程度上得到大臣的建议而这么做,为什么。
④ 《大清十朝圣训》,乾隆,卷 27,页 1a。
⑤ 关于收成统计的报告,参见马立博:《"南方向来无雪"》,第 422—435 页。
⑥ 《大清十朝圣训》,乾隆,卷 27,页 4b。

春雨润泽,*唯独*京畿周边未得雨时,他甚至愿意归咎于他自己的失德。①
1740年,当山西巡抚在年中上奏,说到除省府所在的二府外本省都得到
了充足的雨水时,他领受了这样的训斥:"而独汝省会之区,不能沾足,益
见汝废弛政务所致矣。"尽管如此,情况似乎表明,随着统治的进行,这种
地域责任问题只是间或引起乾隆的关注。

　　1758年(此事发生在乾隆二十四年,因此应是1759年。——译注),
因甘肃长时间的干旱,这一问题又短暂地变得重要起来。该省巡抚和官
员听谕旨继续祈雨,并且还要清理所积压的悬而未决的讼案。但清理
时,当斟酌慎重,因为"若一概宽释,转非所以感召嘉祥,而仰冀膏泽也。"
此外,他们还要"留心*访觅谙习祈雨诸色人等*,设法祈祷"。② 这种用法术
部分替代德行的做法于1784年因卫辉的例子而再度出现。卫辉是河南
的一个府;八月里,当河南省其他地方都已降雨后,卫辉还是无雨。皇帝
派官员前去查明此地为何屡遭旱灾。他吩咐他们带着"素能祈雨之回
子",让他驰驿前往河南省,"敬谨祈祷,以期速普甘膏"。③ 这两个例子与
先前的道德说教形成了对比,是乾隆统治时期向无道德意义的纯粹仪式
转变的趋势的一部分。

　　乾隆的继任者嘉庆只有一次明确关注过地方责任的问题。那是在 ⁴²⁹
1817年(此事发生在嘉庆二十三年,因此应是1818年。——译注),接近
其统治末年。是年夏末,他上谕军机处:④

> 　　本年直隶阖省雨泽缺少,而顺天[京城周围]所属尤甚……兹特
> 制望雨省愆说,以述忧怀,著发交[总督]方受畴及藩司姚祖同、臬
> 司瑞弼及各道府阅看,各宜扪心自省。

> 　　从来[人类和上天]感应之理,历历不爽,若该省官吏人尽公勤,

---

①《大清十朝圣训》,乾隆,卷27,页4b。乾隆卷28页7b列有一个同样的案例。
②《大清十朝圣训》,乾隆,卷28,页4a。
③《大清十朝圣训》,乾隆,卷29,页1b—2a。
④《大清十朝圣训》,嘉庆,卷14,页8a。

办事悉皆允协,未有邻省皆丰,独于该省旱象亦警者。① 现在麦收既已歉薄,如大田又不能及时播种,则小民口食无资。

他要求官员们采取诸如杀死蝗虫幼体等切实举措,而且说,"地方一有灾荒,则莠民潜思乘机煽惑",希望他们采取防范措施。结尾时他希望人人勤勉,恪尽职守,这可能会"挽回天意"。但是,如果他们继续漠视民生,并且不理会他的训诲,就会"良心泯灭",而得不到上天的护佑了。

这一年初冬,嘉庆发现了一种不同的解释,这证明各省官员无罪:②

> 直省年岁丰歉,关系民生者至切,以四海[即是说,在中国]之广,安能岁逢大有,其间旸雨不齐,则天时人事感应之理,固有较然不爽者。每见该省吏治整饬,民俗淳良,往往雨旸应候,年谷顺成。其或官吏贪污,民气嚣陵,则戾气成象,即足以致灾眚,默加考验,历历可征。

> 本年近京一带,夏间苦旱,屡经祈祷,总未畅沛甘霖。朕宵旰忧思,不得其故,嗣于七八月间,究出海康庆遥从*逆*重情。又萧镇贪黩营私,劣迹败露,均经审明治罪。*九月内甘膏叠降*,畿辅全境优沾。

> 盖海康庆遥以宗姓支裔,交通叛逆,萧镇以风宪官职,浊乱纪纲,此皆败常坏法[涉及良治]之大者。其或上苍示警,职此之由。兹逆渗消除,和甘立召,深观天人感应之理,可不共知儆惕乎?

先前似乎是对既定秩序的一种叱责的天气可以巧妙地被加以引导,以作为证明天人感应说合理的证据。

自此之后,天人感应效应的地域特点作为一个重要议题逐渐消失,当然,偶尔也会短暂地再现。

有人可能会问,清中期的皇帝们在多大程度上*相信*这里所描述的气

---

① 令专家们感兴趣的是,从上下文看,这个句子是一个反事实条件句;这种文法形式,人们曾经认为中文里是不存在的。其句子结构是*若……,未有……者*。

② 《大清十朝圣训》,嘉庆,卷14,页8ab。

象信条。至少从雍正的情况来看①，他广泛肯定的这种信念以各种情形散见于《圣训》之中。它们不限于《敬天篇》，在《圣德》、《爱民》、《训臣工》、《广言路[致皇帝]》、《慎刑》、《重农桑》、《厚风俗》以及《蠲赈》等上谕中，它们也被发现了。有些话暗示了这位皇帝对于天气的深切关注，"中夜"，他说，"屡起瞻望云色以卜晴雨"。②　继位的第一年，他下旨释放了数 431 百名羁禁待审的人，之后就看到，"不越三四日，甘霖大沛"，他还补充说："莫谓适逢其会，事属偶然也。"③

这背后的基础，是他主张的天地人能敏感地相互感应的信条：④

> 盖面前虚空即是昊天，足履撮土即是大地……犹如人有七尺[中国的尺]之躯，人身拔一毫毛，则通体皆知痛痒。岂有人于天地之中举一念，行一事，而天地不呼吸相通者乎？

他要求地方官员都要像他一样，每年行"耕藉"之礼，以"使知稼穑之艰难，悉农夫之作苦。"⑤昔日稻子收割后重新生长的小奇迹的发生，就是因为地方官民感格了上天。⑥ 万物间纤缕相联，但常常是，有明显的联系却被视而不见。福建民俗强悍，好勇斗狠，⑦但是在1726年，当该省雨水过多、米价飞涨时，却未听说有暴烈之举。⑧

在特别的情形下，良善得到了上天的垂佑。1729年，这位皇帝上谕：⑨

> 又据广东督抚布按等奏称，今年粤东，雨泽均调，百谷顺成，合

---

① 在某些方面，清中期的几个皇帝各有特色，注意，不应以这里所述的雍正模式为基础对他们一概而论。
②《世宗圣训》，以下简称 SZSX（收于《大清十朝圣训》），卷22，页2a。
③《世宗圣训》，卷24，页1b。
④《世宗圣训》，卷12，页5a。
⑤《世宗圣训》，卷25，页1b。
⑥《世宗圣训》，卷25，页4a。
⑦《世宗圣训》，卷26，页5b—6a。
⑧《世宗圣训》，卷28，页3a。
⑨《世宗圣训》，卷29，页1b。

> 计通省米价自八钱[10个银盎司]至五六钱,实粤省从来希有之事,朕闻之深为慰悦,*此皆该省民人等革薄从忠,醇厚良善之心,上天垂佑而赐以丰穰之所致也。*著将山东、广东二省庚戌年地丁钱粮各免四十万两,以奖地主官民之善。

这是皇帝对品行优良给予的奖励。这段上谕也很有趣,它是将天人感应说运用到除台风外气候不那么不稳定的华南地区的少数例子之一。

拿品行说事的作法也会遇到困难。1729 年雍正帝指出,田文镜任职河南期间,风清弊绝,因而会有连年的丰收。现在相反,出现了荒歉之年。考虑到田文镜是其能吏之一,不能质疑他的才能,这位皇帝所能做的最多就是解释,"复因荒歉而蠲免正赋者,乃赈穷恤困之意。"他觉得他必须尽力回避这种明显的陷阱,以免对意识形态形成挑战。

其实,《圣训》中的大部分上谕都有实用性。海塘应该用石头加以重修以免除后患,即是如此。① 那么,在一些特定的时刻,这位皇帝是用天人感应信条还是用直截了当的行政语言进行批复,其原因是由什么决定的?

同一事件在不同情况下会得到两种批复。1724 年 9 月 5 日和 6 日,一场台风摧毁了江苏南部和浙江北部沿海许多地区的海塘。10 月 1 日,②雍正帝颁布了那道前面已翻译过的上谕;它表明,也许在一定程度上,正是灾民的道德缺失才造成了他们自己的不幸。10 天后③,由于事情紧急,他说他已在密折中下令进行救济。④ 又过了 27 天,到了 11 月 6 日⑤,他就此事颁布了一道无意识形态色彩的上谕,一天后紧接着又颁布了另一道。接连颁布上谕似乎令人奇怪,但其中第一道的内容意在证

---

① 《世宗圣训》,卷 26,页 4b。
② 干支纪日法中的*甲申*。
③ *甲戌*。
④ 《世宗圣训》,卷 28,页 2a。
⑤ *辛酉*。

实,先前的确颁布过带有实用性的上谕:[1]

> 居民田庐漂没,朕轸念深切,已降谕旨令江浙地方官亟行赈济抚绥,毋使灾黎失所,今被冲海塘若不及时修筑恐咸水灌入内河,有碍耕种。尔督抚等著即查明各处损坏塘工,料估价值,动正项钱粮,[2]作速兴工。至沿海失业居民,度日艰难,藉此庸役,俾日得工价,以资糊口。

第二天颁布的上谕,是要求动用库银为从其他省份输入大米做准备。[3] 从这两份公文的第一份中可以明显地看出,《圣训》这一汇编并不总是备齐了全套的官方批复,因为上面提到的给地方官员的密折就没有在其中加以收录。这样,看起来很奇怪的上谕颁布顺序——先说教,后赈济——并不一定与实际发生的情况相符。但基本的一点是,针对同一件事,两种批复可以同时并存,有时会以不同的公文形式出现。

天人感应的语言通常大都用于两种情况,它们的性质颇为不同。第一种是少雨,因为人们似乎觉得干旱是上天表达不悦的独特方式,而降雨则是诚心感格上天的特别标志。第二种是用在没有易行的直接方法惩罚不良态度和行为的时候,尤其是如果这种行为是松散的集体行为因而难以捉摸的时候。

第一种的例子数不胜数,但是在 1730 年 7 月 22 日的上谕中可能会发现一个稍显古怪的例子,这就是第一种与第二种混合在了一起。该上谕提出,皇帝祈祷针对不当而带来的不幸后果,以及集体的心态不恭,可以补充作为江浙出现涝溢之患的原因:[4]

> 但闻江浙雨水稍多,田禾间有涝溢之患,朕悉心推求其故,想因今年春夏之交,京师雨泽愆期,朕为畿辅祈祷并忧虑及江浙地方,已

---

① 《世宗圣训》,卷 15,页 2a。
② 参见孙任以都著:《清代行政术语:六部术语译注》,第 417 条。
③ 《世宗圣训》,卷 15,页 2b。
④ 《世宗圣训》,卷 2,页 3b。

而京师得雨,而朕心专为江浙祈求。至南方多雨情形,朕未曾闻知,但以少雨为惧……外省大臣,凡觉有水旱之机,即当速奏,朕知之者正为此也。南方既已多雨而朕心仍复求祈,或因此一念以致上天赐雨过多,浙省有涝溢之处乎!

帝王的祈祷之力是不可低估的。但雍正接着做出第二个假设,即:众所周知,降雨过多是上天对傲慢自大的惩戒,而浙江或许是在近来的会试中考得太好,当地士子可能不免矜骄? 他并未判定究竟是何原因。

434　　天人感应说的第二种特殊用途,是用来强力矫正皇帝所察觉到的不良心态。在1732年的上谕中可以发现这样的一个例子。雍正开篇就说:"昔人云:和气致祥,乖气致异。此天人相感之至理。"他接着论述具体的问题,而一旦说完实际问题,他就会非常明显地运用气象的力量来达到目的:①

　　去夏今春,京师亢旱,地犹微动未息……朕留心体察,于旗人得一二事,似有抑郁不舒之气,以致上干天怒,朕不得自宽,众亦各应自省也。

　　如用兵准噶尔②一节,八旗将士远役于外,父母妻子愁望于家,或以为者朝廷不惜士卒,由此可已而不已之举,不知准噶尔贼夷狡狯凶顽……扰害我臣服之蒙古,窥伺我西北之边疆……并非穷兵[不合理地]黩武,欲拓地开疆,而疲劳将士于沙漠穷荒之地也……

　　我满洲八旗人等素有忠义之心,勇敢之气,尔等祖父自从龙入关,以及各处征讨削平寇乱,皆以捐躯致命为荣,以老死牖下为耻。今乃承平日久,习于宴安,因数年之征戍,即生愁怨之心……即其[你们的]父母妻子亦当深知大义,遏抑私情,务其远大则忠君报国
435　之悃诚,必蒙上天垂鉴默加福佑。

①《世宗圣训》,卷20,页4b。
② 通常也写作"Sungars",如恒慕义主编:《清代名人传略》,第9—10等页。

我们应该记得,1731 年,也即上一年,傅尔丹率领的朝廷军队大败于准噶尔部。① 因此,旗人士气低落也就不足为奇了。上谕的第二部分以同样的语调,继续痛斥旗人将官侵盗国帑和剥蚀民膏的行为。因此很有可能,皇帝意识到了那种超自然现象是用来抨击根植在旗人中的不良态度及滥用职权行为的有效武器;这可能还牵涉到雍正与三位旗主之间的权力斗争。②

在做暂时评价时,我们必须对这样两方面进行权衡:一方面,就这位皇帝而言,在天人感应说的运用上存在明显的投机取巧;另一方面,要认识到,如果天人感应说不能让帝王将相和贩夫走卒都真正相信,那么在他的政治策略的宝库中,它将不会成为有效的武器。还有一点难以想象的是,至少因为他的一部分想法,雍正也没有随便拿它说事。他的臣下知道他喜好吉兆,于是不断上奏诸如一茎多穗的嘉禾③、瑞芝④、"瑞凤"——其中之一据称曾被千人所见,⑤以及"瑞麟"等;最后关于瑞麟的奏报说得有鼻子有眼。⑥

雍正也明白他们是在投其所好,因此他对这些奏折通常都持怀疑态度。山东奏报"瑞麟"被驳回,因为北方屡遭旱涝,瑞麟之出实不足信,而且他被迫在西北用兵,将士劳苦。⑦ 关于直接由万蚕自织的"瑞"茧——或诸如此类的说法,皇帝仍表示怀疑——的奏报也遭雍正拒斥;他说,这类稀有之物不足以御饥寒。⑧ 在谈到那活灵活现的瑞麟时,他声称,对他来说,唯一重要的祥瑞乃是国泰民安,这是顺应天意的清明政治的结果。人们怀疑他喜欢这种意识形态上的"奢侈享受":既乐于看到天降祥瑞,

---

① 恒慕义主编:《清代名人传略》,第 264 页;傅尔丹的对手厄鲁特蒙古是准噶尔部的一个大部落。
② 恒慕义主编:《清代名人传略》,第 916—917 页。
③ 例如《世宗圣训》,卷 1,页 3b 和 6a。
④《世宗圣训》,卷 2,页 4b—5a。
⑤《世宗圣训》,卷 2,页 2a。
⑥《世宗圣训》,卷 2,页 5a。
⑦《世宗圣训》,卷 2,页 4ab。
⑧《世宗圣训》,卷 2,页 1a。

也喜欢——出于炫耀的目的——对其中的多数奏报进行驳斥。

1727年,有人奏报黄河水变清,雍正的回应清楚地体现出了他对吉兆的喜好。这是一个他予以认可的吉兆,当然他强调,这在很大程度上是因为父皇的眷顾,以及众人德行清正。① 人们立起了一座石碑,上面刻有一则碑文来纪念此事,其来龙去脉被列举出来:②

436

　　[多省官员]驰奏:*黄河自陕府谷县,历山西、河南、山东,以至江南之桃源,冰开水清,湛然澄澈。其在陕西、山西,始见于雍正四年十月八日乙丑,③迄于雍正五年正月十三日庚子,④凡三十有六日;其在河南、山东始见于十有二月九日丙寅,迄于次年正月十日丁酉,凡三十有一日*[原文如此]。*山东之单县亦清于丙寅至癸酉甲戌,⑤清澈见底,而是月之二十二日己卯渐复其旧,凡十有四日*[原文如此]。*其在江南则始于十有二月十六日癸酉,⑥迄于是月二十三日庚辰,凡七日。盖其清也,自上*[即,上游]*而下,及其复旧,自下*[即,下游]*而上。就时日之先后远近,渐次如此。*

雍正在对相关官员加官一级后,对于这种奉承之举(尤其是因为水"自上"而下变清的流动,暗示了他自己在这件事情上的高高在上)评论道:

　　夫天一生水,是为天地之气所流通,而河称四渎之宗,上应云汉,澄洁安流,用昭嘉瑞,天和协应,必有自来。诗曰:"文王陟降,在

---

① 关于1727年1月8日的这份奏折,在《世宗圣训》卷20,页1b里有批注。
②《世宗圣训》,卷1,页5a—6a。
③ 依据《两千年中西历对照表》(香港:商务印书馆1961年版,以下简称 ZXDB),这里的日期差了一天。干支纪年标示是12月31日(作者在正文中译为1726年12月30日。——译注)。这里说明一下,我特别将中国的阴历日期转换为西历日期,以便这一纪年方式更容易领会。
④ 这里同样差了一天。干支纪年标示是2月4日。(作者在正文中译为1727年2月3日。——译注)
⑤ 依据的是干支纪年的日期,因此跟上面标示的一样,可能差了一天。
⑥ 干支纪日再一次标示要晚一天。

帝左右。"①盖言文王与天同德,而子孙蒙其福泽也。*我皇考配天之灵,于昭在上,眷顾启迪,至深且厚。朕祗承瑞应,恐惧悚惶。*

解读一下,其意思很简单:雍正帝仍对篡位之说耿耿于怀,因此利用黄河变清这一非同寻常的表现来证明其继承大统的合法性;他断言,父王康熙帝在天有灵,因此对他眷顾认可。我们又回到机会主义上来了,但——正如我已说过的——雍正肯定相信,很多人都会信服这种拐弯抹角的废话。如果说服不了听众,做这样的声明就没有意义了。这确实要冒被人嘲笑的风险。

他在这件事情上的真实想法如何,仍然是个谜。②

## 《清诗铎》

对于史家来说,诗歌是带有危险的原始资料,因为大部分诗歌的写作都是为了抒发情感而非传递信息。当它们为政治、法律或组织服务时,唯一直接的目的就是摇旗呐喊,粉饰太平。换句话说,它们能起到宣传的作用。像帝制晚期的许多中国诗歌一样,即使它们明言是为某个真实事件而作,也会极尽想象,无中生有。但就现在的情形而言,我们可以对这些观点做另一番解读。如果说《清诗铎》中的许多诗歌都是蛊惑人心之作,那么诗人定然觉得其中体现的对自然的看法能得到读者的认同。而张应昌将这些诗歌选入诗集,也说明他赞成它们有一定的代表性。重要的是,它们表现出了五花八门的对自然和环境的看法。

为大规模发展的传奇故事所吸引的中国人不在少数。在张永铨的

---

① 高本汉著:《诗经注释》,第 235 篇,《文王》。
② 在这里我要向波恩大学的顾彬(Wolfgang Kubin)教授表示谢意。他最初想组织一次论述中国文化中"闲适"与"不安"之情的会议,虽然后来会议的主题变了,但这启发我去考察本章第一部分的主题。

一些诗句中,我们就能找到例证。当他看到黄河泛滥南流而损害了大运河的机能后就诗兴大发。① 像所有关心水利的中国人一样,张永铨意识到问题出现的原因是黄河夺淮入海(第六章中讨论过),为了使漕粮行到此处时能安全渡过黄河,人们需要不断地兴修水利:

> 今岁筑坚堤。明岁已随溃。
>
> 此岸甫告成。彼岸复倾圮。
>
> 岁糜百万钱。填海曾何济。

接下来他声称,黄河之所以不安流,是因为用来灌溉和排涝的沟洫"淤塞"了。在做出这一错误的水文判断后,他赞扬说,在古代,各地都能自给自足。诗中提到的秦人坏"阡陌"出自一个传说,是新帝国对据说在上古盛行的所谓"井田制"这种土地所有制进行破坏的一部分。

> 古者众建国,各食地所树。
>
> 不闻燕赵人,仰给吴楚税。
>
>
>
> 秦人坏阡陌,②沃土遂成弃。
>
> 地实既不登,黍稷终难继。
>
>
>
> 西北苦无禾,因莫兴水利。
>
> 东南患河冲,其弊亦所致。

蹩脚的水文知识与可疑的历史知识一起,启发了张的工程想象,即:华北平原在官府控制下得到了充分的灌溉,生产出足够的食物,从而使帝国的漕运系统没有存在的必要,而沟渠密布也遏制了盗贼的活动:

---

① 张应昌编:《清诗铎》,第113—114页。(《河上纪事》。——译注)

② 阡陌。见司马迁著:《史记》,(汉:北京:中华书局1959年再版,以下简称 *SJ*),《秦本纪》,卷5,页203;以及《商君列传》,页2232。

438

> 河从龙门来,万里滔滔逝。
>
> 若教流勿滥,应使源先杀。
>
> 上既分其支,下自安其派……
>
> 北地及中州,设官理沟洫。
>
> 定理画为渠,通流资灌溉……
>
> 浅深审水宜,曲直随地势。
>
> 十年告成功,沿河多分汇。①
>
> 尽地皆腴田,靡处非秉穗。
>
> 甸服粟米供,转漕可无费。
>
> 渠多走马艰,盗贼并难肆。

　　这体现了前现代时期对设想错误的宏伟工程的热情,而今它依然鼓 *439* 舞着诸如三峡大坝那样的建设。

　　要给这种热情降温,就要意识到,实际上付诸实践的有些发展带来了灾难性的后果。曾一度在 18 世纪出任甘肃(在西北和西域交界处)某县知县的周锡溥做过描述,说到在不宜耕作的半干旱地区开荒会造成农田的盐碱化。他以一段散文式的序言开篇:②

> 委堪香山雹灾……跋涉大碛至彼。出钱易粟乌不得。访之,则居民山中故食蓬草也。持示余,有沙蓬、水蓬、绵蓬三种。食之之

---

① 分汇。"汇"可能是河流蜿蜒流过之后留下的一个 U 型弯;受这一事实启发,我试着这么翻译(作者在文中将"分汇"译为"multiple branch loops"。——译注)。参见森田明:《晚明浙东的水利》,伊懋可、田村惠子译,《东亚史》第 2 期(Morita Akira, "Water Control in Zhedong during the later Ming" translated M. Elvin and K. Tamura, *East Asia History*),1991 年 12 月,第 61 页,脚注第 90。

② 《清诗铎》,第 174—175 页。

法，入水一沸，漉出之；别入水，熟以为羹……多则乾以禦冬……命
烹以进，腥涩几不能下咽。而边民终年食此……以为雨雹天之常
沴，而茹草人之奇厄。

一种头垂如羽葆，名曰沙蓬出沙杪。
一种微洼谷下苗，厥名水蓬类蒌蒿。
别有绵蓬叶爪碧，入夏软现兜罗色。

青裙小妇瀹残冰，三种齐烹待官择。
土气苦腥味苦涩……问民啖此经几秋，
岂无五种田可耕？

民言宁夏河为塞，此山塞产悬河外……

440　　　偶有人民杂魑魅，枯暑战霜阴气涸。
重霾轧露阳施闭……

知春不知杨柳稊。
病思清井浇肺渴，雪尽却饮沙中泥。
先时父祖营耕垄，万锹斸山山脉动。
短苗初苗冰花开，又报沙虫大如蛹。
官籽委弃如土苴。

子孙啖草为生涯。
草少人多日一啜，饥肠宛转鸣缲车。

昨寻荐地西山麓，牧放牛羊盼年熟。
肉可充食皮可衣，赢得余资作稃粥。

雹灾瞥过旋成空,牧场死骨撑青红。①

老鸦恶鸱饱狼藉……

回看蓬草嗟独在。

谢天再拜乞天慈,但愿葳蕤②得长采……

像往常一样,作者写这段文字的目的是希望获得当地官员的怜悯与帮助。因此,我们必须考虑到这里的灾难可能被刻画得过于严酷了。文中还隐含着对上天公正与仁慈的质疑——这又是此类诗歌的一种并非不常见的特征,并且跟上谕和多数哲人对上天的虔敬形成了对比。帝制晚期中国的环境承受了巨大的压力,对于这幅巨大的马赛克图文,作者只描绘了其中的一小块;很显然,作者明白,所发生的事情是我们今天所理解的不当发展的结果。

乐观主义者总是认为,只要努力就能找到更多的资源。这里有许乃穀描写位于大西北的敦煌的几行诗为证,他曾在 1831 年左右的某个时候出任敦煌知县:③

敦煌汉雄郡,徙民民忘疲。

拣金贡天府,地肥扶人赢。

山空金今尽,如豹徒留皮。

西极田旱干,遣欠奚由追。

况有沙碱地,苗苗期无期。

441

---

① 我对这一句最后几个字的翻译没有把握。(作者指的是将"撑青红"译为"a glut of rotting flesh"的做法。——译注)

② 葳蕤(*Weirui*),或玉竹(*Polygonatum officinale*)。

③《清诗铎》,第 12 页。(《阳关行》。——译注)

> 吾欲浚水源，集众荷锸随。
>
> 地利弗禁搜，囊空有余资。

这首诗并未表明，他在寻找地下水方面有多么成功。

尽管如此，资源无限的主题却有几分老生常谈的味道。因此，谢元淮描写卤盐专卖的诗文包含了这样的诗句：①

> 富哉天地藏，岂能尽搜括。

相反的观点也得到了有力的表达。对矿产资源，特别是铁矿石和煤炭耗竭的关注，在很多诗歌中跃然纸上。姚椿用形象生动的诗句描写了煤矿开采的危险，包括因塌方和地下水被错误地排放而透水所造成的矿工死亡等，其中着重提到，"掘久山骨空"。② 对于资源耗竭这一主题的代表性的叙述，可能在王太岳关于云南官家铜矿（在西南部）的长篇著名诗歌的一些诗行中可以看到，这首诗大约写于18世纪中后期：③

> 晨朝集洞口，赤立褫衣裙。
>
> 篝灯戴其首，千仞穷冥昏。
>
> 铦锋石齿触，断壁苔斑扪。
>
> 当暑苦疫疠，毒雾杂炎氛。
>
> 冬寒体生粟，手龟足亦皲。
>
> 洞中况逼侧，气噎不得伸……
>
> 矿路日邃远，开凿愁坚珉。
>
> 曩时一朝获，今且须浃旬。

442

---

①《清诗铎》，第86页。（《卤差言》。——译注）

②《清诗铎》，第935页。（《哀山中采煤者》。——译注）

③《清诗铎》，第927—928页。（《铜山吟》。——译注）

> 材木又益诎，山岭童然髡。
>
> 始悔旦旦伐，何以供樵薪。

> 以兹艰采炼，动遭官府嗔。

资源耗竭导致了更多的危险。王氏继续写道：

> 况复山腹空，崩颓断云根。
>
> 划如土委地，一毙数百人……

> 深宵闻鬼哭，寒风闪阴燐。
>
> 吁嗟人命贱，曾不如鸡豚。

> 利普遍亿兆，不能庇一身。
>
> 山海殖财货，岂以灾芸芸。

> 阴阳有翕辟，息息归陶甄。
>
> 尽取不知节，力足疲乾坤。

或者如魏源平淡地说到的，"人满土满两堪患"。[①] 朱樟于 17 世纪末或 18 世纪初作了一首关于湖南（在中部）难民载着鸡犬逃往四川（在西部）的诗，同样直言，"竞言蜀土满"[②]。

443

传统中国后期最恐怖的环境危机时刻，在焦循所作的一首关于饥荒的打油诗中，以一种令人毛骨悚然的笔调得到了总结：[③]

> 采采山上榆，榆皮剥已尽。
>
> 采采墓门茅，茅根不堪吮。

---

① 《清诗铎》，第 579 页。（《君不见》。——译注）
② 《清诗铎》，第 554 页。（《篁船谣》。——译注）
③ 《清诗铎》，第 454 页。（《荒年杂诗》。——译注）

千钱二斗粟,百钱二斗糠。

卖衣买糠食儿女,卖牛买粟供耶娘。


无牛何以耕,无衣何以燠。

*休问何以耕,休问何以燠。*


未必秋冬时,一家犹在屋。


*未死不忍杀,已死不必覆。*

*出我橐中刀,刳彼身上肉。*


瓦釜烧枯苗,煎煎半生熟。

赢瘠无脂膏,和以山溪蕨。


*生者如可救,死者亦甘服。*


此即妻与孥,一嚼一号哭。

哭者声未收,满体乍寒缩。


*少刻气亦绝,又填他人腹。*

444　　　榆树皮是人们在饥荒时常吃的食物,一首以饥民剥榆皮为题的诗说到,"榆尽同来树下死"。① 对西方读者而言,刚才所引用的焦诗的语调似乎很粗野,但正如秦瀛在一首描写浙东洪水过后灾民的诗中所表达的,中国人可能常常认为:②

死者已矣生更苦。

---

① 《清诗铎》,第440页。(魏象枢:《剥榆歌》。——译注)
② 《清诗铎》,第479页。(《浙东大水行》。——译注)

即使为上天开脱而把灾难推到"数",即命运的头上,那些提笔记下这些惨事的人最清楚不过了,正如沈树本所说的:①

> 作诗维告哀,声比寒号虫。

与哲学表达不同,在现实生活中,上天不那么容易招人喜欢。

人们常常提出上天是否公道的问题,但也几乎常常是一笔带过,以免做出太过否定的回答。不过,关于人与自然关系的最常见的看法则是比较自信和武断,以为有了准备、决心和技巧,人类就能够处理因自然而遭遇的大部分问题。因此,柳树芳在一首描写旱灾的诗中宣称:②

> 纵有灾沴不为害,天定每以人力争。

朱锦琮从这个角度出发,在其诗中倡导凿井:③

> 井泉生于地,塘水因乎天。
> 天时有亢旱,地脉无变迁。
>
> 源泉用不竭,旱魃虐无权。

汪如洋的诗描写了一位时新花匠的绝技,宣称它们能"巧夺造化回天工"。④ 李梅有首诗描写了商人李本忠;此人在1805—1840年间自费组织人力夷平并清理了通往湖北归州和四川夔州牵道上的48处险滩,诗中有这样的豪迈句子:⑤

> 当其炽炭顽石裂,火光下彻冯夷宫。
> 椎声丁丁遍崖谷……

445

---

① 《清诗铎》,第473页。(《大水叹》。——译注)
② 《清诗铎》,第142页。(《苦旱行》。——译注)
③ 《清诗铎》,第143页。(《穿井谣》。——译注)
④ 《清诗铎》,第175页。(《花儿匠》。——译注)
⑤ 《清诗铎》,第13页。(《平行滩》。——译注)"clasts"是大小从鹅卵石到巨砾不等的沉积碎岩。(作者将"顽石裂"译为"split stubborn rocks to clasts",意即"裂开顽石成碎岩"。——译注)

夔归诸险次第尽,人志一定天无功。

对诸如河伯冯夷之类的神灵,人们显然持类似的态度。钦琏有一首诗写到了重修江苏南岸海塘,他赞之曰:[1]

百尺巍峨耸天阙。冯夷有怒不敢逞,
海底怪物惴屏息。

有一种观念认为,人类的生活就是与不断变化的环境状况作不懈的斗争。水利工程本身的不稳定性是这方面的最明显的例证。正如陆奎勋在一篇论筑堤诗中所说的:"惟人能支天所坏"。[2] 张景苍的诗虽然直接提到的是江西中部(在内陆的东南部),但一般而言,它表达了同样的思想:[3]

百年老堤冲决口,淹没沃田万余亩。
前人虽筑莫善后,日费斗金不垂久。

人们常常希望每座新堤都能如张景苍所说的,"利济千秋同不朽",但大多数人都明白,这种不稳定的主要原因是人类的干预,而*与自然的斗争*实际上常常是不可避免的。周凯在《江堤行》的几节诗中,描写了人们耳熟能详的一种情况:[4]

大江来自蜀,千里趋江陵。
浩瀚而砰訇,一堤焉能胜。

居民护田庐,力欲与水争。
东西两岸侧,建堤如修絙。

---

① 《清诗铎》,第 107 页。(《重筑云间捍海塘纪事》。——译注)
② 《清诗铎》,第 132 页。(《筑堤行》。——译注)
③ 《清诗铎》,第 131 页。(《筑堤歌》。——译注)
④ 《清诗铎》,第 123—124 页。

> 江身日以高,堤身日以增。
>
> 下视诸村落,江水高飞甍。

字里行间充斥着火药味。至少从马克斯·韦伯[1]时代开始,就有一些学者主张说,中国人并未积极努力地去控制自然,这种简单的概括是荒唐可笑的。

另一方面,中国人确实有随遇而安的倾向,这常常与直接对抗自然的倾向交织在一起。这种交织情形可以在陈文述谈治水的诗句中看到:[2]

> 治水如治病,症必探其源。
>
> 治水如治兵,局必筹其全。
>
> ……
>
> 今之治水者,所见殊不然。
>
> 不与地理准,不与天时权。

他对这些过错深表遗憾。

袁枚激进地建议完全放弃对黄河南流河道下游的严密控制,这一例子体现了中国人在面对具体问题时采取的随遇而安的态度。[3] 第四行中的"疽疣"可能指的是第六章中讨论过的问题:淤泥堆积,从而堵塞了入海口,黄河携带的泥沙则沉积在黄淮交汇处,因此部分阻塞了淮河这条活力较弱的河流。

> 慨念今黄河,势合淮汴流。
>
> 祗因资转漕,约束为疽疣。

---

① 伊懋可:《为什么中国没能产生内生型的工业资本主义:对马克斯·韦伯之阐释的批判》(M. Elvin, "Why China failed to create an endogenous industrial capitalism: A critique of Max Weber's explanation," *Theory and Society*),《理论与社会》第 13 卷第 3 期,1984 年 5 月,第 382 页。

②《清诗铎》,第 122 页。(《治水篇》。——译注)

③《清诗铎》,第 117 页。(《赴淮渡江吟》。——译注)

人自夺水地,水不与人仇。

河身日以高,河防日以周。
纵舒一朝患,难免终年忧。

何不决使导,慨然弃数州。①
损所治河费,用为徙民谋。

更置递运仓,改小运粮舟。
水浅过船易,敌淮事可休。
路宽趋海捷,泛滥病可瘳。

袁枚承认,这些建议背后的想法将会"惊众",它似乎是想退还出一片广阔的洪泛区,使黄河下游的河道可以顺畅地四处流淌,不断放弃沉沙淤塞的河道而夺占新的河道。这展现了凭深深直觉所获得的关于黄河自然面貌的认识,但难以置信,中国这种人口过密的社会可能会让这么多肥沃的淤积地永远闲置不耕。

虽微弱但很动听的声音,是对完全融入环境的倡导。黄河清的《挑菁女》一诗就是对这种深生态学世界观的一种呼唤:②

挑菁女,邻姬相逢怜相语。
问女生小容楚楚,乍可鸣机当窗户。
何为野田荒荒零露湑,日炙风吹未言苦。
大菁满地嫌不取,细菁终日不盈筥。

卖向豪家贱如土,豪家女儿不下堂……
而我与尔易米杂秕糠,菁芽何曾充饥肠。

---

① 州,最低的行政单位之一,大致相当于县。
② 《清诗铎》,第 654 页。

为汝太息还自伤。

女谢姁言妾薄命，人生如花飘莫定，

黏茵堕溷惟顺听。

织妇布裙不掩胫，耕夫脱粟不充甑。

富贵于我心无竞，蓼虫习苦甘若性。

低头挑菁归已暝。

更为常见的，是邵长蘅的渔夫诗的那种古朴的禅悟：秋雨沥沥，芦花扬白，一舟孤出，漂流江上。垂丝水中，意不在鱼；纵使得鱼，也未必卖。[1]

中国的文人是以一种复杂的态度察看景观的。首先，他们认为上天和众神造出了事物，龙和鬼怪则隐藏在幽深之处。这可能一半是象征性的说法，而不是全然地相信。第二，是对人类过去的一种历史认识，认为人类的过去既由某个独特的地方所塑造，又对这一地方的塑造做出了贡献。第三，是博物学——涉及植物、动物和地貌——与玄学观念的交织，其中往往充斥着说教的意味，涉及自然与风水的结构以及在其脉络中运行的力量。在本章的最后部分，我会大致谈到这些有代表性并具有解释性的中间思想。

有些文人将景观视作一个人的身体。为此，朱实发为其出任县令的朋友作了一首诗，主张禁止采石，这大概是想在其朋友管辖的那个县里这么做：[2]

开石宕，斧凿之声惊天上……

县南一带山延绵，藉为一县之保障。

奸民谋利贿其官，官受其贿随所向。

朝采石，入幽圹。

---

①《清诗铎》，第 751 页。（《渔父》。——译注）
②《清诗铎》，第 30 页。（《禁石宕》。——译注）

暮采石，登列嶂。

有如一人身，刳剡到腑脏，

坐使四境元气皆凋丧。

长绳系其匠，对山加棰捞。

朱书栲栳立禁状，永保山灵得无恙。

山灵无恙民陶陶，使君之德如山高。

甚至山石也被看成是活生生的；人们认为，它们的安乐由其恰当运转的能力和正常的构造所保障，并与人类的安康联系在一起。这种几近神秘的生态意识，也可以在唐孙华写三贤吏的诗中找到。唐孙华活跃于17世纪末，诗中的三位贤吏都曾担任过诗人家乡江苏省的巡抚。第一行中的豫州大致说来是今天河南省的某个地方。诗的开篇如下：①

豫州擅中区，和气阴阳萃。

河洛贡苞符，崧岳蕴灵异。

故多产名贤……

"苞符"据说是上古时的两幅神秘图案。（即河图洛书。——译注）其中的"河图"是一种数字命理图谱，据说从它推演出了八卦，由宇宙结构和预卜术数所构成。人们声称它出自黄河中的一头"龙马"之背。"洛书"也是一种数字命理图谱，据说由洛河的神龟背出，从它推演出了《尚书》中的九章"大法"。

这种有关环境的古老的虚玄言词，被诗人用来解释江苏三巡抚中的第一位，即豫州人汤斌因地杰而生的卓越品质。正是这一点促使他去涤荡笼罩着当地的迷信氛围。唐孙华对这种氛围作了描述，仿佛它真的是一股有如宗教迷信一般的乌烟瘴气，通过对没有被官方认可为正统的神

---

① 《清诗铎》，第585页。（《三中丞诗》。——译注）

祇的崇拜而蔓延：

> 淫祠一扫除，山鬼斥非类。
>
> 正气荡妖氛，本教崇民义。

450

一方的安康需要良好的心灵看护。

就像景观塑造历史一样，历史也在景观上留下了印记。方还描写中国的古边疆，即今天河北省北部部分地区的九首诗中，有一首诗包含了这样的诗句：①

> 上谷千年汉将营，地险旌旗藏杀气。

这样看来，景观与人类通过气的中介作用而融合在了一起。

世界上也有神灵（daemonic beings）——我再次选用"神"这一老词来描绘那些超自然的东西，它们不一定邪恶，即便其中的一些偶尔也会与人为敌。王连瑛在一首描写黄河决堤的诗中表现了形形色色的怪力乱神以及它们的暴虐性情。这首诗也表明，人们在某种程度上认为，神具有象征性的特征。很难说王氏有多么相信河神冯夷或黄河水神河伯，或雷神丰隆，但提及它们就如同引经据典，一定会让读者击节赞叹。毕竟直到将近公元前 5 世纪末，河伯每年还会收到一具人祭。（指的是河伯娶妻的习俗。——译注）王氏年轻时所住的地方，也即这里所提到之处，是河南省的永城。有关话语是通过一位老人之口说出来的，它回忆道：②

> 七月飘风动千里，浪翻沙走流云驶。
>
> 夜半黄河天上来，质明十五岁乙巳。
>
> 床前活活河声走，屯掣鲸奔风怒吼。

---

① 《清诗铎》，第 9 页。（《旧边诗九首》。——译注）

② 《清诗铎》，第 111 页。（《隋堤行》。——译注）鲁惟一：《河神：冯夷和李冰》，收于 R. 梅、约翰·闵福德主编：《送给石头兄的寿礼》，香港：中文大学出版社 2003 年版（M. Loewe, "He Bo Count of the River, Feng Yi and Li Bing," in R. May and J. Minford, eds., *A Birthday Book for Brother Stone*, Chinese University Press: Hong Kong, 2003），第 197—201 页。

> 冯夷击鼓河伯怒，丰隆决破土囊口。

> 始看盘涡没蓬蒿，渐见蛟龙来九皋，

451

> 嵩室辕辕深水府……

> 烛龙照耀群龙蠢。

本来隐匿的怪力乱神——显现。

在另一首由朱鹤龄写的关于太湖地区洪水和暴风雨的诗中，同样的景象得以浮现。① "潮头"指的是钱塘江入海口附近簇拥的潮水。

> 飓风猛发神鬼愁，火龙掷火驱潮头。

> 漂砂岩石失垠岸，发屋拔树蟠蛟虬。

诗人们常常感到困惑：为什么老天会允许或引发某场特别的自然灾害？人们总是有一种基本的假设，认为这种惩罚是人类罪有应得，而上天在本质上是与人为善的；但他们怀疑，上天挑选这个地方而不是那个地方来施加惩戒是否恰当。朱著的两句诗囊括了这种既尊重又质询的腔调：②

> 天公有意赦此国，何不鞭龙退水为良田。

张衍懿从不同的角度提出了这一问题。③ 其中被我译成"God"的那个词，即汉语中的"帝"（Lord），指的是"上天"（Lord Above）：

> 由来帝心最仁爱，奚使万物遭邅迍。

> 妖祲横行害气盛，数逢阳九难具论。

对中国人来说，神灵公正之说（Theodicy）也是成问题的。陈维崧在一首描写一场造成无数死亡之地震的诗中说到，天吴和紫凤二神"以人为戏争雄豪"。④

---

① 《清诗铎》，第 471 页。（《湖翻行》。——译注）

② 《清诗铎》，第 500 页。（《雨金行》。——译注）

③ 《清诗铎》，第 504 页。（《雹灾行》。——译注）

④ 《清诗铎》，第 506 页。（《地震行》。——译注）

　　这一情况因考虑准科学分析成分的需要而进一步复杂起来。杨锡恒的《纪异》一诗表明,诗人试图联系五花八门的传统玄学见解背景,以发展出一种水文学地震理论。① 他认为,地震是因为玄冥,一位与冬季相连的水神在作祟。后面提到的艾河无法明确地断定是哪条河。貌似真实的候选者,是发源于山东艾山(Mount Ai, or Milfoil Mountain)的那处温泉,它恰好被其他山脉包围起来。另一个候选者,是满洲里的艾虎河(the Aigun River),别名阿穆尔河(the Amur)(即黑龙江。——译注);不过,这不太可能。

452

> 地乃天之配,其道宜安贞。
> 胡然此一方,震动无时停。
> 欻若飓风过,殷若雷车鸣……
>
> 闻诸古史册,其变在五行。
> 迂儒守章句,白黑聚讼争。
>
> 方今圣明世,灾祲何由生。
> 此理不可晓,闲居细推评。
>
> *每当地震后,厥占应玄冥。*
>
> 阴气盘地轴,欲奋难遽腾。
>
> 小震则小澌,大震斯倾盆。
> *屡试不可爽,历久信有征。*
>
> 艾河地卑下,溪谷流纵横。

---

① 《清诗铎》,第 508 页。

　　　　　积涝成巨浸,势欲排丘陵。

　　不管是关于星辰还是关于海边岩层,观察者所持的理论都会影响他或她的认识,以及他或她对这些认识的感情。我们可以想象,对杨来说也是这样。他认为,地震事件是由一位隐秘的神搅动的。

453　　很多有趣的方面在前面的评论中都未被触及。略举一例,说的是《清诗铎》中有许多涉及动物的诗。其中描述到老虎捕食村民,[①]于是出现了一场村民部署猎虎的奇观,鸣锣震天,村民虽徒手为之,但决心以众人之力制服那头食肉动物。[②] 还有诗句写到农民对生物相克手段的使用,譬如说,不管野鸭怎么糟蹋了庄稼,一定都不要用网加以捕捉,因为它们可以抑制蝗虫幼体的生长。[③](作者此处的解释显然有问题,因为诗人的原意是在控诉野鸭的危害,诗的原文是这样的:低田稻苦寒不收。溪水漫入沟塍流。何来野鸭群。觅食鸣啾啾。黄云疾风卷。一霎空平畴。老农嗷嗷向田哭。塞尔饥肠枵我腹。谁道有秋仍不熟。呜呼。野鸭之毒毒于蝗。安得四围罗网张。尔肉讵足充糇粮。——译注)还有诗提到,在记忆中的元朝盛世,长江口有鲸鱼在悠闲地喷水。[④] 有些诗让人们对农民之于其耕牛的怜惜产生共鸣。[⑤] 还有一首诗称赞了一只名为"乌奴"的猫,它像老虎一般果敢地将老鼠拿下;不过,当它开始与邻居家饥饿的猫咪分享美味时,俨然是一位地道的绅士——决不像一般的宠物。[⑥] 所有这些都是织就环境史这段织锦的丝线。

　　动物也可以作为一种象征被人们用来说教,如朱彝尊就用几句诗揭示了他对自然与人类这两个世界的灰暗的认识:[⑦]

------

① 如《清诗铎》,第248(管桧:《猛虎行》。——译注)和706页(张九钺:《张义士杀虎歌》。——译注)。

②《清诗铎》,第527页。(商盘:《殪虎行》。——译注)

③《清诗铎》,第515页。(黄安涛:《低田谣》。——译注)

④《清诗铎》,第75页。(萧抡:《娄江马头行》。——译注)

⑤《清诗铎》,第166(胡敬:《牧歌》。——译注)和169页(蒋炳:《犁田曲》。——译注)。

⑥《清诗铎》,第749页。(程裹龙:《义猫行》。——译注)

⑦《清诗铎》,第758页。(《杂诗》。——译注)

飞虫扬其羽，乃为蛛网得。

白鹿游上林，难免射人食。


君子慎所趋，毋以贪自贼。

不见冥冥鸿，宁受弋者弋。

　　《清诗铎》中描写自然的诗歌，大部分都会让人想起人与自然以及人与食人虎豹之间的搏斗。生活中也曾有过幸福的时刻，但它们是付出辛劳后获得的。徐荣描写岭南雷州的涉及农人时令的长诗，会让人心生此感。[1] 最为罕见的，则是认为自然对人类不闻不问的看法，当然也还是有的。这里从陈寅《咏怀》一诗中节选了几句。[2] 该诗满篇皆是不那么常见的忧思，下面这几句尤为显眼。顺便说一下，"firth"（作者用来翻译"阿"的词汇。——译注）是威尔士北部的一个很有用的词汇，指的是紧挨着山谷底部之上的低缓山坡。"Kine"即是牛。

林际飞鸟雀，山阿卧羊牛。

凡物皆自乐，而人独多忧。

---

① 《清诗铎》，第 150—152 页。（《岭南劝农诗》。——译注）对该诗的翻译，见伊懋可：《未被觉察的生活：17 世纪中期到 19 世纪中期中国通俗诗歌中反映的日常生活情愫》，收于安乐哲、R. 卡苏利斯和 W. 迪萨纳亚克主编：《亚洲理论和实践中的自我形象》，奥尔巴尼，纽约：纽约州立大学出版社 1998 年版（M. Elvin, "Unseen lives: The emotions of everyday existence mirrored in Chinese popular poetry of the mid-seventeenth to mid-nineteenth century," in R. T. Ames, R. Kasulis, and W. Dissanayake, eds., *Self as Image in Asian Theory and Practice*, State University of New York Press: Albany, N. Y., 1998），第 118—126 页。
② 《清诗铎》，第 756 页。

结　语

　　前面的篇章清楚地表明,到帝制晚期,中国的环境承受了人类经济活动带来的巨大"压力";在某些方面,这一情况出现得更早。但是,这一"压力"是否比 1800 年左右施加给欧洲环境的压力还要大得多? 抑或像彭慕兰所认为的那样,如果首先聚焦于英格兰和尼德兰,那么这一"压力"甚至不那么大?① 如果能回答这一问题,就会有助于我们明智地推测,在欧洲率先突破而进入近代早期的经济增长中,环境因素是否至少发挥了一个方面的作用,它在中国没能独立做到这一点。

　　"压力"一词需要加上引号,因为事实上,这一语词体现的看法是模糊不清的。更确切地说,它是一种比喻。要发挥它的作用,就必须根据一系列问题加以运用,而这些问题至少在理论上有明确的答案。这些问题还必须被认为是针对一系列不同地区或区域而言的,并且可能有不同的答案。正如我们所看到的,例如,遵化与嘉兴或贵州就大不相同。而在前现代的西欧,比如说西西里、尼德兰和挪威,大概同样也

① 彭慕兰著:《大分流:中国、欧洲与现代世界经济的形成》,新泽西州,普林斯顿:普林斯顿大学出版社 2002 年版(K. Pomeranz, *The Great Divergence : China, Europe, and the Making of the Modern World Economy*, Princeton University Press: Princeton, N. J. , 2002),特别参见第 239 和 283 页。

是这种情况。

至于可以如何探讨这种比较问题,我将在最后几页作一些思考。但需要强调的是,严格说来,它们是一些推断,一些供将来讨论的要点,而不是板上钉钉的信条。

我们这样开始吧,暂时先将生态系统中两个重要的方面搁在一边;这两个方面即是:万物之间几乎都有复杂的*相互关联*;无论投入多少,投入产出之比都无法维持稳定的*非线性现象*。我们一开始只考虑*可再生*资源。对前现代经济而言,到目前为止这部分是主导因素。我们稍后将会讨论不可再生资源,因为对它们需要作些微不同的处理。 455

那么,带着这些限定,让我们看看人们会如何处理一个简单的问题:在某种经济运转的特定时间和特定地区,在特定的技术条件下,它在一年或几年的短周期里会给自身造成多少反复出现的环境"困境"?这里,比照这一时期之初环境在既定的劳动和资本投入的情况下所能获得的经济上的有效产出,对"困境"作这样的界定:在短期到中期之内,为将当地的环境生产力恢复到与这一有效产出同等水平所需的成本。于是,为了能在两个或更多系统间进行对比,我们将这种情形转换成达到完全恢复所需的总产量的*比率 $P_{renewables}$*;这在实践中则是不可能的。

在形式上,我们可以写成这样:

$$P_{renewables, (t)} = \frac{R_{renewables, (t)}}{O_{(t)}} \tag{1}$$

在这里,$R_{renewables, (t)}$ 指的是在 t 这段时间内恢复可再生资源的成本,$O_{(t)}$ 指的是同一时期的产值。

举例说明:如果你砍伐树木用作燃料或建材,那么让砍掉的树重新生长要花费什么?(这么说,当然忽视了诸如恢复栖息地的困难之类的问题,而这对狩猎等活动是非常重要的。也要注意,这可能会排除仅仅为了开荒而砍伐的某些影响——就开荒而言,每一周期相关的恢复成本可以算作清理田地的成本。)如果你修建一个灌溉系统,那么在每一年或每几年的一个周期,需要付出多少代价来清除沟渠中淤积的泥沙并修补堤坝,以保证它至少能像前一年或前一个周期一样运转?每年需要花费多大成本来恢复庄稼生长所消耗的地力,以便使产量等同于从原先的土层深度和面积以及施肥量中所得到的产量? 如此等等。

通常这种恢复过程会遭到某种程度的忽略;在其他情况下,由于恢复的成本太高,人们心有余而力不足。当恢复加上生存的成本超过总收入时,"不可持续"就会发生。可表示为:

$$R_{renewables,(t)} + S_{(t)} > O_{(t)}$$

无法克服的技术难题也被视为是难以估量的成本。这样,在帝制初456 期,位于今日陕西境内的郑白渠很快就不能完好如初了,因为,虽然人们不断下大力气予以整修,但是在前现代技术条件下水利问题似乎是解决不了的。[1] 帝制晚期,将灌溉农业引入干旱的西北地区的某些尝试同样不切实际。因为当地的地下水少得可怜,当它们被像毛细血管一般的渠道抽到地面并在那里蒸发后,留下的是一片盐分高因而无法耕种的土地。这样,从前的农民有时不得不去放牧,甚至采野菜为生(参见原书第439—440页)。

在恢复所需的步骤中,开采不可再生资源产生的许多负面作用可能也要包括进来。如果用煤部分取代木材作燃料——像近代早期的西欧

---

[1] 魏丕信:《清流对浊流:帝制后期陕西省的郑白渠灌溉系统》(P. E. Will, Clear waters versus muddy waters: The Zheng-Bai irrigation system of Shaanxi province in the late-imperial period),收于伊懋可、刘翠溶主编《积渐所至:中国历史上的环境与社会》。

和帝制晚期中国的某些地方一样,①那么防止矿工以及呼吸布满煤尘之空气的人员出现不健康状况,或者至少要尽可能地给予赔偿,也是代价不菲的。被视作生产者的人,也是可能需要某种"恢复"的生产体系的一部分。

因此,"压力"是根据经济意义上的一种完全恢复所需的人力成本而计算的,这是对同样所需的*自然*作用下的恢复的补充。(能同时说明这两方面的一个有趣例子是休耕。虽然对于休耕地的恢复来说,所需要的无非是人类的弃耕,但实际上这可以算作是已往收益的成本)。"相对压力"是一种反映(或者,如果施加影响的话,将会反映)经济总收益的比率。这些计算方法适用于短期的时段,足以避免考虑技术变化的需要。在人均收入水平一定的情况下,$P$ 所表示的相对压力可以大致反映相关的可持续的例子,但情况看起来很可能是,富裕社会比贫困社会更容易投入一定比例的收益来恢复地力。每个周期的相对压力的变动率也是一个显著不同的可以计算的量。它依据不同的情况,可能会是明显降低、保持稳定或是增长。在一个单独的时间段内,这一变动率可以像这样计算:

$$\frac{P_{(t)} - P_{(t-1)}}{P_{(t-1)}}$$

刚刚给出的这一基本定义也不是没有歧义的。譬如,如果一个农民在一年的部分时间里在他的稻田里种豆科作物,这些作物就不仅有助于替代所流失的有机氮,而且还有助于生产一种可食用的农作物。这是否

---

① 《北京传教士关于中国历史、科学、艺术、风俗习惯的论考》(又称《中国杂纂》。——译注)(Missionnaires de Pékin, *Mémoires concernant l'histoire*, *les sciences*, *les arts*, *les moeurs*, *les usages*, *& c. des Chinois*, vol. , 1, 2, 4, 5, 8, and 11, Nyon: Paris),第 1、2、4、5、8 和 11 卷,巴黎:尼翁,1776、1777、1779、1780、1782 和 1786 年版,之后用 *MCC* 表示。第 11 卷第 334—342 页描述了在 18 世纪的北京,人们在家庭取暖时用煤,某些手艺,如打铁,也会用煤。很多商铺卖煤,大多是用车将煤粉拉到京城,与灰、少量土和水混合,再压成块状出售。通常需要少量的木炭来引燃。在冬季的四个月里(原文如此。——译注),大约需要花一千磅白银("里弗赫")(法国旧时流通的货币名,当时价值相当于 1 磅白银。——译注)买这种煤,来给一个中等大小的房间取暖。

可以算作是改善因水稻种植而导致的环境困境的部分成本？很明显，在某种意义上我们要说，是。因为在一个不实施休耕的集约体系中，几乎不可避免地要在不同时间种植不同作物。但同样明显的是，它又不完全是。暂时我们指出这种问题的存在，不过，因为它不会影响到核心问题，所以就先将它搁在一边吧。

看待这一问题的方式背后的思维模式（mental model），可以从周锡溥对甘肃某部分地区农田盐碱化的记述中得到说明；这一地区太干燥，不适于运用汉人的耕作方式。[①] 前一章曾引用过这部分内容，但是，由于情况完全不同，它值得再一次更简约地加以引用：

> 委堪香山雹灾……跋涉大碛至彼。出钱易粟匄不得。访之，则居民山中故食蓬草也……命烹以进，腥涩几不能下咽。而边民终年食此……而茹草人之奇厄。

紧接着这些观察，他附上了一首诗，其中几行说明了事情的原委。那些话，他是借一位当地人之口说出来的：

> 雪尽却饮沙中泥。
>
> 先时父祖营耕垄。
>
> 万锹斸山山脉动。
>
> 短苗初茁冰花开。
>
> 又报沙虫大如蛹。
>
> 官籽委弃如土苴。
>
> 子孙啖草为生涯。
>
> 草少人多日一啜。
>
> 饥肠宛转鸣缫车。
>
> 昨寻荐地西山麓。
>
> 牧放牛羊盼年熟。

---

① 张应昌编：《清诗铎》，第 174—175 页。

肉可充食皮可衣。

赢得馀资作㮣粥。

雹灾瞥过旋成空。

……

回看蓬草嗟独在。①

当地环境承受了过度的压力,随后环境出现反噬,这作为力所能及的恢复的结果又太剧烈,从而迫使人们尝试技术上的转变,转而更近乎完全地依赖于放牧。但是,神鬼莫测的天气反过来又使这种转变成为不可能,至少暂时是不可行的。这是一个极端的例子,通常这些问题觉察起来要慢得多,并且大多数都可以控制在支付得起的部分收益的代价之内。 <sup>458</sup>

铁、铜、煤之类的不可再生资源是不能——根据定义——按同样的方法来考察的。它们不可能周期性地恢复某一周期开始时的实际生产能力(包括其潜力),甚至在理论上都是不可能的。假定技术水平不变,在短时间内对环境的压力可以按每个周期的变化率粗略估计,这即是出产与前一个周期相同的产量所需的成本。当然,这可能会是零,或者一旦发现新的便于利用的资源供应,这甚至会是负数。在缺少技术变化也即成本日益加大的情况下,最常见的态势在王太岳描写 18 世纪云南铜矿的几句诗中得到了总结;前面也引用过这首诗,但这里的翻译所强调的重点稍有不同:②

矿路日邃远,开凿愁坚珉。

曩时一朝获,今且须浃旬。

每一周期以同等功效(譬如,煤炭例子中的能源产量)开采与前一周期同等数量的不可再生资源,所需的成本都会有所增加;对此,我们可以粗略地视为前一周期所谓环境"阻碍"人类经济活动造成的"困境"的程度。我

---

① 第 439—440 页有完整版。
② 《清诗铎》,第 927—928 页。对比第 442 页的版本。

们以实际(而非相对)成本 C<sub>nonrenewables</sub> 或简写的 $C_n$ 来表示这种变化。

将每一周期*可再生*资源系统(农、林、牧业等等)的*恢复*成本,与每一周期所有种类*不可再生*资源(如金属矿、煤炭和石材)的可比的复合产量成本*增加*(或减少)的总数相加,并确定这在每一周期总产量中的*所占比例*,就会给出某种经济在短期内施加的"环境压力"的单个数量值的近似值;其中,像技术和组织结构等其他因素可以被视为是既定的。"短期"其实可以根据该生产体系中的其他成分没有重大变化的情况而做出有效的界定。因此,可以将所创建的这种用于系统间比较的测算方法称为"总压力比",以便将它与其他各种方法区别开来;其他方法大都测算钱的数量或其他的变化率,而所有这些情况,在特征上要么是不完全的,要么是不相干的。

459  这样,等式(1)现在变成了:

$$P_{r+n,(t)} = \frac{(R_{t,(t)} + C_{n,(t)})}{O_{(t)}} \tag{2}$$

这一确定不可持续的点以及环境阻力方面的变化率的公式,现在可以用明显的方法加以改写,以给出完整的数值。这么想是有一些暗示的,需要简单地描述一下。

在技术不变,而*人均*资源消费至少保持恒定的情况下,*人口增加*通常就需要追加成本,其形式是获取新的资源并使用额外的"自然服务"(如降解或除去所增加的垃圾)。除了土地、水和燃料之外,这些成本还包括为支撑工具、管理费用、教育和培训所需的额外资源的投入。在某些情况下,增加劳力可以获得不成比例的大量确凿的经济收益,这样就可以相应地降低对环境的压力。但没有理由认为,这种情况适用于帝制晚期的中国。

对于一个特定的空间单位来说,商品和人员的*跨界流通*(也就是说跨界贸易和迁移)往往也会使相应的环境压力产生变化。① 但在这一点上,并不一定是单一的模式。

---

① 我们在这里用"跨界"而非"跨国"或"跨地区"等词,是为了适用于所有的比较单位。

一旦将短期抛诸脑后,所采用的*技术上的变化*可能就会减少或增加相应的环境压力。在其他各点相同的情况下,技术革新可以更有效地利用资源,譬如,就每单位能量投入的更有效的劳动产量而言,这就会使总产量增加的幅度大于资源的投入,从而减轻环境压力的程度。新技术也能开拓利用未曾涉足的全新的环境领域,远洋捕鱼和捕鲸就是例证。在其他各点不变的情况下,这往往也会减轻环境压力的程度,至少刚开始是这样,因为新的资源领域的特征就是所付出的努力会有较高的回报。今天,任何一种恢复早期生产力的活动,结果都是以可再生资源的严重损耗为基础的,这就首先需要人类的*节制*,从而减少收益,以促进自然力恢复到可能的程度。

对待不可再生资源时,必须反对这样一种思想倾向,即认为从长期来看,既定的资源储量会越来越少。市场需求可能会在长时期里一步一步地使开采一种劣质资源具有商业价值,而以前要这么做的话是没有商业价值的。因此,资源储量并不是一种简单、既定的物理量,不会渐渐走到新储备勘探的成功率下降为零的地步。技术变革既可以改变资源质量与商业价值之间的关系,也能通过发现价格低廉的功能替代品而使旧的资源在经济上无关紧要。这些即说明了为什么这里所提出的测算方法实际上是"程度"测算;对短时段而言,需要尽可能地从有关这些短时段的信息中予以确定。

然而,现实生活中的问题是,其他的东西往往不尽相同,而且也可能需要中长期才能确定成本究竟是多少。技术进步通常会使更大范围的确凿的环境与生产过程产生某种联系,尤其在现代,常常会变戏法似地带来一些起初难以察觉的负面效应,以及新的重要的非线性效应,因而要达到某个因果输入的临界阈值是需要时间的。这使得固有的测量以及对因果关系影响的计算变得日益复杂。从经济方面讲,归根结底,就是越来越难以知晓要付出的*真正*代价是什么。

而且,我们还应附带说,也不知道是谁、什么地方以及什么时候会付出代价。

牢记这些分析思路,并考虑至今没人尝试过这些方面的定量评估所需的定量研究,针对中国和欧洲,初步可以提出一些什么建议呢?

扼要地说,假如我们只限于考察这两个经济体的农业核心区,那么正如上文所述,帝制晚期中国的环境压力似乎比 18 世纪末叶左右整个西欧的环境压力高很多,而且相当有可能比英格兰和尼德兰的环境压力略高一些;当然,这并不是没有争议的。

为什么是这样?

首先,做一些总的思考。在中国,必不可免的水力维护工作的范围,不仅涉及附带很多水渠、堤堰、水库和闸门的灌溉系统,而且涉及庞大的防洪堤和海塘,还要加上运输所用的运河,这比西方要大得多。(在近代早期欧洲的大多数地区,灌溉农业数量有限,主要在意大利和西班牙的几个特别的地方;也仅有几条中等长度的运河,最初主要在意大利和法国,后来英格兰也出现了;尼德兰大部分都以水利为基础,但它是个独特而重要的例外。)水利系统几乎总是需要维护成本,从绝对费用上说,这似乎是很高的。将这些成本作为输出的一部分进行评估,是分析当中关键的一步,但这项工作还有待开展。定性的证据——其中一部分已在本书第六章关于水利的内容中做了陈述——表明,这种花费有时可能会造成严重的伤害,纵使相关的极端事例往往会被优先载入史册,它们并不是可靠的了解通常情况的指南。

同样,大部分的中国农业在土地利用上比大部分欧洲农业更密集,或者说要密集得多。正如其字面所称的,保持"地力"是低地农民始终关心的问题,搜集、制造和使用肥料及河泥,实际上是一种普遍的做法。然而,就像第七章有关嘉兴的情况所表明的,至少就水稻(欧洲很少种)以及处于不同的气候条件而言,低地的种子—产量比可能要高出欧洲小麦好几倍。如果是这样,那么从相对可比的情况来说,中国人在地力恢复中所投入的时间和精力,至少也要高出欧洲好几倍。

就高地农民而言,他们大都实行不那么密集的游耕,但同样要付出代价,隔不了几年就得开辟或准备开辟临时用的新土地,以取代那些暂时无法再耕的废地。在短期内,这种土地几乎就是一种不可再生资源,而相关代价大概如何,暂时来讲又是模糊不清的。但我猜想,除了这种高地游耕农业外,中国经济的相对负担(系统恢复在收益中所占的比例)比较重,现在并不清楚收益中曾有多大的比例被用于地力恢复了,即使如此,注意到这一点也是很重要的。这么说的首要原因是,在中国,无论是靠灌溉吃饭的地区还是靠天吃饭的地区,实际上都不存在休耕制。这就意味着,在地力恢复方面,西方部分可由自然去做的工作在这里通通都得由人来完成。

以中国和欧洲为地理单位所做的这种总体上的回答究竟有什么环境意义? 不管怎样,我们能够有针对性地将一些地方"加"起来考虑吗? 明确地说,将长江下游地区加上甘肃,加上云南,或者将尼德兰加上西西里,加上挪威,然后进行比较? 对于最后这一点,我倾向于持怀疑态度;而且我认为,环境比较最好限定于对大概相同的地方进行比较。因此,尼德兰与长江下游地区或许至少可以被视为合理的候选对象,而那些比较大的一体区域就并非如此。不过,这是另一个需要注意的问题。

其次,除了这些大体上的可能情况之外,是否有一些同时代的可资比较的证据?

令人吃惊的是,答案是"有"。就 17、18 世纪大部分时间都在北京传教的耶稣会传教士而言,他们至少既熟悉中国的某些地区,也熟悉欧洲的部分地区。他们全都在帝都呆了很长时间,当然,他们最重要的环境观察主要是关于 18 世纪中期的。他们也都通晓中国语言,以及中国的 <sup>462</sup> 历史与文化。

耶稣会的信息有多大的可信度?

他们在欧洲出版有关中国的随笔和短文是为了宣传耶稣会会士的功业,这可能还暗示了其文化适应方法在接近统治世界上人口最多的国家的政权上所取得的成功。在很多方面他们毫不掩饰地将中国当作典范,认为中国人节俭、勤勉、得体、不铺张浪费、宽待仆人、知书达理,藉此可以对欧洲进行批评；此外，中国人还发明了很多有益的实用技术，看待这个世界的方式也别有兴味。

譬如，他们支持和推崇中国画家，因为他们避而不像欧洲同行那样迷恋裸体画；正如他们发现中国上层女性端庄得体，很少在公开场合抛头露面，安于在家相夫教子。他们以更极端的方式，赞许地将中国用人以德的做法（皇室除外）与欧洲大部分地区凭血统任命官员的作法相比较。有些评点还暗含变革的意味。一位作者在指出中国农民拥有自己的那么大的一份土地后，有感而发地写道："我们法国最大的苦难是，农民不能自由地保有任何土地。而对中国农民来说，土地保障了一定的收益，因此他们不会生出二心，而是乐在其中。"[1]他们自觉地抨击欧洲传统的美学观念，赞美"浑然天成"的中国园林艺术，认为相比之下欧式园林生硬对称，到目前为止只会用雕塑而不像中国风那样巧妙地用流水来赋予生命。因此，正如人们所预料的，虽然这些神职人员有某种思想倾向，但他们的观点决不总是保守、传统的，当然也不是机械僵化的。

在阅读他们所写的见闻时必须意识到这些倾向，不过似乎也没有什么特别的思想偏见扭曲了他们对经济和环境的看法。身处北京而观察事物，最多有时可能会让他们将朝廷的意图误认为中国的社会现实，或将一地的行为当成普遍的作法。因此，有一份回忆录声称：[2]

> 中国人非常懂得对木材的经济管理。不植[新树]就不能砍树；在京城，屋主无权决定如何处置房屋上的旧木料。如果它们还可以使用，就必须继续用来盖房，而不能将它们随便剁碎。

第二句的前面部分，即通常不种新树就不能砍树，肯定不是普遍情况。

因此，听从他们的记载中得出的一般印象的引导，而不将只言片语视为可靠的论断，可能就更稳妥。当然，在16卷的《中国杂纂》（通常赋予此文集的简称）散见的段落中所观察到的谨言慎断，对于我们探求的

463

---

[1]《北京传教士关于中国历史、科学、艺术、风俗习惯的论考》，第11卷，第267页。
[2]《北京传教士关于中国历史、科学、艺术、风俗习惯的论考》，第11卷，第268页。

比较来说几乎是独一无二的材料。很明显,将中国与欧洲并置从一开始就是这一课题的一部分。① 第1卷开篇就有一则短评认为,中国"并不比我们贫穷,也不比我们痛苦,甚至可能比我们还要富有和快乐。"②第5卷的引言同样指出,读者们希望"通过中国来评断欧洲,通过欧洲来评断中国"。③

最重要的一篇文献,可能是在一份谈论中国经济利率的回忆录中所夹带的附录:④

> 在法国,土地每隔一年就会休耕,许多地方都有大片的休耕土地。乡间到处都是树林、牧场、葡萄园、苑圃和度假屋⑤等。这里却没有这些东西……即使这块土地历经了3 500个年头的丰收而贫瘠不堪,它也得继续年年丰收,以填饱无数人的肚子。人口过多……使得中国人越来越需要农业,甚至到了无法使用畜力的地步,因为养牲畜的土地也得用来养人。这样就会造成极大的不便,因为不养牲畜,土地就没有肥料,餐桌上就没有肉,就没有马匹,也得不到畜群提供的几乎一切便利。假如不是因为山泽,中国压根儿就享受不到木材的好处,也不会有野味和猎物了。更进一步说,就是靠人力来满足[这里的]农业的一切花费。要获得相同的粮食产量,就需要比其他地方投入更多的劳动,更多的人。总产量超出想象,但即使如此,也只是刚刚够……
>
> 在中国,猪和家禽几乎是唯一的肉食来源,这意味着人均食用量不大……我们说的是"几乎",因为我们是就整个帝国而言的……在这方面,有些地区可能碰巧会好一点儿,也能养很多的牲畜。在有些地方,人们甚至用牛、水牛或马来耕田。但总而言之,就与[两

---

① 《北京传教士关于中国历史、科学、艺术、风俗习惯的论考》,1卷,第 ii 页。
② 《北京传教士关于中国历史、科学、艺术、风俗习惯的论考》,第1卷,第 xiii 页。
③ 《北京传教士关于中国历史、科学、艺术、风俗习惯的论考》,第5卷,"引言"。
④ 《北京传教士关于中国历史、科学、艺术、风俗习惯的论考》,第4卷,第320—323页。
⑤ Maisons de plaisance.

国]大小相称的比例来说，在中国每拥有一头牛，在法国至少就拥有十头……

464 　　然而，我们也要指出，每年满洲都会给北京和整个京畿省提供大量的牛、羊和鹿……而且生活所迫……也教会我们的中国人食用很多乡间野生的无需种植的蔬菜、芳草、植物和根类……尽管没有很多土地能用作果园或菜园，但房屋周围的宅基地、村落小径和山坡都会提供额外的食物。若不是过量人口作用的话，中国的大多省份将会处于法国资源最得天独厚的省份的水平。

作者（未确定姓甚名谁）继续指出，中国人穿的衣服比法国人少；其时，气候很暖和，有可能做到这一点。他还说道，木材"绰绰有余，但造船对此消耗很大，多数河道都是帆影密布的。""至于供暖，由于煤矿和用火技巧的作用，使得远离山区的地方几乎察觉不到木材的短缺。"①

维护的重负，即这里所给出的环境压力定义的中心所在，是另一段的重点，它可能出自另一作者之手：②

　　中国人太会进行农业经营了，太富有经验了，因而不能不看到存在着改良、革新以及他们所说的地形改造；改变它的自然状态，施加某种难以置信的人工肥力，从中可以大大牟利。然而，在他们看来，首先，这类做法只有在适合土壤性质和田地位置的情况下才能成功；其次，它们的代价很大，需要非常小心地应对；第三，无论他们过去做得多么好，不管曾经取得过什么样的成就，他们也不应指望能一劳永逸。迟早一切都得从头再来。前面的努力不[仅]指排干沼泽[之类的工程]，也包括那些[已经]得到完全耕作的土地、农田、菜园和果园。

在《中国杂纂》中，人口压力和人口规模是两个反复出现的主题。可

---

① 全部来自《北京传教士关于中国历史、科学、艺术、风俗习惯的论考》，第4卷，第323页。
②《北京传教士关于中国历史、科学、艺术、风俗习惯的论考》，第11卷，第187页。

能与前面那位不同的另一位作者说道：[1]

> 一百二十年的和平使人口激增，以至生存的重压使得耕犁开进了所有那些很难指望获得丰收的土地。人们尽心尽力地辛勤劳动，包括在山坡上造梯田，将低洼的沼泽变成稻田，甚至利用发明从水中央收割作物；对此，欧洲至今仍一无所知。

在一些地区，土地利用的密度相当惊人，因此作者赞许地征引了一位中国官员的说法：[2]

> "任何到过浙江省某些地方的人会无视沟渠中所产的非常有用的水生根茎植物？路边所植的各种树木？所结小果实有多种用途的野生灌木丛排成的篱笆？目力所及的田间小路四周依时令而点缀的棉花丛、玉米或其他作物？远望灌木葱茏、被宅第及其院落周围所栽果树屏挡炎炎夏日热浪的村庄？最荒凉的山头以及堤岸极其陡峭的河流也都因为树木和灌木的覆盖而装点起来？所能生长的地方处处都有用来养蚕的桑树？那些没人晓得如何排干的沼泽所出产的极其有用的上等芦苇和大叶植物……为什么我们法国没有置身于类似的情形，至少在其较为美丽的省份都没有？"

最后一个反问句肯定意味着法国是没有这种情形的。

当然，这么密集地利用土地在中国也不是随处可见的。一位刚从欧洲来的传教士在写给同事的一封信中提到了他从广州到北京的一路见闻，字里行间流露出大失所望的心情。在北行至江西省交界的时候，他评论说："在一个人们愿意与法国相提并论的国度，我既看不到森林、喷泉，也看不到花园、果树、葡萄和度假屋。"[3]当穿越边界，进入江西时，他

---

① 《北京传教士关于中国历史、科学、艺术、风俗习惯的论考》，第 2 卷，第 407 页。
② 《北京传教士关于中国历史、科学、艺术、风俗习惯的论考》，第 11 卷，第 196 页。引号的使用是为了提起这一事实，即原来这一整段用的都是斜体。
③ 《北京传教士关于中国历史、科学、艺术、风俗习惯的论考》，第 8 卷，第 293 页。

说道:①

> 我看到光秃秃的山脉绵延到天边,山脚下几乎没有可耕之地。
> 对此,我向我的翻译以及带我们的官员表达了我的惊讶。我说,从
> 我所读到的关于中国的描述来判断,我想象,它像一座播种着了不
> 起的艺术与虔诚的大花园;山峦被划分成了梯田,从山脚到山顶都
> 种满了水稻或小麦,成为其最美丽的装饰和主要的财富之一。

当他这么说的时候,同行的中国人笑话了他,并向他保证,在中国的
很多地方都有这样的山。他所料想的那种景象只是在从长江北去的大
运河初段出现过:②

> 在这里我们终于进到了中国的好的地区。这是一片位于长江
> 和黄河这两大河流之间的土地,南北长 50 里格(旧时长度单位,约
> 为 3 英里、5 公里或 3 海里。——译注),而且是一马平川。这景观
> 平整如镜,一直延伸到天际。地里一年可以收好几茬庄稼,而且所
> 有的田地都会在同一个时间播种和收获,这是我们在欧洲没有碰到
> 过的惹人注目的景象;在那里,部分土地总是处于休耕状态,因此,
> 所有的地方人口都是异常稠密的。

人口数量大也有大的好处。按照前面那位描述人口增长的作者的
看法:③

> 沿黄河、长江、渭河等河流两岸的坝、堤、渠、闸和码头等公共工
> 程,其数量之多,修筑之频繁,维护之艰难,既预示又证明了大量人
> 口的存在。我们所熟知的欧洲没有此类工程[来显示这一点],因此
> 可能会怀疑这种看法。

与上述观点有所龃龉的是,论及利率的那份回忆录的作者强调,农

---

① 《北京传教士关于中国历史、科学、艺术、风俗习惯的论考》,第 8 卷,第 295 页。
② 《北京传教士关于中国历史、科学、艺术、风俗习惯的论考》,第 8 卷,第 298 页。
③ 《北京传教士关于中国历史、科学、艺术、风俗习惯的论考》,第 2 卷,第 414 页。

村劳力闲置的情况普遍存在：①

> 大量的人口，在别处是梦寐以求的东西，在这里却成了苦难的根源，而且是所有革命的首要原因。无论是耕种自己土地的农民——多数农民都是这样[至少在中国北方]，还是租种别人土地的农民，他们仅够糊口，过不上好日子，即使他们精耕细作并辛勤劳动，土地能如愿地带来丰收，情况也是这样。这样的精耕细作和辛勤劳动也不足以让大多数人一年到头忙于地里的活计，在南方各省尤其如此。这就使制作生活必需品的手艺以及费力辛劳的苦差事延伸到了乡村。至于那些耕种别人土地的人，他们自留的份额比其他国家的佃农大。

最后一句话的含义似乎是，一个家庭的租地的产量相比家庭需要来说太少了，以至于要想活命，他们就得留下较大份额的收成。

因此，也就出现了著名的园圃式农业：②

> 也许观察到这一点会有些用处：少许的努力与技巧、发明、发现、资源与组合，这些在园圃里创造了类似于奇物的东西，在这里已经被大规模地搬到了乡下，并在那里创造出了奇物……正如所看到的，变化多样的肥料成倍地增加，储量颇丰，使用方便、高效，而且充分地化合了。 467

总的来说，也可以将这些旷日持久的改进视为补偿经济生产所导致的周期性环境损失之过程的一部分。但我们必须小心，不要不假思索地认为处处都有这种发现。可能是有例外的：③

> 我们法国大量生长着各种水生植物。那么，为什么她却未从大自然的这些慷慨馈赠中得利呢？是什么原因使得中国人这种如此

---

① 《北京传教士关于中国历史、科学、艺术、风俗习惯的论考》，第4卷，第318页。
② 《北京传教士关于中国历史、科学、艺术、风俗习惯的论考》，第11卷，第226页。
③ 《北京传教士关于中国历史、科学、艺术、风俗习惯的论考》，第11卷，第218页。

明智的嗜好在我们当中却没人拥有？也没引导我们像他们所做的那样找到为我们的园圃增光添彩的作物，并让我们的农民*不需劳动*就年年丰收？

这一点似乎表明，就论及的农业而言，近代早期西北欧对可能的资源加以利用的*范围*或许比中国更有限。然而，如果我们按照这里采用的压力定义，像这种很少需要劳动或者不需要劳动去改变自然体系的丰收，似乎可能意味着中国生态系统所遭受的总体相称的压力在减少，因为它利用生态系统增加了总产量，这基本上没有造成系统反扑的"灾难"。

如果说有一个主题激励着这些神职人员就中国人不像其他人那样管理自然而舞文弄墨，那就是人们在将沧海变为桑田后总是与自然和谐相处：[1]

> 即使这里的人排干了沼泽，将水引到了田里，将土从山下搬到了山上，从山上搬到了平原，从其他地方将水全部调过来时一度淹掉了一些地区，而调水甚至调到当地在三伏天被太阳烤焦的地步；即使他们将山脉凿通以便空气更直接地流通，或者堵塞一些小峡谷以拦截给人们带来灾难的洪流；即使他们将一侧的大树全部砍倒，以使阳光穿透密林深处[以前幽暗无光]，用[树木成行的]林荫道破开光秃秃的平原，从而给它们带来阴凉和清新；即使绵延的山坡变成了梯田，可以更有效地管理其上的收成；即使流域为堤岸和平坦的河床所劈开，可以更称心地控制其中的河流；即使人们天马行空地想出了很多分分合合、起起落落、或引或拒、或阻或疏的治水之法；最后，即使他们在粮田中造出花园和果园，在森林中造出牧场，在池塘中造出田地，在静水中砌出排排石头，而水岸边有一丛丛芦苇，这也只不过是*为自然添彩或师法自然*罢了，跟古人所做的一样或相像，也即是在与造化媲美。

468

---

[1]《北京传教士关于中国历史、科学、艺术、风俗习惯的论考》，第 11 卷，第 225 页。斜体字在原文中就是如此。

前一章后半部分所引用的诗歌表明,上述言辞作为一种概括,顶多是对帝制晚期面目多样的中国自然观的过于简单的看法;往坏处说,它就是在无端地抒发浪漫情怀罢了。不过,它依然证明了罕见的沧海桑田之变,如同通过西欧人的眼睛所看到的那样,但是我们可能想要对它加以不同的解释。要记住,环境问题总是存在地方差异和特色的,总的来看,可能的情况是,帝制晚期人们往往试图将农耕拓展到本来难以耕种的地方,并想要在那里加以维持。这样一来,将生产力恢复到原来水平的代价就会增大,于是,相应的压力也会增大。而耶稣会会士观察者对其所见之物的惊讶之情表明,这种倾向在中国可能比在西欧得到了更多的表现。并且,正如他们中的一位所写的,"由于山地和不毛之地几乎不适合农耕,不到万不得已,人们是不会去这种地方刨食的。"①

回忆录的作者们也热心地提到,人们广泛地将人粪用作肥料,部分是因为它们能迅速地被运到田里(通常会沤熟后再用),这使得此时中国的城市比西方城市更干净。② 对于这一物质的需求意味着,"在北京的所有城区,以及中国的几乎所有的城市,都有公共厕所。它们使得大街小巷免受来来往往之人的肮脏习惯的困扰,而[城市]也没有受到厕所的影响。"欧洲的记录就没这么好了:

> 我们的医学不得不关注我们城市中很多在乡下不为认知的疾病……我们认为,人们对空气的性质及其对人体的瞬时作用研究得越多,就越会相信,街道狭窄、逼仄,毗邻的高楼大厦总是脏兮兮的、臭气熏天的,这肯定会改变空气,使之腐败不堪……而那些[我们几乎不会空着的]公共厕所,数量如此之多而又如此之脏,不啻是将致病、致命的细菌带进空气之中的工具……我们欧洲人,注意到了疾病和瘟疫在中国很少出现……未注意到的是,其城市建设之法一定

---

① 《北京传教士关于中国历史、科学、艺术、风俗习惯的论考》,第 2 卷,第 402 页。
② 《北京传教士关于中国历史、科学、艺术、风俗习惯的论考》,第 11 卷,第 227—228 页。与原书第 404—405 页上的谢肇淛的观点作一下比较。

对这种状况的出现起到了很大作用。

469　　　这与另一个经常得到阐述的话题相吻合,即"帝国的人口今日是如此之多,以至于为日常所需的紧迫的利益,要求人们从土地的肥力和人类的辛勤劳作中榨取所有可以榨取的东西。"①

这一点也与后来德国农学家威廉·瓦格纳(Wilhelm Wagner)在20世纪初的观察相吻合。他说,中国的土壤之所以避免了耗竭,首先是由于对各种废物的辛勤搜集和利用。尽管大牲畜相对较少,要用人类的粪便作为肥料,但有一点也是真的:②

　　　　像搜集人类粪便一样,中国人也竭尽所能地搜集动物粪便。为此,农民会在冬天或一年中其他闲暇的时候,肩背箩筐,手拿铲子,到各处寻捡粪便。

与欧洲的做法形成对比的是,在中国,粪肥是对所有的庄稼都加以使用的,而不只是用于比较重要的作物。尽管主要是在播种时施肥,但通常还在庄稼生长过程中追肥,追加的次数多达四次;这一点,瓦格纳似乎暗示各地也是有区别的。③ 他认为,早期地理学家冯·李希霍芬(Von Richtofen)的观察揭示,即使13年的休耕,也未让浙江省因19世纪中期太平天国起义而造成田地荒芜、人口减少的地区恢复生产力,而农业复兴的实现,一直是与可以获得的由恢复的人口所产的粪肥成比例的。④

更一般地说,对于过去是、现在仍然是中国农业核心区的洪泛区,瓦格纳强调,要保持其肥力,就需要"负担巨大的劳动,那是开垦到如此程度的可耕地所固有的,并且会让它年年获得新生"。⑤ 他进一步说到上文

---

① 《北京传教士关于中国历史、科学、艺术、风俗习惯的论考》,第4卷,第343页。

② W. 瓦格纳著:《中国农书》,柏林:保罗·巴莱出版社1926年版(W. Wagner, *Die chinesische Landwirtschaft*, Verlag Paul Parey: Berlin, 1926),第212页。(这本书在民国时期至少出了三版,译者是王建新。——译注)

③ 瓦格纳著:《中国农书》,第211页。

④ 瓦格纳著:《中国农书》,第238页。

⑤ 瓦格纳著:《中国农书》,第181页。

已谈及的内容,即需要年年平整地面,这很重要,但又令人厌烦;通常是在营养丰富的河泥布满地面后进行,因为这种平坦的地面减少了夏季暴雨期间的溢流,这反过来限制了表土的流失,当然也让稻田灌溉成为可能。① 在他看来,没有便于排水的水利设施,中国最高产的很多地方都将回复到"热病丛生、无人居住的沼泽"状态。而一些地区对维护排水系统的忽视,实际上已导致这种情况的发生。②

未来需要对涉及这些问题的相关事实进行更为精确和详细的研究。不过,总的说来,耶稣会会士的证据得到了瓦格纳的随后观察的支持,使人们乍看起来相信,按照上面所界定的"总压力比",帝制晚期中国生产体系对自然环境所造成的"压力"至少比大约近代之初的法国明显要大。虽然不太确定,但是大概可以将这里的法国延伸到西北欧的其他地区。

经济上的因果模式有时可能有悖于直觉,但似乎有理由相信以下几点,即使这只是一种推测。首先,与近代早期西欧的状况相比,在帝制晚期的中国,每个生产周期过后环境恢复的相对成本明显要大得多。这与中国的日常所需结合在一起,实际上大大影响了某个地区的这种恢复;在那里,传统技术所能利用的资源已接近被完全开发的地步,帝国也不能像某些欧洲国家那样得到新的海外资源,而对那种资源的可能的攫取就像某种环境透支,丝毫没有立即完全恢复的需要。中国也已到达这样一个时刻:如果不求助于某种外来的现代科学,陈旧的技术内部进一步改善的潜力实际上已消耗殆尽。③ 在 19 世纪及 19 世纪之后,随着西方—日本的政治经济挑战的日益紧迫,当农业经济现代化成为关键的时候,这一系列原因往往大大延缓了中国人应对农业经济现代化挑战的速

① 瓦格纳著:《中国农书》,第 181 页。

② 瓦格纳著:《中国农书》,第 179 页。

③ 如瓦格纳在《中国农书》第 239 页的评论说:"我只强调一点,通过现有的制度补偿〔所消耗的〕植物营养,是不可能有任何的进步的。只有为土地找到可资利用的新的植物营养来源,中国的农业经济才能满足自行发展的国民经济的增长的需求。就实情来讲,合成肥料现在成了唯一的问题……"。这一主题在伊懋可的《中国历史的模式》的最后部分得到了详细的阐发。

度。而且,除了像上海那样有机会接触外国的技术和资本,能相当成功地走上一条部分独立的道路的特殊飞地外,庞大的乡村部分地约束延缓了中国经济整体迈向现代的步伐。

上述方面似乎是一份令人不舒服的遗产,是在这些篇章中重构的三千年环境史的经验观察的内容。

最后,这里所概述的价值与观念史显露出一个问题。这个问题不仅关乎我们对中国历史的理解,而且总的来说关乎环境史。前面篇章中考察和翻译的宗教、哲学、文学和历史资料,一直都是我们描述、观察甚至可能产生灵感的丰富源泉。但是那些主导的观念和意识形态彼此之间常常有所抵牾,对于确定为什么中国的环境实际上似乎发生的情况会以那样的方式发生,好像没有多少解释力。偶尔,是解释得通的。如佛教有助于保护寺院周围的树木;笼罩清皇陵的执法的神秘性使这些陵墓周471 围的环境丝毫未受到经济开发的影响。但总的来看,是解释不通的。撇开一些细节不谈,似乎没有例子使人认为,中国的人为环境,是以那种因中国人特有的信仰或观念而漫长运行了 3 000 多年的方式发展和维护着的。或者,它至少不能与人们在中国的自然世界的可能性和限度所提供的活动场所中追逐权益所造成的巨大影响,以及从与它们的互动中所产生的技术相提并论。

因此,即使这样的观点经得住进一步的考察,问题又出现了:在前现代世界那些高度发达的文明中,中国在这方面是不是独一无二的? 如果不是这样,或者情况相反的话,那么,我们究竟能否通过转变观念来摆脱当前的环境困局,这种希望的现实性又有几何?

# 译后记

大象退却了！大象虽然退却了，但要"驯服"它，依然不是一件容易的事。"驯服"这"大象"，何时能"驯服"这"大象"？这是我多年来的一个心愿，也是我多年来一直盼望早日完成的一项工作。现在，眼看这一心愿即将实现，我也就能以一种轻松、愉快的心情，回顾这些年不那么轻松，并且颇为苦恼的"驯象"过程了。

这项工作的缘起，与瞿林东先生的嘱咐是分不开的。多年来，瞿先生总是嘱咐我，研究世界史，研究环境史，涉及中国历史的内容，要向刘家和先生学习，30 年治外国史，30 年治中国史。在瞿先生的嘱咐和期待下，我认真考虑了如何切入中国环境史，如何结合中国史做环境史研究的问题。为此，了解国际中国环境史研究的动态和成果，可能是一个直接的途径。在这方面，海外中国环境史研究专家伊懋可先生的成果和建树，自然是一个方便我们走进中国环境史的门径。早在 2001、2002 年的时候，我已读过刘翠溶和伊懋可两先生主编的《积渐所至：中国环境史论文集》的译本和原著；2004 年底又从包茂红先生对《大象的退却》（以下简称《大象》）的评介中初步了解了伊懋可的这一新作，并对之产生了浓厚的兴趣。2006 年初，在瞿先生的指导下，我主持申报了《环境史研究与 20 世纪中国史学》的课题，开始了结合中国历史和史学开展环境史研究的学术之旅。而在设计这一课题时,《大象》一书成为了我们了解中国环境史研究成果的首选之作。是年8月,我去扬州参加由北师大史学理论中心与扬州大学合办的"走向世界的中国历史学"国际学术史研讨会,并去南京看望仲丹师兄;当师兄提议我考虑翻译江苏人民出版社准备推译的《大象》时,我也就没多犹豫,随即答应接下这份活。

诚然,对于《大象》的翻译,亦如我们以前的翻译实践,也是本着学习什么、翻译什么的宗旨着手的,因而有着明确的目标和坚持下去的动力,但只是在真正开始这项工作之后,我们才切实体会到它的不易和艰辛。这些年,不仅我自己为此受苦受累,而且我指导的研究生同学也跟着一起辛苦,他们甚至比我更辛苦。2006年秋季,毛利霞同学(现在河南科技大学任教)以尝试翻译《大象》开始了她的博士研究生学业,她花了差不多一年的时间译出了该书第1至9章;与此同时,当年毕业的硕士研究生宋俊美同学尝试翻译了其中第10至12章。这一年里,我自己译出了封面、封底、目录、致谢以及序言的部分内容,同时初步浏览了初译稿,感觉问题很多,并且很棘手。2007年9月我去日本神户参加欧洲和亚洲环境史比较研究学术会议期间,第一次见到伊懋可先生,开始就《大象》翻译中的一些问题向他请教。2009年新一届博士生入学后,我交代王玉山同学继续做他在读博之前就接手的《大象》译校工作。王玉山做得十分认真,他尤其在《大象》引用的中文文献的查对方面下了一番苦功夫。这时候,我自己则断断续续地在同学们翻译、整理的稿子上继续逐字逐句地译校。2010年11月到2011年1月我在剑桥大学做高访时,集中精力译校了《大象》第6—8章以及第9章的一小部分。那期间的2011年1月17日,在友人的陪同下,我到剑桥大学李约瑟研究所与专程从牛津郡老家赶来的伊懋可先生交流了一整天,就翻译中遇到的许多具体问题进一步跟他讨论解决。这一年回国后的春季,我将《大象》第1—9章的译稿发给了江苏人民出版社的府建明先生。之后,我又是忙里偷闲,一有空就摸"象"。从2012—2013学年秋季学期课程教学结束的第二天,也即2012年12月28日开始,我便全力投入《大象》一书的最后译校与完善工作,对绝大部分译文做了重译,同时尽可能订正了译稿中的错误,并且斟酌了原著的一些问题。这样,直到前阵子来慕尼黑之后的 6 月 20 日,才将除参考书目和索引之外的全部译稿发给江苏人民出版社新接手《大象》编辑工作的韩鑫女士。后来,我又仔细审阅了译稿,整理了少数遗留问题,一并发给了伊懋可先生,以便他审校,并帮助解决那些问题。

回顾上述的翻译工作经历,可以说,在这六七年的时间里,我和几位研究生同学仿佛都成了被这头"大象"牵着鼻子走的苦力,或者不妨说,我们是在为这头"大象"更好地游走于中国史学界而打了一份苦工。其中的苦楚,真是一言难尽。

做这项翻译工作,首先感觉到的痛苦,或者说遇到的一大困难和挑战,即是如何解决"文化的还原"问题。这一问题,在汉学论著翻译中早已被作为"首要问题"提了出来,它包括"汉文人名、中文史料、历史背景的还原"等。① 要解决这一问题,绝对不是那么容易的一件事。更何况,《大象》是一部环境史著作,而且是一个外国人写的中国环境史著作,其涉及的内容远远超出我们传统的历史学著述的范畴,举凡中国历史、地理、哲学、政治、经济、自然环境、思想文化、神话故事等等,以及承载和反映这些内容的各种文献,大都有所涉及,因此在这一著作中不仅出现了大量的包括海外汉学家在内的汉文人名,还有大大小小的很多地方及其名称。同时,这部著作也因引用和翻译的中文文献多、贡献大,而为中外环境史学者交口称赞。这样一来,需要还原的人名、地名、文献名以及文献本身就非常之多。在做这一工作时,我本人的心态一直是战战兢兢的,害怕稍不留神,出了什么岔子,从而造成难以原谅的错误,并贻笑大方。于是乎,为了做好相关的还原工作,尽可能不闹出误读、错译作者涉及的中国历史、地理、文化等等内容的笑话,我们使出了浑身解数。对于其中大量的以前几乎很少接触、甚至从未接触的文献用力尤深,力图一

---

① 有关这一问题的认识和解决建议,参见王楠:《对汉学论著翻译规范的探讨》,《史学月刊》,2002 年第 4 期。

一还原作者所引用的文献本身，以及正文和注释中涉及的中文文献的作者名、书名和版本信息等，而还原注释和参考文献中中文文献的难度，一点都不亚于翻译正文的难度。我们这么做的时候，总是尽力查找，核对。有时为了查找和核对一份文献，尤其是其中的某句话或某几句话，要花上一天，两三天，甚至一周多的时间。仅仅这一个方面的工作，若不以巨大的毅力和耐心都是难以撑下来的。

《大象》作为一部外国人写的中国环境史著作，有一些突出的特点，这大体表现为，在时间和空间上的大尺度的跨越，对象和方法上的多方面的综合，以及内部和外部的多角度的比较等。因此，这部著作不仅涉及古今中外很多时期、很多地方的环境、物产和习俗，而且涉及针对和讨论这些内容的跨学科的理论和方法，此外还涉及如何进行比较的思考、论述和具体实践等。这样，除了上述的"文化的还原"或者说回译问题外，我们遇到的另一个困难和挑战，则是要翻译大量的原来不并熟悉的历史、地理和自然的知识以及有关自然科学、社会科学方法的内容，还必须随时准备跟着伊懋可先生在古与今、中与外不同历史语言文化中穿越、往返。那么，如何翻译好我们原本陌生的环境历史知识，如何将十分专业的多学科的内容理解到位并使译文让专业和非专业的读者都满意，如何关照好不同文化之间的差异并合乎情理地迻译，诸如此类的问题都是很让人挠头的。显然，终南捷径并不可取，投机取巧不过枉费心机。我们只能沉下心来，从头学起，认真对待。这里，针对上述几个"如何"问题，作点说明。

首先，阅读环境史著作，从事环境史研究，必然要涉及其他史学门类不那么在意的"环境"。这"环境"，笼统地说，是与人类的生产和生活发生关联的物质世界，按照伊懋可的解释，具体包括"气候、岩石和矿藏、土壤、水、树木和植物、动物和鸟类、昆虫以及万物之基的微生物等"，它们以复杂的方式既支撑着又威胁着人类，如果不涉及这种环境，就不可能完整地理解人类及其社会系统。在《大象》中，这样的环境要素贯穿全书，要理解并翻译好它们，并非认识那些英文词就能做到的。稍有不慎，就会出问题。因此，这是我们必须下功夫好好补上的一课，这里仅举一个例子。

在第三章里，伊懋可在思考将森林辟作稻田以便在某种程度上控制疟疾这一做法时，说了下面所引的一大段话：

... Depending on the region concerned, one of the several species of the *Plasmodium* protozoans that cause the disease are carried by a member of one or other of certain species of *Anopheles* mosquitoes, whose preferred habitats are not identical. The mosquito acquires the protozoans as the result of a blood-meal on an infected human. It passes them, in its saliva, back into the bloodstream of another human victim in the same way. The female *Anopheles* lays her eggs on the surface of water in the spring, and the full process of development after this takes about three weeks. The theory that the control of water by the rice-farmers, which involves the flooding of fields prior to transplanting the shoots, followed by the drainage of the fields as the harvest ripens, in some way reduces the opportunities for the successful reproduction of the mosquitoes is questionable, given the range of breeding habits of different species, and the preference of some for moving water. The most likely cause of the reduction of the incidence of malaria seems to be the increased exposure of shade-loving species of mosquitoes, such as *A. dirus* mentioned above, to direct sunlight as the result of clearance. Otherwise an increased density of human settlement would simply have provided more infected humans to pass on the protozoans to local mosquitoes, and more accessible potential new victims for them to bite. Some degree of immunity of course may also have been selected for in the population as the generations passed.

这段话不仅涉及诸如"*Plasmodium*"(疟原虫)、"*Anopheles*"(按蚊)、"*A. dirus*"(大劣按蚊)之类的生冷词汇,而且包括针对不同蚊子孳生习性的差异所采取的减少蚊子繁殖机会,从而降低疟疾发病率的理论与方法的争论。这些词汇和争论是我们原来学习历史时从不接触的,理解和翻译起来殊为不易。这样,初译时将"The female *Anopheles* lays her eggs on the surface of water"硬译成"蚊子在水面上下蛋",也就不足为怪了。虽然看到那蚊子的"蛋",我又好气又好笑,但气过、笑过之后,也只得在临时补习蚊子种类、生长过程、生活习性和传播疾病途径等知识的基础上,一个词一个词地查,一句话一句话地解,一整段一整段地顺。于是,才能比较像样地翻译上面那段文字,同时也才能将前后文融会贯通。而类似这样的对我们来说词汇冷僻、内容陌生的叙述,在作为环境史的《大象》中比比皆是,翻译的难度也就可想而知了。

第二,由于环境史涵括自然和文化,跨学科即成为环境史研究的一个基本方法,而涉及不同学科的专业知识和理论,也就成为了环境史著作的基本特色。《大象》一书自然也是这样。那么,如何将其中包含的十分专业的多学科内容理解透彻,以使得译文既能让相关专业的读者读起来感觉像模像样,又能让非专业的读者读起来感觉晓畅易懂,这也是需要多动脑筋的。譬如在第四章的"西北边陲"部分,伊懋可先生在论述清末此地经济发展和人口规模对于木材需求增长的推动,并具体计算植树者的行事方式对树木生长和森林状况的影响时,所做的一番总结即包含了经济史内容和经济学的计算方法;其原文如下:

The example is of course unrealistic in several ways, most obviously because it ignores possible economies of scale, but it lays bare the mechanism at work. Once a reasonably reliable financial market was in place, when a cultivated or protected tree was felled was basically determined by when its approximately *logistic* rate of

physical growth was overtaken by the intrinsically *exponential* rate
of growth of a sum of money invested at compound interest. In the
limiting case, when growth has stopped entirely, so that $g = 1.0$,
retaining the tree for a further year reduces the return to $(50-5)$
$\times 0.95 = 42.75$. Another oversimplification is that the foregoing
ignores what could be done with the \$5 for $P$, protection
services, that are released if the tree is sold at once. Invested at $i$,
with the same value for $b$, it would yield a further net income of
\$0.475. Under this scenario cutting down at once would be the
better option. Financial institutions thus have a demonstrable
impact on the environment. In the hypothetical but plausible
scenario suggested here they could have created a *cash-in
imperative* pressing on those growing trees.

这段话以假设性的论述,揭示了影响那一地区树木生长和森林环境的基本机制。它上接作者对想象的"植树者每年对每棵树都将会做点什么事情"的计算,中间还配上了题为"砍伐并出售一棵树的模拟收益,连同保护费以及一定利率的投资收益选择"的图表,接下来是对图表含义的解释、说明。很显然,如果不能全面、完整地把握前前后后的几段话的具体内容,包括正文和图表中一些字母、符号和数字的具体所指,也就难以理解并翻译好上面的那段话。在这个地方,我琢磨了两三天,好不容易才弄懂了伊懋可想要表达的意思,终于能用还算比较通顺又不失专业水准的文字将原文译了出来。而像这样涉及经济史内容和经济学计算或统计方法的叙述,在《大象》的"序言"和"结语"部分以及正文中还有很多处,理解和翻译起来同样是费力劳神的。

第三,外国人撰写的中国史著作,字里行间必然隐含着不同文化之间的差异性,对于一部中国环境史著作来说,这同样也不例外。对此,我们在翻译的时候,断不能简单直译,而必须时刻想着关照不同文化之间的差异性。譬如在第七章的"山坞上"部分，伊懋可在对比欧洲近代早期的小麦和中国古代晚期嘉兴的水稻的种子—产量比时，引用、翻译了《嘉兴府志》中的一段史料，并做了相应的、必要的解释；它们分别如下：

[a] In general, for 1 *mou* one uses 7 or 8 *sheng* of seeds. [b] 6 *ke* make 1 *le*, and 8 *le* make 1 *ge*. [c] From 1 *mou* one harvests 360 *ge* of unhusked rice. [d] The best farmers in a good year can obtain 7 *he* of husked rice per *ge* [of unhusked], and 2 *shi* 5 *dou* per *mou*.

(1) From [a] and [d] it is clear that 7 (or 8) *sheng* of unhusked rice seeds give 250 *sheng* (2.5 *shi*) of husked rice. The multiplier is 35.71 (or 31.25). (2) Note next that 250/360 is approximately 0.7 (more precisely, 0.694...). This allows the conclusion via [d] that the *ge* was the equivalent for unhusked rice (and hence also, it would seem, for seeds) of the *sheng* for husked rice. (3) Hence, in volumetric terms, the multiplier for seeds (unhusked, needless to say) to unhusked rice was about 51 (or 45).

前一段是史料，其中涉及我国古代主要的粮食容量单位，如合、升、斗、石，以及先民表示水稻插秧密度和田产的基本术语，如颗、肋、个、亩。从中不仅可以看出古今度量衡和种田法的变化，而且可以领略同一语词所反映的不同文化及其表述的差异。对于那些单位和术语，今天我们中国人自己也未必搞得清楚，老外们理解起来就更加不易。可以想见，伊懋可先生在理解和翻译这段材料时有多么的纠结，以至他不仅事先要特别提请读者注意他"有意将 *gé* 错译为 *he* 的地方"，而且事后还要专门加以解释，于是出现了上面那段让人感觉晦涩难明，甚至可能存在问题的解释性文字，这自然也就增加了我们理解和翻译的难度。而特别值得一提的，是中英文对"稻"和"rice"的理解与翻译问题。

在英文里,表示中文的稻、米(饭)的可以是 rice 这一个词。因此,伊懋可在翻译那段史料的时候,为了让西方读者能更好地理解"rice"这一个词对应的"稻"、"米"那两个字,不得不将它们区别为"unhusked rice"和"husked rice",而他在翻译"稻"和"稻种"时,又略嫌啰嗦地加上了"unhusked rice(and hence also,it would seem,for seeds)"或"seeds(unhusked,needless to say)"。他这么费劲地释译,当然是可以理解的。而我们在理解和翻译伊懋可释译的"unhusked rice"和"husked rice"时,则必须懂得,它们即是"稻"、"米",对此不能简单直白地理解,并画蛇添足地译成"不去壳的稻子"和"去壳的稻子"或"去壳的米"。因为"稻"或"种"一定是带壳的,"米"或"饭"一定是去壳的,这对我们来说是不言而喻的。

质言之,虽然这里处理的仅仅是"稻"和"rice"这样的个别词汇,但面对的却是中西两大文化。由于文化的不同,在一种文化里一些不言而喻的东西,在另一种文化里可能就要费很大力气加以解释了。只有注意和把握了这一点,才可能避免梁启超先生早就指出的"徇华文而失西义"或"徇西义而梗华读"的译书之二弊。① 而像"稻"和"rice"这样的表面上简单明了,实际上却因文化的不同,理解和表述起来未必那么简单的中英文语词,在《大象》中亦不在少数。如果说,伊懋可先生可以基于他浸染的文化用他熟悉的词汇和意思来表达,我们在翻译时却不能想当然地按一般的理解简单地处理。否则,一定会产出"不去壳的稻子"和"去壳的米",结果可能会因为"丰富"了周作人先生批评的那种"卧着在他的背上"(Lying on his back)的死译素材,②而留下笑柄。这无形中却又增加了我们理解和翻译的难度。

此外,像《大象》这样一部行文口语化比较明显,而且时而微言大义,时而冗长累赘的著作,即使以英语为母语的读者读起来也觉得不容易,以至"《大象》是一本不容易读的书"③成为了西方学者的普遍看法。而美

---

① 参见王秉钦著:《20 世纪中国编译思想史》,天津:南开大学出版社 2004 年版,第 69 页。

② 参见王秉钦著:《20 世纪中国编译思想史》,第 105 页。

③ Crispin Tickell, "The Decline of China's Environment," *Nature*, Vol. 430 (July 29, 2004), p. 505.

国学者 J. 唐纳德·休斯在评论这一著作时,既在总体上认为伊懋可的行文连贯、清晰可读,也指出《大象》中有些模棱两可之处,尤其是许多句子没有动词。① 休斯所言极是。读《大象》原著,不时会碰到少则一两个词的非句似句的短句,多则八九行乃至十多行的似段非段的长句。因此,对于我们这样的读者来说,要很好地理解它,理解之后还要文从字顺地翻译它,的确是一件颇费周章的事情。这方面的具体内容,就不再一一说明了。

当然,上述各方面的困难,也是因为我自己的学养不足造成的。我从历史学出身,较长时间一直致力于不包括中国史的中国式的世界史教学与研究工作。久而久之,作为一个中国的历史工作者,反而很少学习和探究自己国家的历史与文化,很少接触记载中国历史文化的文献资料,更遑论深入了解中国的山川大地和飞禽走兽了。结果,面对悠久绵长的中国历史、浩如烟海的中国典籍、类型多样的中国地貌、色彩斑斓的中国环境,感觉自己就像一个文盲,一个白痴! 在今年 3 月中旬与美国学者唐纳德·沃斯特(Donald Worster)通邮时,我即表达了这种感受。我还向他抱怨说,《大象》一书的翻译工作占据了我太多的时间和精力,我希望再用一个月多点的时间"驯服"这头大野象。沃斯特随即回复邮件,并安慰我说,这是一本大部头的书,而且是一本不容易看懂和翻译的书,你要为自己试图努力完成这么一个项目而多多嘉奖自己。想一想,沃斯特先生说得很在理啊! 如果通过我们多年的努力,能让外国学者喜过、忧过的这头中国"象",最终"走出"长期隐居的西南边境,"回到"曾经栖居的中原大地,使学界内外感兴趣的同胞能一睹其往昔尊荣,从而为中国环境史事业的发展,国际环境史交流的推进,乃至美丽中国建设愿望的实现贡献一份力量,那么,我们这几年的付出,不也是很有意义,因而很值得的么?! 这么一想,也就有了几分欣喜。同时我还想过,有什么可嘉奖自己的呢? 或许,这项译事带来的

---

① The Retreat of the Elephants: An Environmental History of China by Mark Elvin, Review by: J. Donald Hughes, *Environmental History*, Vol. 11, No. 4 (Oct., 2006), p. 850.

诸多收获,即是对自己最好的嘉奖吧。

尚可宽慰的是,虽然在翻译《大象》的过程中自信心大为受挫,但尔后也还能慢慢地恢复。而这自信心的恢复,实实在在在得益于很多同学、朋友的帮助和鼓励。因此,我想借这个机会,真诚地感谢多年来参与这项工作、关心这项工作,并给予无私帮助的同学、老师和朋友们。如果没有他们的参与、关心和帮助,仅仅靠我自己,是完成不了这项工作的。

首先,感谢一同翻译和直接参与这项工作的研究生同学。虽然这项译事远远超出了我们的学识和能力,从而构成了很大的挑战,但是我们之间从不相互抱怨,而一直以极大的毅力和耐心,广泛地查对,仔细地推敲,终于啃掉了这根硬骨头。因此,对于我和同学们来说,阅读和翻译《大象》的过程,也是大家一起学习、加深了解、共同提高的过程。想起来,王玉山同学最让我感动。后来我才知道,他译校《大象》的那段时间头发掉得很厉害,于是他干脆剃了个光头。他还将王秉钦先生所著的《20世纪中国翻译思想史》以及《以史为鉴——中国翻译批评史启示录》等文献发送给我。及时阅读这样的著作和文章,多多注意翻译中的一些问题,对于保障我们有质量地完成这项工作,是有不小的帮助的。而参与这项工作的同学,除了上面提到的几位外,还有刘宏焘、江天岳、施雾和杨梓楠,他们在后期校改、完善译稿时,给予了必不可少的帮助。刘宏焘帮助解决了注释中遗留的许多问题,还替我搜集了国外有关《大象》的多篇评论文章;江天岳帮助核校和翻译了一些法文文献信息,还替我打印《大象》译稿并送给瞿先生审阅;施雾翻译了篇幅很长的索引;杨梓楠整理了参考书目中的著作和论文。此外,胡宇鹏在一些疑难汉字的录入方面予以了及时的帮助。同时,我还就实验方面的一些问题跟他做过讨论。

其次,感谢那些帮助我们更好地还原汉文人名和地名,并翻译法文、德文、日文、意大利文等文献信息的其他同学和老师。关于汉文人名、地名的还原或回译问题,虽然我们在翻译过程中一直很在意,但仍然难免会出现问题,甚至出现错误。记得我在推敲译文期间,北师大2007级本科生李源同学提示我,美国学者Nicola Di Cosmo有响亮的中文名字"狄宇宙",音译他的原名是不合适的。2009级研究生陈桂权同学则校正了初译稿中将"沔阳"误译为"绵阳"、将"大小金川"误译为"大小金河"的错误。而每当我遇到注释中除英文外的外文文献信息时,就不得不搬来援兵,于是,北师大法国史专家庞冠群、日本史专家唐利国、德国史专家孙立新,以及北大意大利史专家张雄等学界友人,前前后后都被我打搅过。他们总是及时施以援手,答复相关的外文文献信息的翻译问题。

再次,感谢2008年以来参与《环境史研究与20世纪中国史学》以及《中国环境史·近代卷》课题研究工作的几位志同道合的朋友,他们分别是北师大历史学院的李志英教授、倪玉平教授和王志刚博士,中国水利水电科学院的张伟兵研究员,以及中国科学院地理所博士后工作人员肖凌波博士。虽然其中有些朋友最初并非课题组成员,但是他们欣然接受了我的调整和安排,加入课题研究工作之中。因为他们的加入和帮助,使得课题研究工作能比较顺利地开展,同时使得我本人更有动力去完成《大象》的翻译工作。在这方面,作为水利史专家的张伟兵和王志刚还具体审校了《大象》第六章译稿,指出并帮助解决了其中遗留的一些问题。

深深感谢瞿林东先生,因为瞿先生的鼓励和期待,我才有勇气接近中国历史,尝试以环境史的视角认识一些问题,拓展一些研究,这将会成为我后半生的学术工作的一部分;瞿先生还在百忙之中抽出宝贵时间审阅《大象》译稿,及时指出其中的一些错误,并对一些文字加工润色。同时感谢南开大学的王利华教授,在《大象》翻译工作之初,他就给与了关心和帮助,指出了初译稿中生硬翻译的痕迹和错误之处;在我恳请他为拙译作序时,他又不顾劳顿,慨然应允。同样要感谢北京大学的包茂红教授、中国人民大学的夏明方教授和侯深博士,以及社科院世界历史所的高国荣博士,他们一直是我学术事业上的同伴;至于《大象》译事,这本身即是在包茂红的书评文章的影响下开启的,而在翻译过程中,他们都给予了工作上的支持和心理上的安慰。

也要感谢伊懋可先生本人,还有现为中国人民大学海外高级文教专家的唐纳德·沃斯特,以及中国人民大学兼职教授、慕尼黑大学雷切尔·卡森环境与社会研究中心主任克里斯托弗·毛赫(Cristof Mauch)。因为伊懋可先生的著述,才有了这项翻译工作的源头;不仅如此,在翻译过程中,这位老先生还在年逾古稀、精力不济的情况下,尽可能地审阅译稿,并帮助解决遗留问题。因为有了沃斯特和毛赫的无私帮助和慷慨资助,我才能坚持环境史研究和国际交流,才能有机会来到慕尼黑,进一步开展有关泰晤士河污染的研究和撰述;同时也才能在十分安静的环境中,加快完成拖延日久的《大象》翻译工作,细细品味这项工作的意义。

最后,特别感谢江苏人民出版社的府建明先生和韩鑫女士,我清楚,没有他们当初的安排和后来的极其耐心的等待,也就不可能有这部我们自己还算满意的译作。但愿拙译的问世,少给《凤凰文库·海外中国研究系列》增添让人诟病的话题,从而对得起他们的等待和付出。

梅雪芹

2013 年 7 月 6—7 日于慕尼黑

# 参考书目

## 原始文献缩写

*CCXZ*　　《楚辞选注》,马茂元选注,香港:新月出版社 1962 年版。

CH　　《辞海》,1 卷本,上海:中华书局 1947 年版。

*DQSZ ZHD SX*　　《大清世祖章皇帝圣训》,收于《大清十朝圣训》。

*DQTZ GHD SX*　　《大清太祖高皇帝圣训》,清,康熙二十五年序,收于《大清十朝圣训》。

*DQTZ WHD SX*　　《大清太宗文皇帝圣训》,清,收于《大清十朝圣训》。

GSZ　　《澉水志》,宋,罗叔韶(作者将"韶"误拼成了"hao"。——译注)修,常棠撰,再版收于中华书局编辑(作者将"辑"误写成了"志"。——译注)部编:《宋元方志丛刊》,北京:中华书局 1990 年版。

*GY*　　《国语》,先秦,上海:上海古籍出版社 1978 年版。

*GYFZ*　　《贵阳府志》,周作楫撰修,贵阳(?):贵阳府学署 1850 年版,哈佛—燕京图书馆微缩胶卷帮助。

GZ　　《管子辑评》,公元前 4 世纪后期,收于萧天石总主编:《中国子学名著集成》第 69 册,台北:中国子学名著集成编印基金会 1978 年版。

*GZTZ*　　《贵州通志》,靖道谟等编,1741 年版,台北:华文书局 1968 年再版。一些段落引自《四库全书》版本第 572 册,这在适当的地方做了批注。

*HNXZ*　　《海宁县志》,1765 年,再版为《中国方志丛书》第 516 册,华中地方,台北:成文出版社 1983 年版。

*HNZ*　　《淮南子》,公元前 2 世纪,1804 年以来的版本附有汉代的注释,再版

收于萧天石总主编：《中国子学名著集成》第 85 册，台北：中国子学名著集成编印基金会 1978 年版。

*HTL*　　《海塘录》，翟均廉撰，收于《钦定四库全书》，史部，第 583 册，1764—1781 年撰，台北：台湾商务印书馆（景印文渊阁四库全书）1986 年版。

*HZFZ*　　清《杭州府志》，1898 年，有 1888、1894 和 1898 年序言，再版收于《中国方志丛书》第 199 册，华中地方，台北：成文出版社 1974 年版。

*JXFZ*　　明《嘉兴府志》，1600 年。刘应钶修，沈尧中纂，再版收于《中国方志丛书》第 505 册，华中地方，台北：成文出版社 1983 年版。

*JXFZ*　　清《嘉兴府志》，1879 年，许瑶光等重修，吴仰贤等编订，再版收于《中国方志丛书》第 53 册，5 卷，华中地方，台北：成文出版社 1970 年版。

*LHJS*　　《论衡校释》，汉，黄晖校释，4 卷，台北：台湾商务印书馆 1964 年版。

*LJ*　　《礼记》，后汉，再版收于《十三经注疏》卷 4，东京：中分出版社 1971 年版，7 卷。

*LZXJSZ*　　《列子选辑三种》，汉？收于萧天石总主编：《中国子学名著集成》第 64 册，台北：中国子学名著集成编印基金会 1978 年版。

*MCC*　　《北京传教士关于中国历史、科学、艺术、风俗习惯的论考》，第 1、2、4、5、8 和 11 卷，巴黎：尼翁，1776—1786 年版。

*MQBT*　　《梦溪笔谈》，宋代，沈括，胡道静校注：《新校正梦溪笔谈》，香港：中华书局 1975 年版。

*QHDFJZWZ*　　《青海地方旧志五种》，清，再版，西宁：青海人民出版社 1989 年版。

*QSD*　　《清诗铎》，（原名《国朝诗铎》），1869 年，张应昌编选，北京：新华书店 1960 年再版。

*QW*　　《全上古三代秦汉六朝文》（应为《全上古三代秦汉三国六朝文》，（清）严可均辑校。——译注），北京：中华书局 1965 年版。

*RHXZ*　　《仁和县志》，再版收于《中国方志丛书》第 179 册，华中地方，台北：成文出版社 1975 年版。

*SCSX*　　《大清十朝圣训》，99 卷，第一篇序言出自 1666 年，最后一篇序言出自 1880 年。出版详情或缺，但对于所知的某一年号的首次刊行日期，以方括号形式附在了下面的缩写一览表中。每一个年号都有全称，其所在的一般格式是"大清世宗……文皇帝圣训"；这里圆括号里的小点代表某个皇帝的正式的全称。其中所引证的"敬天"部分用皇帝年号的大写首字母与卷数和页码表示。这些大写首字母是：XH（应为 KX。——译注）（康熙）、YZ（雍正）[1741 年]、QL（乾隆）[1799 年]、JQ（嘉庆）[1829 年]和 DG（道光）[大约 1856 年]。还可参见《大清世祖章皇帝圣训》《大清太祖高皇帝圣训》和《大清太宗文皇帝圣训》。

*SGZ*　　《三国志》，晋，陈寿纂，北京：中华书局 1969 年再版。

*ShSh*　　《尚书》,先秦;再版于阮元校刻:《十三经注疏》,京都:中文出版社1971年版。

*SJ*　　《史记》,司马迁,汉,北京:中华书局1959年再版。

*SJS*　　《商君书解诂定本》,先秦,北京:古籍出版社1956年版。

*SXFZ*　　《绍兴府志》,1719年,周徐彩纂,俞卿修,再版收于《中国方志丛刊》第537册,华中地方,台北:成文出版社1983年版。

*SZSX*　　《世宗圣训》(世宗即雍正),收于《大清十朝圣训》。

*WX*　　《文选》,6世纪,萧统编,李善注,1181年版本,北京:中华书局1974年再版,共4函。

*WZZ*　　《五杂组》,谢肇淛,1608年,李维桢监刻再版,台北:新兴书局1971年版。

*YL*　　《月令》,先秦,收于陈澔注:《礼记集说》,台北:世界书局1969年版。

*ZGRMDCD*　　《中国人名大辞典》,方宾观、臧励龢等编,香港:泰兴书局1931年版。

*ZGZRZYCS*　　《中国自然资源丛书》,中国自然资源丛书编撰委员会编,42卷,北京:中国环境科学出版社,1995年版。主要是按省分卷,有些是按主题分卷。

*ZHTZ*　　《遵化通志》,何崧泰等纂修,遵化,1886(?),哥伦比亚大学图书馆缩微胶卷帮助。在某些卷中,页码从每一小节重新开始标注。因而在需要明晰之处,会包括小节的标题。

*ZHXZ*　　《遵化县志》,遵化县志编纂委员会编,石家庄:河北人民出版社1990年版。

*ZL*　　《周礼注疏》,公元前第一个千年后期,收于阮元校刻(清):《十三经注疏》,北京;中华书局1980年再版。

*ZXDB*　　《两千年中西历对照表》,香港:商务印书馆1961年版。

*ZYJHZ*　　《至元嘉禾志》(在1264—1294年即至元年间,嘉禾大体相当于嘉兴),元,单庆修,徐硕纂,再版收于中华书局编辑部编:《宋元方志丛刊》,8卷,北京:中华书局1990年版。

*ZZD*　　《中国自然地理:历史自然地理》,中国科学院《中国自然地理》编辑委员会主编,北京:科学出版社(作者误写为中国环境科学出版社。——译注)1982年版。

*ZZJS*　　《庄子集释》,郭庆藩辑,北京:中华书局1961年版。

*ZZZC*　　《中国自然资源丛书》,中国自然资源丛书编撰委员会编,42卷,北京:中国环境科学出版社,1995年版。

**著作和论文**(外文著作和论文信息已在注释中译出,这里依照原书格式直接抄录。中文著作和论文一律还原出中文文献信息,其中错误之处已在相关注释中一一注明,这里直接列出正确的信息。——译注)

Agricola, Georgius [G. Bauer]. 1556. *De Re Metallica*. H. C. and L. H.

Hoover, transl. and ed. 1912. Reprinted, Dover: New York, 1950.

Amelung, I. 1999. "Der Gelbe Fluss in Shandong (1851—1911): Überschwemmungskatastrophen und ihre Bewältigungen im spät-kaiserlichen China." Ph. D. thesis, Institut für Philosophie, Wissenschaftstheorie, Wissenschafts-und Technikgeschichte, Technische Universität Berlin.

Arthur, W. Brian. 1990. "Positive feedbacks in the economy," *Scientific American* 262. 2 (Feb. ).

Bachelard, G. 1957. *La Formation de l'esprit scientifique*, 3rd edn. Vrin: Paris.

Baechler, J. 1985. *Démocraties*. Calmann-Lévy: Paris.

Baechler, J. 2000. *Nature et histoire*. Presses Universitaires de France: Paris.

Baechler, J. 2002. *Esquisse d'une histoire universelle*. Fayard: Paris.

Bak, P. 1997. *How Nature Works: The Science of Self-Organized Criticality*. Oxford University Press: Oxford.

Barry, R. G. and R. J. Chorley. 1987. *Atmosphere, Weather and Climate*, 5th edn. Methuen: London.

Beck, B. J. Mansvelt. 1990. *The Treatises of Later Han: Their Authors, Sources, Contents and Place in Chinese Historiography*. Brill: Leiden.

Benedict, C. 1996. *Bubonic Plague in Nineteenth-Century China*. Stanford University Press: Stanford, Calif.

Berenbaum, M. 1994. *Bugs in the System: Insects and their Impact on Human Affairs*. Addison-Wesley: Reading, Mass.

Billeter, J. F. , *et al.* 1993. "Florilège des Notes du Ruisseau des Rêves (Mengqi bitan) de Shen Gua (1031—1095)," *Études Asiatiques* XLVII. 3.

Blunden, C. and M. Elvin. 1983. *Cultural Atlas of China*. Facts on File. New York. Rev. edn, Checkmark: New York, 1998.

Bodde, D. 1978. "Marshes in *Mencius* and elsewhere: A lexicographical note. " In D. Roy and T. Tsien, eds. , *Ancient China: Studies in Early Civilization*. Chinese University Press: Hong Kong.

Bonyhady, T. 1995. "Artists with axes. "*Environment and History* 1. 2.

Brenier, J. C. , J. P. Diény, J. -C. Martzloff, and W. de Wieclawik. 1989. "Shen Gua(1031—1095) et les sciences. " *Revue d'histoire des sciences* XLII. 4.

Brown, J. , A. Collings, D. Park, J. Philips, D. Rothery, and J. Wright. 1991. *Waves, Tides and Shallow-Water Processes*, rev. edn. Pergamon: Oxford.

Brunnert, H. S. and V. V. Hagelstrom. 1912. *Present Day Political Organization of China*, transl. A. Beltchenko and E. E. Moran. Kelly and Walsh:

Shanghai. Anonymous reprint: Taibei, 1960.

Buck, J. L. (ed.). 1937. *Land Utilization in China*. University of Nanking: Nanking, 1937. Reprinted, Paragon: New York, 1964.

Burnet, F. McF. 1972. *Natural History of Infectious Diseases*, rev. edn. Cambridge University Press: Cambridge.

曹沛奎、古国传、董永发、胡方西:《杭州湾泥沙运移的基本特征》,《华东师范大学学报》(自然科学版),1985 年第 3 期。

曹树基:《清时期》,收于葛剑雄主编:《中国人口史》第 5 卷,上海:复旦大学出版社 2001 年版。

Chamley, H. 1987. *Sédimentologie*. Dunod: Paris.

章鸿钊:《历史时期中国北方大象与犀牛的存在问题》,《中国地质学会志》,1926 年第 5 期。

Chang, K.-C. 1980. *Shang Civilization*. Yale University Press: New Haven, Conn.

赵林著:《商代的社会政治制度》,台北:"中央研究院"1982 年版。

Chapman, J. 1937. "Climate." In J. L. Buck, ed., *Land Utilization in China*.

Chen, J., T. C. Campbell, J. Li, and R. Peto. 1990. *Diet, Life-style and Mortality in China: A Study of the Characteristics of 65 Chinese Counties*. Oxford University Press, Cornell University Press, and People's Medical Publishing House: Oxford.

陈家其:《南宋以来太湖流域大涝大旱及近期趋势估计》,《地理研究》,第 6 卷第 1 期(1987 年 3 月)。

陈吉余、罗祖德、陈德昌、徐海根和乔彭年:《钱塘江河口沙坎的形成及其历史演变》,《地理学报》,第 30 卷第 2 期(1964 年 6 月)。

陈桥驿:《古代绍兴地区天然森林的破坏及其对农业的影响》,《地理学报》,第 31 卷第 2 期(1965 年 6 月)。

陈桥驿:《论历史时期浦阳江下游的河道变迁》,《历史地理》,1981 年第 1 期。

陈嵘著:《中国森林史料》,北京:中国林业出版社 1983 年版。

陈述著:《契丹社会经济史稿》,北京:三联书店 1963 年版。

程鸣九(鹤翥)编纂:《三江闸务全书》(1684、1685 和 1687 年的序;1702 年出版,1854 年平衡撰《三江闸务全书续刻》,附有 1835 和 1836 年的序)。

Cheng Te-k'un [Zheng Dekun]. 1960. *Archaeology in China*, vol. 2, *Shang*. Hefferand Sons: Cambridge.

中国科学院编:《中国自然地理》,北京:科学出版社 1982 年版。

仇兆鳌注:《杜少陵集详注》,4 册,北京:文学古籍刊行社 1955 年版。

Clastres, P. 1974. *Society against the State: Essays in Political Anthropology*.

English translation, Zone Books: New York, 1987.

Cohen, M. 1989. *Health and the Rise of Civilization*. Yale University Press: New Haven, Conn.

Cook, F. 1977. *Hua-yen Buddhism*. Pennsylvania State University Press: University Park, Penn.

Corbin, A. 1988. *Le Territoire du vide: L'Occident et le désir du rivage, 1750—1840*. Aubier: Paris.

Couvreur, S. 1914. *Tch'ouen Ts'iou et Tso Tchouan: La Chronique de la principautéde Lou*. Reprinted, bilingual text, 3 vols. , Cathasia: Paris, 1951.

Couvreur, S. 1911. *Dictionnaire classique de la langue chinoise*. Imprimerie de la Mission Catholique: Hejian fu.

Crombie, A. C. 1994. *Styles of Scientific Thinking in the European Tradition*. 3 vols. , Duckworth: London.

大理州文联编:《大理古遗书抄》,昆明:云南人民出版社 2001 年版。

De Crespigny, R. 1976. *Portents of Protest in the Later Han Dynasty*. Faculty of Asian Studies with the Australian National University Press: Canberra.

Delahaye, H. 1981. *Les Premières Peintures de paysage en Chine: Aspects religieux*. École française d'Extrême-Orient: Paris.

Deng Gang [Kent]. 1993. *Development versus Stagnation: Technological Continuity and Agricultural Progress in Pre-Modern China*. Greenwood: Westport, Conn.

Di Cosmo, N. 2002. *Ancient China and Its Enemies: The Rise of Nomadic Power in East Asian History*. Cambridge University Press: Cambridge.

Ding Yihui. 1994. *Monsoons over China*. Kluwer: Dordrecht.

Dodgen, R. 2001. *Controlling the Dragon: Confucian Engineers and the Yellow River in Late Imperial China*. University of Hawaii Press: Honolulu.

段成式著:《酉阳杂俎》(唐代),文渊阁《钦定四库全书》重印,第 1047 卷,台北:台湾商务印书馆 1983 年版。

Dunn, F. L. 1993. "Malaria."In K. F. Kiple, ed. , *History of Human Disease*.

Dunstan, H. 1975. "The Late Ming epidemics: A preliminary survey."*Ch'ing-shih wen-t'i* 3. 3.

Elias, N. 1994 (orig. 1939). *The Civilizing Process: The History of Manners*. Transl. E. Jephcott, Blackwell: Oxford. Rev. edn. , 2 vols. Vol. 1 first published 1978.

Elman, B. A. 1984. *From Philosophy to Philology: Intellectual and Social Aspects of Change in Late Imperial China*. Harvard University Press: Cambridge, Mass.

Elvin, M. 1973. *The Pattern of the Chinese Past*. Stanford University Press: Stanford, Calif.

Elvin, M. 1975. "On water control and management during the Ming and Ch'ing periods," [a review article of Morita Akira, *Shindai suirishi kenkyū* (Studies on water control in the Qing dynasty) (Aki shobō: Tokyo, 1974)], *Ch'ing-shih went'i* 3. 3 (Nov. ).

Elvin, M. 1977. "Market towns and waterways: The county of Shang-hai from 1480 to 1910. " In G. W. Skinner, ed. , *The City in Late Imperial China*. Stanford University Press: Stanford, Calif.

Elvin, M. 1984. "Why China failed to create an endogenous industrial capitalism: A critique of Max Weber's explanation. " *Theory and Society* 13. 3 (May).

Elvin, M. 1986. "Was there a transcendental breakthrough in China?" In S. N. Eisenstadt, ed. , *The Axial Age and its Diversity*. State University of New York Press: Albany, N. Y. Reprinted in Elvin, ed. , Another History.

Elvin, M. 1993. "Three thousand years of unsustainable growth: China's environment from archaic times to the present. " *East Asian History* 6 (Nov. ).

Elvin, M. 1993 – 4. "The man who saw dragons: Science and styles of thinking in Xie Zhaozhe's *Fivefold Miscellany*. " *Journal of the Oriental Society of Australia* 25 and 26.

Elvin, M. and N. Su. 1995a. "Man against the sea: Natural and anthropogenic factors in the changing morphology of Harngzhou Bay, circa 1000 – 1800. " *Environment and History* 1. 1. (Feb. ).

Elvin, M. and N. Su. 1995b. "Engineering the sea: Hydraulic systems and premodern technological lock-in in the Hangzhou Bay area circa 1000 – 1800. " In Itō Suntarō and Yoshida Yoshinori, eds. , *Age of Environmental Crisis*.

Elvin, M. (ed. ) 1996. *Another History: Essays on China from a European Perspective*. Wild Peony/Hawaii University Press: Sydney.

Elvin, M. 1997. *Changing Stories in the Chinese World*. Stanford University Press: Stanford, Calif.

Elvin, M. 1998. "Unseen lives: The emotions of everyday existence mirrored in Chinese popular poetry of the mid-seventeenth to the mid-nineteenth century. " In R. T. Ames, R. Kasulis, and W. Dissanayake, eds. , *Self as Image in Asian Theory and Practice*. State University of New York Press: Albany, N. Y.

Elvin, M. and T. -J. Liu (eds. ) 1998. *Sediments of Time: Environment and Society in Chinese History*. Cambridge University Press: New York.

Elvin, M. and N. Su. 1998. "Action at a distance: The influence of the Yellow River on Hangzhou Bay since ad 1000." In Elvin and Liu, eds., *Sediments of Time*.

Elvin, M. 1999a. "Blood and statistics: Reconstructing the population dynamics of late imperial China from the biographies of virtuous women in local gazetteers." In H. Zurndorfer, ed., *Chinese Women in the Imperial Past: New Perspectives*. Brill: Leiden.

Elvin, M. 1999b. "How did the cracks open? The origins of the subversion of China's late-traditional culture by the West." *Thesis Eleven* 57, 'East Asian Perspectives'.

Elvin, M., D. Crook, Shen Ji, R. Jones, and J. Dearing. 2002. "The impact of clearance and irrigation on the environment in the Lake Erhai catchment from the ninth to the nineteenth century." *East Asian History* 23 (June).

范晔著:《后汉书》,北京:中华书局 1965 年再版。

Fang, J.-Q. and G. Liu. 1992. "Relationship between climatic change and the nomadic southward migrations in East Asia during historical times." *Climatic Change* 22.

冯尔康著:《雍正传》,台北:台湾商务印书馆 1992 年版。

Fletcher, R. 1995. *The Limits of Settlement Growth: A Theoretical Outline*. Cambridge University Press: Cambridge.

Fox, B. and A. Cameron. 1997. *Food Science, Nutrition and Health*, 6th edn. Arnold: London.

Frodsham, J. D. 1967. *The Murmuring Stream: The Life and Works of the Chinese Nature Poet Hsieh Ling-yün (385—433), Duke of K'ang-Lo*. 2 vols., University of Malaya Press: Kuala Lumpur.

傅衣凌著:《明清农村社会经济》,北京:三联书店 1961 年版。

傅衣凌著:《明代江南市民经济试探》,上海:上海人民出版社 1963 年版。

[清]傅泽洪辑录:《行水金鉴》(约 1725 年),收于沈云龙主编:《中国水利要籍丛编》,台北:文海出版社 1969 年再版。

Fujita Katsuhisa. 1986. "Kandai no Kōka shisui kikō" [Flood control measures on the Yellow River under the Han dynasty]. *Chūgoku suiri shi kenkyū* 16.

Garrow, J. and W. James (eds.). 1998. *Human Nutrition and Dietetics*, 9th edn. Churchill Livingstone: Edinburgh.

Gernet, J. 1972. *Le Monde chinois*. Colin: Paris.

翟理斯著:《华英字典》,上海:Kelly and Walsh, 1912 年第 2 版,台北:敬文书局 1964 年再版。

Giudici, N. 2000. *La Philosophie du Mont Blanc: De l'alpinisme à l'économie immatérielle*. Grasset：Paris.

Glacken, C. J. 1967. *Traces on the Rhodian Shore：Nature and Culture in Western Thought from Ancient Times to the End of the Eighteenth Century.* University of California Press：Berkeley, Calif.

Gledhill, J. , B. Bender, and M. Larsen (eds. ). 1988. *State and Society：The Emergence and Development of Social Hierarchy and Political Centralization.* Reprinted, London：Routledge, 1995.

Golson, J. 1997. "From horticulture to agriculture in the New Guinea Highlands：A case study of people and their environments." In P. Kirch and T. Hunt, eds. , *Historical Ecology in the Pacific Islands.* Yale University Press：New Haven,Conn.

Gonda, J. 1979. *Les Religions de l'Inde*, vol. 1, *Védisme et hindouisme ancien.* Translated from the German；Payot：Paris.

Greenwood, L. H. 1935. *Epidemics and Crowd Diseases.* Macmillan：New York.

Grove, A. and O. Rackham. 2001. *The Nature of Mediterranean Europe：An Ecological History.* Yale University Press：New Haven, Conn.

Grove, R. , V. Damodaran, and S. Sangwan (eds. ). 1998. *Nature and the Orient：The Environmental History of South and Southeast Asia.* Oxford University Press：New Delhi.

顾绍柏校注：《谢灵运集校注》，河南：中州古籍出版社1987年版。

顾炎武著：《天下郡国利病书》(1639—1662年)，上海：商务印书馆1936年再版，四库善本台北再版。

谷应泰著：《明史纪事本末》(1658年)，台北：台湾商务印书馆1956年再版，4卷本。

顾祖禹著：《读史方舆纪要》(1667年)，台北：新兴书局1972年再版。

Guha, Sumit. 1999. *Environment and Ethnicity in India*, 1200—1991. Cambridge University Press：Cambridge.

郭正忠著：《宋代盐业经济史》，北京：人民出版社1990年版。

Hallam, A. (ed. ). 1977. *Planet Earth.* Phaidon：Oxford.

Hardy, A. 1998. "A history of migration to upland areas in 20th century Vietnam." Ph. D. thesis, Australian National University.

Hawkes, D. 1959. *Ch'u Tz'u：The Songs of the South.* Clarendon Press：Oxford. Revised edn, Penguin：London, 1985.

He Baochuan. 1991. *China on the Edge：The Crisis of Ecology and Development.* China Books：San Francisco, Calif.

Hoshi Ayao. 1966. *Chūgoku shakai-keizei-shi go-i* [Glossary of terms in China's social and economic history]. Kindai Chūgoku kenkyūsentā: Tokyo.

Hoshi Ayao. 1969. *The Tribute Grain Transport under the Ming Dynasty.* Transl. M. Elvin, Center for Chinese Studies: Ann Arbor, Mich.

Hoshi Ayao (comp.). 1975. Chūgoku shakai keizai shi go-i zokuhen [Supplement to 'A glossary of terms in Chinese social and economic history']. Kōbundō: Yamagata.

侯学煜著:《中国自然地理》,第2卷《植物地理》,北京:科学出版社1988年版。

侯允钦纂修:《邓川州志》(1854/1855年),台北:成文出版社1968年再版。

Hughes, J. D. 1994. *Pan's Travail: Environmental Problems of the Ancient Greeks and Romans.* Johns Hopkins University Press: Baltimore, Md.

Hummel, A. (ed.). 1943. *Eminent Chinese of the Ch'ing Period.* 2 vols., U. S. Government Printing Office: Washington D. C.

Itō Hashiko. 1986. "Sōdai no Kōka shisui kikō" [The structure of flood control on the Yellow River under the Song dynasty]. *Chūgoku suiri shi kenkyū* 16.

Itō Suntarō and Yoshida Yoshinori (eds.). 1995. *Nature and Humankind in the Age of Environmental Crisis.* International Research Center for Japanese Studies: Kyoto.

Jeník, J. 1979. *Pictorial Encyclopedia of Forests.* Hamlyn: London.

嵇含著:《南方草木状》,李惠林注译:《四世纪东南亚植物》,香港:中文大学出版社1979年版。

金渭显著:《契丹的东北政策》,台北:华世出版社1981年版。

Kahn, H. 1971. *Monarchy in the Emperor's Eyes: Image and Reality in the Ch'ien-lung Reign.* Harvard University Press: Cambridge, Mass.

Kaizuka Shigeki. 1979. Chūgoku kodai sai hakken [Further discoveries about Chinese antiquity]. Iwanami: Tokyo.

Kalinowski, M. 1990. "Le Calcul du rayon céleste dans la cosmographie chinoise." *Revue d'histoire des sciences* XLIII. 1.

Karlgren, B. 1950. *The Book of Odes: Chinese Text, Transcription, and Translation.* Museum of Far Eastern Antiquities: Stockholm.

Karlgren, B. 1957. *Grammata Serica Recensa.* Museum of Far Eastern Antiquities: Stockholm.

Katz, P. R. 1995. *Demon Hordes and Burning Boats: The Cult of Marshal Wen in Late Imperial Chekiang.* State University of New York Press: Albany, NY.

Kawakatsu Mamoru. 1992. Min-Shin Kōnan nōgyō keizai-shi kenkyū [Researches on the farm economy of Ming and Qing Jiangnan]. Tōkyō Daigaku shuppankai: Tokyo.

Keightley, D. 1978. *Sources of Shang History: The Oracle-Bone Inscriptions of Bronze Age China*. University of California Press: Berkeley, Calif.

Keightley, D. 1999. "The environment of ancient China." In M. Loewe and E. Shaughnessy, eds., *The Cambridge History of Ancient China*. Cambridge University Press: Cambridge. Now greatly expanded as *The Ancestral Landscape: Time, Space, and Community in Late Shang China*. Institute of East Asian Studies, University of California: Berkeley, 2000.

Kellert, S. R., and E. O. Wilson (eds.). 1993. *The Biophilia Hypothesis*, Island Press: Washington D. C.

Kellert, S. R. 1995. "The Biophilia Hypothesis: Aristotelian echoes of the 'Good Life'." In Itō and Yoshida, *The Age of Environmental Crisis*.

Kellert, S. R. 1997. *Kinship to Mastery: Biophilia in Human Evolution and Development*. Island Press/Shearwater Books: Washington D. C.

Kiple, K. F. (ed.). 1993. *The Cambridge World History of Human Disease*. Cambridge University Press: New York.

Lamb, H. H. 1995. *Climate, History and the Modern World*. Routledge: London.

Lamp, C. A., S. J. Forbes, and J. W. Cade. 1990. *Grasses of Temperate Australia*. Inkata Press: Melbourne.

Lawlor, R. 1991. *Voices of the First Day: Awakening in the Aboriginal Dreamtime*. Inner Traditions International: Rochester, Vt.

Lee, J. and Wang Feng. 1999a. "Malthusian models and Chinese realities: Chinese demographic system 1700—2000." *Population and Development Review* 25 (1).

Lee, J. and Wang Feng. 1999b. *One Quarter of Humanity: Malthusian Mythology and Chinese Realities, 1700—2000*. Harvard University Press: Cambridge, Mass.

Legge, J. 1861. *The Works of Mencius*, volume 2 in *The Chinese Classics with a Translation, Critical and Exegetical Notes, Prolegomena, and Copious Indexes*. 7 vols., Trübner: London.

Leonard, J. 1996. *Controlling from Afar: The Daoguang Emperor's Management of the Grand Canal Crisis, 1824—1826*. Center for Chinese Studies, University of Michigan: Ann Arbor, Mich.

Leopold, A. 1949. *A Sand County Almanac and Sketches Here and There*. Oxford University Press: New York.

Lewis, M. E. 1990. Sanctioned Violence in Early China. State University of New York Press: Albany, N. Y.

Lewis，M. E. 1999. *Writing and Authority in Early China*. State University of New York Press：Albany，N. Y.

Leys，S. ［P. Ryckmans］. 1997. *The Analects of Confucius*. Norton：New York.

李伯重著:《唐代江南农业的发展》,北京:农业出版社 1990 年版。

Li Bozhong. 1998. "Changes in climate，land，and human efforts：The production of wet-field rice in Jiangnan during the Ming and Qing dynasties". In Elvin and Liu, ed. , *Sediments of Time*.

李时珍著:《本草纲目》,1596 年;上海:商务印书馆 1930 年再版,第 6 册。

[清]李沅撰:《蜀水经》(1794),2 册,成都:巴蜀书社 1985 年再版。

李元芳著:《废黄河三角洲的演变》,《地理研究》,第 10 卷第 4 期(1991 年)。

李元阳纂:《嘉靖大理府志》(1563 年)(不全),澳大利亚国立大学孟席斯图书馆缩微胶卷 1055。

林承坤:《长江口泥沙的来源分析与数量计算的研究》,《地理学报》,1989 年第 44 卷第 1 期。

林承坤:《长江口与杭州湾的泥沙与河床演变对上海港及其通海航道建设的影响》,《地理学报》,1990 年第 45 卷第 1 期。

林鸿荣:《四川古代森林的变迁》,《农业考古》,1985 年第 9 卷第 1 期;《历史时期四川森林的变迁》,《农业考古》,1985 年第 10 卷第 2 期。

林旅之著:《鲜卑史》,香港:博文书局 1973 年版。

Liu Ts'ui-Jung. 1998. "Han migration and the settlement of Taiwan：The onset of environmental change. " In Elvin and Liu, eds. , Sediments of Time.

刘翠溶:《中国历史上关于山林川泽的观念和制度》,收于曹添旺、赖景昌、杨建成主编:《经济成长、所得分配与制度演化》,"中央研究院"中山人文社会科学研究所专书(46),台北:"中央研究院"1999 年版。

Liu，T. -J. , J. Lee，and A. Morita（eds. ）. 2001. *Asian Population History*. Oxford University Press：Oxford.

Liu Yang and E. Capon. 2000. *Masks of Mystery*：*Ancient Chinese Bronzes from Sanxingdui*. Art Gallery of New South Wales：Sydney.

[唐]柳宗元著:《柳宗元集》,台北:台湾中华书局 1978 年版。

鲁惟一:《河神:冯夷和李冰》,收于 R. 梅、约翰·闵福德主编:《送给石头兄的寿礼》,香港:中文大学出版社 2003 年版。

Lombard-Salmon, C. 1972. *Un Exemple d'acculturation chinoise*：*La province de Guizhou*. École française d'Extrême-Orient：Paris.

Lui, A. 1989. *Two Rulers，One Reign*：*Dorgon and Shun-chih 1644—1660*. Faculty of Asian Studies，Australian National University：Canberra.

Macfarlane, A. 1997. *The Savage Wars of Peace*. Blackwell: Oxford.

MacPherson, K. 1998. "Cholera in China, 1820—1930: An aspect of the internationalization of infectious disease." In Elvin and Liu, eds., *Sediments of Time*.

Maddalena, A. 1970. "Rural Europe 1500—1750." In C. M. Cipolla, ed., *The Fontana Economic History of Europe*. Collins: Glasgow. Reprinted, Collins: Glasgow, 1974.

Maisels, C. K. 1999. *Early Civilizations of the Old World: The Formative Histories of Egypt, The Levant, Mesopotamia, India and China*. Routledge: London.

Mann, M. 1998. "Ecological change in North India: Deforestation and agrarian distress in the Ganga – Yamuna Doab 1800—1850." In Grove, et al., eds., *Nature and the Orient*.

Marks, R. B. 1998a. *Tigers, Rice, Silk, and Silt*. Cambridge University Press: New York.

Marks, R. B. 1998b. "'It never used to snow': Climatic variability and harvest yields in late-imperial South China, 1650 – 1850". In Elvin and Liu, eds., *Sediments of Time*.

Matsuda Yoshirō. 1986. "Shindai no Kōka shisui kikō" [The structure of flood control on the Yellow River under the Qing dynasty]. *Chūgoku suiri shi kenkyū* 16.

[清]梅曾亮(伯言)著:《柏枧山房文集》,《中华文史丛书》第 12 辑,台北:华文书局 1968 年再版。

Menzies, N. 1988. "Trees, fields, and people: The forests of China from the seventeenth to the nineteenth centuries". Ph. D. thesis, University of California, Berkeley, Calif. Microfilm volume 8916794, U. M. I.: Ann Arbor, Mich., 1991.

Menzies, N. K. 1996. *Forestry*, vol. VI. 3 of J. Needham, ed., *Science and Civilisation in China*. Cambridge University Press: Cambridge.

Menzies, N. K. 1998. "The villagers' view of environmental history in Yunnan province." In Elvin and Liu, eds., *Sediments of Time*.

Métailié, G. 1990. "Histoire naturelle et humanisme en Chine et en Europe au XVIe siècle: Li Shizhen et Jacques Dalechamp." *Revue d'histoire des sciences* XLIII. 1.

Mitchell, L. and P. Rhodes (eds.). 1997. *The Development of the Polis in Archaic Greece*. Routledge: London.

Morin, H. 1935. *Entretiens sur le paludisme et sa prévention en Indochine*. Imprimerie d'Extrême-Orient: Hanoi.

Morita Akira. 1965. "Kōetsu ni okeru kaitō no suiri soshiki" [The hydraulic organization for sea-walls in Jiangsu and Zhejiang provinces]. Reprinted in Morita, *Researches on the History of Water Control under the Qing Dynasty*.

Morita Akira. 1974. *Shindai suirishi kenkyū* [Researches on the history of water control under the Qing dynasty]. Aki shobō: Tokyo.

Morita Akira. 1991. "Water control in Zhedong during the later Ming." Transl. M. Elvin and K. Tamura, *East Asian History* 2 (Dec.).

Nakahara Teruo. 1959. "Shindai sōsen ni yoru shōhin ryūtsū ni tsuite" [The flow of commodities on grain-transport ships during the Qing dynasty]. *Shigaku kenkyū* 72.

Nakayama Shigeru. 1974. *Academic and Scientific Traditions in China, Japan, and the West*. Transl. J. Dusenbury, University of Tokyo Press: Tokyo, 1984.

[British] Naval Intelligence Division. 1945. *China Proper*, vol. 3. HMSO: Edinburgh.

Needham, J. with Wang Ling. 1959. *Science and Civilisation in China*, vol. 3, *Mathematics and the Sciences of the Heavens and the Earth*. Cambridge University Press: Cambridge.

Needham, J. with Wang Ling. 1965. *Science and Civilisation in China*, vol. 4. II, *Mechanical engineering*. Cambridge University Press: Cambridge.

Needham, J. with Wang Ling and Lu Gwei-djen. 1971. *Science and Civilisation in China*, vol. 4. III, *Civil Engineering and Nautics*. Cambridge University Press: Cambridge.

Obi Kōichi. 1963. *Chūgoku bungaku ni aratawareta shizen to shizenkan* [Nature and the concept of nature in Chinese literature]. Iwanami shoten: Tokyo.

Ōki Yasushi. 1988. "Feng Menglong 'Shan'ge' no kenkyū" [Studies on the 'Mountain Ditties' of Feng Menglong]. *Tōyō bunka kenkyū jo kiyō* 105.

Osborne, A. 1989. "Barren mountains, raging rivers: The ecological and social effects of changing land-use on the Lower Yangzi periphery in late-imperial China." Ph. D. thesis, Columbia University, New York. Microfilm volume ♯9020586, U. M. I: Ann Arbor, Mich., 1991.

Pearce, F. 2000. "Tidal warming." *New Scientist* 1. iv.

Perkins, D. 1969. *Agricultural Development in China 1368—1968*. Edinburgh University Press: Edinburgh.

平衡撰：《三江闸务全书续刻》，1835 和 1836 年的序。参见程鸣九。

Polanyi, K. 1968. *Primitive, Archaic and Modern Economies*. G. Dalton, ed. Doubleday: New York.

Pomeranz, K. 2002. *The Great Divergence: China, Europe, and the Making of the Modern World Economy*. Princeton University Press：Princeton，N. J.

钱宁、谢汉祥、周志德、李光炳：《钱塘江河口沙坎的近代过程》，《地理学报》，第 30 卷第 2 期，1964 年 6 月。

丘光明著：《中国历代度量衡考》，北京：科学出版社 1992 年版。

屈大均著：《广东新语》(1700 年)，香港：中华书局 1974 年再版。

瞿蜕园著：《汉魏六朝赋选》，上海：上海古籍出版社 1979 年再版。

Radkau，J. 2000. *Natur und Macht：Eine Weltgeschichte der Umwelt*. Beck：München.

Reichert，V (ed. ). 1946. *Job*. Bilingual text，Soncino Press：London.

Richardson，S. D. 1990. *Forests and Forestry in China*. Island Press：Washington D. C.

Rickett，W. A. 1985. *Guanzi：Political，Economic，and Philosophical Essays from Early China*. Vol. 1. Princeton University Press：Princeton，N. J.

Rickett，W. A. 1998. *Guanzi：Political，Economic，and Philosophical Essays from Early China*. Vol. 2. Princeton University Press：Princeton，N. J.

Roddricks，J. V. 1992. *Calculated Risks：The Toxicity and Human Health Risks of Chemicals in our Environment*. Cambridge University Press：Cambridge.

Roetz，H. 1984. *Mensch und Natur im alten China：Zum Subjekt-Objekt-Gegensatzin der klassischen chinesischen Philosophie：Zugleich eine Kritik des Klischees vomchinesischen Universismus*. Lang：Frankfurt am Main.

Roetz，H. 2000. "On nature and culture in Zhou China. " Paper presented to the conference at Rheine，March 2000，on "Understanding Nature in China and Europe until the Eighteenth Century. " Unpublished.

Sakuma Kichiya. 1980. *Gi Shin Nanboku-chō suiri-shi kenkyū* [A study of the history of water control under the Wei，the Jin and the Northern and Southern Dynasties]. Kaimei shoin：n. p.

Satō Taketoshi. 1962. *Chūgoku kodai kogyō-shi no kenkyū* [Researches on industries in ancient China]. Yoshikawa kōbunkan：Tokyo.

Shapiro，B. 1983. *Probability and Certainty in Seventeenth-Century England：A Study of the Relationships between Natural Science，Religion，History，Law，and Literature*. Princeton University Press：Princeton，N. J.

沈约著：《宋书》，北京：中华书局 1974 年再版。

盛鸿郎著：《鉴湖与绍兴水利》，北京：中国书店 1991 年版。

盛鸿郎、邱志荣：《我国最早的人工运河之一：山阴古水道》，收于盛鸿郎主编：《鉴湖与绍兴水利》。

Shiba Yoshinobu. 1970. Commerce and Society in Sung China. Transl. M.

Elvin，Michigan University Center for Chinese Studies：Ann Arbor，Mich.

Shiba Yoshinobu. 1988. *Sōdai Kōnan keizai-shi no kenkyū* ［Researches on the economic history of Jiangnan under the Song］. Tōyō Daigaku Tōyō Bunka Kenkyūjo：Tokyo.

Shima Kunio. 1958. *Inkyo bokuji kenkyū* ［Researches on the divination texts from the ruins of Yin］. Kyūko shoin：Tokyo.

Shirakawa Shizuka. 1972. *Kōkotsubun no sekai* ［The world of the oracle bone script］. Heibonsha：Tokyo.

Shirakawa Tadahisa. （应为"Ishikawa Tadahisa"。——译注）1994. *Tō Enmei to sono jidai* ［Tao Yuanming and his age］. Kembun shuppan：Tokyo.

水利水电科学研究院和武汉水利电力学院编写：《中国水利史稿》(上、下册)，1979 年版。

Skinner，G. W. 1977. "Regional urbanization in nineteenth-century China. " In G. W. Skinner，ed. ，The City in Late Imperial China，Stanford University Press：Stanford，Calif.

宋镇豪著：《夏商社会生活史》，北京：中国社会科学出版社 1994 年版。

苏东坡著：《苏东坡全集》，首尔：韩国文化刊行会 1983 年版。

苏东坡著：《东坡志林》(1097—1101 年)，北京：中华书局 1981 年再版。

苏东坡著：《苏东坡集》，上海：商务印书馆 1939 年版。

Sugimoto Kenji. 1974. "Chūgoku kodai no mokuzai ni tsuite" ［Timber in ancient China］. *Tōhō gakuhō*（Mar. ）.

Sun，E-tu Zen. 1961. *Ch'ing Administrative Terms：A Translation of the Terminology of the Six Boards with Explanatory Notes.* Harvard University Press：Cambridge，Mass.

孙湘平等编著：《中国沿岸海洋水文气象概况》，北京：科学出版社 1981 年版。

Sung Ying-hsing ［Song Yingxing］. Ming. T'ien-kung k'ai-wu. Chinese Technology in the Seventeenth Century. Transl. E-tu Zen Sun and Shiou-chuan Sun，Pennsylvania State University Press：University Park，Penn. ，1966.

Sutō Yoshiyuki. 1954. *Chūgoku tochi-seido-shi kenkyū* ［Studies of land tenure systems in China］. Tokyo University Press：Tokyo.

Swabe，J. 1999. *Animals，Disease and Human Society：Human‐Animal Relations and the Rise of Veterinary Medicine.* Routledge：London.

Tani Mitsutaka. 1991. *Mindai Kakō-shi kenkyū* ［Studies on the hydraulics of the Yellow River in the Ming dynasty］. Dōhōsha：Kyōto.

Thorp，J. 1937. 'Soils'. In Buck，ed. ，*Land Utilization in China*.

田雯著：《黔书》，收于严一萍选辑：《百部丛书集成》第 36 部《粤雅堂藏书》［清］；

台北：艺文印书馆 1965－1968 年再版。"：："前面的数字就是某书所在"函"的函数。

Tsuruma Kazuyuki. 1987. "Shōsuikyo Tokōen Teikokukyo wo tazunete: Shinteikoku no keisei to Senkokuki no san daisuiri jigyō"［A visit to the Zhang river canal, the Du river dike, and the Zheng Guo canal: On the formation of the Qin empire and the three great hydraulic schemes of the Warring States period］. *Chūgoku suiri shi kenkyū* 17.

图理琛著：《异域录》,收于今西春秋校注：《校注异域录》,天理市：天理大学亲里研究所,1964 年版。

［元］脱脱著：《金史》,北京：中华书局 1975 年再版。

［元］脱脱著：《宋史》,北京：中华书局 1977 年再版。

Ueda Makoto. 1999. *Mori to midori no Chūgoku-shi: Ekorojikaru-hisutorii no kokoromi*［Chinese history in terms of its forests and vegetation: A tentative essay in ecological history］. Iwanami shoten: Tokyo.

Vermeer, E. 1987. "P'an Chi-hsün's solutions for the Yellow River problems of the late sixteenth century." *T'oung Pao* LXXIII.

Vermeer, E. 1998. "Population and ecology along the frontier in Qing China." In Elvin and Liu, eds. , *Sediments of Time*.

Von Zach, E. 1958. *Die chinesische Anthologie: Übersetzungen aus dem Wen hsüan*. Harvard University Press: Cambridge, Mass.

Wagner, W. 1926. *Die chinesische Landwirtschaft*. Verlag Paul Parey: Berlin.

Waley, A. 1937. *The Book of Songs*. Allen and Unwin: London.

万延森：《苏北古黄河三角洲的演变》,《海洋与湖沼》,1989 年第 20 卷第 1 期。

Wang Chi-wu. 1961. *The Forests of China, with a Survey of Grassland and Desert Vegetation*. Harvard University Press: Cambridge, Mass.

王水照选注：《苏轼选集》,上海：上海古籍出版社 1984 年版。

王质彬：《对魏晋南北朝黄河问题的几点看法》,《人民黄河》,1980 年第 1 期。

王质彬：《开封黄河决溢漫谈》,《人民黄河》,1983 年第 4 期。

Waring, R. H. and S. W. Running. 1998. *Forest Ecosystems: Analysis at Multiple Scales*. 2nd edn. , Academic Press: San Diego, Calif.

Watabe Tadayo and Sakurai Yumio (eds. ). 1984. *Chūgoku Kōnan no inasaka bunka*［The rice culture of Jiangnan in China］. Nihon shōsō shuppan kyōkai: Tokyo.

文焕然等著：《中国历史时期植物与动物变迁研究》,重庆：重庆出版社 1995 年版。

Werner, E. T. C. 1932. *Dictionary of Chinese Mythology*. Reprinted, Julian Press: NewYork, 1961.

Westbrook，F. A. 1972. "Landscape description in the lyric poetry and 'Fuh on Dwelling on the Mountains' of Shieh Ling-yunn". Ph. D. thesis, Yale University, New Haven, Conn. Microfilm volume ♯ 7316410, U. M. I.：Ann Arbor, Mich. , 1973.

Wiens，H. J. 1967. *Han Chinese Expansion in South China*，2nd edn. [Originally published as China's March to the Tropics, 1954). Shoe String Press：Hamden,Conn.

Will，P. E. 1998. "Clear waters versus muddy waters：The Zheng-Bai irrigation system of Shaanxi province in the late-imperial period. " In Elvin and Liu, eds. , *Sediments of Time*.

Wittfogel，K. A. 1931. *Wirtschaft und Gesellschaft Chinas*. Harrassowitz：Leipzig.

Wittfogel，K. A. 1957. *Oriental Despotism*. Yale University Press：New Haven，Conn.

吴缉华:《黄河在明代改道前夕河决张秋的年代》,收于吴缉华主编:《明代社会经济史论丛》,台北:台湾学生书局 1970 年版。

吴振棫著:《养吉斋丛录》(养吉斋书房选录),杭州:浙江古籍出版社根据 19 世纪的手稿印制,1985 年版。

谢奇懿:《五代词中的"山"意象研究》,台湾师范大学 2000 年硕士论文。

徐海亮:《黄河下游的堆积历史发展趋势》,《中国水利学报》,1990 年第 7 期。

许进雄著:《中国古代社会》,台北:台湾商务印书馆 1988 年版。

Yabuuchi Kiyoshi（ed. ）. 1967. *Sō-Gen jidai kagaku gijutsu* [Science and technology in the Song and Yuan period]. Jimbun kagaku kenkyūjo：Kyoto.

Yabuuchi Kiyoshi. 1974. *Chūgoku bummei no keisei* [The formation of Chinese civilization]. Tokyo：Iwanami.

Yamada Keiji. 1967. "Sōdai no shizen tetsugaku：Sōgaku ni okeru no ichi ni tsuite"[The Song philosophy of nature：Its place in Song learning]. In Yabuuchi, ed. , *Science and Technology in the Song and Yuan Period*.

燕宝整理译注:《苗族古歌》,贵阳:贵州民族出版社 1993 年版。

杨宽著:《中国古代都城制度史研究》,上海:上海古籍出版社 1993 年版。

杨启樵著:《雍正帝及其密折制度研究》,香港:三联书店 1981 年版。

杨通胜等搜集整理翻译:《开亲歌》,贵州:贵州省民族研究所编印,1985 年版。

Yang Xiaoneng. 2000. *Reflections of Early China：Decor, Pictographs, and Pictorial Inscriptions*. Nelson-Atkins Museum of Art with the University of Washington Press：Seattle, Wash.

姚汉源:《浙东运河史考略》,收于盛鸿郎主编:《鉴湖与绍兴水利》,北京:中国书店 1991 年版。

叶青超：《试论苏北废黄河三角洲的发育》，《地理学报》，第 41 卷，第 2 期（1986年 6 月）。

Yim Shu-yuen. 1978. "Famine relief statistics as a guide to the population of sixteenth-century China: A case-study of Honan province." *Ch'ing-shih wen-t'i* 3. 9 (Nov.).

Yoshida Teigo. 1989. "Umi no kosumorojii" [The cosmology of the sea]. In Akira Gotô, et al., eds., *Rekishi ni okeru shizen* [Nature in history]. Iwanami: Tokyo.

Yoshinami Takashi. 1981. "Chūgoku kodai santaku-ron no saikentō" [A re-examination of the theories about 'mountains and marshes' in ancient China]. In Chūgoku Suiri Shi Kenkyūkai, ed., *Chūgoku suiri shi ronshū* [A collection of essays on the history of water control in China]. Kokusho kanōkai: Tokyo.

俞樾纂：《同治上海县志》，上海，1871 年版。

袁清林编著：《中国环境保护史话》，北京：中国环境科学出版社 1990 年版。

Zhang Yixia and M. Elvin. 1998. "Environment and Tuberculosis in Modern China." In Elvin and Liu, eds., *Sediments of Time*.

张钧成著：《商殷林考》，《农业考古》，1985 年第 1 期。

［清］张廷玉编纂：《明史》，北京：中华书局 1974 年再版。

周胜、倪浩清、赵永明、杨永楚、王一凡、吕文德和梁保祥：《钱塘江水下防护工程的研究与实践》，《水利学报》，1992 年第 1 期。

Zürcher, E. 1959. *The Buddhist Conquest of China*. Brill: Leiden.

# 索 引

（除注释序号外，其他所有数字均系原书页码，即中译本边码。——译注）

garden-farming,园圃式农业,*Mémoires concernant les Chinois* on,《中国杂纂》中关于园圃式农业的论述,466; by the Miao,苗人的园圃式农业,223; resource constraints and,资源紧张与园圃式农业,xviii;另外参见 vegetable gardens,菜园

gathering, as supplement to inadequate harvests,采集,作为对粮食歉收的补充,32—33

Ge Yilong, on difficulties and dangersof in Guizhou,葛一龙,论贵州的困难与艰险,257—258; on fear of tigers,论对于老虎的畏惧,269—270

geese, domestic and wild,鹅,家鹅与野鹅,309

gentry, relation of with nature,士绅,与自然的关系,200; representations of nature of,关于自然的陈述,199—202

geography of China,中国地理,3—5

geomancy,风水,199,321; and Qing imperial tombs,与清代皇陵,290,294

gibbons,猿,265—266

gingko,银杏,315—316

glacis,斜堤,参见 hydraulic glacis,水利斜堤

goats,山羊,311—312

God Above (ultimate Ancestor/*Shang-di*), and Shang polity,天帝(先祖/上帝),与商朝的政治,98—100

God (Western conception of), and nature,上帝(西方观念的),与自然,xxiii

Grand Canal, environmental constraints on,大运河,环境对大运河的制约,120; Hangzhou Bay northern shore seawall and,杭州湾北部海塘与大运河,144,159; maintenance of viability of and Yellow River water-control strategies,对大运河畅通的维持与黄河治水策略,130—131,133—134,136,140,437

Great Wall,长城,288; Zunhua and,遵化与长城,287

groins, and Hangzhou Bay northern shore seawall,堤坝,与杭州湾北岸海塘,160

grottos,洞室,参见 caves and grottos,洞穴和洞室

Gu Yanwu, on silting up of mouths of Yellow River,顾炎武,论黄河河口泥沙淤塞,136

Gu Yingtai (*The Main Themes and Details of Ming History Recounted*), on suppression of Yao uprisings,谷应泰(《明史纪事本末》),论镇压瑶民叛乱,225—227,228

Gu Yong, on Dragon Lord Shrine on Mount Chen in Haiyan county,顾泳,论海盐县陈山上的龙君行祠,195—196

Gu Zuyu, on courses of Yellow River,顾祖禹,论黄河河道,134—135

Guangxi province, environment of,广西,广西的环境,226

*Guanzi*,《管子》,参见 *Master Guan*,《管子》

Guiyang, environment of,贵阳,贵阳的环境,216; population,人口,219; population density,人口密度,xviii

Guizhou province, bridges in,贵州,贵州的桥梁,252—257; caves and grottos in,贵州的洞穴和洞室,258—261; Chinese colonialism and imperialism and,汉人的拓殖与扩张和贵

数民族的种族和文化的蔑视,232,238,261; reactions of to Guizhou landscape, 汉人对贵州景观的反应,232—237,255—257; society of in late Neolithic, 新石器时代末期的汉人社会,89—92,93—101; and wild animals, 汉人与野生动物,11,265—270; and wilderness, 汉人与荒野,234

Han Yong, and suppression of Yao uprisings, 韩雍,与镇压瑶民暴动,226—228

handicrafts, resource constraints and, 手工业,资源紧张与手工业,xviii

Hang Huai, on danger from malaria while traveling in Guizhou, 杭淮,论在贵州旅行时来自疟疾的危险,264

Hangzhou Bay, 杭州湾,141—161; in 1986, 1986 年的杭州湾,143,144; *c.* 1000, 大约 1000 年的杭州湾,141—142; changes in over time, 杭州湾随时间出现的变化,347; changes to

**(p. 554)**

climate, 气候的变化,354; changes to northern shore, 北岸的变化,147—152,159; changes to southern shore, 南岸的变化,152—164,357; hydrological and hydraulic effects on, 对杭州湾的水文学和水力学上的影响,147; instability of inner bay, 内湾的不稳定,146—147; in mid eighteenth century, 18 世纪中叶的杭州湾,142,144; and mouths of Qiantang River, 杭州湾与钱塘江口,149; and sediment, 杭州湾与泥沙,145,152,153,158; tidal bore, 涌潮,145; tides and northern shore of, 潮水与杭州湾北岸,147,149—150; and wild ani-

mals, 杭州湾与野生动物,359; in Xie Lingyun's "Living in the Hills", 谢灵运《山居赋》中的杭州湾,330,335,343,344,347—348,357; 另外参见 Hangzhou Bay seawalls, 杭州湾海塘

Hangzhou Bay seawalls, 杭州湾海塘,145,147,343; and flooding of Shaoxing plain, 与绍兴平原的水灾,155,156; and Grand Canal, 与大运河,144,159; and groins on northern shore, 与北岸的堤坝,160; and hydraulic glacis on northern shore, 与北岸的水利斜堤,160—161; northern shore, 北岸,148—149,150,159—161; southern shore, 南岸,152—153,157

He Jingming, on danger from malaria while traveling in Guizhou, 何景明,论在贵州旅行时来自疟疾的危险,263—264; on (Miao?) villagers, 论(苗人?)村民,240—241

He Xiu, on social control in cities, 何休,论城市的社会管理,97

health, of area of Qing imperial tombs, 健康,清朝皇陵所在区域的兴旺,293; chemical hazards to, 对于健康的化学危害,249; diet and, 饮食与健康,275—276,318; in Guizhou, 贵州的健康,273; in Zhejiang, 浙江的健康,273; in Zunhua, 遵化的健康,273—276,293,307,318; 另外参见 disease, 疾病; mercury, 汞

Heaven—Nature, "天", 参见 nature, 自然

hemp, 麻,207

hens, domestic, 母鸡,家养的母鸡,309

herbs of immortality, in Xie Lingyun's "Living in the Hills", 灵株仙草,谢

然观，413；cultivated flowers and taming and reshaping of，栽培花卉与对自然的驯服和塑造，412；differing meanings of in poetry of early imperial period，帝制初期诗歌中的自然的不同含义，331；disenchantment of，对自然的祛魅，197—198，310；and economic development as one whole，in Xie Lingyun，作为一个整体的自然和经济发展，在谢灵运的思想里，336，337，367—368；exploitation of and military and political competitive advantage，对自然的开发与军事和政治上的竞争优势，xviii；gentry representations of，士绅关于自然的陈述，199—202；as having laws，有律之自然，366；human efforts to master，人类控制自然的努力，444—446；immanent transcendence of，自然的内在超验，333；indifference of to humans，自然对人类的不闻不问，453；interaction of Chinese with，中国人与自然的互动，xvii，xx；late imperial ideology and，帝制晚期的思想与自然，413；late imperial poetry and，帝制晚期的诗歌与自然，413，414；morality and，道德与自然，xx；and numinousness and the supernatural，自然与神圣和非凡，46—47，197—198，253；personal emotional attitudes toward，个人对自然的情感态度，xx；proto-scientific ideas and，原科学式观念与自然，xx；*The Qing Bell of Poesy* and attitudes to，《清诗铎》与对自然的态度，437；*The Qing Bell of Poesy* on struggle against，《清诗铎》中关于与自然的斗争的叙述，453；relation of gentry with，士绅和自然的关系，

200—201；representation of in poetry of archaic and early imperial period，上古和帝制早期中国诗歌中的自然表述，324—368；Shang religion and，商朝的宗教信仰与自然，98；as source of enlightenment，作为觉悟的源泉的自然，331—333；as that which is not shaped by social constraints，in Xie Lingyun，不受社会约束所规范的自然，在谢灵运的思想中，355；Xie Zhaozhe and companionship with，谢肇淛与以自然为友，401

**(p. 558)**

as *ziran*（being so of itself），（作为本原的）自然，330；另外参见 environment，the，环境；landscape，景观；moral meteorology，天人感应；numinousness and the supernatural，神圣和非凡

nature poetry，自然诗，参见 landscape poetry，山水诗

nature reserves，Qing imperial tombs area，自然保护区，清皇陵区域的自然保护区，290

neo-Confucianism，Xie Zhaozhe and，新儒学，谢肇淛和新儒学，375，381，398

the Netherlands，and pressure on the environment from human economic activities，尼德兰，与人类经济活动给环境造成的压力，460；water-systems of，尼德兰的水利系统，141，460

*New Comments on Guangdong*，《广东新语》，参见 Qu Dajun，屈大均

*New Discourses*，《新语》，参见 Lu Jia，陆贾

non-Han cultures，and animals，少数民族文化，与动物，281；contempt for by

# 凤凰文库书目

## 一、马克思主义研究系列

《走进马克思》 孙伯鍨 张一兵 主编

《回到马克思:经济学语境中的哲学话语》 张一兵 著

《当代视野中的马克思》 任平 著

《回到列宁:关于"哲学笔记"的一种后文本学解读》 张一兵 著

《回到恩格斯:文本、理论和解读政治学》 胡大平 著

《国外毛泽东学研究》 尚庆飞 著

《重释历史唯物主义》 段忠桥 著

《资本主义理解史》(6卷) 张一兵 主编

《阶级、文化与民族传统:爱德华·P.汤普森的历史唯物主义思想研究》 张亮 著

《形而上学的批判与拯救》 谢永康 著

《21世纪的马克思主义哲学创新:马克思主义哲学中国化与中国化马克思主义哲学》
    李景源 主编

《科学发展观与和谐社会建设》 李景源 吴元梁 主编

《科学发展观:现代性与哲学视域》 姜建成 著

《西方左翼论当代西方社会结构的演变》 周穗明 王玖 等著

《历史唯物主义的政治哲学向度》 张文喜 著

《信息时代的社会历史观》 孙伟平 著

《从斯密到马克思:经济哲学方法的历史性阐释》 唐正东 著

《构建和谐社会的政治哲学阐释》 欧阳英 著

《正义之后:马克思恩格斯正义观研究》 王广 著

《后马克思主义思想史》 [英]斯图亚特·西姆 著 吕增奎 陈红 译

《后马克思主义与文化研究:理论、政治与介入》 [英]保罗·鲍曼 著 黄晓武 译

《市民社会的乌托邦:马克思主义的社会历史哲学阐释》 王浩斌 著

《唯物史观与人的发展理论》 陈新夏 著

《西方马克思主义与苏联:1917年以来的批评理论和争论概览》 [荷]马歇尔·范·林登 著
    周穗明 译 翁寒松 校

《物与无:物化逻辑与虚无主义》 刘森林 著

## 二、政治学前沿系列

《公共性的再生产:多中心治理的合作机制建构》 孔繁斌 著

《合法性的争夺:政治记忆的多重刻写》 王海洲 著

《民主的不满:美国在寻求一种公共哲学》 [美]迈克尔·桑德尔 著 曾纪茂 译

《权力:一种激进的观点》 [英]斯蒂芬·卢克斯 著 彭斌 译

《正义与非正义战争:通过历史实例的道德论证》 [美]迈克尔·沃尔泽 著 任辉献 译

《自由主义与现代社会》 [英]理查德·贝拉米 著 毛兴贵 等译

《左与右:政治区分的意义》 [意]诺贝托·博比奥 著 陈高华 译

《自由主义中立性及其批评者》 [美]布鲁斯·阿克曼 等著 应奇 编

《公民身份与社会阶级》 [英]T.H.马歇尔 等著 郭忠华 刘训练 编

《当代社会契约论》 [美]约翰·罗尔斯 等著 包利民 编

《马克思与诺齐克之间》 [英]G. A. 柯亨 等著　吕增奎 编

《美德伦理与道德要求》 [英]欧若拉·奥尼尔 等著　徐向东 编

《宪政与民主》 [英]约瑟夫·拉兹 等著　佟德志 编

《自由多元主义的实践》 [美]威廉·盖尔斯敦 著　佟德志 苏宝俊 译

《国家与市场:全球经济的兴起》 [美]赫尔曼·M. 施瓦茨 著　徐佳 译

《税收政治学:一种比较的视角》 [美]盖伊·彼得斯 著　郭为桂 黄宁莺 译

《控制国家:从古雅典至今的宪政史》 [美]斯科特·戈登 著　应奇 陈丽微 孟军 李勇 译

《社会正义原则》 [英]戴维·米勒 著　应奇 译

《现代政治意识形态》 [澳]安德鲁·文森特 著　袁久红 译

《新社会主义》 [加拿大]艾伦·伍德 著　尚庆飞 译

《政治的回归》 [英]尚塔尔·墨菲 著　王恒 臧佩洪 译

《自由多元主义》 [美]威廉·盖尔斯敦 著　佟德志 庞金友 译

《政治哲学导论》 [英]亚当·斯威夫特 著　佘江涛 译

《重新思考自由主义》 [英]理查德·贝拉米 著　王萍 傅广生 周春鹏 译

《自由主义的两张面孔》 [英]约翰·格雷 著　顾爱彬 李瑞华 译

《自由主义与价值多元论》 [英]乔治·克劳德 著　应奇 译

《帝国:全球化的政治秩序》 [美]麦克尔·哈特 [意]安东尼奥·奈格里 著　杨建国 范一亭 译

《反对自由主义》 [美]约翰·凯克斯 著　应奇 译

《政治思想导读》 [英]彼得·斯特克 大卫·韦戈尔 著　舒小昀 李霞 赵勇 译

《现代欧洲的战争与社会变迁:大转型再探》 [英]桑德拉·哈尔珀琳 著　唐皇凤 武小凯 译

《道德原则与政治义务》 [美]约翰·西蒙斯 著　郭为桂 李艳丽 译

《政治经济学理论》 [美]詹姆斯·卡波拉索 戴维·莱文 著　刘骥 等译

《民主国家的自主性》 [英]埃里克·A. 诺德林格 著　孙荣飞 等译

《强社会与弱国家:第三世界的国家社会关系及国家能力》 [英]乔·米格德尔 著　张长东 译

《驾驭经济:英国与法国国家干预的政治学》 [美]彼得·霍尔 著　刘骥 刘娟凤 叶静 译

《社会契约论》 [英]迈克尔·莱斯诺夫 著　刘训练 等译

《共和主义:一种关于自由与政府的理论》 [澳]菲利普·佩蒂特 著　刘训练 译

《至上的美德:平等的理论与实践》 [美]罗纳德·德沃金 著　冯克利 译

《原则问题》 [美]罗纳德·德沃金 著　张国清 译

《社会正义论》 [英]布莱恩·巴利 著　曹海军 译

《马克思与西方政治思想传统》 [美]汉娜·阿伦特 著　孙传钊 译

《作为公道的正义》 [英]布莱恩·巴利 著　曹海军 允春喜 译

《古今自由主义》 [美]列奥·施特劳斯 著　马志娟 译

《公平原则与政治义务》 [美]乔治·格劳斯科 著　毛兴贵 译

《谁统治:一个美国城市的民主和权力》 [美]罗伯特·A. 达尔 著　范春辉 等译

《论伦理精神》 张康之 著

《人权与帝国:世界主义的政治哲学》 [英]科斯塔斯·杜兹纳 著　辛亨复 译

《阐释和社会批判》 [美]迈克尔·沃尔泽 著　任辉献 段鸣玉 译

《全球时代的民族国家:吉登斯讲演录》 [英]安东尼·吉登斯 著　郭忠华 编

《当代政治哲学名著导读》 应奇 主编

《拉克劳与墨菲:激进民主想象》 [美]安娜·M. 史密斯 著　付琼 译

《英国新左派思想家》 张亮 编

《第一代英国新左派》 [英]迈克尔·肯尼 著　李永新 陈剑 译

《转向帝国:英法帝国自由主义的兴起》 [美]珍妮弗·皮茨 著 金毅 许鸿艳 译

《论战争》 [美]迈克尔·沃尔泽 著 任辉献 段鸣玉 译

《现代性的谱系》 张凤阳 著

《近代中国民主观念之生成与流变:一项观念史的考察》 闾小波 著

《阿伦特与现代性的挑战》 [美]塞瑞娜·潘琳 著 张云龙 译

《政治人:政治的社会基础》 [美]西摩·马丁·李普塞特 著 郭为桂 林娜 译

《社会中的国家:国家与社会如何相互改变与相互构成》 [美]乔尔·S.米格代尔 著 李杨 郭
　一聪 译 张长东 校

《伦理、文化与社会主义:英国新左派早期思想读本》 张亮 熊婴 编

## 三、纯粹哲学系列

《哲学作为创造性的智慧:叶秀山西方哲学论集(1998—2002)》 叶秀山 著

《真理与自由:康德哲学的存在论阐释》 黄裕生 著

《走向精神科学之路:狄尔泰哲学思想研究》 谢地坤 著

《从胡塞尔到德里达》 尚杰 著

《海德格尔与存在论历史的解构:〈现象学的基本问题〉引论》 宋继杰 著

《康德的信仰:康德的自由、自然和上帝理念批判》 赵广明 著

《宗教与哲学的相遇:奥古斯丁与托马斯·阿奎那的基督教哲学研究》 黄裕生 著

《理念与神:柏拉图的理念思想及其神学意义》 赵广明 著

《时间性:自身与他者——从胡塞尔、海德格尔到列维纳斯》 王恒 著

《意志及其解脱之路:叔本华哲学思想研究》 黄文前 著

《真理之光:费希特与海德格尔论 SEIN》 李文堂 著

《归隐之路:20 世纪法国哲学的踪迹》 尚杰 著

《胡塞尔直观概念的起源:以意向性为线索的早期文本研究》 陈志远 著

《幽灵之舞:德里达与现象学》 方向红 著

《形而上学与社会希望:罗蒂哲学研究》 陈亚军 著

《福柯的主体解构之旅:从知识考古学到"人之死"》 刘永谋 著

《中西智慧的贯通:叶秀山中国哲学文化论集》 叶秀山 著

《学与思的轮回:叶秀山 2003—2007 年最新论文集》 叶秀山 著

《返回爱与自由的生活世界:纯粹民间文学关键词的哲学阐释》 户晓辉 著

《心的秩序:一种现象学心学研究的可能性》 倪梁康 著

《生命与信仰:克尔凯郭尔假名写作时期基督教哲学思想研究》 王齐 著

《时间与永恒:论海德格尔哲学中的时间问题》 黄裕生 著

《道路之思:海德格尔的"存在论差异"思想》 张柯 著

《启蒙与自由:叶秀山论康德》 叶秀山 著

《自由、心灵与时间:奥古斯丁心灵转向问题的文本学研究》 张荣 著

《回归原创之思:"象思维"视野下的中国智慧》 王树人 著

## 四、宗教研究系列

《汉译佛教经典哲学研究》(上下卷) 杜继文 著

《中国佛教通史》(15 卷) 赖永海 主编

《中国禅宗通史》 杜继文 魏道儒 著

《佛教史》 杜继文 主编

《道教史》 卿希泰 唐大潮 著

《基督教史》 王美秀 段琦 等著

《伊斯兰教史》 金宜久 主编

《中国律宗通史》 王建光 著

《中国唯识宗通史》 杨维中 著

《中国净土宗通史》 陈扬炯 著

《中国天台宗通史》 潘桂明 吴忠伟 著

《中国三论宗通史》 董群 著

《中国华严宗通史》 魏道儒 著

《中国佛教思想史稿》(3卷) 潘桂明 著

《禅与老庄》 徐小跃 著

《中国佛性论》 赖永海 著

《禅宗早期思想的形成与发展》 洪修平 著

《基督教思想史》 [美]胡斯都·L.冈察雷斯 著 陈泽民 孙汉书 司徒桐 莫如喜 陆俊杰 译

《圣经历史哲学》(上下卷) 赵敦华 著

《禅宗早期思想的形成与发展》 洪修平 著

《如来藏与中国佛教》 杨维中 著

# 五、人文与社会系列

《环境与历史:美国和南非驯化自然的比较》 [美]威廉·贝纳特 彼得·科茨 著 包茂红 译

《阿伦特为什么重要》 [美]伊丽莎白·扬-布鲁尔 著 刘北成 刘小鸥 译

《现代性的哲学话语》 [德]于尔根·哈贝马斯 著 曹卫东 等译

《追寻美德:伦理理论研究》 [美]A.麦金太尔 著 宋继杰 译

《现代社会中的法律》 [美]R.M.昂格尔 著 吴玉章 周汉华 译

《知识分子与大众:文学知识界的傲慢与偏见,1880—1939》 [英]约翰·凯里 著 吴庆宏 译

《自我的根源:现代认同的形成》 [加拿大]查尔斯·泰勒 著 韩震 等译

《社会行动的结构》 [美]塔尔科特·帕森斯 著 张明德 夏遇南 彭刚 译

《文化的解释》 [美]克利福德·格尔茨 著 韩莉 译

《以色列与启示:秩序与历史(卷1)》 [美]埃里克·沃格林 著 霍伟岸 叶颖 译

《城邦的世界:秩序与历史(卷2)》 [美]埃里克·沃格林 著 陈周旺 译

《战争与和平的权利:从格劳秀斯到康德的政治思想与国际秩序》 [美]理查德·塔克 著
　　罗炯 等译

《人类与自然世界:1500—1800年间英国观念的变化》 [英]基思·托马斯 著 宋丽丽 译

《男性气概》 [美]哈维·C.曼斯菲尔德 著 刘玮 译

《黑格尔》 [加拿大]查尔斯·泰勒 著 张国清 朱进东 译

《社会理论和社会结构》 [美]罗伯特·K.默顿 著 唐少杰 齐心 等译

《个体的社会》 [德]诺贝特·埃利亚斯 著 翟三江 陆兴华 译

《象征交换与死亡》 [法]让·波德里亚著 车槿山 译

《实践感》 [法]皮埃尔·布迪厄 著 蒋梓骅 译

《关于马基雅维里的思考》 [美]利奥·施特劳斯 著 申彤 译

《正义诸领域:为多元主义与平等一辩》 [美]迈克尔·沃尔泽 著 褚松燕 译

《传统的发明》 [英]E.霍布斯鲍姆 T.兰格 著 顾杭 庞冠群 译

《元史学:十九世纪欧洲的历史想象》 [美]海登·怀特 著 陈新 译

《卢梭问题》 [德]恩斯特·卡西勒 著 王春华 译

《自足语义学:为语义最简论和言语行为多元论辩护》 [挪威]赫尔曼·开普兰
    [美]厄尼·利珀尔 著 周允程 译

《历史主义的兴起》 [德]弗里德里希·梅尼克 著 陆月宏 译

《权威的概念》 [法]亚历山大·科耶夫 著 姜志辉 译

## 六、海外中国研究系列

《帝国的隐喻:中国民间宗教》 [英]王斯福 著 赵旭东 译

《王弼〈老子注〉研究》 [德]瓦格纳 著 杨立华 译

《章学诚思想与生平研究》 [美]倪德卫 著 杨立华 译

《中国与达尔文》 [美]詹姆斯·里夫 著 钟永强 译

《千年末世之乱:1813 年八卦教起义》 [美]韩书瑞 著 陈仲丹 译

《中华帝国后期的欲望与小说叙述》 黄卫总 著 张蕴爽 译

《私人领域的变形:唐宋诗词中的园林与玩好》 [美]王晓山 著 文韬 译

《六朝精神史研究》 [日]吉川忠夫 著 王启发 译

《中国社会史》 [法]谢和耐 著 黄建华 黄迅余 译

《大分流:欧洲、中国及现代世界经济的发展》 [美]彭慕兰 著 史建云 译

《近代中国的知识分子与文明》 [日]佐藤慎一 著 刘岳兵 译

《转变的中国:历史变迁与欧洲经验的局限》 [美]王国斌 著 李伯重 连玲玲 译

《中国近代思维的挫折》 [日]岛田虔次 著 甘万萍 译

《为权力祈祷》 [加拿大]卜正民 著 张华 译

《洪业:清朝开国史》 [美]魏斐德 著 陈苏镇 薄小莹 译

《儒教与道教》 [德]马克斯·韦伯 著 洪天富 译

《革命与历史:中国马克思主义历史学的起源,1919—1937》 [美]德里克 著 翁贺凯 译

《中华帝国的法律》 [美]D. 布朗 等著 朱勇 译

《文化、权力与国家》 [美]杜赞奇 著 王福明 译

《中国的亚洲内陆边疆》 [美]拉铁摩尔 著 唐晓峰 译

《古代中国的思想世界》 [美]史华兹 著 程钢 译 刘东 校

《中国近代经济史研究:明末海关财政与通商口岸市场圈》 [日]滨下武志 著 高淑娟 孙彬 译

《中国美学问题》 [美]苏源熙 著 卞东坡 译 张强强 朱霞欢 校

《翻译的传说:构建中国新女性形象》 胡缨 著 龙瑜成 彭珊珊 译

《〈诗经〉原意研究》 [日]家井真 著 陆越 译

《缠足:"金莲崇拜"盛极而衰的演变》 [美]高彦颐 著 苗延威 译

《从民族国家中拯救历史:民族主义话语与中国现代史研究》 [美]杜赞奇 著 王宪明 高继美
    李海燕 李点 译

《传统中国日常生活中的协商:中古契约研究》 [美]韩森 著 鲁西奇 译

《欧几里得在中国:汉译〈几何原本〉的源流与影响》 [荷]安国风 著 纪志刚 郑诚 郑方磊 译

《毁灭的种子:二战及战后的国民党中国》 [美]易劳逸 著 王建朗 王贤知 贾维 译

《理解农民中国:社会科学哲学的案例研究》 [美]李丹 著 张天虹 张胜波 译

《18 世纪的中国社会》 [美]韩书瑞 罗有枝 著 陈仲丹 译

《开放的帝国:1600 年的中国历史》 [美]韩森 著 梁侃 邹劲风 译

《中国人的幸福观》 [德]鲍吾刚 著 严蓓雯 韩雪临 伍德祖 译

《明代乡村纠纷与秩序》 [日]中岛乐章 著 郭万平 高飞 译

《朱熹的思维世界》 [美]田浩 著

《礼物、关系学与国家:中国人际关系与主体建构》 杨美慧 著 赵旭东 孙珉 译 张跃宏 校

《美国的中国形象:1931—1949》 [美]克里斯托弗·杰斯普森 著 姜智芹 译

《清代内河水运史研究》 [日]松浦章 著 董科 译

《中国的经济革命:20世纪的乡村工业》 [日]顾琳 著 王玉茹 张玮 李进霞 译

《明清时代东亚海域的文化交流》 [日]松浦章 著 郑洁西 译

《皇帝和祖宗:华南的国家与宗族》 科大卫 著 卜永坚 译

《中国善书研究》 [日]酒井忠夫 著 刘岳兵 何鸳鸯 孙雪梅 译

《大萧条时期的中国:市场、国家与世界经济》 [日]城山智子 著 孟凡礼 尚国敏 译

《虎、米、丝、泥:帝制晚期华南的环境与经济》 [美]马立博 著 王玉茹 译

《矢志不渝:明清时期的贞女现象》 [美]卢苇菁 著 秦立彦 译

《山东叛乱:1774年的王伦起义》 [美]韩书瑞 著 刘平 唐雁超 译

《一江黑水:中国未来的环境挑战》 [美]易明 著 姜智芹 译

《施剑翘复仇案:民国时期公众同情的兴起与影响》 [美]林郁沁 著 陈湘静 译

《工程国家:民国时期(1927－1937)的淮河治理及国家建设》 [美]戴维·艾伦·佩兹 著
　姜智芹 译

《西学东渐与中国事情》 [日]增田涉 著 周启乾 译

《铁泪图:19世纪中国对于饥馑的文化反应》 [美]艾志端 著 曹曦 译

《危险的边疆:游牧帝国与中国》 [美]巴菲尔德 著 袁剑 译

《华北的暴力与恐慌:义和团运动前夕基督教传播和社会冲突》 [德]狄德满 著 崔华杰 译

《历史宝筏:过去、西方与中国的妇女问题》 [美]季家珍 著 杨可 译

《姐妹们与陌生人:上海棉纱厂女工,1919—1949》 [美]艾米莉·洪尼格 著 韩慈 译

《银线:19世纪的世界与中国》 林满红 著 詹庆华 林满红 译

《寻求中国民主》 [澳]冯兆基 著 刘悦斌 徐硍 译

《中国乡村的基督教:1860—1900江西省的冲突与适应》 [美]史维东 著 吴薇 译

《认知变异:反思人类心智的统一性与多样性》 [英]G.E.R.劳埃德 著 池志培 译

《假想的满大人:同情、现代性与中国疼痛》 [美]韩瑞 著 袁剑 译

《男性特质论:中国的社会与性别》 [澳]雷金庆 著 [澳]刘婷 译

《中国的捐纳制度与社会》 伍跃 著

《文书行政的汉帝国》 [日]富谷至 著 刘恒武 孔李波 译

《城市里的陌生人:中国流动人口的空间、权力与社会网络的重构》 [美]张骊 著 袁长庚 译

《重读中国女性生命故事》 游鉴明 胡缨 季家珍 主编

《跨太平洋位移:20世纪美国文学中的民族志、翻译和文本间旅行》 黄运特 著 陈倩 译


## 七、历史研究系列

《中国近代通史》(10卷) 张海鹏 主编

《极端的年代》 [英]艾瑞克·霍布斯鲍姆 著 马凡 等译

《漫长的20世纪》 [意]杰奥瓦尼·阿瑞基 著 姚乃强 译

《在传统与变革之间:英国文化模式溯源》 钱乘旦 陈晓律 著

《世界现代化历程》(10卷) 钱乘旦 主编

《近代以来日本的中国观》(6卷) 杨栋梁 主编

《中华民族凝聚力的形成与发展》 卢勋 杨保隆 等著

《明治维新》 [英]威廉·G.比斯利 著 张光 汤金旭 译

《在垂死皇帝的王国:世纪末的日本》 [美]诺玛·菲尔德 著　曾霞 译
《戊戌政变的台前幕后》 马勇 著
《战后东北亚主要国家间领土纠纷与国际关系研究》 李凡 著

## 八、当代思想前沿系列
《世纪末的维也纳》 [美]卡尔·休斯克 著　李锋 译
《莎士比亚的政治》 [美]阿兰·布鲁姆 哈瑞·雅法 著　潘望 译
《邪恶》 [英]玛丽·米奇利 著　陆月宏 译
《知识分子都到哪里去了:对抗21世纪的庸人主义》 [英]弗兰克·富里迪 著　戴从容 译
《资本主义文化矛盾》 [美]丹尼尔·贝尔 著　严蓓雯 译
《流动的恐惧》 [英]齐格蒙特·鲍曼 著　谷蕾 杨超 等译
《流动的生活》 [英]齐格蒙特·鲍曼 著　徐朝友 译
《流动的时代:生活于充满不确定性的年代》 [英]齐格蒙特·鲍曼 著　谷蕾 武媛媛 译
《未来的形而上学》 [美]爱莲心 著　余日昌 译
《感受与形式》 [美]苏珊·朗格 著　高艳萍 译
《资本主义及其经济学:一种批判的历史》 [美]道格拉斯·多德 著　熊婴 译　刘思云 校

## 九、教育理论研究系列
《教育研究方法导论》 [美]梅雷迪斯·D.高尔等 著　许庆豫等 译
《教育基础》 [美]阿伦·奥恩斯坦 著　杨树兵等 译
《教育伦理学》 贾馥茗 著
《认知心理学》 [美]罗伯特·L.索尔索 著　何华等 译
《现代心理学史》 [美]杜安·P.舒尔茨 著　叶浩生等 译
《学校法学》 [美]米歇尔·W.拉莫特 著　许庆豫等 译

## 十、艺术理论研究系列
《另类准则:直面20世纪艺术》 [美]列奥·施坦伯格 著　沈语冰 刘凡 谷光曙 译
《弗莱艺术批评文选》 [英]罗杰·弗莱 著　沈语冰 译
《当代艺术的主题:1980年以后的视觉艺术》 [美]简·罗伯森 克雷格·迈克丹尼尔 著　匡晓 译
《艺术与物性:论文与评论集》 [美]迈克尔·弗雷德 著　张晓剑 沈语冰 译
《现代生活的画像:马奈及其追随者艺术中的巴黎》 [英]T.J.克拉克 著　沈语冰 诸葛沂 译
《自我与图像》 [英]艾美利亚·琼斯 著　刘凡 谷光曙 译
《艺术社会学》 [英]维多利亚·D.亚历山大 著　章浩 沈杨 译

## 十一、中国经济问题研究系列
《中国经济的现代化:制度变革与结构转型》 肖耿 著
《世界经济复苏与中国的作用》 [英]傅晓岚 编　蔡悦等 译
《中国未来十年的改革之路》 《比较》研究室 编